谨以此书献给我的家人和朋友

非线性中立型泛函微分方程数值分析

王晚生　著

科 学 出 版 社
北　京

内 容 简 介

本书较系统地讨论了非线性中立型泛函微分方程数值方法的稳定性、收敛性和耗散性. 本书共 8 章, 第 1 章介绍了中立型泛函微分方程数值分析的应用背景和研究进展; 第 2 章致力于中立型泛函微分方程理论解的稳定性分析, 为其算法分析奠定基础; 第 3 章在一般的 Banach 空间中研究数值方法的稳定性和收敛性; 第 4—6 章分别讨论了三种特殊类型中立型泛函微分方程的数值解法并分析这些数值方法的稳定性和收敛性; 第 7 章讨论了数值方法的耗散性; 第 8 章获得了中立型泛函微分方程数值方法的 B-理论. 书中有大量算例, 为理论结果提供了实验验证.

本书可供数学专业、应用数学专业和计算数学专业的高年级本科生、研究生、教师及相关科技工作者参考.

图书在版编目(CIP)数据

非线性中立型泛函微分方程数值分析/王晚生著. —北京：科学出版社，2022.8

ISBN 978-7-03-071485-5

Ⅰ. ①非…　Ⅱ. ①王…　Ⅲ. ①非线性–中立型–泛函方程–微分方程-数值分析　Ⅳ. ①O177

中国版本图书馆 CIP 数据核字(2022) 第 026744 号

责任编辑: 胡庆家　李香叶 / 责任校对: 樊雅琼
责任印制: 吴兆东 / 封面设计: 无极书装

科学出版社 出版
北京东黄城根北街 16 号
邮政编码：100717
http://www.sciencep.com
北京厚诚则铭印刷科技有限公司印刷
科学出版社发行　各地新华书店经销
*
2022 年 8 第　一　版　开本: 720×1000　1/16
2025 年 1 第三次印刷　印张: 28 1/2
字数: 580 000

定价: 198.00 元
(如有印装质量问题, 我社负责调换)

前　　言

中立型泛函微分方程常出现于生物学、物理学、控制理论及工程技术等诸多领域, 包含了常微分方程、Volterra 泛函微分方程、中立型延迟微分方程等各种特例. 由于这些方程的解析解一般难以显式表示, 其数值分析具有毋庸置疑的重要性.

中立型泛函微分方程数值稳定性分析的早期文献主要致力于算法的线性稳定性分析. 为此, 研究者引入了 NP-稳定性、NGP-稳定性、NGP(α)-稳定性等线性稳定性概念. 这些稳定性概念及其理论可用于指导线性问题的数值求解. 对于非线性问题, 直到世纪之交的 2000 年, 意大利学者 Bellen、Guglielmi 和 Zennaro 研究了一类特殊类型的中立型延迟微分方程的数值稳定性. 2004 年, 本书作者获得了一般形式非线性中立型延迟微分方程真解稳定的充分条件, 从而开启了非线性中立型泛函微分方程数值稳定性的序幕. 此后数年, 本书作者在国内外同行专家研究成果的基础上, 建立起非线性中立型泛函微分方程的数值稳定性理论.

对于中立型泛函微分方程数值方法的收敛性分析, Jackiewicz 与其合作者早期利用经典 Lipschitz 条件系统地研究了非线性问题数值解的收敛性. 近年来, 本书作者与其合作者利用单边 Lipschitz 条件研究了一些中立型泛函微分方程数值方法的收敛性, 获得了它们的定量误差估计.

本书以作者博士研究生期间主要工作为基础, 系统总结了作者及其合作者在非线性中立型泛函微分方程数值解法研究领域的理论成果及其应用. 第 1 章阐述中立型泛函微分方程概念及此前国内外的研究成果. 第 2 章建立了 Banach 空间中立型泛函微分方程的稳定性理论, 为数值稳定性分析奠定了基础. 第 3 章研究了 Banach 空间数值方法的保稳定性, 证明了一些方法的保稳定性. 第 4—6 章分别讨论了中立型延迟微分方程、中立型延迟积分微分方程、中立型比例延迟微分方程这三种特殊类型中立型泛函微分方程数值方法的稳定性和收敛性. 第 7 章致力于中立型延迟微分方程数值方法的耗散性研究. 第 8 章将常微分方程数值方法的 B-理论推广到非线性中立型泛函微分方程, 其中包含了作者一些未发表的最新研究成果.

本书系统论述了非线性中立型泛函微分方程数值解法方面的内容, 可供高年级本科生、研究生及从事计算数学研究的同行阅读. 我们希望本书的出版能引起他们的兴趣, 从而推动相关研究领域的蓬勃发展. 由于作者水平有限, 时间仓促,书中疏漏之处在所难免, 敬请读者批评指正.

本书是在国内外许多同行专家研究成果的基础上形成的, 我诚挚地感谢他们的创造性劳动以及他们给予我课题组的支持和帮助. 本书创作得益于李寿佛教授的鼓励, 许多核心思想来自其指导和合作, 在此表示衷心感谢. 本课题组的研究工作多次得到了国家自然科学基金的资助, 部分研究还得到了湖南省自然科学基金、上海市自然科学基金 (编号: 20ZR1441200) 和上海市科技计划项目 (编号: 20JC1414200) 的资助, 本书的出版也得到了上海市高峰学科经费的支持, 在此一并表示感谢. 同时感谢课题组成员特别是黄艺博士、毛孟莉博士为本书的出版所付出的共同努力.

王晚生

2022 年 3 月

目　录

前言
第 1 章　绪论 …… 1
1.1　中立型泛函微分方程的应用背景 …… 1
1.2　中立型泛函微分方程数值分析研究现状 …… 5
1.2.1　中立型泛函微分方程数值方法的稳定性分析 …… 6
1.2.2　中立型泛函微分方程数值方法的收敛性分析 …… 10
1.2.3　中立型泛函微分方程数值方法的耗散性分析 …… 11
1.3　本书的主要内容 …… 12
第 2 章　Banach 空间中立型泛函微分方程试验问题类及其性质 …… 14
2.1　引言 …… 14
2.2　解的存在唯一性及其光滑性 …… 14
2.3　试验问题类 $\mathscr{L}_{\lambda^*}(\alpha, \beta, \gamma, L, \tau_1, \tau_2)$ 及其稳定性 …… 16
2.3.1　试验问题类 $\mathscr{L}_{\lambda^*}(\alpha, \beta, \gamma, L, \tau_1, \tau_2)$ …… 16
2.3.2　试验问题类的稳定性 …… 21
2.3.3　试验问题类的渐近稳定性 …… 39
2.3.4　试验问题类的指数渐近稳定性 …… 44
2.4　应用于中立型延迟微分方程及中立型延迟积分微分方程 …… 50
2.4.1　应用于中立型延迟微分方程 …… 50
2.4.2　应用于中立型延迟积分微分方程 …… 53
2.5　试验问题类 $\mathscr{D}_{\lambda^*}(\alpha, \beta, \gamma, \varrho, \tau_1, \tau_2)$ 及其稳定性 …… 56
2.5.1　试验问题类及其稳定性 …… 57
2.5.2　应用及与已知结果的比较 …… 61
第 3 章　Banach 空间泛函微分方程数值方法的稳定性及收敛性 …… 68
3.1　引言 …… 68
3.2　隐式 Euler 法的保稳定性 …… 69
3.2.1　解析解的稳定性 …… 70
3.2.2　隐式 Euler 法求解非线性 VFDEs 的稳定性 …… 72
3.2.3　隐式 Euler 法求解非线性 NFDEs 的稳定性 …… 77
3.2.4　总结和进一步的研究 …… 87
3.3　线性 θ-方法的非线性稳定性 …… 87

3.3.1 试验问题类 ······ 88
3.3.2 理论解的稳定性 ······ 89
3.3.3 线性 θ-方法稳定性分析 ······ 90
3.4 一类多步方法的非线性稳定性 ······ 95
3.4.1 试验问题类 ······ 96
3.4.2 变系数线性多步方法 ······ 100
3.4.3 一类多步方法稳定性分析 ······ 101
3.4.4 例子和数值算例 ······ 109
3.5 显式及对角隐式 Runge-Kutta 法的非线性稳定性 ······ 113
3.5.1 显式及对角隐式 Runge-Kutta 法 ······ 113
3.5.2 关于 $\mathcal{L}_{\lambda^*}(\alpha,\beta,\gamma,L)$ 的稳定性 ······ 116
3.5.3 关于 $\mathcal{L}_{\lambda^*,\delta}(\alpha,\beta,\gamma,L)$ 的稳定性 ······ 122
3.5.4 例子和数值算例 ······ 125
3.6 一类线性多步方法的收敛性 ······ 130
3.6.1 试验问题类 ······ 130
3.6.2 系数依赖于步长的多步方法 ······ 131
3.6.3 收敛性分析 I ······ 133
3.6.4 收敛性分析 II ······ 137
3.6.5 数值算例 ······ 139
第 4 章 中立型延迟微分方程数值方法的稳定性和收敛性 ······ 141
4.1 引言 ······ 141
4.2 中立型延迟微分方程单支方法的非线性稳定性 ······ 141
4.2.1 $D_{\alpha,\beta,\gamma,\varrho}$ 问题类 ······ 142
4.2.2 单支方法求解非线性中立型延迟微分方程 ······ 143
4.2.3 稳定性分析 ······ 145
4.2.4 数值算例 ······ 148
4.3 中立型延迟微分方程 Runge-Kutta 法的非线性稳定性 ······ 150
4.3.1 Runge-Kutta 法求解中立型延迟微分方程 ······ 150
4.3.2 稳定性分析 ······ 152
4.3.3 数值算例 ······ 156
4.4 中立型延迟微分方程一般线性方法的非线性稳定性 ······ 158
4.4.1 求解 NDDEs 的一般线性方法 ······ 158
4.4.2 主要结果及其证明 ······ 161
4.4.3 一般线性方法举例 ······ 166
4.4.4 数值算例 ······ 167

4.5 中立型延迟微分方程单支方法的收敛性 …… 169
4.5.1 单支方法 …… 169
4.5.2 收敛性分析 I …… 170
4.5.3 收敛性分析 II …… 178
4.5.4 数值算例 …… 183
4.6 中立型延迟微分方程波形松弛方法的收敛性 …… 187
4.6.1 求解中立型延迟微分方程的波形松弛方法 …… 187
4.6.2 解的存在唯一性 …… 190
4.6.3 连续时间波形松弛方法的收敛性 …… 192
4.6.4 扰动波形松弛迭代的收敛性 …… 196
4.6.5 离散时间波形松弛过程的收敛性 …… 198
4.6.6 数值算例 …… 203
第 5 章　中立型延迟积分微分方程数值方法的稳定性和收敛性 …… 208
5.1 引言 …… 208
5.2 中立型延迟积分微分方程理论解的稳定性 …… 210
5.3 单支方法的非线性稳定性 …… 212
5.3.1 单支方法及数值求积公式 …… 212
5.3.2 稳定性分析 …… 213
5.3.3 解非线性方程组迭代法的收敛性 …… 218
5.3.4 数值算例 …… 221
5.4 Runge-Kutta 法的非线性稳定性 …… 223
5.4.1 Runge-Kutta 法及数值求积公式 …… 223
5.4.2 稳定性分析 …… 224
5.4.3 解非线性方程组迭代法的收敛性 …… 234
5.4.4 应用举例 …… 236
5.4.5 数值算例 …… 240
5.5 单支方法的收敛性 …… 240
5.5.1 收敛性分析 I …… 240
5.5.2 收敛性分析 II …… 250
5.5.3 数值算例 …… 250
5.6 Runge-Kutta 法的收敛性 …… 252
5.6.1 主要结果及其证明 …… 253
5.6.2 数值算例 …… 267
第 6 章　中立型比例延迟微分方程数值方法的稳定性和误差估计 …… 269
6.1 引言 …… 269

6.2 中立型比例延迟微分方程理论解的稳定性 ························ 271
6.3 单支 θ-方法求解中立型比例延迟微分方程 ························ 274
6.3.1 拟几何网格 ························ 275
6.3.2 起始步积分 ························ 275
6.3.3 稳定性分析 ························ 282
6.3.4 数值算例 ························ 285
6.4 线性 θ-方法求解中立型比例延迟微分方程 ························ 288
6.4.1 起始步积分 ························ 289
6.4.2 变换方法 [TRA] ························ 295
6.4.3 全几何网格离散 [FGMD] ························ 299
6.4.4 数值算例 ························ 304
6.5 全几何网格单支方法求解中立型比例延迟微分方程 ························ 309
6.5.1 全几何网格单支方法 ························ 309
6.5.2 逼近 Lyapunov 泛函和线性稳定性 ························ 315
6.5.3 非线性稳定性和渐近收缩性 ························ 324
6.5.4 数值算例 ························ 330
6.6 具有消失延迟中立型微分方程全几何网格单支方法的最优收敛阶 ························ 333
6.6.1 求解消失延迟中立型方程的全几何网格单支方法 ························ 334
6.6.2 一些假设 ························ 335
6.6.3 起始步积分的误差估计 ························ 335
6.6.4 误差估计 ························ 340
6.6.5 数值算例 ························ 347
第 7 章 中立型延迟微分方程数值方法的耗散性 ························ 353
7.1 引言 ························ 353
7.2 中立型分片延迟微分方程 Runge-Kutta 法的耗散性 ························ 355
7.2.1 中立型分片延迟微分方程 ························ 355
7.2.2 系统的耗散性 ························ 355
7.2.3 Runge-Kutta 法的耗散性 ························ 358
7.2.4 应用举例 ························ 363
7.3 非线性中立型延迟微分方程 Runge-Kutta 法的耗散性 ························ 364
7.3.1 系统的耗散性 ························ 364
7.3.2 Runge-Kutta 法 ························ 369
7.3.3 数值方法的保耗散性 ························ 370
7.3.4 数值算例 ························ 376

第 8 章　中立型泛函微分方程数值方法的 B-理论 ······ 382
8.1　引言 ······ 382
8.2　Runge-Kutta 法的 B-理论 ······ 383
8.2.1　Runge-Kutta 法 ······ 383
8.2.2　B-稳定性 ······ 384
8.2.3　B-相容性和 B-收敛性 ······ 397
8.3　一般线性方法的 B-理论 ······ 403
8.3.1　一般线性方法 ······ 403
8.3.2　B-稳定性 ······ 405
8.3.3　B-相容性和 B-收敛性 ······ 418
参考文献 ······ 427

第 1 章　绪　　论

本章首先给出了一些中立型泛函微分方程的应用例子; 进而简要综述了中立型泛函微分方程数值分析的研究进展; 扼要介绍了本书的一些主要工作.

1.1　中立型泛函微分方程的应用背景

中立型泛函微分方程 (Neutral Functional Differential Equations, NFDEs)

$$y'(t) = f(t, y(t), y(\cdot), y'(\cdot)), \quad t \geqslant t_0 \tag{1.1.1}$$

常出现于生物学、物理学、控制理论及工程技术等诸多领域. 这种方程形式上的特征是右端函数不仅依赖于过去的状态, 而且还依赖于过去状态的变化率. 而其称为“中立型”的实质原因是线性中立型延迟微分方程特征方程的特征根分布在复平面的一条带形区域中 (参见 [277]). 虽然中立型泛函微分方程比常微分方程 (ODEs)

$$y'(t) = f(t, y(t)) \tag{1.1.2}$$

复杂, 但延迟的出现实质上简化了一些数学模型. 例如, 双曲偏微分方程能局部地理解成一个中立型延迟系统 [78, 129, 179]. 显然, 常微分方程 (ODEs)、泛函微分方程 (FDEs)

$$y'(t) = f(t, y(t), y(\cdot)) \tag{1.1.3}$$

是中立型泛函微分方程 (1.1.1) 的特例. 中立型延迟微分方程 (Neutral Delay Differential Equations, NDDEs)

$$y'(t) = f(t, y(t), y(t-\tau(t)), y'(t-\tau(t))) \tag{1.1.4}$$

和中立型延迟积分微分方程 (Neutral Delay Integro-Differential Equations, NDIDEs)

$$y'(t) = f\left(t, y(t), y(t-\tau), y'(t-\tau), \int_{t-\tau}^{t} K(t, s, y(s), y'(s))ds\right) \tag{1.1.5}$$

都可视为中立型泛函微分方程 (1.1.1) 的特殊情形. 不仅如此, 方程 (1.1.1) 还包括了

$$
\begin{aligned}
y'(t) = f\left(t, y(\eta_0(t)), \max_{h\leqslant s\leqslant \eta_1(t)} y(s), y'(\zeta_0(t)), \max_{h\leqslant s\leqslant \zeta_1(t)} y'(s)\right), \\
h \leqslant \eta_i(t), \quad \zeta_i(t) \leqslant t, \qquad i = 0, 1
\end{aligned} \tag{1.1.6}
$$

等各种形式的中立型泛函微分方程.

早在 18 世纪, Condorcet 在讨论 Euler 提出的一个古典几何学问题时就导出了泛函微分方程 [277]. 然而, 中立型泛函微分方程一直到 20 世纪 60 年代才在博弈论、生物学、控制理论及信息系统中广泛出现. 这些方程中有的是由问题经过变换以后得到的, 有的是由系统的动力学特征直接导出的. 中立型泛函微分方程的这些应用可参见文献 [77, 130, 144, 178, 246, 277] 及其后的参考文献. 下面列举的是一些有代表性的经典例子和最近的应用例子.

例 1.1.1 Driver 在 [54] 中对经典电动力学的二体问题给出了下述数学模型 (也可参见 [246, 277]):

$$
y'(t) = f\left(t, y(t), y(g(t, y(t))), y'(g(t, y(t)))\right). \tag{1.1.7}
$$

例 1.1.2 在生命个体的活细胞里, 控制酶反应的生物机制的一个数学模型为 (参见 [131, 277])

$$
y'(t) = f\left(t, y(\cdot), y'(t), y(g(t, y(\cdot), y'(t))), y'(G(t, y(\cdot), y'(t)))\right), \tag{1.1.8}
$$

其中 $x \in \mathbb{R}^N$, g 和 G 亦由某种递推公式确定.

例 1.1.3 在黏弹性材料的研究中, 出现了如下的中立型泛函微分方程 (参见 [242])

$$
\begin{aligned}
\frac{d}{dt}\left[u(t) + \int_{-\infty}^{t} F(t-s)u(s)ds\right] = A_T\left[u(t) + \int_{-\infty}^{t} F(t-s)u(s)ds\right] + F(0)u(t) \\
+ \int_{-\infty}^{t} [K(t-s) + F'(t-s)u(s)]ds.
\end{aligned}
$$

例 1.1.4 单种群增长模型为 (参见 [139, 169])

$$
y'(t) = y(t)[r(t) - a(t)y(t) - b(t)y(t-\tau(t)) - c(t)y'(t-\tau(t))],
$$

这里 $r(t), a(t), b(t), c(t), \tau(t)$ 是非负连续函数. 之后有学者考虑了多种群 Lotka-Volterra 模型 (参见 [158, 167])

$$
y_i'(t) = y_i(t)\left[r_i(t) - \sum_{j=1}^{n} a_{ij}(t)y_j(t) - \sum_{j=1}^{n} b_{ij}(t)y_j(t-\tau_{ij}(t)) - \sum_{j=1}^{n} c_{ij}(t)y_j'(t-\tau_{ij}(t))\right],
$$

$$i = 1, 2, \cdots, n.$$

例 1.1.5 一些电路模型, 例如 PEECs (Partial Element Equivalent Circuits) 能够表述成中立型延迟微分方程初值问题 [15,255]

$$\begin{cases} y'(t) = Ly(t) + My(t-\tau) + Ny'(t-\tau), & t \geqslant t_0, \\ y(t) = g(t), & t \leqslant t_0. \end{cases} \tag{1.1.9}$$

例 1.1.6 (参见 [184]) 容易从 3 阶常微分方程初值问题

$$\begin{cases} y'''(t) + a(t)y''(t) + b(t)y'(t) + c(t)y(t) = f(t), & t \geqslant t_0, \\ y(t_0) = y_0, \quad y'(t_0) = \bar{y}_0, \quad y''(t_0) = \tilde{y}_0 \end{cases} \tag{1.1.10}$$

导出如下的中立型积分微分方程

$$\begin{cases} y'(t) = \bar{y}_0 + \tilde{y}_0 K_t(t, t_0) + \displaystyle\int_{t_0}^{t} K_t(t,s) f(s) ds \\ \qquad - \displaystyle\int_{t_0}^{t} K_t(t,s)[b(s)y'(s) + c(s)y(s)]ds, \quad t \geqslant t_0, \\ y(t_0) = y_0, \quad y'(t_0) = \bar{y}_0, \end{cases} \tag{1.1.11}$$

其中

$$K(t,s) := \int_s^t (t-r) \exp\left(-\int_s^r a(z)dz\right) dr, \quad K_t(t,s) = \frac{\partial K(t,s)}{\partial t}.$$

例 1.1.7 在人口动力系统的研究中, 一个描述人口结构的标准双曲偏微分方程模型 (也称为 Sharpe-Lotka-Mckendrick Model)

$$\begin{cases} u_t + u_a + \mu(a)u = 0, \\ u(t,0) = \displaystyle\int_0^{\infty} b(a)u(t,a)da, \\ u(0,a) = u_0(a) \end{cases}$$

经变换后可化为中立型延迟微分方程 (参见 [22,23]). 在 t 时刻关于年龄 a 的人口分布以 $u(t,a)$ 表示. τ 表示一个成熟年龄 (例如 18 岁), 以此区分成年人和青少年. 出生率 $b(a)$ 和死亡率 $\mu(a)$ 分别由以下两式决定:

$$b(a) = b_0 + (b_1 - b_0)H_\tau(a) + b_2\delta_\tau(a),$$

$$\mu(a) = \mu_0 + (\mu_1 - \mu_0)H_\tau(a) + \mu_2\delta_\tau(a),$$

其中 H_τ 是 Heaviside 函数, 定义为

$$H_\tau(a) = \begin{cases} 0, & a < \tau, \\ 1, & a \geqslant \tau, \end{cases}$$

delta 函数 $\delta_\tau(a)$ 是其形式导数, b_0, b_1, b_2, μ_0, μ_1, $\mu_2 \geqslant 0$. 对这些参数的详细解释请见 [22], 则青少年人口数 $U(t) = \int_0^\tau u(t,a)da$ 及成年人人口数 $V(t) = \int_\tau^\infty u(t,a)da$ 满足: 当 $t \leqslant \tau$ 时,

$$\begin{cases} U'(t) = b_0U(t) + b_1V(t) + (b_2-1)u_0(\tau-t)e^{-\mu_0 t} - \mu_0U(t), \\ V'(t) = u_0(\tau-t)e^{-\mu_2-\mu_0 t} - \mu_1V(t) \end{cases} \tag{1.1.12}$$

及当 $t \geqslant \tau$ 时,

$$\begin{cases} U'(t) = (b_0-\mu_0)U(t) + b_1V(t) + (b_2-1)b_0e^{-\mu_0\tau}U(t-\tau) \\ \qquad\qquad + (b_2-1)(b_1e^{-\mu_2} + b_2\mu_1)e^{\mu_2-\mu_0\tau}V(t-\tau) \\ \qquad\qquad + (b_2-1)b_2e^{\mu_2-\mu_0\tau}V'(t-\tau), \\ V'(t) = b_0e^{-\mu_2-\mu_0\tau}U(t-\tau) + (b_1e^{-\mu_2} + b_2\mu_1)e^{-\mu_0\tau}V(t-\tau) \\ \qquad\qquad + b_2e^{-\mu_0\tau}V'(t-\tau) - \mu_1V(t), \end{cases} \tag{1.1.13}$$

其中 $u_0(a) = u(0,a)$.

例 1.1.8 在通信网络的研究中, 关于无损传输线的数学模型是一个带有边值条件的双曲偏微分方程, 经变换后化为 (可参见 [33])

$$\frac{d}{dt}[u(t) - Ku(t-\tau)] = f(u(t), u(t-\tau)), \tag{1.1.14}$$

其中 $\tau = 2/\sqrt{LC}$, L 及 C 分别为电感与电容. Wu 进一步考虑了由同一个电阻器相连的 N 个相互耦合的无损传输线网络 (LLTL), 得到了微分方程系统 (可参见 [242]):

$$\frac{d}{dt}D(v_t^k) = \frac{1}{RC}D(v_t^{k+1} - 2v_t^k + v_t^{k-1}) + H(v_t^k), \quad k \bmod N,$$

这里 $D(\phi) = \phi(0) - q\phi(-\tau), \forall \phi \in C[-\tau, 0]$, q, R 和 C 是正常数, $H : C[-\tau, 0] \to \mathbb{R}$ 是光滑映射.

例 1.1.9 (参见 [6]) 一个无应变的长度为 L 的钻柱的扭转激励满足偏微分方程

$$\frac{\partial^2}{\partial t^2}\phi(s,t) = c^2\frac{\partial^2}{\partial s^2}\phi(s,t), \qquad 0 \leqslant s \leqslant L,$$

这里 $c = \sqrt{G/\rho}$ 是波速, 其中 G, ρ 分别表示剪切模量和质量密度. 旋转角 $\phi(s,t)$ 满足的边界条件是

$$\frac{\partial}{\partial t}\phi(0,t) = \Omega,$$

$$J\frac{\partial^2}{\partial t^2}\phi(L,t) = -G\Gamma\frac{\partial}{\partial s}\phi(L,t) + F\left(\frac{\partial}{\partial t}\phi(L,t)\right).$$

在作一些变换后可以得到中立型延迟微分方程

$$y'(t) = y'(t-\tau) + \frac{1}{J}[F(y(t) - y(t-\tau) + \Omega) - y(t) - y(t-\tau) + \Omega],$$

其中

$$F(z) = -\frac{Az}{\sqrt{z^2+\varepsilon^2}}\left(1 + h\exp\left(-\frac{\sqrt{z^2+\varepsilon^2}}{\Lambda}\right)\right),$$

这里 $y(t) = x'(t)$, 而 $x(t)$ 表示向上运动的扭转扰动.

例 1.1.7—例 1.1.9 的方法, 即将一些带有边值条件的偏微分方程转化为中立型延迟微分方程, 在激光光学纤维、声呐/雷达测距技术、循环系统动力学等其他领域也有应用, 可参考文献 [10, 127, 174, 182].

1.2 中立型泛函微分方程数值分析研究现状

正如 1.1 节所言, 中立型泛函微分方程的出现简化了一些数学模型. 尽管如此, 要求得中立型泛函微分方程的真解却是十分困难的. 在这种情况下, 一方面希望通过对中立型泛函微分方程的定性研究以了解其真解的性态; 另一方面希望能够求得其比较精确的数值解. 在定性方面, 虽然最早研究的是 (1.1.1) 形式的中立型微分方程, 但由于其复杂性, 20 世纪 70 年代就创建了完整的基本理论的却是如下的中立型泛函微分方程

$$\frac{d}{dt}D[t, y(\cdot)] = f(t, y(t), y(\cdot)), \quad t_0 \leqslant t \leqslant T, \tag{1.2.1}$$

这里算子 $D: \Omega \to \mathbb{R}^N$, $\Omega \subseteq \mathbb{R} \times C_N[t_0-\tau, T]$, t_0 和 $\tau > 0$ 为常数, 方程 (1.2.1) 称为算子型 (或 Hale 型) 中立型泛函微分方程, 也有学者称其为隐式中立型微分方程 (见 [163]). 注意到 (1.1.1) 和 (1.2.1) 并不等价, 事实上, (1.2.1) 的基本理论更接近于 Volterra (滞后型) 泛函微分方程的基本理论. 关于中立型泛函微分方程的定性理论, 可参见专著 [55, 77, 78, 129, 144, 178, 246, 277].

中立型泛函微分方程数值分析是随着中立型泛函微分方程的出现而发展的. 最早的研究需追溯到 1964 年的文献 [280]. 此后, 随着各种求解中立型泛函微分方程数值方法的提出, 数值方法稳定性和收敛性作为两个非常重要的问题, 也越来越受到人们的普遍关注.

1.2.1 中立型泛函微分方程数值方法的稳定性分析

基于线性模型方程

$$\begin{cases} y'(t) = A_0 y(t) + A_1 y(t-\tau) + A_2 y'(t-\tau), & t \geqslant t_0, \\ y(t) = \phi(t), & -\tau \leqslant t \leqslant t_0, \end{cases} \tag{1.2.2}$$

这里 A_0, A_1, A_2 为复常数矩阵, t_0 和 $\tau > 0$ 为常数, $\phi(t)$ 是光滑的初始函数, 许多学者研究了数值方法的稳定性. Brayton 和 Willoughby [24] 于 1967 年分析了 θ-方法求解 (1.2.2) 的稳定性, 其中要求 A_0, A_1, A_2 为对称实矩阵, $I \pm A_2$ 和 $-A_0 \pm A_1$ 正定. 1984 年, Jackiewicz [120] 讨论了系数 A_0, A_1, A_2 为复标量的方程 (1.2.2) 的理论解的渐近稳定性, 并研究了单步方法的数值稳定性. Bellen、Jackiewicz 和 Zennaro [13] 于 1988 年研究了 Runge-Kutta 法用于求解系数 A_0, A_1, A_2 为复标量的方程 (1.2.2) 的数值稳定性, 证明了方程 (1.2.2) 的理论解在条件

$$|A_0 \bar{A}_2 - \bar{A}_1| + |A_0 A_2 + A_1| < -2\Re e(A_0) \tag{1.2.3}$$

下是渐近稳定的, 其中 $\bar{a}$ 表示 a 的共轭复数. 据此, 他们引入了 NP-稳定性的概念.

定义 1.2.1　一个数值方法称为是 NP-稳定的, 如果该数值方法当满足条件

$$mh = \tau \tag{1.2.4}$$

(这里 m 是正整数) 的步长求解问题 (1.2.2) 时, 其稳定域包含集合

$$\{(\alpha, \beta, A_2) : |\alpha \bar{A}_2 - \bar{\beta}| + |\alpha A_2 + \beta| < -2\Re e(\alpha)\}, \tag{1.2.5}$$

这里 $\alpha = hA_0$, $\beta = hA_1$.

并证明了 A-稳定的单步配置方法求解此标量线性方程时是 NP-稳定的. 1994 年, 匡蛟勋、项家祥和田红炯 [136] 研究了求解 (1.2.2) 的 θ-方法的数值稳定性. 1995 年, 胡广大和 Mitsui [85] 研究了求解 (1.2.2) 的 Runge-Kutta 法的数值稳定性, 并获得了显式 Runge-Kutta 法的绝对稳定域. 1996—1997 年, Koto [132,133] 讨论了 Runge-Kutta 法的 NP-稳定性. 1999 年, 仇璘、杨彪和匡蛟勋 [176] 把 NP-稳定性这一概念推广到 NGP-稳定性, 并证明了一个隐式 Runge-Kutta 法是 NGP-稳定的当且仅当其是 A-稳定的. 2000 年, 张诚坚和高健在文献 [260] 中讨论了多步 Runge-Kutta 法求解复标量模型方程 (1.2.2) 的 NGP(α)-稳定性. 2001 年, 田红炯、匡蛟勋和仇璘在 [192] 中证明了一个线性多步方法是 NGP-稳定的当且仅当其是 A-稳定的. 同年, 仇璘和 Mitsui [177] 考虑了 Radau IA 和 Lobatto IIIC 方法的 NGP-稳定性, 黄乘明 [102] 讨论了一般线性方法求解多延迟中立型微分方程的

稳定性, 丛玉豪、杨彪和匡蛟勋 [45], 丛玉豪 [46] 讨论了 Runge-Kutta 法和线性多步法的 $\mathrm{NGP_G}$-稳定性. 此后, 宋明辉 [188], 徐阳、刘明珠和赵景军 [245], 丛玉豪、徐丽和匡蛟勋 [47,48], 曹婉容和赵景军 [42] 等进一步讨论了 Runge-Kutta 法、线性多步法及多步 Runge-Kutta 法求解多延迟线性系统的数值稳定性.

另一方面, 胡广大、胡广弟和 Pink Ju-Hyun 等学者(参见 [41,86–90,128,143]) 对线性中立型延迟微分方程的稳定性进行了系统的研究, 得到了一系列判定其稳定的代数准则. 胡广大和胡广弟等并据此对数值稳定方法的步长进行了估计.

1999 年, Bellen、Guglielmi 和 Ruehli [15] 研究了系统 (1.2.2) 理论解和数值解的收缩性. 也就这一年, Bellen 等 [16] 把这一研究推广到变系数情形

$$
\begin{cases} y'(t) = L(t)y(t) + M(t)y(t-\tau(t)) + N(t)y'(t-\tau(t)), & t \geqslant t_0, \\ y(t) = \phi(t), & -\tau \leqslant t \leqslant t_0, \end{cases} \tag{1.2.6}
$$

他们研究了问题 (1.2.6) 理论解和数值解的收缩性与渐近稳定性, 其中 $-\tau = \inf_{t\geqslant 0}\{t-\tau(t)\}$, 而对延迟函数 $\tau(t)$ 要求其连续且满足条件:

($\mathcal{H}1$) $\tau(t) \geqslant \tau_0 > 0, \quad \forall t \geqslant t_0$;

($\mathcal{H}2$) $\eta(t) = t - \tau(t)$ 对 $t \geqslant t_0$ 严格递增.

对线性问题数值方法的稳定性, 可参见匡蛟勋的专著 [137]、Bellen 与 Zennaro 的专著 [21] 以及匡蛟勋与丛玉豪的专著 [138].

2005 年, 赵景军、徐阳和刘明珠 [274] 将模型问题 (1.2.2) 的数值稳定性研究推广到另一类中立型泛函微分方程——线性中立型延迟积分微分方程

$$
\begin{cases} Ay'(t) + By(t) + Cy'(t-\tau) + Dy(t-\tau) + G\displaystyle\int_{t-\tau}^{t} y(s)ds = 0, & t \geqslant 0, \\ y(t) = \phi(t), \quad t \in [-\tau, 0]. \end{cases} \tag{1.2.7}
$$

此后, 赵景军和徐阳 [276] 讨论了块 θ-方法求解此种类型的中立型延迟积分微分方程的数值稳定性. 2008 年, 张诚坚和 Vandewalle [270] 讨论了 Runge-Kutta 法和线性多步方法求解 Hale 型中立型多延迟积分微分方程的数值稳定性.

作为中立型泛函微分方程的一个重要子类, 线性中立型比例延迟微分方程初值问题

$$
\begin{cases} y'(t) = ay(t) + by(pt) + cy'(qt), & t \geqslant 0, \\ y(0) = y_0 \end{cases} \tag{1.2.8}
$$

及其数值方法的稳定性受到许多学者的关注, 这里 a, b, c 为复常数, p, $q \in (0,1)$ 为给定实常数. 有关文献可参见: Buhmann 和 Iserles [29–31]、Buhmann, Iserles 和 Nϕrsett [32]、Iserles [113–115]、Iserles 和刘运康 [116]、刘运康 [160]、Koto [134]、

Bellen [14,17,20]、Ishiwata [117]、Guglielmi 和 Zennaro [72]、张诚坚和孙耿 [268]、赵景军、曹婉容和刘明珠 [273]、黄乘明和 Vandewalle [107] 等. 注意对问题 (1.2.8) 作变换 $x(t) = y(e^t)$, $t \geqslant t_0 + \min\{\ln p, \ln q\}$, $t_0 \geqslant 0$ 后, 得到变系数常延迟问题

$$\begin{cases} x'(t) = ae^t x(t) + be^t y(t + \ln p) + cq^{-1} y'(t + \ln q), & t > t_0, \\ y(t) = y(e^t), & t \in [t_0 + \min\{\ln p, \ln q\}, t_0], \end{cases} \tag{1.2.9}$$

由此可见, 问题 (1.2.8) 与 (1.2.9) 的研究有密切内在联系. 也可参见 Bellen 与 Zennaro 的专著 [21]. 特别指出的是, 黄乘明和 Vandewalle 在 [107] 中也讨论了 Runge-Kutta 法求解非线性中立型比例延迟微分方程的数值稳定性.

对 Hale 型中立型泛函微分方程, 张诚坚和周叔子于 1998 年 [257] 和 1999 年 [258] 考虑了多延迟中立型微分方程

$$\begin{cases} \left[y(t) - \sum_{i=1}^{k} N_i y(t - \tau_i) \right]' = Ly(t) + \sum_{i=1}^{k} M_i y(t - \tau_i), & t \geqslant 0, \\ y(t) = \phi(t), & t \in [-\tau, 0]. \end{cases} \tag{1.2.10}$$

Runge-Kutta 法和线性多步方法的数值稳定性. 刘运康在文献 [163] 中通过将 (1.2.10)(其中 $k = 1$) 化成等价形式

$$\begin{cases} y(t) = z(t) + N_1 y(t - \tau_1), & t \geqslant 0, \\ z'(t) = L(t) y(t) + M_1(t) y(t - \tau_1), & t \geqslant 0, \\ y(t) = \phi(t), & t \in [-\tau, 0] \end{cases} \tag{1.2.11}$$

研究 Runge-Kutta 法求解 (1.2.10) 的数值稳定性. 这种通过将中立型泛函微分方程化成微分代数方程 (或更一般的泛函微分及泛函方程) 的方法在文献 [62–64, 101, 104] 中得到进一步的研究和发展. 张诚坚 [267] 于 2004 年进一步研究了 $k = 1$ 时一般线性方法求解 (1.2.10) 的 NGP(α)-稳定性.

显然, 一般非线性中立型延迟微分方程

$$\begin{cases} y'(t) = f(t, y(t), y(t - \tau(t)), y'(t - \tau(t))), & t \geqslant t_0, \\ y(t) = \phi(t), & t \leqslant t_0 \end{cases} \tag{1.2.12}$$

比模型方程 (1.2.2) 更复杂, 直接研究它的性质及其数值方法的性质, 难度更大. 2000 年, Bellen、Guglielmi 和 Zennaro [18] 研究了具有特殊形式的非线性中立型延迟微分方程

$$\begin{cases} y'(t) = f_1(t, y(t), G(t, y(t - \tau(t)), y'(t - \tau(t)))), & t \geqslant t_0, \\ y(t) = \phi(t), & t \leqslant t_0 \end{cases} \tag{1.2.13}$$

的理论解和数值解的稳定性与渐近稳定性, 这里同样要求延迟函数 $\tau(t)$ 连续且满足条件 $(\mathcal{H}1)$ 和 $(\mathcal{H}2)$.

2001 年, 张诚坚和李寿佛 [261] 给出了中立型泛函微分方程 (1.1.1) 耗散和指数渐近稳定的充分条件, 但这个充分条件太苛刻, 很难有问题能够满足这些条件. 2002 年, 张诚坚 [262] 给出了常延迟 Hale 型中立型延迟微分方程

$$\begin{cases} [y(t) - Ny(t-\tau)]' = f(t, y(t), y(t-\tau)), & t \geqslant 0, \\ y(t) = \phi(t), & t \in [-\tau, 0]. \end{cases} \tag{1.2.14}$$

理论解稳定和渐近稳定的充分条件, 并讨论了 Runge-Kutta 法的数值稳定性. 黄枝姣和张诚坚在文献 [109] 中讨论了求解此方程单支方法的稳定性. 2003 年, Vermiglio 和 Torelli [198] 研究了变延迟 Hale 型中立型延迟微分方程的理论解和数值解的稳定性与渐近稳定性. 之后, 余越昕在其博士学位论文中系统讨论了数值方法求解方程 (1.2.14) 的稳定性 (参见 [248], 也可参见 [247, 250–252]). 余越昕、文立平和李寿佛 [253] 进一步研究了 Runge-Kutta 法求解 Hale 型中立型延迟积分微分方程

$$\begin{cases} [y(t) - Ny(t-\tau)]' = f\left(t, y(t), y(t-\tau), \displaystyle\int_{t-\tau}^{t} g(t, s, y(s))ds\right), & t \geqslant 0, \\ y(t) = \phi(t), & t \in [-\tau, 0] \end{cases} \tag{1.2.15}$$

的稳定性.

2004 年, 王晚生首次在其硕士学位论文中 ([199], 也可参见 [200]) 给出了方程 (1.2.12) 理论解收缩和渐近稳定的充分条件, 并在这些条件下讨论了连续 Runge-Kutta 法的数值稳定性. 2006 年, 余越昕在其博士学位论文中 ([248], 也可参见 [249]) 系统讨论了单支方法、Runge-Kutta 法及一般线性方法在约束网格上求解中立型延迟积分微分方程

$$\begin{cases} y'(t) = f\left(t, y(t), y(t-\tau), y'(t-\tau), \displaystyle\int_{t-\tau}^{t} g(t, s, y(s))ds\right), & t \geqslant 0, \\ y(t) = \phi(t), & -\tau \leqslant t \leqslant 0 \end{cases} \tag{1.2.16}$$

的数值稳定性. 在问题 (1.2.12) 稳定的充分条件下, 王晚生、张瑗和李寿佛 [203], 王晚生、李寿佛和苏凯进一步研究了带有线性插值的单支方法及 Runge-Kutta 法求解常延迟中立型微分方程的数值稳定性. 王晚生和李寿佛 [202] 在 2007 年将这些充分条件应用到非线性中立型比例延迟微分方程, 获得了非线性中立型比例延迟微分方程理论解收缩和渐近稳定的充分条件, 并在此条件下了讨论了单支 θ-方法的稳定性.

注意到余越昕在 [248] 中并没有给出问题 (1.2.16) 理论解稳定的充分条件, 王晚生给出的 (1.2.12) 理论解稳定的充分条件也是建立在延迟函数 $\tau(t)$ 满足条件 $(\mathcal{H}1)$ 和 $(\mathcal{H}2)$ 的基础之上的. 因此, 给出问题 (1.2.16)、不需满足条件 $(\mathcal{H}1)$ 和 $(\mathcal{H}2)$ 的问题 (1.2.12), 甚至更一般的中立型泛函微分方程 (1.1.1) 初值问题理论解稳定的充分条件, 并在这些条件下讨论数值方法的稳定性将是一项非常重要而又非常有意义的工作, 这项工作正是本书的主要工作之一.

1.2.2 中立型泛函微分方程数值方法的收敛性分析

针对最一般形式的非线性问题 (1.1.1) 进行数值方法的收敛性分析, 要求右端函数 f 满足经典的 Lipschitz 条件

$$\begin{aligned}&\|f(t,y_1,\psi_1,\chi_1)-f(t,y_2,\psi_2,\chi_2)\|\\ \leqslant\ &L\|y_1-y_2\|+\beta\|\psi_1-\psi_2\|_{C_{\mathbf{X}}[t-\tau,t]}+\gamma\|\chi_1-\chi_2\|_{C_{\mathbf{X}}[t-\tau,t]},\end{aligned}$$

这里 $L,\beta\in[0,\infty)$, $\gamma\in[0,1)$. 所获得的稳定性、收敛性结果都直接依赖于经典 Lipschitz 常数 L, β 和 γ. 这方面的研究是把常微分方程数值方法, 包括线性多步法、Runge-Kutta 法以及波形松弛方法 (Waveform Relaxation Methods, WRM, WR 方法), 应用到中立型泛函微分方程上, 以期获得好的结果.

从 1981 年开始, Jackiewicz 与其合作者 [118, 119, 121–123, 126] 利用经典 Lipschitz 条件系统地研究了非线性中立型问题数值解的收敛性, 其中包括 Jackiewicz 与 Li 的合作文章 [123] 以及 Jackiewicz 与 Lo 的合作文章 [126]. Hayashi [79]、Enright 和 Hayashi [57] 对数值方法的构造、数值解的收敛性进行了分析. 刘运康在 [163] 中也讨论 Runge-Kutta 法求解 Hale 型中立型延迟微分方程的收敛性. Baker [4] 在 2000 年研究了数值求解中立型延迟微分方程的逼近格式, 并讨论了数值解的存在性、唯一性和收敛性. 上述研究都注意到中立型泛函微分方程解的一个特点, 即中立型泛函微分方程的解不具有 "平展性"(详细解释请见第 2 章), 一些学者为此专门讨论如何设计数值方法以处理中立型泛函微分方程的不连续解 (参见 [5, 175]). 1997 年, Jackiewicz、Kwapisz 和 Lo [125] 考虑了数值波形迭代用拟线性多步方法的波形松弛方法 (WR 方法) 求解中立型泛函微分方程的收敛性. Bartoszewski 和 Kwapisz [9] 在 2004 年考虑了连续时间波形迭代, 并给出了依赖于延迟的误差估计.

对中立型延迟积分微分方程, Enright 和 Hu [56] 在 1997 年研究了连续 Runge-Kutta 求解

$$y'(t)=f(t,y(t))+\int_{t-\tau}^{t}g(t,s,y(s),y'(s))ds \tag{1.2.17}$$

的收敛性; Brunner 在专著 [28] 中对配置方法求解 (1.2.17) 及更一般的中立型延迟积分微分方程进行了深入分析和讨论.

我们注意到, 存在许多中立型泛函微分方程问题, 如果应用上述结果去估计误差将严重失真, 例如,

$$\begin{cases} y'(t) = -10^8 y(t) + 0.9 \cdot 10^8 y(t-1) + 0.9y'(t-1) + g(t), & t \geqslant 0, \\ y(t) = \phi(t), & t \in [-1, 0]. \end{cases} \tag{1.2.18}$$

已有的关于误差估计的结果不能应用于上述问题的原因是上述误差估计都直接依赖于经典 Lipschitz 常数 L. 我们知道单边 Lipschitz 常数要远远小于经典 Lipschitz 常数 L 甚至是负数, 例如, 问题 (1.2.18) 的单边 Lipschitz 常数为 -10^8. 因此我们完全可以利用单边 Lipschitz 常数来估计数值误差. 基于上述杰出工作利用单边 Lipschitz 常数估计中立型泛函微分方程数值方法的误差是本书的主要内容之一.

1.2.3 中立型泛函微分方程数值方法的耗散性分析

从任意初始条件出发的解经过有限时间后进入一吸引集随后保持在里面, 即系统具有一有界吸引集, 这一性质称为耗散性. 科学与工程技术中的许多系统具有耗散性, 如 2 维的 Navier-Stokes 方程及 Lorenz 方程 [180,190,191] 等许多重要系统是耗散的. 因此耗散性研究一直是动力系统研究中的重要课题 [180,191]. 当数值求解这些系统时, 自然希望数值方法能够保持系统的该重要特性. 1994 年, Humphries 和 Stuart [110] 考虑了常微分方程系统的耗散性, 并首次研究了 Runge-Kutta 法对有限维系统的耗散性. 1997 年, Hill [80,81] 研究了单支方法、线性多步方法以及 Runge-Kutta 法的耗散性. 2000 年, 肖爱国 [243] 进一步研究了 Hilbert 空间中一般线性方法的耗散性. 同年黄乘明 [95–97] 将该研究扩展到常延迟动力系统, 并获得了线性 θ-方法、单支方法以及 Runge-Kutta 法的耗散性结果. 2004 年, 黄乘明 [106] 又给出了多步 Runge-Kutta 法的耗散性结果. 也在这一年, 田红炯 [193] 给出了有界变延迟动力系统本身及 θ-方法的耗散性结果. 2005 年, 文立平等学者 [234] 给出了更一般的泛函微分方程本身的耗散性结果, 范利强等 [58] 研究了 2 级 θ-方法求解延迟微分方程的数值耗散性. 2006 年, 文立平等 [236] 给出了一类线性多步方法求解分片延迟微分方程的耗散性, 沈爱莉等学者 [183] 研究了 2 级 Lobatto III-C 方法求解变系数线性延迟微分方程的数值耗散性. 同年, 甘四清 [65] 讨论了积分微分方程线性 θ-方法的耗散性, 进而在 2007 年研究了延迟积分微分方程及 θ-方法的耗散性 [66], 同时, 甘四清 [67] 讨论了比例延迟微分方程及隐式 Euler 方法的耗散性. 同年, 田红炯 [194] 讨论了多步方法求解延迟微分方程的耗散性, 程珍和黄乘明 [44] 给出了 Hale 型中立型延迟微分方程 (1.2.14) 耗散的充分条件, 并讨论了一类线性多步方法的耗散性. 本书将讨论中立型延迟系统 (1.2.12) 的耗散性的充分条件并研究数值方法的耗散性.

1.3 本书的主要内容

中立型泛函微分方程数值分析的相关文献主要研究线性问题和一些特殊的非线性问题的数值方法的稳定性以及基于经典 Lipschitz 条件的非线性问题数值方法的收敛性. 本书较系统地研究了更为一般的非线性中立型泛函微分方程数值方法的稳定性、收敛性及耗散性, 主要内容如下.

第 2 章将 Banach 空间中常微分方程初值问题类 $K(\mu,\lambda^*)$ 和 Volterra 泛函微分方程初值问题类 $\mathbf{D}_{\lambda^*}(\alpha,\beta,\mu_1,\mu_2)$ 推广到非线性中立型泛函微分方程的情形, 引进了试验问题类 $\mathscr{L}_{\lambda^*}(\alpha,\ \beta,\gamma,L,\tau_1,\tau_2)$ 和 $\mathscr{D}_{\lambda^*}(\alpha,\beta,\gamma,\varrho,\tau_1,\tau_2)$, 得到了这两类问题理论解的一系列稳定性、收缩性、渐近稳定性及指数渐近稳定性结果. 既为非线性常微分方程、非线性 Volterra 泛函微分方程、中立型延迟微分方程、中立型延迟积分微分方程及实际问题中遇到的其他各种类型的中立型泛函微分方程的解的稳定性分析提供了统一的理论基础, 也为后面的数值稳定性分析提供了指南.

第 3 章研究了一些数值方法用于求解 Banach 空间中非线性中立型延迟微分方程的稳定性和收敛性. 首先研究了隐式 Euler 方法的保稳定性, 证明了其能够保持 Volterra 泛函微分方程的稳定性以及一致网格下的中立型泛函微分方程的保稳定性. 随后讨论 θ-方法求解一类特殊的多延迟中立型微分方程的稳定性, 利用第 2 章的结果, 容易得到方程理论解稳定和渐近稳定的一系列充分条件, 并在这些充分条件下, 获得了一系列数值稳定性结果. 之后, 建立了求解 Banach 空间中一般的非线性中立型变延迟微分方程初值问题的一类变系数线性多步方法、显式和对角隐式 Runge-Kutta 法的稳定性准则, 并首次获得了显式和对角隐式 Runge-Kutta 法条件收缩的充分条件, 举例说明了一些显式或对角隐式 Runge-Kutta 法的条件收缩性. 本章也给出了变系数线性多步方法求解一般的中立型变延迟微分方程的收敛性结果, 这是第一个利用单边 Lipschitz 条件给出的关于非线性变延迟中立型微分方程的收敛性结果. 注意到这些结果容易推广到更为一般的中立型泛函微分方程的情形.

第 4 章讨论有限维欧氏空间中非线性中立型延迟微分方程数值方法的稳定性和收敛性. 研究了中立型延迟微分方程单支方法、Runge-Kutta 法及一般线性方法的稳定性, 获得了这些方法稳定的充分条件. 考虑了变延迟方程中立项的三种不同逼近方式, 证明了带线性插值的单支方法是 p 阶 E (或 EB)-收敛的当且仅当该方法 A-稳定且经典相容阶为 p (这里 $p=1,2$). 对于不同的子系统可以采用不同的步长序列以及可以并行计算, 这是波形松弛方法的两个显著优点. 这也使得许多学者研究了波形松弛方法求解常微分方程、泛函微分方程及微分代数方程的收敛性. 利用单边 Lipschitz 条件, 我们给出了波形松弛方法求解非线性中立型变延迟微分方程的收敛性结果, 部分解决了 Bartoszewski 和 Kwapisz 于 2004 年提到的单边 Lipschitz 条件不能应用于中立型泛函微分方程的问题, 为今后开展这方面的研究打开了突破口.

在第 5 章, 我们研究了有限维欧氏空间中非线性中立型延迟积分微分方程数值方法的稳定性和收敛性. 利用第 2 章的结果, 首先获得了此类方程理论解稳定和渐近稳定的一系列充分条件, 进而首次获得了单支方法和 Runge-Kutta 法稳定和渐近稳定的一系列准则. 将这些准则应用于延迟积分微分方程所获结果比已有的结果远为一般和深刻 (参见 5.4.4 小节). 同时利用单边 Lipschitz 条件首次获得了单支方法和 Runge-Kutta 法求解中立型延迟积分微分的收敛性结果.

对于中立型泛函微分方程的另一重要特例——中立型比例延迟微分方程, 我们在第 6 章研究了数值方法的稳定性和收敛性. 我们首先获得了此类方程理论解稳定和渐近稳定的一系列充分条件, 进而获得了单支 θ-方法和线性 θ-方法在几种不同的时间网格下的稳定性, 获得了一些新颖结果; 同时利用单边 Lipschitz 条件获得了单支方法和 Runge-Kutta 法求解中立型延迟积分微分的收敛性结果.

第 7 章首次讨论了 Hilbert 空间中非线性中立型泛函微分方程数值方法的耗散性. 我们考虑了两类具有代表性的中立型泛函微分方程——中立型分片延迟微分方程和中立型有界变延迟微分方程, 获得了这些方程本身耗散的充分条件. 对中立型分片延迟微分方程, 证明了一个 DJ-不可约的且代数稳定的 Runge-Kutta 法是 (弱) $E(\lambda)$-耗散的, 只要下列条件之一成立:

(1) A^{-1} 存在且 $|1-b^{\mathrm{T}}A^{-1}e|<1$;

(2) $a_{si}=b_i,\ i=1,2,\cdots,s$.

对中立型常延迟微分方程, 利用一些新的技巧, 获得了 Runge-Kutta 法的耗散性结果.

第 8 章将常微分方程和 Volterra 泛函微分方程数值方法的 B-理论推进到中立型泛函微分方程, 建立了中立型泛函微分方程 Runge-Kutta 法和一般线性方法的 B-理论.

第 2 章　Banach 空间中立型泛函微分方程试验问题类及其性质

2.1　引　　言

本章获得了 Banach 空间中非线性中立型泛函微分方程解的一系列稳定性结果, 为非线性 Volterra 泛函微分方程、中立型延迟微分方程、中立型延迟积分微分方程及实际问题中遇到的其他各种类型的中立型泛函微分方程的解的稳定性分析提供了统一的基础, 也为后面数值稳定性分析提供了一个理论基础. 这些结果可视为李寿佛 [155] 提出的 Banach 空间中非线性刚性 Volterra 泛函微分方程稳定性理论的进一步推广. 本章内容可参见本书作者及其合作者的论文 [221, 223].

本章内容安排如下: 在 2.2 节, 我们简要概述了中立型泛函微分方程解的存在性、唯一性及其光滑性.

在 2.3 节, 我们引进了 Banach 空间中中立型泛函微分方程试验问题类 $\mathscr{L}_{\lambda^*}(\alpha, \beta, \gamma, L, \tau_1, \tau_2)$ 并讨论了它的稳定性及渐近稳定性. 利用一个推广的 Halanay 不等式, 我们还得到了其解指数渐近稳定的充分条件.

在 2.4 节, 我们把这些结果应用到一些特殊类型的中立型泛函微分方程.

在 2.5 节, 我们将给出另一类试验问题 $\mathscr{D}_{\lambda^*}(\alpha, \beta, \gamma, \varrho, \tau_1, \tau_2)$ 解的稳定性、渐近稳定性和指数渐近稳定性结果, 并与已有的结果进行了比较.

2.2　解的存在唯一性及其光滑性

设 $\mathbf{X}$ 是实 (或复) 的 Banach 空间, $\|\cdot\|$ 是其中范数. 对任意的 $t_1, t_2 \in \mathbb{R}$, $C^q_{\mathbf{X}}[t_1, t_2]$ 表示映区间 $[t_1, t_2]$ 到 $\mathbf{X}$ 中的一切 q 次连续可微映射 $x(t)$ 的全体, $C^0_{\mathbf{X}}[t_1, t_2]$ 简记为 $C_{\mathbf{X}}[t_1, t_2]$, 定义范数为

$$x \in C^q_{\mathbf{X}}[t_1, t_2], \qquad \|x\|_{C^q_{\mathbf{X}}[t_1,t_2]} = \sum_{i=0}^{q} \sup_{t\in[t_1,t_2]} \|x^{(i)}(t)\|.$$

鉴于 NFDEs (3.2.2) 解的导数可能不连续, 我们引入了另一个空间. 对于任何给定的实数 t_1, t_2, 符号 $Q_{\mathbf{X}}[t_1, t_2]$ 表示由 $[t_1, t_2]$ 上存在可数个第一类间断点的分段

连续函数 $x(t)$ 的全体, 在每个间断点处, 函数右连续, 定义范数为

$$x \in Q_{\mathbf{X}}[t_1, t_2], \qquad \|x\|_{Q_{\mathbf{X}}[t_1,t_2]} = \sup_{t\in[t_1,t_2]} \|x(t)\|.$$

对任意的 $x \in C^1_{\mathbf{X}}[t_*, t^*], t_* \leqslant t^*$, 引入记号

$$|||x|||_{[t_*,t^*]} = \max\left\{ \max_{t\in[t_*,t^*]} \|x(t)\|, \max_{t\in[t_*,t^*]} \|x'(t)\| \right\}.$$

考虑中立型泛函微分方程初值问题

$$\begin{cases} y'(t) = f(t, y(t), y(\cdot), y'(\cdot)), & t \in I_T = [t_0, T], \\ y(t) = \phi(t), & t \in I_\tau = [t_0 - \tau, t_0], \end{cases} \tag{2.2.1}$$

这里 t_0, τ, T 是常数, $-\infty < t_0 < T < +\infty$, $0 \leqslant \tau \leqslant +\infty$, $f : [t_0, T] \times \mathbf{X} \times C_{\mathbf{X}}[t_0 - \tau, T] \times Q_{\mathbf{X}}[t_0 - \tau, T] \to \mathbf{X}$ 是连续映射, $\phi \in C^1_{\mathbf{X}}[t_0 - \tau, t_0]$.

注 2.2.1 在泛函微分方程理论分析的专著中, 中立型泛函微分方程一般写成如下形式 (参见 [77, 78, 129, 144, 178, 246, 277]):

$$\begin{cases} \dot{y}(t) = f(t, y(t), y_t, \dot{y}_t), & t \in I_T = [t_0, T],\ y_t(\theta) = y(t + \theta), -\tau \leqslant \theta \leqslant 0, \\ y_{t_0} = \phi, \quad \dot{y}_{t_0} = \dot{\phi}, \end{cases} \tag{2.2.2}$$

这里 $\tau > 0$, $\dot{y}_t := (\dot{y})_t$. 但在计算数学的文献中, 大部分文献是将其写成 (2.2.1) 的形式 (例如, 可见 [13, 119, 121, 125, 126]), 或直接写成延迟微分方程的形式 (例如, 可见 [30, 163]). 为遵循计算数学的传统, 我们仍将其写成 (2.2.1) 的形式.

对微分方程 (2.2.1) 解的存在唯一性, 已有下述定理.

定理 2.2.2 (参见 Kolmanovskii 和 Myshkis [130] 或 Gil′ [69]) 若连续映射 $f : E_h(:= [0, T] \times \mathbf{X} \times C^1_{\mathbf{X}}[t_0 - \tau, T] \times C_{\mathbf{X}}[t_0 - \tau, T]) \to \mathbf{X}$ 在 E_h 中任一点的某些邻域满足条件:

$$\begin{aligned} \|f(t, y_1, \psi_1, \chi_1) - f(t, y_2, \psi_2, \chi_2)\| \leqslant{}& L\|y_1 - y_2\| + \beta\|\psi_1 - \psi_2\|_{C_{\mathbf{X}}[t-\tau,t]} \\ &+ \gamma\|\chi_1 - \chi_2\|_{C_{\mathbf{X}}[t-\tau,t]}, \end{aligned} \tag{2.2.3}$$

这里 $L, \beta \in [0, \infty)$, $\gamma \in [0, 1)$, 且 $\phi \in C^1_{\mathbf{X}}[t_0 - \tau, t_0]$ 满足条件

$$\phi'(t_0) = f(t_0, \phi(t_0), \phi(\cdot), \phi'(\cdot)), \tag{2.2.4}$$

则存在 $t_\phi \in (t_0, \infty]$ 使得

(i) 在区间 $[t_0, t_\phi)$ 上问题 (2.2.1) 存在一个解 y;

(ii) 在每个区间 $[t_0, t_1] \subset [t_0, t_\phi]$ 上, 解是唯一的;

(iii) 若 $t_\phi < \infty$, 则当 $t \to t_\phi^-$ 时, $y'(t)$ 极限不存在;

(iv) 解 $y(t)$ 和 $y'(t)$ 连续依赖于 f, ϕ.

由此, 本章恒设初值问题 (2.2.1) 在区间 $[t_0-\tau, T]$ 上有唯一解 $y(t)$.

注 2.2.3 一般而言, 条件 (2.2.4) 并不成立. 此时, 方程 (2.2.1) 中的导数是指右导数, 其解的导数除在可数个点处不连续外都是连续的, 即解的导数存在可数个第一类间断点. 而当 (2.2.4) 成立时, 如果 ϕ 和 f 充分光滑, 则方程 (2.2.1) 存在连续可微的解 $y(t)$.

我们知道, 泛函微分方程的解具有平展性, 而中立型泛函微分方程的解并不具有平展性. 以延迟微分方程为例,

$$\begin{cases} y'(t) = f(t, y(t), y(t-\tau)), & t \in [t_0, T], \\ y(t) = \phi(t), & t \in [t_0-\tau, t_0], \end{cases} \tag{2.2.5}$$

其中 f, ϕ 可微足够多次, 则其解通常在点 $t = t_0 + (k-1)\tau$ $(k = 1, 2, \cdots)$ 处的 k 阶导数有第一类间断点, 但低于 k 阶的导数在此点都是连续的. 如此, 随着时间的推移, 其解越来越光滑. 这一性质叫做解的平展性. 对中立型方程, 其解却没有这一性质. 事实上, 即使对最简单的中立型延迟微分方程,

$$\begin{cases} y'(t) = f(t, y(t), y(t-\tau), y'(t-\tau)), & t \in [t_0, T], \\ y(t) = \phi(t), & t \in [t_0-\tau, t_0], \end{cases}$$

其解要求满足条件 $y(t_0) = \phi(t_0)$, 但未必有 $y'(t_0+0) = \phi'(t_0-0)$, 因此在 $t = t_0$ 处 $y(t)$ 的导数通常是间断的, 以后每推进一步, 右端函数 f 中有这种不连续的 y' 存在, 故仍不能保证解 $y(t)$ 在 $t = t_0 + \tau$ 有连续导数, 以此类推, 解 $y(t)$ 在点列 $t_0 + k\tau (k = 1, 2, \cdots)$ 上都保持 $t = t_0$ 处的光滑性而不增加光滑性. 如果条件 (2.2.4) 满足, 即有 $y'(t_0+0) = \phi'(t_0-0)$, 但未必有 $y''(t_0+0) = \phi''(t_0-0)$, 因此在 $t = t_0$ 处 $y(t)$ 的 2 阶导数通常是间断的, 以后每推进一步, 右端函数 f 中有这种不连续的 y'' 存在, 故仍不能保证解 $y(t)$ 在 $t = t_0 + \tau$ 有连续的 2 阶导数, 以此类推, 解 $y(t)$ 在点列 $t_0 + k\tau (k = 1, 2, \cdots)$ 上都保持 $t = t_0$ 处的光滑性而不增加光滑性. 也就是其解不具有平展性.

注 2.2.4 注意到对于 $\tau = 0$ 的情形, 解 $y(t)$ 的光滑性由 f 的光滑性决定.

2.3 试验问题类 $\mathscr{L}_{\lambda^*}(\alpha, \beta, \gamma, L, \tau_1, \tau_2)$ 及其稳定性

在这一节我们将引入本书所要讨论的一个问题类 $\mathscr{L}_{\lambda^*}(\alpha, \beta, \gamma, L, \tau_1, \tau_2)$, 并讨论其理论解的稳定性.

2.3.1 试验问题类 $\mathscr{L}_{\lambda^*}(\alpha, \beta, \gamma, L, \tau_1, \tau_2)$

对任给的 $u, v \in \mathbf{X}$, $t \geqslant t_0$, $\psi \in C_{\mathbf{X}}[t_0-\tau, T], \chi \in Q_{\mathbf{X}}[t_0-\tau, T]$, 从映射 f 可

定义一非负函数

$$G_f(\lambda,t,u,v,\psi,\chi)=\|u-v-\lambda[f(t,u,\psi,\chi)-f(t,v,\psi,\chi)]\|,\quad \lambda\in\mathbb{R}. \tag{2.3.1}$$

定义 2.3.1 (王晚生[206], 也可见 [221,223]) 设 $\alpha(t)$, $\beta(t)$, $\gamma(t)$, $L(t)$ 是区间 I_T 上给定的连续实函数, λ^*,δ 是给定的实数且 $\lambda^*\leqslant 0$, $\delta\geqslant\lambda^*$, 对任意 $t\in I_T$ 有 $1+\alpha(t)\lambda^*>0$, $\beta(t)\geqslant 0$, $1>\gamma(t)\geqslant 0$, $L(t)\geqslant 0$. 一切满足条件

$$\begin{aligned}&[1-\alpha(t)(\lambda-\lambda^*)]G_f(\lambda^*,t,u,v,\psi,\chi)\leqslant G_f(\lambda,t,u,v,\psi,\chi),\\&\forall\lambda\geqslant 0,\ t\in I_T,\ y_1,y_2\in\mathbf{X},\ \psi\in C_{\mathbf{X}}[t_0-\tau,T],\ \chi\in Q_{\mathbf{X}}[t_0-\tau,T]\end{aligned} \tag{2.3.2}$$

及

$$\begin{aligned}&\|f(t,y_1,\psi_1,\chi_1)-f(t,y_2,\psi_2,\chi_2)\|\\&\leqslant L(t)\|y_1-y_2\|+\beta(t)\|\psi_1-\psi_2\|_{C_{\mathbf{X}}[t-\tau_2(t),t-\tau_1(t)]}\\&\quad+\gamma(t)\|\chi_1-\chi_2\|_{C_{\mathbf{X}}[t-\tau_2(t),t-\tau_1(t)]},\\&\forall t\in I_T,\quad y_1,y_2\in\mathbf{X},\quad \psi_1,\psi_2\in C_{\mathbf{X}}[t_0-\tau,T],\quad \chi_1,\chi_2\in Q_{\mathbf{X}}[t_0-\tau,T]\end{aligned} \tag{2.3.3}$$

的初值问题 (2.2.1) 所构成的问题类记为 $\mathscr{L}_{\lambda^*}(\alpha,\ \beta,\ \gamma,\ L,\ \tau_1,\ \tau_2)$, 这里函数 $\tau_1(t)$, $\tau_2(t)$ 满足

$$0\leqslant\tau_1(t)\leqslant\tau_2(t)\leqslant t-t_0+\tau,\qquad \forall t\in I_T. \tag{2.3.4}$$

在类 $\mathscr{L}_{\lambda^*}(\alpha,\ \beta,\ \gamma,\ L,\ \tau_1,\ \tau_2)$ 中, 一切满足条件

$$\begin{aligned}&G_f(2\delta-\lambda,t,y_1,y_2,\psi,\chi)\leqslant G_f(\lambda,t,y_1,y_2,\psi,\chi),\\&\forall\lambda\geqslant\delta,\ y_1,y_2\in\mathbf{X},\ t\in I_T,\ \psi\in C_{\mathbf{X}}[t_0-\tau,T],\ \chi\in Q_{\mathbf{X}}[t_0-\tau,T]\end{aligned} \tag{2.3.5}$$

的初值问题 (2.2.1) 所构成的子类记为 $\mathscr{L}_{\lambda^*,\delta}(\alpha,\ \beta,\ \gamma,\ L,\ \tau_1,\ \tau_2)$.

为叙述简便计, 在本书中, 记

$$\begin{aligned}\tau_1^{(0)}&=\inf_{t\in I_T}\tau_1(t)\geqslant 0,\\ \tau_2^{(0)}(\xi_1,\xi_2)&=\inf_{t\in[\xi_1,\xi_2]}[t-\tau_2(t)]\geqslant t_0-\tau,\quad \forall\xi_1,\xi_2:t_0\leqslant\xi_1\leqslant\xi_2\leqslant T.\end{aligned} \tag{2.3.6}$$

注 2.3.2 若对任意 $t\in I_T$, $y\in\mathbf{X}$, $\psi_1,\psi_2\in C_{\mathbf{X}}[t_0-\tau,T]$, $\chi_1,\chi_2\in Q_{\mathbf{X}}[t_0-\tau,T]$, 有 $\beta(t)\equiv 0$, $\gamma(t)\equiv 0$, 则问题类 $\mathscr{L}_{\lambda^*}(\alpha,\beta,\gamma,L,\tau_1,\tau_2)$ 及 $\mathscr{L}_{\lambda^*,\delta}(\alpha,\ \beta,\ \gamma,\ L,\ \tau_1,\ \tau_2)$ 分别退化为常微分方程初值问题类 $K(\alpha,\lambda^*)$ 和 $K(\alpha,\lambda^*,\delta)$(参见 [145] 及 [150] 的第四章), 略微不同的是, 这里 α 是一个函数, 而在类 $K(\alpha,\lambda^*)$ 或类 $K(\alpha,\lambda^*,\delta)$ 中 α 是常数.

注 2.3.3 若对任意 $t \in I_T$, $y \in \mathbf{X}$, $\psi_1, \psi_2 \in C_{\mathbf{X}}[t_0 - \tau, T]$, $\chi_1, \chi_2 \in Q_{\mathbf{X}}[t_0 - \tau, T]$, 有 $\gamma(t) \equiv 0$, 则问题类 $\mathscr{L}_{\lambda^*}(\alpha, \beta, \gamma, L, \tau_1, \tau_2)$ 及 $\mathscr{L}_{\lambda^*,\delta}(\alpha, \beta, \gamma, L, \tau_1, \tau_2)$ 分别退化为 Volterra 泛函微分方程初值问题类 $\mathbf{D}_{\lambda^*}(\alpha, \beta, \tau_1, \tau_2)$ 和 $\mathbf{D}_{\lambda^*,\delta}(\alpha, \beta, \tau_1, \tau_2)$(参见 [155] 及 [231]).

注 2.3.4 2001 年, Zhang 和 Li [261] 引入了非线性 NFDEs 问题的 $N(\eta)$ 类. 我们观察到只有少数的 NFDEs 问题属于 $N(\eta)$ 类. 但是存在着许多问题属于 $\mathscr{L}_{\lambda^*}(\alpha, \beta, \gamma, L, \tau_1, \tau_2)$ 类问题. 详见文献 [206].

注 2.3.5 对于非线性映射 $f: \mathbf{X} \to \mathbf{X}$, Söderlind 在 [185] 中 (另请参见 [186] 和 [187]) 引入了两个函数, 最小上界 (Least Upper Bound, Lub) Lipschitz 常数和最小上界对数 Lipschitz 常数, 分别由下式定义

$$L[f] = \sup_{u \neq v} \frac{\|f(u) - f(v)\|}{\|u - v\|}, \qquad M[f] = \lim_{\lambda \to 0+} \frac{L[I + \lambda f] - 1}{\lambda}.$$

他还指出, 最小上界对数 Lipschitz 常数 $M[f]$ 推广了通常的对数范数. 考虑到 (3.2.1) 中的非线性映射 f, 如果它是 Lipschitz 连续的, 则很容易证明 $M[f(t)]$ 是下式的最小上界

$$[1 - M[f(t)]\lambda] G_f(0, t, u, v, \psi) \leqslant G_f(\lambda, t, u, v, \psi), \quad \forall \lambda \geqslant 0,\ t \in I_T,\ u, v \in \mathbf{X}, \quad \psi \in C_{\mathbf{X}}[t_0 - \tau, T]. \tag{2.3.7}$$

Sand 和 Skelboe 在 [181] 中首次引入了这种类型的条件.

对于 $\mathbf{X}$ 为 (实或复的) Hilbert 空间 $\mathbf{H}$ 的特殊情形, 我们有

命题 2.3.6 设 $\mathbf{X}$ 为 (实或复的)Hilbert 空间 $\mathbf{H}$, $\langle \cdot, \cdot \rangle$ 为其中内积, $\|\cdot\|$ 为相应的内积范数, $\lambda^* \leqslant 0$, 且对一切 $t \in I_T$ 都有 $1 + \alpha(t)\lambda^* > 0$. 则条件 (2.3.2) 等价于 (参见 [231])

$$\begin{aligned} &\Re e\langle y_1 - y_2, f(t, y_1, \psi, \chi) - f(t, y_2, \psi, \chi)\rangle \\ &\leqslant \frac{\alpha(t)[2 + \alpha(t)\lambda^*]}{2[1 + \alpha(t)\lambda^*]^2} \|y_1 - y_2\|^2 + \frac{\lambda^*}{2} \|f(t, y_1, \psi, \chi) - f(t, y_2, \psi, \chi)\|^2, \\ &\forall t \in I_T, \quad y_1, y_2 \in \mathbf{H}, \quad \psi \in C_{\mathbf{H}}[t_0 - \tau, T], \quad \chi \in Q_{\mathbf{H}}[t_0 - \tau, T]. \end{aligned} \tag{2.3.8}$$

特别地, 当 $\lambda^* = 0$ 时条件 (2.3.2) 等价于单边 Lipschitz 条件

$$\begin{aligned} &\Re e\langle y_1 - y_2, f(t, y_1, \psi, \chi) - f(t, y_2, \psi, \chi)\rangle \leqslant \alpha(t)\|y_1 - y_2\|^2, \\ &\forall t \in I_T, \quad y_1, y_2 \in \mathbf{H}, \quad \psi \in C_{\mathbf{H}}[t_0 - \tau, T], \quad \chi \in Q_{\mathbf{H}}[t_0 - \tau, T]. \end{aligned} \tag{2.3.9}$$

此命题的证明类似于 [150] 中的命题 4.6.7 的证明.

由于 $G_f(\lambda, t, y_1, y_2, \psi, \chi)$ 关于 λ 是凸的, 我们易得

命题 2.3.7 (参见李寿佛 [150]) 设 (2.2.1) 属于类 $\mathscr{L}_{\lambda^*}(\alpha, \beta, \gamma, L, \tau_1, \tau_2)$, 实数 λ_1, λ_2 满足 $\lambda^* \leqslant \lambda_1 \leqslant \lambda_2$, $\alpha(t)\lambda_2 < 1 + \alpha(t)\lambda^*$, $\lambda_2 \geqslant 0$. 则

$$
\begin{aligned}
&G_f(\lambda_1, t, y_1, y_2, \psi, \chi) \leqslant \frac{1-\alpha(t)(\lambda_1-\lambda^*)}{1-\alpha(t)(\lambda_2-\lambda^*)} G_f(\lambda_2, t, y_1, y_2, \psi, \chi), \\
&\forall t \in I_T, \quad y_1, y_2 \in \mathbf{X}, \quad \psi \in C_{\mathbf{X}}[t_0-\tau, T], \quad \chi \in Q_{\mathbf{X}}[t_0-\tau, T]. \quad (2.3.10)
\end{aligned}
$$

命题 2.3.8 (参见李寿佛 [150]) 设 (2.2.1) 属于类 $\mathscr{L}_{\lambda^*,\delta}(\alpha, \beta, \gamma, L, \tau_1, \tau_2)$. 则对任何实数 λ, 有

$$
\begin{aligned}
&G_f(\lambda+\delta, t, y_1, y_2, \psi, \chi) \leqslant G_f(|\lambda|+\delta, t, y_1, y_2, \psi, \chi), \\
&\qquad \forall t \in I_T, \quad y_1, y_2 \in \mathbf{X}, \quad \psi \in C_{\mathbf{X}}[t_0-\tau, T], \quad \chi \in Q_{\mathbf{X}}[t_0-\tau, T]. \quad (2.3.11)
\end{aligned}
$$

定理 2.3.9 若问题 (2.2.1) 属于类 $\mathscr{L}_{\lambda^*}(\alpha, \beta, \gamma, L, \tau_1, \tau_2)$, 则 $\forall t_1, t_2$: $t_0 \leqslant t_1 \leqslant t_2 \leqslant T$, 我们有

$$
\begin{aligned}
\|y(t_2)-z(t_2)\| \leqslant{}& \exp\left(\int_{t_1}^{t_2} \hat{\alpha}(s)ds\right) \|y(t_1)-z(t_1)\| \\
&+ \int_{t_1}^{t_2} \beta(\xi) \exp\left(\int_{\xi}^{t_2} \hat{\alpha}(s)ds\right) d\xi \|y-z\|_{C_{\mathbf{X}}[\tau_2^{(0)}(t_1,t_2), t-\tau_1^{(0)}]} \\
&+ \int_{t_1}^{t_2} \gamma(\xi) \exp\left(\int_{\xi}^{t_2} \hat{\alpha}(s)ds\right) d\xi \|y'-z'\|_{Q_{\mathbf{X}}[\tau_2^{(0)}(t_1,t_2), t-\tau_1^{(0)}]}.
\end{aligned} \tag{2.3.12}
$$

这里及下文中, 如无特别说明, $\hat{\alpha}(s) = \dfrac{\alpha(s)}{1+\alpha(s)\lambda^*}$, $z(t)$ 表示 (2.2.1) 的任意给定的扰动问题

$$
\begin{cases}
z'(t) = f(t, z(t), z(\cdot), z'(\cdot)), & t \in I_T = [t_0, T], \\
z(t) = \varphi(t), & t \in I_\tau = [t_0-\tau, t_0]
\end{cases} \tag{2.3.13}
$$

的唯一真解.

证明 记

$$
Q(t) = p(t)[\|y(t)-z(t)\| + \delta_1 q(t) + \delta_2 r(t)], \qquad t_1 \leqslant t \leqslant t_2, \tag{2.3.14}
$$

其中

$$
\begin{aligned}
&p(t) = \exp\left(-\int_{t_0}^{t} \hat{\alpha}(s)ds\right), \quad q(t) = -[p(t)]^{-1} \int_{t_0}^{t} \beta(\xi)p(\xi)d\xi, \\
&r(t) = -[p(t)]^{-1} \int_{t_0}^{t} \gamma(\xi)p(\xi)d\xi.
\end{aligned} \tag{2.3.15}
$$

δ_1, δ_2 是待定常数. 易算出

$$p'(t) = -\hat{\alpha}(t)p(t), \quad q'(t) = \hat{\alpha}(t)q(t) - \beta(t), \quad r'(t) = \hat{\alpha}(t)r(t) - \gamma(t),$$

由此得

$$\begin{aligned} Q'(t-0) = & p'(t)[\|y(t)-z(t)\| + \delta_1 q(t) + \delta_2 r(t)] + p(t)\delta_1 q'(t) + p(t)\delta_2 r'(t) \\ & + p(t)\lim_{\lambda\to+0}\frac{1}{-\lambda}[\|y(t)-z(t)-\lambda[y'(t)-z'(t)]\| - \|y(t)-z(t)\|] \\ = & -\delta_1 p(t)\beta(t) - \delta_2 p(t)\gamma(t) \\ & + p(t)\lim_{\lambda\to+0}\frac{1}{\lambda[1+\alpha(t)\lambda^*]}\{[1-\alpha(t)(\lambda-\lambda^*)]\|y(t)-z(t)\| \\ & - [1+\alpha(t)\lambda^*]\|y(t)-z(t)-\lambda[y'(t)-z'(t)]\|\}. \end{aligned}$$

因 $1+\alpha(t)\lambda^*>0$, 故对任意的 $\alpha(t)$, 存在 $\varepsilon>0$, 使得 $\alpha(t)\varepsilon<1+\alpha(t)\lambda^*$. 从而当 $0\leqslant\lambda<\varepsilon$ 时, 有 $\alpha(t)\lambda<1+\alpha(t)\lambda^*$. 进而在命题 2.3.7 中令 $\lambda_1=0$, $\lambda_2=\lambda$, 可得

$$\begin{aligned} & [1-\alpha(t)(\lambda-\lambda^*)]\|y(t)-z(t)\| \\ \leqslant & [1+\alpha(t)\lambda^*]\|y(t)-z(t)-\lambda[f(t,y(t),y(\cdot),y'(\cdot))-f(t,z(t),y(\cdot),y'(\cdot))]\|. \end{aligned}$$

另一方面, 我们有

$$\begin{aligned} & \|y(t)-z(t)-\lambda[y'(t)-z'(t)]\| \\ \geqslant & \|y(t)-z(t)-\lambda[f(t,y(t),y(\cdot),y'(\cdot))-f(t,z(t),y(\cdot),y'(\cdot))]\| \\ & -\lambda\|f(t,z(t),y(\cdot),y'(\cdot))-f(t,z(t),z(\cdot),z'(\cdot))\|. \end{aligned}$$

注意到 $1+\alpha(t)\lambda^*>0$, 从上面两式易得

$$\begin{aligned} & [1-\alpha(t)(\lambda-\lambda^*)]\|y(t)-z(t)\| - [1+\alpha(t)\lambda^*]\|y(t)-z(t)-\lambda[y'(t)-z'(t)]\| \\ \leqslant & \lambda[1+\alpha(t)\lambda^*]\|f(t,z(t),y(\cdot),y'(\cdot))-f(t,z(t),z(\cdot),z'(\cdot))\|. \end{aligned}$$

于是由 (2.3.2) 及条件 (2.3.3) 得

$$\begin{aligned} Q'(t-0) \leqslant & p(t)[\|f(t,z(t),y(\cdot),y'(\cdot))-f(t,z(t),z(\cdot),z'(\cdot))\| - \delta_1\beta(t) - \delta_2\gamma(t)] \\ \leqslant & p(t)\beta(t)\left[\|y-z\|_{C_{\mathbf{X}}[\tau_2^{(0)}(t_1,t_2),t-\tau_1^{(0)}]} - \delta_1\right] \\ & + p(t)\gamma(t)\left[\|y'-z'\|_{Q_{\mathbf{X}}[\tau_2^{(0)}(t_1,t_2),t-\tau_1^{(0)}]} - \delta_2\right], \quad t_1\leqslant t\leqslant t_2. \quad (2.3.16) \end{aligned}$$

取

$$\delta_1 = \|y-z\|_{C_{\mathbf{X}}[\tau_2^{(0)}(t_1,t_2),t-\tau_1^{(0)}]}, \quad \delta_2 = \|y'-z'\|_{Q_{\mathbf{X}}[\tau_2^{(0)}(t_1,t_2),t-\tau_1^{(0)}]},$$

则从式 (2.3.16) 可推出 $Q'(t-0)\leqslant 0$. 这意味着函数 $Q(t)$ 在区间 $[t_1,t_2]$ 上单调递减. 因而不等式 (2.3.12) 成立. 定理证毕.

从定理 2.3.9 直接得到

推论 2.3.10 (参见 [237]) 若问题 (2.2.1) 属于类 $\mathscr{L}_{\lambda^*}(\alpha, \beta, 0, L, \tau_1, \tau_2)$, 则 $\forall t_1,t_2$： $t_0\leqslant t_1\leqslant t_2\leqslant T$, 我们有

$$\begin{aligned}\|y(t_2)-z(t_2)\| \leqslant & \exp\left(\int_{t_1}^{t_2}\hat{\alpha}(s)ds\right)\|y(t_1)-z(t_1)\| \\ & + \int_{t_1}^{t_2}\beta(\xi)\exp\left(\int_{\xi}^{t_2}\hat{\alpha}(s)ds\right)d\xi\|y-z\|_{C_{\mathbf{X}}[\tau_2^{(0)}(t_1,t_2),t-\tau_1^{(0)}]}.\end{aligned} \tag{2.3.17}$$

推论 2.3.11 (参见李寿佛 [150]) 若问题 (2.2.1) 属于类 $\mathscr{L}_{\lambda^*}(\alpha, 0, 0, L, \tau_1, \tau_2)$, 则 $\forall t_1,t_2: t_0\leqslant t_1\leqslant t_2\leqslant T$, 我们有

$$\|y(t_2)-z(t_2)\| \leqslant \exp\left(\int_{t_1}^{t_2}\hat{\alpha}(s)ds\right)\|y(t_1)-z(t_1)\|.$$

2.3.2 试验问题类的稳定性

在本小节中, 如无特别说明, 始终假定条件 (2.2.4) 满足. 在这个条件下, 方程存在连续可微的唯一解.

为讨论 (2.2.1) 解的性质, 我们引入 (2.2.1) 的 $\dfrac{1}{n}$-扰动问题. 令

$$f_n(t,y,\psi,\chi)=f(t,y,\psi^{(n,t)},\chi^{(n,t)}),\qquad \forall t\in I_T,\ y\in\mathbf{X},\ \psi,\chi\in C_{\mathbf{X}}[t_0-\tau,T], \tag{2.3.18}$$

这里 $\psi^{(n,t)},\chi^{(n,t)}\in C_{\mathbf{X}}[-\tau,T]$ 由

$$\begin{aligned}\psi^{(n,t)}(\xi)&=\begin{cases}\psi(\xi), & \xi\in\left[t_0-\tau,t-\dfrac{1}{n}\right],\\ \psi\left(t-\dfrac{1}{n}\right), & \xi\in\left(t-\dfrac{1}{n},T\right],\end{cases}\\ \chi^{(n,t)}(\xi)&=\begin{cases}\chi(\xi), & \xi\in\left[t_0-\tau,t-\dfrac{1}{n}\right],\\ \chi\left(t-\dfrac{1}{n}\right), & \xi\in\left(t-\dfrac{1}{n},T\right]\end{cases}\end{aligned} \tag{2.3.19}$$

定义. 称初值问题

$$\begin{cases}y'(t)=f_n(t,y,y(\cdot),y'(\cdot)), & t\in I_T=[t_0,T],\\ y(t)=\phi(t),\quad y'(t)=\phi'(t), & t\in I_\tau=[t_0-\tau,t_0]\end{cases} \tag{2.3.20}$$

为问题 (2.2.1) 的 $\dfrac{1}{n}$-扰动问题, 这里自然数 $n > 1/\tau$ 可任意给定. 注意对于 $\tau = 0$ 的特殊情形, 可用一个小的正数 $\tilde{\tau}$ 去代替, 并定义 $\phi(t) = \phi(t_0), \phi'(t) = 0,\ \forall t \in [t_0 - \tilde{\tau}, t_0]$, 因此不失一般性, 可设 $\tau > 0$. 容易看出, 当问题 (2.2.1) $\in \mathscr{L}_{\lambda^*}(\alpha,\ \beta,\ \gamma,\ L,\ \tau_1,\ \tau_2)$ 时, 它的 $\dfrac{1}{n}$-扰动问题 (2.3.20)$\in \mathscr{L}_{\lambda^*}(\alpha,\ \beta,\ \gamma,\ L,\ \tilde{\tau}_1,\ \tilde{\tau}_2)$. 这里

$$\tilde{\tau}_1 = \max\left\{\tau_1(t), \frac{1}{n}\right\}, \quad \tilde{\tau}_2 = \max\left\{\tau_2(t), \frac{1}{n}\right\}, \tag{2.3.21}$$

因而有

$$\begin{aligned} &\tilde{\tau}_1^{(0)} = \inf_{t\in I_T} \tilde{\tau}_1(t) \geqslant \frac{1}{n}, \\ &\tau_2^{(0)}(\xi_1,\xi_2) - \frac{1}{n} \leqslant \tilde{\tau}_2^{(0)}(\xi_1,\xi_2) = \inf_{\xi_1\leqslant t\leqslant\xi_2} [t - \tilde{\tau}_2(t)] \leqslant \tau_2^{(0)}(\xi_1,\xi_2), \\ &t_0 \leqslant \xi_1 \leqslant \xi_2 \leqslant T. \end{aligned} \tag{2.3.22}$$

引理 2.3.12 设 $a > 0,\ b \leqslant 0, a + b > 0$ 且 $a + b - ab \geqslant 1$, 则

$$\frac{a^{m+1} - b^{m+1}}{a-b} = \frac{a^m - b^m}{a-b}(a+b) - ab\frac{a^{m-1} - b^{m-1}}{a-b} \leqslant (a+b-ab)^m. \tag{2.3.23}$$

证明 当 $m = 1$ 时, 因 $ab \leqslant 0$, (2.3.23) 式显然成立. 当 $m = 2$ 时, 直接计算, 有

$$\frac{a^2 - b^2}{a-b}(a+b) - ab\frac{a-b}{a-b} = (a+b)^2 - ab$$

及

$$(a+b-ab)^2 = (a+b)^2 - 2ab(a+b) + a^2b^2 = (a+b)^2 - ab(a+b) - ab(a+b-ab),$$

(2.3.23) 式成立.

现设当 $m = i\ (i \geqslant 1)$ 时, (2.3.23) 式成立. 往证当 $m = i+1$ 时 (2.3.23) 式也成立. 事实上,

$$\begin{aligned} \frac{a^{i+1} - b^{i+1}}{a-b}(a+b) - ab\frac{a^i - b^i}{a-b} &\leqslant (a+b-ab)^i(a+b) - ab(a+b-ab)^{i-1} \\ &\leqslant (a+b-ab)^i(a+b) - ab(a+b-ab)^i \\ &\leqslant (a+b-ab)^{i+1}. \end{aligned}$$

证毕.

引理 2.3.13 设问题 (2.2.1) $\in \mathscr{L}_{\lambda^*}(\alpha,\beta,\gamma,L,\tau_1,\tau_2)$, 则有

$$\lim_{n\to\infty}\|y(t)-y_n(t)\|_{C^1_{\mathbf{X}}[t_0-\tau,T]}=0, \tag{2.3.24}$$

这里 $y_n(t)$ 表示 $\dfrac{1}{n}$-扰动问题 (2.3.20) 的解.

证明 对任给自然数 n, 可取一充分大的自然数 m, 使得

$$\bar{\tau}:=(T-t_0)/m<1/n.$$

记

$$t_1=t_0+(i-1)\bar{\tau},\quad t_2=t_0+i\bar{\tau},\quad i=1,2,\cdots,m,\quad \alpha_0=\max\{\max_{t\in I_T}\alpha(t),\varepsilon\},$$

$$\beta=\max_{t\in I_T}\beta(t),\quad \gamma=\max_{t\in I_T}\gamma(t),\quad L=\max_{t\in I_T}L(t),\quad \tilde{\alpha}=\frac{\alpha_0}{1+\alpha_0\lambda^*},$$

这里 ε 是任意给定的充分小的正数, 并令

$$Q(t)=p(t)[\|y(t)-y_n(t)\|+\delta_1 q(t)+\delta_2 r(t)],\qquad t_1\leqslant t\leqslant t_2,$$

这里

$$\delta_1=\varepsilon_{1n}+\max_{\xi\in[t_0-\tau,t_1]}\|y(\xi)-y_n(\xi)\|,\quad \varepsilon_{1n}=\max_{t\in I_T}\max_{\xi\in[t-1/n,t]}\left\|y(\xi)-y\left(t-\frac{1}{n}\right)\right\|,$$

$$\delta_2=\varepsilon_{2n}+\max_{\xi\in[t_0-\tau,t_1]}\|y'(\xi)-y'_n(\xi)\|,\quad \varepsilon_{2n}=\max_{t\in I_T}\max_{\xi\in[t-1/n,t]}\left\|y'(\xi)-y'\left(t-\frac{1}{n}\right)\right\|,$$

$p(t)$, $q(t)$ 和 $r(t)$ 由 (2.3.15) 式确定. 应用条件 (2.3.2) 和 (2.3.3), 类似于 (2.3.16) 可推出

$$\begin{aligned}
Q'(t-0)\leqslant\,& p(t)\Big[\left\|f(t,y_n(t),y(\cdot),y'(\cdot))-f\left(t,y_n(t),y_n^{(n,t)}(\cdot),y_n^{(n,t)\prime}(\cdot)\right)\right\|\\
&-\delta_1\beta(t)-\delta_2\gamma(t)\Big]\\
\leqslant\,& p(t)\beta(t)\left[\left\|y-y_n^{(n,t)}\right\|_{C_{\mathbf{X}}[t-\tau_2(t),t-\tau_1(t)]}-\delta_1\right]\\
&+p(t)\gamma(t)\left[\left\|y'-y_n^{(n,t)\prime}\right\|_{C_{\mathbf{X}}[t-\tau_2(t),t-\tau_1(t)]}-\delta_2\right]\\
\leqslant\,& p(t)\beta(t)\Bigg(\max\Bigg\{\|y-y_n\|_{C_{\mathbf{X}}[t_0-\tau,t-\frac{1}{n}]},\\
&\max_{\xi\in[t-\frac{1}{n},t]}\left\|y(\xi)-y_n\left(t-\frac{1}{n}\right)\right\|\Bigg\}-\delta_1\Bigg)\\
&+p(t)\gamma(t)\Bigg(\max\Bigg\{\|y'-y'_n\|_{C_{\mathbf{X}}[t_0-\tau,t-\frac{1}{n}]},
\end{aligned}$$

$$\max_{\xi\in[t-\frac{1}{n},t]}\left\|y'(\xi)-y_n'\left(t-\frac{1}{n}\right)\right\|\Bigg\}-\delta_2\Bigg)$$
$$\leqslant p(t)\beta(t)\left[\varepsilon_{1n}+\|y-y_n\|_{C_{\mathbf{X}}[t_0-\tau,t-\frac{1}{n}]}-\delta_1\right]$$
$$+p(t)\gamma(t)\left[\varepsilon_{2n}+\|y'-y_n'\|_{C_{\mathbf{X}}[t_0-\tau,t-\frac{1}{n}]}-\delta_2\right]\leqslant 0,\qquad t_1\leqslant t\leqslant t_2.$$

这意味着函数 $Q(t)$ 在区间 $[t_1,t_2]$ 上单调递减, 因而, $\forall t\in[t_0+(i-1)\bar{\tau},t_0+i\bar{\tau}],i=1,2,\cdots,m$, 有

$$\begin{aligned}
&\|y(t)-y_n(t)\|\\
&\leqslant\exp\left(\int_{t_1}^t\hat{\alpha}(s)ds\right)\|y(t_1)-y_n(t_1)\|\\
&\quad+\int_{t_1}^t\beta(\xi)\exp\left(\int_\xi^t\hat{\alpha}(s)ds\right)d\xi\left(\varepsilon_{1n}+\|y-y_n\|_{C_{\mathbf{X}}[t_0-\tau,t_1]}\right)\\
&\quad+\int_{t_1}^t\gamma(\xi)\exp\left(\int_\xi^t\hat{\alpha}(s)ds\right)d\xi\left(\varepsilon_{2n}+\|y'-y_n'\|_{C_{\mathbf{X}}[t_0-\tau,t_1]}\right)\\
&\leqslant\left[\exp\left(\int_{t_1}^t\hat{\alpha}(s)ds\right)+\int_{t_1}^t\beta(\xi)\exp\left(\int_\xi^t\hat{\alpha}(s)ds\right)d\xi\right]\|y-y_n\|_{C_{\mathbf{X}}[t_0-\tau,t_1]}\\
&\quad+\left[\int_{t_1}^t\beta(\xi)\exp\left(\int_\xi^t\hat{\alpha}(s)ds\right)d\xi\right]\varepsilon_{1n}\\
&\quad+\int_{t_1}^t\gamma(\xi)\exp\left(\int_\xi^t\hat{\alpha}(s)ds\right)d\xi\left(\varepsilon_{2n}+\|y'-y_n'\|_{C_{\mathbf{X}}[t_0-\tau,t_1]}\right).
\end{aligned}\tag{2.3.25}$$

由 α_0 的定义可知

$$\hat{\alpha}(s)\leqslant\frac{\alpha_0}{1+\alpha_0\lambda^*}=\tilde{\alpha}.$$

于是从 (2.3.25) 进一步可得

$$\begin{aligned}
\|y(t)-y_n(t)\|\leqslant&\left[\exp\left(\int_{t_1}^t\tilde{\alpha}ds\right)+\int_{t_1}^t\beta\exp\left(\int_\xi^t\tilde{\alpha}ds\right)d\xi\right]\|y-y_n\|_{C_{\mathbf{X}}[t_0-\tau,t_1]}\\
&+\left[\int_{t_1}^t\beta\exp\left(\int_\xi^t\tilde{\alpha}ds\right)d\xi\right]\varepsilon_{1n}\\
&+\int_{t_1}^t\gamma\exp\left(\int_\xi^t\tilde{\alpha}ds\right)d\xi\left(\varepsilon_{2n}+\|y'-y_n'\|_{C_{\mathbf{X}}[t_0-\tau,t_1]}\right).
\end{aligned}\tag{2.3.26}$$

由此易得

$$\|y(t)-y_n(t)\|\leqslant\left[1+(\tilde{\alpha}+\beta)\,\bar{\tau}e^{\tilde{\alpha}(T-t_0)}\right]\|y-y_n\|_{C_{\mathbf{X}}[t_0-\tau,t_1]}$$

$$
\begin{aligned}
&+\beta\bar{\tau}e^{\tilde{\alpha}(T-t_0)}\varepsilon_{1n} \\
&+\gamma\bar{\tau}e^{\tilde{\alpha}(T-t_0)}\left(\varepsilon_{2n}+\|y'-y'_n\|_{C_{\mathbf{X}}[t_0-\tau,t_1]}\right).
\end{aligned} \tag{2.3.27}
$$

而从条件 (2.3.3) 可得

$$
\begin{aligned}
\|y'(t)-y'_n(t)\| \leqslant & L(t)\|y(t)-y_n(t)\|+\beta(t)\left\|y-y_n^{(n,t)}\right\|_{C_{\mathbf{X}}[t-\tau_2(t),t-\tau_1(t)]} \\
& +\gamma(t)\left\|y'-y_n^{(n,t)\prime}\right\|_{C_{\mathbf{X}}[t-\tau_2(t),t-\tau_1(t)]} \leqslant L\|y(t)-y_n(t)\| \\
& +\beta\max\left\{\|y-y_n\|_{C_{\mathbf{X}}[t_0-\tau,t-\frac{1}{n}]},\max_{\xi\in[t-\frac{1}{n},t]}\left\|y(\xi)-y_n\left(t-\frac{1}{n}\right)\right\|\right\} \\
& +\gamma\max\left\{\|y'-y'_n\|_{C_{\mathbf{X}}[t_0-\tau,t-\frac{1}{n}]},\max_{\xi\in[t-\frac{1}{n},t]}\left\|y'(\xi)-y'_n\left(t-\frac{1}{n}\right)\right\|\right\} \\
\leqslant & \left[L+L(\tilde{\alpha}+\beta)\bar{\tau}e^{\tilde{\alpha}(T-t_0)}+\beta\right]\|y-y_n\|_{C_{\mathbf{X}}[t_0-\tau,t_1]} \\
& +\left[L\beta\bar{\tau}e^{\tilde{\alpha}(T-t_0)}+\beta\right]\varepsilon_{1n}+\left[L\gamma\bar{\tau}e^{\tilde{\alpha}(T-t_0)}+\gamma\right]\|y'-y'_n\|_{C_{\mathbf{X}}[t_0-\tau,t_1]} \\
& +\left[L\gamma\bar{\tau}e^{\tilde{\alpha}(T-t_0)}+\gamma\right]\varepsilon_{2n}.
\end{aligned} \tag{2.3.28}
$$

因

$$
\max_{t\in[t_0-\tau,t_2]}\|y'(t)-y'_n(t)\|=\max\left\{\max_{t\in[t_0-\tau,t_1]}\|y'(t)-y'_n(t)\|,\max_{t\in[t_1,t_2]}\|y'(t)-y'_n(t)\|\right\}.
$$

我们分两种情况来讨论.

情况 1 $\max_{t\in[t_0-\tau,t_1]}\|y'(t)-y'_n(t)\|\geqslant\max_{t\in[t_1,t_2]}\|y'(t)-y'_n(t)\|$. 从 (2.3.27) 式可得

$$
\begin{aligned}
&|||y-y_n|||_{[t_0-\tau,t_0+i\bar{\tau}]} \\
\leqslant&\left[1+(\tilde{\alpha}+\beta+\gamma)\bar{\tau}e^{\tilde{\alpha}(T-t_0)}\right]|||y-y_n|||_{[t_0-\tau,t_1]} \\
&+\beta\bar{\tau}e^{\tilde{\alpha}(T-t_0)}\varepsilon_{1n}+\gamma\bar{\tau}e^{\tilde{\alpha}T}\varepsilon_{2n} \\
\leqslant&\left[1+(\tilde{\alpha}+\beta+\gamma)\bar{\tau}e^{\tilde{\alpha}(T-t_0)}\right]^m|||y-y_n|||_{[t_0-\tau,t_0]} \\
&+\frac{\left[1+(\tilde{\alpha}+\beta+\gamma)\bar{\tau}e^{\tilde{\alpha}(T-t_0)}\right]^m-1}{(\tilde{\alpha}+\beta+\gamma)\bar{\tau}e^{\tilde{\alpha}(T-t_0)}}\left(\beta\bar{\tau}e^{\tilde{\alpha}(T-t_0)}\varepsilon_{1n}+\gamma\bar{\tau}e^{\tilde{\alpha}(T-t_0)}\varepsilon_{2n}\right) \\
=&\frac{\beta\varepsilon_{1n}+\gamma\varepsilon_{2n}}{\tilde{\alpha}+\beta+\gamma}\left\{\left[1+(\tilde{\alpha}+\beta+\gamma)\bar{\tau}e^{\tilde{\alpha}(T-t_0)}\right]^m-1\right\}.
\end{aligned} \tag{2.3.29}
$$

由于 $y(t)$, $y'(t)$ 是区间 $[t_0-\tau,T]$ 上的连续函数, 我们有

$$
\lim_{n\to\infty}\varepsilon_{1n}=0,\qquad \lim_{n\to\infty}\varepsilon_{2n}=0. \tag{2.3.30}
$$

于 (2.3.29) 式两端令 $n\to\infty$, 应用 (2.3.30) 式并注意到

$$
\lim_{n\to\infty}\left[1+(\tilde{\alpha}+\beta+\gamma)\bar{\tau}e^{\tilde{\alpha}(T-t_0)}\right]^m=\lim_{m\to\infty}\left[1+\frac{(\tilde{\alpha}+\beta+\gamma)(T-t_0)e^{\tilde{\alpha}(T-t_0)}}{m}\right]^m
$$

$$=\exp\left(\left(\tilde{\alpha}+\beta+\gamma\right)(T-t_0)e^{\tilde{\alpha}(T-t_0)}\right), \qquad (2.3.31)$$

即得 (2.3.24) 式.

情况 2 若 $\max\limits_{t\in[t_0-\tau,t_1]}\|y'(t)-y_n'(t)\| \leqslant \max\limits_{t\in[t_1,t_0+i\bar{\tau}]}\|y'(t)-y_n'(t)\|$, 则从 (2.3.28) 式可推出

$$\begin{aligned}\|y'-y_n'\|_{C_{\mathbf{X}}[t_0-\tau,t_2]} \leqslant & \left[L+L\left(\tilde{\alpha}+\beta\right)\bar{\tau}e^{\tilde{\alpha}(T-t_0)}+\beta\right]\|y-y_n\|_{C_{\mathbf{X}}[t_0-\tau,t_1]} \\ & +\left[L\gamma\bar{\tau}e^{\tilde{\alpha}(T-t_0)}+\gamma\right]\|y'-y_n'\|_{C_{\mathbf{X}}[t_0-\tau,t_1]} \\ & +\left[L\beta\bar{\tau}e^{\tilde{\alpha}(T-t_0)}+\beta\right]\varepsilon_{1n}+\left[L\gamma\bar{\tau}e^{\tilde{\alpha}(T-t_0)}+\gamma\right]\varepsilon_{2n} \\ \leqslant & \left[L+L\left(\tilde{\alpha}+\beta\right)\bar{\tau}e^{\tilde{\alpha}(T-t_0)}+\beta\right]\|y-y_n\|_{C_{\mathbf{X}}[t_0-\tau,t_1]} \\ & +L\gamma\bar{\tau}e^{\tilde{\alpha}(T-t_0)}\|y'-y_n'\|_{C_{\mathbf{X}}[t_0-\tau,t_1]}+\gamma\|y'-y_n'\|_{C_{\mathbf{X}}[t_0-\tau,t_2]} \\ & +\left[L\beta\bar{\tau}e^{\tilde{\alpha}(T-t_0)}+\beta\right]\varepsilon_{1n}+\left[L\gamma\bar{\tau}e^{\tilde{\alpha}(T-t_0)}+\gamma\right]\varepsilon_{2n}.\end{aligned}$$

因而

$$\begin{aligned}\|y'-y_n'\|_{C_{\mathbf{X}}[t_0-\tau,t_2]} \leqslant & \frac{L+L\left(\tilde{\alpha}+\beta\right)\bar{\tau}e^{\tilde{\alpha}(T-t_0)}+\beta}{1-\gamma}\|y-y_n\|_{C_{\mathbf{X}}[t_0-\tau,t_1]} \\ & +\frac{L\gamma\bar{\tau}e^{\tilde{\alpha}(T-t_0)}}{1-\gamma}\|y'-y_n'\|_{C_{\mathbf{X}}[t_0-\tau,t_1]} \\ & +\frac{L\beta\bar{\tau}e^{\tilde{\alpha}(T-t_0)}+\beta}{1-\gamma}\varepsilon_{1n}+\frac{L\gamma\bar{\tau}e^{\tilde{\alpha}(T-t_0)}+\gamma}{1-\gamma}\varepsilon_{2n}.\end{aligned}$$

现定义

$$U(t)=\left(\|y(t)-y_n(t)\|,\|y'(t)-y_n'(t)\|\right)^{\mathrm{T}}, \qquad E_n=\left(\varepsilon_{1n},\varepsilon_{2n}\right)^{\mathrm{T}}.$$

对于一个矩阵或向量 $V(t)=(v_{ij}(t))$, $\max\limits_{s\in[a,b]}V(s)$ 表示每个元素 $v_{ij}(t)$ 在区间 $[a,b]$ 上取最大值后的矩阵或向量, 由此我们有

$$U(t)\leqslant A\max_{s\in[t_0-\tau,t_0+(i-1)\bar{\tau}]}U(s)+BE_n, \qquad t\in[t_0+(i-1)\bar{\tau},\ t_0+i\bar{\tau}], \quad (2.3.32)$$

其中

$$A=\begin{pmatrix}1+\left(\tilde{\alpha}+\beta\right)\bar{\tau}e^{\tilde{\alpha}(T-t_0)} & \gamma\bar{\tau}e^{\tilde{\alpha}(T-t_0)} \\ \dfrac{L+L\left(\tilde{\alpha}+\beta\right)\bar{\tau}e^{\tilde{\alpha}(T-t_0)}+\beta}{1-\gamma} & \dfrac{L\gamma\bar{\tau}e^{\tilde{\alpha}(T-t_0)}}{1-\gamma}\end{pmatrix},$$

$$B=\begin{pmatrix}\beta\bar{\tau}e^{\tilde{\alpha}(T-t_0)} & \gamma\bar{\tau}e^{\tilde{\alpha}(T-t_0)} \\ \dfrac{L\beta\bar{\tau}e^{\tilde{\alpha}(T-t_0)}+\beta}{1-\gamma} & \dfrac{L\gamma\bar{\tau}e^{\tilde{\alpha}(T-t_0)}+\gamma}{1-\gamma}\end{pmatrix}.$$

从上式关于 i 归纳得到

$$\max_{s\in[t_0-\tau,T]} U(s) \leqslant A^m \max_{s\in[t_0-\tau,t_0]} U(s) + (A^{m-1}+A^{m-2}+\cdots+A+I)BE_n, \tag{2.3.33}$$

本书中 I 恒表示单位矩阵. 可计算出 A 的特征值为

$$\begin{aligned}\lambda_{1,2}^A = \frac{1}{2}\Bigg\{&1+\left(\tilde{\alpha}+\beta+\frac{\gamma L}{1-\gamma}\right)\bar{\tau}e^{\tilde{\alpha}(T-t_0)}\\ &\pm\sqrt{\left[1+\left(\tilde{\alpha}+\beta+\frac{\gamma L}{1-\gamma}\right)\bar{\tau}e^{\tilde{\alpha}(T-t_0)}\right]^2+\frac{4\gamma\beta\bar{\tau}e^{\tilde{\alpha}(T-t_0)}}{1-\gamma}}\Bigg\}.\end{aligned}$$

容易证明当 $\beta\neq 0$ 或 $\gamma\neq 0$ 时, $A-I$ 非奇异. 于是

$$\begin{aligned}\max_{s\in[t_0-\tau,T]} U(s) &\leqslant A^m \max_{s\in[-\tau,0]} U(s) + (A^m-I)(A-I)^{-1}BE_n\\ &=(A^m-I)(A-I)^{-1}BE_n.\end{aligned}\tag{2.3.34}$$

通过繁复的计算可得

$$(A-I)^{-1}B=\begin{pmatrix}\dfrac{1}{(1-\gamma)\tilde{\alpha}+\beta+\gamma L} & \dfrac{1-\gamma^2}{(1-\gamma)\tilde{\alpha}+\beta+\gamma L}\\[2ex] \dfrac{(L-\tilde{\alpha})\beta}{(1-\gamma)\tilde{\alpha}+\beta+\gamma L} & \dfrac{\gamma(L+\beta)}{(1-\gamma)\tilde{\alpha}+\beta+\gamma L}\end{pmatrix}.$$

而据矩阵函数理论 (参见 [43, 140]), 令 $A^m=b_0I+b_1A$, 容易算出

$$b_0=-\lambda_1^A\lambda_2^A\frac{\left(\lambda_1^A\right)^{m-1}-\left(\lambda_2^A\right)^{m-1}}{\lambda_1^A-\lambda_2^A},\qquad b_1=\frac{\left(\lambda_1^A\right)^m-\left(\lambda_2^A\right)^m}{\lambda_1^A-\lambda_2^A},$$

从而

$$\max_{s\in[t_0-\tau,T]} U(s) \leqslant (A^m-I)(A-I)^{-1}BE_n \leqslant (b_0I+b_1A)(A-I)^{-1}BE_n. \tag{2.3.35}$$

由引理 2.3.12 易得

$$\begin{aligned}b_1\left[1+(\tilde{\alpha}+\beta)\,\bar{\tau}e^{\tilde{\alpha}(T-t_0)}\right]+b_0 &\leqslant b_1(\lambda_1^A+\lambda_2^A)+b_0\\ &\leqslant(\lambda_1^A+\lambda_2^A-\lambda_1^A\lambda_2^A)^m\\ &=\left[1+\left(\tilde{\alpha}+\frac{\beta+\gamma L}{1-\gamma}\right)\bar{\tau}e^{\tilde{\alpha}(T-t_0)}\right]^m\end{aligned}$$

和

$$\frac{b_1L\gamma\bar{\tau}e^{\tilde{\alpha}(T-t_0)}}{1-\gamma}+b_0\leqslant b_1(\lambda_1^A+\lambda_2^A)+b_0=\left[1+\left(\tilde{\alpha}+\frac{\beta+\gamma L}{1-\gamma}\right)\bar{\tau}e^{\tilde{\alpha}(T-t_0)}\right]^m.$$

由于 $y(t)$, $y'(t)$ 是区间 $[t_0-\tau,T]$ 上的连续函数, 我们有

$$\lim_{n\to\infty}\varepsilon_{1n}=0,\qquad \lim_{n\to\infty}\varepsilon_{2n}=0,\tag{2.3.36}$$

于 (2.3.35) 式两端令 $n\to\infty$, 应用 (2.3.36) 式并注意到

$$\begin{aligned}\lim_{n\to\infty}b_1&=\lim_{m\to\infty}b_1\leqslant\lim_{m\to\infty}(\lambda_1^A+\lambda_2^A-\lambda_1^A\lambda_2^A)^m\\&=\lim_{m\to\infty}\left[1+\left(\tilde{\alpha}+\frac{\beta+\gamma L}{1-\gamma}\right)\bar{\tau}e^{\tilde{\alpha}(T-t_0)}\right]^m\\&=\exp\left(\left(\tilde{\alpha}+\frac{\beta+\gamma L}{1-\gamma}\right)(T-t_0)e^{\tilde{\alpha}(T-t_0)}\right)\end{aligned}$$

及

$$\lim_{m\to\infty}\left[1+\left(\tilde{\alpha}+\frac{\beta+\gamma L}{1-\gamma}\right)\bar{\tau}e^{\tilde{\alpha}(T-t_0)}\right]^m=\exp\left(\left(\tilde{\alpha}+\frac{\beta+\gamma L}{1-\gamma}\right)(T-t_0)e^{\tilde{\alpha}(T-t_0)}\right),$$

即得 (2.3.24) 式.

注意到 β 和 γ 同时为 0 时, 问题 (2.2.1) 为常微分方程初值问题, 进而问题 (2.2.1) 和其扰动问题 (2.3.20) 显然是一样的, 从而 (2.3.24) 式明显成立. 证毕.

引理 2.3.14 设 $a>0$, 则函数 $g(x)=\dfrac{e^{ax}-1}{x}>0$ 且在区间 $(-\infty,0)\cup(0,+\infty)$ 上单调递增.

证明 容易证明 $g(x)>0$. 设 $\bar{g}(x)=axe^{ax}-e^{ax}+1$, 则 $\bar{g}(0)=0$ 并且

$$\bar{g}'(x)=ae^{ax}+a^2xe^{ax}-ae^{ax}=a^2xe^{ax}.$$

当 $x<0$ 时, $\bar{g}'(x)<0$; 当 $x>0$ 时, $\bar{g}'(x)>0$, 故 $\bar{g}(x)\geqslant 0$. 所以

$$g'(x)=\frac{axe^{ax}-e^{ax}+1}{x^2}\geqslant 0,\quad \forall x\in(-\infty,0)\cup(0,+\infty),$$

即函数 $g(x)$ 在区间 $(-\infty,0)\cup(0,+\infty)$ 上单调递增. 证毕.

定理 2.3.15 设问题 (2.2.1) $\in\mathscr{L}_{\lambda^*}(\alpha,\beta,\gamma,L,\tau_1,\tau_2)$, 并记

$$\hat{\alpha}=\max_{t\in I_T}\hat{\alpha}(t)=\max_{t\in I_T}\frac{\alpha(t)}{1+\alpha(t)\lambda^*},\quad c=\hat{\alpha}+\frac{\beta+\gamma L}{1-\gamma},$$

$$C_1=\max\left\{1,\frac{\gamma}{|\hat{\alpha}+\beta|}\right\},\quad C_2=\max\{c,\gamma,\hat{\alpha}+\beta\}.$$

那么

(i) 当 $c>0$ 时, 有

$$\|y(t)-z(t)\|\leqslant C_1\exp(C_2(t-t_0))\|\phi-\varphi\|_{C^1_{\mathbf{X}}[t_0-\tau,t_0]},\quad \forall t\in[t_0,T];\tag{2.3.37}$$

(ii) 当 $c\leqslant 0$ 时, 有

$$\|y(t)-z(t)\|\leqslant C_1\|\phi-\varphi\|_{C^1_{\mathbf{X}}[t_0-\tau,t_0]},\quad \forall t\in[t_0-\tau,T]. \tag{2.3.38}$$

当常数 C_1 和 C_2 仅具有适度大小时, 不等式 (2.3.37) 和 (2.3.38) 表征着问题 (2.2.1) 的稳定性.

证明 先设 $\tau_1^{(0)}>0$. 对任给的 $t\in(t_0,T]$, 令 $t-t_0=m_0\tau_1^{(0)}-r$, 这里 m_0 是一个自然数, $0\leqslant r<\tau_1^{(0)}$. 对任给的自然数 $m\geqslant m_0$, 令

$$\bar\tau=(t-t_0)/m,\ t_1=t_0+(i-1)\bar\tau,\ t_2\in[t_0+(i-1)\bar\tau,t_0+i\bar\tau],\ i=1,2,\cdots,m.$$

容易看出

$$0<\bar\tau\leqslant\tau_1^{(0)},\qquad t_0\leqslant t_1\leqslant t_2\leqslant t\leqslant T.$$

当 $t_2\in[t_0,t_0+\bar\tau]$ 时, 应用定理 2.3.9 可推出

$$\begin{aligned}\|y(t_2)-z(t_2)\|\leqslant& e^{\hat\alpha(t_2-t_0)}\|y(t_0)-z(t_0)\|\\&+\int_{t_0}^{t_2}\beta(\xi)e^{\hat\alpha(t_2-\xi)}d\xi\|y-z\|_{C_{\mathbf{X}}[\tau_2^{(0)}(t_0,t_2),t_2-\tau_1^{(0)}]}\\&+\int_{t_0}^{t_2}\gamma(\xi)e^{\hat\alpha(t_2-\xi)}d\xi\|y'-z'\|_{C_{\mathbf{X}}[\tau_2^{(0)}(t_0,t_2),t-\tau_1^{(0)}]}\\\leqslant& e^{\hat\alpha(t_2-t_0)}\|y(t_0)-z(t_0)\|+\frac{\beta}{\hat\alpha}\left(e^{\hat\alpha(t_2-t_0)}-1\right)\|y-z\|_{C_{\mathbf{X}}[t_0-\tau,t_0]}\\&+\frac{\gamma}{\hat\alpha}\left(e^{\hat\alpha(t_2-t_0)}-1\right)\|y'-z'\|_{C_{\mathbf{X}}[t_0-\tau,t_0]}\\\leqslant&\max\left\{1+\frac{\hat\alpha+\beta}{\hat\alpha}\left(e^{\hat\alpha(t_2-t_0)}-1\right),\frac{\gamma}{\hat\alpha}\left(e^{\hat\alpha(t_2-t_0)}-1\right)\right\}\|y-z\|_{C^1_{\mathbf{X}}[t_0-\tau,t_0]}\\\leqslant& e^{C_2(t_2-t_0)}\|y-z\|_{C^1_{\mathbf{X}}[t_0-\tau,t_0]},\end{aligned}\tag{2.3.39}$$

即 (2.3.37) 和 (2.3.38) 对于 $t\in[t_0,t_0+\bar\tau]$ 成立, 注意到上述证明中用到了引理 2.3.14, $\forall t_2\in[t_0+(i-1)\bar\tau,t_0+i\bar\tau]$, $i=2,\cdots,m$, 应用定理 2.3.9 可推出

$$\begin{aligned}\|y(t_2)-z(t_2)\|\leqslant& e^{\hat\alpha\bar\tau}\|y(t_2-\bar\tau)-z(t_2-\bar\tau)\|\\&+\int_{t_2-\bar\tau}^{t_2}\beta(\xi)e^{\hat\alpha(t_2-\xi)}d\xi\|y-z\|_{C_{\mathbf{X}}[\tau_2^{(0)}(t_2-\bar\tau,t_2),t_2-\tau_1^{(0)}]}\\&+\int_{t_2-\bar\tau}^{t_2}\gamma(\xi)e^{\hat\alpha(t_2-\xi)}d\xi\|y'-z'\|_{C_{\mathbf{X}}[\tau_2^{(0)}(t_2-\bar\tau,t_2),t-\tau_1^{(0)}]}\\\leqslant& e^{\hat\alpha\bar\tau}\|y(t_2-\bar\tau)-z(t_2-\bar\tau)\|+\frac{\beta}{\hat\alpha}\left(e^{\hat\alpha\bar\tau}-1\right)\|y-z\|_{C_{\mathbf{X}}[t_0-\tau,t_2-\bar\tau]}\end{aligned}$$

$$+\frac{\gamma}{\hat{\alpha}}\left(e^{\hat{\alpha}\bar{\tau}}-1\right)\|y'-z'\|_{C_{\mathbf{X}}[t_0-\tau,t_2-\bar{\tau}]}$$
$$\leqslant\left[e^{\hat{\alpha}\bar{\tau}}+\frac{\beta}{\hat{\alpha}}\left(e^{\hat{\alpha}\bar{\tau}}-1\right)\right]\|y-z\|_{C_{\mathbf{X}}[t_0-\tau,t_1]}$$
$$+\frac{\gamma}{\hat{\alpha}}\left[e^{\hat{\alpha}\bar{\tau}}-1\right]\|y'-z'\|_{C_{\mathbf{X}}[t_0-\tau,t_1]}. \tag{2.3.40}$$

类似地, 由条件 (2.3.3) 可得

$$\|y'(t_2)-z'(t_2)\|\leqslant L\|y(t_2)-z(t_2)\|+\beta\|y-z\|_{C_{\mathbf{X}}[t_0-\tau,t_1]}+\gamma\|y'-z'\|_{C_{\mathbf{X}}[t_0-\tau,t_1]}$$
$$\leqslant\left[Le^{\hat{\alpha}\bar{\tau}}+\frac{L\beta}{\hat{\alpha}}\left(e^{\hat{\alpha}\bar{\tau}}-1\right)+\beta\right]\|y-z\|_{C_{\mathbf{X}}[t_0-\tau,t_1]}$$
$$+\left[\frac{L\gamma}{\hat{\alpha}}\left(e^{\hat{\alpha}\bar{\tau}}-1\right)+\gamma\right]\|y'-z'\|_{C_{\mathbf{X}}[t_0-\tau,t_1]}. \tag{2.3.41}$$

由 (2.3.40) 和 (2.3.41) 可推出

$$\max_{t_0-\tau\leqslant\zeta\leqslant t_0+i\bar{\tau}}\|y(\zeta)-z(\zeta)\|$$
$$=\max\left\{\max_{t_0-\tau\leqslant\zeta\leqslant t_1}\|y(\zeta)-z(\zeta)\|,\max_{t_1\leqslant\zeta\leqslant t_0+i\bar{\tau}}\|y(\zeta)-z(\zeta)\|\right\}$$
$$\leqslant\max\left\{\max_{t_0-\tau\leqslant\zeta\leqslant t_1}\|y(\zeta)-z(\zeta)\|,\left[e^{\hat{\alpha}\bar{\tau}}+\frac{\beta}{\hat{\alpha}}\left(e^{\hat{\alpha}\bar{\tau}}-1\right)\right]\right.$$
$$\left.\times\|y-z\|_{C_{\mathbf{X}}[t_0-\tau,t_1]}+\frac{\gamma}{\hat{\alpha}}\left[e^{\hat{\alpha}\bar{\tau}}-1\right]\|y'-z'\|_{C_{\mathbf{X}}[t_0-\tau,t_1]}\right\} \tag{2.3.42}$$

及

$$\max_{t_0-\tau\leqslant\zeta\leqslant t_0+i\bar{\tau}}\|y'(\zeta)-z'(\zeta)\|$$
$$=\max\left\{\max_{t_0-\tau\leqslant\zeta\leqslant t_1}\|y'(\zeta)-z'(\zeta)\|,\max_{t_1\leqslant\zeta\leqslant t_0+i\bar{\tau}}\|y'(\zeta)-z'(\zeta)\|\right\}$$
$$\leqslant\max\left\{\max_{t_0-\tau\leqslant\zeta\leqslant t_1}\|y'(\zeta)-z'(\zeta)\|,\left[Le^{\hat{\alpha}\bar{\tau}}+\frac{L\beta}{\hat{\alpha}}\left(e^{\hat{\alpha}\bar{\tau}}-1\right)+\beta\right]\|y-z\|_{C_{\mathbf{X}}[t_0-\tau,t_1]}\right.$$
$$\left.+\left[\frac{L\gamma}{\hat{\alpha}}\left(e^{\hat{\alpha}\bar{\tau}}-1\right)+\gamma\right]\|y'-z'\|_{C_{\mathbf{X}}[t_0-\tau,t_1]}\right\}. \tag{2.3.43}$$

对于 $c>0$ 的情形, 我们分四种情况来讨论.

情况 1

$$\max_{t_0-\tau\leqslant\zeta\leqslant t_1}\|y(\zeta)-z(\zeta)\|\geqslant\left[e^{\hat{\alpha}\bar{\tau}}+\frac{\beta}{\hat{\alpha}}\left(e^{\hat{\alpha}\bar{\tau}}-1\right)\right]\|y-z\|_{C_{\mathbf{X}}[t_0-\tau,t_1]}$$
$$+\frac{\gamma}{\hat{\alpha}}\left[e^{\hat{\alpha}\bar{\tau}}-1\right]\|y'-z'\|_{C_{\mathbf{X}}[t_0-\tau,t_1]}$$

且

$$\max_{t_0-\tau\leqslant\zeta\leqslant t_1}\|y'(\zeta)-z'(\zeta)\|\geqslant\left[Le^{\hat{\alpha}\bar{\tau}}+\frac{L\beta}{\hat{\alpha}}\left(e^{\hat{\alpha}\bar{\tau}}-1\right)+\beta\right]\|y-z\|_{C_{\mathbf{X}}[t_0-\tau,t_1]}$$
$$+\left[\frac{L\gamma}{\hat{\alpha}}\left(e^{\hat{\alpha}\bar{\tau}}-1\right)+\gamma\right]\|y'-z'\|_{C_{\mathbf{X}}[t_0-\tau,t_1]}.$$

如果以上两式成立, 则注意到 $t_1=t_0+(i-1)\bar{\tau}$, 从 (2.3.42) 和 (2.3.43) 易得

$$\max_{t_0-\tau\leqslant\zeta\leqslant t_0+i\bar{\tau}}\|y(\zeta)-z(\zeta)\|\leqslant\max_{t_0-\tau\leqslant\zeta\leqslant t_0+(i-1)\bar{\tau}}\|y(\zeta)-z(\zeta)\|,\tag{2.3.44}$$

$$\max_{t_0-\tau\leqslant\zeta\leqslant t_0+i\bar{\tau}}\|y'(\zeta)-z'(\zeta)\|\leqslant\max_{t_0-\tau\leqslant\zeta\leqslant t_0+(i-1)\bar{\tau}}\|y'(\zeta)-z'(\zeta)\|.\tag{2.3.45}$$

于是令

$$\tilde{U}(t)=\left(\|y(t)-z(t)\|,\|y'(t)-z'(t)\|\right)^{\mathrm{T}},$$

则关于 i 归纳得到

$$\tilde{U}(t)\leqslant\max_{t_0-\tau\leqslant\zeta\leqslant t_0+m\bar{\tau}}\tilde{U}(\zeta)\leqslant I^m\max_{t_0-\tau\leqslant\zeta\leqslant t_0}\tilde{U}(\zeta)=\max_{t_0-\tau\leqslant\zeta\leqslant t_0}\tilde{U}(\zeta),\tag{2.3.46}$$

即得要证之结果.

情况 2

$$\max_{t_0-\tau\leqslant\zeta\leqslant t_1}\|y(\zeta)-z(\zeta)\|<\left[e^{\hat{\alpha}\bar{\tau}}+\frac{\beta}{\hat{\alpha}}\left(e^{\hat{\alpha}\bar{\tau}}-1\right)\right]\|y-z\|_{C_{\mathbf{X}}[t_0-\tau,t_1]}$$
$$+\frac{\gamma}{\hat{\alpha}}\left[e^{\hat{\alpha}\bar{\tau}}-1\right]\|y'-z'\|_{C_{\mathbf{X}}[t_0-\tau,t_1]}$$

且

$$\max_{t_0-\tau\leqslant\zeta\leqslant t_1}\|y'(\zeta)-z'(\zeta)\|\geqslant\left[Le^{\hat{\alpha}\bar{\tau}}+\frac{L\beta}{\hat{\alpha}}\left(e^{\hat{\alpha}\bar{\tau}}-1\right)+\beta\right]\|y-z\|_{C_{\mathbf{X}}[t_0-\tau,t_1]}$$
$$+\left[\frac{L\gamma}{\hat{\alpha}}\left(e^{\hat{\alpha}\bar{\tau}}-1\right)+\gamma\right]\|y'-z'\|_{C_{\mathbf{X}}[t_0-\tau,t_1]}.$$

如果以上两式成立, 则类似于情况 1, 从 (2.3.42) 和 (2.3.43) 易得

$$\tilde{U}(t)\leqslant\max_{t_0-\tau\leqslant\zeta\leqslant t_0+m\bar{\tau}}\tilde{U}(\zeta)\leqslant A^m\max_{t_0-\tau\leqslant\zeta\leqslant t_0}\tilde{U}(\zeta),\tag{2.3.47}$$

其中

$$A=\begin{pmatrix} e^{\hat{\alpha}\bar{\tau}}+\dfrac{\beta}{\hat{\alpha}}\left(e^{\hat{\alpha}\bar{\tau}}-1\right) & \dfrac{\gamma}{\hat{\alpha}}\left[e^{\hat{\alpha}\bar{\tau}}-1\right] \\ 0 & 1 \end{pmatrix}.$$

可直接计算出

$$A^m = \begin{pmatrix} \left[e^{\hat{\alpha}\bar{\tau}} + \dfrac{\beta}{\hat{\alpha}}\left(e^{\hat{\alpha}\bar{\tau}} - 1\right)\right]^m & \dfrac{\gamma}{\hat{\alpha}}\left[e^{\hat{\alpha}\bar{\tau}} - 1\right]\displaystyle\sum_{i=0}^{m-1}\left[e^{\hat{\alpha}\bar{\tau}} + \dfrac{\beta}{\hat{\alpha}}\left(e^{\hat{\alpha}\bar{\tau}} - 1\right)\right]^i \\ 0 & 1 \end{pmatrix}.$$

若 $\hat{\alpha} + \beta = 0$, 则意味着 $\hat{\alpha} < 0$, 从而

$$\begin{aligned} \|y(t) - z(t)\| &\leqslant \|y - z\|_{C_{\mathbf{X}}[t_0-\tau,t_0]} + \frac{m\gamma}{\hat{\alpha}}\left[e^{\hat{\alpha}\bar{\tau}} - 1\right]\|y' - z'\|_{C_{\mathbf{X}}[t_0-\tau,t_0]} \\ &\leqslant (1 + m\bar{\tau}\gamma)\|y - z\|_{C^1_{\mathbf{X}}[t_0-\tau,t_0]} \\ &\leqslant e^{\gamma(t-t_0)}\|y - z\|_{C^1_{\mathbf{X}}[t_0-\tau,t_0]}; \end{aligned} \tag{2.3.48}$$

若 $\hat{\alpha} + \beta > 0$, 则应用引理 2.3.14, 可得

$$\begin{aligned} e^{\hat{\alpha}\bar{\tau}} + \frac{\beta}{\hat{\alpha}}\left(e^{\hat{\alpha}\bar{\tau}} - 1\right) &= 1 + \frac{\hat{\alpha} + \beta}{\hat{\alpha}}\left(e^{\hat{\alpha}\bar{\tau}} - 1\right) \leqslant 1 + \frac{c}{\hat{\alpha}}\left(e^{\hat{\alpha}\bar{\tau}} - 1\right) \\ &\leqslant 1 + \frac{c}{c}\left(e^{c\bar{\tau}} - 1\right) = e^{c\bar{\tau}} \end{aligned} \tag{2.3.49}$$

及

$$\begin{aligned} \frac{\gamma}{\hat{\alpha}}\left[e^{\hat{\alpha}\bar{\tau}} - 1\right]\sum_{i=0}^{m-1}\left[e^{\hat{\alpha}\bar{\tau}} + \frac{\beta}{\hat{\alpha}}\left(e^{\hat{\alpha}\bar{\tau}} - 1\right)\right]^i &= \frac{\gamma}{\hat{\alpha} + \beta}\left\{\left[e^{\hat{\alpha}\bar{\tau}} + \frac{\beta}{\hat{\alpha}}\left(e^{\hat{\alpha}\bar{\tau}} - 1\right)\right]^m - 1\right\} \\ &\leqslant \frac{\gamma}{\hat{\alpha} + \beta}e^{cm\bar{\tau}}. \end{aligned}$$

从而

$$\begin{aligned} \|y(t) - z(t)\| &\leqslant e^{cm\bar{\tau}}\|y - z\|_{C_{\mathbf{X}}[t_0-\tau,t_0]} + \frac{\gamma}{\hat{\alpha} + \beta}e^{cm\bar{\tau}}\|y' - z'\|_{C_{\mathbf{X}}[t_0-\tau,t_0]} \\ &\leqslant \max\left\{1, \frac{\gamma}{\hat{\alpha} + \beta}\right\}e^{c(t-t_0)}\|y - z\|_{C^1_{\mathbf{X}}[t_0-\tau,t_0]}. \end{aligned} \tag{2.3.50}$$

而当 $\hat{\alpha} + \beta < 0$ 时, 则因 (2.3.49) 和

$$\frac{\gamma}{\hat{\alpha}}\left[e^{\hat{\alpha}\bar{\tau}} - 1\right]\sum_{i=0}^{m-1}\left[e^{\hat{\alpha}\bar{\tau}} + \frac{\beta}{\hat{\alpha}}\left(e^{\hat{\alpha}\bar{\tau}} - 1\right)\right]^i \leqslant -\frac{\gamma}{\hat{\alpha} + \beta},$$

可得

$$\begin{aligned} \|y(t) - z(t)\| &\leqslant e^{cm\bar{\tau}}\|y - z\|_{C_{\mathbf{X}}[t_0-\tau,t_0]} + \frac{\gamma}{|\hat{\alpha} + \beta|}\|y' - z'\|_{C_{\mathbf{X}}[t_0-\tau,t_0]} \\ &\leqslant \max\left\{1, \frac{\gamma}{|\hat{\alpha} + \beta|}\right\}e^{c(t-t_0)}\|y - z\|_{C^1_{\mathbf{X}}[t_0-\tau,t_0]}. \end{aligned} \tag{2.3.51}$$

上式结合 (2.3.48) 及 (2.3.50) 即得要证之结果.

情况 3

$$\max_{t_0-\tau\leqslant\zeta\leqslant t_1}\|y(\zeta)-z(\zeta)\|\geqslant\left[e^{\hat{\alpha}\bar{\tau}}+\frac{\beta}{\hat{\alpha}}\left(e^{\hat{\alpha}\bar{\tau}}-1\right)\right]\|y-z\|_{C_{\mathbf{X}}[t_0-\tau,t_1]}$$
$$+\frac{\gamma}{\hat{\alpha}}\left[e^{\hat{\alpha}\bar{\tau}}-1\right]\|y'-z'\|_{C_{\mathbf{X}}[t_0-\tau,t_1]}$$

且

$$\max_{t_0-\tau\leqslant\zeta\leqslant t_1}\|y'(\zeta)-z'(\zeta)\|<\left[Le^{\hat{\alpha}\bar{\tau}}+\frac{L\beta}{\hat{\alpha}}\left(e^{\hat{\alpha}\bar{\tau}}-1\right)+\beta\right]\|y-z\|_{C_{\mathbf{X}}[t_0-\tau,t_1]}$$
$$+\left[\frac{L\gamma}{\hat{\alpha}}\left(e^{\hat{\alpha}\bar{\tau}}-1\right)+\gamma\right]\|y'-z'\|_{C_{\mathbf{X}}[t_0-\tau,t_1]}.$$

如果以上两式成立, 则易得

$$\max_{t_0-\tau\leqslant\zeta\leqslant t_0+i\bar{\tau}}\|y'(\zeta)-z'(\zeta)\|<(L+\beta)\|y-z\|_{C_{\mathbf{X}}[t_0-\tau,t_1]}+\gamma\|y'-z'\|_{C_{\mathbf{X}}[t_0-\tau,t_1]}.$$

从而有 (2.3.47), 此时

$$A=\begin{pmatrix}1 & 0\\ L+\beta & \gamma\end{pmatrix}.$$

可直接计算出

$$A^m=\begin{pmatrix}1 & 0\\ \dfrac{(1-\gamma^m)(L+\beta)}{1-\gamma} & \gamma^m\end{pmatrix},$$

即得 (2.3.37).

情况 4

$$\max_{t_0-\tau\leqslant\zeta\leqslant t_1}\|y(\zeta)-z(\zeta)\|<\left[e^{\hat{\alpha}\bar{\tau}}+\frac{\beta}{\hat{\alpha}}\left(e^{\hat{\alpha}\bar{\tau}}-1\right)\right]\|y-z\|_{C_{\mathbf{X}}[t_0-\tau,t_1]}$$
$$+\frac{\gamma}{\hat{\alpha}}\left[e^{\hat{\alpha}\bar{\tau}}-1\right]\|y'-z'\|_{C_{\mathbf{X}}[t_0-\tau,t_1]}$$

且

$$\max_{t_0-\tau\leqslant\zeta\leqslant t_1}\|y'(\zeta)-z'(\zeta)\|<\left[Le^{\hat{\alpha}\bar{\tau}}+\frac{L\beta}{\hat{\alpha}}\left(e^{\hat{\alpha}\bar{\tau}}-1\right)+\beta\right]\|y-z\|_{C_{\mathbf{X}}[t_0-\tau,t_1]}$$
$$+\left[\frac{L\gamma}{\hat{\alpha}}\left(e^{\hat{\alpha}\bar{\tau}}-1\right)+\gamma\right]\|y'-z'\|_{C_{\mathbf{X}}[t_0-\tau,t_1]}.$$

从第二个不等式, 有

$$\max_{t_0-\tau\leqslant\zeta\leqslant t_0+i\bar{\tau}}\|y'(\zeta)-z'(\zeta)\|<\left[Le^{\hat{\alpha}\bar{\tau}}+\frac{L\beta}{\hat{\alpha}}\left(e^{\hat{\alpha}\bar{\tau}}-1\right)+\beta\right]\|y-z\|_{C_{\mathbf{X}}[t_0-\tau,t_1]}$$

$$
\begin{aligned}
&+\frac{L\gamma}{\hat{\alpha}}\left(e^{\hat{\alpha}\bar{\tau}}-1\right)\|y'-z'\|_{C_{\mathbf{X}}[t_0-\tau,t_1]}\\
&+\gamma\|y'-z'\|_{C_{\mathbf{X}}[t_0-\tau,t_0+i\bar{\tau}]}.
\end{aligned}
$$

进而有

$$
\begin{aligned}
\max_{t_0-\tau\leqslant\zeta\leqslant t_0+i\bar{\tau}}\|y'(\zeta)-z'(\zeta)\|<&\left[\frac{Le^{\hat{\alpha}\bar{\tau}}+\beta}{1-\gamma}+\frac{L\beta}{(1-\gamma)\hat{\alpha}}\left(e^{\hat{\alpha}\bar{\tau}}-1\right)\right]\|y-z\|_{C_{\mathbf{X}}[t_0-\tau,t_1]}\\
&+\frac{L\gamma}{(1-\gamma)\hat{\alpha}}\left(e^{\hat{\alpha}\bar{\tau}}-1\right)\|y'-z'\|_{C_{\mathbf{X}}[t_0-\tau,t_1]}.
\end{aligned}
$$

类似地, 我们有 (2.3.47), 此时

$$
A=\begin{pmatrix}
e^{\hat{\alpha}\bar{\tau}}+\dfrac{\beta}{\hat{\alpha}}\left(e^{\hat{\alpha}\bar{\tau}}-1\right) & \dfrac{\gamma}{\hat{\alpha}}\left[e^{\hat{\alpha}\bar{\tau}}-1\right]\\[3mm]
\dfrac{Le^{\hat{\alpha}\bar{\tau}}+\beta}{1-\gamma}+\dfrac{L\beta}{(1-\gamma)\hat{\alpha}}\left(e^{\hat{\alpha}\bar{\tau}}-1\right) & \dfrac{L\gamma}{(1-\gamma)\hat{\alpha}}\left(e^{\hat{\alpha}\bar{\tau}}-1\right)
\end{pmatrix},
$$

其特征值为

$$
\begin{aligned}
\lambda_{1,2}^A=\frac{1}{2}\Bigg\{&e^{\hat{\alpha}\bar{\tau}}+\frac{\beta-\beta\gamma+\gamma L}{(1-\gamma)\hat{\alpha}}\left(e^{\hat{\alpha}\bar{\tau}}-1\right)\\
&\pm\sqrt{\left[e^{\hat{\alpha}\bar{\tau}}+\frac{\beta-\beta\gamma+\gamma L}{(1-\gamma)\hat{\alpha}}\left(e^{\hat{\alpha}\bar{\tau}}-1\right)\right]^2+\frac{4\gamma\beta}{(1-\gamma)\hat{\alpha}}\left(e^{\hat{\alpha}\bar{\tau}}-1\right)}\Bigg\},
\end{aligned}
$$

从 $A^m=b_0I+b_1A$, 这里

$$
b_0=-\lambda_1^A\lambda_2^A\frac{\left(\lambda_1^A\right)^{m-1}-\left(\lambda_2^A\right)^{m-1}}{\lambda_1^A-\lambda_2^A},\qquad b_1=\frac{\left(\lambda_1^A\right)^{m}-\left(\lambda_2^A\right)^{m}}{\lambda_1^A-\lambda_2^A},
$$

可知

$$
\begin{aligned}
\|y(t)-z(t)\|\leqslant&\left\{b_0+b_1\left[e^{\hat{\alpha}\bar{\tau}}+\frac{\beta}{\hat{\alpha}}\left(e^{\hat{\alpha}\bar{\tau}}-1\right)\right]\right\}\|y-z\|_{C_{\mathbf{X}}[t_0-\tau,t_0]}\\
&+\frac{b_1\gamma}{\hat{\alpha}}\left[e^{\hat{\alpha}\bar{\tau}}-1\right]\|y'-z'\|_{C_{\mathbf{X}}[t_0-\tau,t_0]},\quad t\in(t_0,T].
\end{aligned}
\tag{2.3.52}
$$

因

$$
\begin{aligned}
\lambda_1^A+\lambda_2^A-\lambda_1^A\lambda_2^A&=e^{\hat{\alpha}\bar{\tau}}+\frac{(1-\gamma)\beta+\gamma L}{(1-\gamma)\hat{\alpha}}\left(e^{\hat{\alpha}\bar{\tau}}-1\right)+\frac{\gamma\beta}{(1-\gamma)\hat{\alpha}}\left(e^{\hat{\alpha}\bar{\tau}}-1\right)\\
&=e^{\hat{\alpha}\bar{\tau}}+\frac{\beta+\gamma L}{(1-\gamma)\hat{\alpha}}\left(e^{\hat{\alpha}\bar{\tau}}-1\right)
\end{aligned}
$$

$$
\begin{aligned}
&=1+\frac{(1-\gamma)\hat{\alpha}+\beta+\gamma L}{(1-\gamma)\hat{\alpha}}\left(e^{\hat{\alpha}\bar{\tau}}-1\right)\\
&\leqslant e^{c\bar{\tau}},
\end{aligned}
$$

从 (2.3.52), 应用引理 2.3.12 及引理 2.3.14, 类似于情况 2 可得

$$
\begin{aligned}
\|y(t)-z(t)\|\leqslant&\left[b_1(\lambda_1^A+\lambda_2^A)+b_0\right]\|y-z\|_{C_{\mathbf{X}}[t_0-\tau,t_0]}\\
&+\frac{b_1\gamma}{\hat{\alpha}}\left[e^{\hat{\alpha}\bar{\tau}}-1\right]\|y'-z'\|_{C_{\mathbf{X}}[t_0-\tau,t_0]}\\
\leqslant&(\lambda_1^A+\lambda_2^A-\lambda_1^A\lambda_2^A)^m\|y-z\|_{C_{\mathbf{X}}[t_0-\tau,t_0]}\\
&+(\lambda_1^A+\lambda_2^A-\lambda_1^A\lambda_2^A)^{m-1}\frac{\gamma}{\hat{\alpha}}\left[e^{\hat{\alpha}\bar{\tau}}-1\right]\|y'-z'\|_{C_{\mathbf{X}}[t_0-\tau,t_0]}\\
\leqslant&C_1e^{C_2(t-t_0)}\|y-z\|_{C^1_{\mathbf{X}}[t_0-\tau,t_0]},\qquad t\in(t_0,T].
\end{aligned}
$$

这意味着不等式 (2.3.37) 在区间 $(t_0,T]$ 上成立. 注意当 $t=t_0$ 时 (2.3.37) 显然也是成立的.

注意对于 $c=0$ 的特殊情形, 不等式 (2.3.37) 退化为 (2.3.38) 式. 对于这种情形, 我们证明如下. $c=0$ 会产生两种情况: $\gamma=0$ 和 $\gamma\neq 0$. 若 $\gamma=0$, 则 (2.3.37) 自然退化为 (2.3.38); 若 $\gamma\neq 0$, 则注意到此时 $\hat{\alpha}+\beta$ 不会等于 0, 也就不会出现情况 2 和情况 4 中 $\hat{\alpha}+\beta=0$ 的情形, 从而容易得到 (2.3.38).

对于 $c<0$ 的情形, 可用

$$
\bar{\alpha}(t):=\frac{\alpha(t)-c[1+\alpha(t)\lambda^*]}{1+\alpha(t)\lambda^*-\{\alpha(t)-c[1+\alpha(t)\lambda^*]\}\lambda^*}
$$

去代替 $\alpha(t)$, 且容易看出问题 (2.2.1)$\in\mathscr{L}_{\lambda^*}(\bar{\alpha},\ \beta,\ \gamma,\ L,\ \tau_1,\ \tau_2)$. 由于

$$
\sup_{t\in I_T}\frac{\bar{\alpha}(t)}{1+\bar{\alpha}(t)\lambda^*}+\frac{\beta+\gamma L}{1-\gamma}=\sup_{t\in I_T}\frac{\alpha(t)}{1+\alpha(t)\lambda^*}-c+\frac{\beta+\gamma L}{1-\gamma}=0,
$$

应用刚才所证之结果易知不等式 (2.3.38) 同样成立.

为了证明定理 2.3.15 的结果对于 $\tau_1^{(0)}=0$ 的情形同样成立, 需要考虑问题 (2.2.1) 的 $\dfrac{1}{n}$-扰动问题 (2.3.20) 的解及问题 (2.3.13) 的 $\dfrac{1}{n}$-扰动问题

$$
\left\{\begin{array}{ll}
z'(t)=f_n(t,z,z(\cdot),z'(\cdot)), & t\in I_T=[0,T],\\
z(t)=\varphi(t),\quad z'(t)=\varphi'(t) & t\in I_\tau=[-\tau,0]
\end{array}\right. \tag{2.3.53}
$$

的解 $z_n(t)$, 这里映射 f_n 由式 (2.3.18) 和式 (2.3.19) 定义. 首先注意

$$
\|y(t)-z(t)\|\leqslant\|y(t)-y_n(t)\|+\|y_n(t)-z_n(t)\|+\|z(t)-z_n(t)\|,\ \forall t\in[t_0-\tau,T]. \tag{2.3.54}
$$

因问题 (2.2.1)$\in \mathscr{L}_{\lambda^*}(\alpha,\ \beta,\ \gamma,\ L,\ \tau_1,\ \tau_2)$, 故问题 (2.3.20) $\in \mathscr{L}_{\lambda^*}(\alpha,\ \beta,\ \gamma,\ L,\ \tilde{\tau}_1,\ \tilde{\tau}_2)$, 这里 $\tilde{\tau}_1$ 和 $\tilde{\tau}_2$ 由 (2.3.21) 确定, 且从式 (2.3.22) 易知 $\tilde{\tau}_1^{(0)} \geqslant 1/n > 0$. 因此刚才所证之结果可直接应用于 $\dfrac{1}{n}$-扰动问题 (2.3.20). 于是对于 $c > 0$, 有

$$\|y_n(t) - z_n(t)\| \leqslant C_1 \exp(C_2(t - t_0))\|\phi - \varphi\|_{C^1_{\mathbf{X}}[t_0-\tau,t_0]}, \quad \forall t \in [t_0, T],$$

由此及 (2.3.54) 式得到

$$\begin{aligned}\|y(t) - z(t)\| \leqslant & \|y(t) - y_n(t)\| + \|z(t) - z_n(t)\| \\ & + C_1 \exp(C_2(t - t_0))\|\phi - \varphi\|_{C^1_{\mathbf{X}}[t_0-\tau,t_0]}, \quad \forall t \in [t_0, T].\end{aligned}$$

于上式令 $n \to \infty$, 并应用引理 2.3.13, 立得不等式 (2.3.37).

对于 $c \leqslant 0$ 的情形, 有

$$\|y_n(t) - z_n(t)\| \leqslant C_1\|\phi - \varphi\|_{C^1_{\mathbf{X}}[t_0-\tau,t_0]}, \quad \forall t \in [t_0 - \tau, T],$$

由此及 (2.3.54) 式得到

$$\begin{aligned}\|y(t) - z(t)\| \leqslant & \|y(t) - y_n(t)\| + \|z(t) - z_n(t)\| \\ & + C_1\|\phi - \varphi\|_{C^1_{\mathbf{X}}[t_0-\tau,t_0]}, \quad \forall t \in [t_0 - \tau, T].\end{aligned}$$

于上式令 $n \to \infty$, 并应用引理 2.3.13, 立得不等式 (2.3.38). 定理证毕.

注 2.3.16　对于 $\hat{\alpha} = 0$ 或 $\hat{\alpha} + \beta = 0$ 的情形, 我们可以用一个常数 $\varepsilon > \hat{\alpha}$ 去代替 $\hat{\alpha}$ 以使相应的常数 C_1 和 C_2 均仅具有适度大小. 后面碰到类似情况也做同样处理, 不再说明.

注 2.3.17　我们注意到确实存在大量属于 $\mathscr{L}_{\lambda^*}(\alpha,\ \beta,\ \gamma,\ L,\ \tau_1,\ \tau_2)$ 类的问题, 与其相应的常数 C_1 和 C_2 均仅具有适度大小. 令

$$a_+ =: \begin{cases} a, & a \geqslant 0, \\ 0, & a < 0. \end{cases}$$

首先, $\hat{\alpha}_+$ 仅具有适度大小的常微分方程以及 $(\hat{\alpha} + \beta)_+$ 仅具有适度大小的泛函微分方程都属于问题类 $\mathscr{L}_{\lambda^*}(\alpha,\ \beta,\ \gamma,\ L,\ \tau_1,\ \tau_2)$, 且其相应的常数 C_1 和 C_2 均仅具有适度大小. 兹举例如下.

例 2.3.1　在化学反应中遇到的反应速度方程 [74]:

$$\begin{cases} y_1' = -0.04y_1 + 10^4 y_2 y_3, & y_1(0) = 1, \\ y_2' = 0.04y_1 - 10^4 y_2 y_3 - 3 \cdot 10^7 y_2^2, & y_2(0) = 0, \\ y_3' = 3 \cdot 10^7 y_2^2, & y_3(0) = 0, \end{cases} \tag{2.3.55}$$

其中 y_1, y_2, y_3 表示反应物的浓度, α 在 1-范数下为 $2\cdot 10^4|y_2| \approx 2\cdot 10^4 \times 3.65\cdot 10^{-5}$ 仅具有适度大小.

例 2.3.2 考虑

$$\begin{cases} y_1'(t) = -2y_1(t) + (m+3e^{-t})y_2(t) + y_2^2(t) - 0.125y_1(t-1), \\ y_2'(t) = -(2+m)y_2(t) - y_2^2(t) - 0.125y_2(t-1), \end{cases} \tag{2.3.56}$$

这里 $t \geqslant 0$, $m \gg 0$. 在标准内积下, 其 Jacobi 矩阵

$$J = \frac{\partial f}{\partial y} = \begin{pmatrix} -2 & m+3e^{-t}+2y_2(t) \\ 0 & -(2+m+2y_2(t)) \end{pmatrix}$$

的对数矩阵范数为

$$\mu_2[J] = \frac{1}{2}\left[\sqrt{(m+2y_2(t))^2 + (m+3e^{-t}+2y_2(t))^2} - m - 2y_2(t)\right] - 2 \gg 0.$$

然而在 1-范数下, 我们有 $\alpha = \mu_1[J] = 1$ 仅具有适度大小. 这个例子也说明在 Banach 空间中研究问题的必要性.

例 2.3.3 作为中立型延迟微分方程的特殊例子, 考虑非线性问题

$$y'(t) = -ay(t) + \frac{by'(t-\tau(t))}{1+[y'(t-\tau(t))]^m}, \tag{2.3.57}$$

这里 $y(t)$ 是一个实标量函数, $a > 0$ 和 b 是实数且 m 是一个正的偶数. 容易看到其属于问题类 $\mathscr{L}_0(\alpha, \beta, \gamma, L, \tau_1, \tau_2)$, 并有 $\alpha = -a$, $\beta = 0$, $\gamma = |b|, L = a$. 由此, 当 $|b| < \min\left\{\frac{1}{2}, a\right\}$ 时, C_1 和 C_2 均仅具有适度大小.

例 2.3.4 作为另一个实际例子, 考虑例 1.1.7, 取 $\tau = 24$ 为成熟年龄, 参数 $b_0 = 0.0008$, $b_1 = 0.0154$, $b_2 = 0.036$, $\mu_0 = 0.005$, $\mu_1 = 0.0072$, $\mu_2 = 0$, 这组数据是根据我国 2003 年 1.241%的出生率和 0.64%的死亡率简单推算的. 容易算出 $\alpha = 0.0112$, $\beta = 0.0164592e^{-0.12}$, $\gamma = 0.036e^{-0.12}$, $L = 0.0196$. 从而 C_1 和 C_2 均仅具有适度大小.

如果将问题类 $\mathscr{L}_{\lambda^*}(\alpha, \beta, \gamma, L, 0, t-t_0+\tau)$ 简记为 $\mathscr{L}_{\lambda^*}(\alpha, \beta, \gamma, L)$. 容易看出, 对于任给的满足条件 (2.3.4) 的函数 τ_1 和 τ_2, 有

$$\mathscr{L}_{\lambda^*}(\alpha, \beta, \gamma, L, \tau_1, \tau_2) \subseteq \mathscr{L}_{\lambda^*}(\alpha, \beta, \gamma, L).$$

对于问题类 $\mathscr{L}_{\lambda^*}(\alpha, \beta, \gamma, L)$, 我们有

推论 2.3.18 对于任给的问题 (2.2.1) $\in \mathscr{L}_{\lambda^*}(\alpha, \beta, \gamma, L)$, 定理 2.3.15 中所有结果保持成立.

推论 2.3.19 问题 (2.2.1) $\in \mathscr{L}_{\lambda^*}(\alpha, \beta, \gamma, L)$ 至多只能有一个解.

证明 若 $y(t)$ 和 $\tilde{y}(t)$ 都是问题 (2.2.1) 的解, 则从定理 2.3.15 可得

$$\|y(t)-\tilde{y}(t)\| \leqslant C_1 \exp(C_2(t-t_0))\|\phi-\phi\|_{C^1_{\mathbf{X}}[t_0-\tau,t_0]}=0, \quad \forall t \in [t_0, T].$$

上式意味着 $y(t)=\tilde{y}(t), \forall t \in [t_0-\tau, T]$.

李寿佛在 [155] 中给出了泛函微分方程问题类 $\mathbf{D}_0(\alpha, \beta, \tau_1, \tau_2)$ 的稳定性结果, 从定理 2.3.15 的证明易得下面的结果.

推论 2.3.20 设问题 (2.2.1) $\in \mathscr{L}_{\lambda^*}(\alpha, \beta, 0, L, \tau_1, \tau_2)$, 即问题是泛函微分方程, 并属于 $\mathbf{D}_{\lambda^*}(\alpha, \beta, \tau_1, \tau_2)$. 则

(i) 当 $c=\hat{\alpha}+\beta>0$ 时, 有

$$\|y(t)-z(t)\| \leqslant \exp(c(t-t_0))\|\phi-\varphi\|_{C^1_{\mathbf{X}}[t_0-\tau,t_0]}, \quad \forall t \in [t_0, T]; \tag{2.3.58}$$

(ii) 当 $c=\hat{\alpha}+\beta \leqslant 0$ 时, 有

$$\|y(t)-z(t)\| \leqslant \|\phi-\varphi\|_{C^1_{\mathbf{X}}[t_0-\tau,t_0]}, \quad \forall t \in [t_0-\tau, T]. \tag{2.3.59}$$

定理 2.3.21 设问题 (2.2.1) $\in \mathscr{L}_{\lambda^*}(\alpha, \beta, \gamma, L, \tau_1, \tau_2)$, 则当下述两个条件之一满足时

(i) $c=\hat{\alpha}+\dfrac{\beta+\gamma L}{1-\gamma} \leqslant 0$ 且 $\beta+\gamma \leqslant -\hat{\alpha}$;

(ii) $c=\hat{\alpha}+\dfrac{\beta+\gamma L}{1-\gamma} \leqslant 0$ 且 $\dfrac{\gamma L}{1-\gamma} \geqslant \gamma$,

有

$$\|y(t)-z(t)\| \leqslant \|\phi-\varphi\|_{C^1_{\mathbf{X}}[t_0-\tau,t_0]}, \quad \forall t \in [t_0-\tau, T]. \tag{2.3.60}$$

不等式 (2.3.60) 表征着问题 (2.2.1) 的广义收缩性.

证明 从 $c \leqslant 0$ 可知 $\hat{\alpha}+\beta \leqslant 0$. 若 $\hat{\alpha}+\beta=0$, 则 $\gamma=0$, 进而从定理 2.3.15 的证明可知 $C_1=1$; 若 $\hat{\alpha}+\beta<0$, 则从 $\beta+\gamma \leqslant -\hat{\alpha}$ 易得 $\dfrac{\gamma}{-(\hat{\alpha}+\beta)} \leqslant 1$, 同样可得 $C_1=1$. 当条件 (ii) 满足时, 从 $c \leqslant 0$ 和 $\dfrac{\gamma L}{1-\gamma} \geqslant \gamma$ 中容易得到 $\hat{\alpha}+\beta \leqslant 0$. 证毕.

推论 2.3.22 设问题 (2.2.1) $\in \mathscr{L}_0(\alpha, \beta, \gamma, L, \tau_1, \tau_2)$, 并记

$$\tilde{c}=\alpha+\frac{\beta+\gamma L}{1-\gamma}, \quad \tilde{C}_1=\max\left\{1, \frac{\gamma}{|\alpha+\beta|}\right\}, \quad \tilde{C}_2=\max\{\tilde{c}, \gamma, \alpha+\beta\},$$

这里 $\alpha=\max\limits_{t \in I_T} \alpha(t)$. 那么

(i) 当 $\tilde{c}>0$ 时, 有

$$\|y(t)-z(t)\| \leqslant \tilde{C}_1 \exp(\tilde{C}_2(t-t_0))\|\phi-\varphi\|_{C^1_{\mathbf{X}}[t_0-\tau,t_0]}, \quad \forall t \in [t_0, T]; \tag{2.3.61}$$

(ii) 当 $\tilde{c} \leqslant 0$ 时, 有

$$\|y(t) - z(t)\| \leqslant \tilde{C}_1 \|\phi - \varphi\|_{C^1_{\mathbb{X}}[t_0-\tau, t_0]}, \quad \forall t \in [t_0 - \tau, T]; \tag{2.3.62}$$

(iii) 当 $\tilde{c} \leqslant 0$ 且 $\beta + \gamma \leqslant -\alpha$ 时, 有 (2.3.60);

(iv) 当 $\tilde{c} \leqslant 0$ 且 $\dfrac{\gamma L}{1-\gamma} \geqslant \gamma$ 时, 有 (2.3.60).

从定理 2.3.15 的证明中可以发现, $y'(t)$ 连续性要求仅在 $\tau_1^{(0)} = 0$ 时出现. 因此, 如果 $\tau_1^{(0)} > 0$, 则初始函数 ϕ 可以不满足条件 (2.2.4). 于是, 我们可以得到下述定理.

定理 2.3.23 设问题 (2.2.1) $\in \mathscr{L}_{\lambda^*}(\alpha, \beta, \gamma, L, \tau_1, \tau_2)$ 且 $\tau_1^{(0)} > 0$, 则即使条件 (2.2.4) 不满足, 我们也有

(i) 当 $c = \hat{\alpha} + \dfrac{\beta + \gamma L}{1-\gamma} > 0$ 时, 有 (2.3.37);

(ii) 当 $c = \hat{\alpha} + \dfrac{\beta + \gamma L}{1-\gamma} \leqslant 0$ 时, 有 (2.3.38);

(iii) 当 $c = \hat{\alpha} + \dfrac{\beta + \gamma L}{1-\gamma} \leqslant 0$ 且 $\beta + \gamma \leqslant -\hat{\alpha}$ 时, 有 (2.3.60);

(iv) 当 $c = \hat{\alpha} + \dfrac{\beta + \gamma L}{1-\gamma} \leqslant 0$ 且 $\dfrac{\gamma L}{1-\gamma} \geqslant \gamma$ 时, 有 (2.3.60).

2.3.3 试验问题类的渐近稳定性

本小节我们考虑试验问题类的渐近稳定性. 为此, 我们将问题 (2.2.1) 及定义 2.3.1 中的区间 $[0, T]$ 改为 $[0, +\infty)$ 后相应的问题类分别记为 $\bar{\mathscr{L}}_{\lambda^*}(\alpha, \beta, \gamma, L, \tau_1, \tau_2)$ 和 $\bar{\mathscr{L}}_{\lambda^*,\delta}(\alpha, \beta, \gamma, L, \tau_1, \tau_2)$, 这时 (2.3.13) 中区间 $[0, T]$ 也相应改为 $[0, +\infty)$.

定理 2.3.24 设问题 (2.2.1) $\in \bar{\mathscr{L}}_{\lambda^*}(\alpha, \beta, \gamma, L, \tau_1, \tau_2)$, 并设

$$\lim_{t\to+\infty}[t - \tau_2(t)] = +\infty, \quad \hat{\alpha}(t) = \frac{\alpha(t)}{1 + \alpha(t)\lambda^*} \leqslant \hat{\alpha} < 0, \quad \forall t \in [t_0, +\infty),$$
$$\frac{\beta + \gamma L}{-\hat{\alpha}(1-\gamma)} < 1, \quad \frac{\gamma}{-(\hat{\alpha} + \beta)} < 1, \tag{2.3.63}$$

这里 $\hat{\alpha}$ 是常数, 那么我们有

$$\lim_{t\to+\infty} \|y(t) - z(t)\| = 0. \tag{2.3.64}$$

不等式 (2.3.64) 表征着问题 (2.2.1) 的渐近稳定性.

证明 首先我们证明对任给 $\mu > 0$, 存在一个严格递增地发散于 $+\infty$ 的序列 $\{T_k\}_{k=0}^{+\infty}$. 为此首先选取 $T_0 = t_0$, 设已经适当地取定了 T_k, 这里 $k \geqslant 0$, 则因

$\lim_{t\to+\infty}[t-\tau_2(t)]=+\infty$, 必存在一个充分大的常数 $M>0$, 使得当 $t\geqslant M$ 时恒有 $t-\tau_2(t)\geqslant T_k$ 及 $\tau_2^{(0)}(M,+\infty)\geqslant T_k$. 取 $T_{k+1}=M+\mu$. 于是有

$$T_k\leqslant\tau_2^{(0)}(T_{k+1}-\mu,+\infty)\leqslant T_{k+1}-\mu<T_{k+1}. \tag{2.3.65}$$

按照上述方法选取的序列 $\{T_k\}$ 显然是严格递增地发散于 $+\infty$ 的, 且对所有的 $k=0,1,2,\cdots$, 满足式 (2.3.65). 现在定义所谓的宏区间 $I_k:=[T_k,T_{k+1}]$, 这里 $k\geqslant 0$. 设 $T_{k+1}-T_k=m_k\mu+r_k$, $r_k\in(0,\mu]$. 在每个宏区间 I_k 上定义区间 $I_{k,j}:=[T_k+j\mu,T_k+(j+1)\mu]$, $j=0,1,\cdots,m_k-1$ 和 $I_{k,m_k}:=[T_k+m_k\mu,T_k+m_k\mu+r_k]$. 对任意 $t\in I_{k,j}$, 这里 $k=1,2,\cdots$; $j=0,1,\cdots,m_k$, 令 $t_2=t\in I_{k,j}$, $t_1=t-\mu$, 则有 $t_0\leqslant t_1<t_2$. 进而, 从定理 2.3.9 及式 (2.3.6) 可推出: $\forall t\in I_{k,j}$, $k=1,2,\cdots$; $j=0,1,\cdots,m_k$,

$$\begin{aligned}\|y(t)-z(t)\|\leqslant&\exp\left(\int_{t-\mu}^t\hat{\alpha}(s)ds\right)\|y(t-\mu)-z(t-\mu)\|\\&+\int_{t-\mu}^t\beta(\xi)\exp\left(\int_\xi^t\hat{\alpha}(s)ds\right)d\xi\|y-z\|_{C_{\mathbf{X}}[\tau_2^{(0)}(t-\mu,T_{k+1}),t-\tau_1^{(0)}]}\\&+\int_{t-\mu}^t\gamma(\xi)\exp\left(\int_\xi^t\hat{\alpha}(s)ds\right)d\xi\|y'-z'\|_{Q_{\mathbf{X}}[\tau_2^{(0)}(t-\mu,T_{k+1}),t-\tau_1^{(0)}]}\\\leqslant&\left[e^{\hat{\alpha}\mu}+\frac{\beta}{\hat{\alpha}}(e^{\hat{\alpha}\mu}-1)\right]\|y-z\|_{C_{\mathbf{X}}[T_{k-1},t]}\\&+\frac{\gamma}{\hat{\alpha}}\left(e^{\hat{\alpha}\mu}-1\right)\|y'-z'\|_{Q_{\mathbf{X}}[T_{k-1},t]}.\end{aligned} \tag{2.3.66}$$

类似于 (2.3.42), 从 (2.3.66) 易得, $\forall t\in T_{k,j}$, $k=1,2,\cdots$; $j=0,1,\cdots,m_k$,

$$\begin{aligned}\|y'(t)-z'(t)\|\leqslant&\left\{L\left[1+\frac{\hat{\alpha}+\beta}{\hat{\alpha}}(e^{\hat{\alpha}\mu}-1)\right]+\beta\right\}\|y-z\|_{C_{\mathbf{X}}[T_{k-1},t]}\\&+\left[\frac{L\gamma}{\hat{\alpha}}(e^{\hat{\alpha}\mu}-1)+\gamma\right]\|y'-z'\|_{Q_{\mathbf{X}}[T_{k-1},t]}.\end{aligned} \tag{2.3.67}$$

现在我们考虑两种情况.

情况 1 $\|y-z\|_{C_{\mathbf{X}}[T_k+j\mu,T_k+(j+1)\mu]}\leqslant\|y-z\|_{C_{\mathbf{X}}[T_{k-1},T_k+j\mu]}$, $k=1,2,\cdots$; $j=0,1,\cdots,m_k$, 其中, 为方便计, 若无特别说明, 当 $j=m_k$ 时, $T_k+(m_k+1)\mu$ 表示 T_{k+1}, 即 $T_k+(m_k+1)\mu:=T_{k+1}$. 在这种情况下, 若 $\|y'-z'\|_{Q_{\mathbf{X}}[T_k+j\mu,T_k+(j+1)\mu]}\leqslant\|y'-z'\|_{Q_{\mathbf{X}}[T_{k-1},T_k+j\mu]}$, 则 $\forall t\in T_{k,j}$, $k=1,2,\cdots$; $j=0,1,\cdots,m_k$, 从 (2.3.66) 和 (2.3.67) 可得

$$\|y-z\|_{C_{\mathbf{X}}[T_k+j\mu,T_k+(j+1)\mu]}\leqslant\left[e^{\hat{\alpha}\mu}+\frac{\beta}{\hat{\alpha}}(e^{\hat{\alpha}\mu}-1)\right]\|y-z\|_{C_{\mathbf{X}}[T_{k-1},T_k+j\mu]}$$

$$
\begin{aligned}
&+\frac{\gamma}{\hat{\alpha}}\left(e^{\hat{\alpha}\mu}-1\right)\|y'-z'\|_{Q_{\mathbf{X}}[T_{k-1},T_k+j\mu]}\\
&\leqslant\left[e^{\hat{\alpha}\mu}+\frac{\beta}{\hat{\alpha}}(e^{\hat{\alpha}\mu}-1)\right]\|y-z\|_{C_{\mathbf{X}}[T_{k-1},T_k]}\\
&+\frac{\gamma}{\hat{\alpha}}\left(e^{\hat{\alpha}\mu}-1\right)\|y'-z'\|_{Q_{\mathbf{X}}[T_{k-1},T_k]}
\end{aligned}
$$

和

$$
\begin{aligned}
\|y'-z'\|_{Q_{\mathbf{X}}[T_k+j\mu,\,T_k+(j+1)\mu]}\leqslant&\left\{L\left[1+\frac{\hat{\alpha}+\beta}{\hat{\alpha}}(e^{\hat{\alpha}\mu}-1)\right]+\beta\right\}\|y-z\|_{C_{\mathbf{X}}[T_{k-1},T_k+j\mu]}\\
&+\left[\frac{L\gamma}{\hat{\alpha}}(e^{\hat{\alpha}\mu}-1)+\gamma\right]\|y'-z'\|_{Q_{\mathbf{X}}[T_{k-1},T_k+j\mu]}\\
\leqslant&\left\{L\left[1+\frac{\hat{\alpha}+\beta}{\hat{\alpha}}(e^{\hat{\alpha}\mu}-1)\right]+\beta\right\}\|y-z\|_{C_{\mathbf{X}}[T_{k-1},T_k]}\\
&+\left[\frac{L\gamma}{\hat{\alpha}}(e^{\hat{\alpha}\mu}-1)+\gamma\right]\|y'-z'\|_{Q_{\mathbf{X}}[T_{k-1},T_k]}.
\end{aligned}
$$

由此进一步可得

$$
\begin{aligned}
\|y-z\|_{C_{\mathbf{X}}[T_k,T_{k+1}]}\leqslant&\left[e^{\hat{\alpha}\mu}+\frac{\beta}{\hat{\alpha}}(e^{\hat{\alpha}\mu}-1)\right]\|y-z\|_{C_{\mathbf{X}}[T_{k-1},T_k]}\\
&+\frac{\gamma}{\hat{\alpha}}\left(e^{\hat{\alpha}\mu}-1\right)\|y'-z'\|_{Q_{\mathbf{X}}[T_{k-1},T_k]}
\end{aligned}
\tag{2.3.68}
$$

和

$$
\begin{aligned}
\|y'-z'\|_{Q_{\mathbf{X}}[T_k,T_{k+1}]}\leqslant&\left\{L\left[1+\frac{\hat{\alpha}+\beta}{\hat{\alpha}}(e^{\hat{\alpha}\mu}-1)\right]+\beta\right\}\|y-z\|_{C_{\mathbf{X}}[T_{k-1},T_k]}\\
&+\left[\frac{L\gamma}{\hat{\alpha}}(e^{\hat{\alpha}\mu}-1)+\gamma\right]\|y'-z'\|_{Q_{\mathbf{X}}[T_{k-1},T_k]}.
\end{aligned}
\tag{2.3.69}
$$

令 $U_k=(\|y-z\|_{C_{\mathbf{X}}[T_k,T_{k+1}]},\|y'-z'\|_{Q_{\mathbf{X}}[T_k,T_{k+1}]})^{\mathrm{T}}$, 则从 (2.3.68) 和 (2.3.69) 立得

$$
U_k\leqslant AU_{k-1}\leqslant A^kU_0,\tag{2.3.70}
$$

这里

$$
A=\begin{pmatrix}
e^{\hat{\alpha}\mu}+\dfrac{\beta}{\hat{\alpha}}\left(e^{\hat{\alpha}\mu}-1\right) & \dfrac{\gamma}{\hat{\alpha}}\left[e^{\hat{\alpha}\mu}-1\right]\\
Le^{\hat{\alpha}\mu}+\beta+\dfrac{L\beta}{\hat{\alpha}}\left(e^{\hat{\alpha}\mu}-1\right) & \dfrac{L\gamma}{\hat{\alpha}}\left(e^{\hat{\alpha}\mu}-1\right)+\gamma
\end{pmatrix}.
$$

容易算出 A 的特征值为

$$
\lambda_{1,2}^{A}=\frac{1}{2}\left\{1+\gamma+\frac{\hat{\alpha}+\beta+\gamma L}{\hat{\alpha}}\left(e^{\hat{\alpha}\mu}-1\right)\right.
$$

$$\pm\sqrt{\left[1+\gamma+\frac{\hat{\alpha}+\beta+\gamma L}{\hat{\alpha}}\left(e^{\hat{\alpha}\mu}-1\right)\right]^2-4\gamma e^{\hat{\alpha}\mu}}\Bigg\},$$

注意到

$$\begin{aligned}
&\left[1+\gamma+\frac{\hat{\alpha}+\beta+\gamma L}{\hat{\alpha}}\left(e^{\hat{\alpha}\mu}-1\right)\right]^2-4\gamma e^{\hat{\alpha}\mu}\\
=&(1+\gamma)^2+2(1+\gamma)\left(1+\frac{\beta+\gamma L}{\hat{\alpha}}\right)\left(e^{\hat{\alpha}\mu}-1\right)+\left[\frac{\hat{\alpha}+\beta+\gamma L}{\hat{\alpha}}\left(e^{\hat{\alpha}\mu}-1\right)\right]^2-4\gamma e^{\hat{\alpha}\mu}\\
=&(1+\gamma)^2+2(1+\gamma)\left(e^{\hat{\alpha}\mu}-1\right)+2(1+\gamma)\left(\frac{\beta+\gamma L}{\hat{\alpha}}\right)\left(e^{\hat{\alpha}\mu}-1\right)\\
&-4\gamma-4\gamma\left(e^{\hat{\alpha}\mu}-1\right)+\left[\frac{\hat{\alpha}+\beta+\gamma L}{\hat{\alpha}}\left(e^{\hat{\alpha}\mu}-1\right)\right]^2\\
=&(1-\gamma)^2+2\left[1-\gamma+\frac{(1+\gamma)(\beta+\gamma L)}{\hat{\alpha}}\right]\left(e^{\hat{\alpha}\mu}-1\right)+\left[\frac{\hat{\alpha}+\beta+\gamma L}{\hat{\alpha}}\left(e^{\hat{\alpha}\mu}-1\right)\right]^2\\
=&\left[1-\gamma+\frac{(1-\gamma)\hat{\alpha}+(1+\gamma)(\beta+\gamma L)}{(1-\gamma)\hat{\alpha}}\left(e^{\hat{\alpha}\mu}-1\right)\right]^2+\left[\frac{\hat{\alpha}+\beta+\gamma L}{\hat{\alpha}}\left(e^{\hat{\alpha}\mu}-1\right)\right]^2\\
&-\left[\frac{(1-\gamma)\hat{\alpha}+(1+\gamma)(\beta+\gamma L)}{(1-\gamma)\hat{\alpha}}\left(e^{\hat{\alpha}\mu}-1\right)\right]^2,
\end{aligned}$$

以及

$$\begin{aligned}
&\left[\frac{\hat{\alpha}+\beta+\gamma L}{\hat{\alpha}}\right]^2-\left[\frac{(1-\gamma)\hat{\alpha}+(1+\gamma)(\beta+\gamma L)}{(1-\gamma)\hat{\alpha}}\right]^2\\
=&4\left[\frac{(1-\gamma)\hat{\alpha}+\beta+\gamma L}{(1-\gamma)\hat{\alpha}}\right]\left[\frac{\gamma(\beta+\gamma L)}{-(1-\gamma)\hat{\alpha}}\right]\geqslant 0,
\end{aligned}$$

可知 λ_1^A 和 λ_2^A 都是实数, 并且有 $0\leqslant\lambda_2^A<1$ 及

$$\begin{aligned}
\lambda_1^A+\lambda_2^A-\lambda_1^A\lambda_2^A&=1+\gamma+\frac{\hat{\alpha}+\beta+\gamma L}{\hat{\alpha}}\left(e^{\hat{\alpha}\mu}-1\right)-\gamma e^{\hat{\alpha}\mu}\\
&=1+\frac{(1-\gamma)\hat{\alpha}+\beta+\gamma L}{\hat{\alpha}}\left(e^{\hat{\alpha}\mu}-1\right)\\
&=\gamma-\frac{\beta+\gamma L}{\hat{\alpha}}+\left[1-\left(\gamma-\frac{\beta+\gamma L}{\hat{\alpha}}\right)\right]e^{\hat{\alpha}\mu}<1.
\end{aligned}$$

进而有 $0<\lambda_1^A<1$. 因 $A^k=b_0I+b_1A$, 这里

$$b_0=-\lambda_1^A\lambda_2^A\frac{\left(\lambda_1^A\right)^{k-1}-\left(\lambda_2^A\right)^{k-1}}{\lambda_1^A-\lambda_2^A},\qquad b_1=\frac{\left(\lambda_1^A\right)^k-\left(\lambda_2^A\right)^k}{\lambda_1^A-\lambda_2^A},$$

于是由 (2.3.70) 式及 $\|y(t)-z(t)\|$ 和 $\|y'(t)-z'(t)\|$ 在区间 $[t_0, T_1]$ 上的有界性立得

$$\begin{aligned}\lim_{t\to+\infty}\|y(t)-z(t)\| =& \lim_{k\to+\infty}\left\{b_0+b_1\left[e^{\hat{\alpha}\bar{\tau}}+\frac{\beta}{\hat{\alpha}}\left(e^{\hat{\alpha}\bar{\tau}}-1\right)\right]\right\}\|y-z\|_{C_{\mathbf{X}}[t_0,T_1]}\\ &+\lim_{k\to+\infty}\frac{b_1\gamma}{\hat{\alpha}}\left[e^{\hat{\alpha}\bar{\tau}}-1\right]\|y'-z'\|_{Q_{\mathbf{X}}[t_0,T_1]}\\ =&0. \end{aligned}\tag{2.3.71}$$

事实上, 在这种情况下我们还有

$$\lim_{t\to+\infty}\|y'(t)-z'(t)\|=0. \tag{2.3.72}$$

反之, 若 $\|y'-z'\|_{Q_{\mathbf{X}}[T_k+j\mu,T_k+(j+1)\mu]}>\|y'-z'\|_{Q_{\mathbf{X}}[T_{k-1},T_k+j\mu]}$, 则 $\forall t\in T_{k,j}$, $k=1,2,\cdots$; $j=0,1,\cdots,m_k$, 从 (2.3.67) 可得

$$\begin{aligned}\|y'-z'\|_{Q_{\mathbf{X}}[T_k+j\mu,T_k+(j+1)\mu]}\leqslant&\left\{L\left[1+\frac{\hat{\alpha}+\beta}{\hat{\alpha}}(e^{\hat{\alpha}\mu}-1)\right]+\beta\right\}\|y-z\|_{C_{\mathbf{X}}[T_{k-1},T_k+j\mu]}\\ &+\left[\frac{L\gamma}{\hat{\alpha}}(e^{\hat{\alpha}\mu}-1)+\gamma\right]\|y'-z'\|_{Q_{\mathbf{X}}[T_k+j\mu,T_k+(j+1)\mu]}.\end{aligned}$$

注意到 $\dfrac{L\gamma}{\hat{\alpha}}(e^{\hat{\alpha}\mu}-1)+\gamma<1$, 由上式立得

$$\|y'-z'\|_{Q_{\mathbf{X}}[T_k+j\mu,T_k+(j+1)\mu]}\leqslant\frac{L\left[1+\dfrac{\hat{\alpha}+\beta}{\hat{\alpha}}(e^{\hat{\alpha}\mu}-1)\right]+\beta}{1-\gamma-\dfrac{L\gamma}{\hat{\alpha}}(e^{\hat{\alpha}\mu}-1)}\|y-z\|_{C_{\mathbf{X}}[T_{k-1},T_k+j\mu]}.$$

于是 (2.3.66) 式意味着

$$\begin{aligned}&\|y-z\|_{C_{\mathbf{X}}[T_k+j\mu,T_k+(j+1)\mu]}\\ \leqslant&\left\{1+\frac{\hat{\alpha}+\beta}{\hat{\alpha}}(e^{\hat{\alpha}\mu}-1)+\frac{\gamma}{\hat{\alpha}}(e^{\hat{\alpha}\mu}-1)\frac{L\left[1+\dfrac{\hat{\alpha}+\beta}{\hat{\alpha}}(e^{\hat{\alpha}\mu}-1)\right]+\beta}{1-\gamma-\dfrac{L\gamma}{\hat{\alpha}}(e^{\hat{\alpha}\mu}-1)}\right\}\\ &\cdot\|y-z\|_{C_{\mathbf{X}}[T_{k-1},T_k+j\mu]}\leqslant C_\alpha\|y-z\|_{C_{\mathbf{X}}[T_{k-1},T_k+j\mu]}.\end{aligned}\tag{2.3.73}$$

这里 $C_\alpha=1+\dfrac{[(1-\gamma)\hat{\alpha}+\beta+\gamma L](e^{\hat{\alpha}\mu}-1)}{(1-\gamma)\hat{\alpha}-\gamma L(e^{\hat{\alpha}\mu}-1)}<1$. 由情况假设和 (2.3.73) 可得

$$\|y-z\|_{C_{\mathbf{X}}[T_k,T_{k+1}]}\leqslant C_\alpha\|y-z\|_{C_{\mathbf{X}}[T_{k-1},T_k]},$$

并进而递推立得 (2.3.64).

情况 2 $\|y-z\|_{C_{\mathbf{X}}[T_k+j\mu,T_k+(j+1)\mu]} > \|y-z\|_{C_{\mathbf{X}}[T_{k-1},T_k+j\mu]}$. 在这种情况下, 由 (2.3.66) 可得

$$\begin{aligned}\|y-z\|_{C_{\mathbf{X}}[T_k+j\mu,T_k+(j+1)\mu]} \leqslant& \left[e^{\hat{\alpha}\mu}+\frac{\beta}{\hat{\alpha}}(e^{\hat{\alpha}\mu}-1)\right]\|y-z\|_{C_{\mathbf{X}}[T_k+j\mu,T_k+(j+1)\mu]}\\&+\frac{\gamma}{\hat{\alpha}}\left(e^{\hat{\alpha}\mu}-1\right)\|y'-z'\|_{Q_{\mathbf{X}}[T_{k-1},T_k+(j+1)\mu]}.\end{aligned}$$

于是立得

$$\|y-z\|_{C_{\mathbf{X}}[T_k+j\mu,T_k+(j+1)\mu]} \leqslant \frac{\gamma}{-(\hat{\alpha}+\beta)}\|y'-z'\|_{Q_{\mathbf{X}}[T_{k-1},T_k+(j+1)\mu]}, \tag{2.3.74}$$

并从 (2.3.67) 可以推出

$$\begin{aligned}\|y'-z'\|_{Q_{\mathbf{X}}[T_k+j\mu,T_k+(j+1)\mu]} \leqslant& \left\{\left[L\left(1+\frac{\hat{\alpha}+\beta}{\hat{\alpha}}(e^{\hat{\alpha}\mu}-1)\right)+\beta\right]\frac{\gamma}{-(\hat{\alpha}+\beta)}\right.\\&\left.+\frac{\gamma L}{\hat{\alpha}}(e^{\hat{\alpha}\mu}-1)+\gamma\right\}\|y'-z'\|_{Q_{\mathbf{X}}[T_{k-1},T_k+(j+1)\mu]}\\=&\frac{\gamma L-\gamma\hat{\alpha}}{-(\hat{\alpha}+\beta)}\|y'-z'\|_{Q_{\mathbf{X}}[T_{k-1},T_k+(j+1)\mu]}.\end{aligned} \tag{2.3.75}$$

注意到条件 (2.3.63) 蕴涵着 $\dfrac{\gamma}{-(\hat{\alpha}+\beta)}<1$ 及 $\dfrac{\gamma L-\gamma\hat{\alpha}}{-(\hat{\alpha}+\beta)}<1$, 由此, 从式 (2.3.74) 及式 (2.3.75) 可以推出

$$\|y'-z'\|_{Q_{\mathbf{X}}[T_k,T_{k+1}]} \leqslant \frac{\gamma L-\gamma\hat{\alpha}}{-(\hat{\alpha}+\beta)}\|y'-z'\|_{Q_{\mathbf{X}}[T_{k-1},T_k]} \tag{2.3.76}$$

及

$$\|y-z\|_{C_{\mathbf{X}}[T_k+j\mu,T_{k+1}]} \leqslant \frac{\gamma}{-(\hat{\alpha}+\beta)}\|y'-z'\|_{Q_{\mathbf{X}}[T_{k-1},T_k]}. \tag{2.3.77}$$

进而我们有 (2.3.72) 和 (2.3.64). 证毕.

2.3.4 试验问题类的指数渐近稳定性

本小节我们考虑问题类 $\bar{\mathscr{L}}_0(\alpha,\ \beta,\ \gamma,\ L,\ 0,\ \tau)$ 的指数渐近稳定性. 为此, 我们需要一个推广的 Halanay 不等式. 1966 年, 罗马尼亚数学家 A. Halanay 在 [76] 中第一次使用了不等式

$$u'(t) \leqslant -au(t)+b\max_{s\in[t-\tau,t]}u(s), \quad a,b\in\mathbb{R}.$$

其后, 许多数学家对其进行了推广 (参见 [2, 168, 193]). 我们将进一步推广这一不等式, 其在以后的稳定性分析中起重要作用.

定理 2.3.25 (广义 Halanay 不等式) 若

$$\begin{cases} u'(t) \leqslant -A(t)u(t) + B(t) \max\limits_{s\in[t-\tau,t]} u(s) + C(t) \max\limits_{s\in[t-\tau,t]} w(s), \\ w(t) \leqslant G(t) \max\limits_{s\in[t-\tau,t]} u(s) + H(t) \max\limits_{s\in[t-\tau,t]} w(s), \end{cases} \quad t \geqslant t_0, \tag{2.3.78}$$

这里 $A(t)$, $B(t)$, $C(t)$, $G(t)$, $H(t)$ 是非负连续函数. 则当

$$A(t) \geqslant A_0 > 0, \quad H(t) \leqslant H_0 < 1, \quad \frac{B(t)}{A(t)} + \frac{C(t)G(t)}{(1-H(t))A(t)} \leqslant p < 1, \quad \forall\, t \geqslant t_0 \tag{2.3.79}$$

时, 对任意的 $\varepsilon > 0$, 有

$$u(t) < (1+\varepsilon)Ue^{\nu^*(t-t_0)}, \quad w(t) < (1+\varepsilon)We^{\nu^*(t-t_0)}, \tag{2.3.80}$$

这里 $U = \max\limits_{s\in[t_0-\tau,t_0]} u(s)$, $W = \max\limits_{s\in[t_0-\tau,t_0]} w(s)$ 及

$$\nu^* = \sup_{t\geqslant t_0}\left\{\nu(t) : \mathcal{H}(\nu(t)) = \nu(t) + A(t) - B(t)e^{-\nu(t)\tau} - \frac{C(t)G(t)e^{-2\nu(t)\tau}}{1-H(t)e^{-\nu(t)\tau}} = 0\right\} < 0. \tag{2.3.81}$$

要证明这一定理, 我们需要几个引理.

引理 2.3.26 系统

$$\begin{cases} u'(t) = -A(t)u(t) + B(t)u(t-\tau) + C(t)w(t-\tau), \\ w(t) = G(t)u(t-\tau) + H(t)w(t-\tau), \end{cases} \quad \tau > 0,\ t \geqslant t_0 \tag{2.3.82}$$

存在非平凡解 $\tilde{u}(t) = \tilde{U}e^{\nu_*(t-t_0)}$, $\tilde{w}(t) = \tilde{W}e^{\nu_*(t-t_0)}, t \geqslant t_0, \nu_* \geqslant 0$ ($\tilde{U}$ 和 $\tilde{W}$ 是常数) 的充要条件是对每个 t 特征方程

$$\mathcal{H}(\nu) = \nu + A(t) - B(t)e^{-\nu\tau} - \frac{C(t)G(t)e^{-2\nu\tau}}{1-H(t)e^{-\nu\tau}} = 0 \tag{2.3.83}$$

有非负根 $\nu(t)$.

证明 若系统 (2.3.82) 有非平凡解 $\tilde{u}(t) = \tilde{U}e^{\nu_*(t-t_0)}$, $\tilde{w}(t) = \tilde{W}e^{\nu_*(t-t_0)}$, 则 ν_* 显然是特征方程 (2.3.83) 的非负根. 反之, 若特征方程 (2.3.83) 对每个 t 有非负根 $\nu(t)$, 则 $\tilde{u}(t) = \tilde{U}e^{\nu_*(t-t_0)}$, $\tilde{w}(t) = \tilde{W}e^{\nu_*(t-t_0)}$, $\nu_* = \inf\limits_{t\geqslant t_0}\{\nu(t)\} \geqslant 0$, 显然是 (2.3.82) 的非平凡解.

引理 2.3.27 若 (2.3.78) 及 (2.3.79) 成立, 则对每个 t 特征方程 (2.3.83) 没有非负根, 但有负根 $\nu(t)$, 且满足 (2.3.81).

证明 若 $\tau=0$, 则特征方程 (2.3.83) 的根为 $\nu=-A(t)+B(t)+\dfrac{C(t)G(t)}{1-H(t)}<0$. 下设 $\tau>0$, 此时, 0 显然不是 (2.3.83) 的根. 若 (2.3.83) 存在正根 $\nu(t)$, 则从 (2.3.79) 和 (2.3.83) 易得

$$B(t)+\frac{C(t)G(t)}{1-H(t)}<B(t)e^{-\nu(t)\tau}+\frac{C(t)G(t)e^{-2\nu(t)\tau}}{1-H(t)e^{-\nu(t)\tau}},$$

即

$$\frac{C(t)G(t)}{1-H(t)}<\frac{C(t)G(t)e^{-2\nu(t)\tau}}{1-H(t)e^{-\nu(t)\tau}}.$$

通过简单的计算, 可得 $H(t)>1$, 与假设矛盾. 从而 (2.3.83) 不存在非负根.

往证 (2.3.83) 存在负根 $\nu(t)$. 令 $\nu_0=\tau^{-1}\ln H(t)$, 易得

$$\mathcal{H}(0)>0,\quad \lim_{\nu\to\nu_0^+}\mathcal{H}(\nu)=-\infty.$$

另一方面, 当 $\nu\in(\nu_0,0]$ 时, 我们有

$$\begin{aligned}\mathcal{H}'(\nu)=&1+B(t)\tau e^{-\nu\tau}\\&+\frac{2C(t)G(t)\tau e^{-2\nu\tau}[1-H(t)e^{-\nu\tau}]+C(t)G(t)e^{-2\nu\tau}H(t)\tau e^{-\nu\tau}}{[1-H(t)e^{-\nu\tau}]^2}>0.\end{aligned}$$

从而可知对每个固定的 t 特征方程 (2.3.83) 存在负根 $\nu(t)\in(\nu_0,0)$.

下证 $\nu^*<0$. 如若不然, 任取 $\tilde{p}$ 满足 $(1-H_0)p+H_0<\tilde{p}<1$, 固定

$$0<\varepsilon<\min\left\{(1-\tilde{p})A_0,(2\tau)^{-1}[\ln\tilde{p}-\ln((1-H_0)p+H_0)]\right\},$$

则存在 $t^*\geqslant t_0$, 使得 $\nu(t^*)>-\varepsilon$. 而另一方面, 我们有

$$\begin{aligned}0=&\nu(t^*)+A(t)-B(t)e^{-\nu(t^*)\tau}-\frac{C(t)G(t)e^{-2\nu(t^*)\tau}}{1-H(t)e^{-\nu(t^*)\tau}}\\>&-\varepsilon+A(t)-B(t)e^{\varepsilon\tau}-\frac{C(t)G(t)e^{2\varepsilon\tau}}{1-H(t)e^{\varepsilon\tau}}\\>&-\varepsilon+A(t)-\frac{e^{2\varepsilon\tau}(1-H_0)}{1-H_0e^{\varepsilon\tau}}\left[B(t)+\frac{C(t)G(t)}{1-H(t)}\right]\\>&-\varepsilon+A(t)-\frac{e^{2\varepsilon\tau}(1-H_0)}{1-H_0e^{\varepsilon\tau}}pA(t)\\>&-\varepsilon+A(t)-\tilde{p}A(t)\\=&-\varepsilon+(1-\tilde{p})A(t)\end{aligned}$$

$$
\begin{aligned}
&\geqslant -\varepsilon + (1-\tilde{p})A_0 \\
&> 0,
\end{aligned}
$$

矛盾, 故 $\nu^* < 0$.

引理 2.3.28 若 (2.3.82) 存在指数形式的解 $\tilde{u}(t) = \tilde{U}e^{\nu^*(t-t_0)}$, $\tilde{w}(t) = \tilde{W}e^{\nu^*(t-t_0)}$, $t \geqslant t_0$, $\nu^* < 0$, 则对任意的 $\varepsilon > 0$, (2.3.78) 的非平凡解 $u(t)$, $w(t)$ 满足 (2.3.80).

证明 显然, 当 $t \in [t_0 - \tau, t_0]$ 时, 结论成立. 若存在 t_* 使得当 $t < t_*$ 时,

$$
u(t) < (1+\varepsilon)Ue^{\nu^*(t-t_0)}, \quad w(t) < (1+\varepsilon)We^{\nu^*(t-t_0)}.
$$

而 $u(t_*) = (1+\varepsilon)Ue^{\nu^*(t_*-t_0)}$ 或者 $w(t_*) = (1+\varepsilon)We^{\nu^*(t_*-t_0)}$. 此时, 对 $t \leqslant t_*$, 我们有

$$
\begin{aligned}
u(t) \leqslant & e^{-\int_{t_0}^t A(x)dx}u(t_0) + \int_{t_0}^t e^{-\int_r^t A(x)dx}[B(r)\max_{s\in[r-\tau,r]} u(s) + C(r)\max_{s\in[r-\tau,r]} w(s)]dr \\
< & e^{-\int_{t_0}^t A(x)dx}(1+\varepsilon)U + \int_{t_0}^t e^{-\int_r^t A(x)dx}\Big[B(r)(1+\varepsilon)Ue^{\nu^*(r-\tau-t_0)} \\
& + C(r)(1+\varepsilon)We^{\nu^*(r-\tau-t_0)}\Big]dr \\
= & \tilde{u}(t) = (1+\varepsilon)Ue^{\nu^*(t-t_0)}
\end{aligned}
$$

及

$$
\begin{aligned}
w(t) < & G(t)\max_{s\in[t-\tau,t]}(1+\varepsilon)Ue^{\nu^*(s-t_0)} + H(t)\max_{s\in[t-\tau,t]}(1+\varepsilon)We^{\nu^*(s-t_0)} \\
= & \tilde{w}(t) = (1+\varepsilon)We^{\nu^*(t-t_0)},
\end{aligned}
$$

矛盾, 故结论成立.

定理 2.3.25 的证明 当 $\tau = 0$ 时, (2.3.80) 显然成立. 现设 $\tau > 0$, 由引理 2.3.27 可知, 特征方程 (2.3.83) 只有负根, 并且满足 (2.3.81), 再由引理 2.3.26 可知, 系统 (2.3.82) 不具有形如 $\tilde{u}(t) = \tilde{U}e^{\nu_*(t-t_0)}$, $\tilde{w}(t) = \tilde{W}e^{\nu_*(t-t_0)}, t \geqslant t_0, \nu_* \geqslant 0$ 的非平凡解, 但易验证其具有非平凡解 $\tilde{u}(t) = \tilde{U}e^{\nu^*(t-t_0)}$, $\tilde{w}(t) = \tilde{W}e^{\nu^*(t-t_0)}, t \geqslant t_0, \nu^* < 0$. 因而从引理 2.3.28 易得定理之结论.

推论 2.3.29 若 (2.3.78) 及 (2.3.79) 成立, 则

(i) $$u(t) \leqslant \max_{s\in[t_0-\tau,t_0]} u(s), \qquad w(t) \leqslant \max_{s\in[t_0-\tau,t_0]} w(s); \tag{2.3.84}$$

(ii) $$\lim_{t\to+\infty} u(t) = 0, \qquad \lim_{t\to+\infty} w(t) = 0. \tag{2.3.85}$$

证明 由 ε 的任意性, 易得 (i). 因 $\nu^* < 0$, (ii) 是定理 2.3.25 的直接结果.

推论 2.3.30 (参见 Liz 和 Trofimchuk [168]) 设 $A=\inf\limits_{t\geqslant t_0}A(t)$, $B=\sup\limits_{t\geqslant t_0}B(t)$, $C=\sup\limits_{t\geqslant t_0}C(t)$, $G=\sup\limits_{t\geqslant t_0}G(t)$, $H=\sup\limits_{t\geqslant t_0}H(t)$. 则当

$$A>0,\quad H<1,\quad -A+B+\frac{CG}{1-H}<0,\quad \forall\, t\geqslant t_0 \tag{2.3.86}$$

时, 对任意的 $\varepsilon>0$, (2.3.80) 成立, 此时

$$\nu^*=\max\left\{\nu:\mathcal{H}(\nu)=\nu+A-Be^{-\nu\tau}-\frac{CGe^{-2\nu\tau}}{1-H_0e^{-\nu\tau}}=0\right\}<0.$$

现在我们来讨论问题类 $\bar{\mathscr{L}}_0(\alpha,\,\beta,\,\gamma,\,L,\,0,\,\tau)$ 的指数稳定性, 我们有下面的结果.

定理 2.3.31 设问题 (2.2.1)$\in\bar{\mathscr{L}}_0(\alpha,\,\beta,\,\gamma,\,L,\,0,\,\tau)$, 并设

$$\alpha(t)\leqslant\alpha<0,\quad \gamma(t)\leqslant\gamma<1,\quad \frac{\gamma(t)L(t)+\beta(t)}{-[1-\gamma(t)]\alpha(t)}\leqslant p<1,\quad \forall\, t\geqslant t_0. \tag{2.3.87}$$

则对任意的 $\varepsilon>0$ 及 $t\geqslant t_0$, 有

$$\begin{aligned}&\|y(t)-z(t)\|<(1+\varepsilon)\max_{s\in[t_0-\tau,t_0]}\|\phi(s)-\varphi(s)\|e^{\nu^{\#}(t-t_0)},\\&\|y'(t)-z'(t)\|<(1+\varepsilon)\max_{s\in[t_0-\tau,t_0]}\|\phi'(s)-\varphi'(s)\|e^{\nu^{\#}(t-t_0)},\end{aligned} \tag{2.3.88}$$

其中

$$\begin{aligned}\nu^{\#}:=\sup_{t\geqslant t_0}\Bigg\{\nu(t)\ \Bigg|\ &\mathcal{H}(\nu(t))=\nu(t)-\alpha(t)-\beta(t)e^{-\nu(t)\tau}\\&-\frac{\gamma(t)[L(t)+\beta(t)]e^{-2\nu(t)\tau}}{1-\gamma(t)e^{-\nu(t)\tau}}=0\Bigg\}<0.\end{aligned} \tag{2.3.89}$$

(2.3.88) 式表征问题的指数渐近稳定性. 进一步, 我们有

$$\|y(t)-z(t)\|\leqslant\max_{s\in[t_0-\tau,t_0]}\|\phi(s)-\varphi(s)\|,\quad \forall t\in[t_0,+\infty), \tag{2.3.90}$$

$$\|y'(t)-z'(t)\|\leqslant\max_{s\in[t_0-\tau,t_0]}\|\phi'(s)-\varphi'(s)\|,\quad \forall t\in[t_0,+\infty) \tag{2.3.91}$$

及

$$\lim_{t\to+\infty}\|y(t)-z(t)\|=0, \tag{2.3.92}$$

$$\lim_{t\to+\infty}\|y'(t)-z'(t)\|=0. \tag{2.3.93}$$

证明 定义 $Y(t) := \|y(t) - z(t)\|$ 及 $\tilde{Y}(t) := \|y'(t) - z'(t)\|$. 利用

$$\begin{aligned}&\|y(t) - z(t) - \lambda[y'(t) - z'(t)]\| \\ \geqslant &\|y(t) - z(t) - \lambda[f(t, y(t), y(\cdot), y'(\cdot)) - f(t, z(t), y(\cdot), y'(\cdot))]\| \\ &-\lambda\left[\beta(t)\|y - z\|_{C_{\mathbf{X}}[t-\tau,t]} + \gamma(t)\|y' - z'\|_{C_{\mathbf{X}}[t-\tau,t]}\right], \qquad \lambda \geqslant 0,\end{aligned}$$

我们有

$$\begin{aligned}D_-(Y(t)) =& \lim_{\lambda\to+0} \frac{\|y(t) - z(t) - \lambda[y'(t) - z'(t)]\| - \|y(t) - z(t)\|}{-\lambda} \\ \leqslant& \lim_{\lambda\to+0}\left[\frac{G(0) - G(\lambda)}{\lambda} + \beta(t)\|y - z\|_{C_{\mathbf{X}}[t-\tau,t]} + \gamma(t)\|y' - z'\|_{C_{\mathbf{X}}[t-\tau,t]}\right] \\ \leqslant& \lim_{\lambda\to+0} \frac{[1 - (1 - \alpha(t)\lambda)]G(0)}{\lambda} \\ &+\beta(t)\|y - z\|_{C_{\mathbf{X}}[t-\tau,t]} + \gamma(t)\|y' - z'\|_{C_{\mathbf{X}}[t-\tau,t]} \\ =& \alpha(t)Y(t) + \beta(t)\|y - z\|_{C_{\mathbf{X}}[t-\tau,t]} + \gamma(t)\|y' - z'\|_{C_{\mathbf{X}}[t-\tau,t]}.\end{aligned} \tag{2.3.94}$$

另一方面, 从 (2.3.3) 易得

$$\tilde{Y}(t) \leqslant L(t)Y(t) + \beta(t)\|y - z\|_{C_{\mathbf{X}}[t-\tau,t]} + \gamma(t)\|y' - z'\|_{C_{\mathbf{X}}[t-\tau,t]}, \quad t \geqslant t_0, \tag{2.3.95}$$

从而, 应用定理 2.3.25 和推论 2.3.29 与 (2.3.94) 和 (2.3.95) 即得定理 2.3.31. 证毕.

从定理 2.3.31, 我们可以获得下面这个重要结果.

定理 2.3.32 设问题 (2.2.1)$\in \mathscr{L}_0(\alpha, \beta, 0, L, 0, \tau)$, 并设

$$\alpha(t) \leqslant \alpha < 0, \quad \frac{\beta(t)}{-\alpha(t)} \leqslant p < 1, \quad \forall\, t \geqslant t_0. \tag{2.3.96}$$

则对任意的 $\varepsilon > 0$ 及 $t \geqslant t_0$, 有

$$\begin{aligned}&\|y(t) - z(t)\| < (1+\varepsilon) \max_{s\in[t_0-\tau,t_0]} \|\phi(s) - \varphi(s)\| e^{\nu^*(t-t_0)}, \\ &\|y'(t) - z'(t)\| < (1+\varepsilon) \max_{s\in[t_0-\tau,t_0]} \|\phi'(s) - \varphi'(s)\| e^{\nu^*(t-t_0)},\end{aligned} \tag{2.3.97}$$

其中

$$\nu^* := \sup_{t\geqslant t_0}\left\{\nu(t) \mid \mathcal{H}(\nu(t)) = \nu(t) - \alpha(t) - \beta(t)e^{-\nu(t)\tau} = 0\right\} < 0. \tag{2.3.98}$$

进一步, 我们有 (2.3.90)—(2.3.93).

2.4 应用于中立型延迟微分方程及中立型延迟积分微分方程

本节我们将上述结果应用于中立型延迟微分方程和中立型延迟积分微分方程. 为简便计, 本节内容仅在空间 $\mathbb{C}^N$ 中讨论. 但应注意, 应用本章所建立的一般理论很容易将本节所获得的全部结果推广到适用于 Banach 空间和 Hilbert 空间的情形. 我们也注意到, 对于有限维 Euclid 空间 $\mathbb{C}^N$ 中的中立型延迟微分方程的特殊情形已有若干相关工作 (参见文献 [18, 21, 200, 202]).

2.4.1 应用于中立型延迟微分方程

以符号 $\langle\cdot,\cdot\rangle$ 及 $\|\cdot\|$ 分别表示空间 $\mathbb{C}^N$ 的内积及相应的内积范数. 对于任给的常数 $T\in(0,+\infty)$, $\tau\in[0,+\infty]$, 函数 $\phi\in C_N^1[-\tau,0]$, $\eta_i,\zeta_j\in C[0,T]$ (这里设 $-\tau\leqslant\eta_i(t),\zeta_j\leqslant t$, $\forall t\in[0,T], i=1,2,\cdots,r, j=1,2,\cdots,s$) 及满足条件

$$\begin{cases}\Re e\langle u-\bar{u},g(t,u,v_1,v_2,\cdots,v_r,w_1,w_2,\cdots,w_s)\\ \qquad\qquad -g(t,\bar{u},v_1,v_2,\cdots,v_r,w_1,w_2,\cdots,w_s)\rangle\leqslant\alpha(t)\|u-\bar{u}\|^2,\\ \forall t\in[0,T],\quad u,\bar{u},v_1,v_2,\cdots,v_r,w_1,w_2,\cdots,w_s\in\mathbb{C}^N,\\ \|g(t,u,v_1,v_2,\cdots,v_r,w_1,w_2,\cdots,w_s)-g(t,\bar{u},\bar{v}_1,\bar{v}_2,\cdots,\bar{v}_r,\bar{w}_1,\bar{w}_2,\cdots,\bar{w}_s)\|\\ \leqslant L(t)\|u-\bar{u}\|+\beta(t)\max\limits_{1\leqslant i\leqslant r}\|v_i-\bar{v}_i\|+\gamma(t)\max\limits_{1\leqslant i\leqslant s}\|w_i-\bar{w}_i\|,\\ \forall t\in[0,T],\quad u,\bar{u},v_i,\bar{v}_i,w_j,\bar{w}_j\in\mathbb{C}^N,\quad i=1,2,\cdots,r,\quad j=1,2,\cdots,s\end{cases}\tag{2.4.1}$$

的连续映射 $g:[0,T]\times\mathbb{C}^{N(r+s+1)}\to\mathbb{C}^N$, 考虑中立型延迟微分方程初值问题

$$\begin{cases}y'(t)=g\left(t,y(t),y(\eta_1(t)),y(\eta_2(t)),\cdots,y(\eta_r(t)),\right.\\ \qquad\qquad \left.y'(\zeta_1(t)),y'(\zeta_2(t)),\cdots,y'(\zeta_s(t))\right),\quad t\in[0,T],\\ y(t)=\phi(t),\quad y'(t)=\phi'(t),\quad t\in[-\tau,0],\end{cases}\tag{2.4.2}$$

我们恒设该问题有一个解 $y(t), -\tau\leqslant t\leqslant T$. 令

$$\begin{aligned}&\hat{f}(t,u,\psi,\chi)\\ =&g(t,u,\psi(\eta_1(t)),\psi(\eta_2(t)),\cdots,\psi(\eta_r(t)),\chi(\zeta_1(t)),\chi(\zeta_2(t)),\cdots,\chi(\zeta_s(t))),\\ &\forall t\in[0,T],\quad u\in\mathbb{C}^N,\quad\psi,\chi\in C_N[-\tau,T].\end{aligned}$$

则满足条件 (2.4.1) 的初值问题 (2.4.2) 可等价地写成中立型泛函微分方程初值问题

$$\begin{cases}y'(t)=\hat{f}(t,y(t),y(\cdot),y'(\cdot)),\quad 0\leqslant t\leqslant T,\\ y(t)=\phi(t),\quad y'(t)=\phi'(t),\quad -\tau\leqslant t\leqslant 0,\end{cases}\tag{2.4.3}$$

这里映射 $\hat{f}:[0,T]\times\mathbb{C}^N\times C_N[-\tau,T]\times C_N[-\tau,T]\to\mathbb{C}^N$ 满足

$$\begin{aligned}
&\Re e\langle u-v,\hat{f}(t,u,\psi,\chi)-\hat{f}(t,v,\psi,\chi)\rangle\\
=&\Re e\langle u-v,g(t,u,\psi(\eta_1(t)),\cdots,\psi(\eta_r(t)),\chi(\zeta_1(t)),\cdots,\chi(\zeta_s(t)))\\
&\qquad -g(t,v,\psi(\eta_1(t)),\cdots,\psi(\eta_r(t)),\chi(\zeta_1(t)),\cdots,\chi(\zeta_s(t)))\rangle\\
\leqslant&\alpha(t)\parallel u-v\parallel^2,\quad \forall t\in[0,T],\quad u,v\in\mathbb{C}^N,\psi,\chi\in C_N[-\tau,T] \qquad (2.4.4)
\end{aligned}$$

及

$$\begin{aligned}
&\|\hat{f}(t,u_1,\psi_1,\chi_1)-\hat{f}(t,u_2,\psi_2,\chi_2)\|\\
=&\|g(t,u_1,\psi_1(\eta_1(t)),\cdots,\psi_1(\eta_r(t)),\chi_1(\zeta_1(t)),\cdots,\chi_1(\zeta_s(t)))\\
&-g(t,u_2,\psi_2(\eta_1(t)),\cdots,\psi_2(\eta_r(t)),\chi_2(\zeta_1(t)),\cdots,\chi_2(\zeta_s(t)))\|\\
\leqslant&L(t)\|u_1-u_2\|+\beta(t)\max_{1\leqslant i\leqslant r}\|\psi_1(\eta_i(t))-\psi_2(\eta_i(t))\|\\
&+\gamma(t)\max_{1\leqslant i\leqslant s}\|\chi_1(\zeta_i(t))-\chi_2(\zeta_i(t))\|\\
\leqslant&L(t)\|u_1-u_2\|+\beta(t)\max_{\min\limits_{1\leqslant i\leqslant r}\eta_i(t)\leqslant\xi\leqslant\max\limits_{1\leqslant i\leqslant r}\eta_i(t)}\|\psi_1(\xi)-\psi_2(\xi)\|\\
&+\gamma(t)\max_{\min\limits_{1\leqslant i\leqslant s}\zeta_i(t)\leqslant\xi\leqslant\max\limits_{1\leqslant i\leqslant s}\zeta_i(t)}\|\psi_1(\xi)-\psi_2(\xi)\|,\\
&\qquad\forall t\in[0,T],\quad u_1,u_2\in\mathbb{C}^N,\quad \psi_1,\psi_2,\chi_1,\chi_2\in C_N[-\tau,T]. \qquad (2.4.5)
\end{aligned}$$

这意味着问题 (2.4.3), 或者等价的问题 (2.4.2), 属于问题类 $\mathscr{L}_0(\alpha,\beta,\gamma,L,\tau_1,\tau_2)$, 这里

$$\tau_1(t)=t-\max\left\{\max_{1\leqslant i\leqslant r}\eta_i(t),\max_{1\leqslant i\leqslant s}\zeta_i(t)\right\},\quad \tau_2(t)=t-\min\left\{\min_{1\leqslant i\leqslant r}\eta_i(t),\min_{1\leqslant i\leqslant s}\zeta_i(t)\right\}.$$

由此可见 2.3 节所建立的关于中立型泛函微分方程稳定性的一般理论可直接应用于这一特殊情形. 从一般理论可直接导致下列两个定理.

定理 2.4.1 设问题 (2.4.2) 满足条件 (2.4.1), 并记

$$\alpha=\max_{0\leqslant t\leqslant T}\alpha(t),\quad \beta=\max_{0\leqslant t\leqslant T}\beta(t),\quad \gamma=\max_{0\leqslant t\leqslant T}\gamma(t)<1,\quad L=\max_{0\leqslant t\leqslant T}L(t),$$
$$c=\alpha+\frac{\beta+\gamma L}{1-\gamma},\quad c_1=\max\left\{1,\frac{\gamma}{|\alpha+\beta|}\right\},\quad c_2=\max\{c,\gamma,\alpha+\beta\}.$$

那么

(i) 当 $c>0$ 时, 有

$$\|y(t)-z(t)\|\leqslant c_1\exp(c_2(t-t_0))\|\phi-\varphi\|_{C_N^1[-\tau,0]},\quad \forall t\in[0,T]; \qquad (2.4.6)$$

(ii) 当 $c \leqslant 0$ 时, 有

$$\|y(t)-z(t)\| \leqslant c_1\|\phi-\varphi\|_{C_N^1[-\tau,0]}, \quad \forall t \in [-\tau, T]; \tag{2.4.7}$$

(iii) 当 $c \leqslant 0$ 且 $\beta+\gamma \leqslant -\alpha$ 时, 有

$$\|y(t)-z(t)\| \leqslant \|\phi-\varphi\|_{C_N^1[-\tau,0]}, \quad \forall t \in [-\tau, T]; \tag{2.4.8}$$

(iv) 当 $c \leqslant 0$ 且 $\dfrac{\gamma L}{1-\gamma} \geqslant \gamma$ 时, 有 (2.4.8).

这里及定理 2.4.2、定理 2.4.3 中, $z(t)$ 表示任给扰动问题

$$\begin{cases} z'(t)=g\left(t, z(t), z(\eta_1(t)), z(\eta_2(t)), \cdots, z(\eta_r(t)),\right. \\ \qquad \left. z'(\zeta_1(t)), z'(\zeta_2(t)), \cdots, z'(\zeta_s(t))\right), \quad t \in [0, T]; \\ z(t)=\varphi(t), \quad z'(t)=\varphi'(t), \quad t \in [-\tau, 0] \end{cases} \tag{2.4.9}$$

的一个解, 其中初始函数 $\varphi(t) \in C_N^1[-\tau, 0]$.

下面的定理考虑以无穷积分区间 $[0,+\infty)$ 代替上述有穷区间 $[0, T]$ 的情形.

定理 2.4.2 设问题 (2.4.2) 满足条件 (2.4.1), 并设

$$\begin{aligned} &\lim_{t\to+\infty} \min\left\{\min_{1\leqslant i\leqslant r} \eta_i(t), \min_{1\leqslant i\leqslant s} \zeta_i(t)\right\}=+\infty, \\ &(1-\gamma)\alpha+\beta+\gamma L<0, \ \alpha+\beta+\gamma<0. \end{aligned} \tag{2.4.10}$$

那么有

$$\lim_{t\to+\infty} \|y(t)-z(t)\|=0. \tag{2.4.11}$$

不等式 (2.4.6), (2.4.8) 及 (2.4.11) 分别表征着问题 (2.4.2) 的稳定性、收缩性及渐近稳定性.

当 $t-h \leqslant \eta_i(t), \zeta_j(t) \leqslant t, i=1,2,\cdots,r,\ j=1,2,\cdots,s, \forall t \in [0,+\infty)$ 时, 这里 $h \geqslant 0$ 是一常数, 我们有下面的指数渐近稳定性结果.

定理 2.4.3 设问题 (2.4.2) 满足条件 (2.4.1), 并设

$$\alpha(t) \leqslant \alpha<0, \quad \gamma(t) \leqslant \gamma<1, \quad \frac{\gamma(t)L(t)+\beta(t)}{-[1-\gamma(t)]\alpha(t)} \leqslant p<1, \ \ \forall\, t \geqslant 0. \tag{2.4.12}$$

则对任意的 $\varepsilon>0$ 及 $t \geqslant 0$, 有

$$\begin{aligned} &\|y(t)-z(t)\|<(1+\varepsilon) \max_{s\in[-\tau,0]} \|\phi(s)-\varphi(s)\| e^{\nu t}, \\ &\|y'(t)-z'(t)\|<(1+\varepsilon) \max_{s\in[-\tau,0]} \|\phi'(s)-\varphi'(s)\| e^{\nu t}, \end{aligned} \tag{2.4.13}$$

其中

$$\nu := \sup_{t\geqslant 0}\left\{\nu(t)\mid \mathcal{H}(\nu(t))=\nu(t)-\alpha(t)-\beta(t)e^{-\nu(t)h}\right.$$
$$\left.-\frac{\gamma(t)[L(t)+\beta(t)]e^{-2\nu(t)h}}{1-\gamma(t)e^{-\nu(t)h}}=0\right\}$$
$$<0. \tag{2.4.14}$$

进一步, 我们有

$$\|y(t)-z(t)\|\leqslant \max_{s\in[-\tau,0]}\|\phi(s)-\varphi(s)\|,\quad \forall t\in[0,+\infty), \tag{2.4.15}$$

$$\|y'(t)-z'(t)\|\leqslant \max_{s\in[-\tau,0]}\|\phi'(s)-\varphi'(s)\|,\quad \forall t\in[0,+\infty) \tag{2.4.16}$$

及

$$\lim_{t\to+\infty}\|y(t)-z(t)\|=0, \tag{2.4.17}$$

$$\lim_{t\to+\infty}\|y'(t)-z'(t)\|=0. \tag{2.4.18}$$

2.4.2　应用于中立型延迟积分微分方程

考虑中立型延迟积分微分方程初值问题

$$\begin{cases} y'(t)=g\left(t,y(t),y(\zeta(t)),y'(\zeta(t)),\displaystyle\int_{\eta_1(t)}^{\eta_2(t)}K(t,\xi,y(\xi),y'(\xi))d\xi\right), & t\in[0,T],\\ y(t)=\phi(t),\quad t\in[-\tau,0], \end{cases} \tag{2.4.19}$$

这里 $T\in(0,+\infty)$, 函数 $\phi\in C_N^1[-\tau,0]$, $\zeta,\eta_1,\eta_2\in C[0,T]$ 且 $-\tau\leqslant\eta_1(t)\leqslant\eta_2(t)\leqslant t$, $-\tau\leqslant\zeta(t)\leqslant t$, $\forall t\in[0,T]$, 连续映射 $K:[0,T]\times[-\tau,T]\times\mathbb{C}^N\times\mathbb{C}^N\to\mathbb{C}^N$, $\forall t\in[0,T],\xi\in[-\tau,T]$ 满足条件

$$\|K(t,\xi,x,u)-K(t,\xi,y,u)\|\leqslant L_\mu\|x-y\|,\quad \forall x,y,u\in\mathbb{C}^N, \tag{2.4.20}$$

$$\|K(t,\xi,y,u)-K(t,\xi,y,v)\|\leqslant \mu\|u-v\|,\quad \forall y,u,v\in\mathbb{C}^N, \tag{2.4.21}$$

式中 $L_\mu,\mu>0$ 是仅具有适度大小的 Lipschitz 常数, 连续映射 $g:[0,T]\times\mathbb{C}^N\times\mathbb{C}^N\times\mathbb{C}^N\times\mathbb{C}^N\to\mathbb{C}^N$ 满足条件

$$\begin{cases} \Re e\langle y_1-y_2,g(t,y_1,u,v,w)-g(t,y_2,u,v,w)\rangle\leqslant\alpha(t)\|y_1-y_2\|^2,\\ \qquad \forall t\in[0,T],\quad y_1,y_2,u,v,w\in\mathbb{C}^N,\\ \qquad \|g(t,y_1,u_1,v_1,w_1)-g(t,y_2,u_2,v_2,w_2)\|\\ \leqslant L(t)\|y_1-y_2\|+\beta(t)\|u_1-u_2\|+\gamma_1(t)\|v_1-v_2\|+\gamma_2(t)\|w_1-w_2\|,\\ \qquad \forall t\in[0,T],\quad y_1,y_2,u_1,u_2,v_1,v_2,w_1,w_2\in\mathbb{C}^N, \end{cases} \tag{2.4.22}$$

恒设该问题有一个解 $y(t)$, $-\tau \leqslant t \leqslant T$. 令

$$\tilde{f}(t,u,\psi,\chi)=g\left(t,u,\psi(\zeta(t)),\chi(\zeta(t)),\int_{\eta_1(t)}^{\eta_2(t)}K(t,\xi,\psi(\xi),\chi(\xi))d\xi\right),$$
$$\forall t\in[0,T],\quad u\in\mathbb{C}^N,\quad \psi\in C_N^1[-\tau,T],\quad \chi\in C_N[-\tau,T].$$

则满足条件 (2.4.20)—(2.4.22) 的初值问题 (2.4.19) 可等价地写成中立型泛函微分方程初值问题

$$\begin{cases} y'(t)=\tilde{f}(t,y(t),y(\cdot),y'(\cdot)), & 0\leqslant t\leqslant T,\\ y(t)=\phi(t), & -\tau\leqslant t\leqslant 0, \end{cases} \tag{2.4.23}$$

这里映射 $\tilde{f}:[0,T]\times\mathbb{C}^N\times C_N^1[-\tau,T]\times C_N[-\tau,T]\to\mathbb{C}^N$ 满足

$$\begin{aligned}
&\Re e\left\langle y_1-y_2,\tilde{f}(t,y_1,\psi,\chi)-\tilde{f}(t,y_2,\psi,\chi)\right\rangle\\
&=\Re e\left\langle y_1-y_2,g\left(t,y_1,\psi(\zeta(t)),\chi(\zeta(t)),\int_{\eta_1(t)}^{\eta_2(t)}K(t,\xi,\psi(\xi),\chi(\xi))d\xi\right)\right.\\
&\quad\left.-g\left(t,y_2,\psi(\zeta(t)),\chi(\zeta(t)),\int_{\eta_1(t)}^{\eta_2(t)}K(t,\xi,\psi(\xi),\chi(\xi))d\xi\right)\right\rangle\\
&\leqslant\alpha(t)\|y_1-y_2\|^2,\quad \forall t\in[0,T],\quad y_1,y_2\in\mathbb{C}^N,\quad \psi,\chi\in C_N[-\tau,T]
\end{aligned}\tag{2.4.24}$$

及

$$\begin{aligned}
&\|\tilde{f}(t,y_1,\psi_1,\chi_1)-\tilde{f}(t,y_2,\psi_2,\chi_2)\|\\
&=\left\|g\left(t,y_1,\psi_1(\zeta(t)),\chi_1(\zeta(t)),\int_{\eta_1(t)}^{\eta_2(t)}K(t,\xi,\psi_1(\xi),\chi_1(\xi))d\xi\right)\right.\\
&\quad\left.-g\left(t,y_2,\psi_2(\zeta(t)),\chi_2(\zeta(t)),\int_{\eta_1(t)}^{\eta_2(t)}K(t,\xi,\psi_2(\xi),\chi_2(\xi))d\xi\right)\right\|\\
&\leqslant L(t)\|y_1-y_2\|+\beta(t)\|\psi_1(\zeta(t))-\psi_2(\zeta(t))\|+\gamma_1(t)\|\chi_1(\zeta(t))-\chi_2(\zeta(t))\|\\
&\quad+\gamma_2(t)\left\|\int_{\eta_1(t)}^{\eta_2(t)}[K(t,\xi,\psi_1(\xi),\chi_1(\xi))-K(t,\xi,\psi_2(\xi),\chi_2(\xi))]d\xi\right\|\\
&\leqslant L(t)\|y_1-y_2\|+\beta(t)\|\psi_1(\zeta(t))-\psi_2(\zeta(t))\|+\gamma_1(t)\|\chi_1(\zeta(t))-\chi_2(\zeta(t))\|\\
&\quad+\gamma_2(t)\left(L_\mu\int_{\eta_1(t)}^{\eta_2(t)}\|\psi_1(\xi)-\psi_2(\xi)\|d\xi+\mu\int_{\eta_1(t)}^{\eta_2(t)}\|\chi_1(\xi)-\chi_2(\xi)\|\,d\xi\right)\\
&\leqslant L(t)\|y_1-y_2\|\\
&\quad+\left[\beta(t)+L_\mu\gamma_2(t)(\eta_2(t)-\eta_1(t))\right]\max_{\min\{\zeta(t),\eta_1(t)\}\leqslant\xi\leqslant\max\{\zeta(t),\eta_2(t)\}}\|\psi_1(\xi)-\psi_2(\xi)\|
\end{aligned}$$

$$+[\gamma_1(t)+\mu\gamma_2(t)(\eta_2(t)-\eta_1(t))]\max_{\min\{\zeta(t),\eta_1(t)\}\leqslant\xi\leqslant\max\{\zeta(t),\eta_2(t)\}}\|\chi_1(\xi)-\chi_2(\xi)\|,$$
$$\forall t\in[0,T],\quad y_1,y_2\in\mathbb{C}^N,\quad \psi_1,\psi_2\in C_N[-\tau,T].$$

这意味着问题 (2.4.23), 或者等价的问题 (2.4.19), 属于问题类 $\mathscr{L}_0(\alpha,\tilde{\beta},\tilde{\gamma},L,\tau_1,\tau_2)$, 这里

$$\tau_1(t)=t-\max\{\zeta(t),\eta_2(t)\},\quad \tau_2(t)=t-\min\{\zeta(t),\eta_1(t)\},$$
$$\tilde{\beta}(t)=\beta(t)+L_\mu\gamma_2(t)(\eta_2(t)-\eta_1(t)),\ \tilde{\gamma}(t)=\gamma_1(t)+\mu\gamma_2(t)(\eta_2(t)-\eta_1(t)).$$

由此可见 2.3 节所建立的关于中立型泛函微分方程稳定性的一般理论可直接应用于这一特殊情形. 从一般理论可直接导致下列结果.

定理 2.4.4 设问题 (2.4.19) 满足条件 (2.4.20)—(2.4.22), 并记

$$\alpha=\max_{0\leqslant t\leqslant T}\alpha(t),\ \ \tilde{\beta}=\max_{0\leqslant t\leqslant T}\tilde{\beta}(t),\ \ \tilde{\gamma}=\max_{0\leqslant t\leqslant T}\tilde{\gamma}(t)<1,\ \ L=\max_{0\leqslant t\leqslant T}L(t),$$
$$c=\alpha+\frac{\tilde{\beta}+\tilde{\gamma}L}{1-\tilde{\gamma}},\quad c_1=\max\left\{1,\frac{\tilde{\gamma}}{|\alpha+\tilde{\beta}|}\right\},\quad c_2=\max\{c,\tilde{\gamma},\alpha+\tilde{\beta}\}.$$

那么

(i) 当 $c>0$ 时, 有

$$\|y(t)-z(t)\|\leqslant c_1\exp(c_2(t-t_0))\|\phi-\varphi\|_{C_N^1[-\tau,0]},\quad \forall t\in[0,T];\tag{2.4.25}$$

(ii) 当 $c\leqslant 0$ 时, 有

$$\|y(t)-z(t)\|\leqslant c_1\|\phi-\varphi\|_{C_N^1[-\tau,0]},\quad \forall t\in[-\tau,T];\tag{2.4.26}$$

(iii) 当 $c\leqslant 0$ 且 $\beta+\gamma\leqslant-\alpha$ 时, 有

$$\|y(t)-z(t)\|\leqslant\|\phi-\varphi\|_{C_N^1[-\tau,0]},\quad \forall t\in[-\tau,T];\tag{2.4.27}$$

(iv) 当 $c\leqslant 0$ 且 $\dfrac{\gamma L}{1-\gamma}\geqslant\gamma$ 时, 有 (2.4.27).

这里及定理 2.4.5、定理 2.4.6 中, $z(t)$ 表示任给扰动问题

$$\begin{cases} z'(t)=g\left(t,z(t),z(\zeta(t)),z'(\zeta(t)),\displaystyle\int_{\eta_1(t)}^{\eta_2(t)}K(t,\xi,z(\xi),z'(\xi))d\xi\right), & t\in[0,T],\\ z(t)=\varphi(t), & t\in[-\tau,0]\end{cases}\tag{2.4.28}$$

的一个解, 其中初始函数 $\varphi(t)\in C_N^1[-\tau,0]$.

下面的定理考虑以无穷积分区间 $[0,+\infty)$ 代替上述有穷区间 $[0,T]$ 的情形.

定理 2.4.5 设问题 (2.4.19) 满足条件 (2.4.20)—(2.4.22), 并设

$$\lim_{t\to+\infty}\min\{\zeta(t),\eta_1(t)\}=+\infty,\quad (1-\tilde{\gamma})\alpha+\tilde{\beta}+\tilde{\gamma}L<0,\quad \alpha+\tilde{\beta}+\tilde{\gamma}<0. \tag{2.4.29}$$

那么有

$$\lim_{t\to+\infty}\|y(t)-z(t)\|=0. \tag{2.4.30}$$

不等式 (2.4.25), (2.4.27) 及 (2.4.30) 分别表征着问题 (2.4.23) 的稳定性、收缩性及渐近稳定性.

当 $t-h\leqslant\min\{\zeta(t),\eta_1(t)\},\forall t\in[0,+\infty)$ 时, 这里 $h\geqslant 0$ 是一常数, 我们有下面的指数渐近稳定性结果.

定理 2.4.6 设问题 (2.4.19) 满足条件 (2.4.20)—(2.4.22), 并设

$$\alpha(t)\leqslant\alpha<0,\quad \tilde{\gamma}(t)\leqslant\tilde{\gamma}<1,\quad \frac{\tilde{\gamma}(t)L(t)+\tilde{\beta}(t)}{-[1-\tilde{\gamma}(t)]\alpha(t)}\leqslant p<1,\quad \forall\, t\geqslant 0. \tag{2.4.31}$$

则对任意的 $\varepsilon>0$ 及 $t\geqslant 0$, 有

$$\begin{aligned}\|y(t)-z(t)\| &<(1+\varepsilon)\max_{s\in[-\tau,0]}\|\phi(s)-\varphi(s)\|e^{\nu t},\\ \|y'(t)-z'(t)\| &<(1+\varepsilon)\max_{s\in[-\tau,0]}\|\phi'(s)-\varphi'(s)\|e^{\nu t},\end{aligned} \tag{2.4.32}$$

其中

$$\begin{aligned}\nu:=\sup_{t\geqslant 0}&\left\{\nu(t)\,\middle|\,\mathcal{H}(\nu(t))=\nu(t)-\alpha(t)-\tilde{\beta}(t)e^{-\nu(t)h}\right.\\ &\left.\qquad-\frac{\tilde{\gamma}(t)[L(t)+\tilde{\beta}(t)]e^{-2\nu(t)h}}{1-\tilde{\gamma}(t)e^{-\nu(t)h}}=0\right\}\\ <&\,0.\end{aligned} \tag{2.4.33}$$

进一步, 我们有 (2.4.15)—(2.4.18).

应当指出, 定理 2.4.4—定理 2.4.6 容易推广到右函数同时包含未知函数的多个积分和多个延迟量的更为一般的中立型延迟积分微分方程初值问题类.

2.5 试验问题类 $\mathscr{D}_{\lambda^*}(\alpha,\,\beta,\,\gamma,\,\varrho,\,\tau_1,\,\tau_2)$ 及其稳定性

注意到对于中立型延迟微分方程 (2.4.2) 或中立型延迟积分微分方程 (2.4.19), 由于

$$y'(t)=g\left(t,y(t),y(\eta_1(t)),y(\eta_2(t)),\cdots,y(\eta_r(t)),y'(\zeta_1(t)),y'(\zeta_2(t)),\cdots,y'(\zeta_s(t))\right),$$

$$t \in [0,T], \tag{2.5.1}$$

或

$$y'(t)=g\left(t,y(t),y(\zeta(t)),y'(\zeta(t)),\int_{\eta_1(t)}^{\eta_2(t)} K(t,\xi,y(\xi),y'(\xi))d\xi\right),\quad t\in[0,T], \tag{2.5.2}$$

其右端函数 g 中的 $y'(\zeta_i(t)), i=1,2,\cdots,s$ 或 $y'(\zeta(t))$, $y'(\xi)$ 完全可以用 (2.5.1) 或 (2.5.2) 来代替, 从而可以得到比 2.3 节所获充分条件更弱的判定系统稳定的充分条件. 事实上, 这种思想是文献 [200] 中思想的进一步发展和推广.

2.5.1 试验问题类及其稳定性

考虑更一般的中立型泛函微分方程 (2.2.1), 给出如下定义.

定义 2.5.1 设 $\alpha(t)$, $\beta(t)$, $\gamma(t)$, $\varrho(t)$ 是区间 I_T 上给定的连续实函数, λ^*, δ 是给定的实数且 $\lambda^* \leqslant 0$, $\delta \geqslant \lambda^*$, 对任意 $t \in I_T$ 有 $1+\alpha(t)\lambda^* > 0$, $\beta(t) \geqslant 0$, $1 > \gamma(t) \geqslant 0$, $\varrho(t) \geqslant 0$. 一切满足条件 (2.3.2),

$$\begin{aligned}&\|f(t,y,\psi_1,\chi_1)-f(t,y,\psi_2,\chi_2)\| \leqslant \beta(t)\|\psi_1-\psi_2\|_{C_{\mathbf{X}}[t-\tau_2(t),t-\tau_1(t)]}\\&\qquad\qquad +\gamma(t)\|\chi_1-\chi_2\|_{C_{\mathbf{X}}[t-\tau_2(t),t-\tau_1(t)]},\\&\forall t \in I_T,\ y\in \mathbf{X}, \psi_1,\psi_2 \in C_{\mathbf{X}}[t_0-\tau,T],\ \chi_1,\chi_2\in Q_{\mathbf{X}}[t_0-\tau,T]\end{aligned} \tag{2.5.3}$$

及

$$\begin{aligned}&\|f(t,y,\psi_1,f(\cdot,\psi_1,\chi,\hat{\chi}))-f(t,y,\psi_2,f(\cdot,\psi_2,\chi,\hat{\chi}))\|\\&\leqslant \varrho(t)\|\psi_1-\psi_2\|_{C_{\mathbf{X}}[t-\tau_2(t),t-\tau_1(t)]},\\&\quad \forall t\in I_T,\ y\in\mathbf{X},\psi_1,\psi_2,\chi\in C_{\mathbf{X}}[t_0-\tau,T],\ \hat{\chi}\in Q_{\mathbf{X}}[t_0-\tau,T]\end{aligned} \tag{2.5.4}$$

的初值问题 (2.2.1) 所构成的问题类记为 $\mathscr{D}_{\lambda^*}(\alpha,\, \beta,\, \gamma,\, \varrho,\, \tau_1,\, \tau_2)$, 这里函数 $\tau_1(t)$, $\tau_2(t)$ 满足 (2.3.4). 在类 $\mathscr{L}_{\lambda^*}(\alpha,\, \beta,\, \gamma,\, L,\, \tau_1,\, \tau_2)$ 中, 一切满足条件

$$\begin{aligned}&G_f(2\delta-\lambda,t,y_1,y_2,\psi,\chi)\leqslant G_f(\lambda,t,y_1,y_2,\psi,\chi),\\&\forall \lambda\geqslant\delta,\ y_1,y_2\in\mathbf{X},\ t\in I_T,\ \psi\in C_{\mathbf{X}}[t_0-\tau,T],\ \chi\in Q_{\mathbf{X}}[t_0-\tau,T]\end{aligned} \tag{2.5.5}$$

的初值问题 (2.2.1) 所构成的子类记为 $\mathscr{D}_{\lambda^*,\delta}(\alpha,\, \beta,\, \gamma,\, \varrho,\, \tau_1,\, \tau_2)$.

注 2.5.2 若将中立型泛函微分方程写成 (2.2.2) 的形式, 由于

$$\dot{y}_t=(\dot{y})_t=f(t+\theta,y_t,y_{t+\theta},\dot{y}_{t+\theta}), \tag{2.5.6}$$

可更好理解条件 (2.5.4).

注 2.5.3 对常微分方程初值问题和泛函微分方程初值问题, 问题类 $\mathscr{D}_{\lambda^*}(\alpha, \beta, \gamma, \varrho, \tau_1, \tau_2)$ 与问题类 $\mathscr{L}_{\lambda^*}(\alpha, \beta, \gamma, L, \tau_1, \tau_2)$ 是一致的.

类似于定理 2.3.9, 我们可以证明

定理 2.5.4 若问题 (2.2.1) 属于类 $\mathscr{D}_{\lambda^*}(\alpha, \beta, \gamma, \varrho, \tau_1, \tau_2)$, 则 $\forall t_1, t_2$: $t_0 \leqslant t_1 \leqslant t_2 \leqslant T$, 我们有

$$\begin{aligned}\|y(t_2)-z(t_2)\| \leqslant& \exp\left(\int_{t_1}^{t_2}\hat{\alpha}(s)ds\right)\|y(t_1)-z(t_1)\| \\ &+\int_{t_1}^{t_2}\varrho(\xi)\exp\left(\int_{\xi}^{t_2}\hat{\alpha}(s)ds\right)d\xi\|y-z\|_{C_{\mathbf{X}}[\tau_2^{(0)}(t_1,t_2),t-\tau_1^{(0)}]} \\ &+\int_{t_1}^{t_2}\gamma(\xi)\exp\left(\int_{\xi}^{t_2}\hat{\alpha}(s)ds\right)d\xi\sup_{t\in[\tau_2^{(0)}(t_1,t_2),t-\tau_1^{(0)}]}\|\Phi(t)\|,\end{aligned} \tag{2.5.7}$$

这里 $\hat{\alpha}(s)=\dfrac{\alpha(s)}{1+\alpha(s)\lambda^*}$ 已在定理 2.3.9 中定义,

$$\Phi(t)=f(t,z(t),y(\cdot),y'(\cdot))-f(t,z(t),z(\cdot),z'(\cdot)),\quad t\in I_T=[t_0,T]. \tag{2.5.8}$$

对类 $\mathscr{D}_{\lambda^*}(\alpha, \beta, \gamma, \varrho, \tau_1, \tau_2)$ 中问题 (2.2.1), 我们仍然可以引入 (2.2.1) 的 $\dfrac{1}{n}$-扰动问题. 并假定条件 (2.2.4) 满足, 在此基础上, 我们使用引理 2.3.13 中的证明方法, 注意到

$$\begin{aligned}\|y(t)-y_n(t)\| \leqslant& \left[1+(\tilde{\alpha}+\varrho)\,\bar{\tau}e^{\tilde{\alpha}(T-t_0)}\right]\|y-y_n\|_{C_{\mathbf{X}}[t_0-\tau,t_1]} \\ &+\varrho\bar{\tau}e^{\tilde{\alpha}(T-t_0)}\varepsilon_{1n}+\gamma\bar{\tau}e^{\tilde{\alpha}(T-t_0)}\left(\varepsilon_{2n}+\sup_{s\in[t_0-\tau,t_1]}\|\Phi_n(s)\|\right)\end{aligned} \tag{2.5.9}$$

和

$$\|\Phi_n(t)\| \leqslant \varrho\|y-y_n\|_{C_{\mathbf{X}}[t_0-\tau,t_1]}+\gamma\sup_{s\in[t_0-\tau,t_1]}\|\Phi_n(s)\|+\varrho\varepsilon_{1n}+\gamma\varepsilon_{2n}, \tag{2.5.10}$$

这里 $y_n(t)$ 表示 $\dfrac{1}{n}$-扰动问题 (2.3.20) 的解, ε_{1n} 同引理 2.3.13 中的定义,

$$\begin{aligned}\Phi_n(t)=&f(t,y_n(t),y(\cdot),y'(\cdot))-f(t,y_n(t),y_n^{(n,t)},y_n^{(n,t)\prime}),\quad t\in I_T=[t_0,T], \\ \varepsilon_{2n}=&\max_{t\in I_T}\max_{\xi\in[t-1/n,t]}\left\|f\left(\xi,y\left(t-\frac{1}{n}\right),y(\cdot),y'(\cdot)\right)\right. \\ &\left.-f\left(t-\frac{1}{n},y\left(t-\frac{1}{n}\right),y(\cdot),y'(\cdot)\right)\right\|,\end{aligned}$$

可以证明

引理 2.5.5 设问题 (2.2.1) $\in \mathscr{D}_{\lambda^*}(\alpha, \beta, \gamma, \varrho, \tau_1, \tau_2)$, 若条件 (2.2.4) 满足, 则有

$$\lim_{n\to\infty} \|y(t) - y_n(t)\|_{C^1_{\mathbf{X}}[t_0-\tau,T]} = 0. \tag{2.5.11}$$

并同样可以证明

定理 2.5.6 设问题 (2.2.1) $\in \mathscr{D}_{\lambda^*}(\alpha, \beta, \gamma, \varrho, \tau_1, \tau_2)$, 并记

$$\hat{\alpha} = \max_{t\in I_T} \hat{\alpha}(t) = \max_{t\in I_T} \frac{\alpha(t)}{1+\alpha(t)\lambda^*}, \quad c = \hat{\alpha} + \frac{\varrho}{1-\gamma},$$

$$C_1 = \max\left\{1, \frac{\gamma}{|\hat{\alpha}+\varrho|}\right\}, \quad C_2 = \max\{c, \gamma, \hat{\alpha}+\beta\}.$$

若条件 (2.2.4) 满足, 那么

(i) 当 $c > 0$ 时, 有

$$\|y(t) - z(t)\| \leqslant C_1 \exp(C_2(t-t_0))\|\phi - \varphi\|_{C^1_{\mathbf{X}}[t_0-\tau,t_0]}, \quad \forall t \in [t_0, T]; \tag{2.5.12}$$

(ii) 当 $c \leqslant 0$ 时, 有

$$\|y(t) - z(t)\| \leqslant C_1 \|\phi - \varphi\|_{C^1_{\mathbf{X}}[t_0-\tau,t_0]}, \quad \forall t \in [t_0-\tau, T]. \tag{2.5.13}$$

当常数 C_1 和 C_2 仅具有适度大小时, 不等式 (2.5.12) 和 (2.5.13) 表征着问题 (2.2.1) 的稳定性.

注 2.5.7 若问题 (2.2.1) 属于类 $\mathscr{L}_{\lambda^*}(\alpha, \beta, \gamma, L, \tau_1, \tau_2)$, 则其必属于类 $\mathscr{D}_{\lambda^*}(\alpha, \beta, \gamma, \varrho, \tau_1, \tau_2)$, 且有 $\varrho \leqslant \beta + \gamma L$. 因此例 2.3.1—例 2.3.4 中的问题都属于类 $\mathscr{D}_{\lambda^*}(\alpha, \beta, \gamma, \varrho, \tau_1, \tau_2)$, 并且由于 C_1 和 C_2 都只有适度大小, 易知它们都是稳定的. 现考虑问题 (1.2.18), 虽然其属于类 $\mathscr{L}_{\lambda^*}(\alpha, \beta, \gamma, L, \tau_1, \tau_2)$,

$$\alpha = -10^8, \quad \beta = 0.9 \cdot 10^8, \quad \gamma = 0.9, \quad L = 10^8.$$

但由于 $\dfrac{\beta+\gamma L}{1-\gamma}$ 非常巨大, 我们得不到它的稳定性. 容易验证其也属于类 $\mathscr{D}_{\lambda^*}(\alpha, \beta, \gamma, \varrho, \tau_1, \tau_2)$, 且 $\varrho = 0$, 从而由定理 2.5.6 可知其稳定.

如果将问题类 $\mathscr{D}_{\lambda^*}(\alpha, \beta, \gamma, \varrho, 0, t-t_0+\tau)$ 简记为 $\mathscr{D}_{\lambda^*}(\alpha, \beta, \gamma, \varrho)$. 容易看出, 对于任给的满足条件 (2.3.4) 的函数 τ_1 和 τ_2, 有

$$\mathscr{D}_{\lambda^*}(\alpha, \beta, \gamma, \varrho, \tau_1, \tau_2) \subseteq \mathscr{D}_{\lambda^*}(\alpha, \beta, \gamma, \varrho).$$

对于问题类 $\mathscr{D}_{\lambda^*}(\alpha, \beta, \gamma, \varrho)$, 我们同样有

推论 2.5.8 对于任给的问题 (2.2.1)$\in \mathscr{D}_{\lambda^*}(\alpha, \beta, \gamma, \varrho)$, 定理 2.5.6 中所有结果保持成立.

推论 2.5.9 问题 (2.2.1)$\in \mathscr{D}_{\lambda^*}(\alpha, \beta, \gamma, \varrho)$ 至多只能有一个解.

下面的定理和推论可类似得到.

定理 2.5.10 设问题 (2.2.1) $\in \mathscr{D}_{\lambda^*}(\alpha, \beta, \gamma, \varrho, \tau_1, \tau_2)$, 若条件 (2.2.4) 满足, 则当 $c=\hat{\alpha}+\dfrac{\varrho}{1-\gamma}\leqslant 0$ 且 $\beta+\gamma\leqslant -\hat{\alpha}$ 时, 有广义收缩性不等式 (2.3.60).

推论 2.5.11 设问题 (2.2.1) $\in \mathscr{D}_0(\alpha, \beta, \gamma, \varrho, \tau_1, \tau_2)$, 并记

$$\tilde{c}=\alpha+\frac{\varrho}{1-\gamma},\quad \tilde{C}_1=\max\left\{1,\frac{\gamma}{|\alpha+\varrho|}\right\},\quad \tilde{C}_2=\max\{\tilde{c},\gamma,\alpha+\beta\},$$

这里 $\alpha=\max\limits_{t\in I_T}\alpha(t)$. 若条件 (2.2.4) 满足, 那么

(i) 当 $\tilde{c}>0$ 时, 有

$$\|y(t)-z(t)\|\leqslant \tilde{C}_1\exp(\tilde{C}_2(t-t_0))\|\phi-\varphi\|_{C^1_{\mathbf{X}}[t_0-\tau,t_0]},\quad \forall t\in[t_0,T];\qquad(2.5.14)$$

(ii) 当 $\tilde{c}\leqslant 0$ 时, 有

$$\|y(t)-z(t)\|\leqslant \tilde{C}_1\|\phi-\varphi\|_{C^1_{\mathbf{X}}[t_0-\tau,t_0]},\quad \forall t\in[t_0-\tau,T];\qquad(2.5.15)$$

(iii) 当 $\tilde{c}\leqslant 0$ 且 $\varrho+\gamma\leqslant-\alpha$ 时, 有 (2.3.60).

定理 2.5.12 设问题 (2.2.1) $\in \mathscr{D}_{\lambda^*}(\alpha, \beta, \gamma, \varrho, \tau_1, \tau_2)$ 且 $\tau_1^{(0)}>0$, 则有

(i) 当 $c=\hat{\alpha}+\dfrac{\varrho}{1-\gamma}>0$ 时, 有 (2.5.12);

(ii) 当 $c=\hat{\alpha}+\dfrac{\varrho}{1-\gamma}\leqslant 0$ 时, 有 (2.5.13);

(iii) 当 $c=\hat{\alpha}+\dfrac{\varrho}{1-\gamma}\leqslant 0$ 且 $\varrho+\gamma\leqslant-\hat{\alpha}$ 时, 有 (2.3.60).

下面考虑试验问题类 $\in \mathscr{D}_{\lambda^*}(\alpha, \beta, \gamma, \varrho, \tau_1, \tau_2)$ 的渐近稳定性. 为此, 我们将问题 (2.2.1) 及定义 2.3.1 中的区间 $[0,T]$ 改为 $[0,+\infty)$ 后相应的问题类分别记为 $\bar{\mathscr{D}}_{\lambda^*}(\alpha, \beta, \gamma, \varrho, \tau_1, \tau_2)$ 和 $\bar{\mathscr{D}}_{\lambda^*,\delta}(\alpha, \beta, \gamma, \varrho, \tau_1, \tau_2)$, 这时 (2.3.13) 中区间 $[0,T]$ 也相应改为 $[0,+\infty)$.

定理 2.5.13 设问题 (2.2.1) $\in \bar{\mathscr{D}}_{\lambda^*}(\alpha, \beta, \gamma, \varrho, \tau_1, \tau_2)$, 并设

$$\lim_{t\to+\infty}[t-\tau_2(t)]=+\infty,\quad \hat{\alpha}(t)=\frac{\alpha(t)}{1+\alpha(t)\lambda^*}\leqslant\hat{\alpha}<0,\quad \forall t\in[t_0,+\infty),$$
$$\frac{\varrho}{-\hat{\alpha}(1-\gamma)}<1,\quad \frac{\gamma}{-(\hat{\alpha}+\varrho)}<1,\qquad(2.5.16)$$

这里 $\hat{\alpha}$ 是常数, 那么我们有 (2.3.64).

定理 2.5.14 设问题 (2.2.1) $\in \bar{\mathscr{D}}_0(\alpha, \beta, \gamma, \varrho, 0, \tau)$, 并设

$$\alpha(t)\leqslant\alpha<0,\quad \gamma(t)\leqslant\gamma<1,\quad \frac{\varrho(t)}{-[1-\gamma(t)]\alpha(t)}\leqslant p<1,\ \forall\, t\geqslant t_0.\qquad(2.5.17)$$

则对任意的 $\varepsilon > 0$ 及 $t \geqslant t_0$, 有

$$\|y(t) - z(t)\| < (1+\varepsilon) \max_{s\in[t_0,t_0+\tau]} \|\phi(s) - \varphi(s)\| e^{\nu^{\#}(t-t_0)}, \tag{2.5.18}$$

其中

$$\nu^{\#} := \sup_{t\geqslant t_0} \left\{ \nu(t) \,\middle|\, \mathcal{H}(\nu(t)) = \nu(t) - \alpha(t) - \frac{\varrho(t)e^{-\nu(t)\tau}}{1-\gamma(t)e^{-\nu(t)\tau}} = 0 \right\} < 0. \tag{2.5.19}$$

进一步, 我们有 (2.3.92).

2.5.2 应用及与已知结果的比较

现在我们考虑将本节所获一般性结果应用于中立型延迟微分方程 (2.4.2) 及中立型延迟积分微分方程 (2.4.19), 类似于 2.4 节, 本小节内容仅在空间 $\mathbb{C}^N$ 中讨论.

2.5.2.1 应用于中立型延迟微分方程

考虑中立型延迟微分方程初值问题 (2.4.2), 类似于 2.4.1 小节, 可将中立型延迟微分方程初值问题 (2.4.2) 写成等价的中立型泛函微分方程初值问题 (2.4.3). 设 (2.4.2) 中的 g 满足条件

$$\begin{cases} \Re e\langle u-\bar{u}, g(t,u,v_1,v_2,\cdots,v_r,w_1,w_2,\cdots,w_s) \\ \qquad - g(t,\bar{u},v_1,v_2,\cdots,v_r,w_1,w_2,\cdots,w_s)\rangle \leqslant \alpha(t)\|u-\bar{u}\|^2, \\ \quad \forall t\in[0,T], \quad u,\bar{u},v_1,v_2,\cdots,v_r,w_1,w_2,\cdots,w_s \in \mathbb{C}^N, \\ \quad \|g(t,u,v_1,v_2,\cdots,v_r,w_1,w_2,\cdots,w_s) - g(t,u,\bar{v}_1,\bar{v}_2,\cdots,\bar{v}_r,\bar{w}_1,\bar{w}_2,\cdots,\bar{w}_s)\| \\ \leqslant \beta(t)\max\limits_{1\leqslant i\leqslant r}\|v_i-\bar{v}_i\| + \gamma(t)\max\limits_{1\leqslant i\leqslant s}\|w_i-\bar{w}_i\|, \\ \quad \forall t\in[0,T], \quad u,v_i,\bar{v}_i,w_j,\bar{w}_j\in\mathbb{C}^N, \quad i=1,2,\cdots,r, j=1,2,\cdots,s, \\ \|g(t,u,v_1,\cdots,v_r,g(\zeta_1(t),w_1,x_1,\cdots,x_{r+s}),\cdots,g(\zeta_s(t),w_s,\hat{x}_1,\cdots,\hat{x}_{r+s})) \\ -g(t,u,\bar{v}_1,\cdots,\bar{v}_r,g(\zeta_1(t),\bar{w}_1,x_1,\cdots,x_{r+s}),\cdots,g(\zeta_s(t),\bar{w}_s,\hat{x}_1,\cdots,\hat{x}_{r+s}))\| \\ \leqslant \varrho(t)\max\left\{\max\limits_{1\leqslant i\leqslant r}\|v_i-\bar{v}_i\|, \max\limits_{1\leqslant i\leqslant s}\|w_i-\bar{w}_i\|\right\}, \\ \forall t\in[0,T], \quad u,v_i,\bar{v}_i,w_j,\bar{w}_j,x_k,\hat{x}_k\in\mathbb{C}^N, i=1,\cdots,r, j=1,\cdots,s, k=1,\cdots,r+s, \end{cases} \tag{2.5.20}$$

则映射 $\hat{f}:[0,T]\times\mathbb{C}^N\times C_N[-\tau,T]\times C_N[-\tau,T]\to\mathbb{C}^N$ 满足 (2.4.4),

$$\begin{aligned} &\|\hat{f}(t,u,\psi_1,\chi_1) - \hat{f}(t,u,\psi_2,\chi_2)\| \\ \leqslant &\beta(t) \max_{\min\limits_{1\leqslant i\leqslant r}\eta_i(t)\leqslant\xi\leqslant\max\limits_{1\leqslant i\leqslant r}\eta_i(t)} \|\psi_1(\xi)-\psi_2(\xi)\| \end{aligned}$$

$$
\begin{aligned}
&+\gamma(t) \max_{\min\limits_{1\leqslant i\leqslant s}\zeta_i(t)\leqslant\xi\leqslant\max\limits_{1\leqslant i\leqslant s}\zeta_i(t)} \|\psi_1(\xi)-\psi_2(\xi)\|,\\
&\forall t\in[0,T],\quad u\in\mathbb{C}^N,\quad \psi_1,\psi_2,\chi_1,\chi_2\in C_N[-\tau,T] \qquad (2.5.21)
\end{aligned}
$$

及

$$
\begin{aligned}
&\|\hat{f}(t,u,\psi_1,\hat{f}(\cdot,\psi_1,\chi,\hat{\chi}))-\hat{f}(t,u,\psi_2,\hat{f}(\cdot,\psi_2,\chi,\hat{\chi}))\|\\
=&\|g\,(t,u,\psi_1(\eta_1(t)),\cdots,\psi_1(\eta_r(t)),\\
&g(\zeta_1(t),\psi_1(\zeta_1(t)),\chi(\eta_1(\zeta_1(t))),\cdots,\\
&\chi(\eta_r(\zeta_1(t))),\hat{\chi}(\zeta_1(\zeta_1(t))),\cdots,\hat{\chi}(\zeta_s(\zeta_1(t)))),\cdots,\\
&g(\zeta_s(t),\psi_1(\zeta_s(t)),\chi(\eta_1(\zeta_s(t))),\cdots,\chi(\eta_r(\zeta_s(t))),\hat{\chi}(\zeta_1(\zeta_s(t))),\cdots,\hat{\chi}(\zeta_s(\zeta_s(t)))))\\
&-g\,(t,u,\psi_2(\eta_1(t)),\cdots,\psi_2(\eta_r(t)),\\
&g(\zeta_1(t),\psi_2(\zeta_1(t)),\chi(\eta_1(\zeta_1(t))),\cdots,\\
&\chi(\eta_r(\zeta_1(t))),\hat{\chi}(\zeta_1(\zeta_1(t))),\cdots,\hat{\chi}(\zeta_s(\zeta_1(t)))),\cdots,\\
&g\,(\zeta_s(t),\psi_2(\zeta_s(t)),\chi(\eta_1(\zeta_s(t))),\cdots,\\
&\chi(\eta_r(\zeta_s(t))),\hat{\chi}(\zeta_1(\zeta_s(t))),\cdots,\hat{\chi}(\zeta_s(\zeta_s(t)))))\|\\
\leqslant&\varrho(t)\max\left\{\max_{1\leqslant i\leqslant r}\|\psi_1(\eta_i(t))-\psi_2(\eta_i(t))\|,\max_{1\leqslant i\leqslant s}\|\psi_1(\zeta_i(t))-\psi_2(\zeta_i(t))\|\right\}\\
\leqslant&\varrho(t)\max_{\min\{\min\limits_{1\leqslant i\leqslant r}\eta_i(t),\min\limits_{1\leqslant i\leqslant s}\zeta_i(t)\}\leqslant\xi\leqslant\max\{\max\limits_{1\leqslant i\leqslant r}\eta_i(t),\max\limits_{1\leqslant i\leqslant s}\zeta_i(t)\}}\|\psi_1(\xi)-\psi_2(\xi)\|,\\
&\forall t\in[0,T],\quad u\in\mathbb{C}^N,\quad \psi_1,\psi_2,\chi,\hat{\chi}\in C_N[-\tau,T], \qquad (2.5.22)
\end{aligned}
$$

这意味着问题 (2.4.3), 或者等价的问题 (2.4.2), 属于问题类 $\mathscr{D}_0(\alpha,\beta,\gamma,\varrho,\tau_1,\tau_2)$, 这里

$$
\tau_1(t)=t-\max\left\{\max_{1\leqslant i\leqslant r}\eta_i(t),\max_{1\leqslant i\leqslant s}\zeta_i(t)\right\},\quad \tau_2(t)=t-\min\left\{\min_{1\leqslant i\leqslant r}\eta_i(t),\min_{1\leqslant i\leqslant s}\zeta_i(t)\right\}.
$$

由此可见本节所建立的关于中立型泛函微分方程稳定性的一般理论可直接应用于这一特殊情形. 从一般理论可直接导出下列定理.

定理 2.5.15 设问题 (2.4.2) 满足条件 (2.5.20), 并记

$$
\begin{aligned}
&\alpha=\max_{0\leqslant t\leqslant T}\alpha(t),\quad \beta=\max_{0\leqslant t\leqslant T}\beta(t),\quad \gamma=\max_{0\leqslant t\leqslant T}\gamma(t)<1,\quad \varrho=\max_{0\leqslant t\leqslant T}\varrho(t),\\
&c=\alpha+\frac{\varrho}{1-\gamma},\quad c_1=\max\left\{1,\frac{\gamma}{|\alpha+\varrho|}\right\},\quad c_2=\max\{c,\gamma,\alpha+\beta\}.
\end{aligned}
$$

那么

(i) 当 $c>0$ 时, 有

$$\|y(t)-z(t)\| \leqslant c_1 \exp(c_2(t-t_0))\|\phi-\varphi\|_{C_N^1[-\tau,0]}, \quad \forall t \in [0,T]; \tag{2.5.23}$$

(ii) 当 $c \leqslant 0$ 时, 有

$$\|y(t)-z(t)\| \leqslant c_1\|\phi-\varphi\|_{C_N^1[-\tau,0]}, \quad \forall t \in [-\tau,T]; \tag{2.5.24}$$

(iii) 当 $c \leqslant 0$ 且 $\varrho+\gamma \leqslant -\alpha$ 时, 有

$$\|y(t)-z(t)\| \leqslant \|\phi-\varphi\|_{C_N^1[-\tau,0]}, \quad \forall t \in [-\tau,T]. \tag{2.5.25}$$

这里及定理 2.5.16、定理 2.5.17 中, $z(t)$ 表示任给扰动问题 (2.4.9) 的一个解, 其中初始函数 $\varphi(t) \in C_N^1[-\tau,0]$.

下面的定理考虑以无穷积分区间 $[0,+\infty)$ 代替上述有穷区间 $[0,T]$ 的情形.

定理 2.5.16　设问题 (2.4.2) 满足条件 (2.5.20), 并设

$$\begin{aligned}&\lim_{t\to+\infty}\min\left\{\min_{1\leqslant i\leqslant r}\eta_i(t), \min_{1\leqslant i\leqslant s}\zeta_i(t)\right\}=+\infty,\\&(1-\gamma)\alpha+\varrho<0, \quad \alpha+\varrho+\gamma<0.\end{aligned} \tag{2.5.26}$$

那么有

$$\lim_{t\to+\infty}\|y(t)-z(t)\|=0. \tag{2.5.27}$$

不等式 (2.5.23), (2.5.25) 及 (2.5.27) 分别表征着问题 (2.4.2) 的稳定性、收缩性及渐近稳定性.

当 $t-h \leqslant \eta_i(t), \zeta_j(t) \leqslant t, i=1,2,\cdots,r,\ j=1,2,\cdots,s, \forall t \in [0,+\infty)$ 时, 这里 $h \geqslant 0$ 是一常数, 我们有下面的指数渐近稳定性结果.

定理 2.5.17　设问题 (2.4.2) 满足条件 (2.5.20), 并设

$$\alpha(t) \leqslant \alpha < 0, \quad \gamma(t) \leqslant \gamma < 1, \quad \frac{\varrho(t)}{-[1-\gamma(t)]\alpha(t)} \leqslant p < 1, \ \ \forall\, t \geqslant 0. \tag{2.5.28}$$

则对任意的 $\varepsilon>0$ 及 $t \geqslant 0$, 有

$$\|y(t)-z(t)\| < (1+\varepsilon)\max_{s\in[0,h]}\|\phi(s)-\varphi(s)\|e^{\nu t}, \tag{2.5.29}$$

其中

$$\nu := \sup_{t\geqslant 0}\left\{\nu(t) \,\middle|\, \mathcal{H}(\nu(t)) = \nu(t)-\alpha(t)-\frac{\varrho(t)e^{-\nu(t)h}}{1-\gamma(t)e^{-\nu(t)h}}=0\right\}<0. \tag{2.5.30}$$

进一步, 我们有 (2.5.27).

注 2.5.18 当 $r=s=1, \eta_1(t)\equiv\zeta_1(t)=t-\tau(t)$ 且连续函数 $\tau(t)$ 满足条件 $(\mathcal{H}1)$ 和 $(\mathcal{H}2)$ 时, 王晚生和李寿佛在文献 [200] 中给出了问题 (2.4.2) 的解收缩和渐近稳定的充分条件; 2007 年, 又在 [202] 中将此充分条件应用到比例延迟微分方程获得了比例延迟微分方程理论解收缩和渐近稳定的充分条件. 从定理 2.5.15 和定理 2.5.16 我们不仅可以获得这些问题的解收缩和渐近稳定的类似充分条件 (比已有条件稍强), 而且可以获得带有多个变延迟的微分方程 (2.4.2) 的解收缩和渐近稳定的类似充分条件.

2.5.2.2 应用于中立型延迟积分微分方程

考虑中立型延迟积分微分方程初值问题 (2.4.19), 现设连续映射 $K:[0,T]\times[-\tau,T]\times\mathbb{C}^N\times\mathbb{C}^N\to\mathbb{C}^N$, $\forall t\in[0,T],\xi\in[-\tau,T]$ 满足条件 (2.4.20), (2.4.21) 和

$$\begin{aligned}&\|K(t,\xi,x,g(\xi,x,u,v,w))-K(t,\xi,y,g(\xi,y,u,v,w))\|\leqslant L_K\|x-y\|,\\&\forall x,y,u\in\mathbb{C}^N,\end{aligned}\tag{2.5.31}$$

式中, $L_K>0$ 是仅具有适度大小的 Lipschitz 常数, 连续映射 $g:[0,T]\times\mathbb{C}^N\times\mathbb{C}^N\times\mathbb{C}^N\times\mathbb{C}^N\to\mathbb{C}^N$ 满足条件

$$\begin{cases}\Re e\langle y_1-y_2,g(t,y_1,u,v,w)-g(t,y_2,u,v,w)\rangle\leqslant\alpha(t)\|y_1-y_2\|^2,\\\quad\forall t\in[0,T],\quad y_1,y_2,u,v,w\in\mathbb{C}^N,\\\|g(t,y,u_1,v_1,w_1)-g(t,y,u_2,v_2,w_2)\|\\\leqslant\beta(t)\|u_1-u_2\|+\gamma_1(t)\|v_1-v_2\|+\gamma_2(t)\|w_1-w_2\|,\\\forall t\in[0,T],\quad y,u_1,u_2,v_1,v_2,w_1,w_2\in\mathbb{C}^N,\\\|g(t,y,u_1,g(\zeta(t),u_1,v,\bar v),w)-g(t,y,u_2,g(\zeta(t),u_2,v,\bar v),w)\|\\\leqslant\varrho(t)\|u_1-u_2\|,\quad\forall t\in[0,T],y,u_1,u_2,v,\bar v,w\in\mathbb{C}^N.\end{cases}\tag{2.5.32}$$

类似地, 可将初值问题 (2.4.19) 等价地写成中立型泛函微分方程初值问题 (2.4.23), 其中映射 $\tilde f:[0,T]\times\mathbb{C}^N\times C_N^1[-\tau,T]\times C_N[-\tau,T]\to\mathbb{C}^N$ 满足 (2.4.24),

$$\begin{aligned}&\|\tilde f(t,y,\psi_1,\chi_1)-\tilde f(t,y,\psi_2,\chi_2)\|\\\leqslant&[\beta(t)+L_\mu\gamma_2(t)(\eta_2(t)-\eta_1(t))]\max_{\min\{\zeta(t),\eta_1(t)\}\leqslant\xi\leqslant\max\{\zeta(t),\eta_2(t)\}}\|\psi_1(\xi)-\psi_2(\xi)\|\\&+[\gamma_1(t)+\mu\gamma_2(t)(\eta_2(t)-\eta_1(t))]\max_{\min\{\zeta(t),\eta_1(t)\}\leqslant\xi\leqslant\max\{\zeta(t),\eta_2(t)\}}\|\chi_1(\xi)-\chi_2(\xi)\|\\&\forall t\in[0,T],y\in\mathbb{C}^N,\psi_1,\psi_2\in C_N[-\tau,T]\end{aligned}$$

及

$$\|\tilde f(t,y,\psi_1,\tilde f(\cdot,\psi_1,\chi,\hat\chi))-\tilde f(t,y,\psi_1,\tilde f(\cdot,\psi_1,\chi,\hat\chi))\|$$

$$
\begin{aligned}
&= \Bigg\| g\Bigg(t, y, \psi_1(\zeta(t)), g\Bigg(\zeta(t), \psi_1(\zeta(t)), \chi(\zeta(\zeta(t))), \hat{\chi}(\zeta(\zeta(t)))\\
&\quad \int_{\eta_1(\zeta(t))}^{\eta_2(\zeta(t))} K\left(\zeta(t), \xi, \chi(\xi), \hat{\chi}(\xi)\right) d\xi\Bigg),\\
&\quad \int_{\eta_1(t)}^{\eta_2(t)} K\Bigg(t, \xi, \psi_1(\xi), g\Bigg(\xi, \psi_1(\xi), \chi(\zeta(\xi)), \hat{\chi}(\zeta(\xi)),\\
&\quad \int_{\eta_1(\zeta(\xi))}^{\eta_2(\zeta(\xi))} K\left(\zeta(\xi), s, \chi(s), \hat{\chi}(s)\right) ds\Bigg)\Bigg) d\xi\Bigg)\\
&\quad -g\Bigg(t, y, \psi_2(\zeta(t)), g\Bigg(\zeta(t), \psi_2(\zeta(t)), \chi(\zeta(\zeta(t))), \hat{\chi}(\zeta(\zeta(t))),\\
&\quad \int_{\eta_1(\zeta(t))}^{\eta_2(\zeta(t))} K\left(\zeta(t), \xi, \chi(\xi), \hat{\chi}(\xi)\right) d\xi\Bigg),\\
&\quad \int_{\eta_1(t)}^{\eta_2(t)} K\Bigg(t, \xi, \psi_2(\xi), g\Bigg(\xi, \psi_2(\xi), \chi(\zeta(\xi)), \hat{\chi}(\zeta(\xi)),\\
&\quad \int_{\eta_1(\zeta(\xi))}^{\eta_2(\zeta(\xi))} K\left(\zeta(\xi), s, \chi(s), \hat{\chi}(s)\right) ds\Bigg)\Bigg) d\xi\Bigg)\Bigg\|\\
&\leqslant \varrho(t)\|\psi_1(\zeta(t)) - \psi_2(\zeta(t))\| + \gamma_2(t)L_K\left[\eta_2(t) - \eta_1(t)\right] \max_{\eta_1(t)\leqslant\xi\leqslant\eta_2(t)} \|\psi_1(\xi) - \psi_2(\xi)\|\\
&\leqslant [\varrho(t) + L_K\gamma_2(t)(\eta_2(t) - \eta_1(t))] \max_{\min\{\zeta(t),\eta_1(t)\}\leqslant\xi\leqslant\max\{\zeta(t),\eta_2(t)\}} \|\psi_1(\xi) - \psi_2(\xi)\|,
\end{aligned}
$$

这意味着问题 (2.4.23), 或者等价的问题 (2.4.19), 属于问题类 $\mathscr{D}_0(\alpha, \tilde{\beta}, \tilde{\gamma}, \tilde{\varrho}, \tau_1, \tau_2)$, 这里

$$
\tau_1(t) = t - \max\{\zeta(t), \eta_2(t)\}, \quad \tau_2(t) = t - \min\{\zeta(t), \eta_1(t)\},
$$

$$
\tilde{\beta}(t) = \beta(t) + L_\mu\gamma_2(t)(\eta_2(t) - \eta_1(t)), \quad \tilde{\gamma}(t) = \gamma_1(t) + \mu\gamma_2(t)(\eta_2(t) - \eta_1(t)),
$$

$$
\tilde{\varrho}(t) = \varrho(t) + L_K\gamma_2(t)(\eta_2(t) - \eta_1(t)).
$$

由此可见本节所建立的关于中立型泛函微分方程稳定性的一般理论可直接应用于这一特殊情形. 从一般理论可直接导致下列结果.

定理2.5.19 设问题 (2.4.19) 满足条件 (2.4.20)—(2.4.21), (2.5.31)—(2.5.32) 并记

$$
\alpha = \max_{0\leqslant t\leqslant T} \alpha(t), \quad \tilde{\beta} = \max_{0\leqslant t\leqslant T} \tilde{\beta}(t), \quad \tilde{\gamma} = \max_{0\leqslant t\leqslant T} \tilde{\gamma}(t) < 1, \quad \tilde{\varrho} = \max_{0\leqslant t\leqslant T} \tilde{\varrho}(t),
$$

$$
c = \alpha + \frac{\tilde{\varrho}}{1 - \tilde{\gamma}}, \quad c_1 = \max\left\{1, \frac{\tilde{\gamma}}{|\alpha + \tilde{\varrho}|}\right\}, \quad c_2 = \max\{c, \tilde{\gamma}, \alpha + \tilde{\beta}\}.
$$

那么

(i) 当 $c>0$ 时, 有

$$\|y(t)-z(t)\| \leqslant c_1 \exp(c_2(t-t_0))\|\phi-\varphi\|_{C_N^1[-\tau,0]}, \quad \forall t\in[0,T]; \tag{2.5.33}$$

(ii) 当 $c\leqslant 0$ 时, 有

$$\|y(t)-z(t)\| \leqslant c_1\|\phi-\varphi\|_{C_N^1[-\tau,0]}, \quad \forall t\in[-\tau,T]; \tag{2.5.34}$$

(iii) 当 $c\leqslant 0$ 且 $\tilde{\varrho}+\tilde{\gamma}\leqslant -\alpha$ 时, 有

$$\|y(t)-z(t)\| \leqslant \|\phi-\varphi\|_{C_N^1[-\tau,0]}, \quad \forall t\in[-\tau,T]. \tag{2.5.35}$$

这里及定理 2.5.20、定理 2.5.21 中, $z(t)$ 表示任给扰动问题 (2.4.28) 的一个解, 其中初始函数 $\varphi(t)\in C_N^1[-\tau,0]$.

下面的定理考虑以无穷积分区间 $[0,+\infty)$ 代替上述有穷区间 $[0,T]$ 的情形.

定理2.5.20 设问题 (2.4.19) 满足条件 (2.4.20)—(2.4.21), (2.5.31)—(2.5.32), 并设

$$\lim_{t\to+\infty}\min\{\zeta(t),\eta_1(t)\}=+\infty, \quad (1-\tilde{\gamma})\alpha+\tilde{\varrho}<0, \quad \alpha+\tilde{\varrho}+\tilde{\gamma}<0. \tag{2.5.36}$$

那么问题 (2.4.23) 的解是渐近稳定的, 即有

$$\lim_{t\to+\infty}\|y(t)-z(t)\|=0. \tag{2.5.37}$$

不等式 (2.5.33), (2.5.35) 及 (2.5.37) 分别表征着问题 (2.4.23) 的稳定性、收缩性及渐近稳定性.

当 $t-h\leqslant \min\{\zeta(t),\eta_1(t)\}, \forall t\in[0,+\infty)$ 时, 这里 $h\geqslant 0$ 是一常数, 我们有下面的指数渐近稳定性结果.

定理2.5.21 设问题 (2.4.19) 满足条件 (2.4.20)—(2.4.21), (2.5.31)—(2.5.32), 并设

$$\alpha(t)\leqslant\alpha<0, \quad \tilde{\gamma}(t)\leqslant\tilde{\gamma}<1, \quad \frac{\tilde{\varrho}}{-[1-\tilde{\gamma}(t)]\alpha(t)}\leqslant p<1, \quad \forall\, t\geqslant 0. \tag{2.5.38}$$

则对任意的 $\varepsilon>0$ 及 $t\geqslant 0$, 有

$$\|y(t)-z(t)\|<(1+\varepsilon)\max_{s\in[0,h]}\|\phi(s)-\varphi(s)\|e^{\nu t}, \tag{2.5.39}$$

其中

$$\nu:=\sup_{t\geqslant 0}\left\{\nu(t)\;\middle|\;\mathcal{H}(\nu(t))=\nu(t)-\alpha(t)-\frac{\tilde{\varrho}(t)e^{-\nu(t)h}}{1-\tilde{\gamma}(t)e^{-\nu(t)h}}=0\right\}<0. \tag{2.5.40}$$

进一步, 我们有 (2.5.37).

应当指出, 定理 2.5.17—定理 2.5.21 容易推广到右函数同时包含未知函数的多个积分和多个延迟量的更为一般的中立型延迟积分微分方程初值问题类.

注 2.5.22 2006 年, 余越昕在其博士学位论文中 ([248], 也可参见 [249]) 系统讨论了单支方法、Runge-Kutta 法及一般线性方法在约束网格上求解中立型延迟积分微分方程

$$\begin{cases} y'(t) = f\left(t, y(t), y(t-\tau), y'(t-\tau), \displaystyle\int_{t-\tau}^{t} g(t,s,y(s))ds\right), & t \geqslant 0, \\ y(t) = \phi(t), & -\tau \leqslant t \leqslant 0 \end{cases} \tag{2.5.41}$$

的数值稳定性, 但没有给出其理论解的稳定性结果. 本章给出了上述方程理论解稳定、渐近稳定及指数渐近稳定的充分条件, 弥补了这一美中不足.

第 3 章 Banach 空间泛函微分方程数值方法的稳定性及收敛性

3.1 引 言

本章我们将讨论 Banach 空间中数值方法求解中立型泛函微分方程及其特例——中立型延迟微分方程的稳定性与收敛性. 为了突破内积范数和单边 Lipschitz 常数的限制, 1979 年, Nevanlinna 和 Liniger [172,173] 首次考虑了 Banach 空间常微分方程试验问题类并研究了单支方法的非线性稳定性. 1983 年, Vanselow [196] 分别就 Banach 空间中 $K1$, $K2\lambda^*$ 及 $K3\mu$ 类非线性问题研究了线性多步方法的稳定性. 1987 年, 李寿佛 [145–147] 于 Banach 空间引进非线性常微分方程试验问题类族 $K(\mu,\lambda^*)$ 和 $K(\mu,\lambda^*,\delta)$, 统一和扩张了以往文献个别研究的上述三类问题, 并在此基础上获得了变系数线性多步方法、显式及对角隐式 Runge-Kutta 法及多步多导数方法的一系列稳定性结果. 此后, 李寿佛 [155] 引进了刚性 Volterra 泛函微分方程试验问题类 $\mathbf{D}(\alpha,\beta,\mu_1,\mu_2)$ 并研究了其理论解的稳定性. 之后文立平及其合作者 [231,232,235,237] 在试验问题类 $\mathbf{D}(\alpha,\beta,\mu_1,\mu_2)$ 的基础上引进了试验问题类 $\mathbf{D}_{\lambda^*}(\alpha,\beta,\mu_1,\mu_2)$ 及 $\mathbf{D}_{\lambda^*,\delta}(\alpha,\beta,\mu_1,\mu_2)$, 并研究了 θ-方法、线性多步方法、显式及对角隐式 Runge-Kutta 法的稳定性, 将常微分数值方法的稳定性推广到 Volterra 泛函微分方程. 在此之前, 张诚坚 [259] 在 2000 年讨论了变系数线性多步方法求解延迟微分方程的收敛性.

本章将把这些重要结果推广到中立型泛函微分方程. 值得注意的是, 上述常微分方程和泛函微分方程数值稳定性结果都要求 $\alpha \leqslant 0$. 对于隐式 Euler 方法、变系数线性多步方法、显式及对角隐式 Runge-Kutta 法, 我们考虑了 $\alpha > 0$ 这一重要情形. 此外, 我们也考虑显式及对角隐式 Runge-Kutta 法的条件收缩性, 使得本章不是前述结果的简单类推. 但本章的结果容易推广到中立型泛函微分方程.

本章安排如下: 在 3.2 节中, 我们证明了隐式 Euler 方法的保稳定性, 统一了此前已有的结果.

在 3.3 节中, 我们将讨论 Banach 空间线性 θ-方法求解一类特殊的多延迟中立型微分方程的非线性稳定性.

3.4 节获得了一类变系数线性多步方法求解中立型变延迟微分方程的一系列稳定性准则.

在 3.5 节, 我们讨论了显式及对角隐式 Runge-Kutta 法求解中立型延迟微分方程的非线性稳定性; 获得了方法保持系统收缩性的充分条件; 举例说明了一些显式或对角隐式 Runge-Kutta 法在约束步长的情况能够保持系统的收缩性.

在 3.6 节, 我们将进一步讨论线性多步方法求解中立型变延迟微分方程的收敛性.

3.2 隐式 Euler 法的保稳定性

本节研究泛函微分方程 (FDEs) 初值问题隐式 Euler 法的稳定性, 本节内容可参见 [218]. FDEs 指的是 Volterra FDEs (VFDEs, 也为 Retarded FDEs, RFDEs) 和中立型的 FDEs(NFDEs). VFDEs 具有如下形式:

$$\begin{cases} y'(t) = f(t, y(t), y(\cdot)), & t \in I_T = [t_0, T], \\ y(t) = \phi(t), & t \in I_\tau = [t_0 - \tau, t_0], \end{cases} \tag{3.2.1}$$

其中 t_0, τ, T 是常数, $-\infty < t_0 < T < +\infty$, $0 \leqslant \tau \leqslant +\infty$, ϕ 是给定的连续函数. 延迟微分方程 (DDEs) 和延迟积分微分方程 (DIDEs) 是 (3.2.1) 的特例. NFDEs 有如下形式:

$$\begin{cases} y'(t) = f(t, y(t), y(\cdot), y'(\cdot)), & t \in I_T = [t_0, T], \\ y(t) = \phi(t), & t \in I_\tau = [t_0 - \tau, t_0], \end{cases} \tag{3.2.2}$$

其中 t_0, τ, T 是常数, $-\infty < t_0 < T < +\infty$, $0 \leqslant \tau \leqslant +\infty$, ϕ 是给定的连续可微初始函数. 中立型延迟微分方程 (NDDEs) 和中立型延迟积分微分方程 (NDIDEs) 是 (3.2.2) 的特例. 显然, VFDEs (3.2.1) 也是 NFDEs (3.2.2) 的特例.

正如此前所言, 泛函微分方程具有比常微分方程更丰富的动力学行为. 从数值的角度来看, 获得保持问题真解定性行为的数值方法是很重要的. 从现有的结果中, 我们发现, 在 Hilbert 空间, 隐式 Euler 法能够完全保持线性非自治 NDDEs [16]、非线性 DDEs [195]、具有特殊形式的非线性 NDDEs [18]、非线性 NDDEs [199] 和非线性 VFDEs (3.2.1)[156] 的稳定性. 但是, 在 Banach 空间中, [238] 中给出的隐式 Euler 法求解非线性 VFDEs (3.2.1) 的结果似乎并不与上述结论相一致. 那么, 自然地, 我们会问, 在 Banach 空间, 隐式 Euler 法是否能保持非线性 VFDEs (3.2.1) 的真解的稳定性? 在本节中, 我们将讨论这个问题, 并给出一个肯定的答案. 另一方面, 虽然数值求解 NFDEs 是一个活跃的研究领域, 但对一般非线性的 NFDEs (3.2.2) 数值方法的稳定性研究较少. 据我们所知, 只有 Bellen、Guglielmi 和 Zennaro [18]、Ma、Yang 和 Liu [170], 以及 Wang 和他的合作者 [199, 202–206, 212] 的论文致力于非线性 NDDEs 和非线性 NDIDEs 数值方法的保持稳定性. 因此, 有必要研究哪些数值方法对更一般的非线性 NFDEs (3.2.2) 的解析解可以保持稳定性. 隐式

Euler 方法是最简单的一种方法, 因此成为我们研究的第一个对象. 为此, 我们首先回顾了 (3.2.1) 和 (3.2.2) 的真解的稳定性结果, 之后我们将证明隐式 Euler 方法求解非线性 VFDEs (3.2.1) 和 NFDEs (3.2.2) 的保稳定性.

3.2.1 解析解的稳定性

为了讨论非线性 VFDEs (3.2.1) 解析解的稳定性, 我们引入了 (3.2.1) 的扰动问题

$$\begin{cases} z'(t) = f(t, z(t), z(\cdot)), & t \in I_T = [t_0, T], \\ z(t) = \tilde{\phi}(t), & t \in I_\tau = [t_0 - \tau, t_0]. \end{cases} \tag{3.2.3}$$

并假设 VFDEs (3.2.2) 中连续映射 $f : [t_0, T] \times \mathbf{X} \times C_{\mathbf{X}}[t_0 - \tau, T] \to \mathbf{X}$ 满足条件

$$\begin{aligned} &[1 - \alpha(t)\lambda] G_f(0, t, u, v, \psi) \leqslant G_f(\lambda, t, u, v, \psi), \\ &\forall \lambda \geqslant 0,\ t \in I_T,\ u, v \in \mathbf{X},\ \psi \in C_{\mathbf{X}}[t_0 - \tau, T] \end{aligned} \tag{3.2.4}$$

和

$$\begin{aligned} &\|f(t, y, \psi_1) - f(t, y, \psi_2)\| \leqslant \beta(t) \|\psi_1 - \psi_2\|_{C_{\mathbf{X}}[t - \tau_2(t), t - \tau_1(t)]}, \\ &\quad \forall t \in I_T, \quad y \in \mathbf{X}, \quad \psi_1, \psi_2 \in C_{\mathbf{X}}[t_0 - \tau, T], \end{aligned} \tag{3.2.5}$$

其中 $\alpha(t)$ 和 $\beta(t)$ 为连续函数. 文献 [155](也可见 [157]) 给出了问题 (3.2.1) 解析解的稳定性、广义收缩性和渐近稳定性结果.

命题 3.2.1 令 $y(t)$ 和 $z(t)$ 分别为 (3.2.1) 和 (3.2.3) 的解. 假设问题 (3.2.1) 属于 $\mathbf{D}_0(\alpha, \beta, \tau_1, \tau_2)$, 并记 $C_V = \sup_{t \in I_T} (\alpha(t) + \beta(t))$. 那么

(i) 当 $C_V \geqslant 0$ 时, 我们有

$$\|y(t) - z(t)\| \leqslant \exp(C_V(t - t_0)) \max_{t_0 - \tau \leqslant t \leqslant t_0} \|\phi(t) - \tilde{\phi}(t)\|, \quad \forall t \in [t_0, T]; \tag{3.2.6}$$

(ii) 当 $C_V \leqslant 0$ 时, 我们有

$$\|y(t) - z(t)\| \leqslant \max_{t_0 - \tau \leqslant t \leqslant t_0} \|\phi(t) - \tilde{\phi}(t)\|, \quad \forall t \in [t_0 - \tau, T]. \tag{3.2.7}$$

命题 3.2.2 令 $y(t)$ 和 $z(t)$ 分别为 (3.2.1) 和 (3.2.3) 的解. 假设问题 (3.2.1) 属于 $\bar{\mathcal{D}}(\alpha, \beta, \tau_1, \tau_2)$, 并且

$$\lim_{t \to +\infty} [t - \tau_2(t)] = +\infty, \quad \alpha_0 =: \sup_{t \geqslant t_0} \alpha(t) < 0, \quad \nu =: \sup_{t \geqslant t_0} (\beta(t)/|\alpha(t)|) < 1. \tag{3.2.8}$$

那么我们有

(i) 对任意给定的常数 $\mu > 0$, 存在一个严格递增序列 $\{t_k\}$ 发散到 $+\infty$ 使得

$$\max_{t_k \leqslant t \leqslant t_{k+1}} \|y(t) - z(t)\| \leqslant C_\mu^k \max_{t_0-\tau \leqslant t \leqslant t_0} \|\phi(t) - \tilde{\phi}(t)\|, \quad k = 0, 1, 2, \cdots, \tag{3.2.9}$$

其中

$$C_\mu = \nu + (1 - \nu)\exp(\alpha_0 \mu); \tag{3.2.10}$$

(ii)

$$\lim_{t \to +\infty} \|y(t) - z(t)\| = 0. \tag{3.2.11}$$

关系式 (3.2.6), (3.2.7), (3.2.9) 和 (3.2.11) 分别刻画了问题 (3.2.1) 解析解的稳定性、广义收缩性、广义严格收缩性和渐近稳定性. 注意到当考虑数值方法求解 VFDEs 时, 分析数值方法是否保持解析解的这些特性是非常重要的. 因此, 命题 3.2.1 和命题 3.2.2 为非线性 VFDEs 的数值稳定性分析提供了统一的理论基础.

同样, 为了讨论 NFDEs (3.2.2) 解析解的稳定性, 我们引入 (3.2.2) 的扰动问题

$$\begin{cases} z'(t) = f(t, z(t), z(\cdot), z'(\cdot)), & t \in I_T = [t_0, T], \\ z(t) = \tilde{\phi}(t), & t \in I_\tau = [t_0 - \tau, t_0]. \end{cases} \tag{3.2.12}$$

令

$$C_N = \max\left\{\alpha + \frac{\beta + \gamma L}{1 - \gamma}, \alpha + \beta + \gamma\right\}, \quad C_1 = \begin{cases} \max\left\{1, \dfrac{\gamma}{|\alpha + \beta|}\right\}, & \alpha + \beta \neq 0, \\ 1, & \alpha + \beta = 0. \end{cases}$$

则从定理 2.3.15 我们易得问题 (3.2.2) 解析解的稳定性、广义收缩性和渐近稳定性结果.

命题 3.2.3 令 $y(t)$ 和 $z(t)$ 分别为 (3.2.2) 和 (3.2.12) 的解. 假设问题 (3.2.2) 属于 $\mathscr{L}_0(\alpha, \beta, \gamma, L, \tau_1, \tau_2)$, 那么

(i) 当 $C_N > 0$ 时, 我们有

$$\|y(t) - z(t)\| \leqslant C_1 \exp(C_N(t - t_0))\|\phi - \tilde{\phi}\|_{C^1_{\mathbf{X}}[t_0-\tau, t_0]}, \quad \forall t \in [t_0, T]; \tag{3.2.13}$$

(ii) 当 $C_N \leqslant 0$ 时, 我们有

$$\|y(t) - z(t)\| \leqslant \|\phi - \tilde{\phi}\|_{C^1_{\mathbf{X}}[t_0-\tau, t_0]}, \quad \forall t \in [t_0 - \tau, T]. \tag{3.2.14}$$

命题 3.2.4 令 $y(t)$ 和 $z(t)$ 分别为 (3.2.2) 和 (3.2.12) 的解. 假设问题 (3.2.2) 属于 $\bar{\mathscr{L}}_0(\alpha, \beta, \gamma, L, \tau_1, \tau_2)$, 并且

$$\lim_{t \to +\infty}[t - \tau_2(t)] = +\infty, \quad \alpha_0 =: \sup_{t \geqslant t_0} \alpha(t) < 0, \quad \nu =: \sup_{t \geqslant t_0}(\beta(t)/|\alpha(t)|) < 1. \tag{3.2.15}$$

那么我们可得 (3.2.11).

关系式 (3.2.13), (3.2.14) 和 (3.2.11) 分别刻画了问题 (3.2.2) 解析解的稳定性、广义收缩性和渐近稳定性. 命题 3.2.3 和命题 3.2.4 为非线性 NFDEs 的数值稳定性分析提供了统一的理论基础.

3.2.2 隐式 Euler 法求解非线性 VFDEs 的稳定性

从本节开始, 我们将讨论隐式 Euler 方法应用于 VFDEs (3.2.1) 和 NFDEs (3.2.2) 时的稳定性问题. 本节我们将考虑在 Banach 空间中, 隐式 Euler 方法是否能够保持非线性 (3.2.1) 解析解的稳定性问题.

求解 ODEs 的隐式 Euler 方法 (IEM)

$$y_{n+1} = y_n + h_n f(t_{n+1}, y_{n+1}) \tag{3.2.16}$$

配上适当的插值算子 π^h 一般可以得到求解 VFDEs 问题 (3.2.1) 的隐式 Euler 方法:

$$\begin{cases} y^h(t) = \pi^h(t, \phi, y_1, y_2, \cdots, y_{n+1}), \quad t_0 - \tau \leqslant t \leqslant t_{n+1}, \\ y_{n+1} = y_n + h_n f(t_{n+1}, y_{n+1}, y^h(\cdot)), \end{cases} \tag{3.2.17}$$

其中插值函数 $y^h(t)$ 是区间上 $[t_0 - \tau, t_{n+1}]$ 精确解 $y(t)$ 的逼近, y_n 是在网格点 t_n 处精确解 $y(t_n)$ 的近似值, $h_n = t_{n+1} - t_n$ 是可变积分步长. 记 $\Delta_h = \{t_0, t_1, \cdots, t_N\}$, 符号 $\mathcal{T}_h$ 表示由所有网格区域 Δ_h 组成的集合

$$t_0 < t_1 < \cdots < t_n < t_{n+1} < \cdots < t_N = T.$$

在本节中, 由于隐式 Euler 方法是一阶的, 在 (3.2.17) 中我们只考虑分段拉格朗日线性插值:

$$y^h(t) = \begin{cases} \dfrac{1}{h_i}[(t_{i+1} - t)y_i + (t - t_i)y_{i+1}], & t_i \leqslant t \leqslant t_{i+1}, \quad i = 0, 1, 2, \cdots, n, \\ \phi(t), & t_0 - \tau \leqslant t \leqslant t_0. \end{cases} \tag{3.2.18}$$

将隐式 Euler 方法 (3.2.16) 应用于扰动问题 (3.2.3), 可以得到一个类似的公式

$$\begin{cases} z^h(t) = \pi^h(t, \tilde{\phi}, z_1, z_2, \cdots, z_{n+1}), \quad t_0 - \tau \leqslant t \leqslant t_{n+1}, \\ z_{n+1} = z_n + h_n f(t_{n+1}, z_{n+1}, z^h(\cdot)). \end{cases} \tag{3.2.19}$$

为了简单起见, 对于任意给定的非负整数 n, 记

$$\omega_n = y_n - z_n, \quad Q_{n+1} = f(t_{n+1}, y_{n+1}, y^h(\cdot)) - f(t_{n+1}, z_{n+1}, y^h(\cdot)),$$

$$g_{n+1} = f(t_{n+1}, z_{n+1}, y^h(\cdot)) - f(t_{n+1}, z_{n+1}, z^h(\cdot)),$$

$$
\begin{aligned}
X_n &= \max\left\{\max_{1\leqslant i\leqslant n}\|\omega_n\|, \max_{t_0-\tau\leqslant t\leqslant t_0}\|\phi(t)-\tilde{\phi}(t)\|\right\}, \quad n\geqslant 1,\\
X_0 &= \max_{t_0-\tau\leqslant t\leqslant t_0}\|\phi(t)-\tilde{\phi}(t)\|.
\end{aligned}
$$

然后由 (3.2.17) 和 (3.2.19) 可知

$$
\omega_{n+1}-h_nQ_{n+1}=\omega_n+h_ng_{n+1}. \tag{3.2.20}
$$

定理 3.2.5 设问题 (3.2.1) 属于 $\mathbf{D}_0(\alpha,\ \beta,\ \tau_1,\ \tau_2)$. 分别用 $\{y_n\}$ 和 $\{z_n\}$ 表示用方法 (3.2.17) 在同一个网格 $\Delta_h\in\mathcal{T}_h$ 上, 分别求解问题 (3.2.1) 和扰动问题 (3.2.3) 所产生的两个近似序列. 那么

(i) 当 $C_V\geqslant 0$ 时, 对任意给定的 $c_0\in(0,1)$, 我们有

$$
\|y_n-z_n\|\leqslant \exp(C_V^h(t_n-t_0))\max_{t_0-\tau\leqslant t\leqslant t_0}\|\phi(t)-\tilde{\phi}(t)\|, \quad HC_V\leqslant c_0, \forall n\geqslant 0, \tag{3.2.21}
$$

其中 $C_V^h=\dfrac{C_V}{1-HC_V}$ 和 $H=\sup_{n\geqslant 0}h_n$;

(ii) 当 $C_V\leqslant 0$ 时, 我们有

$$
\|y_n-z_n\|\leqslant \max_{t_0-\tau\leqslant t\leqslant t_0}\|\phi(t)-\tilde{\phi}(t)\|, \quad \forall n\geqslant 0. \tag{3.2.22}
$$

证明 (i) 由条件 (3.2.4)—(3.2.5), 从 (3.2.20) 我们可以推出

$$
\begin{aligned}
&[1-h_n\alpha(t_{n+1})]G_f(0,t_{n+1},y_{n+1},z_{n+1},y^h)\\
&\leqslant G_f(h_n,t_{n+1},y_{n+1},z_{n+1},y^h)\\
&=\|\omega_n+h_ng_{n+1}\|\\
&\leqslant \|\omega_n\|+h_n\beta(t_{n+1})\max_{t_{n+1}-\tau_2(t_{n+1})\leqslant t\leqslant t_{n+1}-\tau_1(t_{n+1})}\|y^h(t)-z^h(t)\|.
\end{aligned} \tag{3.2.23}
$$

因为 $t_{n+1}-\tau_1(t_{n+1})\leqslant t_{n+1}$, 从上式和 (3.2.18), 我们进一步推出

$$
\begin{aligned}
&[1-h_n\alpha(t_{n+1})]\|\omega_{n+1}\|\\
&\leqslant \|\omega_n\|+h_n\beta(t_{n+1})\max_{t_0-\tau\leqslant t\leqslant t_{n+1}}\|\pi^h(t;\phi,y_1,\cdots,y_{n+1})-\pi^h(t;\tilde{\phi},z_1,\cdots,z_{n+1})\|\\
&\leqslant \|\omega_n\|+h_n\beta(t_{n+1})\max\left\{\max_{1\leqslant i\leqslant n+1}\|\omega_i\|, \max_{t_0-\tau\leqslant t\leqslant t_0}\|\phi(t)-\tilde{\phi}(t)\|\right\}.
\end{aligned} \tag{3.2.24}
$$

下面, 我们考虑两种情况.

情况 1 如果

$$
\max\left\{\max_{1\leqslant i\leqslant n+1}\|\omega_i\|, \max_{t_0-\tau\leqslant t\leqslant t_0}\|\phi(t)-\tilde{\phi}(t)\|\right\}=\|\omega_{n+1}\|, \tag{3.2.25}
$$

我们可以得到

$$[1 - h_n\alpha(t_{n+1})]\|\omega_{n+1}\| \leqslant \|\omega_n\| + \beta(t_{n+1})h_n\|\omega_{n+1}\|,$$

因此

$$[1 - h_n(\alpha(t_{n+1}) + \beta(t_{n+1}))]\|\omega_{n+1}\| \leqslant \|\omega_n\|.$$

注意到条件 $C_V \geqslant 0$, 那么对任意给定的常数 $c_0 \in (0,1)$, 当 $h_nC_V \leqslant c_0$ 时, 我们可以推出

$$\|\omega_{n+1}\| \leqslant \frac{1}{1-h_nC_V}\|\omega_n\| \leqslant (1+C_V^h h_n)X_n.$$

情况 2 如果 (3.2.25) 不成立, 从 (3.2.24) 中, 有

$$[1-h_n\alpha(t_{n+1})]\|\omega_{n+1}\| \leqslant [1+\beta(t_{n+1})h_n]\max\left\{\max_{1\leqslant i\leqslant n}\|\omega_i\|, \max_{t_0-\tau\leqslant t\leqslant t_0}\|\phi(t)-\tilde{\phi}(t)\|\right\}.$$

那么对任意给定的常数 $c_0 \in (0,1)$, 当 $h_nC_V \leqslant c_0$ 时, 我们可以得到

$$\|\omega_{n+1}\| \leqslant \frac{1+\beta(t_{n+1})h_n}{1-\alpha(t_{n+1})h_n}X_n \leqslant (1+C_V^h h_n)X_n.$$

总之, 我们已证明了

$$\|\omega_{n+1}\| \leqslant (1+C_V^h h_n)X_n.$$

通过简单的归纳推理, 我们进一步得到

$$\begin{aligned}\|y_n - z_n\| &\leqslant X_n \leqslant (1+C_V^h h_{n-1})X_{n-1}\\ &\leqslant \prod_{i=0}^{n-1}(1+C_V^h h_i)X_0 \leqslant \prod_{i=0}^{n-1}\exp(C_V^h h_i)X_0\\ &= \exp(C_V^h(t_n-t_0))\max_{t_0-\tau\leqslant t\leqslant t_0}\|\phi(t)-\tilde{\phi}(t)\|.\end{aligned}$$

这就证明了对任意的 $n \geqslant 1$, (3.2.21) 都成立.

(ii) 当 $C_V \leqslant 0$ 时, 注意到

$$\frac{1}{1-h_n[\alpha(t_{n+1})+\beta(t_{n+1})]} \leqslant 1 \quad 和 \quad \frac{1+\beta(t_{n+1})h_n}{1-\alpha(t_{n+1})h_n} \leqslant 1,$$

我们可以得出

$$\|y_n - z_n\| \leqslant X_n \leqslant X_{n-1} \leqslant \cdots \leqslant X_0$$

和 (3.2.22). 证毕.

注 3.2.6 在 [238] 中, 文立平等也得到了类似于 (3.2.21) 的不等式, 其中 C_V^h 由 $c_1 = \dfrac{C_V + \beta_0}{1 - c_0}$ 所代替, $\beta_0 = \sup_{t \in I_T} \beta(t)$. 注意到当 $H \to 0$ 时, $c_1 \to C_V + \beta_0$. 但是根据定理 3.2.5, 我们可得到当 $H \to 0$, $C_V^h \to C_V$. 这意味着离散系统不等式 (3.2.21) 完全模拟了连续系统 (3.2.1) 的稳定性不等式 (3.2.6).

对于广义收缩不等式 (3.2.7) 的模拟, 文立平等在 Banach 空间中用下列条件之一得到了不等式 (3.2.22): (i) $h_n \leqslant \tau_1^{(0)}$ 且 $\tau_1^{(0)} > 0$; (ii) $\alpha(t) + 2\beta(t) \leqslant 0$, $\forall t \in I_T$. 李寿佛在 [156] 中用下列条件在 Hilbert 空间得到了不等式 (3.2.7): $\alpha_0 + \beta_0 \leqslant 0$. 显然, 这些条件要比条件 $C_V \leqslant 0$ 强得多. 本节在与解析解广义收缩完全一致的条件下, 对任意步长 $h_n > 0$ 得到了不等式 (3.2.22), 证明了方法的保稳定性.

在证明了非线性 VFDEs (3.2.1) 的隐式 Euler 方法 (3.2.17) 数值解的稳定性和广义收缩性之后, 我们将给出其渐近稳定的条件.

定理 3.2.7 设问题 (3.2.1) 属于满足 (3.2.15) 的 $\bar{\mathscr{L}}_0(\alpha, \beta, 0, L, \tau_1, \tau_2)$. 用方法 (3.2.16) 在满足 $h = \inf_{n \geqslant 0}\{h_n\} > 0$ 的网格 $\Delta_h \in \mathcal{T}_h$ 上分别求解问题 (3.2.1) 和扰动问题 (3.2.3), 其产生的两个近似序列分别记为 $\{y_n\}$ 和 $\{z_n\}$. 那么下列结果都成立:

(i) 存在一个严格递增的正整数序列 $\{n_k\}$, $n_0 = 0$ 且当 $k \to +\infty$ 时发散到 $+\infty$, 使得

$$\max_{n_k < i \leqslant n_{k+1}} \|\omega_i\| \leqslant (C_\mu^h)^{k+1} \max_{t_0 - \tau \leqslant t \leqslant t_0} \|\phi(t) - \tilde{\phi}(t)\|, \quad k = 0, 1, 2, \cdots, \tag{3.2.26}$$

其中 $C_\mu^h = \nu + (1 - \nu)(1 - hC_V)^{-1}$;

(ii)

$$\lim_{n \to +\infty} \|y_n - z_n\| = 0. \tag{3.2.27}$$

注意, 严格收缩不等式 (3.2.26) 和渐近稳定等式 (3.2.27) 可分别视为问题 (3.2.1) 的解析解 (3.2.9) 和 (3.2.11) 的数值类比.

证明 从 (3.2.15) 我们得到 $C_V < 0$ 和 $\nu < 1$, 因此 $C_\mu^h < 1$. 进而显然 (3.2.26) 隐含 (3.2.27), 因此我们只需证明 (3.2.26).

首先, 和 [156] 一样, 对任意网格 $\Delta_h \in \mathcal{T}_h$, 我们能够构造严格递增序列 $\{n_k\}$, 当 $k \to +\infty$ 时发散到 $+\infty$, 且使得

$$t - \tau_2(t) > t_{n_k+1}, \quad \forall t > t_{n_{k+1}},$$

其中 $n_0 = 0$. 事实上, 假设 n_k $(k \geqslant 0)$ 已合理选择. 那么存在一个常数 $M > t_{n_k}$ 使得对所有的 $t > M$, 我们都有 $t - \tau_2(t) > t_{n_k} + h_{n_k}$, 因为 $\lim_{t \to +\infty}(t - \tau_2(t)) = +\infty$.

如果 $M+1$ 是网格点 $t_{n_{k+1}}$, 令 $t_{n_{k+1}} = M+1$, 否则存在一个自然数 j 使得 $t_j < M+1 < t_{j+1}$, 那么我们令 $n_{k+1} = j+1$ 和 $t_{n_{k+1}} = t_{j+1}$. 因此我们得到一个需要的序列 $\{n_k\}$, 并且该网格可以写成

$$t_0 < t_1 < \cdots < t_{n_1} < t_{n_1+1} < \cdots < t_{n_2} < \cdots < t_{n_k} < \cdots .$$

对于 $n_k < n+1 \leqslant n_{k+1}$, 由 (3.2.23) 可得

$$\begin{aligned}[1-h_n\alpha(t_{n+1})]\|\omega_{n+1}\| &\leqslant \|\omega_n\| + h_n\beta(t_{n+1}) \max_{t_{n_{k-1}}<t\leqslant t_{n+1}} \|y^h(t)-z^h(t)\| \\ &\leqslant \|\omega_n\| + h_n\beta(t_{n+1}) \max_{n_{k-1}<i\leqslant n+1} \|\omega_i\|.\end{aligned} \tag{3.2.28}$$

下面, 我们考虑两种情况. 第一种, 如果 $\max\limits_{n_{k-1}\leqslant i\leqslant n+1} \|\omega_i\| = \|\omega_{n+1}\|$. 由定理 3.2.5 易得

$$\|\omega_{n+1}\| \leqslant \frac{1}{1-h_nC_V}\|\omega_n\| \leqslant \frac{1}{1-hC_V} \max_{n_{k-1}<i\leqslant n} \|\omega_i\| \leqslant C_\mu^h \max_{n_{k-1}<i\leqslant n} \|\omega_i\|.$$

第二种, 如果 $\max\limits_{n_{k-1}\leqslant i\leqslant n+1} \|\omega_i\| = \max\limits_{n_{k-1}\leqslant i\leqslant n} \|\omega_i\|$, 从 (3.2.23) 可推出

$$[1-h_n\alpha(t_{n+1})]\|\omega_{n+1}\| \leqslant [1+\beta(t_{n+1})h_n] \max_{n_{k-1}<i\leqslant n} \|\omega_i\|.$$

那么

$$\begin{aligned}\|\omega_{n+1}\| &\leqslant \frac{1+\beta(t_{n+1})h_n}{1-\alpha(t_{n+1})h_n} \max_{n_{k-1}<i\leqslant n} \|\omega_i\| \\ &\leqslant \frac{1-h\nu\alpha_0}{1-h\alpha_0} \max_{n_{k-1}\leqslant i\leqslant n} \|\omega_i\| \leqslant C_\mu^h \max_{n_{k-1}\leqslant i\leqslant n} \|\omega_i\|.\end{aligned}$$

在两种情况中, 我们都可以得到不等式

$$\|\omega_{n+1}\| \leqslant C_\mu^h \max_{n_{k-1}\leqslant i\leqslant n} \|\omega_i\|. \tag{3.2.29}$$

当 $n = n_k$ 时, (3.2.29) 意味着

$$\|\omega_{n_k+1}\| \leqslant C_\mu^h \max_{n_{k-1}<i\leqslant n_k} \|\omega_i\|.$$

通过简单递推可得

$$\begin{aligned}\max_{n_k<i\leqslant n_{k+1}} \|\omega_i\| &\leqslant C_\mu^h \max_{n_{k-1}<i\leqslant n_k} \|\omega_i\| \leqslant (C_\mu^h)^k \max_{0<i\leqslant n_1} \|\omega_i\| \\ &\leqslant (C_\mu^h)^{k+1} \max_{t_0-\tau\leqslant t\leqslant t_0} \|\phi(t)-\tilde{\phi}(t)\|,\end{aligned}$$

这表明 (3.2.26) 成立.

注 3.2.8 李寿佛在 $\alpha_0+\beta_0<0$ 条件下得到了 Hilbert 空间中和 (3.2.26) 相似的不等式 [156]. 在 [238] 中, 文立平等学者在满足下述条件之一的情况下得到了 Banach 空间中的不等式 (3.2.26): (i) $h_n\leqslant\tau_1^{(0)}$ 且 $\tau_1^{(0)}>0$; (ii) $0<\nu<\dfrac{1}{2}$. 之后, 他们进一步在 [239] 中证明了, 在比条件 $\alpha_0+\beta_0<0$ 更强的条件下, 一致网格的隐式 Euler 方法是渐近稳定的, 即步长 h_n 是常数情形. 但在本节中, 在保证 Banach 空间中非线性问题 VFDEs (3.2.1) 解析解广义严格收缩和渐近稳定的相同条件 (3.2.15) 下, 对任意步长 $h_n>0$, 得到了不等式 (3.2.26). 需要指出的是, 对在拟几何网格和全几何网格上比例延迟微分方程的隐式 Euler 方法, 上述结论也是正确的.

通过对定理 3.2.5、定理 3.2.7 和命题 3.2.1、命题 3.2.2 的比较, 可以发现带线性插值的隐式 Euler 方法可以完全保持 Banach 空间非线性 VFDEs (3.2.1) 解析解的稳定性.

3.2.3 隐式 Euler 法求解非线性 NFDEs 的稳定性

在本节中, 我们将讨论应用于非线性 NFDEs (3.2.2) 的隐式 Euler 方法的保稳定性. 隐式 Euler 法 (3.2.16) 及两个适当的插值算子 π^h 和 Π^h 通常可导出一个数值方法

$$\begin{cases} y^h(t)=\pi^h(t,\phi,y_1,y_2,\cdots,y_{n+1}), & t_0-\tau\leqslant t\leqslant t_{n+1},\\ Y^h(t)=\Pi^h(t,\phi',Y_1,Y_2,\cdots,Y_{n+1}), & t_0-\tau\leqslant t\leqslant t_{n+1},\\ y_{n+1}=y_n+h_nY_{n+1}, \\ Y_{n+1}=f(t_{n+1},y_{n+1},y^h(\cdot),Y^h(\cdot)) \end{cases} \tag{3.2.30}$$

用于求解网格 Δ_h 上的 NFDEs 问题 (3.2.2), 其中插值函数 $y^h(t)$ 和 $Y^h(t)$ 分别是 $y(t)$ 及其导数 $y'(t)$ 在区间 $[t_0-\tau,t_{n+1}]$ 上的逼近, y_n 和 Y_n 分别是精确解 $y(t_n)$ 和 $y'(t_n)$ 在网格点 t_n 的近似值, $h_n=t_{n+1}-t_n$ 是可变的积分步长.

类似于 $y^h(t)$ 的逼近, 我们仅考虑 (3.2.30) 中 $Y^h(t)$ 是分段拉格朗日线性插值逼近的情形:

$$Y^h(t)=\begin{cases} \dfrac{1}{h_i}[(t_{i+1}-t)Y_i+(t-t_i)Y_{i+1}], & t_i\leqslant t\leqslant t_{i+1},\ i=0,1,2,\cdots,n,\\ \phi'(t), & t_0-\tau\leqslant t\leqslant t_0, \end{cases} \tag{3.2.31}$$

将隐式 Euler 方法 (3.2.16) 应用于扰动问题 (3.2.12), 可以得到一个类似的公式. 为了简单起见, 对于任意给定的非负整数 n, 记

$$\omega_n=y_n-z_n,\quad Q_{n+1}=f(t_{n+1},y_{n+1},y^h(\cdot),Y^h(\cdot))-f(t_{n+1},z_{n+1},y^h(\cdot),Y^h(\cdot)),$$

$$W_n = Y_n - Z_n, \quad g_{n+1} = f(t_{n+1}, z_{n+1}, y^h(\cdot), Y^h(\cdot)) - f(t_{n+1}, z_{n+1}, z^h(\cdot), Z^h(\cdot)),$$

$$X_n = \max\left\{\max_{1\leqslant i\leqslant n}\|\omega_n\|, \max_{t_0-\tau\leqslant t\leqslant t_0}\|\phi(t)-\tilde{\phi}(t)\|, \max_{t_0-\tau\leqslant t\leqslant t_0}\|\phi'(t)-\tilde{\phi}'(t)\|\right\}, \quad n\geqslant 1,$$

$$X_0 = \max\left\{\max_{t_0-\tau\leqslant t\leqslant t_0}\|\phi(t)-\tilde{\phi}(t)\|, \max_{t_0-\tau\leqslant t\leqslant t_0}\|\phi'(t)-\tilde{\phi}'(t)\|\right\}.$$

那么, 与 VFDEs 一样, 使用条件 (3.2.4)—(3.2.5) 可以得到

$$\begin{aligned}&(1-h_n\alpha)G_f(0, t_{n+1}, y_{n+1}, z_{n+1}, y^h, Y^h, z^h, Z^h)\\ \leqslant{}& \|\omega_n\| + h_n\beta \max_{t_{n+1}-\tau_2(t_{n+1})\leqslant t\leqslant t_{n+1}-\tau_1(t_{n+1})}\|y^h(t)-z^h(t)\|\\ &+ h_n\gamma \max_{t_{n+1}-\tau_2(t_{n+1})\leqslant t\leqslant t_{n+1}-\tau_1(t_{n+1})}\|Y^h(t)-Z^h(t)\|. \end{aligned} \tag{3.2.32}$$

定理 3.2.9 设 (3.2.2) 属于 $\mathscr{L}_0(\alpha, \beta, \gamma, L, \tau_1, \tau_2)$. 设 $\{y_n\}$ 和 $\{z_n\}$ 表示两个近似序列, 这两个近似序列是用隐式 Euler 方法分别在同一网格 $\Delta_h \in \mathcal{T}_h$ 上求解问题 (3.2.2) 和扰动问题 (3.2.12) 而产生的. 那么下列结论都成立:

(i) 当 $C_N \geqslant 0$ 时, 则对任意给定的 $c_0 \in (0,1)$, 我们有

$$\begin{aligned}\|y_n - z_n\| \leqslant{}& \exp(C_N^h(t_n-t_0))\max\left\{\max_{t_0-\tau\leqslant t\leqslant t_0}\|\phi(t)-\tilde{\phi}(t)\|,\right.\\ &\left.\max_{t_0-\tau\leqslant t\leqslant t_0}\|\phi'(t)-\tilde{\phi}'(t)\|\right\},\\ HC_N \leqslant{}& c_0,\end{aligned} \tag{3.2.33}$$

其中 $C_N^h = \dfrac{C_N}{1-HC_N}$ 和 $H = \sup_{n\geqslant 0}\{h_n\}$;

(ii) 当 $C_N \leqslant 0$ 时, 我们有

$$\|y_n - z_n\| \leqslant \max\left\{\max_{t_0-\tau\leqslant t\leqslant t_0}\|\phi(t)-\tilde{\phi}(t)\|, \max_{t_0-\tau\leqslant t\leqslant t_0}\|\phi'(t)-\tilde{\phi}'(t)\|\right\}. \tag{3.2.34}$$

证明 (i) 由于 $t_{n+1} - \tau_1(t_{n+1}) \leqslant t_{n+1}$, 结合 (3.2.18), (3.2.31) 和 (3.2.32) 可推出

$$\begin{aligned}&(1-h_n\alpha)\|\omega_{n+1}\|\\ \leqslant{}& \|\omega_n\| + h_n\beta\max_{t_0-\tau\leqslant t\leqslant t_{n+1}}\|\pi^h(t;\phi, y_1, \cdots, y_{n+1}) - \pi^h(t;\tilde{\phi}, z_1, \cdots, z_{n+1})\|\\ &+ h_n\gamma\max_{t_0-\tau\leqslant t\leqslant t_{n+1}}\|\Pi^h(t;\phi', Y_1, \cdots, Y_{n+1}) - \Pi^h(t;\tilde{\phi}', Z_1, \cdots, Z_{n+1})\|\\ \leqslant{}& \|\omega_n\| + h_n\beta\max\left\{\max_{1\leqslant i\leqslant n+1}\|\omega_i\|, \max_{t_0-\tau\leqslant t\leqslant t_0}\|\phi(t)-\tilde{\phi}(t)\|\right\}\end{aligned}$$

$$+ h_n\gamma \max\left\{\max_{1\leqslant i\leqslant n+1}\|W_i\|, \max_{t_0-\tau\leqslant t\leqslant t_0}\|\phi'(t)-\tilde{\phi}'(t)\|\right\}. \tag{3.2.35}$$

作为证明不等式 (3.2.33) 的重要一步, 我们将证明

$$\|\omega_{n+1}\| \leqslant (1+C_N^h h_n)X_n. \tag{3.2.36}$$

为此, 我们分别考虑以下三种情况.

情况 1 $\max\left\{\max\limits_{1\leqslant i\leqslant n+1}\|W_i\|, \max\limits_{t_0-\tau\leqslant t\leqslant t_0}\|\phi'(t)-\tilde{\phi}'(t)\|\right\} = \|W_{n+1}\|$. 在这种情况下, 因为

$$\begin{aligned}\|W_{n+1}\| &= \|f(t_{n+1},y_{n+1},y^h(\cdot),Y^h(\cdot)) - f(t_{n+1},z_{n+1},z^h(\cdot),Z^h(\cdot))\| \\ &\leqslant L\|\omega_{n+1}\| + \beta\max\left\{\max_{1\leqslant i\leqslant n+1}\|\omega_i\|, \max_{t_0-\tau\leqslant t\leqslant t_0}\|\phi(t)-\tilde{\phi}(t)\|\right\} \\ &\quad + \gamma\max\left\{\max_{1\leqslant i\leqslant n+1}\|W_i\|, \max_{t_0-\tau\leqslant t\leqslant t_0}\|\phi'(t)-\tilde{\phi}'(t)\|\right\} \\ &\leqslant (L+\beta)\max\left\{\max_{1\leqslant i\leqslant n+1}\|\omega_i\|, \max_{t_0-\tau\leqslant t\leqslant t_0}\|\phi(t)-\tilde{\phi}(t)\|\right\} + \gamma\|W_{n+1}\|,\end{aligned} \tag{3.2.37}$$

从而可得

$$\|W_{n+1}\| \leqslant \frac{L+\beta}{1-\gamma}\max\left\{\max_{1\leqslant i\leqslant n+1}\|\omega_i\|, \max_{t_0-\tau\leqslant t\leqslant t_0}\|\phi(t)-\tilde{\phi}(t)\|\right\}. \tag{3.2.38}$$

将 (3.2.38) 代入 (3.2.35) 中得出

$$(1-h_n\alpha)\|\omega_{n+1}\| \leqslant \|\omega_n\| + \frac{\beta+\gamma L}{1-\gamma}h_n\max\left\{\max_{1\leqslant i\leqslant n+1}\|\omega_i\|, \max_{t_0-\tau\leqslant t\leqslant t_0}\|\phi(t)-\tilde{\phi}(t)\|\right\}. \tag{3.2.39}$$

下面, 我们进一步考虑两种情况. 第一种, 如果

$$\max\left\{\max_{1\leqslant i\leqslant n+1}\|\omega_i\|, \max_{t_0-\tau\leqslant t\leqslant t_0}\|\phi(t)-\tilde{\phi}(t)\|\right\} = \|\omega_{n+1}\|, \tag{3.2.40}$$

用和定理 3.2.5 中同样的讨论, 可以得到

$$\left[1-h_n\left(\alpha+\frac{\beta+\gamma L}{1-\gamma}\right)\right]\|\omega_{n+1}\| \leqslant \|\omega_n\|.$$

注意到条件 $C_N \geqslant 0$, 那么对任意给定的常数 $c_0\in(0,1)$, 当 $h_nC_N\leqslant c_0$ 时, 从上面的不等式中, 我们可以得到 (3.2.36).

第二种, 如果 (3.2.40) 不成立, 那么 (3.2.39) 变为

$$(1-h_n\alpha)\|\omega_{n+1}\|\leqslant\left(1+\frac{\beta+\gamma L}{1-\gamma}h_n\right)\max\left\{\max_{1\leqslant i\leqslant n}\|\omega_i\|,\max_{t_0-\tau\leqslant t\leqslant t_0}\|\phi(t)-\tilde{\phi}(t)\|\right\}. \tag{3.2.41}$$

因此, 对任意给定的常数 $c_0\in(0,1)$, 当 $h_nC_N\leqslant c_0$ 时, 我们可以得到

$$\|\omega_{n+1}\|\leqslant\frac{1+\dfrac{\beta+\gamma L}{1-\gamma}h_n}{1-h_n\alpha}X_n\leqslant(1+C_N^hh_n)X_n.$$

情况 2　$\max\left\{\max\limits_{1\leqslant i\leqslant n+1}\|W_i\|,\max\limits_{t_0-\tau\leqslant t\leqslant t_0}\|\phi'(t)-\tilde{\phi}'(t)\|\right\}=\|W_k\|,\ 1\leqslant k\leqslant n.$ 则通过与 (3.2.37) 类似的不等式可得

$$\|W_k\|\leqslant\frac{L+\beta}{1-\gamma}\max\left\{\max_{1\leqslant i\leqslant n+1}\|\omega_i\|,\max_{t_0-\tau\leqslant t\leqslant t_0}\|\phi(t)-\tilde{\phi}(t)\|\right\}. \tag{3.2.42}$$

将上述不等式代入 (3.2.35) 可得 (3.2.39). 进而, 如同情况 1, 我们可得 (3.2.36).

情况 3　$\max\left\{\max\limits_{1\leqslant i\leqslant n+1}\|W_i\|,\max\limits_{t_0-\tau\leqslant t\leqslant t_0}\|\phi'(t)-\tilde{\phi}'(t)\|\right\}=\max\limits_{t_0-\tau\leqslant t\leqslant t_0}\|\phi'(t)-\tilde{\phi}'(t)\|.$

在这种情况中, 将不等式 (3.2.35) 变为

$$\begin{aligned}(1-h_n\alpha)\|\omega_{n+1}\|\leqslant&\|\omega_n\|+(\beta+\gamma)h_n\max\left\{\max_{1\leqslant i\leqslant n+1}\|\omega_i\|,\right.\\&\left.\max_{t_0-\tau\leqslant t\leqslant t_0}\|\phi(t)-\tilde{\phi}(t)\|,\max_{t_0-\tau\leqslant t\leqslant t_0}\|\phi'(t)-\tilde{\phi}'(t)\|\right\}\\\leqslant&\|\omega_n\|+(\beta+\gamma)h_nX_{n+1}.\end{aligned} \tag{3.2.43}$$

下面, 我们进一步考虑两种情况. 第一种, 如果 $X_{n+1}=\|\omega_{n+1}\|$, 那么从 (3.2.43) 可得

$$[1-h_n(\alpha+\beta+\gamma)]\|\omega_{n+1}\|\leqslant\|\omega_n\|$$

和

$$\|\omega_{n+1}\|\leqslant\frac{1}{1-h_n(\alpha+\beta+\gamma)}\|\omega_n\|.$$

注意到条件 $C_N\geqslant0$, 那么对任意给定的常数 $c_0\in(0,1)$, 当 $h_nC_N\leqslant c_0$, 从上述不等式, 我们可得 (3.2.36).

第二种, 如果 $X_{n+1}=X_n$, 那么对任意给定的常数 $c_0\in(0,1)$, 当 $h_nC_N\leqslant c_0$, 从 (3.2.43), 我们很容易可以得到

$$\|\omega_{n+1}\|\leqslant\frac{1+(\beta+\gamma)h_n}{1-h_n\alpha}X_n,$$

这隐含着 (3.2.36).

现在我们将证明 (3.2.33) 成立. 利用 (3.2.36), 通过简单归纳, 有

$$\begin{aligned}\|y_n-z_n\|&\leqslant X_n\leqslant(1+C_N^hh_{n-1})X_{n-1}\leqslant\prod_{i=0}^{n-1}(1+C_N^hh_i)X_0\leqslant\prod_{i=0}^{n-1}\exp(C_N^hh_i)X_0\\&=\exp(C_N^h(t_n-t_0))\max\left\{\max_{t_0-\tau\leqslant t\leqslant t_0}\|\phi(t)-\tilde{\phi}(t)\|,\right.\\&\left.\quad\max_{t_0-\tau\leqslant t\leqslant t_0}\|\phi'(t)-\tilde{\phi}'(t)\|\right\}.\end{aligned}\tag{3.2.44}$$

这就证明了对任意的 $n\geqslant1$, (3.2.33) 成立.

(ii) 当 $C_N\leqslant0$ 时, 注意到

$$\frac{1}{1-h_nC_N}\leqslant1,\quad\frac{1+\dfrac{\beta+\gamma L}{1-\gamma}h_n}{1-h_n\alpha}\leqslant1,\quad\frac{1+(\beta+\gamma)h_n}{1-h_n\alpha}\leqslant1,$$

因此, 我们有

$$\|y_n-z_n\|\leqslant X_n\leqslant X_{n-1}\leqslant\cdots\leqslant X_0,$$

因而 (3.2.34). 证毕.

观察到当 $H\to0$, $C_N^h\to C_N$. 比较命题 3.2.3 和定理 3.2.9, 可以发现隐式 Euler 方法可以保持非线性 NFDEs (3.2.2) 解析解的稳定性和收缩性. 因此, 不等式 (3.2.33) 和 (3.2.34) 可以分别看作是方程 (3.2.2) 解析解的稳定性不等式 (3.2.13) 和收缩性不等式 (3.2.14) 的数值模拟.

对于隐式 Euler 方法的渐近稳定性, 我们有如下的结果.

定理 3.2.10 设 $\{y_n\}$ 和 $\{z_n\}$ 表示两个近似序列, 这两个近似序列是用隐式 Euler 方法分别在满足 $h=\inf_{n\geqslant0}\{h_n\}>0$ 的同一网格 $\Delta_h\in\mathcal{T}_h$ 上求解问题 (3.2.2) 和扰动问题 (3.2.12) 而产生的. 假设 (3.2.2) 属于 $\bar{\mathscr{L}}_0(\alpha,\beta,\gamma,L,\tau_1,\tau_2)$ 且满足

$$\lim_{t\to+\infty}[t-\tau_2(t)]=+\infty,\quad\gamma_h<1,\quad\max\left\{\alpha+\frac{\beta+\gamma_hL}{1-\gamma_h},\alpha+\beta+\gamma_h\right\}<0,\tag{3.2.45}$$

其中

$$\gamma_h = \frac{H}{h}\gamma.$$

那么我们有渐近稳定性等式 (3.2.27).

证明 首先, 如同定理 3.2.7, 对任意网格 $\Delta_h \in \mathcal{T}_h$, 我们可以构造一个严格递增的整数序列 $\{n_k\}$, 当 $k \to +\infty$ 时, 该序列发散到 $+\infty$, 且使得

$$t - \tau_2(t) > t_{n_k+1}, \quad \forall t > t_{n_{k+1}},$$

其中 $n_0 = 0$. 对 $n_k < n+1 \leqslant n_{k+1}$, 由 (3.2.32) 可知

$$\begin{aligned}(1-h_n\alpha)\|\omega_{n+1}\| \leqslant& \|\omega_n\| + h_n\beta \max_{t_{n_{k-1}}<t\leqslant t_{n+1}} \|y^h(t) - z^h(t)\| \\ &+ h_n\gamma \max_{t_{n_{k-1}}<t\leqslant t_{n+1}} \|Y^h(t) - Z^h(t)\| \\ \leqslant& \|\omega_n\| + h_n\beta \max_{n_{k-1}<i\leqslant n_{k+1}} \|\omega_i\| + h_n\gamma \max_{n_{k-1}<i\leqslant n_{k+1}} \|W_i\|.\end{aligned}$$

注意到 (3.2.45) 蕴涵 $\alpha < 0$, 因此 $1 - h_n\alpha > 0$. 从而进一步可得

$$\|\omega_{n+1}\| \leqslant \frac{1+h_n\beta}{1-h_n\alpha} \max_{n_{k-1}<i\leqslant n_{k+1}} \|\omega_i\| + \frac{h_n\gamma}{1-h_n\alpha} \max_{n_{k-1}<i\leqslant n_{k+1}} \|W_i\|$$

且有

$$\begin{aligned}\max_{n_k<i\leqslant n_{k+1}} \|\omega_i\| &\leqslant \frac{1+h\beta}{1-h\alpha} \max_{n_{k-1}<i\leqslant n_{k+1}} \|\omega_i\| + \frac{H\gamma}{1-h\alpha} \max_{n_{k-1}<i\leqslant n_{k+1}} \|W_i\| \\ &= \frac{1+h\beta}{1-h\alpha} \max_{n_{k-1}<i\leqslant n_{k+1}} \|\omega_i\| + \frac{h\gamma_h}{1-h\alpha} \max_{n_{k-1}<i\leqslant n_{k+1}} \|W_i\|. \end{aligned} \tag{3.2.46}$$

另一方面, 利用条件 (3.2.5), 有

$$\|W_{n+1}\| \leqslant L\|\omega_{n+1}\| + \beta \max_{n_{k-1}<i\leqslant n+1} \|\omega_i\| + \gamma \max_{n_{k-1}<i\leqslant n+1} \|W_i\|$$

和

$$\begin{aligned}\max_{n_k<i\leqslant n_{k+1}} \|W_i\| \leqslant& L \max_{n_k<i\leqslant n_{k+1}} \|\omega_i\| + \beta \max_{n_{k-1}<i\leqslant n_{k+1}} \|\omega_i\| \\ &+ \gamma_h \max_{n_{k-1}<i\leqslant n_{k+1}} \|W_i\|.\end{aligned} \tag{3.2.47}$$

现在我们依次考虑以下两种情况.

情况 1 $\max\limits_{n_{k-1}<i\leqslant n_{k+1}} \|W_i\| = \max\limits_{n_k<i\leqslant n_{k+1}} \|W_i\|$. 那么从 (3.2.47) 可知

$$\max_{n_k<i\leqslant n_{k+1}} \|W_i\| \leqslant \frac{L+\beta}{1-\gamma_h} \max_{n_{k-1}<i\leqslant n_{k+1}} \|\omega_i\|. \tag{3.2.48}$$

将 (3.2.48) 代入 (3.2.46) 可得

$$\max_{n_k<i\leqslant n_{k+1}}\|\omega_i\|\leqslant\frac{1+h\beta}{1-h\alpha}\max_{n_{k-1}<i\leqslant n_{k+1}}\|\omega_i\|+\frac{h\gamma_h(L+\beta)}{(1-h\alpha)(1-\gamma_h)}\max_{n_{k-1}<i\leqslant n_{k+1}}\|\omega_i\|$$
$$\leqslant\frac{1+h\beta-\gamma_h+h\gamma_h L}{(1-h\alpha)(1-\gamma_h)}\max_{n_{k-1}<i\leqslant n_{k+1}}\|\omega_i\|. \tag{3.2.49}$$

因为 $\frac{1+h\beta-\gamma_h+h\gamma_h L}{(1-h\alpha)(1-\gamma_h)}<1$, 不等式 (3.2.49) 变为

$$\max_{n_k<i\leqslant n_{k+1}}\|\omega_i\|\leqslant\frac{1+h\beta-\gamma_h+h\gamma_h L}{(1-h\alpha)(1-\gamma_h)}\max_{n_{k-1}<i\leqslant n_k}\|\omega_i\|. \tag{3.2.50}$$

我们定义

$$\mathcal{A}_1=\begin{pmatrix}\dfrac{1+h\beta-\gamma_h+h\gamma_h L}{(1-h\alpha)(1-\gamma_h)} & 0\\ \dfrac{L+\beta}{1-\gamma_h} & 0\end{pmatrix}.$$

那么, 结合 (3.2.50) 和 (3.2.48) 可以推出

$$\begin{pmatrix}\max\limits_{n_k<i\leqslant n_{k+1}}\|\omega_i\|\\ \max\limits_{n_k<i\leqslant n_{k+1}}\|W_i\|\end{pmatrix}\leqslant\mathcal{A}_1\begin{pmatrix}\max\limits_{n_{k-1}<i\leqslant n_k}\|\omega_i\|\\ \max\limits_{n_{k-1}<i\leqslant n_k}\|W_i\|\end{pmatrix}. \tag{3.2.51}$$

令 $\rho(\mathcal{A})$ 表示矩阵的谱半径 $\mathcal{A}$. 因为 $\frac{1+h\beta-\gamma_h+h\gamma_h L}{(1-h\alpha)(1-\gamma_h)}<1$, 容易验证 $\rho(\mathcal{A}_1)<1$.

情况 2 $\max\limits_{n_{k-1}<i\leqslant n_{k+1}}\|W_i\|=\max\limits_{n_{k-1}<i\leqslant n_k}\|W_i\|$. 在这种情况下, 我们需要进一步考虑两种情况.

情况 2(1) 如果 $\max\limits_{n_{k-1}<i\leqslant n_{k+1}}\|\omega_i\|=\max\limits_{n_k<i\leqslant n_{k+1}}\|\omega_i\|$, 利用 (3.2.46) 和 $\frac{1+h\beta}{1-h\alpha}<1$, 我们发现

$$\left(1-\frac{1+h\beta}{1-h\alpha}\right)\max_{n_k<i\leqslant n_{k+1}}\|\omega_i\|\leqslant\frac{h\gamma_h}{1-h\alpha}\max_{n_{k-1}<i\leqslant n_{k+1}}\|W_i\|,$$

因此

$$\max_{n_k<i\leqslant n_{k+1}}\|\omega_i\|\leqslant\frac{\gamma_h}{-(\alpha+\beta)}\max_{n_{k-1}<i\leqslant n_{k+1}}\|W_i\|\leqslant\frac{\gamma_h}{-(\alpha+\beta)}\max_{n_{k-1}<i\leqslant n_k}\|W_i\|. \tag{3.2.52}$$

另一方面, 将不等式 (3.2.52) 代入 (3.2.47) 可得

$$\max_{n_k<i\leqslant n_{k+1}}\|W_i\|\leqslant(L+\beta)\max_{n_k<i\leqslant n_{k+1}}\|\omega_i\|+\gamma_h\max_{n_{k-1}<i\leqslant n_k}\|W_i\|$$

$$\leqslant \frac{(L+\beta)\gamma_h}{-(\alpha+\beta)} \max_{n_{k-1}<i\leqslant n_k} \|W_i\| + \gamma_h \max_{n_{k-1}<i\leqslant n_k} \|W_i\|$$
$$\leqslant \left(\frac{(L+\beta)\gamma_h}{-(\alpha+\beta)} + \gamma_h \right) \max_{n_{k-1}<i\leqslant n_k} \|W_i\|. \tag{3.2.53}$$

则由 (3.2.52) 和 (3.2.53) 可得

$$\begin{pmatrix} \max\limits_{n_k<i\leqslant n_{k+1}} \|\omega_i\| \\ \max\limits_{n_k<i\leqslant n_{k+1}} \|W_i\| \end{pmatrix} \leqslant \mathcal{A}_2 \begin{pmatrix} \max\limits_{n_{k-1}<i\leqslant n_k} \|\omega_i\| \\ \max\limits_{n_{k-1}<i\leqslant n_k} \|W_i\| \end{pmatrix}, \tag{3.2.54}$$

其中

$$\mathcal{A}_2 = \begin{pmatrix} 0 & \dfrac{\gamma_h}{-(\alpha+\beta)} \\ 0 & \dfrac{(L+\beta)\gamma_h}{-(\alpha+\beta)} + \gamma_h \end{pmatrix}.$$

因为 $\dfrac{(L+\beta)\gamma_h}{-(\alpha+\beta)} + \gamma_h < 1$, 容易验证 $\rho(\mathcal{A}_2) < 1$.

情况 2(2) $\max\limits_{n_{k-1}<i\leqslant n_{k+1}} \|\omega_i\| = \max\limits_{n_{k-1}<i\leqslant n_k} \|\omega_i\|$. 这意味着 $\max\limits_{n_k<i\leqslant n_{k+1}} \|\omega_i\| < \max\limits_{n_{k-1}<i\leqslant n_k} \|\omega_i\|$. 那么我们有

$$\begin{pmatrix} \max\limits_{n_k<i\leqslant n_{k+1}} \|\omega_i\| \\ \max\limits_{n_k<i\leqslant n_{k+1}} \|W_i\| \end{pmatrix} < \begin{pmatrix} 1 & 0 \\ 0 & 1 \end{pmatrix} \begin{pmatrix} \max\limits_{n_{k-1}<i\leqslant n_k} \|\omega_i\| \\ \max\limits_{n_{k-1}<i\leqslant n_k} \|W_i\| \end{pmatrix}. \tag{3.2.55}$$

另一方面, 从 (3.2.46) 和 (3.2.47) 中, 可以进一步给出

$$\max_{n_k<i\leqslant n_{k+1}} \|\omega_i\| \leqslant \frac{1+h\beta}{1-h\alpha} \max_{n_{k-1}<i\leqslant n_k} \|\omega_i\| + \frac{h\gamma_h}{1-h\alpha} \max_{n_{k-1}<i\leqslant n_k} \|W_i\| \tag{3.2.56}$$

和

$$\max_{n_k<i\leqslant n_{k+1}} \|W_i\| \leqslant \frac{L(1+h\beta)}{1-h\alpha} \max_{n_{k-1}<i\leqslant n_k} \|\omega_i\| + \frac{hL\gamma_h}{1-h\alpha} \max_{n_{k-1}<i\leqslant n_k} \|W_i\|$$
$$+ \beta \max_{n_{k-1}<i\leqslant n_k} \|\omega_i\| + \gamma_h \max_{n_{k-1}<i\leqslant n_k} \|W_i\|$$
$$\leqslant \left(\beta + \frac{L(1+h\beta)}{1-h\alpha} \right) \max_{n_{k-1}<i\leqslant n_k} \|\omega_i\|$$
$$+ \left(\gamma_h + \frac{hL\gamma_h}{1-h\alpha} \right) \max_{n_{k-1}<i\leqslant n_k} \|W_i\|. \tag{3.2.57}$$

不等式 (3.2.56) 和 (3.2.57) 意味着

$$\begin{pmatrix} \max\limits_{n_k<i\leqslant n_{k+1}} \|\omega_i\| \\ \max\limits_{n_k<i\leqslant n_{k+1}} \|W_i\| \end{pmatrix} \leqslant \mathcal{A}_3 \begin{pmatrix} \max\limits_{n_{k-1}<i\leqslant n_k} \|\omega_i\| \\ \max\limits_{n_{k-1}<i\leqslant n_k} \|W_i\| \end{pmatrix}, \tag{3.2.58}$$

其中

$$\mathcal{A}_3 = \begin{pmatrix} \dfrac{1+h\beta}{1-h\alpha} & \dfrac{h\gamma_h}{1-h\alpha} \\ \beta + \dfrac{L(1+h\beta)}{1-h\alpha} & \gamma_h + \dfrac{hL\gamma_h}{1-h\alpha} \end{pmatrix}.$$

经过相当多的代数运算, 我们同样可得 $\rho(\mathcal{A}_3) < 1$.

现在我们考虑归纳过程. 显然, 当 $n \to +\infty$ 时, $k \to +\infty$. 令 κ_1, κ_2 和 κ_3 分别表示情况 1、情况 2(1) 和情况 2(2) 在归纳过程中出现的次数. 那么 $\kappa_1+\kappa_2+\kappa_3 = k$. 下面, 我们依次考虑四种情况:

(i) 当 $k \to +\infty$ 时, 只有 $\kappa_1 \to +\infty$, $\kappa_2 \to +\infty$ 和 $\kappa_3 \to +\infty$ 其中之一成立. 在这种情况中, 从 $\rho(\mathcal{A}_i) < 1$ $(i = 1, 2, 3)$ 中, 我们可得 (3.2.27).

(ii) 当 $k \to +\infty$ 时, $\kappa_1 \to +\infty$ 和 $\kappa_2 \to +\infty$ ($\kappa_3 \to +\infty$ 或者 $\kappa_3 \not\to +\infty$). 注意到 $\rho(\mathcal{A}_1\mathcal{A}_2) < 1$ 且 $\rho(\mathcal{A}_2\mathcal{A}_1) < 1$, 从 (3.2.51), (3.2.54) 和 (3.2.55), 我们可得 (3.2.27).

(iii) 当 $k \to +\infty$ 时, $\kappa_1 \to +\infty$, $\kappa_3 \to +\infty$ 和 $\kappa_2 \not\to +\infty$. 因为 $\rho(\mathcal{A}_1) < 1$, 由 (3.2.51), (3.2.54) 和 (3.2.55) 可知 (3.2.27) 成立.

(iv) 当 $k \to +\infty$ 时, $\kappa_2 \to +\infty$, $\kappa_3 \to +\infty$ 和 $\kappa_1 \not\to +\infty$. 因为 $\rho(\mathcal{A}_2) < 1$, 由 (3.2.51), (3.2.54) 和 (3.2.55) 可知 (3.2.27) 成立.

总而言之, 在前面所有情况下, 我们都已经证明 (3.2.27) 成立. 证毕.

观察到条件 (3.2.45) 与条件 (3.2.15) 仅在 $\gamma_h \neq \gamma$ 时不同. 但如果时间步长 h_n 固定, h 为常数, 则条件 (3.2.45) 与条件 (3.2.15) 相同. 定理 3.2.10 告诉我们, 带有线性插值的隐式 Euler 方法在一致网格上可以保持 Banach 空间非线性 NFDEs (3.2.2) 解析解的渐近稳定性. 但是在几何网格上, 包括拟几何网格和全拟几何网格, 当隐式 Euler 方法求解 NFDEs (3.2.2) 的一个特例——中立型比例延迟微分方程

$$\begin{cases} y'(t) = f(t, y(t), y(pt), y'(pt)), & t \in I_T = [t_0, T], \\ y(t_0) = y_0 \end{cases} \tag{3.2.59}$$

时, 从定理 3.2.10 我们不能得到任何渐近稳定性的结果. 不过, 注意定理 3.2.10 的证明并且令

$$H_k = \max_{n_k\leqslant n<n_{k+1}} \{h_n\}, \quad \tilde{h}_k = \min_{n_k\leqslant n<n_{k+1}} \{h_n\}, \quad \gamma_k = \frac{H_k}{\tilde{h}_k}\gamma, \quad k = 0, 1, 2, \cdots,$$

我们有以下渐近稳定性的结果.

定理 3.2.11 令 $\{y_n\}$ 和 $\{z_n\}$ 表示两个近似序列, 这两个近似序列是用隐式 Euler 方法分别在满足 $h=\inf_{n\geqslant 0}\{h_n\}>0$ 的同一网格 $\Delta_h\in\mathcal{T}_h$ 上求解问题 (3.2.2) 和扰动问题 (3.2.12) 产生的. 假设 (3.2.2) 属于 $\bar{\mathscr{L}}_0(\alpha,\beta,\gamma,L,\tau_1,\tau_2)$ 且

$$\lim_{t\to+\infty}[t-\tau_2(t)]=+\infty,\quad \gamma_k<1,\quad \forall k\geqslant 0,\quad C<0, \tag{3.2.60}$$

其中

$$C:=\sup_{k\geqslant 0}\max\left\{\alpha+\frac{\beta+\gamma_k L}{1-\gamma_k},\alpha+\beta+\gamma_k\right\}.$$

那么我们有渐近稳定性等式 (3.2.27).

将此结果应用于隐式 Euler 方法求解几何网格上中立型比例延迟微分方程 (3.2.59) 的情形, 可得到其渐近稳定的充分条件 (注意, 在此情况下, 只需不等式 (3.2.58) 即可得到此结果):

$$\gamma<p,\quad \alpha+\frac{p\beta+\gamma L}{p-\gamma}<0, \tag{3.2.61}$$

这与文献 [202] (拟几何网格) 和文献 [205] (完全几何网格) 给出的下列条件不同

$$\gamma<p,\quad p\alpha+\frac{\beta+\gamma L}{1-\gamma}<0. \tag{3.2.62}$$

我们尝试进一步改进这些结果. 如果不等式 (3.2.47) 被替换为不等式

$$\max_{n_k<i\leqslant n_{k+1}}\|W_i\|\leqslant L\max_{n_k<i\leqslant n_{k+1}}\|\omega_i\|+\beta\max_{n_{k-1}<i\leqslant n_{k+1}}\|\omega_i\|+\gamma\max_{n_{k-1}<i\leqslant n_{k+1}}\|W_i\|. \tag{3.2.63}$$

那么, 同定理 3.2.10 的证明, 我们可得如下定理.

定理 3.2.12 令 $\{y_n\}$ 和 $\{z_n\}$ 表示两个近似序列, 这两个近似序列是用隐式 Euler 方法分别在满足 $h=\inf_{n\geqslant 0}\{h_n\}>0$ 的同一网格 $\Delta_h\in\mathcal{T}_h$ 上求解问题 (3.2.2) 和扰动问题 (3.2.12) 而产生的. 假设 (3.2.2) 属于 $\bar{\mathscr{L}}_0(\alpha,\beta,\gamma,L,\tau_1,\tau_2)$ 且

$$\lim_{t\to+\infty}[t-\tau_2(t)]=+\infty,\quad \gamma<1,\quad \bar{C}<0, \tag{3.2.64}$$

其中

$$\bar{C}:=\sup_{k\geqslant 0}\max\left\{\alpha+\beta+\frac{\gamma_k(\beta+L)}{1-\gamma},\alpha+\beta+\gamma_k\right\}.$$

那么我们有渐近稳定性等式 (3.2.27).

如果网格是一致的, 定理 3.2.10—定理 3.2.12 是相同的. 当网格非一致时, 定理 3.2.12 改进了定理 3.2.10 和定理 3.2.11 的结果. 将定理 3.2.12 应用于隐式 Euler 方法几何网格上求解中立型比例延迟微分方程 (3.2.59), 可得其渐近稳定性的充分条件

$$\alpha+\beta+\frac{\gamma(\beta+L)}{p(1-\gamma)}<0, \tag{3.2.65}$$

这比条件 (3.2.61) 和 (3.2.62) 更弱.

3.2.4 总结和进一步的研究

在上节中, 我们证明了对于任何变步长, 线性插值隐式 Euler 方法完全保持了非线性 Volterra 泛函微分方程 (3.2.1) 解析解的收缩性和渐近稳定性, 以及非线性中立型泛函微分方程 (3.2.2) 解析解的收缩性. 我们还证明了在一致网格上线性插值隐式 Euler 方法能够完全保持非线性中立型泛函微分方程 (3.2.2) 解析解的渐近稳定性. 对于非一致网格, 我们给出了求解非线性中立型泛函微分方程 (3.2.2) 的线性插值隐式 Euler 方法渐近稳定的一些充分条件. 这些条件强于解析解渐近稳定的充分条件. 因此, 在非一致网格上, 求解非线性中立型泛函微分方程 (3.2.2) 隐式 Euler 方法保稳定性分析仍然是一个未解决的问题.

众所周知, 对于 Banach 空间中的线性收缩自治微分方程, 仅有 1 阶的线性多步法或 Runge-Kutta 法在任何网格上是收缩的 (见 [189]). 这使得 Banach 空间中寻求保稳定的线性多步法或 Runge-Kutta 法 (它在任何网格上保持收缩性) 只能局限于 1 阶方法. 因此, 在 Banach 空间中寻找在步长限制下的保持收缩性的高阶方法将是我们未来的工作.

另一方面, 我们知道 2 级 Lobatto IIIC Runge-Kutta 法可以保持 Hilbert 空间中 DDEs (一致网格, 见 [21])、NDDEs (一致网格, 见 [213]) 和 VFDEs (3.2.1)(在 $\alpha_0+\beta_0\leqslant 0$ 的条件下, 在任何网格上, 见 [156]) 解析解的收缩性和渐近稳定性. 研究 Hilbert 空间中非线性泛函微分方程的高阶方法, 包括 2 级 Lobatto IIIC Runge-Kutta 法的保稳定性将是我们今后的另一项工作.

3.3 线性 θ-方法的非线性稳定性

在这一节, 我们考虑常延迟中立型微分方程系统. 由于其是中立型泛函微分方程 (2.2.1) 的特例, 利用第 2 章的结果易得系统稳定和渐近稳定的充分条件. 我们将简单给出这些充分条件, 并在这些条件下研究 θ-方法的稳定性和渐近稳定性. 本节内容可参见 [207].

3.3.1 试验问题类

考虑常延迟中立型微分方程

$$\begin{cases} y'(t) = f(t, y(t), y(t-\tau), y'(t-\tau), y(t-2\tau), y'(t-2\tau)), & t \geqslant 0, \\ y(t) = \phi(t), & t \in [-2\tau, 0], \end{cases} \tag{3.3.1}$$

这里 $\tau > 0$ 是一个常数, ϕ 是区间 $[-2\tau, 0]$ 上连续可微的初始函数, $f : [0, +\infty) \times \mathbf{X} \times \mathbf{X} \times \mathbf{X} \times \mathbf{X} \times \mathbf{X} \to \mathbf{X}$ 是连续映射. 容易看出, (3.3.1) 是中立型延迟微分方程 (2.4.2) 的特殊情形, 当然 (3.3.1) 也是中立型泛函微分方程 (2.2.1) 的一个特例. 同前, 我们始终假定初值问题 (3.3.1) 在区间 $[-2\tau, +\infty)$ 上有唯一解 $y(t)$. 对任意 $y_1, y_2, u, \tilde{u}, v, \tilde{v} \in \mathbf{X}$, 从映射 f 可以定义一个非负函数 $G(\lambda)$:

$$\begin{aligned} G(\lambda) &= G_{y_1, y_2, u, \tilde{u}, v, \tilde{v}, t, f}(\lambda) \\ &= \|y_1 - y_2 - \lambda[f(t, y_1, u, \tilde{u}, v, \tilde{v}) - f(t, y_2, u, \tilde{u}, v, \tilde{v})]\|, \quad \lambda \in \mathbb{R}. \end{aligned} \tag{3.3.2}$$

定义 3.3.1 设 δ 是给定的实常数且 $\delta \geqslant 0$. 对所有 $t \geqslant 0$, 一切满足条件

$$(1 - \alpha\lambda) G(0) \leqslant G(\lambda), \ \forall \lambda \geqslant 0, \quad y_1, y_2, u, \tilde{u}, v, \tilde{v} \in \mathbf{X}, \tag{3.3.3}$$

$$\begin{aligned} &\|f(t, y, u_1, \tilde{u}_1, v_1, \tilde{v}_1) - f(t, y, u_2, \tilde{u}_2, v_2, \tilde{v}_2)\| \\ &\leqslant \beta_1 \|u_1 - u_2\| + \gamma_1 \|\tilde{u}_1 - \tilde{u}_2\| + \beta_2 \|v_1 - v_2\| + \gamma_2 \|\tilde{v}_1 - \tilde{v}_2\|, \\ &\qquad \forall y, u_1, u_2, \tilde{u}_1, \tilde{u}_2, v_1, v_2, \tilde{v}_1, \tilde{v}_2 \in \mathbf{X}, \end{aligned} \tag{3.3.4}$$

$$\begin{aligned} &\|H_1(t, y, u_1, w, \tilde{w}, \bar{w}, \tilde{\bar{w}}, v, \tilde{v}) - H_1(t, y, u_2, w, \tilde{w}, \bar{w}, \tilde{\bar{w}}, v, \tilde{v})\| \leqslant \sigma_1 \|u_1 - u_2\|, \\ &\qquad \forall y, u_1, u_2, w, \tilde{w}, \bar{w}, \tilde{\bar{w}}, v, \tilde{v} \in \mathbf{X}, \end{aligned} \tag{3.3.5}$$

$$\begin{aligned} &\|H_2(t, y, u, \tilde{u}, v_1, w, \tilde{w}, \bar{w}, \tilde{\bar{w}}) - H_2(t, y, u, \tilde{u}, v_2, w, \tilde{w}, \bar{w}, \tilde{\bar{w}})\| \leqslant \sigma_2 \|v_1 - v_2\|, \\ &\qquad \forall y, u, \tilde{u}, v_1, , v_2, w, \tilde{w}, \bar{w}, \tilde{\bar{w}} \in \mathbf{X} \end{aligned} \tag{3.3.6}$$

的初值问题 (3.3.1) 所构成的问题类记为 $\mathfrak{D}(\alpha, \beta, \gamma, \sigma)$, 这里 $\beta = \beta_1 + \beta_2$, $\gamma = \gamma_1 + \gamma_2$, $\sigma = \sigma_1 + \sigma_2$ 及

$$H_1(t, y, u, w, \tilde{w}, \bar{w}, \tilde{\bar{w}}, v, \tilde{v}) := f(t, y, u, f(t-\tau, u, w, \tilde{w}, \bar{w}, \tilde{\bar{w}}), v, \tilde{v}),$$

$$H_2(t, y, u, \tilde{u}, v, w, \tilde{w}, \bar{w}, \tilde{\bar{w}}) := f(t, y, u, \tilde{u}, v, f(t-2\tau, v, w, \tilde{w}, \bar{w}, \tilde{\bar{w}})).$$

对所有 $t \geqslant 0$, 一切满足条件 (3.3.1)—(3.3.4) 及

$$\|f(t, y_1, u, \tilde{u}, v, \tilde{v}) - f(t, y_2, u, \tilde{u}, v, \tilde{v})\| \leqslant L \|y_1 - y_2\|, \quad \forall y_1, y_2, u, \tilde{u}, v, \tilde{v} \in X \tag{3.3.7}$$

的初值问题 (3.3.1) 所构成的问题类记为 $\mathfrak{L}(\alpha,\beta,\gamma,L)$. 此外, 在类 $\mathfrak{D}(\alpha, \beta, \gamma, \sigma)$ (或 $\mathfrak{L}(\alpha, \beta, \gamma, L)$) 中, 一切满足条件

$$G(2\delta-\lambda)\leqslant G(\lambda),\quad \forall\lambda\geqslant\delta,\ y_1,y_2,u,\tilde{u},v,\tilde{v}\in\mathbf{X},t\geqslant 0 \tag{3.3.8}$$

的初值问题 (3.3.1) 构成的子类记为 $\mathfrak{D}_\delta(\alpha,\beta,\gamma,\sigma)$ (或 $\mathfrak{L}_\delta(\alpha,\beta,\gamma,L)$).

注 3.3.2 容易将问题 (3.3.1) 写成中立型泛函微分方程 (2.2.1) 的形式, 于是问题类 $\mathfrak{L}(\alpha,\beta,\gamma,L)$ 是问题类 $\mathscr{L}_0(\alpha,\beta,\gamma,L,\tau_1,\tau_2)$ 的子类, 问题类 $\mathfrak{D}(\alpha,\beta,\gamma,\sigma)$ 是问题类 $\mathscr{D}_0(\alpha,\beta,\gamma,\sigma,\tau_1,\tau_2)$ 的子类, 其中 $\tau_1=\tau$, $\tau_2=2\tau$. 第 2 章所获一般性稳定性结果容易应用于这两类问题.

注 3.3.3 系统

$$\begin{cases} y'(t)=L(t)y(t)+M_1(t)y(t-\tau)+N_1(t)y'(t-\tau) & \\ \qquad +M_2(t)y(t-2\tau)+N_2(t)y'(t-2\tau), & t\geqslant t_0,\\ y(t)=\phi(t), & t\leqslant t_0,\end{cases}$$

这里 $L(t),M_1(t),N_1(t),M_2(t),N_2(t)$ 表示复矩阵, 属于类 $\mathfrak{D}(\alpha,\beta,\gamma,\sigma)$, 其中 $\alpha=\sup_{t\geqslant t_0}\mu[L(t)]$, $\beta=\sup_{t\geqslant t_0}(\|M_1(t)\|+\|M_2(t)\|)$, $\gamma=\sup_{t\geqslant t_0}(\|N_1(t)\|+\|N_2(t)\|)$, $\sigma=\sup_{t\geqslant t_0}(\|M_1(t)+N_1(t)L(t-\tau)\|+\|M_2(t)+N_2(t)L(t-2\tau)\|)$ 也属于类 $\mathfrak{L}(\alpha,\beta,\gamma,L)$, 其中 $L=\sup_{t\geqslant t_0}\|L(t)\|$, 这里及以后 $\mu[\cdot]$ 表示对数矩阵范数.

注 3.3.4 从命题 2.3.6, 对于 $\mathbf{X}$ 为 $\mathbb{C}^N$ 及单个延迟的特殊例子

$$y'(t)=f(t,y(t),y(t-\tau),y'(t-\tau))\quad (t\geqslant 0). \tag{3.3.9}$$

问题类 $\mathfrak{D}(\alpha,\beta,\gamma,\sigma)$ 已经作为数值方法的非线性稳定性试验问题类 (参见 [203, 204]) 被学者所研究.

3.3.2 理论解的稳定性

从定理 2.3.15 的证明容易得到下面的定理.

定理 3.3.5 设问题 (3.3.1) 属于类 $\mathfrak{D}(\alpha,\beta,\gamma,\sigma)$ 且

$$\alpha<0,\qquad r\sigma+\gamma\leqslant 1. \tag{3.3.10}$$

则下列不等式成立:

$$\|y(t)-z(t)\|\leqslant 2\max\{1,r(\beta+\gamma)\}M. \tag{3.3.11}$$

这一节始终假定 $r=-1/\alpha$ 和 $M=\max\left\{\sup\limits_{x\leqslant 0}\|\phi(x)-\varphi(x)\|,\ \sup\limits_{x\leqslant 0}\|\phi'(x)-\varphi'(x)\|\right\}$, $z(t)$ 表示任意给定的扰动问题

$$\begin{cases} z'(t)=f(t,z(t),z(t-\tau),z'(t-\tau),z(t-2\tau),z'(t-2\tau)), & t\geqslant 0,\\ z(t)=\varphi(t), & t\in[-2\tau,0]\end{cases} \tag{3.3.12}$$

的解, 这里如同第 2 章, 假定 $\varphi(t)$ 是连续可微的.

应用定理 2.5.17 的结果于问题 (3.3.1), 可得下面的结论.

定理 3.3.6 设问题 (3.3.1) 属于类 $\mathfrak{D}(\alpha,\beta,\gamma,\sigma)$ 且

$$\alpha<0,\quad r\sigma+\gamma<1. \tag{3.3.13}$$

那么下式成立:

$$\lim_{t\to+\infty}\|y(t)-z(t)\|=0. \tag{3.3.14}$$

(3.3.14) 表征着问题的渐近稳定性.

对于问题类 $\mathfrak{L}(\alpha,\beta,\gamma,L)$, 同样从第 2 章的一般性结论可得下面的结果.

定理 3.3.7 设问题 (3.3.1) 属于问题类 $\mathfrak{L}(\alpha,\beta,\gamma,L)$ 且

$$\alpha<0,\qquad r(\beta+\gamma L)+\gamma\leqslant 1. \tag{3.3.15}$$

则 (3.3.11) 成立. 进一步, 若 $L\geqslant 1$, 则我们有

$$\|y(t)-z(t)\|\leqslant M.$$

定理 3.3.8 设问题 (3.3.1) 属于问题类 $\mathfrak{L}(\alpha,\beta,\gamma,L)$ 且

$$\alpha<0,\qquad r(\beta+\gamma L)+\gamma<1. \tag{3.3.16}$$

则 (3.3.14) 成立.

注 3.3.9 当 $\gamma_2\equiv 0,\beta_2\equiv 0$, 条件 (3.3.10) (或 (3.3.15)) 退化为 $r\sigma_1+\gamma_1\leqslant 1$ (或 $r(\beta_1+\gamma_1 L)+\gamma_1\leqslant 1$) 并且从定理 2.3.15 的证明容易看出

$$\|y(t)-z(t)\|\leqslant\max\{1,r(\beta+\gamma)\}M.$$

在这种情况下, 我们也容易获得在 [200] 中证明的渐近稳定性结果.

注 3.3.10 当 $\gamma\equiv 0$ 时, 条件 (3.3.10) 和 (3.3.16) 退化为众所周知的非中立型延迟微分方程渐近稳定性条件: $r\beta<1$.

注 3.3.11 作为定理 3.3.7 的一个结果, 我们有

$$\|y'(t)-z'(t)\|\leqslant\sup_{s\in[-2\tau,0]}\|\varphi'(s)-\psi'(s)\|+\frac{2(L+\beta)}{1-\gamma}\max\{1,r(\beta+\gamma)\}M.$$

3.3.3 线性 θ-方法稳定性分析

从求解常微分方程的 θ-方法

$$y_{n+1}=\theta hf(t_{n+1},y_{n+1})+(1-\theta)hf(t_n,y_n)+y_n,$$

容易获得求解中立型延迟微分方程 (3.3.1) 的 θ-方法

$$
\begin{aligned}
y_{n+1}=&\theta hf(t_{n+1},y_{n+1},y^h(t_{n+1}-\tau),\bar{y}^h(t_{n+1}-\tau),y^h(t_{n+1}-2\tau),\bar{y}^h(t_{n+1}-2\tau))\\
&+(1-\theta)hf(t_n,y_n,y^h(t_n-\tau),\bar{y}^h(t_n-\tau),y^h(t_n-2\tau),\bar{y}^h(t_n-2\tau))\\
&+y_n,
\end{aligned}
\tag{3.3.17}
$$

这里 y_n 是真解 $y(t_n)$ 在 $t_n=nh$ 的逼近, $y^h(t)$ 和 $\bar{y}^h(t)$ 分别是 $y(t)$ 及 $y'(t)$ 的逼近. 注意到对于 $l\leqslant 0$, $y_l=\phi(lh)$ 以及对于 $t\leqslant 0$, $y^h(t)=\phi(t)$ 和 $\bar{y}^h(t)=\phi'(t)$.

在这一部分, 我们仅考虑那些属于类 $\mathfrak{D}_0(\alpha,\beta,\gamma,\sigma)$ 或类 $\mathfrak{L}_0(\alpha,\beta,\gamma,\sigma)$ 的问题. 我们也仅考虑约束网格, 即 $\tau=mh$, 这里 $m\geqslant 1$ 是一个整数. 由此, $y^h(t_n-i\tau)=y_{n-im}, i=1,2$. 而简单记成 $\bar{y}_{n-im}, i=1,2$ 的 $\bar{y}^h(t_n-i\tau), i=1,2$ 也可以由下式获得

$$
\bar{y}^h_{n-im}=\begin{cases} f(t_{n-im},y_{n-im},y_{n-(i+1)m},\bar{y}_{n-(i+1)m},y_{n-(i+2)m},\bar{y}_{n-(i+2)m}), & t_{n-im}\geqslant 0,\\ \phi'(t_{n-im}), & t_{n-im}\leqslant 0.\end{cases}
$$

定理 3.3.12 若问题 (3.3.1) 属于类 $\mathfrak{D}_0(\alpha,\beta,\gamma,\sigma)$ 且满足条件 (3.3.10). 那么当 θ-方法 (3.3.17) 满足条件 $\theta\in[(1+r\sigma+\gamma)/2,1]$ 时, 存在仅依赖于方法的常数 C 使得下式成立:

$$
\|y_n-z_n\|\leqslant\frac{2\theta}{2\theta-1}G_0(h\theta)+Cr(\beta+\gamma)M,\tag{3.3.18}
$$

这里

$$
C=\frac{\theta+m}{\theta(2\theta-1)},\qquad G_0(h\theta)=\|y_0-z_0-h\theta[y'_+(0)-z'_+(0)]\|.
$$

证明 记 $\omega_n=y_n-z_n$, $\bar{\omega}_n=\bar{y}_n-\bar{z}_n$,

$$
\begin{aligned}
G_n(\lambda)=&\|y_n-z_n-\lambda[f(t_n,y_n,y_{n-m},\bar{y}_{n-m},y_{n-2m},\bar{y}_{n-2m})\\
&-f(t_n,z_n,y_{n-m},\bar{y}_{n-m},y_{n-2m},\bar{y}_{n-2m})]\|,\qquad \lambda\geqslant 0
\end{aligned}
$$

及

$$
\begin{aligned}
F_n=&\|f(t_n,z_n,y_{n-m},\bar{y}_{n-m},y_{n-2m},\bar{y}_{n-2m})\\
&-f(t_n,z_n,z_{n-m},\bar{z}_{n-m},z_{n-2m},\bar{z}_{n-2m})\|.
\end{aligned}
$$

则从 (3.3.17) 我们有

$$
G_{n+1}(h\theta)-h\theta F_{n+1}\leqslant G_n(-h(1-\theta))+h(1-\theta)F_n.\tag{3.3.19}
$$

另一方面, 因 $0\leqslant r\sigma+\gamma\leqslant 1$ 和 $\theta\in\left[\frac{1}{2}+\frac{r\sigma+\gamma}{2},1\right]$, 我们有 $\theta\geqslant\frac{1}{2}$. 由此, 从命题 2.3.7 和命题 2.3.8, 可得

$$
G_n(-h(1-\theta))\leqslant G_n(h(1-\theta))\leqslant\frac{1-\alpha h(1-\theta)}{1-\alpha h\theta}G_n(h\theta)\tag{3.3.20}
$$

及

$$(1-\alpha h\theta)\|\omega_{n+1}\| \leqslant G_{n+1}(h\theta). \tag{3.3.21}$$

从 (3.3.17) 和 (3.3.20) 易得

$$G_{n+1}(h\theta) \leqslant \frac{1-\alpha h(1-\theta)}{1-\alpha h\theta}G_n(h\theta)+h[\theta F_{n+1}+(1-\theta)F_n]. \tag{3.3.22}$$

当 $n>2m$ 时, 有

$$F_{n+1} \leqslant \sigma_1\|\omega_{n+1-m}\|+\gamma_1 F_{n+1-m}+\sigma_2\|\omega_{n+1-2m}\|+\gamma_2 F_{n+1-2m}$$

及

$$\begin{aligned}(1-\alpha h\theta)F_{n+1} \leqslant& \sigma(1-\alpha h\theta)\max_{n+1-2m\leqslant i\leqslant n+1-m}\|\omega_i\| \\ &+\gamma(1-\alpha h\theta)\max_{n+1-2m\leqslant i\leqslant n+1-m}F_i \\ \leqslant& \sigma\max_{n+1-2m\leqslant i\leqslant n+1-m}G_i(h\theta) \\ &+\gamma(1-\alpha h\theta)\max_{n+1-2m\leqslant i\leqslant n+1-m}F_i.\end{aligned} \tag{3.3.23}$$

而从 (3.3.21) 和 (3.3.22) 可得

$$\begin{aligned}&G_{n+1}(h\theta) \\ \leqslant& \frac{1-\alpha h(1-\theta)}{1-\alpha h\theta}G_n(h\theta)+h\theta\left[\sigma_1\|\omega_{n+1-m}\|+\gamma_1 F_{n+1-m}+\sigma_2\|\omega_{n+1-2m}\|\right. \\ &\left.+\gamma_2 F_{n+1-2m}\right]+h(1-\theta)\left[\sigma_1\|\omega_{n-m}\|+\gamma_1 F_{n-m}+\sigma_2\|\omega_{n-2m}\|+\gamma_2 F_{n-2m}\right] \\ \leqslant& \frac{1-\alpha h(1-\theta)}{1-\alpha h\theta}G_n(h\theta)+\frac{h}{1-\alpha h\theta}\left[\max_{n-2m\leqslant i\leqslant n+1-m}\sigma(1-\alpha h\theta)\|\omega_i\|\right. \\ &\left.+\max_{n-2m\leqslant i\leqslant n+1-m}\gamma(1-\alpha h\theta)F_i\right] \\ \leqslant& \frac{1-\alpha h(1-\theta)}{1-\alpha h\theta}G_n(h\theta) \\ &+\frac{h}{1-\alpha h\theta}\left[\max_{n-2m\leqslant i\leqslant n+1-m}\sigma G_i(h\theta)+\max_{n-2m\leqslant i\leqslant n+1-m}\gamma(1-\alpha h\theta)F_i\right] \\ \leqslant& \frac{1-\alpha h(1-\theta)+h\sigma}{1-\alpha h\theta}\max_{n-2m\leqslant i\leqslant n}G_i(h\theta)+\frac{h(-\alpha)\gamma}{1-\alpha h\theta}\max_{n-2m\leqslant i\leqslant n+1-m}(1-\alpha h\theta)rF_i \\ \leqslant& \frac{1-\alpha h(1-\theta)+h\sigma-h\alpha\gamma}{1-\alpha h\theta}\max\left\{\max_{n-2m\leqslant i\leqslant n}G_i(h\theta),\max_{n-2m\leqslant i\leqslant n}(1-\alpha h\theta)rF_i\right\}.\end{aligned} \tag{3.3.24}$$

定义

$$X_n = \max\left\{\max_{1\leqslant i\leqslant n} G_i(h\theta), \max_{1\leqslant i\leqslant n}(1-\alpha h\theta)rF_i\right\}, \quad n\geqslant 1.$$

则从 $[1-\alpha h(1-\theta)+h\sigma+h(-\alpha)\gamma]/(1-\alpha h\theta)\leqslant 1$, 我们可以得到

$$(1-\alpha h\theta)\|\omega_{n+1}\|\leqslant G_{n+1}(h\theta)\leqslant X_{n+1}\leqslant X_n\leqslant\cdots\leqslant X_{2m}. \tag{3.3.25}$$

现在, 我们来估计 X_{2m}. 当 $n=0$ 时, 从 (3.3.22) 容易得到

$$G_1(h\theta)\leqslant C_1G_0(h\theta)+h(\beta+\gamma)M, \tag{3.3.26}$$

这里 $C_1=[1-\alpha h(1-\theta)]/(1-\alpha h\theta)\leqslant 1$. 通过简单的递推得到

$$G_i(h\theta)\leqslant C_1^iG_0(h\theta)+h(C_1^{i-1}+\cdots+C_1^0)(\beta+\gamma)M, \quad i=1,2,\cdots,m \tag{3.3.27}$$

和

$$\begin{aligned}G_{m+i}(h\theta)\leqslant& C_1^{m+i}G_0(h\theta)+(C_1^{m+i-1}+\cdots+C_1^0)h(\beta+\gamma)M\\&+\frac{h\sigma_1}{1-\alpha h\theta}(G_1(h\theta)+\cdots+G_i(h\theta))+i\gamma_1h(\beta+\gamma)M\\\leqslant& G_0(h\theta)+\frac{1-\alpha h\theta}{2\theta-1}r(\beta+\gamma)M+\frac{\sigma_1}{\alpha(1-2\theta)}G_0(h\theta)\\&+\left[\frac{i\sigma_1}{\alpha(1-2\theta)}+i\gamma_1\right]h(\beta+\gamma)M\\\leqslant&\left[1+\frac{\sigma_1}{\alpha(1-2\theta)}\right]G_0(h\theta)+\frac{1-\alpha h\theta}{2\theta-1}r(\beta+\gamma)M\\&+\frac{ih}{2\theta-1}(\beta+\gamma)M,\\&i=1,2,\cdots,m.\end{aligned} \tag{3.3.28}$$

另两个相关的不等式是

$$(1-\alpha h\theta)rF_i\leqslant(1-\alpha h\theta)r(\beta+\gamma)M, \quad i=1,2,\cdots,m$$

和

$$\begin{aligned}(1-\alpha h\theta)rF_{m+i}\leqslant&(1-\alpha h\theta)r[\sigma_1\|\omega_i\|+\gamma_1F_i+(\beta_2+\gamma_2)M]\\\leqslant& r\sigma\left[C_1^iG_0(h\theta)+\frac{1-\alpha h\theta}{\alpha h(1-2\theta)}h(\beta+\gamma)M\right]\\&+(1-\alpha h\theta)r\gamma_1(\beta+\gamma)M+(1-\alpha h\theta)r(\beta+\gamma)M\\\leqslant& r\sigma_1G_0(h\theta)+\frac{1-\alpha h\theta}{2\theta-1}r(\beta+\gamma)M+(1-\alpha h\theta)r(\beta+\gamma)M,\end{aligned}$$

$$i = 1, 2, \cdots, m. \tag{3.3.29}$$

从 (3.3.25), (3.3.28) 和 (3.3.29) 可直接得到不等式 (3.3.18). 证毕.

注 3.3.13 必须指出, 如果 $\theta = 1/2$, 则从定理 3.3.12 的假定可知 $\sigma = 0$ 及 $\gamma = 0$, 这意味着问题 (3.3.1) 不是一个中立型微分方程系统而是常微分方程系统. 也就是说, 从定理 3.3.12, 我们不能得到梯形方法求解中立型微分方程的结果. 因此我们需要证明下面更一般的结果.

定理 3.3.14 若问题 (3.3.1) 属于类 $\mathfrak{D}_0(\alpha, \beta, \gamma, \sigma)$ 且满足条件 (3.3.10). 那么当 θ-方法 (3.3.17) 满足条件 $\theta \in [1/2, 1]$ 时, 存在仅依赖于方法的常数 C_1, C_2 使得下式成立:

$$\|y_n - z_n\| \leqslant e^{c(t_n - t_{2m})}[C_1 G_0(h\theta) + C_2 r(\beta + \gamma)M], \tag{3.3.30}$$

这里

$$c = \max\{-\alpha(1 - 2\theta + \gamma) + \sigma, 0\}.$$

证明 类似于 (3.3.25), 我们有

$$\begin{aligned}(1 - \alpha h\theta)\|\omega_{n+1}\| &\leqslant G_{n+1}(h\theta) \leqslant X_{n+1} \leqslant (1 + ch)X_n \leqslant \cdots \\ &\leqslant (1 + ch)^{n+1-2m} X_{2m}.\end{aligned}$$

当 $\theta \in [(1 + r\sigma + \gamma)/2, 1]$ 时, 类似于上述定理的证明, 我们能够获得 (3.3.30), 其中 $c = 0, C_1 = 2\theta/(2\theta - 1), C_2 = C$.

当 $\theta \in [1/2, (1 + r\sigma + \gamma)/2)$ 时, 通过繁复的数学计算, 我们有 (3.3.30), 其中 $C_1 = m/\theta + 1, C_2 = m^2(m + 3)/\theta$.

定理 3.3.15 若问题 (3.3.1) 属于类 $\mathfrak{D}_0(\alpha, \beta, \gamma, \sigma)$ 且满足条件 (3.3.13). 那么当 θ-方法 (3.3.17) 满足条件 $\theta \in ([1 + r\sigma + \gamma]/2, 1]$ 时, 下式成立:

$$\lim_{n \to +\infty} \|y_n - z_n\| = 0. \tag{3.3.31}$$

证明 定义

$$\tilde{X}_n = \max\{\max_{n-2m \leqslant i \leqslant n} G_i(h\theta), \max_{n-2m \leqslant i \leqslant n} (1 - \alpha h\theta) r F_i\}, \quad n > 2m.$$

则从 (3.3.23) 和 (3.3.24) 可以推出

$$\max\{G_{n+1}(h\theta), (1 - \alpha h\theta) r F_{n+1}\} \leqslant C_h \tilde{X}_n,$$

这里 $C_h = \max\{r\sigma + \gamma, [1 - \alpha h(1 - \theta) + h\sigma + h(-\alpha)\gamma]/(1 - \alpha h\theta)\} < 1$. 由此立得

$$(1 - \alpha h\theta)\|\omega_{n+1}\| \leqslant G_{n+1}(h\theta) \leqslant C_h \tilde{X}_n \leqslant C_h^2 \tilde{X}_{n-2m} \leqslant \cdots$$

$$\leqslant C_h^k \tilde{X}_{n-2km}, \quad 4m > n - 2km \geqslant 2m. \tag{3.3.32}$$

注意到

$$\tilde{X}_{n-2km} \leqslant (1-\alpha h\theta)\left[\frac{2\theta}{2\theta-1}G_0(h\theta) + Cr(\beta+\gamma)M\right].$$

我们可知 (3.3.32) 意味着当 $n \to +\infty$ 时, $\|y_n - z_n\| \to 0$. 证毕.

同样的方法可以证明下面的结果.

定理 3.3.16 若问题 (3.3.1) 属于类 $\mathfrak{L}_0(\alpha,\beta,\gamma,L)$ 且满足条件 (3.3.15). 那么当 θ-方法 (3.3.17) 满足条件 $\theta \in [(1+r(\beta+\gamma L)+\gamma)/2, 1]$ 时, 存在仅依赖于方法的常数 C 使得 (3.3.18) 式成立.

定理 3.3.17 若问题 (3.3.1) 属于类 $\mathfrak{L}_0(\alpha,\beta,\gamma,L)$ 且满足条件 (3.3.15). 那么当 θ-方法 (3.3.17) 满足条件 $\theta \in [1/2, 1]$ 时, 存在仅依赖于方法的常数 C_1, C_2 使得下式成立:

$$\|y_n - z_n\| \leqslant e^{\bar{c}(t_n - t_{2m})}[C_1 G_0(h\theta) + C_2 r(\beta+\gamma)M], \tag{3.3.33}$$

这里 $\bar{c} = \max\{-\alpha(1-2\theta+\gamma)+\beta+\gamma L, 0\}$.

定理 3.3.18 若问题 (3.3.1) 属于类 $\mathfrak{L}_0(\alpha,\beta,\gamma,L)$ 且满足条件 (3.3.16). 那么当 θ-方法 (3.3.17) 满足条件 $\theta \in ([1+r(\beta+\gamma L)+\gamma]/2, 1]$ 时, (3.3.31) 成立.

如果我们把 θ-方法 (3.3.17) 应用于单延迟中立型微分方程 (3.3.9), 我们可以获得一些更好的结果.

定理 3.3.19 若问题 (3.3.9) 属于类 $\mathfrak{D}_0(\alpha,\beta,\gamma,\sigma)$ 且满足条件 (3.3.10)(或 $\mathfrak{L}_0(\alpha,\beta,\gamma,L)$ 满足 (3.3.15)), 那么当 θ-方法 (3.3.17) 满足 $\theta \in [(1+r\sigma+\gamma)/2, 1]$ (或 $\theta \in [1+r(\beta+\gamma L)+\gamma/2, 1]$) 时, 下式成立:

$$\|y_n - z_n\| \leqslant G_0(h\theta) + \frac{1}{2\theta-1}r(\beta+\gamma)M.$$

定理 3.3.20 若问题 (3.3.9) 属于类 $\mathfrak{D}_0(\alpha,\beta,\gamma,\sigma)$ 且满足条件 (3.3.10) (或 $\mathfrak{L}_0(\alpha,\beta,\gamma,L)$ 满足 (3.3.15)), 那么当 θ-方法 (3.3.17) 满足 $\theta \in [1/2, 1]$ 时, 存在一个仅依赖于 α,σ,γ (或 $\alpha,\beta,\gamma,\gamma L$) 及方法的常数 c^* 使得下式成立:

$$\|y_n - z_n\| \leqslant e^{c^*(t_n - t_m)}[G_0(h\theta) + \tau(\beta+\gamma)M].$$

3.4 一类多步方法的非线性稳定性

本节讨论一类变系数线性多步方法求解中立型变延迟微分方程的非线性稳定性, 可参见 [219]. 建立了方法的稳定性准则. 这些结果有两个独特之处: 一是对中立项采用了一般的插值逼近, 不仅包括 Lagrange 插值, 还包括其他的各种插值;

二是获得了 $\alpha > 0$ 的稳定性结果, 这些结果不仅适用于常微分方程, 而且也适用于延迟微分方程. 此外, 这些结果容易推广到中立型泛函微分方程的情形. 3.4.1 小节的数值算例验证了这些结果.

3.4.1 试验问题类

考虑中立型延迟微分方程初值问题

$$\begin{cases} y'(t) = f(t, y(t), y(\eta(t)), y'(\eta(t))), & t \in I_T = [0, T], \\ y(t) = \phi(t), & t \in I_\tau = [-\tau, 0], \end{cases} \tag{3.4.1}$$

这里 $-\tau = \inf_{t\in[0,T]}\{\eta(t)\}$ 及 $f : [0, T] \times \mathbf{X} \times \mathbf{X} \times \mathbf{X} \to \mathbf{X}$ 是给定的连续映射, $\eta(t)$ 连续且满足 $\eta(t) \leqslant t$, $\phi(t)$ 在它的定义域内是连续可微的. 关于 f 的条件将在后文给出. 我们也将假定 (3.4.1) 存在唯一解.

类似于前文, 对任意给定的 $y_1, y_2, u, v \in \mathbf{X}$, $t \in [0, T]$, 从映射 f 同样可以定义一个非负函数 $G(\lambda)$:

$$G(\lambda) = G_{y_1,y_2,u,v,t,f}(\lambda) = \|y_1 - y_2 - \lambda[f(t, y_1, u, v) - f(t, y_2, u, v)]\|, \quad \lambda \in \mathbb{R}. \tag{3.4.2}$$

按照第 2 章及 [150, 231] 的思想, 我们给出以下定义.

定义 3.4.1 设 $\alpha(t)$, $\beta(t)$, $\gamma(t)$, $\varrho(t)$, $L(t)$ 为连续函数, λ^* 是实常数, $\lambda^* \leqslant 0$, 对任意的 $t \in [0, T]$, $1 + \alpha(t)\lambda^* > 0$, $\gamma(t) < 1$. 一切满足条件

$$[1 - \alpha(t)(\lambda - \lambda^*)]G(\lambda^*) \leqslant G(\lambda), \quad \forall \lambda \geqslant 0, y_1, y_2, u, v \in D, t \in [0, T], \tag{3.4.3}$$

$$\|f(t, y, u_1, v) - f(t, y, u_2, v)\| \leqslant \beta(t)\|u_1 - u_2\|, \quad \forall y, u_1, u_2, v \in \mathbf{X}, t \in [0, T], \tag{3.4.4}$$

$$\|f(t, y, u, v_1) - f(t, y, u, v_2)\| \leqslant \gamma(t)\|v_1 - v_2\|, \quad \forall y, u, v_1, v_2 \in \mathbf{X}, t \in [0, T], \tag{3.4.5}$$

$$\|f(t, y_1, u, v) - f(t, y_2, u, v)\| \leqslant L(t)\|y_1 - y_2\|, \quad \forall y_1, y_2, u, v \in \mathbf{X}, t \in [0, T] \tag{3.4.6}$$

的初值问题 (3.4.1) 所构成的问题类显然是 $\mathscr{L}_{\lambda^*}(\alpha, \beta, \gamma, L, \tau_1, \tau_2)$ 的子类, 其中, $\tau_1 = 0$, $\tau_2 = t + \tau$. 为简单计, 将其记为 $\mathcal{L}_{\lambda^*}(\alpha, \beta, \gamma, L)$. 一切满足条件 (3.4.3)—(3.4.5) 及

$$\|H(t, y, u_1, v, w) - H(t, y, u_2, v, w)\| \leqslant \varrho(t)\|u_1 - u_2\|, \\ \forall y, u_1, u_2, v, w \in \mathbf{X}, t \in [0, T] \tag{3.4.7}$$

的初值问题 (3.4.1) 所构成的问题类显然是 $\mathscr{D}_{\lambda^*}(\alpha, \beta, \gamma, \varrho, \tau_1, \tau_2)$ 的子类, 为简单计, 记为 $\mathcal{D}_{\lambda^*}(\alpha, \beta, \gamma, \varrho)$, 这里

$$H(t, y, u, v, w) := f(t, y, u, f(\eta(t), u, v, w)).$$

此外, 在类 $\mathcal{D}_{\lambda^*}(\alpha, \beta, \gamma, \varrho)$ (或 $\mathscr{L}_{\lambda^*}(\alpha, \beta, \gamma, L)$) 中, 一切满足条件

$$G(2\delta-\lambda)\leqslant G(\lambda),\quad \forall \lambda\geqslant\delta,\ y_1,y_2,u,\tilde{u},v,\tilde{v}\in Xt\geqslant 0 \tag{3.4.8}$$

的初值问题 (3.4.1) 构成的子类记为 $\mathcal{D}_{\lambda^*,\delta}(\alpha,\beta,\gamma,\sigma)$ (或 $\mathscr{L}_{\lambda^*,\delta}(\alpha,\beta,\gamma,L)$).

注 3.4.2 值得注意的是, 由于只假定 $\eta(t)\leqslant t$, 上述问题类包含了各种延迟问题, 例如常延迟问题和比例延迟问题.

注 3.4.3 对于常微分方程

$$\begin{cases} y'(t)=f(t,y(t)), & t\in[0,T],\\ y(0)=\phi \end{cases} \tag{3.4.9}$$

和延迟微分方程

$$\begin{cases} y'(t)=f(t,y(t),y(\eta(t))), & t\in[0,T],\\ y(t)=\phi(t), & t\in[-\tau,0], \end{cases} \tag{3.4.10}$$

问题类 $\mathcal{D}_{\lambda^*}(\alpha,\beta,\gamma,\varrho)$ 和 $\mathcal{L}_{\lambda^*}(\alpha,\beta,\gamma,L)$ 是一致的.

注 3.4.4 注意到当 $\gamma=0$ 时, 即 (3.4.1) 是延迟微分方程时, 问题类 $\mathcal{D}_0(\alpha,\beta,0,\varrho)$ (或 $\mathcal{L}_0(\alpha,\beta,0,L)$) 包括了黄乘明[93,94,103] 引进的常延迟问题类 $D_{\alpha,\beta}$. 而李寿佛[150] 所引进的刚性常微分方程问题类 $K(\alpha,0)$ 显然是问题类 $\mathcal{D}_0(\alpha,\beta,\gamma,\varrho)$(或 $\mathcal{L}_0(\alpha,\beta,\gamma,L)$) 的特例.

为了讨论问题 (3.4.1) 理论解和数值解的稳定性, 我们引入以下扰动问题

$$\begin{cases} z'(t)=f(t,z(t),z(\eta(t)),z'(\eta(t))), & t\in[0,T],\\ z(t)=\psi(t), & t\in[-\tau,0], \end{cases} \tag{3.4.11}$$

并假定问题 (3.4.11) 有唯一真解. 由于问题类 $\mathcal{L}_{\lambda^*}(\alpha,\beta,\gamma,L)$ 是问题类 $\mathscr{L}_{\lambda^*}(\alpha,\beta,\gamma,L,\tau_1,\tau_2)$ 的子类, 问题类 $\mathcal{D}_{\lambda^*}(\alpha,\beta,\gamma,\varrho)$ 是问题类 $\mathscr{D}_{\lambda^*}(\alpha,\beta,\gamma,\varrho,\tau_1,\tau_2)$ 的子类, 第 2 章所获一般性稳定性结果容易应用于这两类问题. 下仅以问题类 $\mathcal{L}_{\lambda^*}(\alpha,\beta,\gamma,L)$ 说明之, 对问题类 $\mathcal{D}_{\lambda^*}(\alpha,\beta,\gamma,\varrho)$, 可获类似结果.

定理 3.4.5 设问题 (3.4.1) 属于 $\mathcal{L}_{\lambda^*}(\alpha,\beta,\gamma,L)$, 并记 $\hat{\alpha}=\max\limits_{0\leqslant t\leqslant T}\hat{\alpha}(t)=\max\limits_{0\leqslant t\leqslant T}\dfrac{\alpha(t)}{1+\alpha(t)\lambda^*}$, $\beta=\max\limits_{0\leqslant t\leqslant T}\beta(t)$, $\gamma=\max\limits_{0\leqslant t\leqslant T}\gamma(t)<1$, $L=\max\limits_{0\leqslant t\leqslant T}L(t)$,

$$c=\hat{\alpha}+\frac{\beta+\gamma L}{1-\gamma},\quad c_1=\max\left\{1,\frac{\gamma}{|\hat{\alpha}+\beta|}\right\},\quad c_2=\max\{c,\gamma,\hat{\alpha}+\beta\}.$$

若条件 (2.2.4) 满足, 那么

(i) 当 $c > 0$ 时, 有

$$\|y(t) - z(t)\| \leqslant c_1 \exp(c_2(t - t_0))\|\phi - \psi\|_{C^1_{\mathbf{X}}[-\tau,0]}, \quad \forall t \in [0, T]; \tag{3.4.12}$$

(ii) 当 $c \leqslant 0$ 时, 有

$$\|y(t) - z(t)\| \leqslant c_1\|\phi - \psi\|_{C^1_{\mathbf{X}}[-\tau,0]}, \quad \forall t \in [-\tau, T]; \tag{3.4.13}$$

(iii) 当 $c \leqslant 0$ 且 $\beta + \gamma \leqslant -\alpha$ 时, 有

$$\|y(t) - z(t)\| \leqslant \|\phi - \psi\|_{C^1_{\mathbf{X}}[-\tau,0]}, \quad \forall t \in [-\tau, T]. \tag{3.4.14}$$

对以无穷积分区间 $[0, +\infty)$ 代替上述有穷区间 $[0, T]$ 的情形, 我们有下面的结果.

定理 3.4.6 设问题 (3.4.1) 属于 $\mathcal{L}_{\lambda^*}(\alpha, \beta, \gamma, L)$, 并设

$$\lim_{t\to+\infty}[t - \tau(t)] = +\infty, \quad (1-\gamma)\alpha + \beta + \gamma L < 0, \qquad \alpha + \beta + \gamma < 0. \tag{3.4.15}$$

那么有

$$\lim_{t\to+\infty}\|y(t) - z(t)\| = 0. \tag{3.4.16}$$

当 $\tau(t) \leqslant \tau^*, \forall t \in [0, +\infty)$ 时, 这里 $\tau^* \geqslant 0$ 是一常数, 我们有下面的指数渐近稳定性结果.

定理 3.4.7 设问题 (3.4.1) 属于 $\mathcal{L}_{\lambda^*}(\alpha, \beta, \gamma, L)$, 并设

$$\alpha(t) \leqslant \alpha_0 < 0, \quad \gamma(t) \leqslant \gamma_0 < 1, \quad \frac{\beta(t) + \gamma(t)L(t)}{-[1-\gamma(t)]\alpha(t)} \leqslant p < 1, \quad \forall\, t \geqslant 0. \tag{3.4.17}$$

则对任意的 $\varepsilon > 0$ 及 $t \geqslant 0$, 有

$$\begin{aligned} &\|y(t) - z(t)\| < (1+\varepsilon)\max_{s\in[-\tau,0]}\|\phi(s) - \psi(s)\|e^{\nu t}, \\ &\|y'(t) - z'(t)\| < (1+\varepsilon)\max_{s\in[-\tau,0]}\|\phi'(s) - \psi'(s)\|e^{\nu t}, \end{aligned} \tag{3.4.18}$$

其中

$$\begin{aligned} \nu := \sup_{t\geqslant 0}\Bigg\{\nu(t)\ \Bigg|\ &\mathcal{H}(\nu(t)) = \nu(t) - \alpha(t) - \beta(t)e^{-\nu(t)\tau^*} \\ &- \frac{\gamma(t)[L(t) + \beta(t)]e^{-2\nu(t)\tau^*}}{1 - \gamma(t)e^{-\nu(t)\tau^*}} = 0\Bigg\} < 0. \end{aligned} \tag{3.4.19}$$

进一步, 我们有

$$\|y(t) - z(t)\| \leqslant \max_{s\in[-\tau,0]}\|\phi(s) - \psi(s)\|, \quad \forall t \in [0, +\infty),$$

$$\|y'(t)-z'(t)\| \leqslant \max_{s\in[-\tau,0]} \|\phi'(s)-\psi'(s)\|, \quad \forall t \in [0,+\infty)$$

及

$$\lim_{t\to+\infty} \|y(t)-z(t)\| = 0, \quad \lim_{t\to+\infty} \|y'(t)-z'(t)\| = 0.$$

问题举例

下面我们给出一些问题, 其属于我们要讨论的问题类. 首先注意到在本章引言中已经指出对于常微分方程和 Volterra 泛函微分方程, 许多学者已经获得了一些非常重要的结果, 但都要求 $\alpha \leqslant 0$. 然而在许多实际问题中, α 是大于 0 的.

例 3.4.1 在例 2.3.1 给出的化学反应速度方程 (2.3.55)(见 [74]) α 在 1-范数下为 $2\cdot 10^4, |y_2|$ 大于等于零. 由于这些实际问题, 我们有必要考虑 α 大于零的情形.

例 3.4.2 在例 2.3.2 中给出的延迟微分方程 (2.3.56). 在标准内积下, 其 Jacobi 矩阵

$$J = \frac{\partial f}{\partial y} = \begin{pmatrix} -2 & m+3e^{-t}+2y_2(t) \\ 0 & -(2+m+2y_2(t)) \end{pmatrix}$$

的对数矩阵范数为

$$\mu_2[J] = \frac{1}{2}\left[\sqrt{(m+2y_2(t))^2+(m+3e^{-t}+2y_2(t))^2} - m - 2y_2(t)\right] - 2 \gg 0.$$

然而在 1-范数下, 我们有 $\alpha = \mu_1[J] = 1$ 仅具有适度大小. 这个例子也说明在 Banach 空间中考虑问题的必要性.

例 3.4.3 稍微修改常微分方程刚性试验问题 (例见 [74,84])

$$\begin{cases} y'(t) = a(t)(y(t)-g(t)) + g'(t), & t \geqslant 0, \\ y(0) = g(0), \end{cases} \tag{3.4.20}$$

我们便可得到一个中立型延迟微分方程

$$\begin{cases} y'(t) = a(t)[y(t)-g(t)] + g'(t) + b(t)[y(t-\tau)-g(t-\tau)] \\ \qquad\quad + c(t)[y'(t-\tau)-g'(t-\tau)], & t \geqslant 0, \\ y(t) = g(t), & t \leqslant 0, \end{cases} \tag{3.4.21}$$

这里 $\tau > 0$ 是一个实常数, $g:\mathbb{R}\to\mathbb{R}$ 是给定光滑函数, $a,b,c:\mathbb{R}\to\mathbb{R}$ 是给定的连续函数且当 $t\geqslant 0$ 时 $a(t)\leqslant 0$. 通过简单计算可以获得

$$\alpha = \sup_{t\geqslant 0} a(t), \quad L = \sup_{t\geqslant 0} |a(t)|, \quad \beta = \sup_{t\geqslant 0} |b(t)|, \quad \gamma = \sup_{t\geqslant 0} |c(t)|, \quad \varrho = \sup_{t\geqslant 0} |b(t)+a(t)c(t)|.$$

因此, 问题 (3.4.21) 属于类 $\mathcal{L}_0(\alpha,\beta,\gamma,L)$ 及 $\mathcal{D}_0(\alpha,\beta,\gamma,\varrho)$. 若我们取 $a(t) =$

$-50, b(t) = 0.5, c(t) = 0.5$, 尽管问题 (3.4.21) 不满足 $\dfrac{\beta+\gamma L}{-\alpha}+\gamma \leqslant 1$, 但由于其属于 $\mathcal{D}_0(\alpha,\beta,\gamma,\varrho)$ 且 $\dfrac{\varrho}{-\alpha}+\gamma<1$ 而有 (3.4.16). 特别, 若取 $a(t)=-50, b(t)=5, c(t)=0.1$, 我们有 $\varrho=0$.

3.4.2 变系数线性多步方法

从一个求解常微分方程的变系数线性多步方法 (见 [150])

$$\sum_{i=0}^{k}\alpha_i[y_{n+i}-h\beta_i f(t_{n+i},y_{n+i})]=0, \quad n=0,1,2,\cdots, \tag{3.4.22}$$

可以导出一个求解问题 (3.4.1) 的变系数线性多步方法

$$\sum_{i=0}^{k}\alpha_i[y_{n+i}-h\beta_i f(t_{n+i},y_{n+i},y^h(\eta(t_{n+i})),\bar{y}^h(\eta(t_{n+i})))]=0, \quad n=0,1,\cdots, \tag{3.4.23}$$

这里 $y_n\in \mathbf{X}$ 是真解 $y(t_n)$ 的逼近, $t_n=nh\ (n=0,1,\cdots)$ 为网格节点, $h>0$ 是固定的积分步长, α_i,β_i 为 h 的实函数, 且对任意的 $h>0$ 有 $\alpha_k>0$, $\sum\limits_{i=0}^{k}\alpha_i=0$, $\beta_k\geqslant 0$, $y^h(t)$ 和 $\bar{y}^h(t)$ 分别是区间 $[-\tau,t_{n+k}]$ 真解 $y(t)$ 及其导数的逼近, $y_0=y^h(0)=\phi(0)$, 且对任意 $t\in[-\tau,0]$ 有 $y^h(t)=\phi(t)$ 及 $\bar{y}^h(t)=\phi'(t)$. 对逼近 $y^h(t)$, 本部分我们考虑一个合适的插值算子 $\Pi^h: C[-\tau,0]\times \mathbf{X}^{n+k}\to C_{\mathbf{X}}[-\tau,t_{n+k}]$, 其满足正规性条件 (见 [153, 154])

$$\begin{aligned}
&\max_{-\tau\leqslant t\leqslant t_{n+k}}\|\Pi^h(t;\phi,y_1,y_2,\cdots,y_{n+k})-\Pi^h(t;\psi,z_1,z_2,\cdots,z_{n+k})\|\\
&\leqslant c_\pi \max\left\{\max_{1\leqslant i\leqslant n+k}\|y_i-z_i\|,\mathbb{M}_1\right\},\ \forall\phi,\psi\in C_{\mathbf{X}}[-\tau,0],\\
&y_i,z_i\in\mathbf{X},\quad i=1,\cdots,n+k,
\end{aligned} \tag{3.4.24}$$

这里 $\mathbb{M}_1=\max\limits_{-\tau\leqslant x\leqslant 0}\|\phi(x)-\psi(x)\|$, 常数 c_π 仅依赖于插值和问题真解的某些导数界.

至于逼近 $\bar{y}^h(t)$, 我们考虑两种计算格式: 其一是基于直接估计

$$\bar{y}^h(t)=f(t,y^h(t),y^h(\eta(t)),\bar{y}^h(\eta(t))), \quad t\in[0,t_{n+k}]; \tag{3.4.25}$$

其二是基于插值算子 $\bar{\Pi}^h$

$$\bar{y}^h(t)=\bar{\Pi}^h(t,\phi',\bar{y}_1,\bar{y}_2,\cdots,\bar{y}_{n+k}), \quad t\in[0,t_{n+k}], \tag{3.4.26}$$

这里 $\bar{y}_i(i=1,2,\cdots,n+k)$ 表示 $\bar{y}^h(t_i)$ 并通过下式来计算

$$\bar{y}_i = f(t_i, y_i, y^h(\eta(t_i)), \bar{y}^h(\eta(t_i))), \quad i = 1, 2, \cdots, n+k.$$

类似于插值算子 Π^h, 我们总是假定插值算子 $\bar{\Pi}^h : C_{\mathbf{X}}[-\tau, 0] \times \mathbf{X}^{n+k} \to C_{\mathbf{X}}[-\tau, t_{n+k}]$ 也满足一个正规性条件

$$\begin{aligned}
&\max_{-\tau \leqslant t \leqslant t_{n+k}} \|\bar{\Pi}^h(t; \phi', \bar{y}_1, \bar{y}_2, \cdots, \bar{y}_{n+k}) - \bar{\Pi}^h(t; \psi', \bar{z}_1, \bar{z}_2, \cdots, \bar{z}_{n+k})\| \\
&\leqslant c_{\bar{\pi}} \max\left\{ \max_{1 \leqslant i \leqslant n+k} \|\bar{y}_i - \bar{z}_i\|, \mathbb{M}_2 \right\}, \\
&\qquad \forall \phi', \psi' \in C_{\mathbf{X}}[-\tau, 0], \quad \bar{y}_i, \bar{z}_i \in \mathbf{X}, \quad i = 1, \cdots, n+k,
\end{aligned} \tag{3.4.27}$$

这里 $\mathbb{M}_2 = \max\limits_{-\tau \leqslant x \leqslant 0} \|\phi'(x) - \psi'(x)\|$, 常数 $c_{\bar{\pi}}$ 也仅依赖于插值和问题真解的某些导数界.

注 3.4.8 若 $T \gg 0$, 则当方法 (3.4.23) 和 (3.4.25) 应用于 (3.4.1) 时, 任意网格会产生严重的存储问题. 然而, 对合适的约束网格 (见 [21, 73]), 如果我们仅需点 t_n 的值, 则方法 (3.4.23), (3.4.25) 与方法 (3.4.23), (3.4.26) 具有相同的计算量和存储量.

注 3.4.9 当条件 (2.2.4) 不满足时, 前已指出, 此时问题真解的导数存在弱间断点. 在这种情况下, 我们必须仔细考虑插值 (3.4.26), 计算量也势必增加. 为简单计, 这里及后文始终假定条件 (2.2.4) 满足.

为简单计, 记 $\omega_n = y_n - z_n, \bar{\omega}_n = \bar{y}_n - \bar{z}_n$, $\omega^h(t) = y^h(t) - z^h(t)$, $\bar{\omega}^h(t) = \bar{y}^h(t) - \bar{z}^h(t)$, $F(t) = f(t, z^h(t), y^h(\eta(t)), \bar{y}^h(\eta(t))) - f(t, z^h(t), z^h(\eta(t)), \bar{z}^h(\eta(t)))$ 及

$$\begin{aligned}
G_n(\lambda) = \|y_n - z_n - \lambda[&f(t_n, y_n, y^h(\eta(t_n)), \bar{y}^h(\eta(t_n))) \\
&- f(t_n, z_n, y^h(\eta(t_n)), \bar{y}^h(\eta(t_n)))]\|.
\end{aligned}$$

3.4.3 一类多步方法稳定性分析

对任一给定的方法 (3.4.23) 和任意给定的步长 $h > 0$, 定义集合

$$I_0 = \{0, 1, \cdots, k-1\}, \quad I_1 = \{i \in I_0 | \alpha_i \neq 0\}, \quad I_+ = \{i \in I_0 | \alpha_i > 0\},$$

并记

$$A = A(h) = \frac{\alpha_k}{\sum\limits_{i \in I_1} |\alpha_i|} = \frac{\alpha_k}{\alpha_k + 2\sum\limits_{i \in I_+} \alpha_i}, \quad B = B(h) = \beta_k + \sum_{i \in I_1} \frac{|\alpha_i|}{\alpha_k} |\beta_i|.$$

我们首先分析基于直接估计的数值方法 (3.4.23) 的稳定性.

定理 3.4.10 应用方法 (3.4.23)、插值算子 Π^h 及直接估计 (3.4.25) 于类 $\mathcal{L}_{\lambda^*}(\alpha, \beta, \gamma, L)$ 中问题 (3.4.1), 并设 $\gamma < 1$, 集合

$$H_{\lambda^*} = \{h \in \mathbb{R} | h > 0; \lambda^* \leqslant h\beta_i \leqslant h\beta_k, \forall i \in I_1; \alpha h \beta_k < 1 + \alpha\lambda^*\}$$

非空, 那么当 $h \in H_{\lambda^*}$ 时, 对于任给的 $\mu \in [\mu_0, \beta_k]$ 及任意的 $n \geqslant 0$, 我们有

$$\begin{aligned}&\frac{1-\alpha(h\mu-\lambda^*)}{1+\alpha\lambda^*}\|\omega_{n+k}\|\\&\leqslant G_{n+k}(h\mu) \leqslant C_h \max_{i\in I_0} G_{n+i}(h\mu) + \frac{\beta+\gamma L}{1-\gamma} hc_\pi Bc_\mu \max\left\{\max_{1\leqslant i\leqslant n+k}\|\omega_i\|, \mathbb{M}_1\right\}\\&\quad+\frac{hBc_\mu}{1-\gamma}(\beta\mathbb{M}_1+\gamma\mathbb{M}_2),\end{aligned}\tag{3.4.28}$$

这里 $\mu_0 = \max\{0, \max_{i\in I_1}\beta_i\}$, $c_\mu = \dfrac{1-\alpha(h\mu-\lambda^*)}{1-\alpha(h\beta_k-\lambda^*)}$ 及

$$C_h = \frac{1-\alpha(h\max_{i\in I_1}\beta_i-\lambda^*)}{A[1-\alpha(h\beta_k-\lambda^*)]},\ \alpha\leqslant 0; \qquad C_h = \frac{1-\alpha(h\min_{i\in I_1}\beta_i-\lambda^*)}{A[1-\alpha(h\beta_k-\lambda^*)]},\ \alpha>0. \tag{3.4.29}$$

证明 从 (3.4.23) 可得

$$\begin{aligned}\alpha_k G_{n+k}(h\beta_k) \leqslant &-\sum_{i\in I_1}|\alpha_i| G_{n+i}(h\beta_i) + h\beta_k\alpha_k\|F(t_{n+k})\|\\&+h\sum_{i\in I_1}|\alpha_i||\beta_i|\|F(t_{n+i})\|.\end{aligned}\tag{3.4.30}$$

另一方面, 对任意 $\mu \in [\mu_0, \beta_k]$, 因 $\lambda^* \leqslant 0 \leqslant h\mu \leqslant h\beta_k$, 从命题 2.3.7 可以得到

$$\frac{1-\alpha(h\mu-\lambda^*)}{1+\alpha\lambda^*}G_{n+k}(0) \leqslant G_{n+k}(h\mu) \leqslant \frac{1-\alpha(h\mu-\lambda^*)}{1-\alpha(h\beta_k-\lambda^*)}G_{n+k}(h\beta_k). \tag{3.4.31}$$

而对任意 $i \in I_1$, $\lambda^* \leqslant h\beta_i \leqslant h\mu$ 及 $h\mu \geqslant 0$, 从命题 2.3.7 也可获得

$$G_{n+i}(h\beta_i) \leqslant \frac{1-\alpha(h\beta_i-\lambda^*)}{1-\alpha(h\mu-\lambda^*)}G_{n+i}(h\mu). \tag{3.4.32}$$

从 (3.4.30)—(3.4.32) 和 (3.4.24) 可直接推出

$$\begin{aligned}&\frac{1-\alpha(h\mu-\lambda^*)}{1+\alpha\lambda^*}\|\omega_{n+k}\| \leqslant G_{n+k}(h\mu)\\&\leqslant \frac{1-\alpha(h\mu-\lambda^*)}{1-\alpha(h\beta_k-\lambda^*)}\sum_{i\in I_1}\frac{|\alpha_i|}{\alpha_k}\cdot\frac{1-\alpha(h\beta_i-\lambda^*)}{1-\alpha(h\mu-\lambda^*)}G_{n+i}(h\mu)\\&\quad+hc_\mu\beta_k\left[(\beta+\gamma L)\|\omega^h(\eta(t_{n+k}))\|+\gamma\|F(\eta(t_{n+k}))\|\right]\\&\quad+hc_\mu\sum_{i\in I_1}\frac{|\alpha_i|}{\alpha_k}|\beta_i|\left[(\beta+\gamma L)\|\omega^h(\eta(t_{n+i}))\|+\gamma\|F(\eta(t_{n+i}))\|\right]\\&\leqslant C_h\max_{i\in I_0}G_{n+i}(h\mu)\end{aligned}$$

$$+hc_\mu\beta_k\left[\frac{(\beta+\gamma L)c_\pi}{1-\gamma}\max\left\{\max_{1\leqslant i\leqslant n+k}\|\omega_i\|,\mathbb{M}_1\right\}+\frac{1}{1-\gamma}(\beta\mathbb{M}_1+\gamma\mathbb{M}_2)\right]$$
$$+hc_\mu\sum_{i\in I_1}\frac{|\alpha_i|}{\alpha_k}|\beta_i|\left[\frac{(\beta+\gamma L)c_\pi}{1-\gamma}\max\left\{\max_{1\leqslant i\leqslant n+k}\|\omega_i\|,\mathbb{M}_1\right\}\right.$$
$$\left.+\frac{1}{1-\gamma}(\beta\mathbb{M}_1+\gamma\mathbb{M}_2)\right],$$

上式意味着不等式 (3.4.28).

推论 3.4.11 应用方法 (3.4.22) 于常微分方程试验问题类 $\mathcal{L}_{\lambda^*}(\alpha,0,0,L)$ 中问题 (3.4.9), 并设集合 H_{λ^*} 非空, 那么当 $h\in H_{\lambda^*}$ 时, 对任意 $\mu\in[\mu_0,\beta_k]$ 及任意 $n\geqslant 0$ 有

$$\frac{1-\alpha(h\mu-\lambda^*)}{1+\alpha\lambda^*}\|\omega_{n+k}\|\leqslant G_{n+k}(h\mu)\leqslant C_h\max_{i\in I_0}G_{n+i}(h\mu). \tag{3.4.33}$$

推论 3.4.12 应用方法 (3.4.23) 及插值算子 Π^h 于延迟微分方程问题类 $\mathcal{L}_{\lambda^*}(\alpha,\ \beta,\ 0,L)$ 中问题 (3.4.10), 并设集合 H_{λ^*} 非空, 那么当 $h\in H_{\lambda^*}$ 时, 对任意 $\mu\in[\mu_0,\beta_k]$ 及任意 $n\geqslant 0$ 有

$$\frac{1-\alpha(h\mu-\lambda^*)}{1+\alpha\lambda^*}\|\omega_{n+k}\|\leqslant G_{n+k}(h\mu)$$
$$\leqslant C_h\max_{i\in I_0}G_{n+i}(h\mu)+\beta hc_\pi Bc_\mu\max\left\{\max_{1\leqslant i\leqslant n+k}\|\omega_i\|,\mathbb{M}_1\right\}. \tag{3.4.34}$$

定理 3.4.13 应用方法 (3.4.23)、插值算子 Π^h 及直接估计 (3.4.25) 于类 $\mathcal{L}_{\lambda^*}(\alpha,\ \beta,\ \gamma,\ L)$ 中问题 (3.4.1), 并设 $\alpha\leqslant 0,\gamma<1$ 及集合

$$H_{\alpha,\lambda^*}=\left\{h\in\mathbb{R}\,\middle|\,h>0;\lambda^*\leqslant h\beta_i\leqslant h\beta_k,\forall i\in I_1;-\alpha h(A\beta_k-\max_{i\in I_1}\beta_i)\right.$$
$$\left.\geqslant(1+\alpha\lambda^*)(1-A);\frac{h(\beta+\gamma L)}{1-\gamma}\leqslant\frac{\zeta}{Bc_\pi},\exists\zeta\in(0,1)\right\}$$

非空, 则对任意 $h\in H_{\alpha,\lambda^*}$, $\mu\in[\mu_0,\beta_k]$ 及任意 $n\geqslant k$, 存在一个常数 $c>0$ 使得下式成立

$$\|y_n-z_n\|\leqslant\exp(c(t_n-t_{k-1}))\max\left\{\max_{0\leqslant i\leqslant k-1}G_i(h\mu),\mathbb{M}_1,\mathbb{M}_2\right\}. \tag{3.4.35}$$

证明 因 $\alpha\leqslant 0$ 及 $\mu\leqslant\beta_k$, 从定理 3.4.10 的证明, 我们可以得到

$$\|\omega_{n+k}\|\leqslant\frac{1+\alpha\lambda^*}{1-\alpha(h\mu-\lambda^*)}G_{n+k}(h\mu)\leqslant G_{n+k}(h\mu) \tag{3.4.36}$$

和

$$G_{n+k}(h\mu) \leqslant C_h \max_{i\in I_0} G_{n+i}(h\mu) + \frac{h(\beta+\gamma L)c_\pi B}{1-\gamma}\|\omega_{n+k}\| + \frac{hB}{1-\gamma}[c_\pi(\beta+\gamma L)+\beta+\gamma]\max\left\{\max_{1\leqslant i\leqslant n+k-1}\|\omega_i\|, \mathbb{M}_1, \mathbb{M}_2\right\}. \tag{3.4.37}$$

将 (3.4.37) 代入 (3.4.36) 并注意到 $0 < C_h \leqslant 1$, 我们进一步有

$$\begin{aligned}&\left[1-\frac{h(\beta+\gamma L)c_\pi B}{1-\gamma}\right]G_{n+k}(h\mu)\\ &\leqslant C_h\max_{i\in I_0}G_{n+i}(h\mu)+\frac{hB}{1-\gamma}[c_\pi(\beta+\gamma L)\\ &\quad+\beta+\gamma]\max\left\{\max_{1\leqslant i\leqslant n+k-1}\|\omega_i\|,\mathbb{M}_1,\mathbb{M}_2\right\}\\ &\leqslant\left[1+\frac{hB}{1-\gamma}(c_\pi(\beta+\gamma L)+\beta+\gamma)\right]X_n,\end{aligned}$$

这里

$$X_n := \max\left\{\max_{0\leqslant i\leqslant n} G_i(h\mu), \mathbb{M}_1, \mathbb{M}_2\right\}, \quad n \geqslant k.$$

因 $\dfrac{h(\beta+\gamma L)c_\pi B}{1-\gamma} \leqslant \zeta < 1$, 可以获得

$$G_{n+k}(h\mu) \leqslant \frac{1+\dfrac{hB}{1-\gamma}[c_\pi(\beta+\gamma L)+\beta+\gamma]}{1-\dfrac{h(\beta+\gamma L)c_\pi B}{1-\gamma}}X_{n+k-1} \leqslant (1+ch)X_{n+k-1},$$

这里 $c = \dfrac{2c_\pi B(\beta+\gamma L)+B(\beta+\gamma)}{(1-\gamma)(1-\zeta)}$. 因此, 我们有

$$\begin{aligned}X_{n+k}&\leqslant(1+ch)X_{n+k-1}\leqslant(1+ch)^{n+1}X_{k-1}\\ &\leqslant\exp(c(t_{n+k}-t_{k-1}))\max\left\{\max_{0\leqslant i\leqslant k-1}G_i(h\mu),\mathbb{M}_1,\mathbb{M}_2\right\}.\end{aligned}$$

证毕.

与定理 3.4.13 紧密相关的结论由以下定理表述.

定理 3.4.14 在定理 3.4.13 的假定下, 若 $\beta+\gamma L\neq 0$, 则对任意 $h\in H_{\alpha,\lambda^*}$, $\mu\in[\mu_0,\beta_k]$ 及任意 $n\geqslant k$, 存在一个常数 $c_2>0$ 使得下述不等式成立

$$\|y_n - z_n\| \leqslant \exp(c_2(t_n - t_{k-1}))\max\left\{\max_{0\leqslant i\leqslant k-1} G_i(h\mu), \mathbb{M}_1\right\}$$

$$+\frac{1}{2(\beta+\gamma L)c_\pi}\left[\exp(c_2(t_n-t_{k-1}))-1\right](\beta\mathbb{M}_1+\gamma\mathbb{M}_2). \quad (3.4.38)$$

证明 类似于定理 3.4.13 的证明, 有

$$\begin{aligned}G_{n+k}(h\mu)\leqslant{}& C_h\max_{i\in I_0}G_{n+i}(h\mu)+\frac{h(\beta+\gamma L)c_\pi B}{1-\gamma}\|\omega_{n+k}\|\\&+\frac{hBc_\pi(\beta+\gamma L)}{1-\gamma}\max\left\{\max_{1\leqslant i\leqslant n+k-1}\|\omega_i\|,\mathbb{M}_1\right\}\\&+\frac{hB}{1-\gamma}(\beta\mathbb{M}_1+\gamma\mathbb{M}_2)\end{aligned} \quad (3.4.39)$$

和

$$G_{n+k}(h\mu)\leqslant(1+c_2h)\left\{\max_{1\leqslant i\leqslant n+k-1}\|\omega_i\|,\mathbb{M}_1\right\}+C_Bh(\beta\mathbb{M}_1+\gamma\mathbb{M}_2),$$

这里 $c_2=\dfrac{2(\beta+\gamma L)c_\pi B}{(1-\gamma)(1-\zeta)}$ 及 $C_B=\dfrac{B}{(1-\gamma)(1-\zeta)}$. 由此, 我们进一步得到

$$\begin{aligned}G_{n+k}(h\mu)\leqslant{}&(1+c_2h)^{n+1}\max\left\{\max_{1\leqslant i\leqslant k-1}\|\omega_i\|,\mathbb{M}_1\right\}\\&+\frac{1}{2(\beta+\gamma L)c_\pi}\left[(1+c_2h)^{n+1}-1\right](\beta\mathbb{M}_1+\gamma\mathbb{M}_2).\end{aligned}$$

从上述不等式可立得所要证之不等式 (3.4.38). 证毕.

下面的结果涉及 $\alpha>0,\gamma<1$ 的问题类 $\mathcal{L}_{\lambda^*}(\alpha,\beta,\gamma,L)$.

定理 3.4.15 应用方法 (3.4.23)、插值算子 Π^h 及直接估计 (3.4.25) 于类 $\mathcal{L}_{\lambda^*}(\alpha,\beta,\gamma,L)$ 中问题 (3.4.1), 并设 $\alpha>0$, $\gamma<1$ 及集合

$$\begin{aligned}\tilde{H}_{\alpha,\lambda^*}=\Bigg\{h\in\mathbb{R}\,\Bigg|\,&h>0;\lambda^*\leqslant h\beta_i\leqslant h\beta_k,\forall i\in I_1;\max_{i\in I_0}\alpha_i\leqslant 0;\\&\alpha h\beta_k\leqslant\xi<1+\alpha\lambda^*;\frac{h(\beta+\gamma L)}{1-\gamma}\leqslant\frac{\zeta^*}{Bc_\pi c_\alpha},\exists\zeta^*\in(0,1)\Bigg\}\end{aligned}$$

非空, 这里 $c_\alpha=\dfrac{1+\alpha\lambda^*}{1+\alpha\lambda^*-\xi}$. 则对任意 $h\in\tilde{H}_{\alpha,\lambda^*}$ 及任意 $n\geqslant k$, 存在一个常数 $c^*>0$ 使得下面的不等式成立

$$\|y_n-z_n\|\leqslant c_\alpha\exp(c^*(t_n-t_{k-1}))\max\left\{\max_{0\leqslant i\leqslant k-1}G_i(h\beta_k),\mathbb{M}_1,\mathbb{M}_2\right\}. \quad (3.4.40)$$

证明 类似于 (3.4.31) 和 (3.4.32), 可以得到

$$\|\omega_{n+k}\|\leqslant\frac{1+\alpha\lambda^*}{1-\alpha(h\beta_k-\lambda^*)}G_{n+k}(h\beta_k) \quad (3.4.41)$$

和

$$G_{n+i}(h\beta_i) \leqslant \frac{1-\alpha(h\beta_i-\lambda^*)}{1-\alpha(h\beta_k-\lambda^*)} G_{n+i}(h\beta_k), \quad n=0,1,2,\cdots. \tag{3.4.42}$$

因此, 从 (3.4.30) 可以得到

$$\begin{aligned} G_{n+k}(h\beta_k) \leqslant & C_h \max_{i\in I_0} G_{n+i}(h\beta_k) + \frac{h(\beta+\gamma L)c_\pi B c_\alpha}{1-\gamma} G_{n+k}(h\beta_k) \\ & + \frac{hB\left[c_\pi c_\alpha(\beta+\gamma L)+\beta+\gamma\right]}{1-\gamma} \max\left\{ \max_{1\leqslant i\leqslant n+k-1} G_i(h\beta_k), \mathbb{M}_1, \mathbb{M}_2 \right\}. \end{aligned}$$

对任意的 $n \geqslant k$, 定义

$$\tilde{X}_n = \max\left\{ \max_{0\leqslant i\leqslant n} G_i(h\beta_k), \mathbb{M}_1, \mathbb{M}_2 \right\}.$$

类似于定理 3.4.13 的证明, 有

$$\begin{aligned} G_{n+k}(h\beta_k) & \leqslant \frac{C_h + \dfrac{hB}{1-\gamma}[c_\pi c_\alpha(\beta+\gamma L)+\beta+\gamma]}{1-\dfrac{h(\beta+\gamma L)c_\pi B c_\alpha}{1-\gamma}} \tilde{X}_{n+k-1} \\ & \leqslant \frac{1+\nu h + \dfrac{hB}{1-\gamma}[c_\pi c_\alpha(\beta+\gamma L)+\beta+\gamma]}{1-\dfrac{h(\beta+\gamma L)c_\pi B c_\alpha}{1-\gamma}} \tilde{X}_{n+k-1} \\ & \leqslant (1+c^* h)\tilde{X}_{n+k-1} \end{aligned}$$

和

$$\begin{aligned} \tilde{X}_{n+k} & \leqslant (1+c^*h)^{n+1}\tilde{X}_{k-1} \\ & \leqslant \exp(c^*(t_{n+k}-t_{k-1})) \max\left\{ \max_{0\leqslant i\leqslant k-1} G_i(h\beta_k), \mathbb{M}_1, \mathbb{M}_2 \right\}. \end{aligned}$$

这里 $\nu = \dfrac{\alpha(\beta_k - \min_{i\in I_1}\beta_i)}{1+\alpha\lambda^*-\xi}$ 和 $c^* = \dfrac{2c_\pi c_\alpha B(\beta+\gamma L)+B(\beta+\gamma)+(1-\gamma)\nu}{(1-\gamma)(1-\zeta^*)}$. 证毕.

采用同样的方式, 下面的结果容易得到.

定理 3.4.16 在定理 3.4.15 的假定下, 若 $\beta+\gamma L \neq 0$, 则对任意的 $h \in \tilde{H}_{\alpha,\lambda^*}$ 及任意的 $n \geqslant k$, 存在一个常数 $c_2^* > 0$ 使得下述不等式成立

$$\begin{aligned} \|y_n - z_n\| \leqslant & c_\alpha \exp(c_2^*(t_n - t_{k-1})) \max\left\{ \max_{0\leqslant i\leqslant k-1} G_i(h\beta_k), \mathbb{M}_1 \right\} \\ & + \frac{c_\alpha B[\exp(c_2^*(t_n-t_{k-1}))-1]}{2(\beta+\gamma L)c_\pi c_\alpha B+(1-\gamma)\nu}(\beta\mathbb{M}_1+\gamma\mathbb{M}_2). \end{aligned} \tag{3.4.43}$$

注意到定理 3.4.15 的证明, 我们有下述结果.

推论 3.4.17 应用方法 (3.4.22) 于常微分方程试验问题类 $\mathcal{L}_{\lambda^*}(\alpha,0,0,L)$ 中问题 (3.4.9), 并设 $\alpha>0$, 集合

$$\tilde{H}_{O,\alpha,\lambda^*}=\left\{h\in\mathbb{R}\middle|h>0;\lambda^*\leqslant h\beta_i\leqslant h\beta_k,\forall i\in I_1;\max_{i\in I_0}\alpha_i\leqslant 0;\alpha h\beta_k\leqslant\xi<1+\alpha\lambda^*\right\}$$

非空, 那么对任意 $h\in\tilde{H}_{O,\alpha,\lambda^*}$ 及任意 $n\geqslant k$, 存在仅依赖于 α 和方法的常数 $\nu>0$ 使得下式成立

$$\|y_n-z_n\|\leqslant c_\alpha\exp(\nu(t_n-t_{k-1}))\max_{0\leqslant i\leqslant k-1}G_i(h\beta_k).\tag{3.4.44}$$

推论 3.4.18 应用方法 (3.4.23) 及插值算子 Π^h 于延迟微分方程问题类 $\mathcal{L}_{\lambda^*}$ $(\alpha,\beta,0,L)$ 中问题 (3.4.10), 并设 $\alpha>0$, 集合

$$\begin{aligned}\tilde{H}_{D,\alpha,\lambda^*}=\Bigg\{h\in\mathbb{R}\Bigg|\,&h>0;\lambda^*\leqslant h\beta_i\leqslant h\beta_k,\forall i\in I_1;\max_{i\in I_0}\alpha_i\leqslant 0;\\&\alpha h\beta_k\leqslant\xi<1+\alpha\lambda^*;h\beta\leqslant\frac{\zeta^*}{Bc_\pi c_\alpha},\exists\zeta^*\in(0,1)\Bigg\}\end{aligned}$$

非空, 那么对任意 $h\in\tilde{H}_{D,\alpha,\lambda^*}$ 及任意 $n\geqslant k$, 存在仅依赖于 α,β 和方法的常数 $c_D>0$ 使得

$$\|y_n-z_n\|\leqslant c_\alpha\exp(c_D(t_n-t_{k-1}))\max\left\{\max_{0\leqslant i\leqslant k-1}G_i(h\beta_k),\mathbb{M}_1\right\}.\tag{3.4.45}$$

注 3.4.19 对问题类 $\mathcal{D}_{\lambda^*}(\alpha,\beta,\gamma,\varrho)$, 我们能够获得与问题类 $\mathcal{L}_{\lambda^*}(\alpha,\beta,\gamma,L)$ 相同的结果只要在定理 3.4.10, 定理 3.4.13—定理 3.4.15 中用 ϱ 代替 $\beta+\gamma L$. 并且, 一般而言, $\varrho\leqslant\beta+\gamma L$. 特别地, 当 $\varrho=0$ 时, (3.4.38) 和 (3.4.43) 分别被

$$\|y_n-z_n\|\leqslant\max\left\{\max_{0\leqslant i\leqslant k-1}G_i(h\mu),\mathbb{M}_1\right\}+C_B(t_n-t_{k-1})(\beta\mathbb{M}_1+\gamma\mathbb{M}_2)$$

和

$$\|y_n-z_n\|\leqslant c_\alpha\max\left\{\max_{0\leqslant i\leqslant k-1}G_i(h\mu),\mathbb{M}_1\right\}+c_\alpha C_B(t_n-t_{k-1})(\beta\mathbb{M}_1+\gamma\mathbb{M}_2)$$

代替. 尽管如此, 对于问题类 $\mathcal{L}_{\lambda^*}(\alpha,\beta,\gamma,L)$, 我们还可以获得下面的结果.

若我们考虑 $T\gg 0$ 时数值解的行为, 由于基于直接估计的数值方法 (3.4.23) 每计算一步都要追踪到初始区间的数据, 在实际问题中这种方法是不能应用的. 因此, 我们考虑基于插值算子 $\tilde{\Pi}^h$ 的数值方法 (3.4.23) 的稳定性.

注意到对任意 $0\leqslant t\leqslant t_{n+k}$, 当 $\gamma c_{\tilde{\pi}}<1$ 时,

$$\|F(t)\|\leqslant\beta\|\omega^h(\eta(t))\|+\gamma\|\bar{\omega}^h(\eta(t))\|$$

$$
\begin{aligned}
&\leqslant \beta c_\pi \max\left\{\max_{1\leqslant i\leqslant n+k}\|\omega_i\|, \mathbb{M}_1\right\} + \gamma c_{\bar\pi} \max\left\{\max_{1\leqslant i\leqslant n+k}\|\bar\omega_i\|, \mathbb{M}_2\right\} \\
&\leqslant \beta c_\pi \max\left\{\max_{1\leqslant i\leqslant n+k}\|\omega_i\|, \mathbb{M}_1\right\} \\
&\quad + \gamma c_{\bar\pi}\left[L\max_{1\leqslant i\leqslant n+k}\|\omega_i\| + \beta c_\pi \max\left\{\max_{1\leqslant i\leqslant n+k}\|\omega_i\|, \mathbb{M}_1\right\}\right. \\
&\quad \left. + \gamma c_{\bar\pi} \max\left\{\max_{1\leqslant i\leqslant n+k}\|\bar\omega_i\|, \mathbb{M}_2\right\}\right] + \gamma c_{\bar\pi}\mathbb{M}_2 \\
&\leqslant \frac{c^\pi(\beta+\gamma L)}{1-\gamma c_{\bar\pi}} \max\left\{\max_{1\leqslant i\leqslant n+k}\|\omega_i\|, \mathbb{M}_1\right\} + \frac{1}{1-\gamma c_{\bar\pi}}\mathbb{M}_2, \qquad (3.4.46)
\end{aligned}
$$

这里 $c^\pi = \max\{c_\pi, c_{\bar\pi}\}$. 采用上述定理的证明方式, 我们容易证明下面的定理.

定理 3.4.20 应用方法 (3.4.23) 及插值算子 $\Pi^h, \bar\Pi^h$ 于类 $\mathcal{L}_{\lambda^*}(\alpha,\beta,\gamma,L)$ 中问题 (3.4.1), 并设 $\gamma c_{\bar\pi} < 1$, 集合 H_{λ^*} 非空, 那么当 $h \in H_{\lambda^*}$ 时, 对任意 $\mu \in [\mu_0, \beta_k]$ 及任意 $n \geqslant 0$, 我们有

$$
\begin{aligned}
&\frac{1-\alpha(h\mu-\lambda^*)}{1+\alpha\lambda^*}\|\omega_{n+k}\| \leqslant G_{n+k}(h\mu)\| \\
&\leqslant C_h \max_{i\in I_0} G_{n+i}(h\mu) + \frac{\beta+\gamma L}{1-\gamma c_{\bar\pi}} hBc^\pi c_\mu \max\left\{\max_{1\leqslant i\leqslant n+k}\|\omega_i\|, \mathbb{M}_1\right\} + \frac{hBc_\mu}{1-\gamma c_{\bar\pi}}\mathbb{M}_2. \qquad (3.4.47)
\end{aligned}
$$

定理 3.4.21 应用方法 (3.4.23) 及插值算子 $\Pi^h, \bar\Pi^h$ 于类 $\mathcal{L}_{\lambda^*}(\alpha,\beta,\gamma,L)$ 中问题 (3.4.1), 并设 $\alpha \leqslant 0, \gamma c_{\bar\pi} < 1$, 集合

$$
\begin{aligned}
H_{\alpha,\lambda^*,c_{\bar\pi}} = \Bigg\{h \in \mathbb{R}\,\Bigg|\, & h > 0; \lambda^* \leqslant h\beta_i \leqslant h\beta_k, \forall i \in I_1; -\alpha h(A\beta_k - \max_{i\in I_1}\beta_i) \\
& \geqslant (1+\alpha\lambda^*)(1-A); \frac{h(\beta+\gamma L)}{1-\gamma c_{\bar\pi}} \leqslant \frac{\zeta}{Bc^\pi}, \exists \zeta \in (0,1)\Bigg\}
\end{aligned}
$$

非空, 那么对任意 $h \in H_{\alpha,\lambda^*,c_{\bar\pi}}$, $\mu \in [\mu_0, \beta_k]$ 及 $n \geqslant k$, 存在常数 $\bar c > 0$ 使得下面的不等式成立

$$
\|y_n - z_n\| \leqslant \exp(\bar c(t_n - t_{k-1})) \max\left\{\max_{0\leqslant i\leqslant k-1} G_i(h\mu), \mathbb{M}_1, \mathbb{M}_2\right\}. \qquad (3.4.48)
$$

定理 3.4.22 在定理 3.4.21 的假定下, 若 $\beta+\gamma L \neq 0$, 则对任意 $h \in H_{\alpha,\lambda^*,c_{\bar\pi}}$, $\mu \in [\mu_0, \beta_k]$ 及 $n \geqslant k$, 存在常数 $\bar c_2 > 0$ 使得下面的不等式成立

$$
\begin{aligned}
\|y_n - z_n\| \leqslant\ & \exp(\bar c_2(t_n - t_{k-1})) \max\left\{\max_{0\leqslant i\leqslant k-1} G_i(h\mu), \mathbb{M}_1\right\} \\
& + \frac{\exp(\bar c_2(t_n - t_{k-1})) - 1}{2(\beta+\gamma L)c^\pi}\mathbb{M}_2. \qquad (3.4.49)
\end{aligned}
$$

定理 3.4.23 应用方法 (3.4.23) 及插值算子 $\Pi^h, \bar{\Pi}^h$ 于类 $\mathcal{L}_{\lambda^*}(\alpha,\beta,\gamma,L)$ 中问题 (3.4.1), 并设 $\alpha > 0, \gamma c_{\bar{\pi}} < 1$, 集合

$$\tilde{H}_{\alpha,\lambda^*,c_{\bar{\pi}}} = \Bigg\{h \in \mathbb{R}\Bigg| h > 0; \lambda^* \leqslant h\beta_i \leqslant h\beta_k, \forall i \in I_1; \max_{i\in I_0}\alpha_i \leqslant 0;$$
$$\alpha h\beta_k \leqslant \xi < 1 + \alpha\lambda^*; \frac{h(\beta+\gamma L)}{1-\gamma c_{\bar{\pi}}} \leqslant \frac{\zeta^*}{Bc^{\pi}c_{\alpha}}, \exists \zeta^* \in (0,1)\Bigg\}$$

非空, 那么对任意 $h \in \tilde{H}_{\alpha,\lambda^*,c_{\bar{\pi}}}$ 及任意 $n \geqslant k$, 存在常数 $\tilde{c} > 0$ 使得下面的不等式成立

$$\|y_n - z_n\| \leqslant c_\alpha \exp(\tilde{c}(t_n - t_{k-1})) \max\left\{\max_{0\leqslant i\leqslant k-1} G_i(h\beta_k), \mathbb{M}_1, \mathbb{M}_2\right\}. \tag{3.4.50}$$

定理 3.4.24 在定理 3.4.23 的假定下, 若 $\beta+\gamma L \neq 0$, 则对任意 $h \in \tilde{H}_{\alpha,\lambda^*,c_{\bar{\pi}}}$ 及任意 $n \geqslant k$, 存在常数 $\tilde{c}_2 > 0$ 使得下面的不等式成立

$$\begin{aligned}\|y_n - z_n\| \leqslant{}& c_\alpha \exp(\tilde{c}_2(t_n - t_{k-1})) \max\left\{\max_{0\leqslant i\leqslant k-1} G_i(h\beta_k), \mathbb{M}_1\right\}\\ &+ \frac{1}{2(\beta+\gamma L)c^{\pi}}[\exp(\tilde{c}_2(t_n - t_{k-1})) - 1]\mathbb{M}_2.\end{aligned} \tag{3.4.51}$$

如果能够证明对问题类 $\mathcal{D}_{\lambda^*}(\alpha,\beta,\gamma,\varrho)$, 由方法 (3.4.23) 及插值算子 $\Pi^h, \bar{\Pi}^h$ 得出的数值解是稳定的, 即 (3.4.47)—(3.4.51) 也成立, 那将是非常有趣的问题.

3.4.4 例子和数值算例

例 3.4.4 以二步二阶方法 (见 [201])

$$\frac{2}{3}y_{n+2} - y_{n+1} + \frac{1}{3}y_n = h\left(\frac{11}{12}f_{n+2} - f_{n+1} + \frac{5}{12}f_n\right) \tag{3.4.52}$$

求解问题 (2.3.55). 与方法 (3.4.22) 相比较, 可知 $\alpha_2 = \frac{2}{3}, \alpha_1 = -1, \alpha_0 = \frac{1}{3}$, $\beta_2 = \frac{11}{8}, \beta_1 = 1, \beta_0 = \frac{5}{4}$. 从例 2.3.1, 可知 $\alpha = 0.73$. 因此, 从推论 3.4.11 我们知道当 $h < \frac{8}{8.03}$ 时, $C_h \leqslant \frac{16(1-0.73h)}{8-8.03h}$ 和 (3.4.33) 成立, 其中 $\mu \in \left[\frac{5}{4}, \frac{11}{8}\right]$.

例 3.4.5 考虑二步二阶方法 (见 [259])

$$\begin{aligned}y_{n+2} - (1-h^2)y_{n+1} - h^2 y_n = {}& \frac{1}{2}[(\exp(h)-1)f(t_{n+2}, y_{n+2}, y^h(\eta(t_{n+2})))\\ &+ (1-\exp(-h))f(t_{n+1}, y_{n+1}, y^h(\eta(t_{n+1})))],\end{aligned} \tag{3.4.53}$$

与分段线性插值

$$
\begin{aligned}
y^h(t) &= \Pi^h(t;\phi,y_1,y_2,\cdots,y_{n+k})\\
&= \begin{cases} \dfrac{1}{h}[(t_{i+1}-t)y_i+(t-t_i)y_{i+1}], & t_i\leqslant t\leqslant t_{i+1}, i=0,1,\cdots,n+k-1,\\ \phi(t). & -\tau\leqslant t\leqslant 0. \end{cases}
\end{aligned}
\tag{3.4.54}
$$

容易验证插值算子 Π^h 满足正规性条件 (3.4.24) 且常数 $c_\pi=1$. 与方法 (3.4.23) 相比较有 $\alpha_2=1,\alpha_1=-(1-h^2),\alpha_0=-h^2,\beta_2=\dfrac{\exp(h)-1}{2h},\beta_1=\dfrac{1-\exp(-h)}{2h(1-h^2)}$, $\beta_0=0$. 并且易得 $B=\dfrac{\exp(h)-\exp(-h)}{2h}$. 以方法 (3.4.53)—(3.4.54) 求解问题 (2.3.56), 容易算出 $\alpha=1,\beta=0.125,\lambda^*=0$. 从而集合 $\tilde{H}_{D,\alpha,\lambda^*}=\{h\in\mathbb{R}|0<h\leqslant 1,\exp(h)-\exp(-h)<8(3-\exp(h))\}$ 非空. 因此, 存在一个常数 c_D 使得 (3.4.45) 成立.

例 3.4.6 作为本部分所获结果的一个复杂应用. 考虑满足条件 $|b|<1$ 的问题 (2.3.57). 首先, 因问题属于类 $\mathcal{L}_0(-a,0,|b|,a)$, 我们可以用三阶向后微分公式

$$
\frac{11}{6}y_{n+3}-3y_{n+2}+\frac{3}{2}y_{n+1}-\frac{1}{3}y_n=hf(t_{n+3},y_{n+3},y^h(\eta(t_{n+3})),\bar{y}^h(\eta(t_{n+3}))) \tag{3.4.55}
$$

与线性插值 (3.4.54) 及直接估计 (3.4.25), 或者与线性插值 (3.4.54) 及分段线性插值

$$
\begin{aligned}
\bar{y}^h(t) &= \bar{\Pi}^h(t;\phi',\bar{y}_1,\bar{y}_2,\cdots,\bar{y}_{n+k})\\
&= \begin{cases} \dfrac{1}{h}[(t_{i+1}-t)\bar{y}_i+(t-t_i)\bar{y}_{i+1}], & t_i\leqslant t\leqslant t_{i+1}, i=0,1,\cdots,n+k-1,\\ \phi'(t), & -\tau\leqslant t\leqslant 0 \end{cases}
\end{aligned}
\tag{3.4.56}
$$

去求解这个问题. 容易验证插值算子 $\bar{\Pi}^h$ 也满足正规性条件 (3.4.27) 且 $c_{\bar{\pi}}=1$. 从而有

$$
A=\frac{11}{29},\qquad B=\frac{6}{11},\qquad \mu_0=0.
$$

并因此从定理 3.4.13 我们可知对任意的 $\zeta\in(0,1)$, 当 $\dfrac{3}{a}\leqslant h\leqslant\dfrac{11(1-|b|)\zeta}{6|ba|}$ 时, 存在一个常数 $c>0$ 使得 (3.4.35) 成立.

另一方面, 从命题 2.3.6, 可知当 $0<a<2$ 或 $2<a\leqslant 4$ 时, 问题 (2.3.57) 属于类 $\mathcal{L}_{-\frac{1}{2}}\left(2-\dfrac{4}{|a-2|},0,|b|,|a|\right)$. 由此我们可以考虑使用二步二阶方法

$$
\begin{aligned}
8y_{n+2}=&(8+2h)y_{n+1}-2hy_n+4hf(t_{n+2},y_{n+2},y^h(\eta(t_{n+2})),\bar{y}^h(\eta(t_{n+2})))\\
&+(4h-h^2)f(t_{n+1},y_{n+1},y^h(\eta(t_{n+1})),\bar{y}^h(\eta(t_{n+1})))
\end{aligned}
$$

$$-h^2f(t_n,y_n,y^h(\eta(t_n)),\bar{y}^h(\eta(t_n))), \tag{3.4.57}$$

与线性插值 (3.4.54) 及直接估计 (3.4.55), 或者与线性插值 (3.4.54), (3.4.56) 去求解这个问题. 与方法 (3.4.23) 相比较有 $\alpha_2=8,\alpha_1=-(8+2h),\alpha_0=2h$, $\beta_2=\dfrac{1}{2},\beta_1=-\dfrac{4-h}{8+2h},\beta_0=-\dfrac{1}{2}$. 因此当 $h\leqslant 4$ 时, 有

$$A=\frac{2}{2+h},\quad B=1,\quad \mu_0=0.$$

因而, $H_{\lambda^*}=\{h\in\mathbb{R}|0<h\leqslant 1\}$ 非空, 并且对任意 $\mu\in\left[0,\dfrac{1}{2}\right]$, (3.4.28) 成立, 其中

$$C_h=\frac{2-\dfrac{2|a-2|-4}{|a-2|}\left[\left(\dfrac{h^2}{8+2h}-\dfrac{|a-2|}{2|a-2|-4}-\dfrac{1}{2}\right)h+1\right]}{2-\dfrac{2|a-2|-4}{|a-2|}(h+1)}.$$

进一步, 当 $|a-2|<\dfrac{3}{2}$ 时, 对任意 $\zeta\in(0,1)$,

$$H_{\alpha,\lambda^*}=\left\{h\in\mathbb{R}\middle|0<h\leqslant\min\left\{1,\frac{4|a-2|-6}{|a-2|-2},\frac{(1-|b|)\zeta}{|ba|}\right\}\right\}\subset H_{\lambda^*}$$

非空, 并且 $C_h<1$ 以及 (3.4.35) 成立, 其中 $c=\dfrac{2|ba|+|b|}{(1-|b|)(1-\zeta)}$. 特别地, 当 $\mu=0$ 时, 从定理 3.4.13 易知

$$\|y_n-z_n\|\leqslant\exp(c(t_n-t_1))\max\{\|w_1\|,\mathbb{M}_1,\mathbb{M}_2\},\quad n\geqslant 1.$$

当 $a>4$ 时, 从命题 2.3.6, 问题 (2.3.57) 属于类 $\mathcal{L}_{-\frac{1}{2}}\left(\dfrac{2a-8}{a-2},0,|b|,|a|\right)$. 此时, 我们可以应用单步二阶方法 (见 [259])

$$y_{n+1}-y_n=\tan(h/2)[f(t_{n+1},y_{n+1},y^h(\eta(t_{n+1})))+f(t_n,y_n,y^h(\eta(t_n)))], \tag{3.4.58}$$

与线性插值 (3.4.54) 及直接估计 (3.4.25), 或者与线性插值 (3.4.54), (3.4.56) 去求解问题 (2.3.57), 并有 $\alpha_1=1,\alpha_0=-1$, $\beta_1=\dfrac{1}{h}\tan\left(\dfrac{h}{2}\right),\beta_0=-\dfrac{1}{h}\tan\left(\dfrac{h}{2}\right)$ 和 $A=1,B=\dfrac{2}{h}\tan\left(\dfrac{h}{2}\right)$. 因此, $H_{\lambda^*}=\left\{h\in R\middle|0<h\leqslant 2\arctan\left(\dfrac{1}{2}\right)\right\}$ 非空, 并且 (3.4.28) 成立, 其中

$$C_h=\frac{(a-2)-(2a-8)\left(\dfrac{1}{2}-\tan\left(\dfrac{h}{2}\right)\right)}{(a-2)-(2a-8)\left(\dfrac{1}{2}+\tan\left(\dfrac{h}{2}\right)\right)}.$$

进一步, 对任意 $\zeta^* \in (0,1)$ 及 $\xi \in \left(0, \dfrac{2}{a-2}\right)$,

$$\tilde{H}_{\alpha,\lambda^*} = \left\{h \in \mathbb{R} \middle| 0 < h \leqslant \min\left\{2\arctan\left(\frac{1}{2}\right), 2\arctan\left(\frac{(a-2)\xi}{2a-8}\right),\right.\right.$$
$$\left.\left. 2\arctan\left(\frac{(1-|b|)\zeta^*[2-(a-2)\xi]}{4|ba|}\right)\right\}\right\} \subset H_{\lambda^*}$$

非空. 从而, 对所有的 $h \in H_{\alpha,\lambda^*}$ 和所有的 $n \geqslant k$, 存在一个常数 $c^* > 0$ 使得 (3.4.40) 成立.

例 3.4.7 考虑向后微分公式 (Backward Differentiation Formula, BDF) 与线性插值 (3.4.54) 及直接估计 (3.4.25), 这里 $\mu_0 = 0, B = \beta_k$. 以这个方法求解满足条件 $\alpha < 0, \lambda^* \leqslant 0, \gamma < 1$ 的 $\mathcal{D}_{\lambda^*}(\alpha,\beta,\gamma,\varrho)$ 类初值问题. 当集合

$$H_{\alpha,\lambda^*} = \left\{h \in R \middle| 0 < \frac{(1+\alpha\lambda^*)(1-A)}{-\alpha A\beta_k} \leqslant h \leqslant \frac{\zeta(1-\gamma)}{\beta_k\sigma}, \exists\zeta \in (0,1)\right\}$$

非空时, 对所有 $h \in H_{\alpha,\lambda^*}$, $\mu \in [0,\beta_k]$ 及 $n \geqslant k$, 存在一个常数 $c > 0$, 使得 (3.4.35) 成立.

例 3.4.8 作为一个数值例子, 考虑 $\tau = 1, a(t) = a < 0, b(t) = b, |c(t)| = |\mathcal{C}| < 1$ 的例 3.3.3 以二阶向后微分公式

$$y_{n+2} - \frac{4}{3}y_{n+1} + \frac{1}{3}y_n = \frac{2}{3}hf(t_{n+2}, y_{n+2}, y^h(\eta(t_{n+2})), \bar{y}^h(\eta(t_{n+2}))) \tag{3.4.59}$$

与线性插值 (3.4.54) 和直接估计 (3.4.25) 求解 (3.4.21). 则容易获得

$$A = \frac{3}{5}, \quad B = \frac{2}{3}, \quad c_\pi = 1, \quad \mu_0 = 0.$$

从定理 3.4.14 可知对任意 $\zeta \in (0,1)$ 及 $n \geqslant 1$, 当 $\dfrac{1}{-\alpha} \leqslant h \leqslant \dfrac{3\zeta(1-|\mathcal{C}|)}{2\sigma}$ 时,

$$\|y_n - z_n\| \leqslant \exp(c_2(t_n - t_1))\max\{\|w_1\|, \mathbb{M}_1\}$$
$$+ \frac{1}{2\sigma}[\exp(c_2(t_n - t_1)) - 1](\beta\mathbb{M}_1 + \gamma\mathbb{M}_2)$$

成立, 其中 $c_2 = \dfrac{4\sigma}{3(1-|\mathcal{C}|)(1-\zeta)}$. 特别地, 若 $b = -a\mathcal{C}$, 则对任意 $\dfrac{1}{-\alpha} \leqslant h$, 有

$$\|y_n - z_n\| \leqslant \max\{\|w_1\|, \mathbb{M}_1\} + \frac{2}{3(1-|\mathcal{C}|)(1-\zeta)}(t_n - t_1)(\beta\mathbb{M}_1 + \gamma\mathbb{M}_2), \quad n \geqslant 1.$$

例如, 让 $a(t) = -50$, $b(t) = 5$, $c(t) = 0.1$, $T = 10$ 和 $g(t) = t\exp(t)$. y_n 和 z_n 分别表示用方法 (3.4.59), (3.4.54), (3.4.25) 求解以 $\phi(t) = t\exp(t) + 0.1\exp(t)$ 和 $\psi(t) = t\exp(t) - 0.1\exp(t)$ 为初始条件的问题 (3.4.21) 的数值解. 图 3.4.1 描绘了这两个数值解的差的绝对值:

- 方法 (3.4.59), (3.4.54), (3.4.25) 以步长 $h=1$ 求解问题 (3.4.21);
- 方法 (3.4.59), (3.4.54), (3.4.25) 以步长 $h=0.1$ 求解问题 (3.4.21).

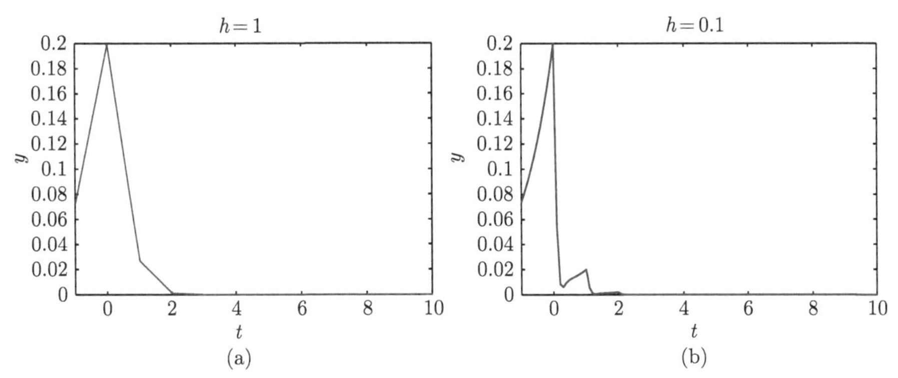

图 3.4.1 由方法 (3.4.59), (3.4.54), (3.4.25) 以步长 $h=1$ (图 (a)) 和步长 $h=0.1$(图 (b)) 求解不同初始条件 $\phi(t)=t\exp(t)+0.1\exp(t), \psi(t)=t\exp(t)-0.1\exp(t)$ 的问题 (3.4.21) 所获得的数值解的差 $|y_n-z_n|$

3.5 显式及对角隐式 Runge-Kutta 法的非线性稳定性

这一节我们考虑显式及对角隐式 Runge-Kutta 法求解中立型延迟微分方程 (3.4.1) 的非线性稳定性, 所有的假设都同 3.4 节. 本节内容可参见 [208].

3.5.1 显式及对角隐式 Runge-Kutta 法

从一个求解常微分方程初值问题的 s 级显式及对角隐式 Runge-Kutta 法 (见 [150])

$$\begin{array}{c|c} c & A \\ \hline & b^{\mathrm{T}} \end{array} = \begin{array}{c|cccc} c_1 & a_{11} & & & \\ c_2 & a_{21} & a_{22} & & \\ \vdots & \vdots & \vdots & \ddots & \\ c_s & a_{s1} & a_{s2} & \cdots & a_{ss} \\ \hline & b_1 & b_2 & \cdots & b_s \end{array} \tag{3.5.1}$$

可以导出一个求解 (3.4.1) 的显式及对角隐式 Runge-Kutta 法

$$\begin{cases} Y_i^{(n)} = y_n + h\sum\limits_{j=1}^{i} a_{ij} f(t_{n,j}, Y_j^{(n)}, y^h(\eta(t_{n,j})), \bar{y}^h(\eta(t_{n,j}))), \quad i=1,2,\cdots,s, \\ y_{n+1} = y_n + h\sum\limits_{j=1}^{s} b_j f(t_{n,j}, Y_j^{(n)}, y^h(\eta(t_{n,j})), \bar{y}^h(\eta(t_{n,j}))), \end{cases} \tag{3.5.2}$$

这里 $y_n \in \mathbf{X}$ 是微分方程真解 $y(t_n)$ 的逼近, $t_{n,j} = t_n + c_j h = nh + c_j h$, t_n $(n = 0, 1, \cdots, N)$ 是网格节点, $h = T/N_t > 0$ 为固定的积分步长, a_{ij}, b_i, c_i $(i = 1, 2, \cdots, s; j = 1, 2, \cdots, i)$ 为实常数且满足 $a_{ii} \geqslant 0$, $b_i > 0$, $0 \leqslant c_i \leqslant 1$. $y^h(t)$ 和 $\bar{y}^h(t)$ 分别是真解 $y(t)$ 及其导数 $y(t)$ 在区间 $[-\tau, t_{n+1}]$ 的逼近. $y_0 = y^h(0) = \phi(0)$ 且当 $t \in [-\tau, 0]$ 时, $y^h(t) = \phi(t)$ 及 $\bar{y}^h(t) = \phi'(t)$. 本部分, 对于逼近 $y^h(t)$, 我们考虑一个合适的插值算子 $\Pi^h : C_{\mathbf{X}}[-\tau, 0] \times \mathbf{X}^{n+1} \to C_{\mathbf{X}}[-\tau, t_{n+1}]$ 其满足正规性条件 (参见 [153, 154])

$$
\begin{aligned}
&\max_{t_{-1} \leqslant t \leqslant t_{n+1}} \|\Pi^h(t; \phi, y_1, y_2, \cdots, y_{n+1}) - \Pi^h(t; \psi, z_1, z_2, \cdots, z_{n+1})\| \\
&\leqslant c_\pi \max\left\{\max_{1 \leqslant i \leqslant n+1} \|y_i - z_i\|, \mathbb{M}_1\right\}, \quad \forall \phi, \psi \in C_{\mathbf{X}}[-\tau, 0], \\
&\qquad y_i, z_i \in \mathbf{X}, \ i = 1, \cdots, n+1.
\end{aligned} \tag{3.5.3}
$$

这里同前一节, $\mathbb{M}_1 = \max\limits_{-\tau \leqslant x \leqslant 0} \|\phi(x) - \psi(x)\|$, 常数 c_π 仅依赖于插值和问题真解的某些导数界.

而逼近 $\bar{y}^h(t)$ 由下面两个格式之一确定:

(1) DE 格式 (Direct Evaluation):

$$
\bar{y}^h(t) = f(t, y^h(t), y^h(\eta(t)), \bar{y}^h(\eta(t))), \quad t \in [0, t_{n+1}]. \tag{3.5.4}
$$

(2) IO 格式 (Interpolation Operator $\bar{\Pi}^h$):

$$
\bar{y}^h(t) = \bar{\Pi}^h(t, \phi', \bar{y}_1, \bar{y}_2, \cdots, \bar{y}_{n+1}), \quad t \in [0, t_{n+1}], \tag{3.5.5}
$$

这里 $\bar{y}_i (i = 1, 2, \cdots, n+1)$ 表示 $\bar{y}^h(t_i)$ 并由通过公式

$$
\bar{y}_i = f(t_i, y_i, y^h(\eta(t_i)), \bar{y}^h(\eta(t_i))), \quad i = 1, 2, \cdots, n+1
$$

来计算.

类似于插值算子 Π^h, 我们总是假定插值算子 $\bar{\Pi}^h : C_{\mathbf{X}}[-\tau, 0] \times \mathbf{X}^{n+1} \to C_{\mathbf{X}}[-\tau, t_{n+1}]$ 也满足正规性条件

$$
\begin{aligned}
&\max_{t_{-1} \leqslant t \leqslant t_{n+1}} \|\bar{\Pi}^h(t; \phi', \bar{y}_1, \bar{y}_2, \cdots, \bar{y}_{n+1}) - \bar{\Pi}^h(t; \psi', \bar{z}_1, \bar{z}_2, \cdots, \bar{z}_{n+1})\| \\
&\leqslant c_{\bar{\pi}} \max\left\{\max_{1 \leqslant i \leqslant n+1} \|\bar{y}_i - \bar{z}_i\|, \mathbb{M}_2\right\}, \\
&\qquad \forall \phi', \psi' \in C_{\mathbf{X}}[-\tau, 0], y_i, z_i \in \mathbf{X}, \quad i = 1, \cdots, n+1.
\end{aligned} \tag{3.5.6}
$$

这里同前一节, $\mathbb{M}_2 = \max_{-\tau\leqslant x\leqslant 0}\|\phi'(x) - \psi'(x)\|$, 常数 $c_{\bar{\pi}}$ 也仅依赖于插值和问题真解的某些导数界. 类似地, 应用方法于扰动问题 (3.4.11) 有

$$\begin{cases} Z_i^{(n)} = z_n + h\sum_{j=1}^{i} a_{ij} f(t_{n,j}, Z_j^{(n)}, z^h(\eta(t_{n,j})), \bar{z}^h(\eta(t_{n,j}))), \quad i = 1, 2, \cdots, s, \\ z_{n+1} = z_n + h\sum_{j=1}^{s} b_j f(t_{n,j}, Z_j^{(n)}, z^h(\eta(t_{n,j})), \bar{z}^h(\eta(t_{n,j}))). \end{cases} \tag{3.5.7}$$

为简单计, 对任意非负整数 n 和 $i = 1, 2, \cdots, s$, 记

$$g_i = h[f(t_{n,i}, Z_i^{(n)}, y^h(\eta(t_{n,i})), \bar{y}^h(\eta(t_{n,i}))) - f(t_{n,i}, Z_i^{(n)}, z^h(\eta(t_{n,i})), \bar{z}^h(\eta(t_{n,i})))],$$

$$\begin{aligned} Q_i = h[&f(t_{n,i}, Y_i^{(n)}, y^h(\eta(t_{n,i})), \bar{y}^h(\eta(t_{n,i}))) \\ &- f(t_{n,i}, Z_i^{(n)}, y^h(\eta(t_{n,i})), \bar{y}^h(\eta(t_{n,i})))], \end{aligned}$$

$$W_i = Y_i^{(n)} - Z_i^{(n)}, \quad a_{s+1,i} = b_i, \quad Q_{s+1} = g_{s+1} = a_{s+1,s+1} = 0, \quad \omega_n = y_n - z_n,$$

$$W_{s+1} = \omega_{n+1} = y_{n+1} - z_{n+1}, \quad \bar{\omega}_n = \bar{y}_n - \bar{z}_n,$$

$$\omega^h(t) = y^h(t) - z^h(t), \quad \bar{\omega}^h(t) = \bar{y}^h(t) - \bar{z}^h(t)$$

和

$$G_i(\lambda) = G_{Y_i^{(n)}, Z_i^{(n)}, y^h(\eta(t_{n,i})), \bar{y}^h(\eta(t_{n,i})), t_{n,i}, f}(\lambda) = \|Y_i^{(n)} - Z_i^{(n)} - \lambda Q_i\|.$$

为了讨论数值方法 (3.5.2) 的稳定性, 对给定的实 $s\times s$ 下三角矩阵 $B = (\beta_{ij})$, 我们构造一个 $s\times s$ 下三角矩阵 $M = (m_{ij})$, 这里

$$m_{ij} = \begin{cases} \dfrac{1}{\beta_{ij}}\left(\sum_{k=1}^{i}\beta_{ik}a_{kj} - a_{i+1,j}\right), \ \beta_{ij} \neq 0, \\ 0, \qquad \beta_{ij} = 0, \quad \sum_{k=1}^{i}\beta_{ik}a_{kj} - a_{i+1,j} = 0, \ j = 1, \cdots, i; i = 1, \cdots, s. \\ +\infty, \qquad \beta_{ij} = 0, \quad \sum_{k=1}^{i}\beta_{ik}a_{kj} - a_{i+1,j} \neq 0, \end{cases}$$

矩阵 M 称为矩阵 B 关于方法 (3.5.1) 的导出矩阵.

按照文献 [150] 的思想给出下列定义.

定义 3.5.1 若导出矩阵 M 满足条件

$$m_{ij} \leqslant a_{jj}, \quad j = 1, 2, \cdots, i; \quad i = 1, 2, \cdots, s, \tag{3.5.8}$$

则称矩阵 B 与方法 (3.5.1) 是 0-相容的.

定义 3.5.2　若存在一非负 $s \times s$ 下三角矩阵 $B = (\beta_{ij})$, $\|B\|_\infty \leqslant 1$, 且它与方法 (3.5.1) 是 0-相容的, 则称方法 (3.5.1) 是 B_0-稳定的.

3.5.2　关于 $\mathcal{L}_{\lambda^*}(\alpha, \beta, \gamma, L)$ 的稳定性

在这一部分, 我们将调查 Runge-Kutta 法 (3.5.2) 应用于问题类 $\mathcal{L}_{\lambda^*}$ $(\alpha, \beta, \gamma, L)$ 时的稳定性. 引入下列记号是方便的.

$$X_n := \max\left\{\max_{1 \leqslant i \leqslant n} \|y_i - z_i\|, \mathbb{M}_1, \mathbb{M}_2\right\}.$$

3.5.2.1　DE 格式

我们首先分析基于 DE 格式的数值方法的稳定性并给出下列定理.

定理 3.5.3　设问题 (3.4.1) 属于问题类 $\mathcal{L}_{\lambda^*}(\alpha, \beta, \gamma, L)$ 且 $\gamma < 1$, 方法 (3.5.1) 与实 $s \times s$ 下三角矩阵 $B = (\beta_{ij})$ 0-相容, c_h, c_α 是给定常数且 $0 < c_h, c_\alpha < 1$, $c_\alpha + \alpha\lambda^* > 0$, $\{y_n\}$ 和 $\{z_n\}$ 分别是应用方法 (3.5.2)、插值算子 Π^h 及直接估计 (3.5.4) 求解 (3.4.1) 及其扰动问题 (3.4.11) 所得的数值解序列. 则当 $H > 0$ 时, 对于任何 $h \in [0, H] \backslash \{+\infty\}$, 有估计

$$\|y_{n+1} - z_{n+1}\| \leqslant c(h) X_n, \quad n = 0, 1, 2, \cdots, N_t - 1, \tag{3.5.9}$$

这里 $c(h) = \max\left\{\varphi(h) + hC_\gamma \nu(h), \dfrac{\varphi(h)}{1 - hC_\gamma \nu(h)}\right\}$, $C_\gamma = \dfrac{c_\pi}{1-\gamma}[\beta + \gamma \max\{L, 1\}]$,

$$H = \min\left\{\frac{c_h}{C_\gamma \nu}, \min_{1 \leqslant i \leqslant s; 1 \leqslant j \leqslant i} h_{ij}, h_0\right\}, \quad \nu = \sup_{h \in [0, +\infty]} \nu(h),$$

$$h_{ij} = \begin{cases} \dfrac{\lambda^*}{m_{ij}}, & m_{ij} < 0, \quad j = 1, 2, \cdots, i, \\ +\infty, & m_{ij} \geqslant 0, \quad i = 1, 2, \cdots, s; \end{cases} \qquad h_0 = \begin{cases} +\infty, & \alpha \leqslant 0, \\ \dfrac{c_\alpha + \alpha\lambda^*}{\alpha \max\limits_{1 \leqslant j \leqslant s} a_{jj}}, & \alpha > 0, \end{cases}$$

$\varphi(h)$ 和 $\nu(h)$ 是 $[0, +\infty)$ 上正值连续函数, 分别由以下递推公式确定:

$$\varphi_1(h) = 1, \quad \varphi_{i+1}(h) = \left|1 - \sum_{j=1}^{i} \beta_{ij}\right| + \sum_{j=1}^{i} |\beta_{ij}| \mu_{ij}(h) \varphi_j(h),$$

$$i = 1, 2, \cdots, s; \quad \varphi(h) = \varphi_{s+1}(h),$$

$$\nu_1(h) = |a_{11}|, \quad \nu_{i+1}(h) = \sum_{k=1}^{i+1} \left|\sum_{j=k}^{i} \beta_{ij} a_{jk} - a_{i+1,k}\right| + \sum_{j=1}^{i} |\beta_{ij}| \mu_{ij}(h) \nu_j(h),$$

$$i = 1, 2, \cdots, s; \quad \nu(h) = \nu_{s+1}(h),$$

式中

$$\mu_{ij}(h) = \frac{1 - \alpha(hm_{ij} - \lambda^*)}{1 - \alpha(ha_{jj} - \lambda^*)}, \quad j = 1, 2, \cdots, i; \quad i = 1, 2, \cdots, s.$$

进一步, 我们有

(i) 设方法 (3.5.1) 是 B_0-稳定且 $\alpha \leqslant 0$, 则

$$\|y_n - z_n\| \leqslant \exp(c(t_n - t_k))X_k, \quad n = k+1, \cdots, N_t, \quad h \in [0, H]\backslash\{+\infty\}, \tag{3.5.10}$$

其中 $c = \dfrac{C_\gamma \nu}{1 - c_h}$;

(ii) 若集 $H_N = \left\{ h \in \mathbb{R} \middle| c(h) \leqslant 1 \text{ 且 } h \leqslant \min\left\{ \min\limits_{1\leqslant i\leqslant s; 1\leqslant j\leqslant i} h_{ij}, h_0 \right\} \right\}$ 非空, 则有下面的条件收缩性不等式

$$\|y_n - z_n\| \leqslant X_k, \quad n = k+1, k+2, \cdots, N_t, \quad h \in H_N. \tag{3.5.11}$$

这里及以后, 我们总是假定若 $k < i$, 则 $\sum\limits_{j=i}^{k}$ 等于 0.

证明 由 (3.5.1) 式和 (3.5.7) 式得

$$W_i - a_{ii}Q_i = \omega_n + \sum_{j=1}^{i-1} a_{ij}[Q_j + g_j] + a_{ii}g_i, \quad i = 1, 2, \cdots, s+1. \tag{3.5.12}$$

我们将用数学归纳法证明更一般的不等式

$$\|W_i - a_{ii}Q_i\| \leqslant \varphi_i(h)\|\omega_n\| + hC_\gamma \nu_i(h) X_{n+1}, \quad i = 1, 2, \cdots, s+1. \tag{3.5.13}$$

事实上, 当 $i = 1$ 时, 有

$$\begin{aligned} \|W_1 - a_{11}Q_1\| &\leqslant \|\omega_n\| + h|a_{11}|\|g_1\| \\ &\leqslant \|\omega_n\| + h|a_{11}| \left[c_\pi \frac{\beta + \gamma L}{1-\gamma} \max\left\{ \max_{1\leqslant i\leqslant n+1} \|y_i - z_i\|, \mathbb{M}_1 \right\} \right. \\ &\quad \left. + \frac{\beta + \gamma}{1 - \gamma} \max\{\mathbb{M}_1, \mathbb{M}_2\} \right] \\ &\leqslant \|\omega_n\| + hC_\gamma |a_{11}| X_{n+1}. \end{aligned}$$

现设对所有 $1 \leqslant i \leqslant k$, $1 \leqslant k \leqslant s$, 不等式 (3.5.13) 成立. 在这一归纳假设下, 需要证明: 当 $i = k+1$ 时该不等式也成立. 首先, 从 (3.5.12) 可以得到

$$\begin{aligned} &W_{k+1} - a_{k+1,k+1}(Q_{k+1} + g_{k+1}) \\ &= \omega_n + \sum_{j=1}^{k} a_{k+1,j}(Q_j + g_j) \\ &= \left(1 - \sum_{j=1}^{k} \beta_{kj}\right)\omega_n + \sum_{j=1}^{k} a_{k+1,j}(Q_j + g_j) + \sum_{j=1}^{k} \beta_{kj}\left[W_j - \sum_{l=1}^{j} a_{j,l}(Q_l + g_l)\right] \end{aligned}$$

$$
\begin{aligned}
&= \left(1-\sum_{j=1}^{k}\beta_{kj}\right)\omega_n+\sum_{j=1}^{k}[a_{k+1,j}(Q_j+g_j)+\beta_{kj}W_j]-\sum_{j=1}^{k}\left(\sum_{l=j}^{k}\beta_{kl}a_{l,j}\right)(Q_j+g_j)\\
&= \left(1-\sum_{j=1}^{k}\beta_{kj}\right)\omega_n+\sum_{j=1}^{k}\beta_{kj}\left[W_j-\frac{1}{\beta_{kj}}\left(\sum_{l=j}^{k}\beta_{kl}a_{l,j}-a_{k+1,j}\right)(Q_j+g_j)\right]\\
&= \left(1-\sum_{j=1}^{k}\beta_{kj}\right)\omega_n+\sum_{j=1}^{k}\beta_{kj}(W_j-m_{kj}Q_j)-\sum_{j=1}^{k}\beta_{kj}m_{kj}g_j.
\end{aligned}
$$

上式两端取范数, 应用定理的假设条件及命题 2.3.7, 并应用归纳假设, 立得

$$
\begin{aligned}
&\|W_{k+1}-a_{k+1,k+1}Q_{k+1}\|\\
\leqslant & \left|1-\sum_{j=1}^{k}\beta_{kj}\right|\|\omega_n\|+\sum_{j=1}^{k}|\beta_{kj}|G_j(hm_{kj})\\
&+h\sum_{j=1}^{k}|\beta_{kj}m_{kj}|\|g_j\|+|a_{k+1,k+1}|\|g_{k+1}\|\\
\leqslant & \left|1-\sum_{j=1}^{k}\beta_{kj}\right|\|\omega_n\|+\sum_{j=1}^{k}|\beta_{kj}|\mu_{kj}(h)G_j(ha_{jj})\\
&+hC_\gamma\sum_{j=1}^{k+1}\left|\sum_{l=j}^{k}\beta_{kl}a_{l,j}-a_{k+1,j}\right|X_{n+1}\\
\leqslant & \left|1-\sum_{j=1}^{k}\beta_{kj}\right|\|\omega_n\|+\sum_{j=1}^{k}|\beta_{kj}|\mu_{kj}(h)[\varphi_j(h)\|\omega_n\|+hC_\gamma\nu_j(h)X_{n+1}]\\
&+hC_\gamma\sum_{j=1}^{k+1}\left|\sum_{l=j}^{k}\beta_{kl}a_{l,j}-a_{k+1,j}\right|X_{n+1},
\end{aligned}
$$

这意味着对于 $i=k+1$, (3.5.13) 成立. 由此, 不等式 (3.5.13) 对于所有 $1\leqslant i\leqslant s+1$ 都成立.

为获得不等式 (3.5.9), 在不等式 (3.5.13) 中取 $i=s+1$ 有

$$
\|\omega_{n+1}\|=\|W_{s+1}-a_{s+1,s+1}Q_{s+1}\|\leqslant\varphi(h)\|\omega_n\|+hC_\gamma\nu(h)X_{n+1}.
$$

若 $X_{n+1}=X_n$, 则有

$$
\|\omega_{n+1}\|\leqslant\varphi(h)\|\omega_n\|+hC_\gamma\nu(h)X_{n+1}\leqslant[hC_\gamma\nu(h)+\varphi(h)]\,X_n;
$$

而若 $X_{n+1}=\|\omega_{n+1}\|$, 则易得

$$
\|\omega_{n+1}\|\leqslant\varphi(h)\|\omega_n\|+hC_\gamma\nu(h)X_{n+1}\leqslant hC_\gamma\nu(h)\|\omega_{n+1}\|+\varphi(h)X_n.
$$

因此, 注意到 $h \in [0, H]\backslash\{+\infty\}$, 容易得到不等式 (3.5.9).

最后, 若方法 B_0-稳定且 $\alpha \leqslant 0$, 则从不等式 (3.5.9) 容易得到 (3.5.10). 事实上, 注意到方法的 B_0-稳定性及 $\alpha \leqslant 0$ 蕴涵着 $0 < \varphi(h) \leqslant 1$, 由此容易推出

$$\|y_{n+1} - z_{n+1}\| \leqslant \max\left\{1 + hC_\gamma\nu(h), \frac{1}{1 - hC_\gamma\nu(h)}\right\} X_n \leqslant (1 + ch)X_n,$$

这里 $c = \dfrac{C_\gamma \nu}{1 - c_h}$. 于是通过简单递推有

$$\|y_n - z_n\| \leqslant X_n \leqslant (1 + ch)^{n-k} X_k \leqslant \exp(c(t_n - t_k))X_k,\ n = k+1, k+2, \cdots, N_t.$$

若 $c(h) \leqslant 1$, 则由 (3.5.9) 立得条件收缩性不等式 (3.5.11). 证毕.

必须指出, 尽管 Runge-Kutta 法是单步方法, 但当试图使用高阶方法并通过分段插值来构造一个高阶相容的插值算子 Π^h 时, 在每个分段上构造插值函数往往需要用到较多的插值点及被插值函数在这些点上的多个逼近值, 这就导致方法 (3.5.2) 在此情况下具有多步方法的特征 [153]. 这就需要用到若干个 (设为 k 个) 事先通过其他方法算出的具有足够精度的附加起始值.

如果不需要这些附加起始值, 则不等式 (3.5.10) 可进一步简化为

$$\|y_n - z_n\| \leqslant \exp(ct_n) \max\{\mathbb{M}_1, \mathbb{M}_2\}, \quad n = 1, \cdots, N_t, \quad h \in [0, H]\backslash\{+\infty\}.$$

而条件收缩性不等式 (3.5.11) 可进一步简化为

$$\|y_n - z_n\| \leqslant \max\{\mathbb{M}_1, \mathbb{M}_2\}, \quad n = 1, \cdots, N_t, \quad h \in H_N.$$

对问题类 $\mathcal{D}_{\lambda^*}(\alpha, \beta, \gamma, \varrho)$, 可获得类似的定理.

我们注意到当 $\alpha \leqslant 0$ 时, 对于常微分方程, 定理 3.5.3 退化为 [150] 中定理 4.9.1. 然而, 从定理 3.5.3, 我们还可以获得当 $\alpha > 0$ 时, 方法求解常微分方程的数值稳定性结果. 而对于延迟微分方程, 即使对于 $\alpha \leqslant 0$, 定理 3.5.3 也不同于 [235] 中定理 3.1. 这些结果形成以下推论.

推论 3.5.4 设延迟微分方程问题 (3.4.10) 属于问题类 $\mathcal{L}_{\lambda^*}(\alpha, \beta, 0, L)$, 方法 (3.5.1) 与实 $s \times s$ 下三角矩阵 $B = (\beta_{ij})$ 0-相容, c_h, c_α 是给定常数且 $0 < c_h, c_\alpha < 1$, $c_\alpha + \alpha\lambda^* > 0$, $\{y_n\}$ 和 $\{z_n\}$ 分别是应用方法 (3.5.2)、插值算子 Π^h 求解 (3.4.10) 及其扰动问题所得的数值解序列. 则当 $H_D > 0$ 时, 对于任何 $h \in [0, H_D]\backslash\{+\infty\}$, 有估计

$$\|y_{n+1} - z_{n+1}\| \leqslant \max\left\{\varphi(h) + hC_D\nu(h), \frac{\varphi(h)}{1 - hC_D\nu(h)}\right\} \tilde{X}_n,\ n = 0, 1, 2, \cdots, N_t - 1,$$

这里 $C_D = c_\pi \beta$, $H_D = \min\left\{\dfrac{c_h}{C_D \nu}, \min\limits_{1\leqslant i\leqslant s;1\leqslant j\leqslant i} h_{ij}, h_0\right\}$, $\tilde{X}_n := \max\left\{\max\limits_{1\leqslant i\leqslant n} \|y_i - z_i\|, \mathbb{M}_1\right\}$. 进一步, 我们有

(i) 设方法 (3.5.1) 是 B_0-稳定且 $\alpha \leqslant 0$, 则

$$\|y_n - z_n\| \leqslant \exp(c(t_n - t_k))X_k, \quad n = k+1, \cdots, N_t, \quad h \in [0, H]\backslash\{+\infty\}, \tag{3.5.14}$$

其中 $c = \dfrac{C_D \nu}{1 - c_h}$;

(ii) 若集 $H_N = \left\{h \in R \middle| \varphi(h) + hC_D\nu(h) \leqslant 1 \text{ 且 } h \leqslant \min\left\{\min\limits_{1\leqslant i\leqslant s;1\leqslant j\leqslant i} h_{ij}, h_0\right\}\right\}$ 非空, 则有下面的条件收缩性不等式

$$\|y_n - z_n\| \leqslant \tilde{X}_k, \quad n = k+1, k+2, \cdots, N_t, \quad h \in H_N.$$

推论 3.5.5 设问题 (3.4.9) 属于问题类 $\mathcal{L}_{\lambda^*}(\alpha, 0, 0, L)$, 方法 (3.5.1) 与实 $s \times s$ 下三角矩阵 $B = (\beta_{ij})$ 0-相容, c_α 是给定常数且 $0 < c_\alpha < 1$, $c_\alpha + \alpha\lambda^* > 0$, $\{y_n\}$ 和 $\{z_n\}$ 分别是应用方法 (3.5.1) 求解 (3.4.9) 及其扰动问题所得的数值解序列. 则当 $H_O > 0$ 时, 对于任何 $h \in [0, H_O]\backslash\{+\infty\}$, 有估计

$$\|y_{n+1} - z_{n+1}\| \leqslant \varphi(h)\|y_n - z_n\|, \quad n = 0, 1, 2, \cdots, N_t - 1, \tag{3.5.15}$$

这里 $H_O = \left\{\min\limits_{1\leqslant i\leqslant s;1\leqslant j\leqslant i} h_{ij}, h_0\right\}$. 若进一步设方法 (3.5.1) 是 B_0-稳定的, 则 (3.5.15) 成立, 其中

$$\varphi(h) = \begin{cases} 1, & \alpha \leqslant 0, \\ 1 + \sum\limits_{i=1}^{s+1}(1 + C_O h)^{i-1} C_O h \|B\|_\infty^i, & \alpha > 0, \end{cases}$$

$$C_O = \alpha \frac{\max\limits_{1\leqslant j\leqslant s} a_{jj} - \min\limits_{1\leqslant i\leqslant s;1\leqslant j\leqslant i} m_{ij}}{1 - c_\alpha}.$$

3.5.2.2 IO 格式

现在我们讨论基于插值算子 $\bar{\Pi}^h$ 的数值方法的稳定性.

引理3.5.6 应用方法 (3.5.2)、插值算子 Π^h 及 $\bar{\Pi}^h$ 求解属于类 $\mathcal{L}_{\lambda^*}(\alpha, \beta, \gamma, L)$ 中问题 (3.4.1) 且 $\gamma c_{\bar{\pi}} < 1$, 则有

$$\|g_i\| \leqslant hC_\pi X_{n+1}, \quad 1 \leqslant i \leqslant s, \tag{3.5.16}$$

这里 $C_\pi = \dfrac{c^\pi}{1 - \gamma c_{\bar{\pi}}}[\beta + \gamma\max\{L, 1\}]$ 及 $c^\pi = \max\{c_\pi, c_{\bar{\pi}}\}$.

证明 由条件 (3.4.4)—(3.4.6) 易得

$$\begin{aligned}\|g_i\| &\leqslant h\left[\beta\|\omega^h(\eta(t_{n,i}))\|+\gamma\|\bar{\omega}^h(\eta(t_{n,i}))\|\right]\\ &\leqslant h\beta c_\pi\max\left\{\max_{1\leqslant i\leqslant n+1}\|y_i-z_i\|,\mathbb{M}_1\right\}\\ &\quad+h\gamma c_{\bar{\pi}}\max\left\{\max_{1\leqslant i\leqslant n+1}\|\bar{y}_i-\bar{z}_i\|,\mathbb{M}_2\right\}.\end{aligned}\tag{3.5.17}$$

若 $\max\left\{\max\limits_{1\leqslant i\leqslant n+1}\|\bar{y}_i-\bar{z}_i\|,\mathbb{M}_2\right\}=\|\bar{y}_k-\bar{z}_k\|, 1\leqslant k\leqslant n+1$, 则从正则性条件 (3.5.3), (3.5.6) 及不等式 (3.5.17) 可得

$$\begin{aligned}\|g_i\| &\leqslant h\beta c_\pi\max\left\{\max_{1\leqslant i\leqslant n+1}\|y_i-z_i\|,\mathbb{M}_1\right\}+h\gamma c_{\bar{\pi}}\|\bar{y}_k-\bar{z}_k\|\\ &\leqslant h\beta c_\pi\max\left\{\max_{1\leqslant i\leqslant n+1}\|y_i-z_i\|,\mathbb{M}_1\right\}+h\gamma c_{\bar{\pi}}\Bigg[L\|y_k-z_k\|\\ &\quad+\beta c_\pi\max\left\{\max_{1\leqslant i\leqslant n+1}\|y_i-z_i\|,\mathbb{M}_1\right\}+\gamma c_{\bar{\pi}}\max\left\{\max_{1\leqslant i\leqslant n+1}\|\bar{y}_i-\bar{z}_i\|,\mathbb{M}_2\right\}\Bigg]\\ &\leqslant hC_\pi X_{n+1},\end{aligned}$$

注意到对于 $\max\left\{\max\limits_{1\leqslant i\leqslant n+1}\|\bar{y}_i-\bar{z}_i\|,\mathbb{M}_2\right\}=\mathbb{M}_2$ 的情形, 不等式 (3.5.16) 明显成立. 证毕.

定理 3.5.7 设问题 (3.4.1) 属于问题类 $\mathcal{L}_{\lambda^*}(\alpha,\beta,\gamma,L)$ 且 $\gamma c_{\bar{\pi}}<1$, 方法 (3.5.1) 与实 $s\times s$ 下三角矩阵 $B=(\beta_{ij})$ 0-相容, c_h, c_α 是给定常数且 $0<c_h,c_\alpha<1$, $c_\alpha+\alpha\lambda^*>0$, $\{y_n\}$ 和 $\{z_n\}$ 分别是应用方法 (3.5.2)、插值算子 Π^h 及 $\bar{\Pi}^h$ 求解 (3.4.1) 及其扰动问题 (3.4.11) 所得的数值解序列. 则当 $\bar{H}>0$ 时, 对于任何 $h\in[0,\bar{H}]\backslash\{+\infty\}$, 有估计

$$\|y_{n+1}-z_{n+1}\|\leqslant\bar{c}(h)X_n,\quad n=0,1,2,\cdots,N-1,\tag{3.5.18}$$

这里 $\bar{c}(h)=\max\left\{\varphi(h)+hC_\pi\nu(h),\dfrac{\varphi(h)}{1-hC_\pi\nu(h)}\right\}$, $\bar{H}=\min\left\{\dfrac{c_h}{C_\pi\nu},\min\limits_{1\leqslant i\leqslant s;1\leqslant j\leqslant i}h_{ij},h_0\right\}$. 进一步, 我们有

(i) 设方法 (3.5.1) 是 B_0-稳定且 $\alpha\leqslant 0$, 则存在一个仅依赖于方法及 β, γ, γL 的常数 $\bar{c}>0$ 使得

$$\|y_n-z_n\|\leqslant\exp(\bar{c}(t_n-t_k))X_k,\quad n=k+1,\cdots,N_t,\quad h\in[0,\bar{H}]\backslash\{+\infty\};\tag{3.5.19}$$

(ii) 若集 $\bar{H}_N=\left\{h\in R\,\middle|\,\bar{c}(h)\leqslant 1 \text{ 且 } h\leqslant\min\left\{\min\limits_{1\leqslant i\leqslant s;1\leqslant j\leqslant i}h_{ij},h_0\right\}\right\}$ 非空, 则

有下面的条件收缩性不等式

$$\|y_n - z_n\| \leqslant X_k, \quad n = k+1, k+2, \cdots, N_t, \quad h \in \bar{H}_N. \tag{3.5.20}$$

证明 利用引理 3.5.6, 略微修改定理 3.5.3 的证明立得此定理的证明.

注 3.5.8 对问题类 $\mathcal{D}_{\lambda^*}(\alpha, \beta, \gamma, \varrho)$, 我们没有得到与定理 3.5.7 相类似的结果.

3.5.3 关于 $\mathcal{L}_{\lambda^*,\delta}(\alpha, \beta, \gamma, L)$ 的稳定性

在这一小节, 我们将讨论 Runge-Kutta 法 (3.5.2) 应用于 $\mathcal{L}_{\lambda^*,\delta}(\alpha, \beta, \gamma, L)$ 类问题时的稳定性. 为此, 我们需要下面的引理.

引理 3.5.9 (李寿佛[150]) 若问题 (3.4.1) 属于类 $\mathcal{L}_{\lambda^*,\delta}(\alpha, \beta, \gamma, L)$, 且 $h, \Lambda \geqslant 0$. 那么对任意 $\lambda \in \mathbb{R}$, 只要下面两个条件中至少有一个成立:

(1) $|\lambda| \leqslant \Lambda$;

(2) $\lambda < -\Lambda$ 且 $h \leqslant \max\left\{\dfrac{\lambda^*}{\lambda}, \dfrac{2\delta}{\lambda + \Lambda}\right\}$.

不等式

$$G(h\lambda) \leqslant \frac{1 - \alpha(h\vartheta(\lambda) - \lambda^*)}{1 - \alpha(h\Lambda - \lambda^*)} G(h\Lambda), \quad \forall y_1, y_2, u, v \in \mathbf{X},\ t \in [0, T]$$

成立, 其中

$$\vartheta(\lambda) = \begin{cases} \lambda, & h\lambda \geqslant \lambda^*, \\ \dfrac{2\delta}{h} - \lambda, & h\lambda < \lambda^*. \end{cases}$$

3.5.3.1 DE 格式

鉴于定理 3.5.3 的证明, 从引理 3.5.9 容易推出下面的结果.

定理 3.5.10 设问题 (3.4.1) 属于问题类 $\mathcal{L}_{\lambda^*,\delta}(\alpha, \beta, \gamma, L)$ 且 $\gamma < 1$, 方法 (3.5.1) 与实 $s \times s$ 下三角矩阵 $B = (\beta_{ij})$ 0-相容, c_h, c_α 是给定常数且 $0 < c_h, c_\alpha < 1$, $c_\alpha + \alpha\lambda^* > 0$, $\{y_n\}$ 和 $\{z_n\}$ 分别是应用方法 (3.5.2)、插值算子 Π^h 及直接估计 (3.5.4) 求解 (3.4.1) 及其扰动问题 (3.4.11) 所得的数值解序列. 则当 $\tilde{H} > 0$ 时, 对于任何 $h \in [0, \tilde{H}] \backslash \{+\infty\}$, 有估计

$$\|y_{n+1} - z_{n+1}\| \leqslant \tilde{c}(h) X_n, \quad n = 0, 1, 2, \cdots, N_t - 1, \tag{3.5.21}$$

这里 $\tilde{c}(h) = \dfrac{\tilde{\varphi}(h) + hC_\gamma \tilde{\nu}(h)}{1 - hC_\gamma \tilde{\nu}(h)}$, $\tilde{H} = \min\left\{\dfrac{c_h}{C_\gamma \tilde{\nu}}, \min\limits_{1 \leqslant i \leqslant s; 1 \leqslant j \leqslant i} \tilde{h}_{ij}, h_0\right\}$, $\tilde{\nu} = \sup\limits_{h \in [0, +\infty]} \tilde{\nu}(h)$,

$$\tilde{h}_{ij} = \begin{cases} \max\left\{\dfrac{\lambda^*}{m_{ij}}, \dfrac{2\delta}{m_{ij} + a_{jj}}\right\}, & m_{ij} < -a_{jj}, \\ +\infty, & m_{ij} \geqslant -a_{jj},\ j = 1, 2, \cdots, i;\ i = 1, 2, \cdots, s, \end{cases}$$

$\tilde{\varphi}(h)$ 和 $\tilde{\nu}(h)$ 是 $[0,+\infty)$ 上正值连续函数, 分别由以下递推公式确定:

$$\tilde{\varphi}_1(h)=1,\quad \tilde{\varphi}_{i+1}(h)=\left|1-\sum_{j=1}^{i}\beta_{ij}\right|+\sum_{j=1}^{i}|\beta_{ij}|\tilde{\mu}_{ij}(h)\tilde{\varphi}_j(h),$$
$$i=1,2,\cdots,s;\quad \tilde{\varphi}(h)=\tilde{\varphi}_{s+1}(h)$$

和

$$\tilde{\nu}_1(h)=|a_{11}|,\quad \tilde{\nu}_{i+1}(h)=\sum_{k=1}^{i+1}\left|\sum_{j=k}^{i}\beta_{ij}a_{jk}-a_{i+1,k}\right|+\sum_{j=1}^{i}|\beta_{ij}|\tilde{\mu}_{ij}(h)\tilde{\nu}_j(h),$$
$$i=1,2,\cdots,s;\quad \tilde{\nu}(h)=\tilde{\nu}_{s+1}(h),$$

式中

$$\tilde{\mu}_{ij}(h)=\frac{1-\alpha(h\vartheta(m_{ij})-\lambda^*)}{1-\alpha(ha_{jj}-\lambda^*)},\quad j=1,2,\cdots,i;i=1,2,\cdots,s.$$

进一步, 我们有

(i) 设方法 (3.5.1) 是 B_0-稳定且 $\alpha\leqslant 0$, 则

$$\|y_n-z_n\|\leqslant \exp(\tilde{c}(t_n-t_k))X_k,\quad n=k+1,\cdots,N_t,\quad h\in[0,\tilde{H}]\backslash\{+\infty\},\tag{3.5.22}$$

其中 $c=\dfrac{C_\pi\nu}{1-c_h}$;

(ii) 若集 $\tilde{H}_N=\left\{h\in\mathbb{R}\middle|\tilde{c}(h)\leqslant 1 \text{ 且 } h\leqslant\min\left\{\min\limits_{1\leqslant i\leqslant s;1\leqslant j\leqslant i}\tilde{h}_{ij},h_0\right\}\right\}$ 非空, 则有下面的条件收缩性不等式

$$\|y_n-z_n\|\leqslant X_k,\quad n=k+1,k+2,\cdots,N_t,\quad h\in\tilde{H}_N.\tag{3.5.23}$$

对于问题类 $\mathcal{D}_{\lambda^*,\delta}(\alpha,\beta,\gamma,\varrho)$, 容易获得一个类似于定理 3.5.10 的结果. 特殊化我们的结果至常微分方程及延迟微分方程有下面的推论.

推论 3.5.11 设问题 (3.4.10) 属于问题类 $\mathcal{L}_{\lambda^*,\delta}(\alpha,\beta,0,L)$, 方法 (3.5.1) 与实 $s\times s$ 下三角矩阵 $B=(\beta_{ij})$ 0-相容,c_h, c_α 是给定常数且 $0<c_h,c_\alpha<1$, $c_\alpha+\alpha\lambda^*>0$, $\{y_n\}$ 和 $\{z_n\}$ 分别是应用方法 (3.5.2)、插值算子 Π^h 求解 (3.4.10) 及其扰动问题所得的数值解序列. 则当 $\tilde{H}>0$ 时, 对于任何 $h\in[0,\tilde{H}]\backslash\{+\infty\}$, 有估计

$$\|y_{n+1}-z_{n+1}\|\leqslant\frac{\tilde{\varphi}(h)+hC_D\tilde{\nu}(h)}{1-hC_D\tilde{\nu}(h)}\tilde{X}_n,\quad n=0,1,2,\cdots,N_t-1,\tag{3.5.24}$$

这里 $\tilde{H}=\min\left\{\dfrac{c_h}{C_D\tilde{\nu}},\min\limits_{1\leqslant i\leqslant s;1\leqslant j\leqslant i}\tilde{h}_{ij},h_0\right\}$.

推论 3.5.12　设问题 (3.4.9) 属于问题类 $\mathcal{L}_{\lambda^*,\delta}(\alpha,0,0,L)$, 方法 (3.5.1) 与实 $s\times s$ 下三角矩阵 $B=(\beta_{ij})$ 0-相容, c_α 是给定常数且 $0<c_\alpha<1$, $c_\alpha+\alpha\lambda^*>0$, $\{y_n\}$ 和 $\{z_n\}$ 分别是应用方法 (3.5.2) 求解 (3.4.9) 及其扰动问题所得的数值解序列. 则当 $\tilde{H}_O>0$ 时, 对于任何 $h\in[0,\tilde{H}_O]\backslash\{+\infty\}$, 有估计

$$\|y_{n+1}-z_{n+1}\|\leqslant\tilde{\varphi}(h)\|y_n-z_n\|,\quad n=0,1,2,\cdots,N_t-1,\tag{3.5.25}$$

这里 $\tilde{H}_O=\left\{\min\limits_{1\leqslant i\leqslant s;1\leqslant j\leqslant i}\tilde{h}_{ij},h_0\right\}$. 若进一步设方法 (3.5.1) 是 B_0-稳定的, 则 (3.5.25) 成立, 式中

$$\tilde{\varphi}(h)=\begin{cases}1, & \alpha\leqslant 0,\\ 1+\displaystyle\sum_{i=1}^{s+1}(1+\tilde{C}_Oh)^{i-1}\tilde{C}_Oh\|B\|_\infty^i, & \alpha>0,\end{cases}$$

$$\tilde{C}_O=\alpha\frac{\max\limits_{1\leqslant j\leqslant s}a_{jj}-\min\limits_{1\leqslant i\leqslant s;1\leqslant j\leqslant i}\vartheta(m_{ij})}{1-c_\alpha}.$$

3.5.3.2　IO 格式

与定理 3.5.7 的证明相类似, 下面的定理容易获得.

定理 3.5.13　设问题 (3.4.1) 属于问题类 $\mathcal{L}_{\lambda^*,\delta}(\alpha,\beta,\gamma,L)$ 且 $\gamma c_{\bar{\pi}}<1$, 方法 (3.5.1) 与实 $s\times s$ 下三角矩阵 $B=(\beta_{ij})$ 0-相容, c_h, c_α 是给定常数且 $0<c_h,c_\alpha<1$, $c_\alpha+\alpha\lambda^*>0$, $\{y_n\}$ 和 $\{z_n\}$ 分别是应用方法 (3.5.2)、插值算子 Π^h 及 $\bar{\Pi}^h$ 求解 (3.4.1) 及其扰动问题 (3.4.11) 所得的数值解序列. 则当 $\tilde{\bar{H}}>0$ 时, 对于任何 $h\in[0,\tilde{\bar{H}}]\backslash\{+\infty\}$, 有估计

$$\|y_{n+1}-z_{n+1}\|\leqslant\tilde{\bar{c}}(h)X_n,\quad n=0,1,2,\cdots,N_t-1,\tag{3.5.26}$$

这里 $\tilde{\bar{c}}(h)=\max\left\{\tilde{\varphi}(h)+hC_\pi\tilde{\nu}(h),\dfrac{\tilde{\varphi}(h)}{1-hC_\pi\tilde{\nu}(h)}\right\}$, $\tilde{\bar{H}}=\min\left\{\dfrac{c_h}{C_\pi\tilde{\nu}},\min\limits_{1\leqslant i\leqslant s;1\leqslant j\leqslant i}\tilde{h}_{ij},h_0\right\}$. 进一步, 我们有

(i) 设方法 (3.5.1) 是 B_0-稳定且 $\alpha\leqslant 0$, 则存在一个仅依赖于方法及 β, γ, γL 的常数 $\tilde{\bar{c}}>0$ 使得

$$\|y_n-z_n\|\leqslant\exp(\tilde{\bar{c}}(t_n-t_k))X_k,\quad n=k+1,\cdots,N_t,\quad h\in[0,\tilde{\bar{H}}]\backslash\{+\infty\},\tag{3.5.27}$$

其中 $c=\dfrac{C_\pi\tilde{\nu}}{1-c_h}$;

(ii) 若集 $\tilde{\tilde{H}}_N = \left\{ h \in \mathbb{R} \middle| \tilde{\tilde{c}}(h) \leqslant 1 \text{ 且 } h \leqslant \min\left\{ \min\limits_{1\leqslant i\leqslant s; 1\leqslant j\leqslant i} \tilde{h}_{ij}, h_0 \right\} \right\}$ 非空, 则有下面的条件收缩性不等式

$$\|y_n - z_n\| \leqslant X_k, \quad n = k+1, k+2, \cdots, N_t, \quad h \in \tilde{\tilde{H}}_N. \tag{3.5.28}$$

注 3.5.14 对问题类 $\mathcal{D}_{\lambda^*,\delta}(\alpha, \beta, \gamma, \varrho)$, 我们没有得到与定理 3.5.13 相类似的结果.

3.5.4 例子和数值算例

例 3.5.1 考虑应用单隐 Runge-Kutta (Singly Diagonally Implicit Runge-Kutta, SDIRK) 法

$$\begin{array}{c|c} c & A \\ \hline & b^{\mathrm{T}} \end{array} = \begin{array}{c|ccccc} \lambda & \lambda & & & & \\ b_1 + \lambda & b_1 & \lambda & & & \\ \vdots & \vdots & \vdots & \ddots & & \\ \sum\limits_{i=1}^{s-1} + \lambda & b_1 & b_2 & \cdots & b_{s-1} & \lambda \\ \hline & b_1 & b_2 & \cdots & b_{s-1} & \lambda \end{array} \tag{3.5.29}$$

求解例 2.3.1 中经典刚性常微分方程初值问题 (2.3.55), 这里 $\lambda \geqslant 0$. 容易验证当 $\lambda \geqslant b_j \geqslant 0$ $(j = 1, 2, \cdots, s)$ 时, 此方法是 B_0-稳定的:

$$B = I, \quad M = \mathrm{diag}(\lambda - b_1, \lambda - b_2, \cdots, \lambda - b_s),$$

这里 I 表示 $s \times s$ 单位矩阵. 如此, 对任意 $c_\alpha \in (0,1)$, 当 $h \in \left(0, \dfrac{c_\alpha}{\lambda\alpha}\right)$ 时, 我们有 (3.5.15), 其中 $C_O = \alpha \max\limits_{1\leqslant i\leqslant s} b_i/(1 - c_\alpha)$. 注意到当 $s = 1$ 时, 方法 (3.5.29) 等价于单支方法

$$y_{n+1} = y_n + hf(t_n + \lambda h, \lambda y_{n+1} + (1-\lambda) y_n).$$

例 3.5.2 考虑应用下面的二阶对角隐式 Runge-Kutta 法

$$\begin{array}{c|c} c & A \\ \hline & b^{\mathrm{T}} \end{array} = \begin{array}{c|cc} 1/3 & 1/3 & \\ 2/3 & 1/3 & 1/3 \\ \hline & 1/2 & 1/2 \end{array} \tag{3.5.30}$$

与分段线性插值

$$y^h(t) = \Pi^h(t; \phi, y_1, y_2, \cdots, y_{n+1}) = \begin{cases} \dfrac{1}{h}[(t_{i+1} - t) y_i + (t - t_i) y_{i+1}], \\ \qquad\qquad t_i \leqslant t \leqslant t_{i+1}, \quad i = 0, 1, \cdots, n, \\ \phi(t), \quad -\tau \leqslant t \leqslant 0, \end{cases} \tag{3.5.31}$$

以及直接估计 (3.5.4) 求解属于类 $\mathcal{L}_{\lambda^*}(\alpha,\beta,\gamma,L)$ 中问题 (3.4.1), 这里要求 $\alpha\leqslant 0$, $\lambda^*\leqslant 0$ 及 $\gamma<1$. 容易验证矩阵 $B=\mathrm{diag}(1,3/2)$ 和方法 (3.5.30) 是 0-相容的, 且导出矩阵 $M=0$. 容易算出 $c_\pi=1$, $\varphi(h)=\dfrac{1}{2}+\dfrac{3}{2}\left(\dfrac{1+\alpha\lambda^*}{1+\alpha\lambda^*-\alpha h/3}\right)^2$ 及 $\nu=1$. 因此, 从定理 3.5.3, 我们有

$$\|y_{n+1}-z_{n+1}\|\leqslant \max\left\{\varphi(h)+hC_\gamma,\frac{\varphi(h)}{1-hC_\gamma}\right\}X_n,\quad hC_\gamma<1.$$

若进一步要求 $\alpha h\leqslant -3(\sqrt{3}-1)(1+\alpha\lambda^*)$ 且 $hC_\gamma\leqslant c_h<1$, 则有

$$\|y_n-z_n\|\leqslant \exp(ct_n)\max\left\{\max_{t\in I_\tau}\|\phi(t)-\psi(t)\|,\max_{t\in I_\tau}\|\phi'(t)-\psi'(t)\|\right\},$$

式中 $c=\dfrac{C_\gamma}{1-c_h}$.

例 3.5.3 考虑应用下面的显式 3 阶方法

$$\begin{array}{c|c}c & A\\\hline & b^{\mathrm{T}}\end{array}=\begin{array}{c|ccc}0 & 0 & & \\ 1/2 & 1/2 & 0 & \\ 17/24 & 17/144 & 85/144 & 0\\\hline & 4/17 & 1/5 & 48/85\end{array}\tag{3.5.32}$$

分段 Lagrange 插值

$$y^h(t)=\Pi^h(t;\phi,y_1,\cdots,y_{n+1})\\=\begin{cases}\dfrac{1}{2h^2}[(t-t_i)(t-t_{i+1})y_{i-1}-2(t-t_{i-1})(t-t_{i+1})y_i\\+(t-t_{i-1})(t-t_i)y_{i+1}],\\\qquad t_i\leqslant t\leqslant t_{i+1},\quad i=0,1,\cdots,n,\\\phi(t),\qquad -\tau\leqslant t\leqslant 0\end{cases}\tag{3.5.33}$$

及相应的分段 Lagrange 插值

$$\bar{y}^h(t)=\bar{\Pi}^h(t;\phi',\bar{y}_1,\cdots,\bar{y}_{n+1})\\=\begin{cases}\dfrac{1}{2h^2}[(t-t_i)(t-t_{i+1})\bar{y}_{i-1}-2(t-t_{i-1})(t-t_{i+1})\bar{y}_i\\\qquad+(t-t_{i-1})(t-t_i)\bar{y}_{i+1}],\\\qquad t_i\leqslant t\leqslant t_{i+1},\quad i=0,1,\cdots,n,\\\phi'(t),\qquad -\tau\leqslant t\leqslant 0,\end{cases}\tag{3.5.34}$$

(或直接估计 (3.5.4)) 于类 $\mathcal{L}_{\lambda^*}(\alpha,\beta,\gamma,L)$ 中问题 (3.4.1) 和 (3.4.11), 其中 $\alpha\leqslant 0$, $\lambda^*<0$ 及 $\gamma<1$, 这里 $y_{-1}=\phi(-h)$, $y_0=\phi(0)$, $\bar{y}_{-1}=\phi'(-h)$ 以及 $\bar{y}_0=\phi'(0)$. 则 $c_\pi=c_{\bar{\pi}}=\dfrac{5}{4}$. 因方法 (3.5.32) B_0-稳定, 其中

$$B=\begin{bmatrix}1 & 0 & 0\\ 55/72 & 17/72 & 0\\ 9/25 & 8/25 & 8/25\end{bmatrix}$$

及

$$M=\begin{bmatrix}-1/2 & 0 & 0\\ 0 & -5/2 & 0\\ -287/2754 & -5/144 & -30/17\end{bmatrix},$$

若 $h\leqslant\min\left\{\frac{2}{5}|\lambda^*|,\frac{4c_h}{5C_\pi}\right\}$, 则对任意 $c_h\in(0,1)$ 我们有 (3.5.19), 式中 $\bar{c}=\max\left\{C_\pi,\frac{C_\pi}{1-c_h}\right\}$. 若问题 (3.4.1) 属于满足条件 $\alpha\leqslant 0$, $\lambda^*<0$, $\lambda^*\leqslant\delta\leqslant 0$ 和 $\gamma<1$ 的问题类 $\mathcal{L}_{\lambda^*,\delta}(\alpha,\beta,\gamma,L)$, 则对任意 $c_h\in(0,1)$, 当 $h\leqslant\min\left\{\frac{2}{5}\max(|\lambda^*|,2\delta),\frac{4c_h}{5C_\pi}\right\}$ 时, (3.5.27) 式成立.

例 3.5.4 容易验证改进的 Euler 方法

$$\begin{array}{c|c} c & A\\ \hline & b^{\mathrm{T}}\end{array}=\begin{array}{c|cc} 0 & 0 & 0\\ 1 & 1 & 0\\ \hline & 1/2 & 1/2\end{array}\tag{3.5.35}$$

B_0-稳定, 其中

$$B=\begin{bmatrix}1 & 0\\ 1/2 & 1/2\end{bmatrix}\quad 及\quad M=\begin{bmatrix}-1 & 0\\ 0 & -1\end{bmatrix}.$$

应用此方法、线性插值 (3.5.31) 及相应的线性插值

$$\begin{aligned}\bar{y}^h(t)&=\bar{\Pi}^h(t;\phi',\bar{y}_1,\bar{y}_2,\cdots,\bar{y}_{n+1})\\ &=\begin{cases}\frac{1}{h}[(t_{i+1}-t)\bar{y}_i+(t-t_i)\bar{y}_{i+1}], & t_i\leqslant t\leqslant t_{i+1},\quad i=0,1,\cdots,n,\\ \phi'(t), & -\tau\leqslant t\leqslant 0.\end{cases}\end{aligned}\tag{3.5.36}$$

于问题类 $\mathcal{L}_{\lambda^*}(\alpha,\beta,\gamma,L)$, 其中 $\alpha\leqslant 0$, $\lambda^*<0$ 和 $\gamma<1$. 容易证实 $\varphi(h)$ 及 $\nu(h)$ 为正的、连续的以及不增函数和 $c_{\bar{\pi}}=1$. 因而从定理 3.5.7, 如果 $\frac{\alpha}{1+\alpha\lambda^*}+C_\pi\leqslant 0$ (为非线性中立型延迟微分方程系统 (3.4.1) 收缩的充分条件, 可见定理 3.4.5), 当 $h\leqslant|\lambda^*|$ 时, 我们有条件收缩性不等式

$$\|y_n-z_n\|\leqslant\max\left\{\max_{t\in I_\tau}\|\phi(t)-\psi(t)\|,\max_{t\in I_\tau}\|\phi'(t)-\psi'(t)\|\right\},\quad n\geqslant 0.\tag{3.5.37}$$

至于满足条件 $\alpha \leqslant 0$, $\lambda^* < 0$, $\lambda^* \leqslant \delta \leqslant 0$ 和 $\gamma < 1$ 的问题类 $\mathcal{L}_{\lambda^*,\delta}(\alpha,\beta,\gamma,L)$, 基于定理 3.5.13, 当 $h \leqslant \max\{|\lambda^*|, 2|\delta|\}$ 且 $\dfrac{\alpha}{1+\alpha\lambda^*} + C_\pi \leqslant 0$ 时, 我们有条件收缩性不等式 (3.5.37).

现考虑应用方法 (3.5.35)—(3.5.31)—(3.5.36) 于非线性中立型比例延迟微分方程 (2.3.57), 其中 $\eta(t) = t - \tau(t) = 0.5t$. 在 3.4 节已经指出其属于问题类 $\mathcal{L}_0(\alpha,\beta,\gamma,L)$, 其中 $\alpha = -a, \beta = 0, \gamma = |b|, L = a$. 并且当 $|b| \leqslant \min\left\{\dfrac{1}{2}, a\right\}$, 有不等式 (见定理 3.4.5)

$$|y(t) - z(t)| \leqslant |y_0 - z_0|, \quad t \geqslant 0,$$

这里 $y(t)$ 和 $z(t)$ 分别是 (2.3.57) 相应于初值条件 $y(0) = y_0$ 和 $z(0) = z_0$ 的理论解. 鉴于命题 2.3.6, 对任意 $-\dfrac{1}{a} < \lambda^* < 0$, 问题 (2.3.57) 也属于问题类 $\mathcal{L}_{\lambda^*}\left(\dfrac{-a}{1+a\lambda^*}, 0, |b|, a\right)$. 因

$$\frac{\alpha}{1+\alpha\lambda^*} + C_\pi = \frac{\dfrac{-a}{1+a\lambda^*}}{1 + \dfrac{-a}{1+a\lambda^*}\lambda^*} + C_\pi = -a + \frac{a|b|}{1-|b|} \leqslant 0$$

等价于 $|b| \leqslant \dfrac{1}{2}$, 从而, 对任意 $-\dfrac{1}{a} < \lambda^* < 0$, 当 $h \leqslant |\lambda^*|$ 且 $|b| \leqslant \dfrac{1}{2}$ 时, 由方法 (3.5.35)—(3.5.31)—(3.5.36) 所得到的数值解满足下面的条件收缩性不等式

$$|y_n - z_n| \leqslant \max\{|y_0 - z_0|, |y'(0) - z'(0)|\}, \quad n \geqslant 0. \tag{3.5.38}$$

例如, 让 $y_0 = 0.1$, $z_0 = 0.2$, $a = 50$, $b = \dfrac{1}{2}$, 则有 $-0.02 < \lambda^* < 0$ 及 $h \in (0, 0.02)$. 数值解 y_n 和 z_n 的差 $|y_n - z_n|$ 列于表 3.5.1. 数值结果肯定了我们的理论分析.

表 3.5.1　由方法 (3.5.35)—(3.5.31)—(3.5.36) 及不同步长 $h = 0.1$, $h = 0.05$, $h = 0.01$ 和 $h = 0.005$ 所得到的问题 (2.3.57) 数值解的差 $|y_n - z_n|$

t	0	2	4	6	8	10
$h = 0.1$	0.1	3.84e + 17	1.49e + 36	5.76e + 54	2.23e + 73	8.66e + 91
$h = 0.05$	0.1	2.69e + 07	7.31e + 15	1.99e + 24	5.40e + 32	1.47e + 41
$h = 0.01$	0.1	5.85e − 07	1.69e − 06	9.11e − 07	2.25e − 07	3.52e − 07
$h = 0.005$	0.1	2.29e − 06	5.33e − 08	2.15e − 07	2.28e − 07	3.21e − 09

例 3.5.5　作为另一个数值例子, 考虑一个带有常延迟的偏微分方程:

$$\frac{\partial}{\partial t}u(t,x) = \frac{\partial^2}{\partial x^2}u(t,x) + e^{-(5+t)}u(t-1,x) + e^{-(5+t)}\frac{\partial}{\partial t}u(t-1,x) + g(t,x), \tag{3.5.39}$$

其中 $t \in [0,10]$. 初边值条件为

$$\begin{cases} u(t,x) = \sin(\pi x)\sin(\pi t), & (t,x) \in [-1,0] \times [0,1], \\ u(t,0) = u(t,1) = 0, & t \in [0,10]. \end{cases} \tag{3.5.40}$$

函数 $g(t,x)$ 的选取是使问题 (3.5.39)—(3.5.40) 的真解为 $u(t,x) = \sin(\pi x)\sin(\pi t)$. 应用线方法之后, 我们可获得下面的中立型延迟微分方程

$$\begin{cases} u_i'(t) = \Delta x^{-2}[u_{i+1}(t) - 2u_i(t) + u_{i-1}(t)] + e^{-(5+t)}u_i(t-1) + g(t, i\Delta x) \\ \qquad\qquad + [2 - i\Delta x(1 - i\Delta x)]\, e^{-t}, \qquad t \in [0,10], \\ u_0(t) = u_{N_x}(t) = 0, \quad t \in [-1,10], \\ u_i(t) = \sin(i\Delta x)\sin(\pi t), \quad i = 1,2,\cdots,N_x-1, \quad t \in [-1,0], \end{cases} \tag{3.5.41}$$

这里 $N_x = 1/\Delta x$, $x_i = i\Delta x$ 和 $u_i(t) = u(t,x_i)$. 由此, 问题 (3.5.41) 在标准的内积范数下属于问题类 $\mathcal{L}_{0,0}(-\pi^2, e^{-5}, e^{-5}, 4N_x^2)$.

取 $\Delta x = 0.1$ 并应用下面的二阶对角隐式 Runge-Kutta 法

$$\begin{array}{c|c} c & A \\ \hline & b^{\mathrm{T}} \end{array} = \begin{array}{c|cc} 1/5 & 1/5 & \\ 7/10 & 2/5 & 3/10 \\ \hline & 2/5 & 3/5 \end{array} \tag{3.5.42}$$

去数值积分问题 (3.5.41). 此方法由线性插值 (3.5.31) 和直接估计 (3.5.4) (DE 格式) 推广或由线性插值 (3.5.31) 及其相应的线性插值 (3.5.36) (IO 格式) 推广. 容易证实 $c_{\bar{\pi}} = 1$ 且方法 (3.5.44) B_0-稳定:

$$B = I, \quad M = \begin{bmatrix} -1/5 & 0 \\ 0 & -3/10 \end{bmatrix}.$$

基于定理 3.5.10 和定理 3.5.13, 注意到定理 3.5.3 的证明, 对问题 (3.5.41), 可以断定对任意的 $h > 0$ 收缩性不等式成立

$$\|u^{(n)} - v^{(n)}\|_2 \leqslant \max\left\{\max_{t\in I_\tau}\|u(t) - v(t)\|_2, \max_{t\in I_\tau}\|u'(t) - v'(t)\|_2\right\}, \quad n \geqslant 0, \tag{3.5.43}$$

这里 $u^{(n)} \in \mathbb{R}^{N_x-1}$ 和 $v^{(n)} \in \mathbb{R}^{N_x-1}$ 分别表示带有初边值条件 (3.5.40) 或

$$\begin{cases} v(t,x) = \sin(\pi x), & (t,x) \in [-1,0] \times [0,1], \\ v(t,0) = v(t,1) = 0, & t \in [0,10] \end{cases} \tag{3.5.44}$$

的问题 (3.5.41) 的数值解, $u(t) := (u(t,\Delta x), u(t,2\Delta x), \cdots, u(t,(N_x-1)\Delta x))^{\mathrm{T}}$ 及 $v(t) := (v(t,\Delta x), v(t,2\Delta x), \cdots, v(t,(N_x-1)\Delta x))^{\mathrm{T}}$. 事实上, 因 $\alpha + \dfrac{\beta+\gamma L}{1-\gamma} \leqslant 0$

(问题 (3.5.41) 的理论解收缩的充分条件, 见定理 3.4.5), 容易验证 $\tilde{\varphi}(h) + h\tilde{\nu}(h)\dfrac{\beta+\gamma L}{1-\gamma} \leqslant 1$.

误差 $E(n) = \|u^{(n)} - v^{(n)}\|_2$ 作为时间 t 的函数由图 3.5.1 ((a) $h = 0.1$; (b) $h = 0.01$) 所示, 其证实了我们的结论.

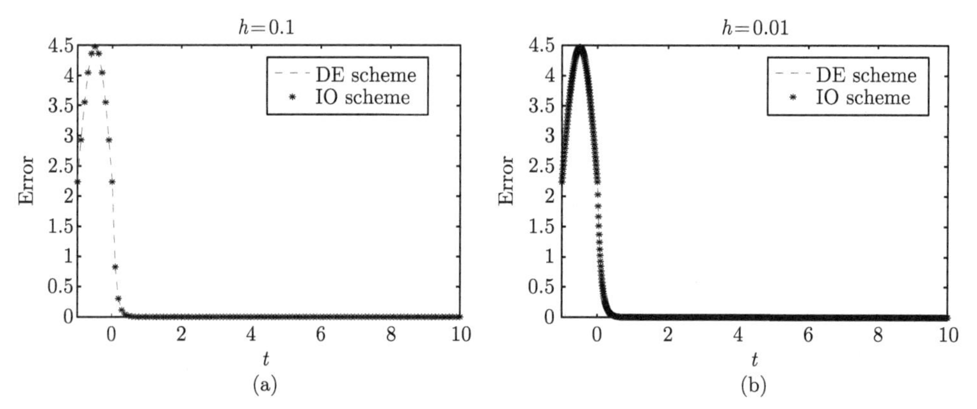

图 3.5.1 由方法 (3.5.35)—(3.5.31)—(3.5.36) 以步长 $h = 0.1$ (图 (a)) 和步长 $h = 0.01$(图 (b)) 求解问题 (3.5.34) 的误差曲线 $E(n)$

3.6 一类线性多步方法的收敛性

这一节我们考虑一类线性多步方法求解中立型变延迟微分方程的收敛性. 这是第一个利用单边 Lipschitz 条件给出的关于非线性变延迟中立型微分方程的收敛性结果. 本节内容可参见 [209].

3.6.1 试验问题类

设 $\mathbf{X}$ 是实 Banach 空间, $\|\cdot\|$ 是其中范数, $\mathbf{W}$ 是 $\mathbf{X}$ 的某一无限子集, $f: [0,T]\times\mathbf{W}\times\mathbf{W}\times\mathbf{W}\to\mathbf{X}$ 是任一给定的充分光滑的映射. 考虑非线性中立型延迟微分方程 (3.4.1), 即

$$\begin{cases} y'(t) = f(t, y(t), y(\eta(t)), y'(\eta(t))), & t \in I_T = [0, T], \\ y(t) = \phi(t), & t \in I_\tau = [-\tau, 0], \end{cases} \tag{3.6.1}$$

这里 $-\tau = \inf_{t\in I_T}\eta(t)$, $\tau \geqslant 0$, $T > 0$, $\phi(t)$ 是给定的连续可微的初始函数, 而 $\eta(t)$ 是连续时滞函数满足 $\eta(t) \leqslant t$.

这里及以后涉及收敛性问题时, 恒设问题 (3.6.1) 中的映射 f 及初始函数 ϕ 充分光滑, 满足条件

$$\phi'(0) = f(0, \phi(0), \phi(\eta(0)), \phi'(\eta(0))), \tag{3.6.2}$$

并设问题 (3.6.1) 具有唯一充分光滑真解 $y(t)$, 且具有后文中需要用到的各阶连续导数, 满足

$$\left\|\frac{d^i y(t)}{dt^i}\right\| \leqslant M_i,\quad 0\leqslant t\leqslant T. \tag{3.6.3}$$

注 3.6.1 一般而言, 中立型延迟微分方程 (3.6.1) 并不满足 (3.6.2), 此时, 即使映射 f 及初始函数 ϕ 都充分光滑, 其真解 $y(t)$ 也可能存在弱间断点 (导数不连续点). 而一般的算法理论都是基于真解 $y(t)$ 的充分光滑性. 因此, 对中立型延迟微分方程, 最近的研究都集中于这一点, 即如何处理方程真解的不光滑性. 本文的目的不是去研究这一问题, 而是利用单边 Lipschitz 条件给出的线性多步法的误差估计. 因此不打算详细论述它. 但为了使本文的这一假定有扎实的基础. 我们略述目前已有的解决办法:

(1) 一般情况下, 中立型延迟微分方程的弱间断点是因为条件 (3.6.2) 不满足引起的, 因此, 自然可以采用扰动初始函数的办法, 即寻找 ϕ 的一个逼近函数 ϕ^* 其不仅满足条件 (3.6.2) 而且在 $t=0$ 处能够达到所需要的光滑性 (参见 [5]).

(2) 对于满足条件

$$\eta(t)\text{和其逆严格增加且充分光滑} \tag{3.6.4}$$

的中立型延迟微分方程, 一般可以采用重开始的办法, 即将弱间断点作为网格节点, 在这些点上重新起步 (参见 [18,21,57,278]).

(3) 如果延迟函数并不满足 (3.6.4), 可以通过探测这些弱间断点的办法来将这些弱间断点包括在网格节点中. 这里又有几种方法, 我们不再论述, 可参见 [5, 57,126,175] 及其中的参考文献.

注 3.6.2 在注 2.2.3 中, 我们已指出一般的中立型延迟微分方程并不满足 (3.6.2), 从而其真解可能具有弱间断点. 但是中立型比例延迟微分方程的真解在 f 充分光滑的假定下是充分光滑的.

对任给的 $y_1,y_2,u,v\in\mathbf{W},t\in I_T$, 从映射 f 可定义一非负函数

$$G(\lambda)=G_{y_1,y_2,u,v,t,f}(\lambda)=\|y_1-y_2-\lambda[f(t,y_1,u,v)-f(t,y_2,u,v)]\|,\quad \lambda\in\mathbb{R}. \tag{3.6.5}$$

3.6.2 系数依赖于步长的多步方法

考虑求解初值问题 (3.6.1) 的多步方法

$$\sum_{i=0}^{k}\alpha_i[y_{n+i}-h\beta_i f(t_{n+i},y_{n+i},y^h(\eta(t_{n+i})),\bar{y}^h(\eta(t_{n+i})))]=0,\quad n=0,1,\cdots,N_t, \tag{3.6.6}$$

式中, k 为正整数, $h=T/N_t$ 是积分步长, $t_n=nh\ (n=0,1,\cdots,N_t)$ 是网格节点, 诸 α_i, β_i 是积分步长 h 的实值函数, 且对于任意的 $h>0$ 有 $\alpha_k=1>0$, $\beta_k>0$ 及 $\sum\limits_{i=0}^{k}\alpha_i=0$, y_{n+i} 是 (3.6.1) 的真解 $y(t)$ 在 t_{n+i} 的值 $y(t_{n+i})$ 的近似, $y^h(t)$ 是 $y(t)$ 的插值逼近,

$$y^h(t_m+\delta h)=\begin{cases}\sum\limits_{j=-r}^{s}L_j(\delta)y_{m+j}, & 0<t_m+\delta h\leqslant T,\\ \phi(t_m+\delta h), & t_m+\delta h\in I_\tau,\end{cases}\tag{3.6.7}$$

这里 $\delta\in[0,1)$, r, s 是正整数, $m+s\leqslant n+k$,

$$L_j(\delta)=\prod_{\substack{l=-r\\ l\neq j}}^{s}\left(\frac{\delta-l}{j-l}\right),$$

而 $\bar{y}^h(t)$ 是 $y'(t)$ 的数值逼近, 由下式得到

$$\bar{y}^h(t)=\begin{cases}f(t,y^h(t),y^h(\eta(t)),\bar{y}^h(\eta(t))), & t\in I_T,\\ \phi'(t), & t\in I_\tau.\end{cases}\tag{3.6.8}$$

对于任一给定的方法 (3.6.6) 及任意给定的步长 $h>0$, 定义集合

$$I_0=\{0,1,\cdots,k-1\},\quad I_1=\{i\in I_0|\alpha_i\neq 0\}.\tag{3.6.9}$$

恒设 $0\leqslant\beta_i\leqslant\beta_k,\alpha_i\leqslant 0,\forall i\in I_0$. 记 $f_{n+i}=f(t_{n+i},y_{n+i},y^h(\eta(t_{n+i})),\bar{y}^h(\eta(t_{n+i})))$, 由 $\alpha_k=1>0$ 及 $\sum\limits_{i=0}^{k}\alpha_i=0$ 可知集合 I_1 非空, 从而方法 (3.6.6) 可写成等价形式

$$y_{n+k}-h\beta_k f_{n+k}=-\sum_{i\in I_1}\alpha_i(y_{n+i}-h\beta_i f_{n+i}).\tag{3.6.10}$$

考虑一个虚拟积分步

$$\begin{cases}\tilde{y}_{n+k}-h\beta_k f(t_{n+k},\tilde{y}_{n+k},\tilde{y}^h(\eta(t_{n+k})),\tilde{\bar{y}}^h(\eta(t_{n+k})))\\ =-\sum\limits_{i\in I_1}\alpha_i[y(t_{n+i})-h\beta_i y'(t_{n+i})],\\ \tilde{y}^h(t_m+\delta h)=\begin{cases}\sum\limits_{j=-r}^{s-1}L_j(\delta)y(t_{m+j})+L_s(\delta)\tilde{y}_{n+k}, & 0<t_m+\delta h,\\ \qquad t_{n+k-1}<t_{m+s}\leqslant t_{n+k},\\ \sum\limits_{j=-r}^{s}L_j(\delta)y(t_{m+j}), \quad 0<t_m+\delta h, & t_{m+s}\leqslant t_{n+k-1},\\ \phi(t_m+\delta h), \quad t_m+\delta h\in I_\tau,\end{cases}\\ \tilde{\bar{y}}^h(t)=f(t,\tilde{y}^h(t),\tilde{y}^h(\eta(t)),\tilde{\bar{y}}^h(\eta(t))).\end{cases}\tag{3.6.11}$$

为简单计算, 记

$$B=B(h)=\sum_{i\in I_1}|\alpha_i\beta_i|,\quad G_n(\lambda)=G_{y_n,y(t_n),y^h(\eta(t_n)),\bar{y}^h(\eta(t_n)),t_n,f}(\lambda),$$

$$\tilde{G}_n(\lambda)=G_{y_n,\tilde{y}_n,y^h(\eta(t_n)),\bar{y}^h(\eta(t_n)),t_n,f}(\lambda),\quad \hat{G}_n(\lambda)=G_{\tilde{y}_n,y(t_n),y^h(\eta(t_n)),\bar{y}^h(\eta(t_n)),t_n,f}(\lambda).$$

首先, 类似于 [259], 对于插值 (3.6.7), 我们给出如下的估计.

引理 3.6.3 对 q $(q=r+s)$ 阶插值公式 (3.6.7), 我们有误差估计

$$\|y^h(t_m+\delta h)-y(t_m+\delta h)\|\leqslant L_\delta\max_{-r\leqslant j\leqslant s}\|y_{m+j}-y(t_{m+j})\|+R_1h^{q+1},$$

这里

$$L_\delta=\sup_{\delta\in[0,1)}\sum_{j=-r}^{s}|L_j(\delta)|,\quad R_1=\frac{M_{q+1}}{q+1}\sup_{\delta\in[0,1)}\prod_{j=-r}^{s}|\delta-j|.$$

3.6.3 收敛性分析 I

这节考虑数值求解 $\mathcal{D}_0(\alpha,\beta,\gamma,\varrho)$ 类问题的收敛性, 首先按照文献 [259] 的思想, 给出下列定义.

定义 3.6.4 一个数值方法 (3.6.6) 称为是 p 阶 E-收敛的, 如果以该方法从起始数据 $y_i=y(t_i)$ $(i\in I_0)$ 出发, 数值求解任给的 $\mathcal{D}_0(\alpha,\beta,\gamma,\varrho)$ 类问题 (3.6.1) 时, 所得到的逼近序列 $\{y_n\}$ 的整体误差有估计

$$\|y_n-y(t_n)\|\leqslant C(t_n)h^p,\quad h\in(0,h_0],\quad n\geqslant k,$$

这里连续函数 $C(t)$ 仅依赖于方法, α、β、ϱ、γ 和问题真解 $y(t)$ 的某些导数界 M_i, 最大容许步长 h_0 仅依赖于 α, β, ϱ, γ 和方法.

定理 3.6.5 若方法 (3.6.6) 具有经典相容阶 p' 以及插值 (3.6.7) 是 q 阶的, 则方法 (3.6.6)—(3.6.7)—(3.6.8) 是 p 阶 E-收敛, 这里 $p=\min\{p',q+1\}$.

证明 方法具有经典相容阶 p' 意味着存在一个仅依赖于方法的常数 h_1, 使得

$$\left\|\sum_{i=0}^{k}\alpha_i[y(t_{n+i})-h\beta_iy'(t_{n+i})]\right\|\leqslant R_2h^{p'+1},h\in(0,h_1],\tag{3.6.12}$$

这里 R_2 仅依赖于方法和问题真解 $y(t)$ 的某些导数界 M_i.

任意取定 $\xi_0\in(0,1)$, 并令 $h_2=\dfrac{\xi_0}{\beta_k\alpha_+}$. 则当 $h\in(0,h_2]$ 时, 由命题 2.3.7, 有

$$\|y_{n+k}-y(t_{n+k})\|=G_{n+k}(0)\leqslant\frac{1}{1-\alpha h\beta_k}G_{n+k}(h\beta_k)=C_0G_{n+k}(h\beta_k),\tag{3.6.13}$$

$$\|\tilde{y}_{n+k}-y_{n+k}\|=\tilde{G}_{n+k}(0)\leqslant\frac{1}{1-\alpha h\beta_k}\tilde{G}_{n+k}(h\beta_k)=C_0\tilde{G}_{n+k}(h\beta_k). \quad (3.6.14)$$

另一方面, 我们有

$$G_{n+k}(h\beta_k)\leqslant\tilde{G}_{n+k}(h\beta_k)+\hat{G}_{n+k}(h\beta_k), \quad (3.6.15)$$

对 $\tilde{G}_{n+k}(h\beta_k)$ 可作如下估计

$$\begin{aligned}\tilde{G}_{n+k}(h\beta_k)=&\big\|y_{n+k}-\tilde{y}_{n+k}-h\beta_k\big[f(t_{n+k},y_{n+k},y^h(\eta(t_{n+k})),\bar{y}^h(\eta(t_{n+k})))\\&-f(t_{n+k},\tilde{y}_{n+k},y^h(\eta(t_{n+k})),\bar{y}^h(\eta(t_{n+k})))\big]\big\|\\\leqslant&\sum_{i=0}^{k-1}|\alpha_i|\,\big\|y_{n+i}-y(t_{n+i})-h\beta_i\big[f(t_{n+i},y_{n+i},y^h(\eta(t_{n+i})),\bar{y}^h(\eta(t_{n+i})))\\&-y'(t_{n+i})\big]\big\|+h\beta_k\big\|f(t_{n+k},\tilde{y}_{n+k},y^h(\eta(t_{n+k})),\bar{y}^h(\eta(t_{n+k})))\\&-f(t_{n+k},\tilde{y}_{n+k},\tilde{y}^h(\eta(t_{n+k})),\tilde{\bar{y}}^h(\eta(t_{n+k})))\big\|\\\leqslant&\sum_{i=0}^{k-1}|\alpha_i|G_{n+i}(h\beta_i)\\&+h\sum_{i=0}^{k-1}|\alpha_i\beta_i|\frac{\varrho}{1-\gamma}\left[L_\delta\max_{k\leqslant i\leqslant n+k}\|y_i-y(t_i)\|+R_1h^{q+1}\right]\\&+\frac{h\beta_k\varrho}{1-\gamma}\left[L_\delta\max_{k\leqslant i\leqslant n+k-1}\|y_i-y(t_i)\|+L_\delta\|\tilde{y}_{n+k}-y_{n+k}\|+R_1h^{q+1}\right].\end{aligned} \quad (3.6.16)$$

任意取定 $\xi_1\in(0,1)$, 并令 $h_3=\dfrac{\xi_1(1-\gamma)}{C_0\beta_k\varrho L_\delta}$, 当 $0<h\leqslant h_3$ 且 $h\in(0,h_2]$ 时, 注意到 $\sum\limits_{i=0}^{k-1}|\alpha_i|=1$, 由上式及 (3.6.14) 可推出

$$\begin{aligned}\|\tilde{y}_{n+k}-y_{n+k}\|\leqslant&\frac{C_0(1-\gamma)}{1-\gamma-C_0\beta_k\varrho L_\delta h}\max_{i\in I_1}G_{n+i}(h\beta_i)\\&+\frac{(B+\beta_k)C_0\varrho h}{1-\gamma-C_0\beta_k\varrho L_\delta h}\left[L_\delta\max_{k\leqslant i\leqslant n+k}\|y_i-y(t_i)\|+R_1h^{q+1}\right].\end{aligned} \quad (3.6.17)$$

由 (3.6.16), (3.6.17) 及命题 2.3.7, 易得

$$\begin{aligned}\tilde{G}_{n+k}(h\beta_k)\leqslant&\frac{1-\gamma}{1-\gamma-C_0\beta_k\varrho L_\delta h}\max_{i\in I_1}G_{n+i}(h\beta_i)\\&+\frac{(B+\beta_k)\varrho h}{1-\gamma-C_0\beta_k\varrho L_\delta h}\left[L_\delta\max_{k\leqslant i\leqslant n+k}\|y_i-y(t_i)\|+R_1h^{q+1}\right]\end{aligned}$$

$$\leqslant \frac{1-\gamma}{1-\gamma-C_0\beta_k\varrho L_\delta h}\max_{i\in I_1}\frac{1-\alpha h\beta_i}{1-\alpha h\beta_k}G_{n+i}(h\beta_k)$$

$$+\frac{(B+\beta_k)\varrho L_\delta h}{1-\gamma-C_0\beta_k\varrho L_\delta h}\max_{k\leqslant i\leqslant n+k}C_0G_i(h\beta_k)+\frac{(B+\beta_k)\varrho h}{1-\gamma-C_0\beta_k\varrho L_\delta h}R_1h^{q+1}$$

$$\leqslant (1+d_1h)\max_{k\leqslant i\leqslant n+k-1}G_i(h\beta_k)+d_2hG_{n+k}(h\beta_k)+d_3h^{q+2},\quad 0<h\leqslant \tilde{h}_2, \tag{3.6.18}$$

这里

$$\tilde{h}_2=\min\{h_2,h_3\},\ d_1=\frac{C_0\beta_k\varrho L_\delta+(1-\gamma)C_\beta}{(1-\gamma)(1-\xi_1)}+\frac{(B+\beta_k)\varrho L_\delta C_0}{(1-\gamma)(1-\xi_1)},\ C_\beta=\frac{\alpha(\beta_k-\tilde{\beta})}{1-\xi_0},$$

$$\tilde{\beta}=\begin{cases}\min\limits_{i\in I_0}\beta_i, & \alpha\geqslant 0,\\ \beta_k, & \alpha<0,\end{cases}\quad d_2=\frac{(B+\beta_k)\varrho L_\delta C_0}{(1-\gamma)(1-\xi_1)},\quad d_3=\frac{(B+\beta_k)\varrho R_1}{(1-\gamma)(1-\xi_1)}.$$

类似地, 可估计 $\hat{G}_{n+k}(h\beta_k)$, 首先易得

$$\begin{aligned}\hat{G}_{n+k}(h\beta_k)=&\left\|\tilde{y}_{n+k}-y(t_{n+k})-h\beta_k\left[f(t_{n+k},\tilde{y}_{n+k},y^h(\eta(t_{n+k})),\bar{y}^h(\eta(t_{n+k})))\right.\right.\\&\left.\left.-f(t_{n+k},y(t_{n+k}),y^h(\eta(t_{n+k})),\bar{y}^h(\eta(t_{n+k})))\right]\right\|\\ \leqslant&\left\|\sum_{i=0}^{k}\alpha_i\left[y(t_{n+i})-h\beta_iy'(t_{n+i})\right]\right\|\\&+h\beta_k\left\|f(t_{n+k},\tilde{y}_{n+k},y^h(\eta(t_{n+k})),\bar{y}^h(\eta(t_{n+k})))\right.\\&\left.-f(t_{n+k},\tilde{y}_{n+k},\tilde{y}^h(\eta(t_{n+k})),\bar{\tilde{y}}^h(\eta(t_{n+k})))\right\|\\&+h\beta_k\left\|f(t_{n+k},y(t_{n+k}),y^h(\eta(t_{n+k})),\bar{y}^h(\eta(t_{n+k})))-y'(t_{n+k})\right\|,\end{aligned}$$

利用命题 2.3.7、引理 3.6.3、(3.6.12) 式及 (3.6.17) 式, 从上式可进一步推出

$$\begin{aligned}\hat{G}_{n+k}(h\beta_k)\leqslant&R_2h^{p'+1}+\frac{h\beta_k\varrho}{1-\gamma}\left[L_\delta\max_{k\leqslant i\leqslant n+k-1}\|y_i-y(t_i)\|+L_\delta\|\tilde{y}_{n+k}-y_{n+k}\|\right.\\&\left.+R_1h^{q+1}\right]+\frac{h\beta_k\varrho}{1-\gamma}\left[L_\delta\max_{k\leqslant i\leqslant n+k}\|y_i-y(t_i)\|+R_1h^{q+1}\right]\\ \leqslant&R_2h^{p'+1}+\frac{C_0L_\delta h\varrho\beta_kA}{(1-\gamma)(1-\xi)}\max_{i\in I_1}G_{n+i}(h\beta_i)\\&+\frac{\varrho hL_\delta(\beta_k+B\xi)}{(1-\gamma)(1-\xi_1)}\|y_{n+k}-y(t_{n+k})\|\end{aligned}$$

$$
\begin{aligned}
&+\frac{\varrho h[2\beta_k(1-\xi_1)+(B+\beta_k)\xi_1]}{(1-\gamma)(1-\xi)}\left[L_\delta \max_{k\leqslant i\leqslant n+k-1}\|y_i-y(t_i)\|+R_1h^{q+1}\right]\\
&\leqslant R_2h^{p'+1}+\frac{L_\delta C_0\varrho[C_\beta\beta_kA+2\beta_k+(B-\beta_k)\xi]}{(1-\gamma)(1-\xi_1)}h\max_{k\leqslant i\leqslant n+k-1}G_i(h\beta_k)\\
&+\frac{\varrho hC_0L_\delta(\beta_k+B\xi)}{(1-\gamma)(1-\xi_1)}G_{n+k}(h\beta_k)+\frac{\varrho h[2\beta_k(1-\xi_1)+(B+\beta_k)\xi]}{(1-\gamma)(1-\xi_1)}R_1h^{q+1}\\
&\leqslant \hat{d}_1h\max_{k\leqslant i\leqslant n+k-1}G_i(h\beta_k)+\hat{d}_2hG_{n+k}(h\beta_k)+R_2h^{p'+1}+\hat{d}_3h^{q+2},\\
&\qquad h\in(0,\tilde{h}_3],
\end{aligned}
\tag{3.6.19}
$$

其中

$$
\hat{d}_1=\frac{L_\delta C_0\varrho[C_\beta\beta_k+2\beta_k+(B-\beta_k)\xi_1]}{(1-\gamma)(1-\xi_1)},\quad \hat{d}_2=\frac{\varrho C_0L_\delta(\beta_k+B\xi_1)}{(1-\gamma)(1-\xi_1)},
$$

$$
\hat{d}_3=\frac{\varrho[2\beta_k(1-\xi_1)+(B+\beta_k)\xi_1]}{(1-\gamma)(1-\xi_1)}R_1,\quad \tilde{h}_3=\min\{h_1,\tilde{h}_2\}.
$$

把 (3.6.18), (3.6.19) 代入 (3.6.15), 易得

$$
\begin{aligned}
G_{n+k}(h\beta_k)\leqslant&[1+(d_1+\hat{d}_1)h]\max_{k\leqslant i\leqslant n+k-1}G_i(h\beta_k)+(d_2+\hat{d}_2)hG_{n+k}(h\beta_k)\\
&+\tilde{d}_3h^{\min\{p',q+1\}+1},
\end{aligned}
\tag{3.6.20}
$$

其中

$$
\tilde{d}_3=\begin{cases} R_2+(d_3+\hat{d}_3)h_3^{q+1-p'}, & p'\leqslant q+1,\\ R_2h_3^{p'-q-1}+(d_3+\hat{d}_3), & p'>q+1.\end{cases}
$$

任意取定 $\xi_2\in(0,1)$, 并令 $h_0=\min\left\{\tilde{h}_3,\dfrac{\xi_2}{d_2+\hat{d}_2}\right\}$. 当 $h\in(0,h_0]$ 时, 从 (3.6.20) 易得

$$
\begin{aligned}
G_{n+k}(h\beta_k)&\leqslant\frac{1+(d_1+\hat{d}_1)h}{1-(d_2+\hat{d}_2)h}\max_{k\leqslant i\leqslant n+k-1}G_i(h\beta_k)+\frac{\tilde{d}_3}{1-(d_2+\hat{d}_2)h}h^{\min\{p',q+1\}+1}\\
&\leqslant(1+c_1h)\max_{k\leqslant i\leqslant n+k-1}G_i(h\beta_k)+c_2h^{\min\{p',q+1\}+1}\\
&\leqslant\sum_{i=0}^{n}(1+c_1h)^ic_2h^{\min\{p',q+1\}+1}
\end{aligned}
$$

$$\leqslant \frac{c_2}{c_1} e^{c_1(t_{n+k}-t_{k-1})} h^{\min\{p',q+1\}}, \tag{3.6.21}$$

其中

$$c_1 = \frac{d_1 + \hat{d}_1 + d_2 + \hat{d}_2}{1-\xi_2}, \quad c_2 = \frac{\tilde{d}_3}{1-\xi_2}.$$

(3.6.13) 及 (3.6.21) 蕴涵着

$$\|y_{n+k} - y(t_{n+k})\| \leqslant \frac{c_2}{c_1(1-\xi_0)} e^{c_1(t_{n+k}-t_{k-1})} h^{\min\{p',q+1\}}.$$

这就意味着方法 (3.6.6)—(3.6.7)—(3.6.8) 是 p 阶 E-收敛的. 证毕.

3.6.4 收敛性分析 II

这节考虑数值求解 $\mathcal{L}_0(\alpha,\beta,\gamma,L)$ 类问题的收敛性, 类似于定义 3.6.4 给出下列定义.

定义 3.6.6 一个数值方法 (3.6.6) 称为 p 阶 EB-收敛的, 如果以该方法从起始数据 $y_i = y(t_i)$ $(i \in I_0)$ 出发, 数值求解任给的 $\mathcal{L}_0(\alpha,\beta,\gamma,L)$ 类问题 (3.6.1) 时, 所得到的逼近序列 $\{y_n\}$ 的整体误差有估计

$$\|y_n - y(t_n)\| \leqslant C(t_n)h^p, \quad h \in (0,h_0], \quad n \geqslant k,$$

这里连续函数 $C(t)$ 仅依赖于方法、α、β、γ、γL 和问题真解 $y(t)$ 的某些导数界 M_i, 最大容许步长 h_0 仅依赖于 α、β、γ、γL 和方法.

类似于定理 3.6.5 的证明, 易得下述定理.

定理 3.6.7 若方法 (3.6.6) 具有经典相容阶 p' 以及插值 (3.6.7) 是 q 阶的, 则方法 (3.6.6)—(3.6.7)—(3.6.8) 是 p 阶 EB-收敛的, 这里 $p = \min\{p', q+1\}$.

现在我们考虑计算 $\bar{y}^h(t)$ 的另一种方法, 即考虑 $\bar{y}^h(t)$ 的相应于插值 (3.6.7) 的插值逼近

$$\bar{y}^h(t_m+\delta h) = \begin{cases} \sum\limits_{j=-r}^{s} L_j(\delta)\bar{y}_{m+j}, & 0 < t_m+\delta h \leqslant T, \\ \phi'(t_m+\delta h), & t_m+\delta h \in I_\tau, \end{cases} \tag{3.6.22}$$

这里 $\bar{y}_i$ 是 $y'(t_i)$ 的数值逼近, 由下式得到

$$\bar{y}_i = \begin{cases} f(t_i, y_i, y^h(\eta(t_i)), \bar{y}^h(\eta(t_i))), & t_i \in I_T, \\ \phi'(t_i), & t_i \in I_\tau. \end{cases} \tag{3.6.23}$$

类似地, 考虑一个虚拟积分步

$$
\left\{
\begin{array}{l}
\tilde{y}_{n+k} - h\beta_k f(t_{n+k}, \tilde{y}_{n+k}, \tilde{y}^h(\eta(t_{n+k})), \tilde{\bar{y}}^h(\eta(t_{n+k}))) \\
= -\sum\limits_{i\in I_1} \alpha_i [y(t_{n+i}) - h\beta_i y'(t_{n+i})], \\
\tilde{y}^h(t_m + \delta h) \\
= \left\{
\begin{array}{ll}
\sum\limits_{j=-r}^{s-1} L_j(\delta) y(t_{m+j}) + L_s(\delta)\tilde{y}_{n+k}, & 0 < t_m + \delta h, t_{n+k-1} < t_{m+s} \leqslant t_{n+k}, \\
\sum\limits_{j=-r}^{s} L_j(\delta) y(t_{m+j}), & 0 < t_m + \delta h, \quad t_{m+s} \leqslant t_{n+k-1}, \\
\phi(t_m + \delta h), & t_m + \delta h \in I_\tau,
\end{array}
\right. \\
\tilde{\bar{y}}^h(t_m + \delta h) \\
= \left\{
\begin{array}{ll}
\sum\limits_{j=-r}^{s-1} L_j(\delta) y'(t_{m+j}) + L_s(\delta)\tilde{\bar{y}}_{n+k}, & 0 < t_m + \delta h, t_{n+k-1} < t_{m+s} \leqslant t_{n+k}, \\
\sum\limits_{j=-r}^{s} L_j(\delta) y'(t_{m+j}), & 0 < t_m + \delta h, \quad t_{m+s} \leqslant t_{n+k-1}, \\
\phi'(t_m + \delta h), & t_m + \delta h \in I_\tau,
\end{array}
\right. \\
\tilde{\bar{y}}_{n+k} = f(t_{n+k}, \tilde{y}_{n+k}, \tilde{y}^h(\eta(t_{n+k})), \tilde{\bar{y}}^h(\eta(t_{n+k}))).
\end{array}
\right.
\tag{3.6.24}
$$

由此, 我们可以证明如下的定理.

定理 3.6.8 若方法 (3.6.6) 具有经典相容阶 p' 以及插值 (3.6.7) 是 q 阶的, 则方法 (3.6.6)—(3.6.7)—(3.6.22)—(3.6.23) 是 p 阶 EB-收敛的, 这里 $p = \min\{p', q+1\}$.

在证明定理 3.6.8 之前, 我们给出插值 (3.6.22) 的误差估计.

引理 3.6.9 对 q $(q = r + s)$ 阶插值公式 (3.6.7) 的相应插值 (3.6.22), 我们有误差估计

$$
\|\bar{y}^h(t_m + \delta h) - y'(t_m + \delta h)\| \leqslant L_\delta \max_{-r\leqslant j\leqslant s} \|\bar{y}_{m+j} - y'(t_{m+j})\| + R_3 h^{q+1},
$$

这里

$$
R_3 = \frac{M_{q+2}}{q+1} \sup_{\delta\in[0,1)} \prod_{j=-r}^{s} |\delta - j|.
$$

证明 类似于文献 [259] 中引理 2.2 的证明容易给出此引理的证明.

定理 3.6.8 的证明 其证明是完全类似于定理 3.6.5 的, 只要注意 ϱ 是被 $\beta + \gamma L$ 替代了, R_1 被 $R_1 + R_3$ 替代了.

注 3.6.10 文献 [259] 对此类方法求解常延迟微分方程 (即 $\gamma = 0$) 的收敛性进行了分析, 其中要求 $\alpha \leqslant 0$. 作为中立型延迟微分方程的特例, 我们获得了 $\alpha > 0$ 时此类方法求解变延迟微分方程的收敛性结果.

注 3.6.11 我们在文献 [201] 中对 $\alpha > 0$ 的刚性常微分方程的稳定性进行了分析. 而特殊化本文的结果, 可以获得此类方法求解刚性常微分方程的收敛性结果.

3.6.5 数值算例

考虑文献 [259] 中之方法

$$\begin{aligned} y_{n+2} - (1-h^2)y_{n+1} - h^2 y_n = & \frac{1}{2}[(\exp(h)-1)f(t_{n+2}, y_{n+2}, y^h(\eta(t_{n+2}))) \\ & + (1-\exp(-h))f(t_{n+1}, y_{n+1}, y^h(\eta(t_{n+1})))], \end{aligned} \tag{3.6.25}$$

与方法 (3.6.6) 相比, 可知 $\alpha_2 = 1$, $\alpha_1 = -(1-h^2)$, $\alpha_0 = -h^2$, $\beta_2 = \dfrac{\exp(h)-1}{2h}$, $\beta_1 = \dfrac{1-\exp(-h)}{2h(1-h^2)}$, $\beta_0 = 0$, 对于 $0 < h < 1$, 所有这些系数满足本章的假定, 由于其经典阶是 2, 因此考虑对 $y^h(t)$ 使用线性插值

$$y^h(t) = \begin{cases} \dfrac{1}{h}[(t_{i+1}-t)y_i + (t-t_i)y_{i+1}], & t_i \leqslant t \leqslant t_{i+1}, i = 0, 1, \cdots, n+1, \\ \phi(t), & -\tau \leqslant t \leqslant 0. \end{cases} \tag{3.6.26}$$

根据本章的讨论, 对其作两个方面的推广. 其一是利用公式 (3.6.8), 此方法简记为 LMID; 其二是利用插值 (3.6.22), 此处是相应于 (3.6.26) 的线性插值, 该方法简记为 LMII. 现用这两种方法求解中立型比例延迟微分方程

$$\begin{cases} y'(t) = ay(t) + 0.1y\left(\dfrac{t}{2}\right)y'\left(\dfrac{t}{2}\right) + b\sin t + \cos t, & t \in [0, 10], \\ y(0) = 0, \end{cases} \tag{3.6.27}$$

这里 $a = -50$, $b = 49.95$. 问题的真解为 $y(t) = \sin(t)$. 令 $\text{err} = \max\limits_{0 \leqslant n \leqslant N} |y_n - y(t_n)|$, 这里 $N = 10/h$. 计算结果列于表 3.6.1.

表 3.6.1 $a = -50$, $b = 49.95$ 时的计算误差 err

h	LMID	LMII
0.2	1.209643e-003	1.209643e-003
0.1	2.681324e-004	2.627013e-004
0.05	6.545233e-005	5.123444e-005

从表 3.6.1 可以看出, 两种方法都是 2 阶收敛的. 为了进一步验证本章结论的正确性, 令 $a = 0.1$, $b = -0.15$, 其问题的真解仍然是 $y(t) = \sin(t)$. 计算结果列于表 3.6.2. 从表 3.6.2 可以看出, 这两种方法仍然都是 2 阶收敛的.

表 3.6.2 $a = 0.1$, $b = -0.15$ 时的计算误差 err

h	LMID	LMII
0.2	5.824907e-002	5.834720e-002
0.1	1.541921e-002	1.545144e-002
0.05	3.926808e-003	3.935208e-003

第 4 章　中立型延迟微分方程数值方法的稳定性和收敛性

4.1　引　　言

第 3 章我们在 Banach 空间讨论了一些数值方法求解中立型泛函微分方程及中立型延迟微分方程的稳定性和收敛性. 第 4 章我们将在有限维空间讨论中立型常延迟微分方程数值方法的稳定性以及单支方法和波形松弛方法求解 (3.6.1) 的收敛性. 在本章中, 对于收敛性所涉及的问题真解的光滑性, 我们仍然假定问题满足 (3.6.2) 和 (3.6.3), 并仍有注释 3.6.1 和注释 3.6.2, 对于这些问题, 我们在下文中不再说明. 正如第 1 章所言, 中立型延迟微分方程一出现, 就有数值工作者研究数值方法的收敛性. 其中, 以 Jackiewicz、Enright 和 Baker 等的工作最为杰出. 但这些研究都是基于经典 Lipschitz 条件的 (参见 [4, 56, 57, 118, 119, 121–123, 126]). 本章试图利用一个单边 Lipschitz 条件和一些经典 Lipschitz 条件, 给出单支方法和波形松弛方法的收敛性结果.

在 4.2—4.4 节中, 我们将分别研究单支方法、Runge-Kutta 法和一般线性方法求解中立型常延迟微分方程的稳定性, 建立这些方法的稳定性准则.

在 4.5 节中, 我们将在空间 $\mathbb{C}^N$ 中讨论单支方法求解 (3.6.1) 的收敛性, 证明了带线性插值的单支方法是 p 阶 E(或 EB)-收敛的当且仅当该方法 A-稳定且经典相容阶为 p (这里 $p=1,2$).

在 4.6 节中, 将利用一个单边 Lipschitz 条件和一些经典 Lipschitz 条件, 给出波形松弛方法的收敛性结果, 向解决 Bartoszewski 和 Kwapisz [9] 问题迈出关键性的一步.

4.2　中立型延迟微分方程单支方法的非线性稳定性

本节我们考虑常延迟中立型方程 (NDDEs)

$$\begin{cases} y'(t) = f(t, y(t), y(t-\tau), y'(t-\tau)), & t \geqslant t_0, \quad (4.2.1\text{a}) \\ y(t) = \phi(t), & t \leqslant t_0 \quad (4.2.1\text{b}) \end{cases}$$

的单支方法求解, 其中 τ 是正的延迟. 我们首先介绍一类特殊的 NDDEs 并回顾一些结果. 此后引进了非线性 NDDEs 数值方法一些新的稳定性概念, 如 GS-稳定性和 GAS-稳定性. 它们是 DDEs [94] 相应概念的推广. 最后证明了在理论解稳定和渐近稳定的充分条件下, 任何带有线性插值和逼近 $y'(t-\tau)$ 的 A-稳定单支方法都是 GS-稳定和弱 GS-稳定的. 这些结果进一步肯定了 DDEs 的相应结果. 在 Bellen 和 Zennaro 的专著 [21] 中, 他们指出, 对于某些步长 h, 即使 DDEs 理论解是渐近稳定的, 带某种线性插值的 A-稳定中点公式也是不稳定的. 然而根据我们的分析 (可参见 [94]), 带有与 [21] 中插值不同的线性插值的任何 A-稳定单支方法都是 GS-稳定 (GR-稳定) 的. 换言之, 当理论解稳定时, 对任意步长 h, 带另一种插值方法的 A-稳定中点公式得到的数值解仍然是稳定的. 最后, 通过数值算例验证了单支方法的稳定性, 也验证了本节所获理论结果. 本节内容取自 [203].

4.2.1　$D_{\alpha,\beta,\gamma,\varrho}$ 问题类

令 $\langle\cdot,\cdot\rangle$ 是 $\mathbb{C}^N$ 上的内积, $\|\cdot\|$ 是相应的范数. 首先, 我们给出下面的定义.

定义 4.2.1　令 α, β, γ, ϱ 是实常数. 连续函数 f 满足下列条件:

$$\Re e\langle y_1-y_2, f(t,y_1,u,v)-f(t,y_2,u,v)\rangle \leqslant \alpha\|y_1-y_2\|^2,\ \forall t\geqslant t_0, y_1,y_2,u,v\in\mathbb{C}^N, \tag{4.2.2}$$

$$\|f(t,y,u_1,v)-f(t,y,u_2,v)\| \leqslant \beta\|u_1-u_2\|,\quad \forall t\geqslant t_0, y,u_1,u_2,v\in\mathbb{C}^N, \tag{4.2.3}$$

$$\|f(t,y,u,v_1)-f(t,y,u,v_2)\| \leqslant \gamma\|v_1-v_2\|,\quad \forall t\geqslant t_0, y,u,v_1,v_2\in\mathbb{C}^N, \tag{4.2.4}$$

$$\|H(t,y,u_1,v,w)-H(t,y,u_2,v,w)\| \leqslant \varrho\|u_1-u_2\|,\quad \forall t\geqslant t_0, y,u_1,u_2,v,w\in\mathbb{C}^N \tag{4.2.5}$$

的所有问题类 (4.2.1a) 用 $\mathcal{D}_{\alpha,\beta,\gamma,\varrho}$ 表示. 这里

$$H(t,y,u,v,w) := f(t,y,u,f(\alpha(t),u,v,w)).$$

注 4.2.2　由黄乘明等 [94] 提出的 DDEs 的 $D_{p,q}$ 类可以看作 NDDEs 的 $D_{p,q,0,q}$ 类.

命题 4.2.3　系统 (1.1.9) 属于 $\mathcal{D}_{\alpha,\beta,\gamma,\varrho}$ 类, 其中 $\alpha=\mu[L], \beta=\|M\|, \gamma=\|N\|, \varrho=\|M+NL\|$, $\mu[\cdot]$ 为 $\langle\cdot,\cdot\rangle$ 导出的对数范数.

命题 4.2.4　当延迟 $\tau(t)$ 为常数 τ 时, 系统 (1.2.6) 属于 $D_{\alpha,\beta,\gamma,\varrho}$ 类, 其中 $\alpha=\mu[L(t)], \beta=\|M(t)\|, \gamma=\|N(t)\|, \varrho=\|M(t)+N(t)L(t-\tau)\|$.

应用第 2 章的证明方法, 我们易得以下结果.

引理 4.2.5　假设问题 (4.2.1a) 属于 $D_{\alpha,\beta,\gamma,\varrho}$ 类并且

$$\alpha<0,\quad \gamma<1,\quad \alpha+\frac{\varrho}{1-\gamma}\leqslant 0. \tag{4.2.6}$$

那么, 对所有的 $t\geqslant t_0$, 下面的不等式成立:

$$\|y(t)-z(t)\| \leqslant \max\{\|\phi(t_0)-\psi(t_0)\|,\kappa\}, \tag{4.2.7}$$

其中

$$\kappa = \sup_{t_0-\tau\leqslant s\leqslant t_0} \frac{\beta\|\phi(s)-\psi(s)\|+\gamma\|\phi'(s)-\psi'(s)\|}{-\alpha}.$$

此处及之后, $y(t), z(t)$ 分别为初始函数是 $\phi(t), \psi(t)$ 时 (4.2.1a) 的解.

引理 4.2.6 假设问题 (4.2.1a) 属于 $D_{\alpha,\beta,\gamma,\varrho}$ 类且

$$\alpha<0, \quad \gamma<1, \quad \alpha+\frac{\varrho}{1-\gamma}<0. \tag{4.2.8}$$

那么以下是成立的:

$$\lim_{t\to+\infty}\|y(t)-z(t)\|=0. \tag{4.2.9}$$

引理 4.2.5 和引理 4.2.6 的证明也可参见 [200], 其中给出了两个更一般的结果.

4.2.2 单支方法求解非线性中立型延迟微分方程

令 $h>0$ 是一个给定的步长且 $\tau=(m-\delta)h$, $\tau\geqslant h$, $\delta\in[0,1)$, 整数 $m\geqslant 1$. 考虑使用 k 步单支方法 (ρ,σ) 解 NDDEs (4.2.1a)—(4.2.1b)

$$\rho(E)y_n = hf(\sigma(E)t_n, \sigma(E)y_n, \bar{y}_1, \tilde{y}_1), \quad n=0,1,2,\cdots, \tag{4.2.10}$$

其中 E 是平移算子: $Ey_n=y_{n+1}$, 每个 y_n 是 $t_n=t_0+nh$ 时精确解 $y(t_n)$ 的近似, 且 $\rho(x)=\sum\limits_{j=0}^{k}\alpha_j x^j$, $\sigma(x)=\sum\limits_{j=0}^{k}\beta_j x^j$ 是生成的多项式, 假设它们有实系数, 没有公约数, 参数 $\bar{y}_1$ 表示 $y(\sigma(E)t_n-\tau)$ 的一个近似, $y(\sigma(E)t_n-\tau)$ 是由 $\{y_i\}_{i\leqslant n+k}$ 在 $t=\sigma(E)t_n-\tau$ 处的特定插值得到的, 即

$$\bar{y}_1 = \delta\sigma(E)y_{n-m+1}+(1-\delta)\sigma(E)y_{n-m}, \tag{4.2.11}$$

其中当 $l\leqslant 0$ 时 $y_l=\phi(t_0+lh)$, 参数 $\tilde{y}_1$ 表示 $y'(\sigma(E)t_n-\tau)$ 的近似逼近, 该近似逼近由下列公式得到

$$\tilde{y}_1 = f(\sigma(E)t_n-\tau, \bar{y}_1, \bar{y}_2, \tilde{y}_2), \tag{4.2.12}$$

这里 $\bar{y}_2$ 表示 $y(\sigma(E)t_n-2\tau)$ 的近似, $\tilde{y}_2$ 表示 $y'(\sigma(E)t_n-2\tau)$ 的近似. 我们也假设 $\rho(1)=0, \rho'(1)=\sigma(1)=1$.

求解过程 (4.2.10) 完全由单支方法 (ρ,σ)、插值过程 (4.2.11) 和近似逼近 (4.2.12) 定义. 从 [94], 我们给出下面的定义.

定义 4.2.7 称一个关于 NDDEs 的数值方法是 S-稳定的, 如果在 (4.2.6) 条件下, 存在一个常数 C 仅依赖于方法、τ 和 $\alpha, \beta, \gamma, \varrho$, 使得对于任意给定的具有不同初始函数 $\phi(t)$ 和 $\psi(t)$ 的 $D_{\alpha,\beta,\gamma,\sigma}$ 类问题 (4.2.1a), 相应的数值逼近 y_n 和 z_n 对任意 $n \geqslant k$ 满足以下不等式:

$$\|y_n - z_n\| \leqslant C(\max_{0 \leqslant j \leqslant k-1} \|y_j - z_j\| + M), \tag{4.2.13}$$

其中步长 $h > 0$ 满足条件

$$hm = \tau, \tag{4.2.14}$$

m 是正整数, 且

$$M = \max\left\{\max_{t_0-\tau \leqslant s \leqslant t_0} \|\phi(s) - \psi(s)\|, \max_{t_0-\tau \leqslant s \leqslant t_0} \|\phi'(s) - \psi'(s)\|\right\}.$$

GS-稳定是通过去掉限制条件 (4.2.14) 来定义的.

注 4.2.8 王晚生和李寿佛 [200] 将 RN-和 GRN-稳定性引入 NDDEs 非线性系统的数值方法中. 如果一个数值方法保持收缩性, 则它是 RN-稳定的, 即 $\|y_n - z_n\| \leqslant \max\{\|\phi(t_0) - \psi(t_0)\|, \kappa\}$. 在这里我们放宽了它们的要求. S-性和 GS-稳定性只要求差是受控制的, 并且是一致有界的. 因此, S-稳定是一个比 RN-稳定更弱的概念.

注 4.2.9 此前, 黄乘明等学者 [94] 为非自治非线性 DDEs 的数值方法引入了 R-和 GR-稳定性. 显然, S-和 GS-稳定性是关于 DDEs 耗散系统数值方法的 R-和 GR-稳定性概念的直接推广.

注 4.2.10 S-稳定性和 GS-稳定性可以分别看作是对 NP-稳定性和 GNP-稳定性在非线性问题中的推广 [21].

命题 4.2.11 任何 S-稳定的单支方法都是 A-稳定的.

定义 4.2.12 称一个关于 NDDEs 的数值方法是 AS-稳定的, 如果在 (4.2.8) 条件下, 对于任意给定的具有不同初始函数 $\phi(t)$ 和 $\psi(t)$ 的 $D_{\alpha,\beta,\gamma,\sigma}$ 问题类 (4.2.1a), 当步长 $h > 0$ 满足条件 (4.2.14) 时, 相应的数值逼近解 y_n 和 z_n 满足

$$\lim_{n \to +\infty} \|y_n - z_n\| = 0. \tag{4.2.15}$$

GAS-稳定是通过去掉限制条件 (4.2.14) 来定义的.

定义 4.2.13 称关于 NDDEs 的数值方法为弱 S-稳定, 如果当 f 满足 (4.2.2)—(4.2.4) 及

$$\|f(t, y_1, u, v) - f(t, y_2, u, v)\| \leqslant L\|y_1 - y_2\|, \quad t \geqslant 0, y_1, y_2, u, v \in C^N, \tag{4.2.16}$$

且

$$\alpha < 0, \quad \gamma < 1, \quad \alpha + \frac{\beta + \gamma L}{1 - \gamma} \leqslant 0 \tag{4.2.17}$$

时, 不等式 (4.2.13) 在步长 $h > 0$ 满足条件 (4.2.14) 下成立, 这里 L 是非负实数, C 只依赖于方法, τ 和 α, β, γ, L. 弱 GS-稳定性是通过去掉限制条件 (4.2.14) 来定义的.

注 4.2.14 如果函数 f 独立于 $y'(t-\tau)$, 即 (4.2.1a)—(4.2.1b) 是 DDEs, 则条件 (4.2.6) 等价于 (4.2.17), 并且有

$$\text{弱}S\text{-稳定性} \Leftrightarrow S\text{-稳定性} \Leftrightarrow R\text{-稳定性},$$

$$\text{弱 GS-稳定性} \Leftrightarrow \text{GS-稳定性} \Leftrightarrow \text{GR-稳定性}.$$

此外, 我们还有

$$\text{AS-稳定性} \Leftrightarrow \text{AR-稳定性},$$

$$\text{GAS-稳定性} \Leftrightarrow \text{GAR-稳定性}.$$

AR-稳定性和 GAR-稳定性是由黄乘明等学者对于 DDEs 问题提出的 [94].

4.2.3 稳定性分析

设 $\sigma(E)t_n - (l+1)\tau \leqslant t_0 < \sigma(E)t_n - l\tau$ 和 l 是非负整数. 令 $y_n, z_n \in C^N$, $\omega_n = [y_n - z_n, y_{n+1} - z_{n+1}, \cdots, y_{n+k-1} - z_{n+k-1}]^{\mathrm{T}}$, 对于实对称正定 $k \times k$ 矩阵 $G = [g_{ij}]$, 其范数 $\|\cdot\|_G$ 由下式定义:

$$\|U\|_G = \sqrt{\sum_{i,j=1}^{k} g_{ij}\langle u_i, u_j\rangle}, \quad U = [u_1^{\mathrm{T}}, u_2^{\mathrm{T}}, \cdots, u_k^{\mathrm{T}}] \in C^{kN}.$$

定理 4.2.15 任何具有插值 (4.2.11) 和近似 (4.2.12) 的 A-稳定 k 步单支方法 (ρ, σ) 是 GS-稳定的.

证明 设方法是 A-稳定的. 那么对于实对称正定矩阵 G, $\beta_k/\alpha_k > 0$ 且方法是 G-稳定的 (参见 [51]). 这意味着, 对任意实数 $a_0, a_1, \cdots, a_k$,

$$A_1^{\mathrm{T}} G A_1 - A_0^{\mathrm{T}} G A_0 \leqslant 2\sigma(E)a_0\rho(E)a_0,$$

其中 $A_i = [a_i, a_{i+1}, \cdots, a_{i+k-1}]^{\mathrm{T}}, i = 0, 1$. 因此, 我们很容易可以得到 (参见 [50, 150])

$$\|\omega_{n+1}\|_G^2 - \|\omega_n\|_G^2 \leqslant 2\Re e\langle\sigma(E)(y_n - z_n), \rho(E)(y_n - z_n)\rangle.$$

如此, 如果 $\varrho \neq 0$, 那么

$$
\begin{aligned}
&\|\omega_{n+1}\|_G^2-\|\omega_n\|_G^2\\
\leqslant\ & 2\Re_e\langle\sigma(E)(y_n-z_n),h(f(\sigma(E)t_n,\sigma(E)y_n,\bar{y}_1,\tilde{y}_1)-f(\sigma(E)t_n,\sigma(E)z_n,\bar{z}_1,\tilde{z}_1))\rangle\\
\leqslant\ & 2\alpha h\|\sigma(E)(y_n-z_n)\|^2+2h\|\sigma(E)(y_n-z_n)\|\|f(\sigma(E)t_n,\sigma(E)z_n,\bar{y}_1,\tilde{y}_1)\\
&-f(\sigma(E)t_n,\sigma(E)z_n,\bar{z}_1,\tilde{z}_1)\|\\
\leqslant\ & 2\alpha h\|\sigma(E)(y_n-z_n)\|^2+2h\|\sigma(E)(y_n-z_n)\|\\
&\cdot\left(\varrho\sum_{j=0}^{l-1}\gamma^j\|\bar{y}_{j+1}-\bar{z}_{j+1}\|+\gamma^l(\beta+\gamma)M\right)\\
\leqslant\ & \left(2\alpha+\varrho\sum_{j=0}^{l}\gamma^j\right)h\|\sigma(E)(y_n-z_n)\|^2\\
&+\varrho h\sum_{j=0}^{l-1}\gamma^j\|\bar{y}_{j+1}-\bar{z}_{j+1}\|^2+\frac{\gamma^l h}{\varrho}(\beta+\gamma)^2M^2\\
\leqslant\ & \left(2\alpha+\frac{\varrho}{1-\gamma}\right)h\|\sigma(E)(y_n-z_n)\|^2+\varrho h\sum_{j=0}^{l-1}\gamma^j\|\bar{y}_{j+1}-\bar{z}_{j+1}\|^2\\
&+\frac{\gamma^l h}{\varrho}(\beta+\gamma)^2M^2\\
\leqslant\ & \alpha h\|\sigma(E)(y_n-z_n)\|^2+\varrho h\sum_{j=0}^{l-1}\gamma^j\|\bar{y}_{j+1}-\bar{z}_{j+1}\|^2+\frac{\gamma^l h}{\varrho}(\beta+\gamma)^2M^2.
\end{aligned}\tag{4.2.18}
$$

由 (4.2.11) 可知

$$
\begin{aligned}
\|\bar{y}_2-\bar{z}_2\|^2\leqslant\ & \delta\|\sigma(E)(y_{n-2m+1}-z_{n-2m+1})\|^2\\
&+(1-\delta)\|\sigma(E)(y_{n-2m}-z_{n-2m})\|^2.
\end{aligned}
$$

从而

$$
\begin{aligned}
\|\omega_{n+1}\|_G^2\leqslant\ & \|\omega_0\|_G^2+\alpha h\sum_{i=0}^{n}\|\sigma(E)(y_i-z_i)\|^2+\varrho h\left[\delta\sum_{j=0}^{l-1}\gamma^j\sum_{i=1}^{n-m+1}\|\sigma(E)(y_i-z_i)\|^2\right.\\
&\left.+(1-\delta)\sum_{j=0}^{l-1}\gamma^j\sum_{i=0}^{n-m}\|\sigma(E)(y_i-z_i)\|^2\right]+\frac{(m+1)h}{\varrho}\sum_{j=0}^{l}\gamma^j(\beta+\gamma)^2M^2\\
\leqslant\ & \|\omega_0\|_G^2+\left(\alpha+\frac{\varrho}{1-\gamma}\right)h\sum_{i=0}^{n}\|\sigma(E)(y_i-z_i)\|^2+\frac{(m+1)h}{(1-\gamma)\varrho}(\beta+\gamma)^2M^2\\
\leqslant\ & \|\omega_0\|_G^2+\frac{2\tau}{(1-\gamma)\varrho}(\beta+\gamma)^2M^2.
\end{aligned}
$$

令 λ_1 和 λ_2 分别表示矩阵 G 的最大特征值和最小特征值. 我们有

$$\lambda_2\|y_{n+k}-z_{n+k}\|^2 \leqslant \lambda_1\sum_{i=0}^{k-1}\|y_i-z_i\|^2+\frac{2\tau}{(1-\gamma)\varrho}(\beta+\gamma)^2M^2,\quad n\geqslant 0.$$

显然

$$\|y_{n+k}-z_{n+k}\|^2 \leqslant \frac{k\lambda_1}{\lambda_2}\max_{0\leqslant i\leqslant k-1}\|y_i-z_i\|^2+\frac{2\tau}{(1-\gamma)\varrho\lambda_2}(\beta+\gamma)^2M^2,\quad n\geqslant 0.$$

这就表明方法是 GS-稳定的.

对于 $\varrho=0$ 的情况, 由下式代替 (4.2.18),

$$\|\omega_{n+1}\|_G^2-\|\omega_n\|_G^2 \leqslant \alpha h\|\sigma(E)(y_n-z_n)\|^2+\frac{\gamma^l h}{-\alpha(1-\gamma)}(\beta+\gamma)^2M^2, \tag{4.2.19}$$

同样可得类似结果.

推论 4.2.16 具有插值 (4.2.11) 和近似 (4.2.12) 的 k 步单支方法 (ρ,σ) 的 GS-稳定性等价于 A-稳定性.

推论 4.2.17 (黄乘明等 [94]) 具有插值 (4.2.11) 的 A-稳定的单支方法 (ρ,σ) 是 GR-稳定的.

下面我们进一步研究单支方法的渐近稳定性. 根据 [94], 如果一个方法是 A-稳定的, 并且 $\sigma(x)$ 的任意根的模严格小于 1, 则该方法是强 A-稳定的.

定理 4.2.18 具有插值 (4.2.11) 和近似 (4.2.12) 的强 A-稳定单支方法 (ρ,σ) 是 GAS-稳定的.

证明 类似于定理 (4.2.15), 我们易得

$$\begin{aligned}&\|\omega_{n+1}\|_G^2-\left(\alpha+\frac{\varrho}{1-\gamma}\right)h\sum_{i=0}^{n}\|\sigma(E)(y_i-z_i)\|^2\\ \leqslant\ &\|\omega_0\|_G^2+\frac{2\tau}{(1-\gamma)\varrho}(\beta+\gamma)^2M^2,\quad n\geqslant 0,\quad \varrho\neq 0,\end{aligned}$$

或者

$$\begin{aligned}&\|\omega_{n+1}\|_G^2-\alpha h\sum_{i=0}^{n}\|\sigma(E)(y_i-z_i)\|^2\\ \leqslant\ &\|\omega_0\|_G^2+\frac{2\tau}{-\alpha(1-\gamma)^2}(\beta+\gamma)^2M^2,\quad n\geqslant 0,\ \varrho=0.\end{aligned}$$

由 $\alpha+\dfrac{\varrho}{1-\gamma}<0$ 和 $\alpha<0$, 有

$$\lim_{n\to\infty}\|\sigma(E)(y_n-z_n)\|=0.$$

这个证明的剩余部分类似于 [94] 中的定理 4.3, 我们在这里省略了它. 证毕.

推论 4.2.19 (黄乘明等[94]) 具有插值 (4.2.11) 的强 A-稳定单支方法 (ρ,σ) 是 GAR-稳定的.

定理 4.2.20 具有插值 (4.2.11) 和近似 (4.2.12) 的 A-稳定单支方法 (ρ,σ) 是弱 GS-稳定的.

证明 由

$$\begin{aligned}&\|f(\sigma(E)t_n,\sigma(E)z_n,\bar{y}_1,\tilde{y}_1)-f(\sigma(E)t_n,\sigma(E)z_n,\bar{z}_1,\tilde{z}_1)\|\\&\leqslant(\beta+\gamma L)\sum_{j=0}^{l-1}\gamma^j\|\bar{y}_{j+1}-\bar{z}_{j+1}\|+\gamma^l(\beta+\gamma)M,\end{aligned}$$

类似于定理 (4.2.15) 的证明, 我们可以证明此定理. 证毕.

注 4.2.21 在 Bellen 和 Zennaro 的专著 [21] 中, 他们指出, 对于某些步长 h, 由 A-稳定的中点公式通过插值获得的数值解是不稳定的, 而理论解是渐近稳定的. 不过根据我们的分析, 任何具有插值 (4.2.11) 的 A-稳定的单支方法都是 GS-稳定的, 也就是说, 当理论解稳定时, 通过带有插值 (4.2.11) 的 A-稳定中点公式获得的数值解对于任何步长 h 都是稳定的. 为什么会这样呢? 其根本原因是插值 (4.2.11) 与 [21] 中的插值是不同的 (见下面的数值算例).

4.2.4 数值算例

本小节我们考虑几个数值算例.

数值算例 4.2.1 考虑 [21] 中问题

$$\begin{cases}y'(t)=\lambda y(t)-\dfrac{4}{5}\lambda y(t-1), & t\geqslant 0,\\ y(t)=1, & t\leqslant 0.\end{cases}\tag{4.2.20}$$

在 [21] 中, 具有线性插值的中点公式采用以下形式

$$y_{n+1}=\begin{cases}\dfrac{\left(1+\dfrac{1}{2}h\lambda\right)y_n-\dfrac{4}{5}h\lambda\left(\left(\dfrac{1}{2}-\delta\right)y_{n-m}+\left(\dfrac{1}{2}+\delta\right)y_{n-m+1}\right)}{1-\dfrac{1}{2}h\lambda}, & 0\leqslant\delta\leqslant\dfrac{1}{2},\\[4ex] \dfrac{\left(1+\dfrac{1}{2}h\lambda\right)y_n-\dfrac{4}{5}h\lambda\left(\left(\dfrac{3}{2}-\delta\right)y_{n-m+1}+\left(\delta-\dfrac{1}{2}\right)y_{n-m+2}\right)}{1-\dfrac{1}{2}h\lambda}, & \dfrac{1}{2}<\delta<1,\end{cases}\tag{4.2.21}$$

其中当 $l \leqslant 0$ 时, $y_l = 1$. 我们同样使用中点公式, 但因线性插值 (4.2.11), 其计算公式为

$$y_{n+1} = \frac{\left(1+\frac{1}{2}h\lambda\right)y_n - \frac{4}{5}h\lambda\left(\frac{1}{2}(1-\delta)y_{n-m} + \frac{1}{2}y_{n-m+1} + \frac{1}{2}\delta y_{n-m+2}\right)}{1-\frac{1}{2}h\lambda}. \tag{4.2.22}$$

显然, 当 $\delta = 0$ 时, (4.2.22) 和 (4.2.21) 相同, 但对于 $\delta \neq 0$ 的情况, (4.2.22) 不同于 (4.2.21). 图 4.2.1 给出了 (4.2.22) 当 $m-\delta = 10$ 和 $m-\delta = 12.5$ 时 (4.2.20) 的数值解, 这里 $\lambda = -50$. 可以看到, 当我们采用插值 (4.2.11) 时, 非整数值 $m-\delta$ 的数值解仍然是稳定的.

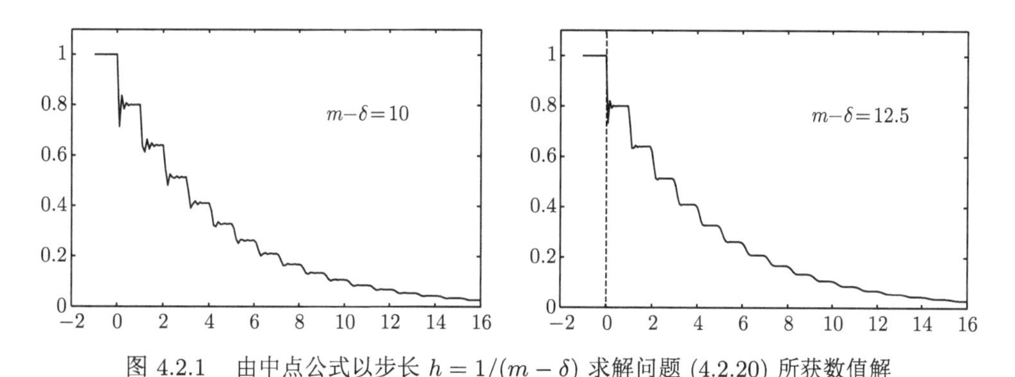

图 4.2.1 由中点公式以步长 $h = 1/(m-\delta)$ 求解问题 (4.2.20) 所获数值解

数值算例 4.2.2 考虑应用二阶 BDF 方法

$$3y_{n+2} - 4y_{n+1} + y_n = 2hf(t_{n+2}, y_{n+2})$$

及插值 (4.2.11) 和近似 (4.2.12) 求解非线性 NDDEs:

$$\begin{cases} y'(t) = -20y(t) + 0.4\sin y(t)\sin y'(t-1) + \cos y(t-1), & t \geqslant 0, \\ y(t) = \phi(t), & t \leqslant 0. \end{cases} \tag{4.2.23}$$

易得 $\alpha(t) = -19$, $\beta(t) = 1, \gamma(t) = 0.4, \varrho(t) = 9$. 因此, 方程满足条件 (4.2.6), 从而理论上我们有 $\lim\limits_{n\to\infty}\|y(t) - z(t)\| = 0$, 其中 y_n 和 z_n 分别是 (4.2.23) 和不同初始函数 $\phi_1(t) = t$ 和 $\phi_2(t) = 0.1t$ 的解. 为了考察二阶 BDF 方法的稳定性, 我们考虑不同的时间步长. 表 4.2.1 列出了当我们使用不同步长 $h = 0.1$ 和 $h = 0.08$ 的二阶 BDF 方法求解方程 (4.2.23) 时数值解的差 $\|y_n - z_n\|$.

由表 4.2.1 我们可以发现带有插值 (4.2.11) 和近似 (4.2.12) 的二阶 BDF 方法是 GAS-稳定的.

表 4.2.1　二阶 BDF 方法求解问题 (4.2.23) 时的数值解的差 $\|y_n - z_n\|$

t	$\|y_n - z_n\|$	
	$m-\delta=10$	$m-\delta=12.5$
2	4.034453×e−006	1.828652×e−004
4	1.175684×e−009	1.383679×e−007
8	1.249001×e−016	4.725387×e−015
12	0	0

4.3　中立型延迟微分方程 Runge-Kutta 法的非线性稳定性

本节考虑 Runge-Kutta 法求解非线性中立型延迟微分方程的稳定性. 为此, 我们引入了 Runge-Kutta 法的 GS(l)-稳定性、GAS(l)-稳定性和弱 GAS(l)-稳定性等新概念, 并证明了带有分段线性插值的 (k,l)-代数稳定 Runge-Kutta 法是 GS-、GAS(l)-和弱 GAS(l)-稳定的. 本节内容可参见 [204].

4.3.1　Runge-Kutta 法求解中立型延迟微分方程

令 (A, b^{T}, c) 表示一个给定的 Runge-Kutta 法, 其具有 $s\times s$ 矩阵 $A=(a_{ij})$, 向量 $b=[b_1,\cdots,b_2]^{\mathrm{T}}$ 和 $c=[c_1,\cdots,c_s]^{\mathrm{T}}$. 在本书中, 我们总是假设 $c_i\in[0,1], \forall i$. 设 $h>0$ 为步长, $\tau=(m-\delta)h$, $\tau\geqslant h$, $\delta\in[0,1)$ 且整数 $m\geqslant 1$. 考虑一个网格 $\Delta=:\{t_0=0<t_1<\cdots<t_n<\cdots\}$, 那么求解 NDDEs (4.2.1a)—(4.2.1b) 的 Runge-Kutta 法具有如下形式：

$$
\begin{cases}
Y_i^{(n)} = y_n + h\sum_{j=1}^{s} a_{ij} f(t_n + c_j h, Y_j^{(n)}, \bar{Y}_j^{(1)}, \tilde{Y}_j^{(1)}), \quad i=1,2,\cdots,s, & (4.3.1\text{a})\\
y_{n+1} = y_n + h\sum_{j=1}^{s} b_j f(t_n + c_j h, Y_j^{(n)}, \bar{Y}_j^{(1)}, \tilde{Y}_j^{(1)}), & (4.3.1\text{b})
\end{cases}
$$

其中每个 y_n 是 $t_n=nh$ 时精确解 $y(t_n)$ 的近似值, 特别地 $y_0=\phi(0)$. 参数 $\bar{Y}_j^{(q)}(q=1,2,\cdots,p)\Big($其中 $p=\left\lfloor\dfrac{t_n}{\tau}\right\rfloor+1$ 且 $\lfloor\cdot\rfloor$ 表示整数部分$\Big)$定义为 $y(t_n+c_jh-q\tau)$ 的近似值, 该近似值是利用 $Y_i^{(k)}$ 和 $y_k(k\leqslant n)$ 在 $t=t_n+c_jh-q\tau$ 点进行特定插值获得的, 即可如下表示

$$
\tilde{Y}_j^{(q)} = f(t_n + c_j h - q\tau, \bar{Y}_j^{(q)}, \bar{Y}_j^{(q+1)}, \tilde{Y}_j^{(q+1)}). \tag{4.3.2}
$$

求解过程 (4.3.1a)—(4.3.1b)—(4.3.2) 完全由 Runge-Kutta 法 (A, b^{T}, c) 和 $\bar{Y}_j^{(q)}$ 的插值过程定义. 在本节中, 我们使用线性插值 (参见 [82]), 即

$$\bar{Y}_j^{(q)} = \delta Y_j^{(n-qm+1)} + (1-\delta) Y_j^{(n-qm)}, \tag{4.3.3}$$

其中 $Y_j^{(i)} = \phi(t_i + c_j h)$, $i < 0$.

类似地, 对扰动问题

$$\begin{cases} z'(t) = f(t, z(t), z(t-\tau), z'(t-\tau)), & t \geqslant 0, & (4.3.4\text{a}) \\ z(t) = \psi(t), & t \in [-\tau, 0], & (4.3.4\text{b}) \end{cases}$$

使用相同的方法 (A, b^{T}, c) 和相同的插值, 得到

$$\begin{cases} Z_i^{(n)} = z_n + h\sum_{j=1}^{s} a_{ij} f(t_n + c_j h, Z_j^{(n)}, \bar{Z}_j^{(1)}, \tilde{Z}_j^{(1)}), \quad i = 1, 2, \cdots, s, & (4.3.5\text{a}) \\ z_{n+1} = z_n + h\sum_{j=1}^{s} b_j f(t_n + c_j h, Z_j^{(n)}, \bar{Z}_j^{(1)}, \tilde{Z}_j^{(1)}), & (4.3.5\text{b}) \\ \tilde{Z}_j^{(q)} = f(t_n + c_j h - q\tau, \bar{Z}_j^{(q)}, \bar{Z}_j^{(q+1)}, \tilde{Z}_j^{(q+1)}), \quad q = 1, 2, \cdots, p, & (4.3.5\text{c}) \end{cases}$$

$$\bar{Z}_j^{(q)} = \delta Z_j^{n-qm+1} + (1-\delta) Z_j^{n-qm},$$

其中 $z_0 = \psi(0)$ 及 $i < 0$ 时 $Z_j^{(i)} = \psi(t_i + c_j h)$.

定义 4.3.1 设 l 为实常数. 称具有插值过程的 Runge-Kutta 法 (A, b^{T}, c) 是 $S(l)$-稳定的, 如果此方法应用于任意属于 $D_{\alpha,\beta,\gamma,\varrho}$ 类问题 (4.2.1a)—(4.2.1b) 及其扰动问题 (4.3.4a)—(4.3.4b), 当步长 h 满足 $[\alpha + (\varrho+\varepsilon)(1-\gamma)^{-1}]h \leqslant l$ 和

$$hm = \tau, \quad m\text{是正整数} \tag{4.3.6}$$

时, 在条件

$$\alpha < 0, \quad \gamma < 1 \tag{4.3.7}$$

下, 存在仅依赖于方法的常数 C, 使得

$$\|y_n - z_n\|^2 \leqslant \left[1 + C\frac{(\beta+\gamma)^2\tau}{(1-\gamma)(\varrho+\varepsilon)}\right] M^2,$$

其中

$$M = \max\left\{\max_{-\tau \leqslant s \leqslant 0} \|\phi(s) - \psi(s)\|, \max_{-\tau \leqslant s \leqslant 0} \|\phi'(s) - \psi'(s)\|\right\}.$$

这里及之后, 如果 $\varrho \neq 0$, $\varepsilon = 0$, 否则, $\varepsilon > 0$ 是一个适当大小的常数. 作为一个重要的特例, $S(0)$-稳定方法简称 S-稳定. 进一步, 当去掉限制条件 (4.3.6) 时, 方法称为 GS(l)-稳定和 GS-稳定的.

注 4.3.2 最近, 黄乘明等[93] 提出了非自治非线性 DDEs 数值方法的 $R(l)$-和 $\mathrm{GR}(l)$-稳定性. 显然, $S(l)$-和 $\mathrm{GS}(l)$-稳定性是 DDEs 方法的 $R(l)$-和 $\mathrm{GR}(l)$-稳定性概念的直接推广.

命题 4.3.3 任何 S-稳定的 Runge-Kutta 法是 BN-稳定的.

定义 4.3.4 设 l 为实常数. 称具有插值过程的 Runge-Kutta 法 (A,b^{T},c) 是 $\mathrm{AS}(l)$-稳定的, 如果此方法应用于任意属于 $D_{\alpha,\beta,\gamma,\varrho}$ 类问题 (4.2.1a)—(4.2.1b) 及其扰动问题 (4.3.4a)—(4.3.4b), 在条件 (4.3.7) 下, 当步长 h 满足 $[R+(\varrho+\varepsilon)(1-\gamma)^{-1}]h<l$ 和 (4.3.6) 时, 有

$$\lim_{n\to+\infty}\|y_n-z_n\|=0 \tag{4.3.8}$$

成立. 作为一种重要的特殊情况, AS(0)-稳定的方法简称为 AS-稳定. $\mathrm{GAS}(l)$-稳定性和 GAS-稳定性是通过去掉限制条件 (4.3.6) 来定义的.

定义 4.3.5 设 l 为实常数. 称具有插值过程的 Runge-Kutta 法 (A,b^{T},c) 为弱 $\mathrm{AS}(l)$-稳定的, 如果在约束条件 (4.3.6) 下, 对于满足条件 $[\alpha+(\beta+\gamma L)(1-\gamma)^{-1}]h<l$ 的步长 $h>0$, 只要 f 满足 (4.2.2)—(4.2.4) 和 (4.2.16), (4.3.8) 在条件 (4.3.7) 下成立. 弱 AS(0)-稳定的方法简称为弱 AS-稳定. 弱 $\mathrm{GAS}(l)$-稳定性和弱 GAS-稳定性通过去掉限制条件 (4.3.6) 来定义的.

定义 4.3.6 (参见 [35]) 设 k,l 为实常数. 称方法 (A,b^{T},c) 是 (k,l)-代数稳定的, 如果存在一个对角非负矩阵 $D=\mathrm{diag}(d_1,d_2,\cdots,d_s)$ 使得 $\mathcal{M}=[\mathcal{M}_{ij}]$ 是半正定的, 其中

$$\mathcal{M}=\begin{bmatrix} k-1-2le^{\mathrm{T}}De & e^{\mathrm{T}}D-b^{\mathrm{T}}-2le^{\mathrm{T}}DA \\ De-b-2lA^{\mathrm{T}}De & DA+A^{T}D-bb^{\mathrm{T}}-2lA^{\mathrm{T}}DA \end{bmatrix},$$

且 $e=[1,1,\cdots,1]^{\mathrm{T}}$.

对于插值过程 (4.3.3), 如果步长 h 满足 (4.3.6), 则有

$$\bar{Y}_j^{(q)}=Y_j^{(n-qm)}.$$

4.3.2 稳定性分析

在这一节中, 我们着重讨论 (k,l)-代数稳定的 Runge-Kutta 法求解非线性 $D_{\alpha,\beta,\gamma,\varrho}$ 问题类的稳定性. 设 $y_n,z_n\in\mathbb{C}^N,\omega_n=y_n-z_n$, $W_j^{(n)}=Y_j^{(n)}-Z_j^{(n)}$, $\bar{W}_j^{(q)}=\bar{Y}_j^{(q)}-\bar{Z}_j^{(q)},q=1,2,\cdots,p$, 且

$$Q_j^{(n)}=h[f(t_n+c_jh,Y_j^{(n)},\bar{Y}_j^{(1)},\tilde{Y}_j^{(1)})-f(t_n+c_jh,Z_j^{(n)},\bar{Z}_j^{(1)},\tilde{Z}_j^{(1)})],\quad j=1,\cdots,s.$$

由 (4.3.1a)—(4.3.1b)—(4.3.2) 和 (4.3.5a)—(4.3.5c) 可知

$$W_i^{(n)}=\omega_n+\sum_{j=1}^{s}a_{ij}Q_j^{(n)},\quad i=1,\cdots,s,$$

$$\omega_{n+1} = \omega_n + \sum_{j=1}^{s} b_j Q_j^{(n)}.$$

定理 4.3.7 设应用于 $D_{\alpha,\beta,\gamma,\varrho}$ 类问题 (4.2.1a)—(4.2.1b) 及其扰动问题 (4.3.4a)—(4.3.4b) 的 Runge-Kutta 法 (A, b^{T}, c) 是 (k,l)-代数稳定的. 那么

$$\begin{aligned}\|\omega_{n+1}\|^2 \leqslant k\|\omega_n\|^2 + 2\sum_{j=1}^{s} d_j \Bigg\{ &(\alpha h - l)\|W_j^{(n)}\|^2 \\ &+ h\|W_j^{(n)}\| \left[\varrho \sum_{q=1}^{p-1} \gamma^{q-1} \|\bar{W}_j^{(q)}\| + \gamma^{p-1}(\beta+\gamma)M \right] \Bigg\}.\end{aligned} \tag{4.3.9}$$

证明 从方法的 (k,l)-代数稳定性可知 (如见 [35,150]):

$$\|\omega_{n+1}\|^2 \leqslant k\|\omega_n\|^2 + 2\sum_{j=1}^{s} d_j \Re_e \langle W_j^{(n)}, Q_j^{(n)} - lW_j^{(n)} \rangle. \tag{4.3.10}$$

利用条件 (4.2.2)—(4.2.5), 有

$$\begin{aligned}&\Re_e \langle W_j^{(n)}, Q_j^{(n)} \rangle \\ &= h\Re_e \langle W_j^{(n)}, f(t_n + c_j h, Y_j^{(n)}, \bar{Y}_j^{(1)}, \tilde{Y}_j^{(1)}) - f(t_n + c_j h, Z_j^{(n)}, \bar{Y}_j^{(1)}, \tilde{Y}_j^{(1)}) \rangle \\ &\quad + h\Re_e \langle W_j^{(n)}, f(t_n + c_j h, Z_j^{(n)}, \bar{Y}_j^{(1)}, \tilde{Y}_j^{(1)}) - f(t_n + c_j h, Z_j^{(n)}, \bar{Z}_j^{(1)}, \tilde{Z}_j^{(1)}) \rangle \\ &\leqslant h\alpha \|W_j^{(n)}\|^2 + h\|W_j^{(n)}\| \left[\varrho \sum_{q=1}^{p-1} \gamma^{q-1} \|\bar{W}_j^{(q)}\| + \gamma^{p-1}(\beta+\gamma)M \right].\end{aligned} \tag{4.3.11}$$

将 (4.3.11) 代入 (4.3.10), 可得 (4.3.9).

定理 4.3.8 设 Runge-Kutta 法 (A, b^{T}, c) 是 (k,l)-代数稳定的且 $k \leqslant 1$. 那么具有插值过程 (4.3.3) 的方法 (4.3.1a)—(4.3.1b)—(4.3.2) 是 GS(l)-稳定的.

证明 注意到 $\gamma < 1$ 和

$$\|\bar{W}_j^{(q)}\|^2 \leqslant \delta \|W_j^{(n-qm+1)}\|^2 + (1-\delta)\|W_j^{(n-qm)}\|^2,$$

并应用定理 4.3.7 可得

$$\begin{aligned}&\|\omega_{n+1}\|^2 \\ &\leqslant k\|\omega_n\|^2 + \sum_{j=1}^{s} d_j \left\{ \left[\left(2R + \frac{\varrho+\varepsilon}{1-\gamma} \right) h - 2l \right] \|W_j^{(n)}\|^2 \right. \\ &\quad \left. + h\varrho \sum_{q=1}^{p-1} \gamma^{q-1} \left[\delta \|W_j^{(n-qm+1)}\|^2 + (1-\delta)\|W_j^{(n-qm)}\|^2 \right] + \frac{\gamma^{p-1} h}{\varrho+\varepsilon} (\beta+\gamma)^2 M^2 \right\}.\end{aligned}$$

考虑到 $[\alpha+(1-\gamma)^{-1}(\varrho+\varepsilon)]h \leqslant l$, 有

$$
\begin{aligned}
&\|\omega_{n+1}\|^2\\
\leqslant{}& \|\omega_n\|^2+\sum_{j=1}^{s} d_j\left\{\frac{-(\varrho+\varepsilon)h}{1-\gamma}\|W_j^{(n)}\|^2\right.\\
&\left.+h\varrho\sum_{q=1}^{p-1}\gamma^{q-1}\left[\delta\|W_j^{(n-qm+1)}\|^2+(1-\delta)\|W_j^{(n-qm)}\|^2\right]+\frac{\gamma^{p-1}h}{\varrho+\varepsilon}(\beta+\gamma)^2M^2\right\}.
\end{aligned}
$$

由简单递推, 易得

$$
\begin{aligned}
&\|\omega_{n+1}\|^2\\
\leqslant{}& \|\omega_0\|^2+\sum_{j=1}^{s} d_j\left\{\frac{-(\varrho+\varepsilon)h}{1-\gamma}\sum_{i=0}^{n}\|W_j^{(i)}\|^2+h\varrho\sum_{q=1}^{p-1}\gamma^{q-1}\left[\delta\sum_{i=1}^{n-m+1}\|W_j^{(i)}\|^2\right.\right.\\
&\left.\left.+(1-\delta)\sum_{i=0}^{n-m}\|W_j^{(i)}\|^2\right]\right\}+\frac{(m+1)h}{\varrho+\varepsilon}\sum_{q=0}^{p-1}\gamma^q\sum_{j=1}^{s}d_j(\beta+\gamma)^2M^2\\
\leqslant{}& \|\omega_0\|^2+\frac{2\tau}{(1-\gamma)(\varrho+\varepsilon)}\sum_{j=1}^{s}d_j(\beta+\gamma)^2M^2,
\end{aligned}
$$

这表明该方法是 GS(l)-稳定的.

推论 4.3.9 带有线性插值过程的代数稳定的 Runge-Kutta 法是 GS-稳定的.

推论 4.3.10 代数稳定的 Runge-Kutta 法是 S-稳定的.

在讨论 GAS(l)-稳定性之前, 我们引入一个引理 [93].

引理 4.3.11 设代数稳定不可约 Runge-Kutta 法 (A, b^{T}, c) 满足 $\det A\neq 0$. 那么对于任意 $l<0$, 存在 $k<1$, 使得方法 (A, b^{T}, c) 是 (k,l)-代数稳定的当且仅当 $|1-b^{\mathrm{T}}A^{-1}e|<1$.

定理 4.3.12 设 Runge-Kutta 法 (A, b^{T}, c) 是 (k,l)-代数稳定的且 $k<1$. 那么带有线性插值 (4.3.3) 的方法是 GAS(l)-稳定的.

证明 令 $\mu=[2\alpha+(1-\gamma)^{-1}(\varrho+\varepsilon)]h-2l$,

$$
\bar{k}=\max\left\{k,\left[\frac{(\varrho+\varepsilon)h}{-\mu(1-\gamma)}\right]^{\frac{1}{m}}\right\},
$$

那么当 $[\alpha+(1-\gamma)^{-1}(\varrho+\varepsilon)]h<l$ 时, 有 $\mu<-(1-\gamma)^{-1}(\varrho+\varepsilon)$ 且 $0<\bar{k}<1$.

由定理 4.3.7 可知

$$\|\omega_{n+1}\|^2 \leqslant \bar{k}\|\omega_n\|^2 + \sum_{j=1}^{s} d_j \left\{ \mu\|W_j^{(n)}\|^2 + h\varrho \sum_{q=1}^{p-1} \gamma^{q-1} \left[\delta\|W_j^{(n-qm+1)}\|^2 \right.\right.$$
$$\left.\left. + (1-\delta)\|W_j^{(n-qm)}\|^2 \right] + \frac{\gamma^{p-1}h}{\varrho+\varepsilon}(\beta+\gamma)^2 M^2 \right\}.$$

由简单递推可得

$$\|\omega_{n+1}\|^2 \leqslant \bar{k}^{n+1}\|\omega_0\|^2 + \sum_{j=1}^{s} d_j \left\{ \mu \sum_{i=0}^{n} \bar{k}^{n-i}\|W_j^{(i)}\|^2 \right.$$
$$+ h\varrho \sum_{q=1}^{p-1} \gamma^{q-1} \left[\delta \sum_{i=1}^{n-m+1} \bar{k}^{n-m+1-i}\|W_j^{(i)}\|^2 \right.$$
$$\left.\left. + (1-\delta) \sum_{i=0}^{n-m} \bar{k}^{n-m-i}\|W_j^{(i)}\|^2 \right] + \frac{(m+1)h}{\varrho+\varepsilon} \sum_{q=0}^{p-1} \gamma^q (\beta+\gamma)^2 M^2 \right\}$$
$$\leqslant \bar{k}^{n+1}\|\omega_0\|^2 + \sum_{j=1}^{s} d_j \left\{ \sum_{i=0}^{n-m+1} \bar{k}^{n-m-i} \left[\mu\bar{k}^m + \frac{\varrho h\delta\bar{k}}{1-\gamma} \right.\right.$$
$$\left.\left. + \frac{\varrho(1-\delta)}{1-\gamma} \right] \|W_j^{(i)}\|^2 + \frac{(m+1)h}{\varrho+\varepsilon} \sum_{q=0}^{p-1} \gamma^q \bar{k}^{p-1-q} (\beta+\gamma)^2 M^2 \right\}.$$

另一方面

$$\mu\bar{k}^m + \frac{\varrho h\delta\bar{k}}{1-\gamma} + \frac{\varrho h(1-\delta)}{1-\gamma} \leqslant -\frac{(\varrho+\varepsilon)h}{1-\gamma} + \frac{\varrho h\delta\bar{k}}{1-\gamma} + \frac{\varrho h(1-\delta)}{1-\gamma} < 0.$$

考虑到 $d_j \geqslant 0$ 和 $0 < \bar{k} < 1$, 从而有

$$\lim_{n\to\infty} \|\omega_n\| = 0,$$

这就证明了方法的 GAS(l)-稳定性.

推论 4.3.13 设对任意 $l < 0$, 存在 $k < 1$, 使得方法 (A, b^{T}, c) 是 (k,l)-代数稳定的. 那么具有线性插值过程的该方法是 GAS-稳定的.

推论 4.3.14 设对任意 $l < 0$, 存在 $k < 1$, 使得方法 (A, b^{T}, c) 是 (k,l)-代数稳定的. 那么该方法是 AS-稳定的.

现在我们进一步研究 (k,l)-代数稳定 Runge-Kutta 法的弱 GAS-稳定性.

定理 4.3.15 设 Runge-Kutta 法 (A, b^{T}, c) 是 (k,l)-代数稳定的, $k < 1$ 且 $d_j > 0$, $j = 1, 2, \cdots, s$. 那么具有插值过程 (4.3.3) 的方法是弱 GAS(l)-稳定的.

证明　当 (4.2.16) 成立时, 由

$$
\begin{aligned}
&\Re e\langle W_j^{(n)}, Q_j^{(n)}\rangle \\
&\leqslant h\alpha\|W_j^{(n)}\|^2 + h\|W_j^{(n)}\|\left[(\beta+\gamma L)\sum_{q=1}^{p-1}\gamma^{q-1}\|\bar{W}_j^{(q)}\|^2 + \gamma^{p-1}(\beta+\gamma)M\right]
\end{aligned}
$$

及定理 4.3.12 的类似证明, 我们可得此结果, 即带有插值 (4.3.3) 的 Runge-Kutta 法是弱 GAS(l)-稳定的.

推论 4.3.16　*具有线性插值 (4.3.3) 的代数稳定不可约 Runge-Kutta 法是弱 GAS-稳定的.*

推论 4.3.17　*代数稳定不可约 Runge-Kutta 法是弱 AS-稳定的.*

注意, 弱 GAS(l)-稳定性意味着 GAR(l)-稳定性 (参见 [93]). 这样我们可以得到非中立型延迟微分方程的相同结果.

推论 4.3.18 [93]　*设方法 (A, b^{T}, c) 是 (k,l)-代数稳定的, 且 $k<1$. 那么具有线性插值的方法是 GAR(l)-稳定的.*

4.3.3　数值算例

在本小节中, 我们应用一些数值方法于非线性微分方程.

问题 4.3.1　考虑非线性 NDDE

$$
\begin{cases}
y'(t) = ry(t) + a\cos(y(t-\tau)+y'(t-\tau)) + b\sin^2(y'(t-\tau)), & t \geqslant 0, \quad (4.3.12\text{a}) \\
y(t) = t, & t \leqslant 0 \quad (4.3.12\text{b})
\end{cases}
$$

及其扰动问题

$$
\begin{cases}
z'(t) = rz(t) + a\cos(z(t-\tau)+z'(t-\tau)) + b\sin^2(z'(t-\tau)), & t \geqslant 0, \quad (4.3.13\text{a}) \\
z(t) = 0.1, & t \leqslant 0, \quad (4.3.13\text{b})
\end{cases}
$$

其中 $\tau = 1, r = -2, a = 0.1, b = 0.175$. 注意到容易得到 $\alpha = -2, \beta = 0.1, \gamma = 0.45, \varrho = 0.8$.

问题 4.3.2

$$
\begin{cases}
y'(t) = ry(t) + a\cos(y(t-\tau)+y'(t-\tau)) + \cos(t)e^{-t} \\
\qquad - a\cos(\cos(t-\tau)e^{-(t-\tau)}), \qquad t \geqslant 0, & (4.3.14\text{a}) \\
y(t) = e^{-t}\sin(t), \qquad -1 \leqslant t \leqslant 0, & (4.3.14\text{b})
\end{cases}
$$

其中 $r = -1, a = 0.9$. 我们可以计算出 $\alpha = -1, \beta = 0.9, \gamma = 0.9, \varrho = 0$. 这个问题有唯一真解

$$
y(t) = e^{-t}\sin(t), \quad t \geqslant -1.
$$

将 2 级 Radau IIA 公式

$$\begin{array}{c|c} c & A \\ \hline & b^{\mathrm{T}} \end{array} = \begin{array}{c|cc} 1/3 & 5/12 & -1/12 \\ 1 & 3/4 & 1/4 \\ \hline & 3/4 & 1/4 \end{array}$$

导出的方法 (4.3.1a)—(4.3.1b)—(4.3.3) 应用于问题 4.3.1. 在 [266] 中, 根据 Burrage 和 Butcher 的研究结果[35], 张诚坚和孙耿计算得出 2 级 Radau IIA 法为

(1) $(16/(5-2l)^2, l)$-代数稳定,

$$0 < k := 16/(5-2l)^2 < 1, \quad l \leqslant (9-3\sqrt{17})/8;$$

(2) $((3+4l)^2/(3-2l)(3+4l-2l^2), l)$-代数稳定,

$$0 < k := (3+4l)^2/(3-2l)(3+4l-2l^2) < 1, \quad (9-3\sqrt{17})/8 < l < 0.$$

从此前理论分析和表 4.3.1 所示的数值解的差 $\|y_n - z_n\|$ 中, 我们知道 2 级 Radau IIA 法是 GS-稳定的.

表 4.3.1　2 级 Radau IIA 法求解问题 (4.3.12a)—(4.3.12b) 和 (4.3.13a)—(4.3.13b) 的差 $\|y_n - z_n\|$

t	$\|y_n - z_n\|$	
	$h = 0.1$	$h = 0.01$
0.1	7.088200×e−002	7.064084×e−002
1	2.875730×e−002	2.991538×e−002
5	1.156969×e−005	1.213410×e−005
10	6.234023×e−010	6.544453×e−010

将上述方法和由 2 级 Radau IA 公式

$$\begin{array}{c|c} c & A \\ \hline & b^{\mathrm{T}} \end{array} = \begin{array}{c|cc} 0 & 1/4 & -1/4 \\ 2/3 & 1/4 & 5/12 \\ \hline & 1/4 & 3/4 \end{array}$$

导出的方法 (4.3.1a)—(4.3.1b)—(4.3.3) 应用于问题 4.3.2. 根据引理 4.3.11, 对任意 $l < 0$, 我们可取 $k < 1$. 那么对任意 $h > 0$, 由于 $\varrho = 0$, 我们可以选择 $0 < \varepsilon < (l/h - \alpha)(1-\gamma)$, 使得上述两个方法是 GAS($l$)-稳定的. 我们用上述两个方法在不同步长 $h = 0.1$ 和 $h = 0.01$ 下求解方程 (4.3.14a)—(4.3.14b). 由此前的理论分析和图 4.3.1 所示的误差 $\|y_n - y(t_n)\|$, 我们可得出以下结论:

(1) 2 级 Radau IA 法和两级 Radau IIA 法是 GS-稳定和 GAS(l)-稳定的.

(2) 2 级 Radau IIA 法比 2 级 Radau IA 法具有更好的稳定性 (图 4.3.1). 这一结果与 ODEs[152] 的结果是一致的.

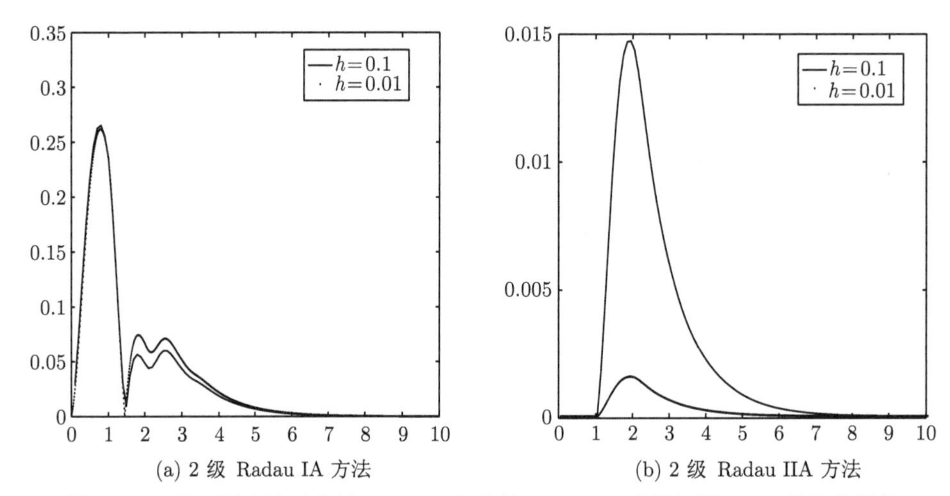

(a) 2 级 Radau IA 方法　　(b) 2 级 Radau IIA 方法

图 4.3.1　由不同方法以步长 $h=0.1$ 和步长 $h=0.01$ 求解问题 4.3.2 的数值误差 $\|y_n-y(t_n)\|$

4.4 中立型延迟微分方程一般线性方法的非线性稳定性

本节的目的是研究一般线性方法 (GLMs) 求解非线性方程 (4.2.1a)—(4.2.1b) 的稳定性. 虽然在 4.3 节中已经研究了 Runge-Kutta 法的稳定性, 但由于存在许多方法, 如向后微分公式 (BDFs)、扩展和改进的 BDFs、并行多值混合方法、多步 Runge-Kutta 法等, 这些方法都不是 Runge-Kutta 法, 而可以看作是 GLMs 的特殊情况, 因而很有必要研究 GLMs 求解非线性中立型延迟微分方程的稳定性.

我们引进了一般线性方法求解非线性 NDDEs (4.2.1a)—(4.2.1b) 的 GS(p)-稳定性、GAS(p)-稳定性和弱 GAS(p)-稳定性等新概念, 研究了带有分段线性插值的 $(k,p,0)$-代数稳定的一般线性方法的 GS(p)-、GAS(p)-和弱 GAS(p)-稳定性. 本节内容可参见 [216].

4.4.1 求解 NDDEs 的一般线性方法

令 $(\mathbb{C}^N)^s=\mathbb{C}^{(Ns)}(s\geqslant 1)$ 上的内积和范数定义为

$$\langle U,V\rangle=\sum_{i=1}^{s}\langle u_i,v_j\rangle,\qquad ||U||=\sqrt{\langle U,U\rangle},$$

其中 $U=[u_1^{\mathrm{T}},u_2^{\mathrm{T}},\cdots,u_s^{\mathrm{T}}]^{\mathrm{T}},V=[v_1^{\mathrm{T}},v_2^{\mathrm{T}},\cdots,v_s^{\mathrm{T}}]^{\mathrm{T}},u_i,v_i\in\mathbb{C}^N$. 对于任意的 $s\times r$ 实矩阵 $A=[a_{ij}]$, 可以定义一个线性映射 $\tilde{A}:\mathbb{C}^{Nr}\to\mathbb{C}^{Ns}$, 使得对任何给定的 $U=[u_1^{\mathrm{T}},u_2^{\mathrm{T}},\cdots,u_s^{\mathrm{T}}]^{\mathrm{T}}\in\mathbb{C}^{Nr}$, 有

$$\tilde{A}U=V=[v_1^{\mathrm{T}},v_2^{\mathrm{T}},\cdots,v_s^{\mathrm{T}}]^{\mathrm{T}}\in C^{Ns},$$

其中 $v_i = \sum_{j=1}^{r} a_{ij}u_j, i = 1, 2, \cdots, s$. 为简单起见, 我们将使用相同的符号来表示线性映射 $\tilde{A}$(除非另有说明), 并使用符号 $||A||$ 表示线性映射 $\tilde{A}$ 的范数, 即矩阵 A 的谱范数 (参见 [150]). 此外, 对于对称矩阵 A, 符号 $A > 0$ (或 $A \geqslant 0$) 表示矩阵 A 是正定的 (非负定). 对于任意 $s \times s$ 对称矩阵 $G \geqslant 0$, 在 C^{Ns} 上定义一个伪内积

$$\langle Y, Z\rangle_G = \sum_{i,j=1}^{s} g_{ij}\langle Y_i, Z_j\rangle, \quad Y = (Y_1, \cdots, Y_s) \in \mathbb{C}^{Ns}, \quad Z = (Z_1, \cdots, Z_s) \in \mathbb{C}^{Ns}$$

和相应的伪范数

$$\|Y\|_G = \sqrt{\langle Y, GY\rangle} = \sqrt{\langle Y, Y\rangle_G}.$$

很明显当 $G > 0$ 时, 两者分别为 $\mathbb{C}^{Ns}$ 上的内积和相应的范数, 当 G 为单位矩阵时, $||\cdot||_G$ 简称为 $||\cdot||$.

求解 (4.2.1a)—(4.2.1b) 的 s 级 r 值的一般线性方法具有如下形式

$$\begin{cases} Y^{(n)} = hC_{11}F(Y^{(n)}, \bar{Y}^{(1)}, \tilde{Y}^{(1)}) + C_{12}y^{(n-1)}, \\ y^{(n)} = hC_{21}F(Y^{(n)}, \bar{Y}^{(1)}, \tilde{Y}^{(1)}) + C_{22}y^{(n-1)}, \end{cases} \tag{4.4.1}$$

其中, $Y^{(n)} = [Y_1^{(n)\mathrm{T}}, Y_2^{(n)\mathrm{T}}, \cdots, Y_s^{(n)\mathrm{T}}]^{\mathrm{T}} \in C^{Ns}$ 和 $y^{(n)} = [y_1^{(n)\mathrm{T}}, y_2^{(n)\mathrm{T}}, \cdots, y_r^{(n)\mathrm{T}}]^{\mathrm{T}} \in \mathbb{C}^{Nr}$ 分别近似逼近 $Y^h(t_n) = [y^{\mathrm{T}}(t_n + \mu_1 h), y^{\mathrm{T}}(t_n + \mu_2 h), \cdots, y^{\mathrm{T}}(t_n + \mu_s h)]^{\mathrm{T}}$ 和 $H^h(t_n) = [H_1^h(t_n)^{\mathrm{T}}, H_2^h(t_n)^{\mathrm{T}}, \cdots, H_r^h(t_n)^{\mathrm{T}}]^{\mathrm{T}}$, 每个 $H_i^h(t)$ 表示真解 $y(t)$ 的一段信息, $t_n = nh$ 是网格点, $h > 0$ 是固定积分步长. $\bar{Y}^{(q)} = [\bar{Y}_1^{(q)\mathrm{T}}, \bar{Y}_2^{(q)\mathrm{T}}, \cdots, \bar{Y}_s^{(q)\mathrm{T}}]^{\mathrm{T}} \in C^{Ns}$, $\tilde{Y}^{(q)} = [\tilde{Y}_1^{(q)\mathrm{T}}, \tilde{Y}_2^{(q)\mathrm{T}}, \cdots, \tilde{Y}_s^{(q)\mathrm{T}}] \in C^{Ns}$, 其中 $q = 1, 2, \cdots, l$, $l = \left\lfloor \dfrac{t_n}{\tau} \right\rfloor + 1$ 和 $\lfloor\cdot\rfloor$ 表示整数部分. $\bar{Y}_j^{(q)}$, $j = 1, 2, \cdots, s$ 表示 $y(t_n + \mu_j h - q\tau)$ 的近似, 该近似值是用 $Y_i^{(k)}$ 在点 $t = t_n + \mu_j h - q\tau$ 处进行特定插值所得, 而 $\tilde{Y}_j^{(q)}$, $j = 1, 2, \cdots, s$ 是 $y'(t_n + \mu_j h - q\tau)$ 的近似逼近并通过以下计算公式获得

$$\tilde{Y}_j^{(q)} = f(t_n + \mu_j h - q\tau, \bar{Y}_j^{(q)}, \bar{Y}_j^{(q+1)}, \tilde{Y}_j^{(q+1)}). \tag{4.4.2}$$

在本节中, 我们讨论的线性插值定义为

$$\bar{Y}_j^{(q)} = \delta Y_j^{n-qm+1} + (1-\delta)Y_j^{n-qm}, \tag{4.4.3}$$

其中对于 $i < 0$ 有 $Y_j^{(i)} = \phi(t_i + \mu_j h)$ 且对于 $t_i + \mu_j h - q\tau \leqslant 0$ 有 $\tilde{Y}_j^{(q)} = \phi'(t_i + \mu_j h - q\tau)$. 本章假设隐式方程 (4.4.1) 总存在唯一解 $[Y_1^{(n+1)\mathrm{T}}, Y_2^{(n+1)\mathrm{T}}, \cdots, Y_s^{(n+1)\mathrm{T}}]^{\mathrm{T}} \in \mathbb{C}^{Ns}$.

令 $\{y^{(n)}, Y^{(n)}\}$ 和 $\{z^{(n)}, Z^{(n)}\}$ 分别是问题 (4.2.1a)—(4.2.1b) 和 (4.3.4a)—(4.3.4b) 的两个近似序列. 我们引入一些新的稳定性概念, 它们是前两节 (也可见 [203] 和 [204]) 中相应概念的推广.

定义 4.4.1 令 p 是一个实常数, 称具有插值过程的方法 (4.4.1)—(4.4.2) 是 $S(p)$-稳定的, 如果此方法应用于任意属于 $D_{\alpha,\beta,\gamma,\varrho}$ 类问题 (4.2.1a)—(4.2.1b) 及其扰动问题 (4.3.4a)—(4.3.4b), 当步长 h 满足 $\left(\alpha + \dfrac{\varrho+\varepsilon}{1-\gamma}\right) h \leqslant p$ 和 (4.3.6) 时, 在条件

$$\alpha < 0, \qquad \gamma < 1 \tag{4.4.4}$$

下, 存在一个常数 c 使得

$$\|y^{(n)} - z^{(n)}\| \leqslant c(\|y^{(0)} - z^{(0)}\| + M), \tag{4.4.5}$$

其中

$$M = \max\left\{ \max_{-\tau\leqslant t\leqslant 0} \|\phi(t) - \psi(t)\|, \max_{-\tau\leqslant t\leqslant 0} \|\phi'(t) - \psi'(t)\| \right\}.$$

这里之后, 如果 $\varrho \neq 0$, $\varepsilon = 0$, 否则 $\varepsilon > 0$ 为适度大小的常数. 作为一种重要的特殊情况, $S(0)$-稳定的方法简称 S-稳定的. GS(p)-稳定性和 GS-稳定性的定义是去掉限制性条件 (4.3.6).

注 4.4.2 最近, 黄乘明等在 [103] 中引入非自治非线性 DDEs 一般线性方法的 R-和 GR-稳定性. 显然, S-和 GS-稳定性是 R-和 GR-稳定性概念的直接推广. 不过注意这些定义之间存在一些细微的差异.

命题 4.4.3 S-稳定性蕴涵着 A-稳定性.

定义 4.4.4 令 p 是一个实常数. 称具有插值过程的方法 (4.4.1)—(4.4.2) 为 AS(p)-稳定的, 如果此方法应用于任意属于 $D_{\alpha,\beta,\gamma,\varrho}$ 类问题 (4.2.1a)—(4.2.1b) 及其扰动问题 (4.3.4a)—(4.3.4b), 在条件 (4.4.4) 下, 当步长 h 满足 $\left(\alpha + \dfrac{\varrho+\varepsilon}{1-\gamma}\right) h < p$ 和 (4.3.6) 时, 有

$$\lim_{n\to+\infty} \|y^{(n)} - z^{(n)}\| = 0 \tag{4.4.6}$$

成立. 作为一种重要的特殊情况, AS(0)-稳定性简称为 AS-稳定性. GAS(p)-稳定性和 GAS-稳定性的定义是去掉限制性条件 (4.3.6).

定义 4.4.5 令 p 是一个实常数. 具有插值过程的方法 (4.4.1)—(4.4.2) 被称为是弱 AS(p)-稳定的, 如果当 f 满足 (4.2.2)—(4.2.4) 和 (4.2.16) 时, 对满足条件 (4.3.6) 和 $\left(\alpha + \dfrac{\beta+\gamma L}{1-\gamma}\right) h < p$ 的任意步长 $h > 0$, (4.4.6) 在条件 (4.4.4) 下成

立. 弱 AS(0)-稳定性简称为弱 AS-稳定性. 弱 GAS(p)-稳定性和弱 GAS-稳定性的定义是去掉限制性条件 (4.3.6).

注 4.4.6 定义 4.4.5 基于以下事实: 在 (4.2.6) 和 (4.2.8) 中, 当 ϱ 被 $\beta+\gamma L$ 替代时, (4.2.7) 和 (4.2.9) 仍然成立 (参考 [200]).

下面, 我们引入一般线性方法的 $(k,p,0)$-代数稳定性.

定义 4.4.7 (李寿佛[150]) 令 G 为实对称正定 $r\times r$ 矩阵, D 为非负对角 $s\times s$ 矩阵. 一般线性方法 (4.4.1) 关于 G 和 D 是 $(k,p,0)$-代数稳定的, 如果相应的下述矩阵是非负定的:

$$
\begin{aligned}
&M(k,p,0)\\
&=\begin{bmatrix} M_{11} & M_{12}\\ M_{21} & M_{22}\end{bmatrix}\\
&=\begin{bmatrix} kG-C_{22}^{\mathrm{T}}GC_{22}-pC_{12}^{\mathrm{T}}DC_{12} & C_{12}^{\mathrm{T}}D-C_{22}^{\mathrm{T}}GC_{21}-pC_{12}^{\mathrm{T}}DC_{11}\\ DC_{12}-C_{21}^{\mathrm{T}}GC_{22}-pC_{11}^{\mathrm{T}}DC_{12} & DC_{11}+C_{11}^{\mathrm{T}}D-C_{21}^{\mathrm{T}}GC_{21}-pC_{11}^{\mathrm{T}}DC_{11}\end{bmatrix}.
\end{aligned}
\tag{4.4.7}
$$

作为一种重要的特殊情况, $(1,0,0)$-代数稳定性简称为代数稳定性.

4.4.2 主要结果及其证明

本节着重讨论 NDDEs 一般线性方法 (4.4.1)—(4.4.3) 的稳定性.

定理4.4.8 设方法 (4.4.1) 是 $(1,p,0)$-代数稳定的, 那么带有线性插值 (4.4.3) 的方法 (4.4.1)—(4.4.2) 是 GS($p/2$)-稳定的.

证明 令 $Y^{(n)}-Z^{(n)}=W^{(n)}=(W_1^{(n)},W_2^{(n)},\cdots,W_s^{(n)})$,

$$\bar{Y}^{(q)}-\bar{Z}^{(q)}=\bar{W}^{(q)}=(\bar{W}_1^{(q)},\bar{W}_2^{(q)},\cdots,\bar{W}_s^{(q)}),\quad q=1,2,\cdots,l,$$

$$y^{(n)}-z^{(n)}=\omega^{(n)}=(\omega_1^{(n)},\omega_2^{(n)},\cdots,\omega_r^{(n)}),$$

$$h[F(t_n,Y^{(n)},\bar{Y}^{(1)},\tilde{Y}^{(1)})-F(t_n,Z^{(n)},\bar{Z}^{(1)},\tilde{Y}^{(1)})]=Q^{(n)}=(Q_1^{(n)},Q_2^{(n)},\cdots,Q_s^{(n)}),$$

那么

$$W^{(n)}=C_{11}Q^{(n)}+C_{12}\omega^{(n-1)},\qquad \omega^{(n)}=C_{21}Q^{(n)}+C_{22}\omega^{(n-1)}.$$

由方法的 $(1,p,0)$-代数稳定性的意义, 容易得到

$$
\begin{aligned}
&\|\omega^{(n)}\|_G^2-k\|\omega^{(n-1)}\|_G^2-2\Re e\left\langle W^{(n)},DQ^{(n)}\right\rangle+p\|W^{(n)}\|_D^2\\
=&\left\langle C_{21}Q^{(n)}+C_{22}\omega^{(n-1)},G(C_{21}Q^{(n)}+C_{22}\omega^{(n-1)})\right\rangle+\left\langle \omega^{(n-1)},-kG\omega^{(n-1)}\right\rangle\\
&+2\Re e\left\langle C_{11}Q^{(n)}+C_{12}\omega^{(n-1)},-DQ^{(n)}\right\rangle
\end{aligned}
$$

$$
\begin{aligned}
&+\left\langle C_{11}Q^{(n)}+C_{12}\omega^{(n-1)}, pD(C_{11}Q^{(n)}+C_{12}\omega^{(n-1)})\right\rangle \\
=&-\left\langle(\omega^{(n-1)},Q^{(n)}), M(k,p,0)(\omega^{(n-1)},Q^{(n)})\right\rangle \\
\leqslant&\ 0.
\end{aligned}
\tag{4.4.8}
$$

由 (4.2.2)—(4.2.5) 可知

$$
\begin{aligned}
&2\Re e\left\langle W^{(n)}, DQ^{(n)}\right\rangle \\
=&\ 2h\sum_{j=1}^{s} d_j \Re e\left\langle W_j^{(n)}, f(t_n+\mu_j h, Y_j^{(n)}, \bar{Y}_j^{(1)}, \tilde{Y}_j^{(1)}) - f(t_n+\mu_j h, Z_j^{(n)}, \bar{Y}_j^{(1)}, \tilde{Y}_j^{(1)})\right\rangle \\
&+2h\sum_{j=1}^{s} d_j \Re e\left\langle W_j^{(n)}, f(t_n+\mu_j h, Z_j^{(n)}, \bar{Y}_j^{(1)}, \tilde{Y}_j^{(1)})\right. \\
&\left.-f(t_n+\mu_j h, Z_j^{(n)}, \bar{Z}_j^{(1)}, \tilde{Z}_j^{(1)})\right\rangle \\
\leqslant&\ 2h\alpha\|W^{(n)}\|_D^2 + 2h\sum_{j=1}^{s} d_j\|W_j^{(n)}\|\left[\varrho\|\bar{W}_j^{(1)}\|\right. \\
&\left.+\gamma\|f(t_n+\mu_j h, \bar{Z}_j^{(1)}, \bar{Y}_j^{(2)}, \tilde{Y}_j^{(2)}) - f(t_n+\mu_j h, \bar{Z}_j^{(1)}, \bar{Z}_j^{(2)}, \tilde{Z}_j^{(2)})\|\right] \\
\leqslant&\left(2\alpha+\frac{\varrho+\varepsilon}{1-\gamma}\right)h\|W^{(n)}\|_D^2 + h\varrho\sum_{i=1}^{l-1}\gamma^{i-1}\|\bar{W}^{(i)}\|_D^2 + h\frac{\gamma^{l-1}d}{\varrho+\varepsilon}(\beta+\gamma)^2M^2,
\end{aligned}
\tag{4.4.9}
$$

其中 $d=\sum\limits_{j=1}^{s} d_j$. 将 (4.4.9) 代入 (4.4.8), 考虑到 $\left(\alpha+\dfrac{\varrho+\varepsilon}{1-\gamma}\right)h\leqslant p/2$, 有

$$
\begin{aligned}
\|\omega^{(n)}\|_G^2 \leqslant&\ \|\omega^{(n-1)}\|_G^2 + \left[\left(2\alpha+\frac{\varrho+\varepsilon}{1-\gamma}\right)h-p\right]\|W^{(n)}\|_D^2 \\
&+h\varrho\sum_{i=1}^{l-1}\gamma^{i-1}\|\bar{W}^{(i)}\|_D^2 + h\frac{\gamma^{l-1}d}{\varrho+\varepsilon}(\beta+\gamma)^2M^2 \\
\leqslant&\ \|\omega^{(0)}\|_G^2 + \left[\left(2\alpha+\frac{\varrho+\varepsilon}{1-\gamma}\right)h-p\right]\sum_{j=1}^{n}\|W^{(j)}\|_D^2 \\
&+h\varrho\sum_{i=1}^{l-1}\gamma^{i-1}\left[\delta\sum_{j=1}^{n}\|W^{(j)}\|_D^2+(1-\delta)\sum_{j=0}^{n-1}\|W^{(j)}\|_D^2\right] \\
&+\sum_{i=0}^{l-1}\frac{(m+1)h\gamma^i d}{\varrho+\varepsilon}(\beta+\gamma)^2M^2 \\
\leqslant&\ \|\omega^{(0)}\|_G^2 + \left[2\left(\alpha+\frac{\varrho+\varepsilon}{1-\gamma}\right)h-p\right]\sum_{j=1}^{n}\|W^{(j)}\|_D^2
\end{aligned}
$$

$$
\begin{aligned}
&+\frac{2\tau d}{(\varrho+\varepsilon)(1-\gamma)}(\beta+\gamma)^2M^2\\
&\leqslant \|\omega^{(0)}\|_G^2+\frac{2\tau d}{(\varrho+\varepsilon)(1-\gamma)}(\beta+\gamma)^2M^2.
\end{aligned}\tag{4.4.10}
$$

由 $G>0$ 易得该方法是 GS$(p/2)$-稳定的.

推论 4.4.9 带线性插值 (4.4.3) 的代数稳定一般线性方法 (4.4.1)—(4.4.2) 是 GAS$(p/2)$-稳定的.

推论 4.4.10 代数稳定的一般线性方法 (4.4.1)—(4.4.2) 是 S-稳定的.

关于渐近稳定的第一个结果如下.

定理 4.4.11 设方法 (4.4.1) 是 $(k,p,0)$-稳定的且 $k<1$, 那么方法 (4.4.1)—(4.4.3) 是 GAS$(p/2)$-稳定的.

证明 引入符号

$$
\mu=\left(2\alpha+\frac{\varrho+\varepsilon}{1-\gamma}\right)h-p,\qquad \bar{k}=\max\left\{k,\left[\frac{(\varrho+\varepsilon)h}{-\mu(1-\gamma)}\right]^{\frac{1}{m}}\right\}.
$$

那么当 $\left(\alpha+\dfrac{\varrho+\varepsilon}{1-\gamma}\right)h<p/2$ 时有 $\mu<-\dfrac{(\varrho+\varepsilon)h}{1-\gamma}<0$ 和 $0<\bar{k}<1$.

不等式 (4.4.8) 和 (4.4.9) 表明

$$
\begin{aligned}
\|\omega^{(n)}\|_G^2\leqslant{}& \bar{k}\|\omega^{(n-1)}\|_G^2+\mu\|W^{(n)}\|_D^2+h\varrho\sum_{i=1}^{l-1}\gamma^{i-1}\|\bar{W}^{(i)}\|_D^2\\
&+\frac{\gamma^{l-1}dh}{\varrho+\varepsilon}(\beta+\gamma)^2M^2.
\end{aligned}
$$

通过递推, 有

$$
\begin{aligned}
\|\omega^{(n)}\|_G^2\leqslant{}& \bar{k}^n\|\omega^{(0)}\|_G^2+\sum_{i=1}^{n}\bar{k}^{n-i}\left[\mu\|W^{(i)}\|_D^2+h\varrho\sum_{j=1}^{\lfloor\frac{t_i}{\tau}\rfloor}\gamma^{j-1}\left(\delta\|W^{(i-jm+1)}\|_D^2\right.\right.\\
&\left.\left.+(1-\delta)\|W^{(i-jm)}\|_D^2\right)+\frac{\gamma^{\lfloor\frac{t_i}{\tau}\rfloor}dh}{\varrho+\varepsilon}(\beta+\gamma)^2M^2\right]\\
\leqslant{}& \bar{k}^n\|\omega^{(0)}\|_G^2+\sum_{i=1}^{n-m+1}\bar{k}^{n-m-i}\left(\mu\bar{k}^m+\frac{\varrho h\delta\bar{k}}{1-\gamma}+\frac{\varrho(1-\delta)h}{1-\gamma}\right)\|W^{(i)}\|_D^2\\
&+\frac{(m+1)hd}{\varrho+\varepsilon}\sum_{j=0}^{l-1}\gamma^j\bar{k}^{n-1-j}(\beta+\gamma)^2M^2.
\end{aligned}\tag{4.4.11}
$$

考虑 $\gamma < 1, \bar{k} < 1$, 有

$$l \to \infty, \quad \sum_{j=0}^{l-1} \gamma^j \bar{k}^{n-1-j} \to 0, \quad n \to \infty$$

和

$$\mu\bar{k}^m + \frac{\varrho h\delta\bar{k}}{1-\gamma} + \frac{\varrho h(1-\delta)}{1-\gamma} < -\frac{(\varrho+\varepsilon)h}{1-\gamma} + \frac{\varrho h\delta\bar{k}}{1-\gamma} + \frac{\varrho h(1-\delta)}{1-\gamma} \leqslant 0.$$

那么下式成立

$$\lim_{n\to\infty} \|\omega^{(n)}\| = 0,$$

这表明该方法是 GAS($p/2$)-稳定的.

根据定理 4.4.11, 下面的推论显然成立.

推论 4.4.12 设对任意 $p > 0$ 存在 $k < 1$ 使得方法 (4.4.1) 是 $(k, p, 0)$-代数稳定的, 那么带有线性插值 (4.4.3) 的方法 (4.4.1)—(4.4.2) 是 GAS-稳定和 AS-稳定的.

定理 4.4.13 设方法 (4.4.1) 是 $(1, p, 0)$-代数稳定的, $D > 0$, 且存在一个矩阵 V 使得 $C_{21} = VC_{11}$ 和 $\rho(C_{22} - VC_{12}) < 1$ 成立, 那么带有线性插值 (4.4.3) 的一般线性方法 (4.4.1)—(4.4.2) 是 GAS($p/2$)-稳定的.

证明 由于 $\left(\alpha + \dfrac{\varrho+\varepsilon}{1-\gamma}\right)h < p/2$ 和 $D > 0$, 根据 (4.4.10) 有

$$\lim_{n\to\infty} \|W^{(n)}\| = 0. \tag{4.4.12}$$

另一方面, 由 (4.4.1) 可知

$$\omega^{(n)} = (C_{22} - VC_{12})\omega^{(n-1)} + VW^{(n)}. \tag{4.4.13}$$

考虑到 $\rho(C_{22} - VC_{12}) < 1$ 和 (4.4.12), 从 (4.4.13) 有

$$\lim_{n\to+\infty} \|\omega^{(n)}\| = 0.$$

这表明该方法是 GAS($p/2$)-稳定的.

从 (4.2.16) 和

$$\begin{aligned}2\Re_e\langle W^{(n)}, DQ^{(n)}\rangle \leqslant & \left(2\alpha + \frac{\beta+\gamma L}{1-\gamma}\right)h\|W^{(n)}\|_D^2 + h(\beta+\gamma L)\sum_{i=1}^{l-1}\gamma^{i-1}\|\bar{W}^{(i)}\|_D^2 \\ & + \frac{\gamma^{l-1}dh}{\beta+\gamma L}(\beta+\gamma)^2M^2,\end{aligned}$$

容易得到以下关于弱 GAS(p)-稳定性的结果.

定理 4.4.14 设方法 (4.4.1) 是 $(k,p,0)$-代数稳定且 $k<1$. 那么具有线性插值过程 (4.4.3) 的方法 (4.4.1)—(4.4.2) 是弱 GAS$(p/2)$-稳定的.

定理 4.4.15 假设方法 (4.4.1) 是 $(1,p,0)$-代数稳定的, $D>0$, 且存在矩阵 U 使得 $\rho(C_{22}-UC_{12})<1$ 成立, 那么带有线性插值 (4.4.3) 的一般线性方法 (4.4.1)—(4.4.2) 是弱 GAS$(p/2)$-稳定的.

证明 鉴于该方法的 $(1,p,0)$-代数稳定性和 $D>0$, 如同定理 4.4.13 的证明, 有

$$\lim_{n\to\infty}\|W^{(n)}\|=0, \tag{4.4.14}$$

因此

$$\lim_{n\to\infty}\|\bar{W}^{(n)}\|=0. \tag{4.4.15}$$

注意到条件 (4.2.3)—(4.2.4) 和 (4.2.16), 从上面两个不等式可得

$$\lim_{n\to\infty}\|Q^{(n)}\|=0. \tag{4.4.16}$$

则进一步有

$$\lim_{n\to\infty}\|C_{12}\omega^{(n-1)}\|=0. \tag{4.4.17}$$

另一方面, 由 (4.2.16) 有

$$\omega^{(n)}=(C_{22}-UC_{12})\omega^{(n-1)}+UC_{12}\omega^{(n-1)}+C_{21}Q^{(n)}. \tag{4.4.18}$$

考虑 $\rho(C_{22}-UC_{12})<1$, (4.4.16) 和 (4.4.17), 从 (4.4.18) 有

$$\lim_{n\to+\infty}\|\omega^{(n)}\|=0,$$

这表明该方法是弱 GAS$(p/2)$-稳定的.

注 4.4.16 需要指出的是, 本节的这些结果也适用于以 $\gamma=0$ 为特征的非中立型 DDEs.

注 4.4.17 当将 Runge-Kutta 法看作一般线性方法时, 由于一般线性方法的 $(k,2p,0)$-代数稳定性等价于 Runge-Kutta 法的 (k,p)-代数稳定性, 可以给出一些在 4.3 节中得到的 Runge-Kutta 法的稳定性结果.

4.4.3　一般线性方法举例

在本小节中, 我们给出一些不是 Runge-Kutta 法但可视为一般线性方法的数值方法. 如引言所述, 多步 Runge-Kutta 法

$$\begin{cases} Y^{(n)} = h\sum_{j=1}^{s} c_{ij}^{11} f(t_n + \mu_j h, Y_j^{(n)}, \bar{Y}_j^{(1)}, \tilde{Y}_j^{(1)}) + \sum_{j=1}^{r} c_{ij}^{12} y_{n-1+j}, \quad i = 1, 2, \cdots, s, \\ y_{n+r} = h\sum_{j=1}^{s} \gamma_j f(t_n + \mu_j h, Y_j^{(n)}, \bar{Y}_j^{(1)}, \tilde{Y}_j^{(1)}) + \sum_{j=1}^{r} \alpha_j y_{n-1+j} \end{cases} \tag{4.4.19}$$

是这些方法中的一类, 其中

$$C_{11} = [c_{ij}^{11}], \quad C_{12} = [c_{ij}^{12}], \quad C_{21} = \left[\begin{array}{c} 0 \\ \hline \gamma^{\mathrm{T}} \end{array}\right], \quad C_{22} = \left[\begin{array}{cc} 0 & I_{r-1} \\ \hline \multicolumn{2}{c}{\alpha^{\mathrm{T}}} \end{array}\right],$$

$\gamma = [\gamma_1, \gamma_2, \cdots, \gamma_s]^{\mathrm{T}}$ 和 $\alpha = [\alpha_1, \alpha_2, \cdots, \alpha_s]^{\mathrm{T}}$. 首先, 我们注意到在 [151](也可见 [150]) 中, 李寿佛构造了六类代数稳定的多步 Runge-Kutta 法. 由推论 4.4.9 和 4.4.10, 我们很容易地得到六类代数稳定的多步 Runge-Kutta 法是 GS-稳定的及 S-稳定的. 为了得到 GAS-和 AS-稳定的数值方法, 需要以下引理, 它是 [74] 中关于 Runge-Kutta 法结果的推广.

引理 4.4.18 [103]　*对不可约代数稳定一般线性方法 (4.4.1), 存在以下极限*

$$\lim_{\varepsilon \to 0} C_{21}(C_{11} + \varepsilon I)^{-1} = V. \tag{4.4.20}$$

由定理 4.4.13、引理 4.4.18 以及代数稳定方法的不可约性得到 $D > 0$ 这一事实, 如此易得以下推论.

推论 4.4.19　*设不可约代数稳定一般线性方法 (4.4.1) 在无穷远处强稳定, 即 $\rho(C_{22} - VC_{12}) < 1$, 则带有线性插值的一般线性方法 (4.4.1)—(4.4.2) 是 (弱)GAS-稳定的和 (弱)AS-稳定的.*

例 4.4.1　在 [151] 中, 李寿佛指出第 1 类多步 Runge-Kutta 法在无穷远处是强稳定的. 例如, 对于此类 2 步 1 级多步 Runge-Kutta 法

$$\begin{cases} Y = hcf(t_n + uh, Y, \bar{Y}^{(1)}, \tilde{Y}^{(1)}) + \dfrac{2a}{1+a} y_n + \dfrac{1-a}{1+a} y_{n+1}, \\ y_{n+2} = h(1+a) f(t_n + uh, Y, \bar{Y}^{(1)}, \tilde{Y}^{(1)}) + a y_n + (1-a) y_{n+1}, \end{cases} \tag{4.4.21}$$

其中 $0 < a < 1$, $c = \dfrac{1+3a}{2(1+a)}$ 且 $u = 2 - c = c + \dfrac{1-a}{1+a}$. 容易计算出

$$V = \begin{bmatrix} 0 \\ \dfrac{1+a}{c} \end{bmatrix}, \quad \rho(C_{22} - VC_{12}) = \left| \frac{(1-a)^2 + \sqrt{(1-a)^4 - 4a(1+3a)^2}}{2(1+3a)} \right| < 1.$$

则带线性插值过程的多步 Runge-Kutta 法 (4.4.21)—(4.4.2) 是 (弱)GAS-稳定的, 而带 (4.4.2) 的此方法是 (弱)AS-稳定的.

例 4.4.2 考虑第 2 类 2 步 2 级多步 Runge-Kutta 法, 其中 $\alpha_1 = \alpha_2 = 0.5$, $\mu_1 = 2$ 且 $\mu_2 = 0.8$ (见 [151] 或 [150]). 据 [151] 可以计算出 $\gamma_1 = \dfrac{11}{24}$, $\gamma_2 = \dfrac{25}{24}$ 和

$$C_{12} = \begin{bmatrix} \dfrac{4}{11} & \dfrac{7}{11} \\ \dfrac{4}{5} & \dfrac{1}{5} \end{bmatrix}, \qquad C_{11} = \begin{bmatrix} \dfrac{65}{132} & \dfrac{115}{132} \\ -\dfrac{13}{60} & \dfrac{49}{60} \end{bmatrix},$$

从而

$$V = \begin{bmatrix} 0 & 0 \\ \dfrac{4752}{4680} & \dfrac{90}{468} \end{bmatrix}, \qquad C_{22} - VC_{12} = \begin{bmatrix} 0 & 1 \\ -\dfrac{3}{130} & -\dfrac{12}{65} \end{bmatrix}.$$

那么容易证实 $\rho(C_{22} - VC_{12}) \approx 0.1519 < 1$. 因此, 根据推论 4.4.19, 我们知道当 $\alpha_1 = \alpha_2 = 0.5$, $\mu_1 = 2$ 和 $\mu_2 = 0.8$ 时, 带 (4.4.2) 的此类 2 步 2 级多步 Runge-Kutta 法和线性插值过程 (4.4.3) 是 (弱) GAS-稳定的, 带 (4.4.2) 的此类方法 (4.4.19) 是 (弱)AS-稳定的.

4.4.4 数值算例

最后我们用几个数值算例验证本节的结论.

例 4.4.3 考虑以下非线性方程 [204]

$$\begin{cases} y'(t) = ry(t) + a\cos(y(t-\tau) + y'(t-\tau)) + b\sin^2(y'(t-\tau)), & t \geqslant 0, \\ y(t) = t, & t \leqslant 0 \end{cases} \tag{4.4.22}$$

及其扰动问题

$$\begin{cases} z'(t) = rz(t) + a\cos(z(t-\tau) + z'(t-\tau)) + b\sin^2(z'(t-\tau)), & t \geqslant 0, \\ z(t) = 0.1, & t \leqslant 0, \end{cases} \tag{4.4.23}$$

其中 $\tau = 1$, $r = -2$, $a = 0.1$, $b = 0.175$. 在上节中 (也可见 [204]), 我们已计算出了 $\alpha = -2$, $\beta = 0.1$, $\gamma = 0.45$, $\varrho = 0.8$. 现在我们将例 4.4.2 中考虑的方法应用于问题 (4.4.22) 和 (4.4.23). 数值结果如表 4.4.1 所示. 与 4.3 节的数值结果比较, 我们发现例 4.4.2 中所考虑的多步 Runge-Kutta 法具有与 Radau IIA 法相同的稳定性. 事实上, 第 2 类的多步 Runge-Kutta 法可以看作是 Radau IIA 法的推广.

表 4.4.1　例 4.4.2 中多步 Runge-Kutta 法求解问题 (4.4.22) 和 (4.4.23) 时数值解的差

t	$\|y_n - z_n\|$	
	$h = 0.1$	$h = 0.01$
0.1	9.239878×e−002	7.242317×e−002
1	3.316344×e−002	3.036442×e−002
5	3.111487×e−005	1.342296×e−005
10	3.722674×e−009	7.860935×e−010

例 4.4.4　考虑定义在 $t \geqslant 0$ 和 $x \in [0,1]$ 上偏泛函微分方程,

$$u'(t,x) = \ddot{u}(t,x) + 0.01\sin(t)u'(t-1,x), \tag{4.4.24}$$

其中 $(') = \partial_t$, $(\dot{}) = \partial_x$, 初边值条件为

$$u(t,x) = \sin(\pi t)\sin(\pi x), \qquad 0 < x < 1, \quad t \leqslant 0, \tag{4.4.25}$$

$$u(t,0) = u(t,1) = 0, \qquad t \geqslant 0. \tag{4.4.26}$$

应用线方法可得如下形式的中立型延迟微分方程组

$$\begin{cases} v_i'(t) = \Delta x^{-2}[v_{i-1}(t) - 2v_i(t) + v_{i+1}(t)] + 0.01\sin(t)v_i'(t-1), \qquad t \geqslant 0, \\ v_i(t) = \sin(\pi t)\sin(\pi i\Delta x), \quad i = 1,2,\cdots,N_x - 1, \qquad t \leqslant 0, \\ v_0(t) = v_{N_x}(t) = 0, \qquad t \geqslant 0, \end{cases} \tag{4.4.27}$$

其中 $N_x = 1/\Delta x$, $x_i = i\Delta x$ 且 $v_i(t)$ 表示在点 (t, x_i) 处 (4.4.24) 的近似解. 因此有 $\alpha = -\pi^2$, $\beta = 0$, $\gamma = 0.01$, $\varrho = 0.04N_x^2$. 对于线方法取 $\Delta x = 0.1$, 采用 $a = 0.5$ 的多步 Runge-Kutta 法 (4.4.21) 对问题 (4.4.27) 进行数值求解. 为了比较, 选择另一个初始条件

$$u(t,x) = 0.9\sin(\pi t)\sin(\pi x), \qquad 0 < x < 1, \quad t \leqslant 0. \tag{4.4.28}$$

将数值解的差定义为

$$E_n = \max_{1 \leqslant i \leqslant N_x - 1} |U_{1,i}^n - U_{2,i}^n|,$$

其中 $U_{1,i}^n$ 和 $U_{2,i}^n$ 分别是问题 (4.4.24) 及其具有初始条件 (4.4.28) 的扰动问题的数值解. 表 4.4.2 列出了以不同步长 $h = \dfrac{1}{m}$ 多步 Runge-Kutta 法 (4.4.21) 的数值结果.

表 4.4.2 多步 Runge-Kutta 法 (4.4.21)($a=0.5$) 以不同步长 $h=\dfrac{1}{m}$ 求解问题 (4.4.24) 和其扰动问题的差 E_n

t	$m=3$	$m=10$	$m=100$
1	1.202327 × e−002	2.366825 × e−004	2.303948 × e−004
10	2.255629 × e−008	1.234122 × e−019	1.282238 × e−024
25	4.818555 × e−016	7.985534 × e−034	1.862534 × e−059
50	3.708431 × e−022	2.516401 × e−056	5.217147 × e−114
75	2.469617 × e−028	1.248226 × e−078	2.369428 × e−169
100	1.541361 × e−034	7.412837 × e−101	9.233423 × e−225

4.5 中立型延迟微分方程单支方法的收敛性

设 $\langle\cdot,\cdot\rangle$ 为空间 $\mathbb{C}^N$ 中的内积, $\|\cdot\|$ 是由该内积导出的范数. 考虑中立型延迟微分方程 (3.6.1), 即

$$\begin{cases} y'(t)=f(t,y(t),y(\eta(t)),y'(\eta(t))), & t\in I_T=[0,T], \\ y(t)=\phi(t), \quad y'(t)=\phi'(t), & t\in I_\tau=[-\tau,0], \end{cases} \tag{4.5.1}$$

这里 $-\tau=\inf_{t\in I_0}\eta(t)$, $\tau\geqslant 0$, $T>0$, $\phi(t)$ 是 I_τ 上的连续可微函数, $f:I_T\times\mathbb{C}^N\times\mathbb{C}^N\times\mathbb{C}^N\to\mathbb{C}^N$ 是给定的连续映射, 连续函数 $\eta(t)$ 满足 $\eta(t)\leqslant t$. 设问题 (4.5.1) 属于类 $\mathcal{D}_0(\alpha,\beta,\gamma,\varrho)$ 或 $\mathcal{L}_0(\alpha,\beta,\gamma,L)$, 并恒设其有唯一充分光滑的真解. 本节讨论单支方法求解 (4.5.1) 的收敛性, 可参见 [222].

4.5.1 单支方法

为了讨论方便, 下面恒设 (3.6.2) 和 (3.6.3) 成立. 求解常微分方程初值问题 (3.4.9) 的 k 步单支方法可写为

$$\rho(E)y_n=hf(\sigma(E)t_n,\sigma(E)y_n),\quad n=0,1,\cdots, \tag{4.5.2}$$

这里 $h>0$ 是积分步长, E 是位移算子: $Ey_n=y_{n+1}$, y_n 是真解 $y(t)$ 在 $t_n=nh$ 处的值的逼近, $\rho(x)=\sum\limits_{j=0}^{k}\alpha_jx^j$, $\sigma(x)=\sum\limits_{j=0}^{k}\beta_jx^j$ 是生成多项式, 它们是实系数且既约的, 满足 $\rho(1)=0$, $\rho'(1)=\sigma(1)=1$.

对非线性中立型变延迟微分方程初值问题 (4.5.1) 应用 k 步单支方法 (ρ,σ) 得

$$\rho(E)y_n=hf(\sigma(E)t_n,\sigma(E)y_n,y^h(\eta(\sigma(E)t_n)),Y^h(\eta(\sigma(E)t_n))),\quad n=0,1,\cdots, \tag{4.5.3}$$

这里 $y^h(\eta(\sigma(E)t_n))$ 是 $y(\eta(\sigma(E)t_n))$ 的逼近值, 它可利用 $\{y_j\}_{j\leqslant n+k}$ 的值在点 $t=\eta(\sigma(E)t_n)$ 处进行特定的插值得到, $Y^h(\eta(\sigma(E)t_n))$ 是 $y'(\eta(\sigma(E)t_n))$ 的逼近值, 由一些特定方式得到.

因此, 方法 (4.5.3) 由单支方法 (4.5.2)、对 $y^h(\eta(\sigma(E)t_n))$ 的插值及对 $Y^h(\eta(\sigma(E)t_n))$ 的逼近完全确定.

定义 4.5.1 (李寿佛 [150]) 设 c,p 是实常数, $c>0$. 若存在一 $k\times k$ 实对称正定矩阵 $G=[g_{ij}]$, 使得对于任意的实数列 $a_0,a_1,\cdots,a_k$, 有

$$A_1^{\mathrm{T}}GA_1-cA_0^{\mathrm{T}}GA_0\leqslant 2\sigma(E)a_0\rho(E)a_0-p(\sigma(E)a_0)^2, \tag{4.5.4}$$

这里 $A_0=[a_0,a_1,\cdots,a_{k-1}]^{\mathrm{T}}$, $A_1=[a_1,a_2,\cdots,a_k]^{\mathrm{T}}$, 则称单支方法 (4.5.2) 是 $G(c,p)$-代数稳定的, 特别, $G(1,0)$-代数稳定的方法为 G-稳定的.

众所周知, G-稳定性等价于 A-稳定性 (参见 [51]), 而 1, 2 阶 BDF 方法是 A-稳定的, 从而是 G-稳定的. 作为 $G(c,p)$-代数稳定的例子却是 3 阶 BDF 方法, 李寿佛在 [150] 中证明对任意的 $c>0$, 存在 $p:=p(c)<0$ 及对角矩阵 $G=\mathrm{diag}(c^2/4,c/2,1)$ 使得 3 阶 BDF 方法是 $G(c,p(c))$-代数稳定的.

4.5.2 收敛性分析 I

这一小节, 我们考虑数值方法求解 $\mathcal{D}_0(\alpha,\beta,\gamma,\varrho)$ 类初值问题 (4.5.1) 的收敛性. 为此, 首先考虑对 $y^h(\eta(\sigma(E)t_n))$ 和 $Y^h(\eta(\sigma(E)t_n))$ 的插值逼近. 众所周知, 任何求解常微分方程初值问题的 A-稳定的单支方法至多不超过 2 阶. 因此, 我们可对 $y^h(\eta(\sigma(E)t_n))$ 进行线性插值. 定义

$$\eta^{(0)}(t)=t,\quad \eta^{(1)}(t)=\eta(t),\cdots,\eta^{(i)}(t)=\eta(\eta^{(i-1)}(t)),\cdots, \tag{4.5.5}$$

且设

$$\eta^{(i)}(\sigma(E)t_n)=\left(m_n^{(i)}+\delta_n^{(i)}\right)h, \tag{4.5.6}$$

这里整数 $m_n^{(i)}$ 使得 $t_{m_n^{(i)}}\geqslant-\tau$, $\delta_n^{(i)}\in[0,1)$. 由此我们定义

$$y^h(\eta^{(i)}(\sigma(E)t_n))=\begin{cases}\delta_n^{(i)}y_{m_n^{(i)}+1}+\left(1-\delta_n^{(i)}\right)y_{m_n^{(i)}}, & t_{m_n^{(i)}}+\delta_n^{(i)}h>0,\\ \phi(t_{m_n^{(i)}}+\delta_n^{(i)}h), & t_{m_n^{(i)}}+\delta_n^{(i)}h\leqslant 0.\end{cases} \tag{4.5.7}$$

对于 $Y^h(\eta(\sigma(E)t_n))$, 我们考虑直接估计, 即 $Y^h(\eta^{(i)}(\sigma(E)t_n))$ 由下式得到

$$\begin{aligned}Y^h(\eta^{(i)}(\sigma(E)t_n))=&f(\eta^{(i)}(\sigma(E)t_n),y^h(\eta^{(i)}(\sigma(E)t_n)),\\&y^h(\eta^{(i+1)}(\sigma(E)t_n)),Y^h(\eta^{(i+1)}(\sigma(E)t_n))).\end{aligned} \tag{4.5.8}$$

定义 4.5.2 具有插值和逼近过程的单支方法 (4.5.3) 称为是 p 阶 E-收敛的, 如果该方法从起始值 $y_0, y_1, \cdots, y_{k-1}$ 出发按定步长 h 求解 $\mathcal{D}_0(\alpha,\beta,\gamma,\varrho)$ 类初值问题 (4.5.1) 时, 所得到的逼近序列 $\{y_n\}$ 的整体误差有估计

$$\|y(t_n)-y_n\| \leqslant C(t_n)(h^p+\max_{0\leqslant i\leqslant k-1}\|y(t_i)-y_i\|), \quad n\geqslant k,\ h\in(0,h_0], \tag{4.5.9}$$

这里误差函数 $C(t)$ 与最大容许步长 h_0 仅依赖于方法、某些导数界 M_i 以及常数 $\alpha,\beta,\gamma,\varrho$.

为研究方法 (4.5.3)—(4.5.7)—(4.5.8) 的收敛性, 考虑

$$\begin{aligned}\rho(E)\hat{y}_n+\alpha_k e_n = hf(\sigma(E)t_n, \sigma(E)\hat{y}_n+\beta_k e_n, \bar{y}^h(\eta(\sigma(E)t_n)), \bar{Y}^h(\eta(\sigma(E)t_n))),\\ n=0,1,\cdots,\end{aligned} \tag{4.5.10}$$

这里

$$\hat{y}_n = y(t_n)+c_1h^2y''(t_n), \tag{4.5.11}$$

$$\bar{y}^h(\eta^{(i)}(\sigma(E)t_n)) = \begin{cases} y(\eta^{(i)}(\sigma(E)t_n)), & \eta^{(i)}(\sigma(E)t_n)\leqslant t_{n+k-1},\\ \delta_n^{(i)}(\hat{y}_{n+k}+e_n)+\left(1-\delta_n^{(i)}\right)y(t_{n+k-1}), \\ \qquad t_{n+k-1}<\eta^{(i)}(\sigma(E)t_n)\leqslant t_{n+k}, \end{cases} \tag{4.5.12}$$

$$\begin{aligned}\bar{Y}^h(\eta^{(i)}(\sigma(E)t_n)) = f(&\eta^{(i)}(\sigma(E)t_n), \bar{y}^h(\eta^{(i)}(\sigma(E)t_n)),\\ &\bar{y}^h(\eta^{(i+1)}(\sigma(E)t_n)), \bar{Y}^h(\eta^{(i)}(\sigma(E)t_n))),\end{aligned} \tag{4.5.13}$$

其中

$$c_1 = -\frac{1}{2}\sum_{j=0}^{k-1}\left(\beta_j-\frac{\beta_k}{\alpha_k}\alpha_j\right)j^2-\frac{\beta_k}{\alpha_k}\sum_{j=0}^{k}j\beta_j+\frac{1}{2}\left(\sum_{j=0}^{k}j\beta_j\right)^2.$$

由上可知, 对 $n\geqslant 0$, 当步长 h 满足一定条件时, e_n 由 (4.5.10) 唯一确定.

对 $k\times k$ 实对称正定矩阵 $G=[g_{ij}]$, 定义范数 $\|\cdot\|_G$ 为

$$\|U\|_G = \left(\sum_{i,j=1}^{k}g_{ij}\langle u_i,u_j\rangle\right)^{\frac{1}{2}}, \qquad U=(u_1^{\mathrm{T}},u_2^{\mathrm{T}},\cdots,u_k^{\mathrm{T}})^{\mathrm{T}}\in\mathbb{C}^{kN}.$$

下面我们讨论方法 (4.5.3)—(4.5.7)—(4.5.8) 的收敛性. 为方便计, 我们设本小节下面中出现的诸 h_i, d_i, c_i 依赖于方法、α、β、γ、ϱ 和 M_i 的定义可见 (3.6.3).

引理 4.5.3 若方法 (4.5.2) 是 A-稳定的, 则方法 (4.5.3)—(4.5.7)—(4.5.8) 用于求解 $\mathcal{D}_0(\alpha,\beta,\gamma,\varrho)$ 类初值问题 (4.5.1) 时成立

$$\|\varepsilon_{n+1}\|_G^2 \leqslant (1+d_1h)\|\varepsilon_n\|_G^2+d_2h\|\sigma(E)(y_n-\hat{y}_n)\|^2+d_3h\max_{1\leqslant i\leqslant n+k-1}\|y_i-\hat{y}_i\|^2$$

$$+ d_4h^5 + d_5h^{-1}\|e_n\|^2, \quad n = 0, 1, \cdots, \quad h \in (0, h_1], \tag{4.5.14}$$

这里 $\varepsilon_n = [(y_n - \hat{y}_n)^{\mathrm{T}}, (y_{n+1} - \hat{y}_{n+1})^{\mathrm{T}}, \cdots, (y_{n+k-1} - \hat{y}_{n+k-1})^{\mathrm{T}}]^{\mathrm{T}}$.

证明 由于 A-稳定等价于 G-稳定 (见 [51]), 于是从定义 4.5.1 可知存在一 $k \times k$ 实对称正定矩阵 G, 对任意实数列 $\{a_i\}_{i=0}^k$,

$$A_1^{\mathrm{T}} G A_1 - A_0^{\mathrm{T}} G A_0 \leqslant 2\sigma(E) a_0 \rho(E) a_0$$

成立, 这里 $A_i = (a_i, a_{i+1}, \cdots, a_{i+k-1})^{\mathrm{T}}$ $(i = 0, 1)$. 由此按文献 [51, 150] 的方法, 有

$$\|\varepsilon_{n+1}\|_G^2 - \|\varepsilon_n\|_G^2 \leqslant 2\Re e\langle \sigma(E)(y_n - \hat{y}_n), \rho(E)(y_n - \hat{y}_n)\rangle. \tag{4.5.15}$$

记 $\hat{\varepsilon}_{n+1} = [(y_{n+1} - \hat{y}_{n+1})^{\mathrm{T}}, \cdots, (y_{n+k-1} - \hat{y}_{n+k-1})^{\mathrm{T}}, (y_{n+k} - \hat{y}_{n+k} - e_n)^{\mathrm{T}}]^{\mathrm{T}}$, 注意其与 ε_{n+1} 的区别, 同理有

$$\|\hat{\varepsilon}_{n+1}\|_G^2 \leqslant \|\varepsilon_n\|_G^2 + 2\Re e\langle \sigma(E)(y_n - \hat{y}_n) - \beta_k e_n, \rho(E)(y_n - \hat{y}_n) - \alpha_k e_n\rangle. \tag{4.5.16}$$

利用条件 (3.4.3)—(3.4.5), (3.4.7), 由 (6.6.68) 可得

$$\begin{aligned} \|\hat{\varepsilon}_{n+1}\|_G^2 \leqslant{} & \|\varepsilon_n\|_G^2 + 2h\Re e\langle \sigma(E)(y_n - \hat{y}_n) - \beta_k e_n, \\ & f(\sigma(E)t_n, \sigma(E)y_n, y^h(\eta(\sigma(E)t_n)), Y^h(\eta(\sigma(E)t_n))) \\ & - f(\sigma(E)t_n, \sigma(E)\hat{y}_n + \beta_k e_n, \bar{y}^h(\eta(\sigma(E)t_n)), \bar{Y}^h(\eta(\sigma(E)t_n)))\rangle \\ \leqslant{} & \|\varepsilon_n\|_G^2 + 2h[\alpha\|\sigma(E)(y_n - \hat{y}_n) - \beta_k e_n\|^2 + \|\sigma(E)(y_n - \hat{y}_n) - \beta_k e_n\| \\ & \times \|f(\sigma(E)t_n, \sigma(E)\hat{y}_n + \beta_k e_n, y^h(\eta(\sigma(E)t_n)), Y^h(\eta(\sigma(E)t_n))) \\ & - f(\sigma(E)t_n, \sigma(E)\hat{y}_n + \beta_k e_n, \bar{y}^h(\eta(\sigma(E)t_n)), \bar{Y}^h(\eta(\sigma(E)t_n)))\|]. \end{aligned} \tag{4.5.17}$$

若存在正整数 l 使得 $\eta^{(l)}(\sigma(E)t_n) \leqslant 0$, 则因 $y^h(\eta^{(l)}(\sigma(E)t_n)) - \bar{y}^h(\eta^{(l)}(\sigma(E)t_n)) = 0$, 故有

$$\begin{aligned} & \|f(\sigma(E)t_n, \sigma(E)\hat{y}_n + \beta_k e_n, y^h(\eta(\sigma(E)t_n)), Y^h(\eta(\sigma(E)t_n))) \\ & - f(\sigma(E)t_n, \sigma(E)\hat{y}_n + \beta_k e_n, \bar{y}^h(\eta(\sigma(E)t_n)), \bar{Y}^h(\eta(\sigma(E)t_n)))\| \\ \leqslant{} & \varrho\|y^h(\eta(\sigma(E)t_n)) - \bar{y}^h(\eta(\sigma(E)t_n))\| \\ & + \gamma\|f(\eta(\sigma(E)t_n), \bar{y}^h(\eta(\sigma(E)t_n)), y^h(\eta^{(2)}(\sigma(E)t_n)), Y^h(\eta^{(2)}(\sigma(E)t_n))) \\ & - f(\eta(\sigma(E)t_n), \bar{y}^h(\eta(\sigma(E)t_n)), \bar{y}^h(\eta^{(2)}(\sigma(E)t_n)), \bar{Y}^h(\eta^{(2)}(\sigma(E)t_n)))\| \\ \leqslant{} & \frac{\varrho}{1-\gamma} \max_{i \geqslant 1} \|y^h(\eta^{(i)}(\sigma(E)t_n)) - \bar{y}^h(\eta^{(i)}(\sigma(E)t_n))\|; \end{aligned} \tag{4.5.18}$$

若对任意的正整数 l, 都有 $\eta^{(l)}(\sigma(E)t_n) > 0$, 则同样有 (4.5.18). 总之, 从 (6.6.68), 都有

$$\|\hat{\varepsilon}_{n+1}\|_G^2 \leqslant \|\varepsilon_n\|_G^2 + 2h[\alpha\|\sigma(E)(y_n - \hat{y}_n) - \beta_k e_n\|^2 + \|\sigma(E)(y_n - \hat{y}_n) - \beta_k e_n\| \\ \times \frac{\varrho}{1-\gamma} \max_{i\geqslant 1} \|y^h(\eta^{(i)}(\sigma(E)t_n)) - \bar{y}^h(\eta^{(i)}(\sigma(E)t_n))\|]. \qquad (4.5.19)$$

设

$$\max_{i\geqslant 1} \|y^h(\eta^{(i)}(\sigma(E)t_n)) - \bar{y}^h(\eta^{(i)}(\sigma(E)t_n))\| \\ = \|y^h(\eta^{(l)}(\sigma(E)t_n)) - \bar{y}^h(\eta^{(l)}(\sigma(E)t_n))\|.$$

若 $t_{n+k-1} \leqslant \eta^{(l)}(\sigma(E)t_n) \leqslant t_{n+k}$, 则从 (4.5.7) 及 (4.5.12) 可得

$$\begin{aligned}
&\|y^h(\eta^{(l)}(\sigma(E)t_n)) - \bar{y}^h(\eta^{(l)}(\sigma(E)t_n))\| \\
\leqslant& \left(1-\delta_n^{(l)}\right)\|y_{n+k-1} - \bar{y}^h(t_{n+k-1})\| + \delta_n^{(l)}\|y_{n+k} - \hat{y}_{n+k} - e_n\| \\
\leqslant& \left(1-\delta_n^{(l)}\right)\|y_{n+k-1} - \hat{y}_{n+k-1}\| + \left(1-\delta_n^{(l)}\right)|c_1|M_2h^2 + \delta_n^{(l)}\|y_{n+k} - \hat{y}_{n+k} - e_n\| \\
\leqslant& \max\left\{\|y_{n+k-1} - \hat{y}_{n+k-1}\|, \|y_{n+k} - \hat{y}_{n+k} - e_n\|\right\} + |c_1|M_2h^2; \qquad (4.5.20)
\end{aligned}$$

若 $\eta^{(l)}(\sigma(E)t_n) \leqslant t_{n+k-1}$, 则从 (4.5.7) 及 (4.5.12) 类似可得

$$\begin{aligned}
&\|y^h(\eta^{(l)}(\sigma(E)t_n)) - \bar{y}^h(\eta^{(l)}(\sigma(E)t_n))\| \\
\leqslant& \left\|\left(1-\delta_n^{(l)}\right)y_{n-m_n^{(l)}} + \delta_n^{(l)}y_{n-m_n^{(l)}+1} - y\left(t_{n-m_n^{(l)}} + \delta_n^{(l)}h\right)\right\| \\
\leqslant& \left(1-\delta_n^{(l)}\right)\|y_{n-m_n^{(l)}} - \hat{y}_{n-m_n^{(l)}}\| + \delta_n^{(l)}\|y_{n-m_n^{(l)}+1} - \hat{y}_{n-m_n^{(l)}+1}\| \\
&+ \|\delta_n^{(l)}\hat{y}_{n-m_n^{(l)}+1} + \left(1-\delta_n^{(l)}\right)\hat{y}_{n-m_n^{(l)}} - y\left(t_{n-m_n^{(l)}} + \delta_n^{(l)}h\right)\| \\
\leqslant& \max\left\{\|y_{n-m_n^{(l)}} - \hat{y}_{n-m_n^{(l)}}\|, \|y_{n-m_n^{(l)}+1} - \hat{y}_{n-m_n^{(l)}+1}\|\right\} + (1+|c_1|)M_2h^2.
\end{aligned} \qquad (4.5.21)$$

于是, 易得

$$\|\hat{\varepsilon}_{n+1}\|_G^2 \leqslant \|\varepsilon_n\|_G^2 + c_2h\|\sigma(E)(y_n - \hat{y}_n) - \beta_k e_n\|^2 + \frac{2\varrho h}{1-\gamma}(1+|c_1|)^2M_2^2h^4 \\ + \frac{2\varrho h}{1-\gamma}\max\left\{\|y_{n+k} - \hat{y}_{n+k} - e_n\|^2, \max_{1\leqslant i\leqslant n+k-1}\|y_i - \hat{y}_i\|^2\right\}, \qquad (4.5.22)$$

这里

$$c_2 = \begin{cases} 0, & 2\alpha + \dfrac{\varrho}{1-\gamma} \leqslant 0, \\ 2\alpha + \dfrac{\varrho}{1-\gamma}, & 2\alpha + \dfrac{\varrho}{1-\gamma} > 0. \end{cases}$$

从 (4.5.22) 进一步可得

$$\|\hat{\varepsilon}_{n+1}\|_G^2 \leqslant \|\varepsilon_n\|_G^2 + c_2 h\|\sigma(E)(y_n - \hat{y}_n) - \beta_k e_n\|^2 + \frac{2\varrho h}{1-\gamma}(1+|c_1|)^2 M_2^2 h^4 + \frac{2\varrho h}{\lambda_{\min}^G(1-\gamma)}\|\hat{\varepsilon}_{n+1}\|_G^2 + \frac{2\varrho h}{1-\gamma}\max_{1\leqslant i\leqslant n+k-1}\|y_i - \hat{y}_i\|^2,$$

其中 $\lambda_{\min}^G$ 为 G 的最小特征值. 任意取定 $c_0 \in (0,1)$, 并令 $\bar{c}_2 = \dfrac{(1-c_0)\lambda_{\min}^G}{2}$. 则当 $\dfrac{\varrho}{1-\gamma}h \leqslant \bar{c}_2$ 时, 由上式可推出

$$\|\hat{\varepsilon}_{n+1}\|_G^2 \leqslant \frac{1}{1-\dfrac{2\varrho h}{\lambda_{\min}^G(1-\gamma)}}\left[\|\varepsilon_n\|_G^2 + c_2 h\|\sigma(E)(y_n-\hat{y}_n) - \beta_k e_n\|^2 + \frac{2\varrho h^5}{1-\gamma}(1+|c_1|)^2 M_2^2\right] + \frac{2\varrho h}{1-\gamma-\dfrac{2\varrho h}{\lambda_{\min}^G}}\max_{1\leqslant i\leqslant n+k-1}\|y_i-\hat{y}_i\|^2. \tag{4.5.23}$$

另一方面, 因

$$\|\sigma(E)(y_n-\hat{y}_n) - \beta_k e_n\|^2 = 2\|\sigma(E)(y_n-\hat{y}_n)\|^2 + 2\beta_k^2\|e_n\|^2 \tag{4.5.24}$$

及

$$\begin{aligned}\|\varepsilon_{n+1}\|_G^2 &\leqslant \|\hat{\varepsilon}_{n+1}\|_G^2 + \lambda_{\max}^G\|e_n\|^2 + 2\sqrt{\lambda_{\max}^G}\|e_n\|\|\hat{\varepsilon}_{n+1}\|_G \\ &\leqslant (1+h)\|\hat{\varepsilon}_{n+1}\|_G^2 + \left(1+\frac{1}{h}\right)\lambda_{\max}^G\|e_n\|^2,\end{aligned} \tag{4.5.25}$$

其中 $\lambda_{\max}^G$ 为 G 的最大特征值, 故

$$\begin{aligned}\|\varepsilon_{n+1}\|_G^2 \leqslant &\frac{1+h}{1-\dfrac{2\varrho h}{\lambda_{\min}^G(1-\gamma)}}\left[\|\varepsilon_n\|_G^2 + 2c_2 h\|\sigma(E)(y_n-\hat{y}_n)\|^2 + 2c_2\beta_k^2 h\|e_n\|^2 \right.\\ &\left. + \frac{2\varrho h^5}{1-\gamma}(1+|c_1|)^2 M_2^2\right] + \frac{2\varrho(1+h)h}{(1-\gamma)c_0}\max_{1\leqslant i\leqslant n+k-1}\|y_i-\hat{y}_i\|^2 \\ &+ \left(1+\frac{1}{h}\right)\lambda_{\max}^G\|e_n\|^2 \\ \leqslant &(1+d_1 h)\|\varepsilon_n\|_G^2 + d_2 h\|\sigma(E)(y_n-\hat{y}_n)\|^2 + d_3 h\max_{1\leqslant i\leqslant n+k-1}\|y_i-\hat{y}_i\|^2 \\ &+ d_4 h^5 + d_5 h^{-1}\|e_n\|^2, \quad n=0,1,\cdots, \quad h\in(0,h_1),\end{aligned} \tag{4.5.26}$$

其中

$$h_1 = \min\left\{1, \frac{(1-\gamma)\bar{c}_2}{\varrho}\right\}, \quad d_1 = \frac{1}{c_0} + \frac{2\varrho}{(1-\gamma)\lambda_{\min}^G c_0}, \quad d_2 = \frac{4c_2}{c_0},$$

$$d_3 = \frac{4\varrho}{(1-\gamma)c_0}, \quad d_4 = (1+|c_1|)^2 M_2^2 d_3, \quad d_5 = \frac{4c_2\beta_k^2}{c_0} + 2\lambda_{\max}^G.$$

由此完成引理的证明.

引理 4.5.4 设方法 (4.5.2) 是 A-稳定的, 那么存在 d_6, h_2, 使得

$$\|e_n\| \leqslant d_6 h^{p+1}, \quad h \in (0, h_2], \quad n = 0, 1, \cdots, \tag{4.5.27}$$

其中 p 为单支方法的经典相容阶, $p = 1, 2$.

证明 由于方法 (4.5.2) A-稳定, 于是 $\dfrac{\beta_k}{\alpha_k} > 0$ (见 [51, 150]), 其经典相容阶 $p = 1, 2$. 考虑

$$y(\sigma(E)t_n) = \sum_{j=0}^{k-1}\left(\beta_j - \frac{\beta_k}{\alpha_k}\alpha_j\right)\hat{y}_{n+j} + \frac{\beta_k}{\alpha_k} h y'(\sigma(E)t_n) + R_1^{(n)}, \tag{4.5.28}$$

$$\rho(E)\hat{y}_n = h y'(\sigma(E)t_n) + R_2^{(n)}. \tag{4.5.29}$$

由 Taylor 展式易知存在常数 c_3, 使得

$$R_1^{(n)} \leqslant c_3 h^3, \tag{4.5.30}$$

$$R_2^{(n)} \leqslant c_3 h^{p+1}. \tag{4.5.31}$$

由 (4.5.10) 式及 (4.5.28) 式可知

$$\begin{aligned} y(\sigma(E)t_n) - \sigma(E)\hat{y}_n - \beta_k e_n = &\frac{\beta_k}{\alpha_k} h\left[y'(\sigma(E)t_n) - f(\sigma(E)t_n, \sigma(E)\hat{y}_n\right.\\ &\left.+\beta_k e_n, \bar{y}^h(\eta(\sigma(E)t_n)), \bar{Y}^h(\eta(\sigma(E)t_n)))\right] + R_1^{(n)}. \end{aligned} \tag{4.5.32}$$

若有 $\eta^{(i)}(\sigma(E)t_n) \in (t_{n+k-1}, t_{n+k}]$, 则由 Taylor 展式可得

$$\|y(\eta^{(i)}(\sigma(E)t_n)) - \delta_n^{(i)}(\hat{y}_{n+k} + e_n) - \left(1 - \delta_n^{(i)}\right) y(t_{n+k-1})\| \leqslant c_4 h^2 M_2 + \|e_n\|.$$

由此从 (4.5.32) 可得

$$\begin{aligned} &\|y(\sigma(E)t_n) - \sigma(E)\hat{y}_n - \beta_k e_n\|^2 \\ \leqslant &\frac{\beta_k}{\alpha_k} h \|y(\sigma(E)t_n) - \sigma(E)\hat{y}_n - \beta_k e_n\| \end{aligned}$$

$$
\times \left[\alpha \| y(\sigma(E)t_n) - \sigma(E)\hat{y}_n - \beta_k e_n \| + \frac{\varrho}{1-\gamma}(c_4 h^2 M_2 + \|e_n\|) \right]
$$
$$
+ R_1^{(n)} \| y(\sigma(E)t_n) - \sigma(E)\hat{y}_n - \beta_k e_n \|.
$$

任意取定 $\bar{c}_0 \in (0,1)$, 并令 $\bar{c}_3 = \dfrac{(1-\bar{c}_0)\alpha_k}{\beta_k}$. 则当 $\alpha h \leqslant \bar{c}_3$ 时, 有

$$
\begin{aligned}
\| y(\sigma(E)t_n) - \sigma(E)\hat{y}_n - \beta_k e_n \| &\leqslant \frac{1}{\bar{c}_0} \left[\frac{\beta_k \varrho h}{\alpha_k (1-\gamma)} (c_4 h^2 M_2 + \|e_n\|) + \|R_1^{(n)}\| \right] \\
&\leqslant c_5 h^3 + \frac{\beta_k \varrho h}{\alpha_k \bar{c}_0 (1-\gamma)} \|e_n\|, \qquad (4.5.33)
\end{aligned}
$$

其中

$$
c_5 = \frac{1}{\bar{c}_0} \left[\frac{\beta_k \varrho c_4 M_2}{\alpha_k (1-\gamma)} + c_3 \right].
$$

将 (4.5.33) 代入 (4.5.32) 得

$$
\begin{aligned}
& \| h y'(\sigma(E)t_n) - h f(\sigma(E)t_n, \sigma(E)\hat{y}_n + \beta_k e_n, \bar{y}^h(\eta(\sigma(E)t_n)), \bar{Y}^h(\eta(\sigma(E)t_n))) \| \\
\leqslant\ & \frac{\alpha_k}{\beta_k} \| y(\sigma(E)t_n) - \sigma(E)\hat{y}_n - \beta_k e_n \| + \frac{\alpha_k}{\beta_k} \|R_1^{(n)}\| \\
\leqslant\ & \frac{\alpha_k}{\beta_k} (c_3 + c_5) h^3 + \frac{\varrho h}{\bar{c}_0 (1-\gamma)} \|e_n\|. \qquad (4.5.34)
\end{aligned}
$$

另一方面, 因

$$
\begin{aligned}
\alpha_k e_n = h f(\sigma(E)t_n, \sigma(E)\hat{y}_n + \beta_k e_n, \bar{y}^h(\eta(\sigma(E)t_n)), \\
\bar{Y}^h(\eta(\sigma(E)t_n))) - h y'(\sigma(E)t_n) - R_2^{(n)},
\end{aligned}
$$

从 (4.5.34) 可以推出

$$
|\alpha_k| \|e_n\| \leqslant \frac{\alpha_k}{\beta_k} (c_3 + c_5) h^3 + \frac{\varrho h}{\bar{c}_0 (1-\gamma)} \|e_n\| + c_3 h^{p+1}. \qquad (4.5.35)
$$

任意取定 $\hat{c}_0 \in (0,1)$, 并令

$$
h_2 = \begin{cases} \min\left\{ h_1, \dfrac{(1-\gamma)(1-\hat{c}_0)\bar{c}_0 |\alpha_k|}{\varrho} \right\}, & \alpha \leqslant 0, \\ \min\left\{ h_1, \dfrac{(1-\gamma)(1-\hat{c}_0)\bar{c}_0 |\alpha_k|}{\varrho}, \dfrac{\bar{c}_3}{\alpha} \right\}, & \alpha > 0, \end{cases} \qquad (4.5.36)
$$

于是从 (4.5.35) 立得 (4.5.27) 式, 其中

$$
d_6 = \frac{1}{\hat{c}_0} \left(\frac{c_3 + c_5}{|\beta_k|} + \frac{c_3}{|\alpha_k|} \right).
$$

证毕.

定理 4.5.5 方法 (4.5.3)—(4.5.7)—(4.5.8) p 阶 E-收敛的充分必要条件为方法 (4.5.2)A-稳定且其经典相容阶为 p, $p=1,2$.

证明 首先注意到, 方法 (4.5.3)—(4.5.7)—(4.5.8) p 阶 E-收敛意味着方法 (4.5.2) p 阶 B-收敛, 进而意味着 A-稳定且其经典相容阶为 p, $p=1,2$ [92].

由引理 4.5.3 和引理 4.5.4 可知

$$\begin{aligned}\|\varepsilon_{n+1}\|_G^2 \leqslant & (1+d_1h)\|\varepsilon_n\|_G^2 + d_2h\|\sigma(E)(y_n-\hat{y}_n)\|^2 + d_3h \max_{1\leqslant i\leqslant n+k-1}\|y_i-\hat{y}_i\|^2 \\ & + d_4h^5 + d_5d_6h^{2p+1}, \quad n=0,1,\cdots, \quad h\in(0,h_2],\end{aligned}$$

上式递推下去, 有

$$\begin{aligned}\|\varepsilon_{n+1}\|_G^2 \leqslant \|\varepsilon_0\|_G^2 + h\sum_{i=0}^{n}\Big[& d_1\|\varepsilon_i\|_G^2 + d_2\|\sigma(E)(y_i-\hat{y}_i)\|^2 \\ & + d_3 \max_{1\leqslant l\leqslant i+k-1}\|y_l-\hat{y}_l\|^2 + d_4h^4 + d_5d_6h^{2p}\Big]. \end{aligned} \tag{4.5.37}$$

于是

$$\begin{aligned}\|y_{n+k}-\hat{y}_{n+k}\|^2 \leqslant & \frac{\lambda_{\max}^G}{\lambda_{\min}^G}\sum_{j=0}^{k-1}\|y_j-\hat{y}_j\|^2 + \frac{h}{\lambda_{\min}^G}\sum_{i=0}^{n}\left[d_1\lambda_{\max}^G\sum_{j=0}^{k-1}\|y_{i+j}-\hat{y}_{i+j}\|^2\right. \\ & + d_2\|\sigma(E)(y_i-\hat{y}_i)\|^2 + d_3 \max_{1\leqslant j\leqslant i+k-1}\|y_j-\hat{y}_j\|^2 \\ & \left. + d_4h^4 + d_5d_6h^{2p}\right]. \end{aligned} \tag{4.5.38}$$

容易验证, 存在 d_7, 使得

$$\|\sigma(E)(y_i-\hat{y}_i)\|^2 = \left\|\sum_{j=0}^{k}\beta_j(y_{i+j}-\hat{y}_{i+j})\right\|^2 \leqslant d_7\sum_{j=0}^{k}\|y_{i+j}-\hat{y}_{i+j}\|^2.$$

将其代入 (4.5.38) 可得

$$\begin{aligned} & \|y_{n+k}-\hat{y}_{n+k}\|^2 \\ \leqslant & \frac{\lambda_{\max}^G}{\lambda_{\min}^G}\sum_{j=0}^{k-1}\|y_j-\hat{y}_j\|^2 + \frac{h}{\lambda_{\min}^G}\sum_{i=0}^{n}\left[d_1\lambda_{\max}^G\sum_{j=0}^{k-1}\|y_{i+j}-\hat{y}_{i+j}\|^2\right. \\ & \left. +d_2d_7\sum_{j=0}^{k}\|y_{i+j}-\hat{y}_{i+j}\|^2 + d_3 \max_{1\leqslant j\leqslant i+k-1}\|y_j-\hat{y}_j\|^2 + d_4h^4 + d_5d_6h^{2p}\right] \\ \leqslant & \frac{\lambda_{\max}^G}{\lambda_{\min}^G}\sum_{j=0}^{k-1}\|y_j-\hat{y}_j\|^2 + \frac{kh}{\lambda_{\min}^G}(d_1\lambda_{\max}^G + d_2d_7 + d_3)\sum_{i=0}^{n+k-1}\|y_i-\hat{y}_i\|^2 \end{aligned}$$

$$+\frac{n+1}{\lambda_{\min}^G}(d_4h^5+d_5d_6h^{2p+1})+\frac{hd_2d_7}{\lambda_{\min}^G}\|y_{n+k}-\hat{y}_{n+k}\|^2. \tag{4.5.39}$$

任意取定 $\tilde{c}_0\in(0,1)$, 则当 $\dfrac{hd_2d_7}{\lambda_{\min}^G}\leqslant 1-\tilde{c}_0$ 时, 有

$$\|y_{n+k}-\hat{y}_{n+k}\|^2\leqslant d_8\sum_{j=0}^{k-1}\|y_j-\hat{y}_j\|^2+d_0h\sum_{i=0}^{n+k-1}\|y_i-\hat{y}_i\|^2+c_0t_{n+k}h^{2p},$$
$$n=0,1,2,\cdots,\quad h\in(0,h_0], \tag{4.5.40}$$

其中

$$h_0=\min\left\{h_2,\frac{\lambda_{\min}^G(1-\tilde{c}_0)}{d_2d_7}\right\},\quad d_8=\frac{\lambda_{\max}^G}{\lambda_{\min}^G\tilde{c}_0},$$
$$d_0=\frac{k}{\lambda_{\min}^G\tilde{c}_0}(d_1\lambda_{\max}^G+d_2d_7+d_3),\quad d_9=\frac{d_4+d_5d_6}{\lambda_{\min}^G\tilde{c}_0}.$$

利用离散的 Bellman 不等式, 由 (4.5.40) 可得

$$\|y_{n+k}-\hat{y}_{n+k}\|^2\leqslant\left[k(d_0+d_8)\max_{0\leqslant i\leqslant k-1}\|y_i-\hat{y}_i\|^2+d_9t_{n+k}h^{2p}\right]\exp(d_0t_{n+k}),$$
$$n=0,1,2,\cdots,\quad h\in(0,h_0]. \tag{4.5.41}$$

于是

$$\begin{aligned}\|y_{n+k}-y(t_{n+k})\|=&\|y_{n+k}-\hat{y}_{n+k}+\hat{y}_{n+k}-y(t_{n+k})\|\\ \leqslant&|c_1|M_2h^2+\left[\sqrt{k(d_0+d_8)}\left(\max_{0\leqslant i\leqslant k-1}\|y_i-y(t_i)\|+|c_1|M_2h^2\right)\right.\\ &\left.+\sqrt{d_9t_{n+k}}h^p\right]\exp\left(\frac{1}{2}d_0t_{n+k}\right),\quad n=0,1,2,\cdots,\ h\in(0,h_0].\end{aligned}$$

这意味着单支方法的收敛阶为 p, $p=1$ 或 2. 证毕.

4.5.3 收敛性分析 II

这一小节, 我们考虑数值方法求解 $\mathcal{L}_0(\alpha,\beta,\gamma,L)$ 类初值问题 (4.5.1) 的收敛性. 为此, 首先给出下列定义.

定义 4.5.6 具有插值和逼近过程的单支方法 (4.5.3) 称为是 p 阶 EB-收敛的, 如果该方法从起始值 $y_0,y_1,\cdots,y_{k-1}$ 出发按定步长 h 求解 $\mathcal{L}_0(\alpha,\beta,\gamma,L)$ 类初值问题 (4.5.1) 时, 所得到的逼近序列 $\{y_n\}$ 的整体误差有估计

$$\|y(t_n)-y_n\|\leqslant C(t_n)(h^p+\max_{0\leqslant i\leqslant k-1}\|y(t_i)-y_i\|),\quad n\geqslant k,\ h\in(0,h_0], \tag{4.5.42}$$

这里误差函数 $C(t)$ 与最大容许步长 h_0 仅依赖于方法、某些导数界 M_i 以及常数 $\alpha, \beta, \gamma, \gamma L$.

完全类似于 4.5.2 小节的分析, 我们有下述定理.

定理 4.5.7 方法 (4.5.3)—(4.5.7)—(4.5.8) p 阶 EB-收敛的充分必要条件为方法 (4.5.2) A-稳定且其经典相容阶为 p, $p=1,2$.

现在我们考虑对 $Y^h(\eta(\sigma(E)t_n))$ 的另一种逼近, 即 $Y^h(\eta(\sigma(E)t_n))$ 由相应于 (4.5.7) 的线性插值得到

$$Y^h(\eta^{(i)}(\sigma(E)t_n)) = \begin{cases} \delta_n^{(i)}\mathbb{Y}_{m_n^{(i)}+1} + \left(1-\delta_n^{(i)}\right)\mathbb{Y}_{m_n^{(i)}}, & t_{m_n^{(i)}} + \delta_n^{(i)}h > 0, \\ \phi'(t_{m_n^{(i)}} + \delta_n^{(i)}h), & t_{m_n^{(i)}} + \delta_n^{(i)}h \leqslant 0, \end{cases} \tag{4.5.43}$$

而 $\mathbb{Y}_i$ 由下式计算

$$\mathbb{Y}_i = f(t_i, y_i, y^h(\eta(t_i)), Y^h(\eta(t_i))), \tag{4.5.44}$$

特别当 $i \leqslant 0$ 时, 有 $\mathbb{Y}_i = \phi'(ih)$.

为研究方法 (4.5.3)—(4.5.7)—(4.5.43) 的收敛性, 也考虑 (4.5.10), 不过这里 $\bar{Y}^h(\eta^{(i)}\ (\sigma(E)t_n))$ 由下式确定

$$\bar{Y}^h(\eta^{(i)}(\sigma(E)t_n)) = \begin{cases} y'(\eta^{(i)}(\sigma(E)t_n)), \quad \eta^{(i)}(\sigma(E)t_n) \leqslant t_{n+k-1}, \\ \delta_n^{(i)}\hat{\mathbb{Y}}_{n+k} + \left(1-\delta_n^{(i)}\right)y'(t_{n+k-1}), \\ \qquad\qquad t_{n+k-1} < \eta^{(i)}(\sigma(E)t_n) \leqslant t_{n+k}, \end{cases} \tag{4.5.45}$$

其中

$$\hat{\mathbb{Y}}_{n+k} = f(t_{n+k}, \hat{y}_{n+k} + e_n, \bar{y}^h(\eta(t_{n+k})), \bar{Y}^h(\eta(t_{n+k}))). \tag{4.5.46}$$

此外, 定义

$$\hat{\mathbb{Y}}_i = f(t_i, \hat{y}_i, \bar{y}^h(\eta(t_i)), \bar{Y}^h(\eta(t_i))), \quad i = 1, 2, \cdots, n+k-1. \tag{4.5.47}$$

引理 4.5.8 若方法 (4.5.2) 是 A-稳定的, 则方法 (4.5.3)—(4.5.7)—(4.5.43) 用于求解 $\mathcal{L}_0(\alpha, \beta, \gamma, L)$ 类初值问题 (4.5.1) 时以下估计成立

$$\begin{aligned} \|\varepsilon_{n+1}\|_G^2 \leqslant & (1+d_1h)\|\varepsilon_n\|_G^2 + d_2h\|\sigma(E)(y_n-\hat{y}_n)\|^2 + d_3h \max_{1\leqslant i\leqslant n+k-1}\|y_i-\hat{y}_i\|^2 \\ & + d_4h^5 + d_5h^{-1}\|e_n\|^2, \quad n = 0, 1, \cdots, \quad h \in (0, h_1], \end{aligned} \tag{4.5.48}$$

这里 $\varepsilon_n = [(y_n-\hat{y}_n)^{\mathrm{T}}, (y_{n+1}-\hat{y}_{n+1})^{\mathrm{T}}, \cdots, (y_{n+k-1}-\hat{y}_{n+k-1})^{\mathrm{T}}]^{\mathrm{T}}$.

证明 类似于引理 4.5.3 的证明, 我们有

$$\begin{aligned}\|\hat{\varepsilon}_{n+1}\|_G^2 \leqslant \|\varepsilon_n\|_G^2 + 2h[\alpha\|\sigma(E)(y_n - \hat{y}_n) - \beta_k e_n\|^2 + \|\sigma(E)(y_n - \hat{y}_n) - \beta_k e_n\| \\ \times (\beta\|y^h(\eta(\sigma(E)t_n)) - \bar{y}^h(\eta(\sigma(E)t_n))\| \\ + \gamma\|Y^h(\eta(\sigma(E)t_n)) - \bar{Y}^h(\eta(\sigma(E)t_n))\|)].\end{aligned} \tag{4.5.49}$$

若 $\eta(\sigma(E)t_n) \leqslant t_{n+k-1}$, 则从 (4.5.7) 及 (4.5.45) 可得

$$\begin{aligned}&\beta\|y^h(\eta(\sigma(E)t_n)) - \bar{y}^h(\eta(\sigma(E)t_n))\| + \gamma\|Y^h(\eta(\sigma(E)t_n)) - \bar{Y}^h(\eta(\sigma(E)t_n))\| \\ &= \beta\|\left(1-\delta_n^{(1)}\right)y_{m_n^{(1)}} + \delta_n^{(1)}y_{m_n^{(1)}+1} - y(\eta(\sigma(E)t_n))\| \\ &\quad + \gamma\|\left(1-\delta_n^{(1)}\right)\mathbb{Y}_{m_n^{(1)}} + \delta_n^{(1)}\mathbb{Y}_{m_n^{(1)}+1} - y'(\eta(\sigma(E)t_n))\| \\ &\leqslant \beta\left(1-\delta_n^{(1)}\right)\|y_{m_n^{(1)}} - \hat{y}_{m_n^{(1)}}\| + \beta\delta_n^{(1)}\|y_{m_n^{(1)}+1} - \hat{y}_{m_n^{(1)}+1}\| + \beta(1+|c_1|)M_2h^2 \\ &\quad + \gamma\left(1-\delta_n^{(1)}\right)\|\mathbb{Y}_{m_n^{(1)}} - \hat{\mathbb{Y}}_{m_n^{(1)}}\| + \gamma\delta_n^{(1)}\|\mathbb{Y}_{m_n^{(1)}+1} - \hat{\mathbb{Y}}_{m_n^{(1)}+1}\| + \gamma L(1+|c_1|)M_2h^2 \\ &\leqslant (\beta+\gamma L)\left[\left(1-\delta_n^{(1)}\right)\|y_{m_n^{(1)}} - \hat{y}_{m_n^{(1)}}\| + \delta_n^{(1)}\|y_{m_n^{(1)}+1} - \hat{y}_{m_n^{(1)}+1}\| + (1+|c_1|)M_2h^2\right] \\ &\quad + \gamma\left(\beta\|y^h(\eta(t_{m_n^{(1)}})) - \bar{y}^h(\eta(t_{m_n^{(1)}}))\| + \gamma\|Y^h(\eta(t_{m_n^{(1)}})) - \bar{Y}^h(\eta(t_{m_n^{(1)}}))\|\right) \\ &\quad + \gamma\Big(\beta\|y^h(\eta(t_{m_n^{(1)}+1})) - \bar{y}^h(\eta(t_{m_n^{(1)}+1}))\| \\ &\quad + \gamma\|Y^h(\eta(t_{m_n^{(1)}+1})) - \bar{Y}^h(\eta(t_{m_n^{(1)}+1}))\|\Big) \\ &\leqslant \frac{\beta+\gamma L}{1-\gamma}\max_{1\leqslant i\leqslant n+k-1}\|y_i - \hat{y}_i\| + \frac{\beta+\gamma L}{1-\gamma}(1+|c_1|)M_2h^2;\end{aligned} \tag{4.5.50}$$

若 $t_{n+k-1} \leqslant \eta(\sigma(E)t_n) \leqslant t_{n+k}$, 则从 (4.5.7) 及 (4.5.45) 可得

$$\begin{aligned}&\beta\|y^h(\eta(\sigma(E)t_n)) - \bar{y}^h(\eta(\sigma(E)t_n))\| + \gamma\|Y^h(\eta(\sigma(E)t_n)) - \bar{Y}^h(\eta(\sigma(E)t_n))\| \\ &= \beta\left(1-\delta_n^{(1)}\right)\|y_{n+k-1} - \bar{y}^h(t_{n+k-1})\| + \beta\delta_n^{(1)}\|y_{n+k} - \hat{y}_{n+k} - e_n\| \\ &\quad + \gamma\left(1-\delta_n^{(1)}\right)\|\mathbb{Y}_{n+k-1} - \bar{Y}^h(t_{n+k-1})\| + \gamma\delta_n^{(1)}\|\mathbb{Y}_{n+k} - \hat{\mathbb{Y}}_{n+k}\| \\ &\leqslant \beta\left(1-\delta_n^{(1)}\right)\|y_{n+k-1} - \hat{y}_{n+k-1}\| + \beta(1+|c_1|)M_2h^2 + \beta\delta_n^{(1)}\|y_{n+k} - \hat{y}_{n+k} - e_n\| \\ &\quad + \gamma\left(1-\delta_n^{(1)}\right)\|\mathbb{Y}_{n+k-1} - \hat{\mathbb{Y}}_{n+k-1}\| + \gamma L(1+|c_1|)M_2h^2 + \gamma\delta_n^{(1)}\|\mathbb{Y}_{n+k} - \hat{\mathbb{Y}}_{n+k}\| \\ &\leqslant \frac{\beta+\gamma L}{1-\gamma}\max\left\{\max_{1\leqslant i\leqslant n+k-1}\|y_i - \hat{y}_i\|, \|y_{n+k} - \hat{y}_{n+k} - e_n\|\right\} \\ &\quad + \frac{\beta+\gamma L}{1-\gamma}(1+|c_1|)M_2h^2,\end{aligned} \tag{4.5.51}$$

从而我们有类似于 (4.5.22) 的不等式, 只不过 ϱ 由 $\beta+\gamma L$ 替代. 从而完成引理的证明.

进而容易证明下面的定理.

定理 4.5.9 *方法 (4.5.3)—(4.5.7)—(4.5.43) p 阶 EB-收敛的充分必要条件为方法 (4.5.2) A-稳定且其经典相容阶为 p, $p=1,2$.*

我们考虑另一种插值, 在 4.2 节 (也可见 [203]) 中证明这种插值比 (4.5.7) 具有更好的稳定性. 设

$$\tau(\sigma(E)t_i)=\sigma(E)t_i-\eta(\sigma(E)t_i)=(m_i-\delta_i)h\geqslant 0, \tag{4.5.52}$$

这里整数 $m_i\geqslant 0$, $\delta_i\in[0,1)$. 定义

$$y^h(\eta(\sigma(E)t_i))=\delta_i\sigma(E)y_{i-m_i+1}+(1-\delta_i)\sigma(E)y_{i-m_i}, \tag{4.5.53}$$

这里当 $l\leqslant 0$ 时, 有 $y_l=\phi(lh)$. 相应地, $Y^h(\eta(\sigma(E)t_i))$ 由下式得到

$$Y^h(\eta(\sigma(E)t_i))=\delta_i\sigma(E)\mathbb{Y}_{i-m_i+1}+(1-\delta_i)\sigma(E)\mathbb{Y}_{i-m_i}, \tag{4.5.54}$$

同样地, $\mathbb{Y}_i$ 由式 (4.5.44) 获得, 特别当 $i\leqslant 0$ 时, 有 $\mathbb{Y}_i=\phi'(ih)$.

为研究方法 (4.5.3)—(4.5.53)—(4.5.54) 的收敛性, 也考虑 (4.5.10), 不过这里 $\bar{y}^h(\eta(\sigma(E)t_i))$ $(i=1,2,\cdots,n)$ 和 $\bar{Y}^h(\eta(\sigma(E)t_i))$ $(i=1,2,\cdots,n)$ 分别由以下两式确定

$$\begin{aligned}&\bar{y}^h(\eta(\sigma(E)t_i))\\ =&\begin{cases} y(\eta(\sigma(E)t_i)), \quad \eta(\sigma(E)t_i)\leqslant t_{n+k-1},\\ \beta_k(\hat{y}_{n+k}+e_n)+\displaystyle\sum_{j=0}^{k-1}\beta_j y(t_{n+j}),\\ \qquad\qquad t_{n+k-1}<\eta(\sigma(E)t_i)\leqslant t_{n+k},\ \text{且}\ m_i=0,\\ \delta_i\left[\beta_k(\hat{y}_{n+k}+e_n)+\displaystyle\sum_{j=0}^{k-1}\beta_j y(t_{n+j})\right]+(1-\delta_i)\displaystyle\sum_{j=0}^{k}\beta_j y(t_{n-1+j}),\\ \qquad\qquad t_{n+k-1}<\eta(\sigma(E)t_i)\leqslant t_{n+k},\ \text{且}\ m_i=1\end{cases}\end{aligned} \tag{4.5.55}$$

及

$$\bar{Y}^h(\eta(\sigma(E)t_i))$$

$$
= \begin{cases} y'(\eta(\sigma(E)t_i)), \quad \eta(\sigma(E)t_i) \leqslant t_{n+k-1}, \\ \beta_k(\hat{\mathbb{Y}}_{n+k} + e_n) + \sum_{j=0}^{k-1} \beta_j y'(t_{n+j}), \\ \qquad\qquad t_{n+k-1} < \eta(\sigma(E)t_n) \leqslant t_{n+k}, \text{ 且 } m_n = 0, \\ \delta_i \left[\beta_k(\hat{\mathbb{Y}}_{n+k} + e_n) + \sum_{j=0}^{k-1} \beta_j y'(t_{n+j}) \right] + (1-\delta_i) \sum_{j=0}^{k} \beta_j y'(t_{n-1+j}), \\ \qquad\qquad t_{n+k-1} < \eta(\sigma(E)t_i) \leqslant t_{n+k}, \text{ 且 } m_i = 1, \end{cases} \tag{4.5.56}
$$

其中 $\hat{\mathbb{Y}}_{n+k}$ 和 $\hat{\mathbb{Y}}_i, i = 1, 2, \cdots, n+k-1$ 分别由 (4.5.46) 式和 (4.5.47) 式定义.

首先我们注意到当 $\eta(\sigma(E)t_n) \leqslant t_{n+k-1}$ 时, 有

$$
\begin{aligned}
&\|y^h(\eta(\sigma(E)t_i)) - \bar{y}^h(\eta(\sigma(E)t_i))\| \\
=&\| (1-\delta_i)\,\sigma(E)y_{i-m_i} + \delta_i\sigma(E)y_{i-m_i+1} - y(\eta(\sigma(E)t_i))\| \\
\leqslant& (1-\delta_i)\,\|\sigma(E)(y_{i-m_i} - \hat{y}_{i-m_i})\| + \delta_i\|\sigma(E)(y_{i-m_i+1} - \hat{y}_{i-m_i+1})\| \\
&+ \| (1-\delta_i)\,\sigma(E)\hat{y}_{i-m_i} + \delta_i\sigma(E)\hat{y}_{i-m_i+1} - y(\eta(\sigma(E)t_i))\| \\
\leqslant& (1-\delta_i) \sum_{j=0}^{k} |\beta_j| \|y_{i-m_i+j} - \hat{y}_{i-m_i+j}\| + \delta_i \sum_{j=0}^{k} |\beta_j| \|y_{i-m_i+j+1} - \hat{y}_{i-m_i+j+1}\| \\
&+ \left\| (1-\delta_i) \sum_{j=0}^{k} \beta_j \hat{\mathbb{Y}}_{i-m_i+j} + \delta_i \sum_{j=0}^{k} \beta_j \hat{\mathbb{Y}}_{i-m_i+j+1} - y'(\eta(\sigma(E)t_i)) \right\|.
\end{aligned} \tag{4.5.57}
$$

由 Taylor 展开, 可知存在常数 $\bar{c}_1$ 和 h_3, 使得

$$
\begin{aligned}
&\|y^h(\eta(\sigma(E)t_i)) - \bar{y}^h(\eta(\sigma(E)t_i))\| \\
\leqslant& \bar{c}_1 \left[\max_{0 \leqslant j \leqslant k+1} \|y_{i+j-m_i} - \hat{y}_{i+j-m_i}\| + h^2 \right], \quad h \in (0, h_3].
\end{aligned} \tag{4.5.58}
$$

因

$$
\begin{aligned}
&\|Y^h(\eta(\sigma(E)t_i)) - \bar{Y}^h(\eta(\sigma(E)t_i))\| \\
=& \| (1-\delta_i)\,\sigma(E)\mathbb{Y}_{i-m_i} + \delta_i\sigma(E)\mathbb{Y}_{i-m_i+1} - y'(\eta(\sigma(E)t_i))\| \\
\leqslant& (1-\delta_i)\,\|\sigma(E)(\mathbb{Y}_{i-m_i} - \hat{\mathbb{Y}}_{i-m_i})\| + \delta_i\|\sigma(E)(\mathbb{Y}_{i-m_i+1} - \hat{\mathbb{Y}}_{i-m_i+1})\| \\
&+ \| (1-\delta_i)\,\sigma(E)\hat{\mathbb{Y}}_{i-m_i} + \delta_i\sigma(E)\hat{\mathbb{Y}}_{i-m_i+1} - y'(\eta(\sigma(E)t_i))\|
\end{aligned}
$$

$$\begin{aligned}
&\leqslant (1-\delta_i)\,L\sum_{j=0}^{k}|\beta_j|\|y_{i-m_i+j}-\hat{y}_{i-m_i+j}\|+\delta_i L\sum_{j=0}^{k}|\beta_j|\|y_{i-m_i+j+1}-\hat{y}_{i-m_i+j+1}\|\\
&\quad+(1-\delta_i)\sum_{j=0}^{k}|\beta_j|\beta\|y^h(\eta(\sigma(E)t_{i-m_i+j}))-\bar{y}^h(\eta(\sigma(E)t_{i-m_i+j}))\|\\
&\quad+(1-\delta_i)\sum_{j=0}^{k}|\beta_j|\gamma\|Y^h(\eta(\sigma(E)t_{i-m_i+j}))-\bar{Y}^h(\eta(\sigma(E)t_{i-m_i+j}))\|\\
&\quad+\delta_i\sum_{j=0}^{k}|\beta_j|\beta\|y^h(\eta(\sigma(E)t_{i-m_i+j+1}))-\bar{y}^h(\eta(\sigma(E)t_{i-m_i+j+1}))\|\\
&\quad+\delta_i\sum_{j=0}^{k}|\beta_j|\gamma\|Y^h(\eta(\sigma(E)t_{i-m_i+j+1}))-\bar{Y}^h(\eta(\sigma(E)t_{i-m_i+j+1}))\|\\
&\quad+\left\|(1-\delta_i)\sum_{j=0}^{k}\beta_j\hat{y}_{i-m_i+j}+\delta_i\sum_{j=0}^{k}\beta_j\hat{y}_{i-m_i+j+1}-y(\eta(\sigma(E)t_i))\right\|,
\end{aligned}\tag{4.5.59}$$

容易推出

$$\begin{aligned}
&\beta\|y^h(\eta(\sigma(E)t_n))-\bar{y}^h(\eta(\sigma(E)t_n))\|+\gamma\|Y^h(\eta(\sigma(E)t_n))-\bar{Y}^h(\eta(\sigma(E)t_n))\|\\
&\leqslant\frac{\bar{c}_1(\beta+\gamma L)}{1-\gamma}\max_{1\leqslant i\leqslant n+k-1}\|y_i-\hat{y}_i\|+\frac{\bar{c}_1(\beta+\gamma L)}{1-\gamma}M_2h^2.
\end{aligned}\tag{4.5.60}$$

而当 $t_{n+k-1}\leqslant\eta(\sigma(E)t_n)\leqslant t_{n+k}$ 时, 类似容易得到

$$\begin{aligned}
&\beta\|y^h(\eta(\sigma(E)t_n))-\bar{y}^h(\eta(\sigma(E)t_n))\|+\gamma\|Y^h(\eta(\sigma(E)t_n))-\bar{Y}^h(\eta(\sigma(E)t_n))\|\\
&\leqslant\frac{\bar{c}_1(\beta+\gamma L)}{1-\gamma}\max\left\{\max_{1\leqslant i\leqslant n+k-1}\|y_i-\hat{y}_i\|,\|y_{n+k}-\hat{y}_{n+k}-e_n\|\right\}\\
&\quad+\frac{\bar{c}_1(\beta+\gamma L)}{1-\gamma}M_2h^2.
\end{aligned}\tag{4.5.61}$$

从而容易证明下面的定理.

定理 4.5.10 方法 (4.5.3)—(4.5.53)—(4.5.54) p 阶 EB-收敛的充分必要条件为方法 (4.5.2) A-稳定且其经典相容阶为 p, $p=1,2$.

4.5.4 数值算例

数值算例 4.5.1 考虑带有插值和直接估计的中点公式 (Midpoint Formula with Interpolation and Direct Estimation, MPIDE)

$$y_{n+1}=y_n+hf\left(t_n+\frac{1}{2}h,\frac{y_n+y_{n+1}}{2}\right),\quad n=0,1,\cdots\tag{4.5.62}$$

和 2 阶 BDF 方法 (简记为 BDF2IDE)

$$y_{n+2}=\frac{4}{3}y_{n+1}-\frac{1}{3}y_n+\frac{2}{3}hf\left(t_{n+2},y_{n+2}\right),\quad n=0,1,\cdots, \tag{4.5.63}$$

求解如下中立型延迟微分方程

$$\begin{cases} y'(t)=-10^8[y(t)-g(t)]+0.9\cdot 10^8[y(t-1)-g(t-1)] \\ \qquad\qquad +0.9[y'(t-1)-g'(t-1)]+g'(t), \quad t\geqslant 0, \\ y(t)=g(t), \qquad\qquad\qquad\qquad\qquad\qquad t\in[-1,0]. \end{cases} \tag{4.5.64}$$

问题 (4.5.64) 的真解为 $y(t)=g(t)$. 显然, 已有文献中的结果不能用于此问题. 现因 $\varrho=0$, 从而本节结果可以用于此问题, 列于表 4.5.1 的数值结果验证了我们的结论, 其中真解为 $y(t)=g(t)=\sin(t)$.

表 4.5.1　数值方法应用于问题 (4.5.64) 时在 $t=10$ 处的误差

h	MPIDE	BDF2IDE
0.1	$6.807355\times$ e−04	$2.922906\times$ e−11
0.01	$6.800335\times$ e−06	$2.811085\times$ e−13
0.001	$6.800264\times$ e−08	$2.775558\times$ e−15

数值算例 4.5.2　考虑偏泛函微分方程

$$\begin{aligned}&\frac{\partial}{\partial t}u(t,x)\\ =&\ a(t)\frac{\partial^2}{\partial x^2}u(t,x)+c(t)\frac{\partial}{\partial t}u(t-\tau(t),x)+g(t,x),\quad t\in[0,10],\ x\in(0,1),\end{aligned} \tag{4.5.65}$$

选取函数 $g(t,x)$ 及初边值条件使其真解为 $u(t,x)=(x-x^2)\exp(-t)$. 将区间 $[0,1]$ 分成 N_x 等份, 记$\Delta x=\dfrac{1}{N_x}$, $x_i=i\Delta x$, $i=0,1,2,\cdots,N_x$. 本节始终令 $N_x=10$ 或 $N_x=100$. 在不计舍入误差的情况下, 以二阶中心差商近似二阶导数, 并记 $u_i(t)=u(t,x_i)$, $g_i(t)=g(t,x_i)$, 可得

$$\begin{aligned}&u_i'(t)=a(t)\frac{u_{i-1}(t)-2u_i(t)+u_{i+1}(t)}{\Delta x^2}+c(t)u_i'(t-\tau(t))+g_i(t),\quad t\in[0,10],\\ &u_0(t)=u_{N_x}(t)=0, \qquad\qquad t\in[0,10],\\ &u_i(t)=i\Delta x(1-i\Delta x)\exp(-t),\quad t\leqslant 0,\quad i=1,2,\cdots,N_x-1.\end{aligned} \tag{4.5.66}$$

考虑三组不同系数

系数 I $a(t) = \sin^2 t$, $c(t) = -0.0001$;

系数 II $a(t) = \sin^2 t$, $c(t) = -0.9$;

系数 III $a(t) = 100\sin^2 t$, $c(t) = -0.9$.

考虑带有不同逼近方式的中点公式 (4.5.62) 求解问题 (4.5.66). 对系数 I, 已有文献中的结果是不能应用的, 但本节所获结果可以应用, 即从本节结果可知, 带有本节所考虑逼近方式的中点公式应都是 2 阶收敛的; 作为比较, 我们考虑系数 II 和 III, 对这两组系数, 由于 $\dfrac{\gamma L}{1-\gamma}$ 已比较巨大, 本节结果已不宜应用.

1. 常延迟问题

首先考虑常延迟问题, 即令 $\tau(t) = 1$, 并令步长 $h = 0.1, 0.01, 0.001$, 此时方法 (4.5.62)—(4.5.7)—(4.5.43) 和方法 (4.5.62)—(4.5.53)—(4.5.54) 一致 (简记为 MPIIT), 方法 (4.5.62)—(4.5.7)—(4.5.8) 简记为 MPIDE. 在时刻 $t = 10$ 处的误差列于表 4.5.2—表 4.5.4.

表 4.5.2 数值方法应用于问题 (4.5.66) 时的误差, 其中 $\tau(t) = 1$, 系数为 I

h	MPIDE		MPIIT	
	$N_x = 10$	$N_x = 100$	$N_x = 10$	$N_x = 100$
0.1	$2.804687 \times$ e-008	$2.795105 \times$ e-008	$2.808233 \times$ e-008	$2.798658 \times$ e-008
0.01	$2.802893 \times$ e-010	$2.793375 \times$ e-010	$2.806421 \times$ e-010	$2.796910 \times$ e-010
0.001	$2.802876 \times$ e-012	$2.793359 \times$ e-012	$2.806405 \times$ e-012	$2.796895 \times$ e-012

表 4.5.3 数值方法应用于问题 (4.5.66) 时的误差, 其中 $\tau(t) = 1$, 系数为 II

h	MPIDE		MPIIT	
	$N_x = 10$	$N_x = 100$	$N_x = 10$	$N_x = 100$
0.1	$3.500122 \times$ e-007	$3.433799 \times$ e-007	$3.345386 \times$ e-006	$5.307093 \times$ e-002
0.01	$2.658399 \times$ e-009	$2.575017 \times$ e-009	$3.215464 \times$ e-008	$3.198151 \times$ e-008
0.001	$2.649853 \times$ e-011	$2.566321 \times$ e-011	$3.214185 \times$ e-010	$3.196886 \times$ e-010

表 4.5.4 数值方法应用于问题 (4.5.66) 时的误差, 其中 $\tau(t) = 1$, 系数为 III

h	MPIDE		MPIIT	
	$N_x = 10$	$N_x = 100$	$N_x = 10$	$N_x = 100$
0.1	$1.932937 \times$ e-006	$2.085638 \times$ e-006	$5.303484 \times$ e$+000$	$5.282569 \times$ e$+001$
0.01	$1.432539 \times$ e-010	$1.432852 \times$ e-010	$2.926272 \times$ e-010	$9.189176 \times$ e-004
0.001	$1.429940 \times$ e-012	$1.429875 \times$ e-012	$2.938189 \times$ e-012	$2.941581 \times$ e-012

2. 有界变延迟问题

现考虑有界变延迟问题, 即令 $\tau(t) = \sin t + 1$, 步长同样取 $h = 0.1, 0.01, 0.001$, 此时方法 (4.5.62)—(4.5.7)—(4.5.8) 因编程复杂和计算存储问题我们没有考虑,

而仅考虑方法 (4.5.62)—(4.5.7)—(4.5.43)(简记为 MPIIT(I)) 和方法 (4.5.62)—(4.5.53)—(4.5.54)(简记为 MPIIT(II)). 在 $t = 10$ 处的计算误差列于表 4.5.5—表 4.5.7.

表 4.5.5 数值方法应用于问题 (4.5.66) 时的误差, 其中 $\tau(t) = \sin t + 1$, 系数为 I

h	MPIIT(I)		MPIIT(II)	
	$N_x = 10$	$N_x = 100$	$N_x = 10$	$N_x = 100$
0.1	2.809033 × e−008	2.799451 × e−008	2.808259 × e−008	2.798684 × e−008
0.01	2.807181 × e−010	2.797665 × e−010	2.806578 × e−010	2.797068 × e−010
0.001	2.807207 × e−012	2.797692 × e−012	2.806491 × e−012	2.796982 × e−012

表 4.5.6 数值方法应用于问题 (4.5.66) 时的误差, 其中 $\tau(t) = \sin t + 1$, 系数为 II

h	MPIIT(I)		MPIIT(II)	
	$N_x = 10$	$N_x = 100$	$N_x = 10$	$N_x = 100$
0.1	1.126902 × e−006	9.145590 × e−004	4.938563 × e−006	1.656698 × e−002
0.01	1.106792 × e−008	1.102020 × e−008	6.263681 × e−009	6.274124 × e−009
0.001	1.142587 × e−010	1.136783 × e−010	6.251279 × e−011	6.255985 × e−011

表 4.5.7 数值方法应用于问题 (4.5.66) 时的误差, 其中 $\tau(t) = \sin t + 1$, 系数为 III

h	MPIIT(I)		MPIIT(II)	
	$N_x = 10$	$N_x = 100$	$N_x = 10$	$N_x = 100$
0.1	9.066809 × e−002	1.199248 × e + 000	1.651731 × e + 000	3.112600 × e + 001
0.01	2.328686 × e−009	6.123243 × e−005	2.292876 × e−009	2.828239 × e−004
0.001	2.261214 × e−011	4.619492 × e−009	2.239975 × e−011	2.251171 × e−011

3. 比例延迟问题

我们最后考虑比例延迟问题, 即令 $\tau(t) = 0.5t$, 步长同样取 $h = 0.1, 0.01, 0.001$, 同样我们仅考虑方法 MPIIT(I) 和方法 MPIIT(II). 在 $t = 10$ 处的计算误差列于表 4.5.8—表 4.5.10.

表 4.5.8 数值方法应用于问题 (4.5.66) 时的误差, 其中 $\tau(t) = 0.5t$, 系数为 I

h	MPIIT(I)		MPIIT(II)	
	$N_x = 10$	$N_x = 100$	$N_x = 10$	$N_x = 100$
0.1	3.007486 × e−008	2.998332 × e−008	2.985691 × e−008	2.976663 × e−008
0.01	3.005176 × e−010	2.996115 × e−010	2.983553 × e−010	2.974621 × e−010
0.001	3.005155 × e−012	2.996096 × e−012	2.983534 × e−012	2.974603 × e−012

从上面的试验结果, 我们可以得到下面的一些注记.

表 4.5.9 数值方法应用于问题 (4.5.66) 时的误差, 其中 $\tau(t) = 0.5t$, 系数为 II

h	MPIIT(I)		MPIIT(II)	
	$N_x = 10$	$N_x = 100$	$N_x = 10$	$N_x = 100$
0.1	$3.794966 \times \text{e}{-005}$	$2.539557 \times \text{e}{-001}$	$1.627824 \times \text{e}{-005}$	$2.019670 \times \text{e}{-004}$
0.01	$4.905939 \times \text{e}{-007}$	$4.870288 \times \text{e}{-007}$	$1.643376 \times \text{e}{-007}$	$1.649717 \times \text{e}{-007}$
0.001	$5.026856 \times \text{e}{-009}$	$4.977278 \times \text{e}{-009}$	$1.770753 \times \text{e}{-009}$	$1.770849 \times \text{e}{-009}$

表 4.5.10 数值方法应用于问题 (4.5.66) 时的误差, 其中 $\tau(t) = 0.5t$, 系数为 III

h	MPIIT(I)		MPIIT(II)	
	$N_x = 10$	$N_x = 100$	$N_x = 10$	$N_x = 100$
0.1	$4.279370 \times \text{e} + 001$	$3.962658 \times \text{e} + 001$	$2.324247 \times \text{e}{-002}$	$6.345608 \times \text{e}{-002}$
0.01	$5.989558 \times \text{e}{-008}$	$3.347081 \times \text{e}{-004}$	$6.024260 \times \text{e}{-008}$	$6.023323 \times \text{e}{-008}$
0.001	$5.951239 \times \text{e}{-010}$	$5.951353 \times \text{e}{-010}$	$5.842018 \times \text{e}{-011}$	$5.842442 \times \text{e}{-010}$

首先, 我们注意到表 4.5.2、表 4.5.5 及表 4.5.8 验证我们的理论结果, 即当 $\dfrac{\beta+\gamma L}{1-\gamma}$ 具有适度大小时, 带有本节所考虑逼近方式的中点公式都是 2 阶收敛的; 虽然我们的结果不能应用于 $\dfrac{\beta+\gamma L}{1-\gamma}$ 比较大时的情形, 但从本节的理论分析和数值结果可以看出 γ 增大和 L 增大 (注意到 $L = 4N_x^2 \max_{t\in[0,10]} a(t)$, 即网格剖分数 N_x 增大时势必影响 L 增大) 都会影响方法的收敛性, 这对于我们实际计算时仍然具有一定的指导作用.

其次, 注意到常延迟、有界变延迟及比例延迟的数值结果并没有很大差异, 特别地, 对 $\dfrac{\beta+\gamma L}{1-\gamma}$ 具有适度大小的问题, 本节所考虑逼近方式的中点公式对于这些问题都是 2 阶收敛的, 再一次验证了本节的结果.

最后, 我们注意到方法 (4.5.62)—(4.5.7)—(4.5.8)(MPIDE) 比方法 (4.5.62)—(4.5.7)—(4.5.43) 或方法 (4.5.62)—(4.5.53)—(4.5.54)(MPIIT) 具有更好的稳定性.

4.6 中立型延迟微分方程波形松弛方法的收敛性

4.6.1 求解中立型延迟微分方程的波形松弛方法

本节在空间 $\mathbb{R}^N$ 中考虑波形松弛方法求解 (4.5.1) 的收敛性, 可参见 [210]. 为此, 考虑函数 f 的一个连续分裂

$$f(t, y(t), y(\eta(t)), y'(\eta(t))) = F(t, y(t), y(t), y(\eta(t)), y'(\eta(t))),$$

并始终假定 $F: I_T \times \mathbb{R}^N \times \mathbb{R}^N \times \mathbb{R}^N \times \mathbb{R}^N \to \mathbb{R}^N$ 满足

$$\langle F(t,y_1,\bar{y},u,v) - F(t,y_2,\bar{y},u,v), y_1 - y_2\rangle \leqslant \alpha(t)\|y_1 - y_2\|^2, \tag{4.6.1}$$

$$\|F(t,y,\bar{y}_1,u,v) - F(t,y,\bar{y}_2,u,v)\| \leqslant \beta(t)\|\bar{y}_1 - \bar{y}_2\|, \tag{4.6.2}$$

$$\|F(t,y,\bar{y},u,v_1) - F(t,y,\bar{y},u,v_2)\| \leqslant \gamma(t)\|v_1 - v_2\|, \tag{4.6.3}$$

$$\|H(t,y,\bar{y},u_1,\bar{u},v,w) - H(t,y,\bar{y},u_2,\bar{u},v,w)\| \leqslant \sigma(t)\|u_1 - u_2\|, \tag{4.6.4}$$

$$\forall t \in I_0, y, y_1, y_2, \bar{y}, \bar{y}_1, \bar{y}_2, u, u_1, u_2, \bar{u}, v, v_1, v_2, w \in \mathbb{R}^N,$$

其中 $\alpha(t), \beta(t), \sigma(t), \gamma(t)$ 是 I_T 上的连续函数,

$$H(t,y,\bar{y},u,\bar{u},v,w) := F(t,y,\bar{y},u,F(\eta(t),u,\bar{u},v,w)).$$

注意到 (4.6.1) 是一个单边 Lipschitz 条件, (4.6.2)—(4.6.4) 是经典 Lipschitz 条件. 恒设 $\max_{t\in I_T}\alpha(t) = \alpha$, $\max_{t\in I_T}\beta(t) = \beta$, $\max_{t\in I_T}\sigma(t) = \sigma$, $\max_{t\in I_T}\gamma(t) = \gamma < 1$. 对任意 I_T 上连续函数 $x(t)$, 定义 $|x|_t := \max\limits_{0\leqslant s\leqslant t}\|x(s)\|$.

求解 (4.5.1) 的连续时间波形松弛迭代为

$$\begin{cases} y^{(\nu)\prime}(t) = F(t, y^{(\nu)}(t), y^{(\nu-1)}(t), y^{(\nu)}(\eta(t)), y^{(\nu)\prime}(\eta(t))), & t \in I_T = [0,T], \\ y^{(\nu)}(t) = \phi(t), \quad y^{(\nu)\prime}(t) = \phi'(t), & t \in I_\tau = [-\tau, 0], \end{cases} \tag{4.6.5}$$

这里初始函数 $y^{(0)}(t)$ 的选取应满足 (4.6.5) 中的初值条件且在 I_T 上分段连续可微. 一般可选取 $y^{(0)}(t) = \phi(0)$, $y^{(0)\prime}(t) = 0$, $t \in I_T$, 也可选取 $y^{(0)}(t) = \phi(0) + \phi'(0)t$, $y^{(0)\prime}(t) = \phi'(0), t \in I_T$. 应用一个逐步的数值方法离散 (4.6.5), 可以得到所谓的离散时间波形松弛过程. 以 (A, b^{T}, c) 表示一个给定的 Runge-Kutta 法, 其中 $A = (a_{ij})$ 是一个 $r \times r$ 矩阵, $b = [b_1, \cdots, b_r]^{\mathrm{T}}$, $c = [c_1, \cdots, c_r]^{\mathrm{T}}$ 是 r 维向量. 恒设 c 的每个元素 $c_i \in [0,1]$. 给定一个步长 $h = T/N_t > 0$, 由此容易确定网格节点 $t_n = nh$, $n = 0, 1, \cdots, N_t$. 于是, (4.6.5) 的 Runge-Kutta 法离散具有以下形式

$$\begin{cases} Y_{n,i}^{(\nu)} = y_h^{(\nu)}(t_n) + h\sum\limits_{j=1}^{r} a_{ij}F(t_{n,j}, Y_{n,j}^{(\nu)}, y_h^{(\nu-1)}(t_{n,j}), y_h^{(\nu)}(\eta(t_{n,j})), y_h^{(\nu)\prime}(\eta(t_{n,j}))), \\ \qquad i = 1, \cdots, r, \\ y_h^{(\nu)}(t_{n+1}) = y_h^{(\nu)}(t_n) + h\sum\limits_{j=1}^{r} b_j F(t_{n,j}, Y_{n,j}^{(\nu)}, y_h^{(\nu-1)}(t_{n,j}), \\ \qquad y_h^{(\nu)}(\eta(t_{n,j})), y_h^{(\nu)\prime}(\eta(t_{n,j}))), \end{cases} \tag{4.6.6}$$

其中 $t_{n,j} = t_n + c_j h$, $Y_{n,j}^{(\nu)}$ 是 $y^{(\nu)}(t_n + c_j h)$ 的数值逼近, $y_h^{(\nu)}(t_n)$ 和 $y_h^{(\nu)\prime}(t)$ 分别是 $y^{(\nu)}(t_n)$ 和 $y^{(\nu)\prime}(t)$ 的数值逼近 $(n = 1, 2, \cdots, N_t, \nu = 1, 2, \cdots)$, 当 $t \in I_\tau = [-\tau, 0]$ 时, $y_h^{(\nu)}(t) = \phi(t)$, $y_h^{(\nu)\prime}(t) = \phi'(t)$. 设 $y^*(t)$ 是问题 (4.5.1), (4.6.1)—(4.6.4) 的真解, 在 4.6.2 小节将证明这个解是存在唯一的.

波形松弛方法解大规模问题时具有两个显著的优点: 其一, 不同的子系统可以用不同的步长序列来求解. 这个性质对于大规模刚性问题来说是非常重要的. 刚性问题往往包含着多个相互作用但变化速度相差十分悬殊的子系统, 波形松弛方法对于这些变化速度相差十分悬殊的子系统可以采取不同的步长序列. 这也是波形松弛方法能成功应用于大规模集成电路模拟 [141] 的重要原因. 其二是可以并行计算. 由于这两个重要特性, 许多学者已研究了波形松弛 (WR) 方法求解常微分方程 (ODEs)、Volterra 泛函微分方程 (FDEs) 以及微分代数方程 (DAEs) 的收敛性 (例见 [7,8,83,124,279] 及其中的参考文献). 特别地, Jackiewicz, Kwapisz 和 Lo [125] 及 Bartoszewski 和 Kwapisz [9] 已研究了波形松弛 (WR) 方法求解中立型泛函微分方程

$$\begin{cases} y'(t) = f(y, y')(t), \quad t \in I_T = [0, T], \\ y(t) = \phi(t), \qquad y'(t) = \phi'(t), \quad t \in I_\tau = [-\tau, 0] \end{cases} \tag{4.6.7}$$

的收敛性问题, 它们要求

$$\begin{aligned} &\|F(y_1, u_1, v_1, w_1)(t) - F(y_2, u_2, v_2, w_2)(t)\| \\ &\leqslant L_1|y_1 - y_2|_t + L_2|u_1 - u_2|_{\eta_1(t)} + K_1|v_1 - v_2|_t + K_2|w_1 - w_2|_{\eta_2(t)}, \end{aligned}$$

这里 F 是分裂函数, 且 K_1 的谱半径满足 $\rho(K_1) < 1$.

由"It is worth noticing that the approach using the one-sided Lipschitz condition and employed in [8] does not work for differential-functional equations of neutral type" (见 [9]) 所激励, 我们试图在单边 Lipschitz 条件下讨论波形松弛方法 (WR) 求解中立型泛函微分方程的收敛性. 我们首先考虑了中立型泛函微分方程的特殊情形 ——中立型延迟微分方程. 使用 Bartoszewski 和 Kwapisz 在文献 [7] 的技巧, 我们证明了在条件 (4.6.1)—(4.6.4) 以及 $\gamma(t) < \gamma < 1$, $\forall\, t \geqslant 0$ 下, 由连续波形松弛迭代方法所产生的序列 $\{y^{(\nu)}\}$ 一致收敛于问题 (4.5.1) 的唯一真解 y^*. 按照 Jackiewicz, Kwapisz 和 Lo [125] 的方法, 即将全局误差 $\|y^*(t) - y_h^{(\nu)}(t)\|$ 分成三部分

$$\|y^*(t) - y_h^{(\nu)}(t)\| \leqslant \|y^*(t) - y^{(\nu)}(t)\| + \|y^{(\nu)}(t) - \tilde{y}^{(\nu)}(t)\| + \|\tilde{y}^{(\nu)}(t) - y_h^{(\nu)}(t)\|,$$

我们证明了由波形松弛方法 (4.6.5)—(4.6.6) 所得到的序列 $\{y_h^{(\nu)}\}$ 一致收敛于 y^*.

根据 Jackiewicz, Kwapisz 和 Lo [125] 的思想, 为估计误差 $\|y^*(t)-y_h^{(\nu)}(t)\|$, 需考虑一个扰动的波形松弛迭代

$$\begin{cases} \tilde{y}^{(\nu)\prime}(t)=F(t,\tilde{y}^{(\nu)}(t),y_h^{(\nu-1)}(t),\tilde{y}^{(\nu)}(\eta(t)),\tilde{y}^{(\nu)\prime}(\eta(t))), & t\in I_T=[0,T], \\ \tilde{y}^{(\nu)}(t)=\phi(t), \quad \tilde{y}^{(\nu)\prime}(t)=\phi'(t), & t\in I_\tau=[-\tau,0]. \end{cases} \tag{4.6.8}$$

在 4.6.2 小节中, 我们证明了问题 (4.5.1) 在条件 (4.6.1)—(4.6.4) 下解的存在唯一性. 在 4.6.3 小节中, 对连续时间波形迭代误差 $\|y^*(t)-y^{(\nu)}(t)\|$ 进行了估计. 在 4.6.4 小节, 考虑了扰动误差 $\|y^{(\nu)}(t)-\tilde{y}^{(\nu)}(t)\|$. 由 Runge-Kutta 法产生的数值波形迭代误差 $\|\tilde{y}^{(\nu)}(t)-y_h^{(\nu)}(t)\|$ 在 4.6.5 小节进行了估计.

4.6.2 解的存在唯一性

由 Cauchy-Peano 定理, 易知问题 (4.5.1), (4.6.1)—(4.6.4) 存在局部解, 下面证明其唯一性. 为简单计, 递归定义 $\eta^{(0)}(t)=t$, $\eta^{(l)}(t)=\eta(\eta^{(l-1)}(t)), l=1,2,\cdots$. 由此对 $l=0,1,\cdots$, 进一步定义

$$\begin{aligned}\Phi\left(\eta^{(l)}(t)\right)=&\,F\left(\eta^{(l)}(t),y^\natural\left(\eta^{(l)}(t)\right),y^\natural\left(\eta^{(l)}(t)\right),y^*\left(\eta^{(l+1)}(t)\right),y^{*\prime}\left(\eta^{(l+1)}(t)\right)\right)\\ &-F\left(\eta^{(l)}(t),y^\natural\left(\eta^{(l)}(t)\right),y^\natural\left(\eta^{(l)}(t)\right),y^\natural\left(\eta^{(l+1)}(t)\right),y^{\natural\prime}\left(\eta^{(l+1)}(t)\right)\right).\end{aligned}$$

定理 4.6.1 *设问题 (4.5.1) 满足 (4.6.1)—(4.6.4), 若问题 (4.5.1) 在区间 $[-\tau,T]$ 上存在解, 则其解是唯一的.*

证明 设问题 (4.5.1), (4.6.1)—(4.6.4) 存在另一个解 $y^\natural$. 则

$$\begin{aligned}&\|y^*(t)-y^\natural(t)\|\frac{d}{dt}\|y^*(t)-y^\natural(t)\|=\langle y^{*\prime}(t)-y^{\natural\prime}(t),y^*(t)-y^\natural(t)\rangle\\ =&\,\langle F(t,y^*(t),y^*(t),y^*(\eta(t)),y^{*\prime}(\eta(t)))\\ &-F(t,y^\natural(t),y^\natural(t),y^\natural(\eta(t)),y^{\natural\prime}(\eta(t))),y^*(t)-y^\natural(t)\rangle\\ =&\,\langle F(t,y^*(t),y^*(t),y^*(\eta(t)),y^{*\prime}(\eta(t)))\\ &-F(t,y^\natural(t),y^*(t),y^*(\eta(t)),y^{*\prime}(\eta(t))),y^*(t)-y^\natural(t)\rangle\\ &+\langle F(t,y^\natural(t),y^*(t),y^*(\eta(t)),y^{*\prime}(\eta(t)))-F(t,y^\natural(t),y^\natural(t),y^*(\eta(t)),y^{*\prime}(\eta(t))),\\ &\,y^*(t)-y^\natural(t)\rangle+\langle\Phi\left(\eta^{(0)}(t)\right),y^*(t)-y^\natural(t)\rangle\\ \leqslant&\,[\alpha(t)+\beta(t)]\|y^*(t)-y^\natural(t)\|^2+\|\Phi\left(\eta^{(0)}(t)\right)\|\|y^*(t)-y^\natural(t)\|.\end{aligned} \tag{4.6.9}$$

注意到

$$\begin{aligned}\left\|\Phi\left(\eta^{(l)}(t)\right)\right\|\leqslant&\left[\sigma\left(\eta^{(l)}(t)\right)+\gamma\beta\left(\eta^{(l+1)}(t)\right)\right]\left\|y^*\left(\eta^{(l+1)}(t)\right)-y^\natural\left(\eta^{(l+1)}(t)\right)\right\|\\ &+\gamma\left\|\Phi\left(\eta^{(l+1)}(t)\right)\right\|.\end{aligned} \tag{4.6.10}$$

从 (4.6.9) 式可进一步得到

$$\frac{d}{dt}\|y^*(t)-y^\natural(t)\| \leqslant [\alpha(t)+\beta(t)]\|y^*(t)-y^\natural(t)\|+\gamma\|\Phi(\eta(t))\| \\ +[\sigma(t)+\gamma\beta(\eta(t))]\|y^*(\eta(t))-y^\natural(\eta(t))\|. \tag{4.6.11}$$

作为证明此定理的重要一步, 我们将证明

$$\frac{d}{dt}\|y^*(t)-y^\natural(t)\| \leqslant [\alpha(t)+\beta(t)]\|y^*(t)-y^\natural(t)\| \\ +\frac{1}{1-\gamma}\max_{0\leqslant s\leqslant t}[\sigma(s)+\gamma\beta(s)]|y^*-y^\natural|_t. \tag{4.6.12}$$

为此, 考虑下面两种情况.

情况 1 对一个固定的 $t>0$, 存在一个整数 ℓ, $\ell\geqslant 1$, 使得 $\eta^{(\ell)}(t)\leqslant 0$ 且 $\eta^{(\ell-1)}(t)>0$. 首先, 注意到 (4.6.12) 对 $\ell=1$ 显然成立. 若 $\ell>1$, 注意到 $\left\|\Phi\left(\eta^{(\ell-1)}(t)\right)\right\|=0$, 由 (4.6.10) 式和 (4.6.11) 式, 有

$$\begin{aligned}
&\frac{d}{dt}\|y^*(t)-y^\natural(t)\| \\
\leqslant& [\alpha(t)+\beta(t)]\|y^*(t)-y^\natural(t)\|+\sum_{l=0}^{\ell-2}\gamma^l\left[\sigma\left(\eta^{(l)}(t)\right)+\gamma\beta\left(\eta^{(l+1)}(t)\right)\right] \\
&\times\left\|y^*\left(\eta^{(l+1)}(t)\right)-y^\natural\left(\eta^{(l+1)}(t)\right)\right\|+\gamma^{\ell-1}\left\|\Phi\left(\eta^{(\ell-1)}(t)\right)\right\| \\
\leqslant& [\alpha(t)+\beta(t)]\|y^*(t)-y^\natural(t)\|+\frac{1}{1-\gamma}\max_{0\leqslant s\leqslant t}[\sigma(s)+\gamma\beta(s)]|y^*-y^\natural|_t.
\end{aligned}$$

情况 2 对所有 ℓ, $\ell\geqslant 2$, $\eta^{(\ell)}(t)>0$. 在这种情况下, 类似地, 我们有

$$\begin{aligned}
&\frac{d}{dt}\|y^*(t)-y^\natural(t)\| \\
\leqslant& [\alpha(t)+\beta(t)]\|y^*(t)-y^\natural(t)\|+\sum_{l=0}^{\ell-2}\gamma^l\left[\sigma\left(\eta^{(l)}(t)\right)+\gamma\beta\left(\eta^{(l+1)}(t)\right)\right] \\
&\times\left\|y^*\left(\eta^{(l+1)}(t)\right)-y^\natural\left(\eta^{(l+1)}(t)\right)\right\|+\gamma^{\ell-1}\left\|\Phi\left(\eta^{(\ell-1)}(t)\right)\right\|.
\end{aligned}$$

令 $\ell\to\infty$. 则因 $\gamma<1$, 从上式易得 (4.6.12).

进而从 (4.6.12) 有

$$\begin{aligned}
&\|y^*(t)-y^\natural(t)\| \\
\leqslant&\frac{1}{1-\gamma}\int_0^t\exp\left(\int_s^t[\alpha(x)+\beta(x)]dx\right)\max_{0\leqslant x\leqslant s}[\sigma(x)+\gamma\beta(x)]|y^*-y^\natural|_s ds.
\end{aligned}\tag{4.6.13}$$

由 Gronwall 不等式得

$$|y^* - y^\natural|_t = 0.$$

唯一性得证.

4.6.3 连续时间波形松弛方法的收敛性

在这一节, 我们讨论连续时间波形松弛迭代的收敛性, 首先我们给出一个引理, 其是定理 2.3.25 的特例.

引理 4.6.2 (参见定理 2.3.25 或田红炯 [193]) 设 $\forall t \geqslant 0$, $0 \leqslant a(t) < a$, $b(t) \geqslant b > 0$, $0 \leqslant c(t) \leqslant kb(t)$ 及 $0 \leqslant k < 1$. 若

$$u'(t) \leqslant a - b(t)u(t) + c(t) \sup_{t-\tau \leqslant s \leqslant t} u(s), \quad t \geqslant 0,$$

则

$$u(t) \leqslant \frac{a}{(1-q)b} + Ge^{-\mu^* t}, \quad t \geqslant 0,$$

这里 $G = \sup\limits_{-\tau \leqslant t \leqslant 0} |u(t)|$ 及 $\mu^* \geqslant 0$ 定义为

$$\mu^* = \inf_{t \geqslant 0} \left\{ \mu(t) : \mu(t) - \alpha(t) + \beta(t) e^{\mu(t)\tau} = 0 \right\}.$$

现在考虑误差 $\|y^* - y^{(\nu)}\|$. 从 y^* 和 $y^{(\nu)}$ 的定义, 我们易得

$$\begin{aligned}
&\langle y^{*\prime}(t) - y^{(\nu)\prime}(t), y^*(t) - y^{(\nu)}(t) \rangle \\
&= \langle F(t, y^*(t), y^*(t), y^*(\eta(t)), y^{*\prime}(\eta(t))) \\
&\quad - F(t, y^{(\nu)}(t), y^{(\nu-1)}(t), y^{(\nu)}(\eta(t)), y^{(\nu)\prime}(\eta(t))), y^*(t) - y^{(\nu)}(t) \rangle \\
&\leqslant \alpha(t) \|y^*(t) - y^{(\nu)}(t)\|^2 + \beta(t) \|y^*(t) - y^{(\nu)}(t)\| \|y^*(t) - y^{(\nu-1)}(t)\| \\
&\quad + \sigma(t) \|y^*(t) - y^{(\nu)}(t)\| \|y^*(\eta(t)) - y^{(\nu)}(\eta(t))\| \\
&\quad + \gamma\beta(\eta(t)) \|y^*(t) - y^{(\nu)}(t)\| \|y^*(\eta(t)) - y^{(\nu-1)}(\eta(t))\| \\
&\quad + \gamma \|\Phi^{(\nu)}(\eta(t))\| \|y^*(t) - y^{(\nu)}(t)\|.
\end{aligned} \tag{4.6.14}$$

这里

$$\begin{aligned}
\Phi^{(\nu)}(t) = &F(t, y^{(\nu)}(t), y^{(\nu-1)}(t), y^*(\eta(t)), y^{*\prime}(\eta(t))) \\
&- F(t, y^{(\nu)}(t), y^{(\nu-1)}(t), y^{(\nu)}(\eta(t)), y^{(\nu)\prime}(\eta(t))).
\end{aligned}$$

从 (4.6.14) 易得

$$\frac{d}{dt}\|y^*(t) - y^{(\nu)}(t)\| \leqslant \alpha(t)\|y^*(t) - y^{(\nu)}(t)\| + \frac{1}{1-\gamma} \max_{0 \leqslant s \leqslant t} \beta(s) \|y^*(s) - y^{(\nu-1)}(s)\|$$

$$+\frac{1}{1-\gamma}\max_{0\leqslant s\leqslant\eta(t)}\sigma(s)\|y^*(s)-y^{(\nu)}(s)\|. \tag{4.6.15}$$

记

$$u^{(\nu)}(t)=\|y^*(t)-y^{(\nu)}(t)\|,\quad K_1(t)=\frac{1}{1-\gamma}\max_{0\leqslant s\leqslant t}\beta(s),$$

$$K_2(t)=\frac{1}{1-\gamma}\max_{0\leqslant s\leqslant t}\sigma(s),\quad K_1=\max_{t\in I_0}K_1(t),\quad K_2=\max_{t\in I_0}K_2(t).$$

由此, 从 (4.6.15), 易得

$$u^{(\nu)\prime}(t)\leqslant\alpha(t)u^{(\nu)}(t)+K_1(t)|u^{(\nu-1)}|_t+K_2(t)|u^{(\nu)}|_t. \tag{4.6.16}$$

当 $\alpha<0,\ K_2=-k\alpha,\ 0\leqslant k<1$ 时, 由引理 4.6.2 得

$$u^{(\nu)}(t)\leqslant\frac{K_1}{(k-1)\alpha}|u^{(\nu-1)}|_T,\quad t\in I_0.$$

从而当 $\dfrac{K_1}{(k-1)\alpha}<1$, 即 $K_1+K_2+\alpha<0$ 时, 我们有

$$|u^{(\nu)}|_T\leqslant\frac{K_1}{(k-1)\alpha}|u^{(\nu-1)}|_T\leqslant\left[\frac{K_1}{(k-1)\alpha}\right]^{\nu}|u^{(0)}|_T. \tag{4.6.17}$$

于是, 我们得到第一个收敛性定理.

定理 4.6.3　若 F 满足 (4.6.1)—(4.6.4), 且 $\alpha<0,\ K_1+K_2+\alpha<0$, 则由连续波形松弛迭代 (4.6.5) 产生的序列 $\{y^{(\nu)}\}$ 满足 (4.6.17), 从而在 I_T 上一致收敛于问题 (4.5.1) 的真解 y^*.

上述结果是下面结果的特殊情形.

定理 4.6.4　若 F 满足 (4.6.1)—(4.6.4), 且 $\alpha<0,(K_1+K_2)(1-e^{\alpha T})+\alpha<0$, 则由连续波形松弛迭代 (4.6.5) 产生的序列 $\{y^{(\nu)}\}$ 在 I_T 上一致收敛于问题 (4.5.1) 的真解 y^*.

证明　从不等式 (4.6.16) 易得

$$\begin{aligned}u^{(\nu)}(t)&\leqslant\int_0^t[K_1(s)|u^{(\nu-1)}|_s+K_2(s)|u^{(\nu)}|_s]e^{\alpha(t-s)}ds\\&\leqslant\frac{K_1}{-\alpha}|u^{(\nu-1)}|_t(1-e^{\alpha t})+\frac{K_2}{-\alpha}|u^{(\nu)}|_t(1-e^{\alpha t}).\end{aligned} \tag{4.6.18}$$

由上式右端的单调性, 可得

$$|u^{(\nu)}|_t\leqslant\frac{K_1}{-\alpha}|u^{(\nu-1)}|_t(1-e^{\alpha t})+\frac{K_2}{-\alpha}|u^{(\nu)}|_t(1-e^{\alpha t}).$$

从而可推出

$$|u^{(\nu)}|_t \leqslant K(t)|u^{(\nu-1)}|_t \leqslant [K(t)]^{\nu}|u^{(0)}|_t, \tag{4.6.19}$$

这里 $K(t) = \dfrac{K_1(1-e^{\alpha t})}{-\alpha - K_2(1-e^{\alpha t})} < 1$. (4.6.19) 表征着序列 $\{y^{(\nu)}\}$ 的收敛性. 证毕.

使用另一种方法, 可以获得一个更加一般的收敛性定理. 这种方法源于文献 [7] 对泛函微分方程的研究. 对任意给定的一个非负连续函数 $q(t)$ 满足 $q(t) > \alpha(t)$, $\forall t \in I_T$, 定义

$$\|u^{(\nu)}\|_q = \max_{0\leqslant s\leqslant T} |u^{(\nu)}|_s \exp\left(-\int_0^s q(x)dx\right),$$

$$P_1(t) = \max_{0\leqslant s\leqslant t}\left[\frac{K_1(s)}{q(s)-\alpha(s)}\right], \quad P_2(t) = \max_{0\leqslant s\leqslant t}\left[\frac{K_2(s)}{q(s)-\alpha(s)}\right].$$

定理 4.6.5 设 F 满足 (4.6.1)—(4.6.4), 则由连续波形松弛迭代 (4.6.5) 产生的序列 $\{y^{(\nu)}\}$ 在 I_T 上一致收敛于问题 (4.5.1) 的真解 y^*.

证明 首先, 我们可以选取一个非负连续函数 $q(t)$ 使得 $q(t) > \alpha(t)$, $\forall t \in I_0$, 且 $P_1(T) + P_2(T) < 1$. 事实上, 因定义在有限闭区间上的 $\alpha(t)$ 连续, 满足 $q(t) > \alpha(t)$, $\forall t \in I_0$ 的函数 $q(t)$ 总是存在的. 此外, 我们总是可以选取 $q(t)$ 使得 $q(t) - \alpha(t)$ 足够大以致条件 $P_1(T) + P_2(T) < 1$ 满足.

现在从 (4.6.16), 易得

$$u^{(\nu)}(t) \leqslant \int_0^t \exp\left(\int_s^t \alpha(x)dx\right)[K_1(s)|u^{(\nu-1)}|_s + K_2(s)|u^{(\nu)}|_s]ds. \tag{4.6.20}$$

另一方面, 我们有

$$\begin{aligned}
&\int_0^t \exp\left(\int_s^t \alpha(x)dx\right) K_1(s)|u^{(\nu-1)}|_s ds \\
\leqslant &\int_0^t \exp\left(\int_s^t \alpha(x)dx\right) K_1(s)|u^{(\nu-1)}|_s \exp\left(\int_0^s q(x)dx\right)\exp\left(-\int_0^s q(x)dx\right) ds \\
\leqslant &\|u^{(\nu-1)}\|_q \int_0^t \exp\left(\int_0^t \alpha(x)dx\right) K_1(s)\exp\left(\int_0^s q(x)dx\right)\exp\left(-\int_0^s \alpha(x)dx\right) ds \\
= &\|u^{(\nu-1)}\|_q \exp\left(\int_0^t \alpha(x)dx\right)\int_0^t K_1(s)\exp\left(\int_0^s [q(x)-\alpha(x)]dx\right) ds \\
= &\|u^{(\nu-1)}\|_q \exp\left(\int_0^t \alpha(x)dx\right)\max_{0\leqslant s\leqslant t}\left[\frac{K_1(s)}{q(s)-\alpha(s)}\right]\int_0^t [q(s)-\alpha(s)] \\
&\exp\left(\int_0^s [q(x)-\alpha(x)]dx\right) ds
\end{aligned}$$

$$
\begin{aligned}
&=\|u^{(\nu-1)}\|_q \exp\left(\int_0^t \alpha(x)dx\right) P_1(t)\left[\exp\left(\int_0^t [q(x)-\alpha(x)]dx\right)-1\right] \\
&\leqslant\|u^{(\nu-1)}\|_q \exp\left(\int_0^t q(x)dx\right) P_1(t). \qquad (4.6.21)
\end{aligned}
$$

类似地, 有

$$
\begin{aligned}
&\int_0^t \exp\left(\int_s^t \alpha(x)dx\right) K_2(s)|u^{(\nu)}|_s ds \\
&\leqslant \|u^{(\nu)}\|_q \exp\left(\int_0^t \alpha(x)dx\right) P_2(t)\left[\exp\left(\int_0^t [q(x)-\alpha(x)]dx\right)-1\right] \\
&\leqslant \|u^{(\nu)}\|_q \exp\left(\int_0^t q(x)dx\right) P_2(t). \qquad (4.6.22)
\end{aligned}
$$

于是, 从 (4.6.20)—(4.6.22) 可推出

$$
\begin{aligned}
u^{(\nu)}(t) &\leqslant \int_0^t \exp\left(\int_s^t \alpha(x)dx\right)[K_1(s)|u^{(\nu-1)}|_s + K_2(s)|u^{(\nu)}|_s]ds \\
&\leqslant \|u^{(\nu-1)}\|_q \exp\left(\int_0^t q(x)dx\right) P_1(t) + \|u^{(\nu)}\|_q \exp\left(\int_0^t q(x)dx\right) P_2(t). \qquad (4.6.23)
\end{aligned}
$$

因 (4.6.23) 的右端是 t 的单调递增函数, 故有

$$
|u^{(\nu)}|_t \leqslant \|u^{(\nu-1)}\|_q \exp\left(\int_0^t q(x)dx\right) P_1(t) + \|u^{(\nu)}\|_q \exp\left(\int_0^t q(x)dx\right) P_2(t). \qquad (4.6.24)
$$

因 $\forall t \in I_0$, $P_2(t) < 1$, 容易推出

$$
\|u^{(\nu)}\|_q \leqslant \frac{P_1(T)}{1-P_2(T)}\|u^{(\nu-1)}\|_q \leqslant \left[\frac{P_1(T)}{1-P_2(T)}\right]^\nu \|u^{(0)}\|_q.
$$

此式意味着 $\{y^{(\nu)}\}$ 一致收敛于 y^*. 证毕.

注 4.6.6 实际上, 从 (4.6.24), 我们可以得到

$$
\begin{aligned}
&\|y^*(t) - y^{(\nu)}(t)\| \\
&\leqslant|u^{(\nu)}|_t \leqslant \left[\frac{P_1(T)}{1-P_2(T)}\right]^\nu \|u^{(0)}\|_q \exp\left(\int_0^t q(x)dx\right), \quad t \in I_T, \quad \nu = 0, 1, \cdots.
\end{aligned}
$$

注 4.6.7 注意到定理 4.6.5 中并没有要求 $\alpha(t) < 0$, 当 $\alpha(t) < 0$ 时, 可取 $q(t) = 0$, 立得定理 4.6.4.

注 4.6.8 在定理 4.6.5 的证明中, $P_1(t)$ 和 $P_2(t)$ 可分别由 $\tilde{P}_1(t)$ 和 $\tilde{P}_2(t)$ 替代, 其中

$$\tilde{P}_1(t) = P_1(t)P(t), \quad \tilde{P}_2(t) = P_2(t)P(t),$$
$$P(t) = \left[1 - \exp\left(-\int_0^t [q(x) - \alpha(x)]dx\right)\right].$$

4.6.4 扰动波形松弛迭代的收敛性

这节考察扰动误差 $\|y^{(\nu)}(t) - \tilde{y}^{(\nu)}(t)\|$. 设在整个区间 I_T 上利用某种数值方法已计算出 $\tilde{y}^{(\nu-1)}$ 的逼近 $y_h^{(\nu-1)}$, 其误差为

$$\varepsilon_h^{(\nu-1)}(t) = \tilde{y}^{(\nu-1)}(t) - y_h^{(\nu-1)}(t).$$

类似于 (4.6.15), 我们容易得到

$$\begin{aligned}
&\frac{d}{dt}\|y^{(\nu)}(t) - \tilde{y}^{(\nu)}(t)\| \\
&\leqslant \alpha(t)\|y^{(\nu)}(t) - \tilde{y}^{(\nu)}(t)\| + \frac{1}{1-\gamma}\max_{0\leqslant s\leqslant t}\beta(s)\|y^{(\nu-1)}(s) - \tilde{y}^{(\nu-1)}(s)\| \\
&\quad + \frac{1}{1-\gamma}\left[\max_{0\leqslant s\leqslant t}\beta(s)\|\varepsilon^{(\nu-1)}(s)\| + \max_{0\leqslant s\leqslant \eta(t)}\sigma(s)\|y^{(\nu)}(s) - \tilde{y}^{(\nu)}(s)\|\right]. \quad (4.6.25)
\end{aligned}$$

由此, 类似于 4.5 节的分析, 易得下面的结果.

定理 4.6.9 若 F 满足 (4.6.1)—(4.6.4), 且 $\alpha < 0$, $K_1 + K_2 + \alpha < 0$, 则由 (4.6.5), (4.6.8) 产生的序列 $\{y^{(\nu)}\}$, $\{\tilde{y}^{(\nu)}\}$ 满足

$$|y^{(\nu)} - \tilde{y}^{(\nu)}|_T \leqslant \left[\frac{K_1}{-K_2-\alpha}\right]^\nu |y^{(0)} - \tilde{y}^{(0)}|_T + \sum_{i=1}^{\nu}\left[\frac{K_1}{-K_2-\alpha}\right]^i |\varepsilon_h^{(\nu-i)}|_T. \quad (4.6.26)$$

证明 类似于定理 4.6.1, 易得

$$|y^{(\nu)} - \tilde{y}^{(\nu)}|_T \leqslant \frac{K_1}{-K_2-\alpha}|y^{(0)} - \tilde{y}^{(0)}|_T + \frac{K_1}{-K_2-\alpha}|\varepsilon_h^{(\nu-1)}|_T.$$

由此递推即得 (4.6.26).

定理 4.6.10 若 F 满足 (4.6.1)—(4.6.4), 且 $\alpha < 0, (K_1+K_2)(1-e^{\alpha T})+\alpha < 0$, 则由 (4.6.5), (4.6.8) 产生的序列 $\{y^{(\nu)}\}$, $\{\tilde{y}^{(\nu)}\}$ 满足

$$|y^{(\nu)} - \tilde{y}^{(\nu)}|_T \leqslant [K(T)]^\nu |y^{(0)} - \tilde{y}^{(0)}|_T + \sum_{i=1}^{\nu}[K(T)]^i |\varepsilon_h^{(\nu-i)}|_T.$$

定理 4.6.11 设 F 满足 (4.6.1)—(4.6.4), 则存在一个非负连续函数 $q(t)$ 满足 $q(t) > \alpha(t)$, $\forall t \in I_T$ 和 $P_1(T) + P_2(T) < 1$, 且由 (4.6.5), (4.6.8) 产生的序列 $\{y^{(\nu)}\}$, $\{\tilde{y}^{(\nu)}\}$ 满足

$$\|y^{(\nu)}(t) - \tilde{y}^{(\nu)}(t)\| \leqslant \left[\left(\frac{P_1(T)}{1-P_2(T)}\right)^{\nu} \|y^{(0)} - \tilde{y}^{(0)}\|_q + \sum_{i=1}^{\nu}\left(\frac{P_1(T)}{1-P_2(T)}\right)^{i} \|\varepsilon_h^{(\nu-i)}\|_q\right] \exp\left(\int_0^t q(x)dx\right).$$

定理 4.6.12 设 F 满足 (4.6.1)—(4.6.4), 则存在一个非负连续函数 $q(t)$ 满足 $q(t) > \alpha(t)$ 和 $\tilde{P}_1(t) + \tilde{P}_2(t) < 1$, $\forall t \in I_T$, 且由 (4.6.5), (4.6.8) 产生的序列 $\{y^{(\nu)}\}$, $\{\tilde{y}^{(\nu)}\}$ 满足

$$\|y^{(\nu)}(t) - \tilde{y}^{(\nu)}(t)\| \leqslant \left[\left(\frac{\tilde{P}_1(t)}{1-\tilde{P}_2(t)}\right)^{\nu} \|y^{(0)} - \tilde{y}^{(0)}\|_q + \sum_{i=1}^{\nu}\left(\frac{\tilde{P}_1(t)}{1-\tilde{P}_2(t)}\right)^{i} \|\varepsilon_h^{(\nu-i)}\|_q\right] \exp\left(\int_0^t q(x)dx\right).$$

若假定 $|\varepsilon_h^{(\nu)}|_t \leqslant |\varepsilon_h|_t$, $\nu = 0, 1, \cdots$, 这里 ε_h 不依赖 ν 且 $|\varepsilon_h|_t \to 0$ $(h \to 0)$, 则从上面的定理可获得以下结论.

定理 4.6.13 若 F 满足 (4.6.1)—(4.6.4), 且 $\alpha < 0$, $K_1 + K_2 + \alpha < 0$, 则由 (4.6.5), (4.6.8) 产生的序列 $\{y^{(\nu)}\}$, $\{\tilde{y}^{(\nu)}\}$ 满足

$$|y^{(\nu)} - \tilde{y}^{(\nu)}|_T \leqslant \left[\frac{K_1}{-K_2-\alpha}\right]^{\nu} |y^{(0)} - \tilde{y}^{(0)}|_T + \frac{-\alpha-K_2}{-\alpha-K_2-K_1}|\varepsilon_h|_T.$$

进而

$$\|y^{(\nu)}(t) - \tilde{y}^{(\nu)}(t)\| \to 0, \quad h \to 0 \text{ 及 } \nu \to \infty. \tag{4.6.27}$$

定理 4.6.14 若 F 满足 (4.6.1)—(4.6.4), 且 $\alpha < 0$, $(K_1+K_2)(1-e^{\alpha T})+\alpha < 0$, 则由 (4.6.5), (4.6.8) 产生的序列 $\{y^{(\nu)}\}$, $\{\tilde{y}^{(\nu)}\}$ 满足

$$|y^{(\nu)} - \tilde{y}^{(\nu)}|_T \leqslant [K(T)]^{\nu} |y^{(0)} - \tilde{y}^{(0)}|_T + \frac{1}{1-K(T)}|\varepsilon_h|_T.$$

进而有 (4.6.27) 成立.

定理 4.6.15 设 F 满足 (4.6.1)—(4.6.4), 则存在一个非负连续函数 $q(t)$ 满足 $q(t) > \alpha(t)$, $\forall t \in I_T$ 和 $P_1(T) + P_2(T) < 1$, 且由 (4.6.5), (4.6.8) 产生的序列 $\{y^{(\nu)}\}$, $\{\tilde{y}^{(\nu)}\}$ 满足

$$\|y^{(\nu)}(t) - \tilde{y}^{(\nu)}(t)\| \leqslant \left[\left(\frac{P_1(T)}{1-P_2(T)}\right)^{\nu} \|y^{(0)} - \tilde{y}^{(0)}\|_q\right.$$

$$+\frac{1-P_2(T)}{1-P_2(T)-P_1(T)}\|\varepsilon_h\|_q\Bigg]\exp\left(\int_0^t q(x)dx\right).$$

进而有 (4.6.27).

定理 4.6.16　设 F 满足 (4.6.1)—(4.6.4), 则存在一个非负连续函数 $q(t)$, $\forall t\in I_T$ 满足 $q(t)>\alpha(t)$ 及 $\tilde{P}_1(t)+\tilde{P}_2(t)<1$, 且由 (4.6.5), (4.6.8) 产生的序列 $\{y^{(\nu)}\}$, $\{\tilde{y}^{(\nu)}\}$ 满足

$$\|y^{(\nu)}(t)-\tilde{y}^{(\nu)}(t)\|\leqslant\Bigg[\left(\frac{\tilde{P}_1(t)}{1-\tilde{P}_2(t)}\right)^{\nu}\|y^{(0)}-\tilde{y}^{(0)}\|_q$$

$$+\frac{1-\tilde{P}_2(t)}{1-\tilde{P}_2(t)-\tilde{P}_1(t)}\|\varepsilon_h\|_q\Bigg]\exp\left(\int_0^t q(x)dx\right).$$

进而有 (4.6.27).

4.6.5　离散时间波形松弛过程的收敛性

注意到 (4.6.6) 中并没有给出 $y_h^{(\nu)}(\eta(t_{n,j}))$ 及 $y_h^{(\nu)\prime}(\eta(t_{n,j}))$ 的计算公式. 为此, 我们考虑一个插值算子 $\Pi^h: C[-\tau,0]\times\mathbb{R}^{m(n+1)}\to C[-\tau,t_{n+1}]$ 以逼近 $y_h^{(\nu)}(\eta(t_{n,j}))$, 并简单地假设其满足正规性条件 (见 [153] 或第 3 章):

$$\max_{0\leqslant t\leqslant t_{n+1}}\|\Pi^h(t;\phi,\tilde{y}_h^{(\nu)}(t_1),\cdots,\tilde{y}_h^{(\nu)}(t_{n+1}))-\Pi^h(t;\phi,\bar{y}_h^{(\nu)}(t_1),\cdots,\bar{y}_h^{(\nu)}(t_{n+1}))\|$$
$$\leqslant c_\pi\max_{0\leqslant k\leqslant n+1}\|\tilde{y}_h^{(\nu)}(t_k)-\bar{y}_h^{(\nu)}(t_k)\|,\quad\forall\tilde{y}_h^{(\nu)}(t_k),\bar{y}_h^{(\nu)}(t_k)\in\mathbb{R}^m,\quad k=0,\cdots,n+1. \tag{4.6.28}$$

而 $y_h^{(\nu)\prime}(\eta(t_{n,j}))$ 由方程 (4.5.1) 直接给出. 于是, 一个完整的数值求解过程可写成

$$\begin{cases}Y_{n,i}^{(\nu)}=y_h^{(\nu)}(t_n)+h\sum\limits_{j=1}^r a_{ij}F(t_{n,j},Y_{n,j}^{(\nu)},y_h^{(\nu-1)}(t_{n,j}),y_h^{(\nu)}(\eta(t_{n,j})),z_h^{(\nu)}(\eta(t_{n,j}))),\\ \qquad i=1,\cdots,r,\\ y_h^{(\nu)}(t_{n+1})=y_h^{(\nu)}(t_n)+h\sum\limits_{j=1}^r b_jF(t_{n,j},Y_{n,j}^{(\nu)},y_h^{(\nu-1)}(t_{n,j}),\\ \qquad\qquad y_h^{(\nu)}(\eta(t_{n,j})),z_h^{(\nu)}(\eta(t_{n,j}))),\\ y_h^{(\nu)}(t)=\Pi^h(t;\phi,y_h^{(\nu)}(t_1),\cdots,y_h^{(\nu)}(t_n),y_h^{(\nu)}(t_{n+1})),\quad 0\leqslant t\leqslant t_{n+1},\\ z_h^{(\nu)}(t)=F(t,y_h^{(\nu)}(t),y_h^{(\nu-1)}(t),y_h^{(\nu)}(\eta(t)),z_h^{(\nu)}(\eta(t))).\end{cases} \tag{4.6.29}$$

为估计误差 $\|\tilde{y}^{(\nu)}(t)-y_h^{(\nu)}(t)\|$, 定义 $R_i^{(n)}$ $(i=1,2,\cdots,r)$, $R_0^{(n)}$ 及 $R(t)$ 为

$$\left\{\begin{aligned}&Y^{(\nu)}(t_{n,i})=\tilde{y}^{(\nu)}(t_n)+h\sum_{j=1}^{r}a_{ij}F(t_{n,j},Y^{(\nu)}(t_{n,j}),y_h^{(\nu-1)}(t_{n,j}),\tilde{y}^{(\nu)}(\eta(t_{n,j})),\\&\qquad\qquad z^{(\nu)}(\eta(t_{n,j})))+R_i^{(n)},\quad i=1,\cdots,r,\\&\tilde{y}^{(\nu)}(t_{n+1})=\tilde{y}^{(\nu)}(t_n)+h\sum_{j=1}^{r}b_jF(t_{n,j},Y^{(\nu)}(t_{n,j}),y_h^{(\nu-1)}(t_{n,j}),\tilde{y}^{(\nu)}(\eta(t_{n,j})),\\&\qquad\qquad z^{(\nu)}(\eta(t_{n,j})))+R_0^{(n)},\\&\tilde{y}^{(\nu)}(t)=\Pi^h(t;\phi,\tilde{y}^{(\nu)}(t_1),\cdots,\tilde{y}^{(\nu)}(t_n),\tilde{y}^{(\nu)}(t_{n+1}))+R(t),\ 0\leqslant t\leqslant t_{n+1},\\&z^{(\nu)}(t)=F(t,\tilde{y}^{(\nu)}(t),y_h^{(\nu-1)}(t),\tilde{y}^{(\nu)}(\eta(t)),z^{(\nu)}(\eta(t))),\end{aligned}\right.\tag{4.6.30}$$

并考虑一个扰动的积分步

$$\left\{\begin{aligned}&\hat{Y}^{(\nu)}(t_{n,i})=\tilde{y}^{(\nu)}(t_n)+h\sum_{j=1}^{r}a_{ij}F(t_{n,j},\hat{Y}^{(\nu)}(t_{n,j}),y_h^{(\nu-1)}(t_{n,j}),\hat{\tilde{y}}^{(\nu)}(\eta(t_{n,j})),\\&\qquad\qquad \hat{z}^{(\nu)}(\eta(t_{n,j}))),\quad i=1,\cdots,r,\\&\hat{\tilde{y}}^{(\nu)}(t_{n+1})=\tilde{y}^{(\nu)}(t_n)+h\sum_{j=1}^{r}b_jF(t_{n,j},\hat{Y}^{(\nu)}(t_{n,j}),y_h^{(\nu-1)}(t_{n,j}),\hat{\tilde{y}}^{(\nu)}(\eta(t_{n,j})),\\&\qquad\qquad \hat{z}^{(\nu)}(\eta(t_{n,j}))),\\&\hat{\tilde{y}}^{(\nu)}(t)=\Pi^h(t;\phi,\tilde{y}^{(\nu)}(t_1),\cdots,\tilde{y}^{(\nu)}(t_n),\hat{\tilde{y}}^{(\nu)}(t_{n+1})),\quad 0\leqslant t\leqslant t_{n+1},\\&\hat{z}^{(\nu)}(t)=F(t,\hat{\tilde{y}}^{(\nu)}(t),y_h^{(\nu-1)}(t),\hat{\tilde{y}}^{(\nu)}(\eta(t)),\hat{z}^{(\nu)}(\eta(t))),\end{aligned}\right.\tag{4.6.31}$$

为简单计, 记

$$\begin{aligned}Q_i&=h[F(t_{n,i},Y^{(\nu)}(t_{n,i}),y_h^{(\nu-1)}(t_{n,i}),\tilde{y}^{(\nu)}(\eta(t_{n,i})),z^{(\nu)}(\eta(t_{n,i})))\\&\quad-F(t_{n,i},\hat{Y}^{(\nu)}(t_{n,i}),y_h^{(\nu-1)}(t_{n,i}),\hat{\tilde{y}}^{(\nu)}(\eta(t_{n,i})),\hat{z}^{(\nu)}(\eta(t_{n,i})))],\\Q&=[Q_1^{\mathrm{T}},Q_2^{\mathrm{T}},\cdots,Q_r^{\mathrm{T}}]^{\mathrm{T}},\quad W_i=Y^{(\nu)}(t_{n,i})-\hat{Y}^{(\nu)}(t_{n,i}),\\W&=[W_1^{\mathrm{T}},W_2^{\mathrm{T}},\cdots,W_r^{\mathrm{T}}]^{\mathrm{T}}\in\mathbb{R}^{mr},\\\hat{Q}_i&=h[F(t_{n,i},\hat{Y}^{(\nu)}(t_{n,i}),y_h^{(\nu-1)}(t_{n,i}),\hat{\tilde{y}}^{(\nu)}(\eta(t_{n,i})),\hat{z}^{(\nu)}(\eta(t_{n,i})))\\&\quad-F(t_{n,i},Y_{n,i}^{(\nu)},y_h^{(\nu-1)}(t_{n,i}),y_h^{(\nu)}(\eta(t_{n,i})),z_h^{(\nu)}(\eta(t_{n,i})))],\\\hat{Q}&=[\hat{Q}_1^{\mathrm{T}},\hat{Q}_2^{\mathrm{T}},\cdots,\hat{Q}_r^{\mathrm{T}}]^{\mathrm{T}},\quad \hat{W}_i=\hat{Y}^{(\nu)}(t_{n,i})-Y_{n,i}^{(\nu)},\\\hat{W}&=[\hat{W}_1^{\mathrm{T}},\hat{W}_2^{\mathrm{T}},\cdots,\hat{W}_r^{\mathrm{T}}]^{\mathrm{T}}\in\mathbb{R}^{mr}.\end{aligned}$$

按照文献 [150] 的思想给出下列定义.

定义 4.6.17 方法 (A,b^{T},c) 称为是对角稳定的, 如果存在 $r\times r$ 对角矩阵 $D>0$, 使得 $DA+A^{\mathrm{T}}D>0$.

定义 4.6.18 方法 (A,b^{T},c) 称为是代数稳定的, 如果 $B=\mathrm{diag}(b_1,b_2,\cdots,b_s)$, $b_j\geqslant 0$ 及矩阵 $BA+A^{\mathrm{T}}B-bb^{\mathrm{T}}\geqslant 0$.

定理 4.6.19 若 F 满足条件 (4.6.1)—(4.6.4), 方法 (A,b^{T},c) 是对角稳定的, 则存在常数 $\hat{c}_1$, $\hat{c}_2$, $\hat{c}_3$, $\hat{c}_4$, 使得

$$\begin{aligned}\|\tilde{y}^{(\nu)}(t_{n+1})-\hat{\tilde{y}}^{(\nu)}(t_{n+1})\|\leqslant&\hat{c}_1\left(\max_{1\leqslant i\leqslant s}\|R_i^{(n)}\|+\|R_0^{(n)}\|\right)+\hat{c}_2K_2h\|R(t)\|_t,\\ &\alpha h\leqslant\hat{c}_3,\quad K_2h\leqslant\hat{c}_4.\end{aligned}\tag{4.6.32}$$

证明 方法 (A,b^{T},c) 的对角稳定性意味着存在 $s\times s$ 对角矩阵 $D>0$, 使得

$$\hat{D}:=DA+A^{\mathrm{T}}D>0.\tag{4.6.33}$$

由此显见矩阵 A 非奇, 且存在仅依赖于方法的常数 $\tilde{c}_3$, 使得

$$E:=A^{-\mathrm{T}}\hat{D}A^{-1}-2\tilde{c}_3D>0.\tag{4.6.34}$$

由 (4.6.1)—(4.6.4), (4.6.30)—(4.6.31) 可推出

$$2\langle Q,DW\rangle\leqslant 2\alpha h\langle W,DW\rangle+2hK_2\sqrt{r}\|D\|\|W\||\tilde{y}^{(\nu)}-\hat{\tilde{y}}^{(\nu)}|_t.\tag{4.6.35}$$

当 $\alpha h\leqslant\tilde{c}_3$ 时, 由 (4.6.33)—(4.6.35) 得

$$\begin{aligned}-2hK_2\sqrt{r}\|D\|\|W\||\tilde{y}^{(\nu)}-\hat{\tilde{y}}^{(\nu)}|_t\leqslant&\langle W,2\tilde{c}_3DW\rangle+2\langle Q,-DW\rangle\\ =&-\langle W,EW\rangle+2\langle DA^{-1}W-DQ,W\rangle\\ \leqslant&-\lambda_{\min}^E\|W\|^2+\|2DA^{-1}\|\|W\|\max_{1\leqslant i\leqslant r}\|R_i^{(n)}\|.\end{aligned}$$

由此及 (4.6.28), (4.6.30)—(4.6.31) 得

$$\begin{aligned}\lambda_{\min}^E\|W\|\leqslant&\|2DA^{-1}\|\max_{1\leqslant i\leqslant r}\|R_i^{(n)}\|\\ &+2hK_2\sqrt{r}\|D\|\left(c_\pi\|\tilde{y}^{(\nu)}(t_{n+1})-\hat{\tilde{y}}^{(\nu)}(t_{n+1})\|+|R|_t\right),\end{aligned}$$

故有

$$\|W\|\leqslant\tilde{c}_1\max_{1\leqslant i\leqslant r}\|R_i^{(n)}\|+\tilde{c}_2K_2h\left(c_\pi\|\tilde{y}^{(\nu)}(t_{n+1})-\hat{\tilde{y}}^{(\nu)}(t_{n+1})\|+|R|_t\right),\quad\alpha h\leqslant\tilde{c}_3,\tag{4.6.36}$$

这里

$$\tilde{c}_1=\|2DA^{-1}\|/\lambda_{\min}^E,\quad\tilde{c}_2=2\sqrt{r}\|D\|/\lambda_{\min}^E.$$

从 (4.6.36) 进一步可推出

$$\begin{aligned}\|\tilde{y}^{(\nu)}(t_{n+1})-\hat{\tilde{y}}^{(\nu)}(t_{n+1})\| \leqslant&\|b^{\mathrm{T}}Q+R_0^{(n)}\|=\|b^{\mathrm{T}}A^{-1}(W-R^{(n)})+R_0^{(n)}\|\\ \leqslant&\|b^{\mathrm{T}}A^{-1}\|\left(\|W\|+\max_{1\leqslant i\leqslant r}\|R_i^{(n)}\|\right)+\|R_0^{(n)}\|\\ \leqslant&(1+\tilde{c}_1)\|b^{\mathrm{T}}A^{-1}\|\max_{1\leqslant i\leqslant r}\|R_i^{(n)}\|+\tilde{c}_2K_2h\|b^{\mathrm{T}}A^{-1}\||R|_t\\ &+\tilde{c}_2K_2c_\pi h\|b^{\mathrm{T}}A^{-1}\|\|\tilde{y}^{(\nu)}(t_{n+1})-\hat{\tilde{y}}^{(\nu)}(t_{n+1})\|+\|R_0^{(n)}\|.\end{aligned}$$

由此立得 (4.6.32), 其中

$$\begin{aligned}&\hat{c}_1=\frac{1}{\tilde{c}_0}\max\{(1+\tilde{c}_1)\|b^{\mathrm{T}}A^{-1}\|,1\},\quad \hat{c}_2=\frac{\tilde{c}_2\|b^{\mathrm{T}}A^{-1}\|}{\tilde{c}_0},\\ &\hat{c}_3=\tilde{c}_3,\quad \hat{c}_4=\frac{1-\tilde{c}_0}{\tilde{c}_2c_\pi\|b^{\mathrm{T}}A^{-1}\|},\end{aligned}$$

常数 $\tilde{c}_0\in(0,1)$ 任给. 证毕.

定理 4.6.20 若 F 满足条件 (4.6.1)—(4.6.4), 方法 (A,b^{T},c) 对角稳定且代数稳定, 则存在常数 d, $\hat{d}_1$, $\hat{d}_2$, $\hat{d}_3$, h_0, 使得当 $0<h\leqslant h_0$ 时,

$$\begin{aligned}\|\varepsilon_h^{(\nu)}(t_{n+1})\|\leqslant&\left[\hat{d}_1h^{-1}\left(\max_{1\leqslant i\leqslant r}\|R_i^{(n)}\|+\|R_0^{(n)}\|\right)\right.\\ &\left.+\hat{d}_2\max_{1\leqslant i\leqslant r}\|R_i^{(n)}\|+\hat{d}_3|R|_t\right]\exp(dt_{n+1}).\end{aligned}\tag{4.6.37}$$

进一步有

$$\begin{aligned}|\varepsilon_h^{(\nu)}|_{t_{n+1}}\leqslant&\left[\hat{d}_1h^{-1}\left(\max_{1\leqslant i\leqslant r}\|R_i^{(n)}\|+\|R_0^{(n)}\|\right)\right.\\ &\left.+\hat{d}_2\max_{1\leqslant i\leqslant r}\|R_i^{(n)}\|+\hat{d}_3|R|_t\right]\exp(dt_{n+1}).\end{aligned}\tag{4.6.38}$$

证明 方法 (A,b^{T},c) 的代数稳定性意味着

$$\|\hat{\tilde{y}}^{(\nu)}(t_n+h)-y_h^{(\nu)}(t_n+h)\|^2\leqslant\|\tilde{y}^{(\nu)}(t_n)-y_h^{(\nu)}(t_n)\|^2+2\langle\hat{W},B\hat{Q}\rangle.\tag{4.6.39}$$

记 $\alpha_0=\max\{0,\alpha\}$, 由 (4.6.1)—(4.6.4) 容易推得

$$\begin{aligned}2\langle\hat{W},B\hat{Q}\rangle&\leqslant2\alpha_0h\|B\|\|\hat{W}\|^2+2K_2h\|B\|\|\hat{W}\|\|\hat{\tilde{y}}^{(\nu)}-y_h^{(\nu)}\|_t\\ &\leqslant(2\alpha_0+K_2)h\|B\|\|\hat{W}\|^2+K_2h\|B\||\hat{\tilde{y}}^{(\nu)}-y_h^{(\nu)}|_t^2.\end{aligned}\tag{4.6.40}$$

类似于 (4.6.36) 的推导, 由方法的对角稳定性可得

$$\|\hat{W}\|\leqslant\tilde{c}_1\max_{1\leqslant i\leqslant r}\|R_i^{(n)}\|+\tilde{c}_2K_2h|\hat{\tilde{y}}^{(\nu)}-y_h^{(\nu)}|_t,\quad \alpha h\leqslant\tilde{c}_3,\tag{4.6.41}$$

当 $K_2h \leqslant \hat{c}_4$ 时, (4.6.39)—(4.6.41) 导致

$$
\begin{aligned}
&\|\hat{\tilde{y}}^{(\nu)}(t_{n+1}) - y_h^{(\nu)}(t_{n+1})\| \\
\leqslant &\|\tilde{y}^{(\nu)}(t_n) - y_h^{(\nu)}(t_n)\| + K_2h\|B\|\|\hat{\tilde{y}}^{(\nu)} - y_h^{(\nu)}\|_t \\
&+ (2\alpha_0 + K_2)h\|B\| \left(\tilde{c}_1 \max_{1\leqslant i\leqslant r} \|R_i^{(n)}\| + \tilde{c}_2K_2h|\hat{\tilde{y}}^{(\nu)} - y_h^{(\nu)}|_t\right) \\
\leqslant &\|\tilde{y}^{(\nu)}(t_n) - y_h^{(\nu)}(t_n)\| + (2\alpha_0 + K_2)\tilde{c}_1h\|B\| \max_{1\leqslant i\leqslant r} \|R_i^{(n)}\| \\
&+ [(2\alpha_0 + K_2)\tilde{c}_2\hat{c}_4\|B\|h + K_2h\|B\|]\, |\hat{\tilde{y}}^{(\nu)} - y_h^{(\nu)}|_t \\
\leqslant &\|\tilde{y}^{(\nu)}(t_n) - y_h^{(\nu)}(t_n)\| + (2\alpha_0 + K_2)\tilde{c}_1h\|B\| \max_{1\leqslant i\leqslant s} \|R_i^{(n)}\| \\
&+ [(2\alpha_0 + K_2)\tilde{c}_2\hat{c}_4\|B\|h + K_2h\|B\|] \\
&\times \left[c_\pi \max_{1\leqslant k\leqslant n} \|\tilde{y}^{(\nu)}(t_k) - y_h^{(\nu)}(t_k)\| c_\pi \|\hat{\tilde{y}}^{(\nu)}(t_{n+1}) - y_h^{(\nu)}(t_{n+1})\|\right].
\end{aligned}
$$

由此易得

$$
\|\hat{\tilde{y}}^{(\nu)}(t_{n+1}) - y_h^{(\nu)}(t_{n+1})\| \leqslant (1 + d_1h) \max_{1\leqslant k\leqslant n} \|\tilde{y}^{(\nu)}(t_k) - y_h^{(\nu)}(t_k)\| + d_2h \max_{1\leqslant i\leqslant s} \|R_i^{(n)}\|,
$$

$$
\alpha h \leqslant \hat{c}_3, \quad K_2h \leqslant \hat{c}_4, \quad [(2\alpha_0 + K_2)c_2\hat{c}_4 + K_2]c_\pi\|B\|h \leqslant d_3 < 1. \tag{4.6.42}
$$

这里

$$
d_1 = \frac{2d_3}{1 - d_3}, \quad d_2 = \frac{(2\alpha_0 + K_2)\tilde{c}_1}{1 - d_3}.
$$

由定理 4.6.19 及 (4.6.42), 可得

$$
\begin{aligned}
&\|\tilde{y}^{(\nu)}(t_{n+1}) - y_h^{(\nu)}(t_{n+1})\| \\
\leqslant\ &\|\tilde{y}^{(\nu)}(t_{n+1}) - \hat{\tilde{y}}^{(\nu)}(t_{n+1})\| + \|\hat{\tilde{y}}^{(\nu)}(t_{n+1}) - y_h^{(\nu)}(t_{n+1})\| \\
\leqslant\ &\hat{c}_1 \left(\max_{1\leqslant i\leqslant r} \|R_i^{(n)}\| + \|R_0^{(n)}\|\right) + \hat{c}_2K_2h|R|_t \\
&+ (1 + d_1h) \max_{1\leqslant k\leqslant n} \|\tilde{y}^{(\nu)}(t_k) - \tilde{y}_h^{(\nu)}(t_k)\| + d_2h \max_{1\leqslant i\leqslant r} \|R_i^{(n)}\| \\
\leqslant\ &\left[\frac{\hat{c}_1}{d_1h} \left(\max_{1\leqslant i\leqslant r} \|R_i^{(n)}\| + \|R_0^{(n)}\|\right) + \frac{d_2}{d_1} \max_{1\leqslant i\leqslant r} \|R_i^{(n)}\| + \frac{\hat{c}_2K_2}{d_1}|R|_t\right] \exp(d_1t_{n+1}).
\end{aligned}
$$

由此立得 (4.6.37) 和 (4.6.38), 其中

$$
\hat{d}_1 = \frac{\hat{c}_1}{d_1}, \quad \hat{d}_2 = \frac{d_2}{d_1}, \quad \hat{d}_3 = \frac{\hat{c}_2K_2}{d_1}, \quad d = d_1,
$$

$$h_0 = \begin{cases} \min\left\{\dfrac{\hat{c}_3}{\alpha}, \dfrac{\hat{c}_4}{K_2}, \dfrac{d_3}{(2\alpha_0+K_2)c_2\hat{c}_4+K_2}\right\}, & \alpha > 0, \\ \min\left\{\dfrac{\hat{c}_4}{K_2}, \dfrac{d_3}{(2\alpha_0+K_2)c_2\hat{c}_4+K_2}\right\}, & \alpha \leqslant 0. \end{cases}$$

证毕.

如果方法 (4.6.29) 的级阶为 p ($p \geqslant 0$) (参见 [153]), 则存在常数 $\tilde{d}_1$, $\tilde{d}_2$, $\tilde{d}_3$, 使得

$$\max_{1\leqslant i\leqslant r} \|R_i^{(n)}\| \leqslant \tilde{d}_1 h^{p+1}, \quad \|R_0^{(n)}\| \leqslant \tilde{d}_2 h^{p+1}, \quad |R|_t \leqslant \tilde{d}_3 h^p.$$

于是从定理 4.6.20 可知, 当 $h \to 0$ 时, $|\varepsilon_h^{(\nu)}|_t \to 0, \nu = 1, 2, \cdots$. 从而综合 4.6.3 小节、4.6.4 小节及本小节的结果, 可知当 $h \to 0, \nu \to +\infty$ 时, 有 $\|y^*(t) - y_h^{(\nu)}(t)\| \to 0$, 即求解非线性中立型延迟微分方程的波形松弛迭代方法 (4.6.5)—(4.6.6) 是收敛的.

注 4.6.21 当 $\gamma = 0$ 时, 我们可获得相应的波形松弛迭代方法求解变延迟微分方程的收敛性结果.

注 4.6.22 注意到当 $\eta(t) = t$ 时系统 (4.5.1) 为一隐式常微分方程. 由本节结果可知, 波形松弛方法 (4.6.5)—(4.6.6) 求解隐式常微分方程 (4.5.1), (4.6.1)—(4.6.4) 是收敛的.

注 4.6.23 值得注意的是, 若 T 由 $+\infty$ 替代, 本节结果也成立. 此时, "maximum" 由 "supremum" 替代.

注 4.6.24 最后, 需要指出的是, 由于 Lipschitz 条件的单边性质, 常数 α 要小于文献 [125] 中常数 L_1, 因此本节所给出的误差界要小于文献 [125] 所给出的误差界.

4.6.6 数值算例

考虑带有一个常延迟的偏泛函微分方程

$$\begin{aligned} \frac{\partial}{\partial t} u(t,x) = {} & \frac{1}{10+40t^2} \frac{\partial^2}{\partial x^2} u(t,x) + e^{-4t^2} u(t-1,x) \\ & + 0.5e^{-4t^2} \frac{\partial}{\partial t} u(t-1,x) + g(t,x), \end{aligned} \tag{4.6.43}$$

其中 $t \in [0, 10]$. 这个问题改自文献 [279]. 初边值条件定义在区域

$$(t,x) \in ([-1,0] \times [0,X]) \cup ([0,10] \times [0,X]), \tag{4.6.44}$$

选择函数 $g(t,x)$ 及初边值使得问题的真解为

$$u(t,x) = te^{-x^2}.$$

应用线方法之后, 可得如下中立型延迟微分方程

$$v_i'(t) = \frac{\Delta x^{-2}}{10+40t^2}[v_{i-1}(t) - 2v_i(t) + v_{i+1}(t)] + c^{-4t^2} v_i(t-1)$$
$$+ 0.5e^{-4t^2} v_i'(t-1) + g_i(t), \quad t \geqslant 0, \tag{4.6.45}$$

其中 $t \in [0,10]$, $i = 1,2,\cdots,N_x - 1$. 这里 Δx 为空间步长; N_x 为一自然数并使 $N_x \Delta x = X$; $g_i(t) = g(t, i\Delta x)$. 初边值直接从真解获得.

选取不同的分裂函数 F, 可获得不同的迭代格式. 例如, 我们有 Jacobi 迭代格式

$$v_i^{(\nu)\prime}(t) = \frac{\Delta x^{-2}}{10+40t^2}[v_{i-1}^{(\nu-1)}(t) - 2v_i^{(\nu)}(t) + v_{i+1}^{(\nu-1)}(t)] + e^{-4t^2} v_i^{(\nu)}(t-1)$$
$$+ 0.5e^{-4t^2} v_i^{(\nu)\prime}(t-1) + g_i(t), \quad t \in [0,T], \tag{4.6.46}$$

以及 Gauss-Seidel 迭代格式

$$v_i^{(\nu)\prime}(t) = \frac{\Delta x^{-2}}{10+40t^2}[v_{i-1}^{(\nu)}(t) - 2v_i^{(\nu)}(t) + v_{i+1}^{(\nu-1)}(t)] + e^{-4t^2} v_i^{(\nu)}(t-1)$$
$$+ 0.5e^{-4t^2} v_i^{(\nu)\prime}(t-1) + g_i(t), \quad t \in [0,T]. \tag{4.6.47}$$

正如文献 [279] 中所做, 对不同的迭代格式我们可以计算出 α, β, γ 以及 σ. 为简单计, 本节仅考虑 Jacobi 迭代格式 (4.6.46). 在这种情况下, 我们有

$$\alpha = -\frac{1}{2005\Delta x^2}, \quad \beta = \frac{1}{5\Delta x^2}, \quad \gamma = 0.5,$$
$$\sigma = \max\left\{\left|1 - \frac{1}{10\Delta x^2}\right|, \left|1 - \frac{1}{4010\Delta x^2}\right|\right\}.$$

对任意使得 $(t, i\Delta x)$ 属于初边值域 (4.6.44) 的 t 值, Dirichlet 型初边值为

$$v_i^{(\nu)}(t) = te^{-(i\Delta x)^2}, \quad i = 0,1,\cdots,N_x.$$

而对初始迭代, 在 $[0,10] \times [0,X]$ 上, 选择 $v^{(0)} \equiv 0$.

现对固定的 ν, 使用 2 级 Radau IIA Runge-Kutta 法并用步长 $h = 0.1$ 积分中立型延迟微分方程 (4.6.46). 为比较计, 我们也使用 2 级 Radau IIA 方法直接解方程 (4.6.45). 应当指出的是直接使用 Runge-Kutta 法也可看作 WR 方法, 此时, $F \equiv f$. 使用分段抛物型插值逼近 $v_i^{(\nu)}\left(t_n + \frac{1}{3}h\right)$ 或 $v_i\left(t_n + \frac{1}{3}h\right)$. 这样容易算出 $c_\pi = \frac{5}{4}$. 对直接 Runge-Kutta 法、Gauss 消元法和 Gauss-Seidel 迭代用于解线

性代数方程. 以 $\bar{v}_i^{(\nu)}(t)$ 表示波形松弛方法及 2 级 Radau IIA Runge-Kutta 法求解中立型延迟系统 (4.6.46) 的第 ν 次数值逼近解, 并以 $\bar{v}_i(t)$ 表示由 2 级 Radau IIA Runge-Kutta 法直接求解延迟系统 (4.6.45) 所获数值逼近解. 现取 $\Delta x = 0.1$ 及 $X = 1, 10, 100$, 所用计算时间分别列于表 4.6.1、表 4.6.2 和表 4.6.3. 相应数值误差

$$\bar{e}^{(\nu)}(t) = \max_{1\leqslant i\leqslant N_x-1}\{|\bar{v}_i^{(\nu)}(t) - u(t, i\Delta x)|\}, \quad t \in [0, 10] \tag{4.6.48}$$

和

$$\bar{e}(t) = \max_{1\leqslant i\leqslant N_x-1}\{|\bar{v}_i(t) - u(t, i\Delta x)|\}, \quad t \in [0, 10], \tag{4.6.49}$$

作为 $t \in [0, 10]$ 的函数分别由图 4.6.1, 图 4.6.2及图 4.6.3的图 (a),(b) 所示.

表 4.6.1 数值方法应用于问题 (4.6.43) 时所用计算时间 (单位: ms), 其中 $X = 1$

Jacobi-Radau IIA				直接 Radau IIA	
$\nu = 1$	$\nu = 10$	$\nu = 20$	$\nu = 30$		
15	46	110	172	15	16

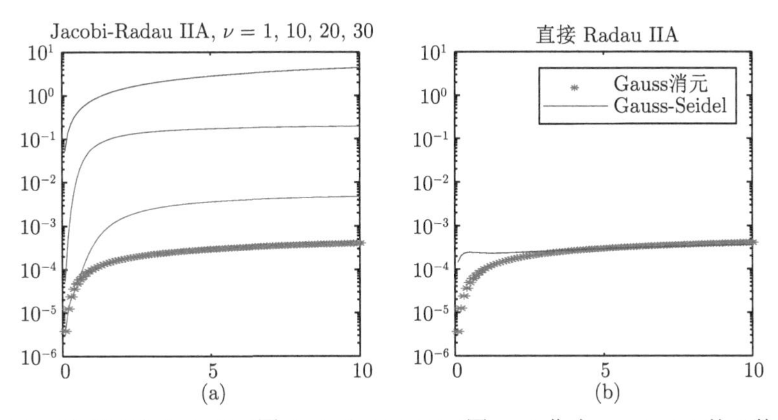

图 4.6.1 数值误差 (4.6.48) (图 (a)) 及 (4.6.49) (图 (b)) 作为 $t \in [0, 10]$ 的函数, 其中 $X = 1, N_x = 10$, $\Delta x = 0.1$, $h = 0.1$

图 (a) 所示为迭代 $\nu = 1, 10, 20, 30$ 次时的误差 $\bar{e}^{(\nu)}(t)$. 图 (b) 所示为直接 Runge-Kutta 法的误差 $\bar{e}(t)$, 其中使用两种方法解线性代数方程组: Gauss 消元法和 Gauss-Seidel 迭代.

表 4.6.2 数值方法应用于问题 (4.6.43) 时所用计算时间, 其中 $X = 10$

Jacobi-Radau IIA				直接 Radau IIA	
$\nu = 1$	$\nu = 10$	$\nu = 20$	$\nu = 30$	Gauss 消元	Gauss-Seidel
63ms	469ms	875ms	1s187ms	1s438ms	640ms

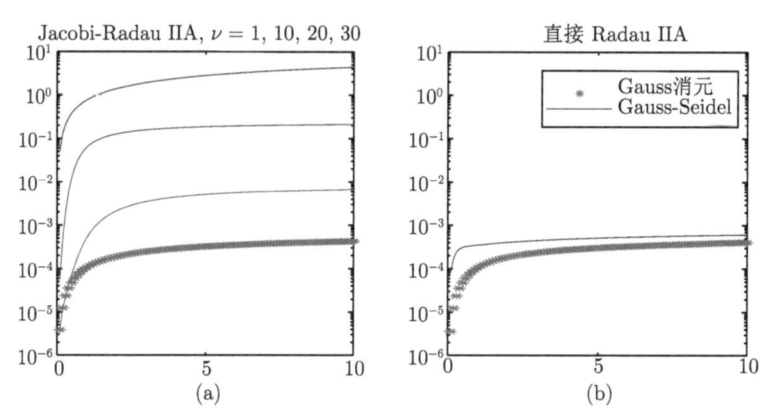

图 4.6.2 数值误差 (4.6.48) (图 (a)) 及 (4.6.49) (图 (b)) 作为 $t \in [0, 10]$ 的函数, 其中 $X = 10$, $N_x = 100$, $\Delta x = 0.1$, $h = 0.1$

图 (a) 所示为迭代 $\nu = 1, 10, 20, 30$ 次时的误差 $\bar{e}^{(\nu)}(t)$. 图 (b) 所示为直接 Runge-Kutta 法的误差 $\bar{e}(t)$, 其中使用两种方法解线性代数方程组: Gauss 消元法和 Gauss-Seidel 迭代.

表 4.6.3 数值方法应用于问题 (4.6.43) 时所用计算时间, 其中 $X = 100$

Jacobi-Radau IIA				直接 Radau IIA	
$\nu = 1$	$\nu = 10$	$\nu = 20$	$\nu = 30$	Gauss 消元	Gauss-Seidel
797ms	7s484ms	14s829ms	22s203ms	10min52s15ms	1min5s438ms

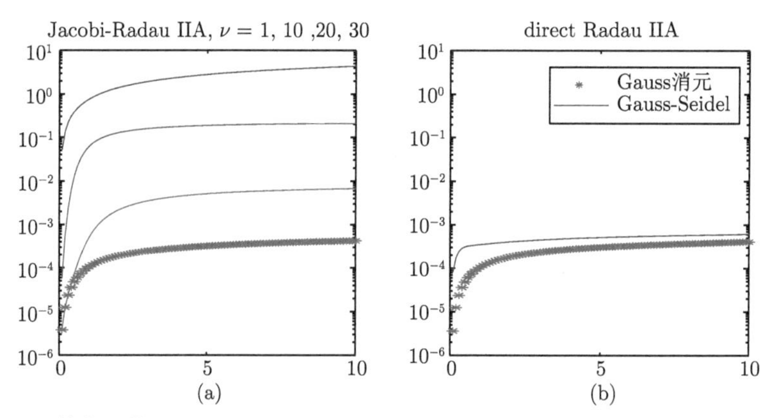

图 4.6.3 数值误差 (4.6.48) (图 (a)) 及 (4.6.49) (图 (b)) 作为 $t \in [0, 10]$ 的函数, 其中 $X = 100, N_x = 1000$, $\Delta x = 0.1$, $h = 0.1$

图 (a) 所示为迭代 $\nu = 1, 10, 20, 30$ 次时的误差 $\bar{e}^{(\nu)}(t)$. 图 (b) 所示为直接

Runge-Kutta 法的误差 $\bar{e}(t)$, 其中使用两种方法解线性代数方程组: Gauss 消元法和 Gauss-Seidel 迭代.

这个例子说明了当维数 N 非常大的时候, 求解中立型延迟系统 WR 方法具有一定的优势.

第 5 章　中立型延迟积分微分方程数值方法的稳定性和收敛性

5.1　引　　言

在第 3 章我们讨论了 Banach 空间中非线性中立型延迟微分方程数值方法的稳定性与收敛性. 并在第 4 章中讨论了有限维空间中数值方法求解非线性中立型延迟微分方程的收敛性. 本章我们研究有限维空间另一类特殊的中立型泛函微分方程——中立型延迟积分微分方程数值方法的稳定性和收敛性. 利用第 2 章的结果可轻易获得其理论解稳定和渐近稳定的充分条件, 由此我们在这些条件下讨论单支方法及 Runge-Kutta 法的稳定性. 延迟积分微分方程作为中立型延迟积分微分方程的特例, 本章所获结果比已有结果更为一般和深刻. 我们也将考虑单支方法和 Runge-Kutta 法的收敛性, 为今后的进一步研究打下了基础.

考虑非线性中立型延迟积分微分方程

$$\begin{cases} y'(t) = f\left(t, y(t), y(t-\tau), \displaystyle\int_{t-\tau}^{t} K(t, s, y(s), y'(s))ds\right), & t \geqslant 0, \\ y(t) = \phi(t), & t \in [-\tau, 0], \end{cases} \tag{5.1.1}$$

这里 $\tau > 0$, ϕ 是给定的连续可微的初始函数, $f : [0, \infty) \times \mathbb{C}^N \times \mathbb{C}^N \times \mathbb{C}^N \to \mathbb{C}^N$ 及 $K : [0, \infty) \times [-\tau, \infty) \times \mathbb{C}^N \times \mathbb{C}^N \to \mathbb{C}^N$ 是给定的连续映射. 方程 (5.1.1) 显然是 (2.4.19) 的特殊情形. 而作为 (5.1.1) 的特殊例子, 延迟微分方程 (DDEs)

$$\begin{cases} y'(t) = f(t, y(t), y(t-\tau)), & t \geqslant 0, \\ y(t) = \phi(t), & t \in [-\tau, 0] \end{cases} \tag{5.1.2}$$

和延迟积分微分方程 (DIDEs)

$$\begin{cases} y'(t) = f\left(t, y(t), y(t-\tau), \displaystyle\int_{t-\tau}^{t} K(t, s, y(s))ds\right), & t \geqslant 0, \\ y(t) = \phi(t), & t \in [-\tau, 0], \end{cases} \tag{5.1.3}$$

受到了许多学者的关注. 延迟微分方程稳定性和收敛性理论日趋成熟, 产生了大量的研究成果 (可参阅 [21, 93, 94, 98–100, 103, 137, 138, 153, 155, 195, 256] 及其中的参考文献). 2004 年, 张诚坚和 Vandewalle 在 [264] 中利用 Baker 和 Tang [2] 证明的 Halanay 不等式获得了

$$\begin{cases} y'(t) = f\left(t, y(t), G(t, y(t-\tau), \int_{t-\tau}^{t} K(t, s, y(s))ds\right), & t \geqslant 0, \\ y(t) = \phi(t), & t \in [-\tau, 0] \end{cases} \tag{5.1.4}$$

的理论解稳定和渐近稳定的充分条件, 并讨论了向后微分公式 (BDF) 的数值稳定性, 紧接着他们在 [265] 中获得了更一般的 Volterra 延迟积分微分方程 (5.1.3) 理论解稳定及渐近稳定的充分条件, 并讨论了 Runge-Kutta 法 [265] 以及一般线性方法 [269] 求解 (5.1.3) 的数值稳定性. 之后, 余越昕在其博士学位论文 [248] 中进一步讨论了数值求解 (5.1.3) 的非线性稳定性. 2007 年, 张诚坚和金杰 [271] 以及张诚坚和何耀耀 [272] 分别讨论了 Runge-Kutta 法和 BDF 方法求解多延迟积分微分方程的稳定性.

另一方面, 由于中立型延迟积分微分方程 (5.1.1) 广泛出现于生物等科学领域 (参见 [130]), 发展求解这种方程的数值方法正日益引起数值工作者的兴趣 (参见 [25, 26, 28, 56, 197, 248, 249, 270, 274, 276]). 赵景军、徐阳和刘明珠在文献 [274] 中讨论了线性中立型延迟积分微分方程

$$\begin{cases} Ay'(t) + By(t) + Cy'(t-\tau) + Dy(t-\tau) + G\int_{t-\tau}^{t} y(s)ds = 0, & t \geqslant 0, \\ y(t) = \phi(t), & t \in [-\tau, 0] \end{cases} \tag{5.1.5}$$

的渐近稳定性以及 θ-方法 ($\theta \in (1/2, 1]$)、A-稳定的 BDF 方法的渐近稳定性, 赵景军和徐阳在文献 [276] 中讨论了块 θ-方法求解此方程的渐近稳定性. 2006 年, 余越昕 [248] 讨论了 Runge-Kutta 法求解一类 Hale 型中立型延迟积分微分的稳定性. 2008 年, 张诚坚和 Vandewalle [270] 讨论了 Runge-Kutta 法和线性多步方法求解 Hale 型中立型多延迟积分微分方程的数值稳定性. 余越昕在其博士学位论文 [248] 中详细讨论了单支方法、Runge-Kutta 法、一般线性方法求解

$$\begin{cases} y'(t) = f\left(t, y(t), y(t-\tau), y'(t-\tau), \int_{t-\tau}^{t} K(t, s, y(s))ds\right), & t \geqslant 0, \\ y(t) = \phi(t), & t \in [-\tau, 0] \end{cases} \tag{5.1.6}$$

的稳定性. 而在 [56] 中, Enright 和 Hu 讨论了连续 Runge-Kutta 法求解方程

$$\begin{cases} y'(t) = f(t, y(t)) + \int_{t-\tau}^{t} K(t, s, y(s), y'(s))ds, & t \geqslant 0, \\ y(t) = \phi(t), & t \in [-\tau, 0] \end{cases} \tag{5.1.7}$$

的收敛性. 显然, (5.1.7) 是 (5.1.1) 的特例. Brunner 在其专著 [28] 中对配置方法求解 (5.1.7) 及更一般的中立型延迟积分微分方程的收敛性进行了深入分析和讨论. 我们在这一章中将讨论单支方法以及 Runge-Kutta 法求解 (5.1.1) 的稳定性和收敛性.

5.2 中立型延迟积分微分方程理论解的稳定性

设 $\langle\cdot,\cdot\rangle$ 为空间 $\mathbb{C}^N$ 中的内积, $\|\cdot\|$ 是由该内积导出的范数. 为了讨论问题 (5.1.1) 的稳定性, 我们引入与之相应的扰动问题

$$\begin{cases} z'(t)=f\left(t,z(t),z(t-\tau),\displaystyle\int_{t-\tau}^{t}K(t,s,z(s),z'(s))ds\right), & t\geqslant 0,\\ z(t)=\psi(t), & t\in[-\tau,0],\end{cases}\tag{5.2.1}$$

这里 $\psi(t)$ 是连续可微复值函数. 我们恒设 (5.1.1) 和 (5.2.1) 分别有唯一真解 $y(t)$ 和 $z(t)$. 注意到中立型延迟积分微分方程 (5.1.1) 是方程 (2.4.19) 的特例, 更是中立型泛函微分方程 (2.2.1) 的特例, 从第 2 章所得结果容易得到判定 (5.1.1) 理论解稳定和渐近稳定的充分条件. 我们简述如下.

定理 5.2.1 *若 f 和 K 满足*

$$\Re e\langle f(t,y_1,u,v)-f(t,y_2,u,v),y_1-y_2\rangle\leqslant\alpha(t)\|y_1-y_2\|^2,\tag{5.2.2}$$

$$\|f(t,y,u_1,v_1)-f(t,y,u_2,v_2)\|\leqslant\beta(t)\|u_1-u_2\|+\gamma(t)\|v_1-v_2\|,\tag{5.2.3}$$

$$\|K(t,s,y_1,f(s,y_1,u,v))-K(t,s,y_2,f(s,y_2,u,v))\|\leqslant L_K\|y_1-y_2\|,\ (t,s)\in\mathbb{D},\tag{5.2.4}$$

$$\|K(t,s,y,u_1)-K(t,s,y,u_2)\|\leqslant\mu\|u_1-u_2\|,\quad (t,s)\in\mathbb{D},\tag{5.2.5}$$

这里 $t\in[0,+\infty)$; $\mathbb{D}=\{(t,s):t\in[0,+\infty),s\in[t-\tau,t]\}$; $y,y_1,y_2,u,u_1,u_2,v,v_1,v_2\in\mathbb{C}^N$, $\alpha(t)$, $\beta(t)$ 和 $\gamma(t)$ 是 $[0,+\infty)$ 上连续函数, L_K 和 μ 是常数, 则当

$$\gamma(t)\tau\mu\leqslant\mu_0<1,\quad \frac{\beta(t)+\gamma(t)\tau L_K}{-(1-\mu_0)\alpha(t)}\leqslant\delta<1,\quad t\geqslant 0\tag{5.2.6}$$

时, (5.1.1) 和 (5.2.1) 的解满足

$$\|y(t)-z(t)\|\leqslant\max_{s\in[0,\tau]}\|y(s)-z(s)\|\tag{5.2.7}$$

及

$$\lim_{t\to+\infty}\|y(t)-z(t)\|=0.\tag{5.2.8}$$

所有满足条件 (5.2.2)—(5.2.5) 的试验问题所构成的集合显然是 $\mathscr{D}_0(\alpha, \beta, \gamma\tau\mu, \beta+\gamma\tau L_K, 0, \tau)$ 的子类. 为简单计, 这个子类记为 $\mathcal{D}(\alpha, \beta, \gamma, L_K, \mu)$.

定理 5.2.2 若 f 和 K 满足 (5.2.2), (5.2.3), (5.2.5) 及

$$\|f(t,y_1,u,v)-f(t,y_2,u,v)\| \leqslant L_y(t)\|y_1-y_2\|, \tag{5.2.9}$$

$$\|K(t,s,y_1,u)-K(t,s,y_2,u)\| \leqslant L_\mu\|y_1-y_2\|, \quad (t,s)\in\mathbb{D}, \tag{5.2.10}$$

这里 $L_y(t)$ 是 $[0,+\infty)$ 上连续函数, $L_\mu>0$ 是一常数, 则当

$$\begin{aligned}&\gamma(t)\tau\mu \leqslant \mu_0 < 1,\\ &\frac{[\beta(t)+\gamma(t)\tau L_\mu][1-\mu_0+\gamma(t)\tau\mu]+\gamma(t)\tau\mu L_y(t)}{-\alpha(t)(1-\mu_0)} \leqslant \bar{p} < 1, t \geqslant 0\end{aligned} \tag{5.2.11}$$

成立时, (5.1.1) 和 (5.2.1) 的解满足 (5.2.8) 和

$$\|y(t)-z(t)\| \leqslant \max_{s\in[-\tau,0]}\|\phi(s)-\psi(s)\|, \quad t\geqslant 0. \tag{5.2.12}$$

所有满足条件 (5.2.2), (5.2.3), (5.2.5) 及 (5.2.9)—(5.2.10) 的试验问题所构成集合记为 $\mathcal{L}(\alpha,\beta,\gamma,L_y,L_\mu,\mu)$. 其显然是问题类 $\mathscr{L}_0(\alpha,\beta+\gamma\tau L_\mu,\gamma\tau\mu,L_y,0,\tau)$ 的子类. 从定理 5.2.1易得

推论 5.2.3 若 f 满足 (5.2.2) 和 (5.2.3), 则当

$$\frac{\beta(t)}{-\alpha(t)} \leqslant \delta < 1, \quad t\geqslant 0 \tag{5.2.13}$$

时, (5.1.2) 及其扰动问题的解满足 (5.2.8) 和 (5.2.12).

推论 5.2.4 若 f 满足 (5.2.2), (5.2.3) 和 (5.2.10), 则当

$$\frac{\beta(t)+\gamma(t)\tau L_\mu}{-\alpha(t)} \leqslant \delta < 1, \quad t\geqslant 0 \tag{5.2.14}$$

时, (5.1.3) 及其扰动问题的解满足 (5.2.8) 和 (5.2.12).

若进一步假定

$$\alpha=\sup_{t\geqslant 0}\alpha(t), \quad \beta=\sup_{t\geqslant 0}\beta(t), \quad \gamma=\sup_{t\geqslant 0}\gamma(t), \quad L_y=\sup_{t\geqslant 0}L_y(t), \tag{5.2.15}$$

则我们有下述结论.

定理 5.2.5 若问题 (5.1.1) 及其扰动问题 (5.2.1) 属于问题类 $\mathcal{D}(\alpha, \beta, \gamma, L_K, \mu)$, 则当

$$\gamma\tau\mu<1, \quad \frac{\beta+\gamma\tau L_K}{-(1-\gamma\tau\mu)\alpha}<1 \tag{5.2.16}$$

时, 它们的解满足 (5.2.7) 和 (5.2.8).

定理 5.2.6 若问题 (5.1.1) 及其扰动问题 (5.2.1) 属于问题类 $\mathcal{L}(\alpha, \beta, \gamma, L_y, L_\mu, \mu)$, 则当

$$\gamma\tau\mu < 1, \quad \frac{\beta + \gamma\tau L_\mu}{-\alpha} + \frac{\gamma\tau\mu(L_y + \beta + \gamma\tau L_\mu)}{-\alpha(1-\gamma\tau\mu)} < 1 \tag{5.2.17}$$

成立时, 它们的解满足 (5.2.8) 和 (5.2.12).

注 5.2.7 注意到推论 5.2.3 是一个众所周知的结果. 而张诚坚和 Vandewalle 在 [265] 中所获得的结果却只是推论 5.2.4 在假定 (5.2.15) 下的特殊结果.

注 5.2.8 注意到当问题 (5.1.1) 满足条件 (5.2.17) 时, 显然也满足条件 (5.2.16), 也就是说条件 (5.2.16) 要弱于 (5.2.17), 因此本章主要讨论数值方法求解类 $\mathcal{D}(\alpha, \beta, \gamma, L_K, \mu)$ 中问题的稳定性和收敛性.

5.3 单支方法的非线性稳定性

本节的目的是分析由单支方法得到的 (5.1.1) 的数值解的稳定性, 可参见 [225].

5.3.1 单支方法及数值求积公式

将求解常微分方程初值问题的 k 步单支方法

$$\rho(E)y_n = hf(\sigma(E)t_n, \sigma(E)y_n), \quad n = 0, 1, 2, \cdots, \tag{5.3.1}$$

用于求解中立型延迟积分微分方程初值问题 (5.1.1), 得

$$\begin{cases} \rho(E)y_n = hf(\sigma(E)t_n, \sigma(E)y_n, \sigma(E)y_{n-m}, K_n), \quad n = 0, 1, 2, \cdots, \\ K_n = h\sum_{j=0}^{m} \nu_j K(\sigma(E)t_n, \sigma(E)t_{n-j}, \sigma(E)y_{n-j}, \tilde{y}_{n-j}), \\ \tilde{y}_{n-j} = f(\sigma(E)t_{n-j}, \sigma(E)y_{n-j}, \sigma(E)y_{n-m-j}, K_{n-j}), \quad \sigma(E)t_{n-j} > 0, \end{cases} \tag{5.3.2}$$

这里 $h = \tau/m > 0$ 是积分步长, m 是任一给定的正整数, $t_n = nh$, E 是位移算子: $Ey_n = y_{n+1}$, y_n 和 $\tilde{y}_{n-j}$ 分别是 $y(t_n)$ 和 $y'(\sigma(E)t_n - jh)$ 的逼近, $-m \leqslant n \leqslant 0$ 时, $y_n = \phi(t_n)$, 当 $-\tau \leqslant \sigma(E)t_n - jh \leqslant 0$ 时, $\tilde{y}_{n-j} = \phi'(\sigma(E)t_n - jh)$, K_n 是 $\int_{\sigma(E)t_n-\tau}^{\sigma(E)t_n} K(t, s, y(s), y'(s))ds$ 的逼近, 其由某种复合求积公式得到, $\rho(x) = \sum_{j=0}^{k} \alpha_j x^j$ 和 $\sigma(x) = \sum_{j=0}^{k} \beta_j x^j$ 是生成多项式, 系数为实数且没有公因子, 并设 $\rho(1) = 0$, $\rho'(1) = \sigma(1) = 1$. 不失一般性, 我们也假定 $\alpha_k \geqslant 0$. 应用相同的方法于问题 (5.2.1), 可得类似的数值公式, 其 $z(t_n)$, $z'(\sigma(E)t_n - jh)$ 和

$\int_{\sigma(E)t_n-\tau}^{\sigma(E)t_n} K(t,s,z(s),z'(s))ds$ 的逼近分别用 z_n, $\tilde{z}_{n-j}$ 和 $\tilde{K}_n$ 来表示.

考虑到单支方法的收敛阶, 本章采用简单的复合梯形求积公式来计算 K_n, 即

$$K_n = h\sum_{j=0}^{m}{}'' K(\sigma(E)t_n, \sigma(E)t_n - jh, \sigma(E)y_{n-j}, \tilde{y}_{n-j}),$$

这里 $\sum\limits_{j=0}^{m}{}'' a_j := \frac{1}{2}a_0 + a_1 + a_2 + \cdots + a_{m-1} + \frac{1}{2}a_m$.

对任意给定的 $k \times k$ 实对称正定矩阵 $G = [g_{ij}]$, 范数 $\|\cdot\|_G$ 定义为

$$\|U\|_G = \left(\sum_{i,j=1}^{k} g_{ij}\langle u_i, u_j\rangle\right)^{\frac{1}{2}}, \quad \forall\, U = [u_1, u_2, \cdots, u_s] \in \mathbb{C}^{Nk}.$$

为方便计, 引入下面的记号:

$$\omega_n = y_n - z_n, \quad W_n = [\omega_n, \omega_{n+1}, \cdots, \omega_{n+k-1}] \in \mathbb{C}^{Nk}.$$

5.3.2 稳定性分析

定理 5.3.1 若单支方法 (5.3.1) 是 $G(c,p)$-代数稳定的且 $0 < c \leqslant 1$, 那么方法 (5.3.2) 求解类 $\mathcal{D}(\alpha,\beta,\gamma,L_K,\mu)$ 中初值问题 (5.1.1) 及 (5.2.1) 时, 只要

$$2\gamma\tau\mu < 1, \quad \left[\alpha + \frac{1-\gamma\mu\tau}{1-2\gamma\mu\tau}(\beta + \gamma\tau L_K)\right] h \leqslant \frac{p}{2}, \tag{5.3.3}$$

则对任意的 $n \geqslant 2m$ 有

$$\begin{aligned}\|W_{n+1}\|_G^2 \leqslant{}& \|W_{2m}\|_G^2 + \frac{\gamma\mu\tau^2(1-\gamma\mu\tau)^2}{(1-2\gamma\mu\tau)(\beta+\gamma\tau L_K)} \max_{0\leqslant i\leqslant 2m-1} \Phi_i^2 \\ &+ \frac{(1-\gamma\mu\tau)\tau}{1-2\gamma\mu\tau}(\beta + \gamma L_K\tau) \max_{m\leqslant i\leqslant 2m-1} \|\sigma(E)\omega_i\|^2 \\ &+ \frac{\gamma\mu\tau^2}{1-2\gamma\mu\tau}(\beta + \gamma L_K\tau) \max_{0\leqslant i\leqslant m-1} \|\sigma(E)\omega_i\|^2. \end{aligned} \tag{5.3.4}$$

这里 Φ_i 由 (5.3.5) 式定义:

$$\begin{aligned}\Phi_i = {}& \|f(\sigma(E)t_i, \sigma(E)z_i, \sigma(E)y_{i-m}, K_i) \\ &- f(\sigma(E)t_i, \sigma(E)z_i, \sigma(E)z_{i-m}, \tilde{K}_i)\|. \end{aligned} \tag{5.3.5}$$

$G(c,p)$-代数稳定性的定义见 4.2 节.

证明 设有非负整数 q, 使得 $q\tau \leqslant \sigma(E)t_n < (q+1)\tau$, 也即 $q = \left\lfloor \dfrac{n+\sigma'(1)}{m} \right\rfloor$, 符号 $\lfloor\cdot\rfloor$ 表示取整. 因方法是 $G(c,p)$-代数稳定 (见定义 4.5.1) 的, 按照文献 [150] 的方法, 易得

$$\|W_{n+1}\|_G^2 - c\|W_n\|_G^2 \leqslant 2\Re e\langle\sigma(E)\omega_n, \rho(E)\omega_n\rangle - p\|\sigma(E)\omega_n\|^2.$$

利用条件 (5.2.2)—(5.2.5), 有

$$2\Re e\langle\sigma(E)\omega_n, \rho(E)\omega_n\rangle \leqslant 2h\alpha\|\sigma(E)\omega_n\|^2 + 2h\|\sigma(E)\omega_n\|\Phi_n. \tag{5.3.6}$$

另一方面, 由 (5.2.2)—(5.2.5) 可得

$$\begin{aligned}\Phi_n &\leqslant \beta\|\sigma(E)\omega_{n-m}\| + \gamma\|K_n - \tilde{K}_n\| \\ &\leqslant \beta\|\sigma(E)\omega_{n-m}\| + \gamma h L_K \Gamma_n + \gamma h\mu\Delta_n,\end{aligned} \tag{5.3.7}$$

其中 Γ_n 和 Δ_n 定义为

$$\Gamma_n = \sum_{i=0}^{m}{}''\|\sigma(E)\omega_{n-i}\|, \qquad \Delta_n = \sum_{i=0}^{m}{}''\Phi_{n-i}. \tag{5.3.8}$$

类似地, 我们有

$$\Phi_{n-j} \leqslant \beta\|\sigma(E)\omega_{n-j-m}\| + \gamma h L_K \Gamma_{n-j} + \gamma h\mu\Delta_{n-j}.$$

由此, 易得

$$\Delta_n \leqslant \beta\Gamma_{n-m} + \gamma h L_K \sum_{i=0}^{m}{}''\Gamma_{n-i} + \gamma h\mu \sum_{i=0}^{m}{}''\Delta_{n-i}. \tag{5.3.9}$$

注意到

$$\sum_{i=0}^{m}{}''\Delta_{n-i} \leqslant m\left[\Delta_n + \Delta_{n-m}\right],$$

从 (5.3.9) 可进一步推得

$$\begin{aligned}\Delta_n \leqslant& \frac{\gamma\mu\tau}{1-\gamma\mu\tau}\Delta_{n-m} + \frac{\beta}{1-\gamma\mu\tau}\Gamma_{n-m} + \frac{\gamma h L_K}{1-\gamma\mu\tau} + \sum_{i=0}^{m}{}''\Gamma_{n-i} \\ \leqslant& \left(\frac{\gamma\mu\tau}{1-\gamma\mu\tau}\right)^{q-1}\Delta_{n-(q-1)m} + \sum_{l=0}^{q-2}\left(\frac{\gamma\mu\tau}{1-\gamma\mu\tau}\right)^{l}\left[\frac{\beta}{1-\gamma\mu\tau}\Gamma_{n-(l+1)m}\right.\end{aligned}$$

$$+\frac{\gamma hL_K}{1-\gamma\mu\tau}\sum_{i=0}^{m}{}''\Gamma_{n-lm-i}\Bigg]. \tag{5.3.10}$$

引入记号

$$\Psi_n=\sum_{i=0}^{m}{}''\|\sigma(E)\omega_{n-i}\|^2,\qquad \Upsilon_n=\sum_{i=0}^{m}{}''\Phi_{n-i}^2.$$

将 (5.3.10), (5.3.8) 及 (5.3.7) 代入 (5.3.6), 并利用 Cauchy 不等式, 可得

$$\begin{aligned}
\|W_{n+1}\|_G^2 &\leqslant c\|W_n\|_G^2+2h\alpha\|\sigma(E)\omega_n\|^2+2h\|\sigma(E)\omega_n\|\Phi_n-p\|\sigma(E)\omega_n\|^2\\
&\leqslant c\|W_n\|_G^2+(2h\alpha-p)\|\sigma(E)\omega_n\|^2+2h\|\sigma(E)\omega_n\|\\
&\quad\times(\beta\|\sigma(E)\omega_{n-m}\|+\gamma hL_K\Gamma_n+\gamma h\mu\Delta_n)\\
&\leqslant \|W_n\|_G^2+(2h\alpha-p)\|\sigma(E)\omega_n\|^2\\
&\quad+h\left\{\beta+\gamma\tau L_K+\gamma h\mu\left[m\left(\frac{\gamma\mu\tau}{1-\gamma\mu\tau}\right)^{q-1}\frac{\beta+\gamma\tau L_K}{1-\gamma\mu\tau}\right.\right.\\
&\quad\left.\left.+\sum_{l=0}^{q-2}\left(\frac{\gamma\mu\tau}{1-\gamma\mu\tau}\right)^{l}\frac{m\beta+m\gamma\tau L_K}{1-\gamma\mu\tau}\right]\right\}\|\sigma(E)\omega_n\|^2\\
&\quad+h\left\{\beta\|\sigma(E)\omega_{n-m}\|^2+\gamma L_Kh\Psi_n+\gamma h\mu\left(\frac{\gamma\mu\tau}{1-\gamma\mu\tau}\right)^{q-1}\right.\\
&\quad\frac{1-\gamma\mu\tau}{\beta+\gamma\tau L_K}\Upsilon_{n-(q-1)m}^2+\gamma h\mu\sum_{l=0}^{q-2}\left(\frac{\gamma\mu\tau}{1-\gamma\mu\tau}\right)^{l}\\
&\quad\left.\left[\frac{\beta}{1-\gamma\mu\tau}\Psi_{n-(l+1)m}+\frac{\gamma hL_K}{1-\gamma\mu\tau}\sum_{i=0}^{m}{}''\Psi_{n-lm-i}\right]\right\},
\end{aligned}$$

注意到

$$\begin{aligned}
&\beta+\gamma\tau L_K+\gamma h\mu\sum_{l=0}^{q-1}\left(\frac{\gamma\mu\tau}{1-\gamma\mu\tau}\right)^{l}\left(\frac{m\beta}{1-\gamma\mu\tau}+\frac{m\gamma\tau L_K}{1-\gamma\mu\tau}\right)\\
\leqslant{}&\frac{1-\gamma\mu\tau}{1-2\gamma\mu\tau}(\beta+\gamma\tau L_K),
\end{aligned}$$

利用条件 (5.3.3), 并进一步递推有

$$\begin{aligned}
&\|W_{n+1}\|_G^2\\
\leqslant{}&\|W_n\|_G^2+\left[2h\alpha+\frac{1-\gamma\mu\tau}{1-2\gamma\mu\tau}(\beta+\gamma\tau L_K)h-p\right]\|\sigma(E)\omega_n\|^2
\end{aligned}$$

$$+ h\left\{\beta\|\sigma(E)\omega_{n-m}\|^2 + \gamma L_K h\Psi_n + \gamma h\mu\left(\frac{\gamma\mu\tau}{1-\gamma\mu\tau}\right)^{q-1}\frac{1-\gamma\mu\tau}{\beta+\gamma\tau L_K}\Upsilon^2_{n-(q-1)m}\right.$$

$$\left.+ \gamma h\mu\sum_{l=0}^{q-2}\left(\frac{\gamma\mu\tau}{1-\gamma\mu\tau}\right)^l\left[\frac{\beta}{1-\gamma\mu\tau}\Psi_{n-(l+1)m} + \frac{\gamma h L_K}{1-\gamma\mu\tau}\sum_{i=0}^{m}{}''\Psi_{n-lm-i}\right]\right\}$$

$$\leqslant \|W_{2m}\|_G^2 + \left(h\alpha - \frac{p}{2}\right)\sum_{i=2m}^{n}\|\sigma(E)\omega_i\|^2 + \beta h\sum_{i=2m}^{n}\|\sigma(E)\omega_{i-m}\|^2$$

$$+ \sum_{i=2m}^{n}\gamma L_K\tau h\|\sigma(E)\omega_{i-m}\|^2 + \sum_{l=0}^{q-1}\gamma\tau^2\mu\left(\frac{\gamma\mu\tau}{1-\gamma\mu\tau}\right)^l\frac{1-\gamma\mu\tau}{\beta+\gamma\tau L_K}\max_{0\leqslant i\leqslant 2m-1}\Phi_i^2$$

$$+ \gamma\tau\mu h\sum_{l=0}^{q-2}\left(\frac{\gamma\mu\tau}{1-\gamma\mu\tau}\right)^l\left[\frac{\beta}{1-\gamma\mu\tau} + \frac{\gamma\tau L_K}{1-\gamma\mu\tau}\right]\sum_{i=0}^{n}\|\sigma(E)\omega_i\|^2.$$

从上式易得 (5.3.4).

定理 5.3.2 若单支方法 (5.3.1) 是 $G(c,p)$-代数稳定的, $0 < c \leqslant 1$, 且 $\sigma(x) = 0$ 的每个根的模都严格小于 1, 那么方法 (5.3.2) 求解类 $\mathcal{D}(\alpha,\beta,\gamma,L_K,\mu)$ 中的初值问题 (5.1.1) 及 (5.2.1) 时, 只要

$$2\gamma\tau\mu < 1, \quad \left[\alpha + \frac{1-\gamma\mu\tau}{1-2\gamma\mu\tau}(\beta+\gamma\tau L_K)\right]h < \frac{p}{2}, \tag{5.3.11}$$

则有

$$\lim_{n\to\infty}\|y_n - z_n\| = 0. \tag{5.3.12}$$

证明 类似于定理 5.3.1 的证明, 有

$$\|W_{n+1}\|_G^2 \leqslant \|W_{2m}\|_G^2 + 2\left[\alpha h + \frac{1-\gamma\mu\tau}{1-2\gamma\mu\tau}(\beta+\gamma\tau L_K)h - \frac{p}{2}\right]\sum_{i=2m}^{n}\|\sigma(E)\omega_i\|^2$$
$$+ \frac{\gamma\mu\tau^2(1-\gamma\mu\tau)^2}{(1-2\gamma\mu\tau)(\beta+\gamma\tau L_K)}\max_{0\leqslant i\leqslant 2m-1}\Phi_i^2$$
$$+ \frac{2\tau(1-\gamma\mu\tau)}{1-2\gamma\mu\tau}(\beta+\gamma L_K\tau)\max_{0\leqslant i\leqslant 2m-1}\|\sigma(E)\omega_i\|^2,$$

由此可知

$$\lim_{n\to+\infty}\|\sigma(E)(y_n - z_n)\| = 0.$$

从而按照文献 [94] 的证明方法易得定理 5.3.2 的结论.

定理 5.3.3 若单支方法 (5.3.1) 是 $G(c,p)$-代数稳定的且 $0<c\leqslant 1$, 那么方法 (5.3.2) 求解类 $\mathcal{L}(\alpha,\beta,\gamma,L_y,L_\mu,\mu)$ 中的初值问题 (5.1.1) 及 (5.2.1) 时, 只要

$$2\gamma\tau\mu<1,\quad \left\{\alpha+\frac{1-\gamma\mu\tau}{1-2\gamma\mu\tau}[\beta+\gamma\tau(L_\mu+\mu L_y)]\right\}h\leqslant\frac{p}{2}, \tag{5.3.13}$$

则存在一个仅依赖于方法及 τ、α、γL_μ、β、μ 的常数 C 使得

$$\|y_n-z_n\|\leqslant C\left(\max_{1\leqslant i\leqslant k-1}\|y_i-z_i\|+M\right),\quad n\geqslant k, \tag{5.3.14}$$

这里

$$M=\max\left\{\max_{s\in[-\tau,0]}\|\phi(s)-\psi(s)\|,\ \max_{-m\leqslant i\leqslant -1}\|\tilde{y}_i-\tilde{z}_i\|\right\}.$$

证明 当 $-2m\leqslant i\leqslant -m-1$ 时, 补充定义 $\sigma(E)\omega_i=0$, $\tilde{y}_i-\tilde{z}_i=0$. 类似于定理 5.3.1 的证明, 通过计算可得

$$\begin{aligned}
&\|W_{n+1}\|_G^2\\
\leqslant{}&\|W_0\|_G^2+2\left\{\alpha h+\frac{1-\gamma\mu\tau}{1-2\gamma\mu\tau}[\beta+\gamma\tau(L_\mu+\mu L_y)]h-\frac{p}{2}\right\}\sum_{i=0}^{n}\|\sigma(E)\omega_i\|^2\\
&+\frac{\gamma\mu\tau^2(1-\gamma\mu\tau)^2}{(1-2\gamma\mu\tau)[\beta+\gamma\tau(L_\mu+\mu L_y)]}\max_{-m\leqslant i\leqslant -1}\|\tilde{y}_i-\tilde{z}_i\|^2\\
&+\frac{(1-\gamma\mu\tau)\tau}{1-2\gamma\mu\tau}[\beta+\gamma\tau(L_\mu+\mu L_y)]\max_{-m\leqslant i\leqslant -1}\|\sigma(E)\omega_i\|^2,
\end{aligned}$$

由此易得 (5.3.14).

结合定理 5.3.2 及定理 5.3.3 的证明可得下述定理.

定理 5.3.4 若单支方法 (5.3.1) 是 $G(c,p)$-代数稳定的, $0<c\leqslant 1$, 且 $\sigma(x)=0$ 的每个根的模都严格小于 1, 那么方法 (5.3.2) 求解类 $\mathcal{L}(\alpha,\beta,\gamma,L_y,L_\mu,\mu)$ 中的初值问题 (5.1.1) 及 (5.2.1) 时, 只要

$$2\gamma\tau\mu<1,\quad \left\{\alpha+\frac{1-\gamma\mu\tau}{1-2\gamma\mu\tau}[\beta+\gamma\tau(L_\mu+\mu L_y)]\right\}h<\frac{p}{2}, \tag{5.3.15}$$

则有 (5.3.12).

推论 5.3.5 若单支方法 (5.3.1) 是 $G(c,p)$-代数稳定的且 $0<c\leqslant 1$, 那么方法 (5.3.2) 求解满足条件 (5.2.2) 和 (5.2.3) 的初值问题 (5.1.2) 及其扰动问题时, 只要

$$(\alpha+\beta)h\leqslant\frac{p}{2}, \tag{5.3.16}$$

则存在一个仅依赖于方法及 τ、α、β 的常数 C 使得

$$\|y_n - z_n\| \leqslant C \left(\max_{1 \leqslant i \leqslant k-1} \|y_i - z_i\| + \max_{s \in [-\tau, 0]} \|\phi(s) - \psi(s)\| \right), \quad n \geqslant k. \tag{5.3.17}$$

进一步, 如果

$$(\alpha + \beta)h < \frac{p}{2}, \tag{5.3.18}$$

则当 $\sigma(x) = 0$ 的每个根的模都严格小于 1 时, (5.3.12) 成立.

注 5.3.6 黄乘明等在 [94] 中获得了带有线性插值的 G-稳定的单支方法求解 (5.1.2) 的非线性稳定性结果. 作为本文主要结果的一个特例, 推论 5.3.5 揭示了 $G(c,p)$-代数稳定的单支方法求解 (5.1.2) 的非线性稳定性.

推论 5.3.7 若单支方法 (5.3.1) 是 $G(c,p)$-代数稳定的且 $0 < c \leqslant 1$, 那么当方法 (5.3.2) 求解满足条件 (5.2.2), (5.2.3) 和 (5.2.10) 的初值问题 (5.1.3) 及其扰动问题时, 只要

$$(\alpha + \beta + \gamma\tau L_\mu)h \leqslant \frac{p}{2}, \tag{5.3.19}$$

则存在一个仅依赖于方法及 τ、α、β、γL_μ 的常数 C 使得

$$\|y_n - z_n\| \leqslant C \left(\max_{1 \leqslant i \leqslant k-1} \|y_i - z_i\| + \max_{s \in [-\tau, 0]} \|\phi(s) - \psi(s)\| \right), \quad n \geqslant k. \tag{5.3.20}$$

进一步, 如果

$$(\alpha + \beta + \gamma\tau L_\mu)h < \frac{p}{2}, \tag{5.3.21}$$

则当 $\sigma(x) = 0$ 的每个根的模都严格小于 1 时, (5.3.12) 成立.

注 5.3.8 作为 (5.1.1) 的特殊情形, 推论 5.3.7 与文献 [264] 的结果相比较, 更为深刻; 余越昕在 [248] 中证明了 G-稳定的单支方法求解 (5.1.3) 时是稳定及渐近稳定的, 我们获得了 $G(c,p)$-代数稳定的单支方法求解 (5.1.3) 的非线性稳定性结果.

例 5.3.1 注意到 1—3 阶 BDF 方法都是 $G(c,p)$-代数稳定的, $0 < c \leqslant 1$, 且 $\sigma(x) = 0$ 的每个根的模都等于 0. 因此, 用 1—3 阶 BDF 方法及复合梯形求积公式求解满足条件 (5.3.11)(或 (5.3.15)) 的初值问题 (5.1.1) 及其扰动问题时, 其获得的数值解满足 (5.3.12).

5.3.3 解非线性方程组迭代法的收敛性

对非线性方程 (5.3.2), 我们考虑如下的迭代解法

$$
\left\{\begin{array}{l}
\displaystyle\sum_{i=0}^{k-1}\alpha_i y_{n+i}+\alpha_k y_{n+k}^{[l]}=hf(\sigma(E)t_n,\\
\displaystyle\sum_{i=0}^{k-1}\beta_i y_{n+i}+\beta_k y_{n+k}^{[l]},\sigma(E)y_{n-m},K_n^{[l-1]}),\ n=0,1,\cdots,\\
\displaystyle K_n^{[l-1]}=h\left[\frac{1}{2}K(\sigma(E)t_n,\sigma(E)t_n,\sum_{i=0}^{k-1}\beta_i y_{n+i}+\beta_k y_{n+k}^{[l-1]},\tilde{y}_n^{[l-1]})\right.\\
\displaystyle\qquad+\sum_{j=1}^{m-1}K(\sigma(E)t_n,\sigma(E)t_{n-j},\sigma(E)y_{n-j},\tilde{y}_{n-j})\\
\displaystyle\qquad\left.+\frac{1}{2}K(\sigma(E)t_n,\sigma(E)t_{n-m},\sigma(E)y_{n-m},\tilde{y}_{n-m})\right],\\
\displaystyle\tilde{y}_n^{[l-1]}=f\left(\sigma(E)t_n,\sum_{i=0}^{k-1}\beta_i y_{n+i}+\beta_k y_{n+k}^{[l-1]},\sigma(E)y_{n-m},K_n^{[l-1]}\right),\quad\sigma(E)t_{n-j}>0,
\end{array}\right.
\tag{5.3.22}
$$

对此, 我们必须讨论其收敛性.

定理 5.3.9 设方法 (5.3.1) A-稳定. 当方法 (5.3.2) 应用于 $\mathcal{D}(\alpha,\beta,\gamma,L_K,\mu)$ 类初值问题时, 若

$$
\alpha h<\frac{\alpha_k}{\beta_k},\tag{5.3.23}
$$

则对充分小的 h, 迭代 (5.3.22) 收敛. 进一步, 若

$$
\frac{\gamma h\beta_k L_K}{(\alpha_k-\alpha h\beta_k)(2-\gamma\mu h)}\leqslant 1,\tag{5.3.24}
$$

则有

$$
\|y_{n+k}^{[l]}-y_{n+k}\|\leqslant h\|y_{n+k}^{[l-1]}-y_{n+k}\|.\tag{5.3.25}
$$

证明 从 (5.3.2) 及 (5.3.22) 立得

$$
\begin{aligned}
\alpha_k(y_{n+k}^{[l]}-y_{n+k})=&hf\Big(\sigma(E)t_n,\sum_{i=0}^{k-1}\beta_i y_{n+i}+\beta_k y_{n+k}^{[l]},\sigma(E)y_{n-m},K_n^{[l-1]}\Big)\\
&-hf(\sigma(E)t_n,\sigma(E)y_n,\sigma(E)y_{n-m},K_n).
\end{aligned}
$$

上式两边与 $\beta_k(y_{n+k}^{[l]}-y_{n+k})$ 作内积得

$$
\begin{aligned}
&\langle\alpha_k(y_{n+k}^{[l]}-y_{n+k}),\beta_k(y_{n+k}^{[l]}-y_{n+k})\rangle\\
=&h\Big\langle f(\sigma(E)t_n,\sum_{i=0}^{k-1}\beta_i y_{n+i}+\beta_k y_{n+k}^{[l]},\sigma(E)y_{n-m},K_n^{[l-1]})
\end{aligned}
$$

$$- f(\sigma(E)t_n, \sigma(E)y_n, \sigma(E)y_{n-m}, K_n), \beta_k(y_{n+k}^{[l]} - y_{n+k})\Big\rangle.$$

因方法 A-稳定, 于是 $\dfrac{\alpha_k}{\beta_k} > 0$, 进而

$$\begin{aligned}&\alpha_k\beta_k\|y_{n+k}^{[l]} - y_{n+k}\|^2\\ \leqslant\ &\alpha h\beta_k^2\|y_{n+k}^{[l]} - y_{n+k}\|^2 + \gamma h\beta_k\|y_{n+k}^{[l]} - y_{n+k}\|\|K_n^{[l-1]} - K_n\|.\end{aligned} \tag{5.3.26}$$

注意到条件 (5.3.23), 易得

$$\|y_{n+k}^{[l]} - y_{n+k}\| \leqslant \frac{\gamma h}{\alpha_k - \alpha h\beta_k}\|K_n^{[l-1]} - K_n\|. \tag{5.3.27}$$

另一方面, 从 (5.3.2) 及 (5.3.22) 有

$$\|K_n^{[l-1]} - K_n\| \leqslant \frac{1}{2}h\left[L_K\beta_k\|y_{n+k}^{[l-1]} - y_{n+k}\| + \mu\gamma\|K_n^{[l-1]} - K_n\|\right]. \tag{5.3.28}$$

由此立得

$$\|K_n^{[l-1]} - K_n\| \leqslant \frac{hL_K\beta_k}{2-\mu\gamma h}\|y_{n+k}^{[l-1]} - y_{n+k}\|. \tag{5.3.29}$$

从 (5.3.27) 及 (5.3.29) 容易导出

$$\begin{aligned}\|y_{n+k}^{[l]} - y_{n+k}\| &\leqslant \frac{\gamma h}{\alpha_k - \alpha h\beta_k}\cdot\frac{hL_K\beta_k}{2-\mu\gamma h}\|y_{n+k}^{[l-1]} - y_{n+k}\|\\ &\leqslant \frac{\gamma L_K\beta_k h^2}{(\alpha_k - \alpha h\beta_k)(2-\mu\gamma h)}\|y_{n+k}^{[l-1]} - y_{n+k}\|.\end{aligned}$$

这意味着迭代 (5.3.22) 收敛. 此外, 如果 (5.3.24) 成立, 我们有 (5.3.25).

注意到当 (5.2.3), (5.2.5), (5.2.9) 及 (5.2.10) 成立时, (5.3.28) 式能被下式所替代

$$\begin{aligned}&\|K_n^{[l-1]} - K_n\|\\ \leqslant\ &\frac{1}{2}h\left[(L_\mu + \mu L_y)\beta_k\|y_{n+k}^{[l-1]} - y_{n+k}\| + \mu\gamma\|K_n^{[l-1]} - K_n\|\right].\end{aligned} \tag{5.3.30}$$

从而容易证明下面的定理.

定理 5.3.10 设方法 (5.3.1) A-稳定. 当方法 (5.3.2) 应用于 $\mathcal{L}(\alpha, \beta, \gamma, L_y, L_\mu, \mu)$ 类初值问题时. 若 (5.3.23) 成立, 则对充分小的 h, 迭代 (5.3.22) 收敛. 进一步, 若

$$\frac{\gamma h\beta_k(L_\mu + \mu L_y)}{(\alpha_k - \alpha h\beta_k)(2-\gamma\mu h)} \leqslant 1, \tag{5.3.31}$$

则有 (5.3.25).

5.3.4 数值算例

数值算例 5.3.1 考虑方程

$$\begin{cases} y'(t) = f(t, y(t)) + \int_{t-\tau}^{t} K_\kappa(t-s)G(y'(s))ds, & t \geqslant 0, \\ y(t) = \phi(t), & t \in [-\tau, 0], \end{cases} \tag{5.3.32}$$

其中

$$K_\kappa(t-s) = \begin{cases} \text{为 } t-s \text{ 的光滑函数}, & \kappa = 0, \\ (t-s)^\kappa, & 0 < \kappa; \end{cases} \tag{5.3.33}$$

容易验证对于 $\kappa \neq 0$ 的情形, 当条件

$$\Re e\langle f(t, y_1) - f(t, y_2), y_1 - y_2 \rangle \leqslant \alpha \|y_1 - y_2\|^2, \tag{5.3.34}$$

$$\|f(t, y_1) - f(t, y_2)\| \leqslant L_y \|y_1 - y_2\|, \tag{5.3.35}$$

$$\|G(u_1) - G(u_2)\| \leqslant \mu \|u_1 - u_2\| \tag{5.3.36}$$

满足并且

$$\tau\mu < 1, \quad \frac{\tau\mu L_y}{-\alpha(1-\tau\mu)} < 1 \tag{5.3.37}$$

时, 从第 2 章或 5.2 节的结果可知, 其理论解是渐近稳定的. 现令

$$f(t, y(t)) = -10^8 y(t), \quad \tau = 1, \quad \kappa = 0.5, \quad G(u) = 0.2 \times \sin u.$$

此时 $\alpha = -10^8$, $L_y = 10^8$, $\tau = 1$, $\mu = 0.2$, 从而可知其稳定. 现用配有复合梯形求积公式的三种方法: 中点公式 (简记为 MPR)、2 阶 BDF 方法 (简记为 BDF2) 以及 3 阶 BDF 方法 (简记为 BDF3) 求解之, 采用两种步长: $h = 0.1$ 和 $h = 0.01$. 给出两个不同的初始条件

$$y(t) = \sin t \quad \text{和} \quad y(t) = t, \quad t \in [-1, 0],$$

其数值解分别记为 $y_1(t)$ 和 $y_2(t)$, 记其差为 $E(t) = |y_1(t) - y_2(t)|$ 列于表 5.3.1 的数值结果验证了本节的结论.

表 5.3.1 数值方法应用于问题 (5.3.32) 时两解的差 $E(t) = |y_1(t) - y_2(t)|$

	h	$t = 0.1$	$t = 1$	$t = 5$	$t = 10$
MPR	0.1	3.069542×e−010	1.776270×e−010	1.776242×e−010	1.776206×e−010
	0.01	4.817703×e−011	1.773605×e−010	1.770770×e−010	1.767231×e−010
BDF2	0.1	1.388534×e−010	1.387202×e−013	1.814080×e−047	7.555990×e−085
	0.01	1.292592×e−010	1.455439×e−016	1.951031×e−050	1.343885×e−093
BDF3	0.1	1.936813×e−011	0	0	0
	0.01	0	0	0	0

数值算例 5.3.2　考虑偏中立型泛函微分方程

$$
\begin{aligned}
u'(x,t) =& \frac{1}{\pi}\ddot{u}(x,t) + au(x,t-1) + b\int_{t-1}^{t} e^{-s}\sin u(x,s)\cos u'(x,s)ds,\\
& x\in[0,1],\quad t\in[0,10],
\end{aligned}
\tag{5.3.38}
$$

其中 $(') = \partial_t$, $(\ddot{}) = \partial_x$, 初边值条件

$$
u(x,t) = (x - x^2 + 1)e^{-t},\qquad x\in[0,1],\quad t\in[-1,0], \tag{5.3.39}
$$

$$
u(0,t) = u(1,t) = e^{-t},\qquad t\in[0,10]. \tag{5.3.40}
$$

设 N_x 为任给的正整数. 记 $u_i(t) = u(x_i,t)$, $\Delta x = 1/N_x$, $x_i = i/N_x$, $i = 1(1)N_x - 1$. 应用线方法之后可得如下中立型延迟积分微分方程

$$
\begin{aligned}
u_i'(t) =& \frac{1}{\pi\Delta x^2}[u_{i-1}(t) - 2u_i(t) + u_{i+1}(t)] + au_i(t-1)\\
& + b\int_{t-1}^{t} e^{-s}\sin u_i(s)\cos u_i'(s)ds,\quad t\in[0,10],\\
u_0(t) =& u_{N_x}(t) = e^{-t},\ t\in[0,10],\\
u_i(t) =& (i\Delta x - i^2\Delta x^2 + 1),\ i = 1,\cdots,N_x - 1,\ t\in[-1,0].
\end{aligned}
\tag{5.3.41}
$$

因而, 我们有 $\alpha = -\dfrac{4N_x^2}{\pi}\sin\dfrac{\pi}{2N_x}$, $\beta = |a|$, $\gamma = |b|$, $L_K = e + 4eN_x^2/\pi$, $\mu = e$, $L_y = 4N_x^2/\pi$, $L_\mu = e$.

对线方法, 取 $\Delta x = 0.1$, 而对问题 (5.3.41) 的求解, 我们仍采用中点公式 (MPR)、2 阶 BDF 方法 (BDF2) 及 3 阶 BDF 方法 (BDF3). 迭代求解 (5.3.2) 时, 取 $l = 2$. 因我们考虑的是方法的稳定性, 我们给出另一组初始条件

$$
u(x,t) = (x - x^2)e^{-t},\qquad x\in[0,1],\quad t\in[-1,0], \tag{5.3.42}
$$

设原问题 (5.3.38)—(5.3.40) 及带有初始条件 (5.3.42) 的问题 (5.3.38)—(5.3.39) 的数值解分别为 $U_1(x_i,t)$ 和 $U_2(x_i,t)$. 以

$$
E(t) = \max_{1\leqslant i\leqslant N_x-1}|U_1(x_i,t) - U_2(x_i,t)|
$$

表示它们的差. 表 5.3.2 列出了 $a = -e^{-1}$ 及 $b = 0.01$ 时的数值结果, 这些数值结果证实了本节所获稳定性结果的正确性.

表 5.3.2 数值方法应用于问题 (5.3.38) 时两解的差 $E(t) = |U_1(x_i,t) - U_2(x_i,t)|$

	h	$t=0.1$	$t=1$	$t=5$	$t=10$
MPR	0.1	8.659998×e−001	1.245900×e−001	1.838153×e−005	6.059543×e−009
	0.01	8.143191×e−001	1.319602×e−001	8.443730×e−006	5.906415×e−009
BDF2	0.1	8.418402×e−001	1.276183×e−001	2.481210×e−005	6.921829×e−009
	0.01	8.146318×e−001	1.319834×e−001	8.472312×e−006	5.916269×e−009
BDF3	0.1	8.600910×e−001	1.235299×e−001	1.443147×e−005	5.899939×e−009
	0.01	8.144811×e−001	1.319443×e−001	8.439371×e−006	5.903016×e−009

5.4 Runge-Kutta 法的非线性稳定性

本节考虑 Runge-Kutta 法求解非线性中立型积分微分方程的非线性稳定性, 可参见 [220].

5.4.1 Runge-Kutta 法及数值求积公式

这节考虑定步长 Runge-Kutta 法数值逼近 (5.1.1). 以 (A, b^{T}, c) 表示一个给定的 s 级 Runge-Kutta 法, 其中 $A = (a_{ij})$ 是 $s \times s$ 矩阵, $b = [b_1, \cdots, b_s]^{\mathrm{T}}$ 和 $c = [c_1, \cdots, c_s]^{\mathrm{T}}$ 是 s 维向量. 本节始终假定方法是相容的, 即 $\sum\limits_{i=1}^{s} b_i = 1$ 且 $c_i = \sum\limits_{j=1}^{s} a_{ij} \in [0,1]$, $i = 1, 2, \cdots, s$. 以 $h = \tau/m > 0$ 为固定步长, 其中 $m \geqslant 1$ 为整数. 则求解 NVDIDEs (5.1.1) 的 Runge-Kutta 法具有形式

$$\begin{cases} Y_i^{(n)} = y_n + h\sum\limits_{j=1}^{s} a_{ij} f(t_{n,j}, Y_j^{(n)}, Y_j^{(n-m)}, K_j^{(n)}), \quad i = 1, 2, \cdots, s, \\ y_{n+1} = y_n + h\sum\limits_{j=1}^{s} b_j f(t_{n,j}, Y_j^{(n)}, Y_j^{(n-m)}, K_j^{(n)}), \quad n \geqslant 0, \end{cases} \tag{5.4.1}$$

这里 $t_{n,j} = t_n + c_j h$, y_n 为真解 $y(t_n)$ 在 $t_n = nh$ 的逼近, 特别有 $y_0 = \phi(0)$. $Y_j^{(n)}$ 表示 $y(t_n + c_j h)$ 的逼近, 而 $K_j^{(n)}$ 表示 $\int_{t_{n-m,j}}^{t_{n,j}} K(t, \theta, y(\theta), y'(\theta))d\theta$ 的逼近并由下式之一获得.

(1) 复合求积公式 (Compound Quadrature Formula, CQ 公式)

$$K_j^{(n)} = h\sum_{i=0}^{m} \nu_i K(t_{n,j}, t_{n-i,j}, Y_j^{(n-i)}, \tilde{Y}_j^{(n-i)});$$

(2) Pouzet 求积公式 (Pouzet Quadrature Formula, PQ 公式)

$$K_j^{(n)} = h\sum_{r=1}^{s} a_{jr}K(t_{n,j},t_{n,r},Y_r^{(n)},\tilde{Y}_r^{(n)})+h\sum_{i=1}^{m}\sum_{r=1}^{s} b_r K(t_{n,j},t_{n-i,r},Y_r^{(n-i)},\tilde{Y}_r^{(n-i)})$$
$$-h\sum_{r=1}^{s} a_{jr}K(t_{n,j},t_{n-m,r},Y_r^{(n-m)},\tilde{Y}_r^{(n-m)}),$$

这里 $K_j^{(n)}$ 给出的是积分

$$\int_{t_{n,j}-\tau}^{t_{n,j}} K(t_{n,j},\theta,y(\theta),y'(\theta))d\theta = \int_{t_n}^{t_{n,j}} K(t_{n,j},\theta,y(\theta),y'(\theta))d\theta + \int_{t_{n-m}}^{t_n} K(t_{n,j},\theta,y(\theta),y'(\theta))d\theta - \int_{t_{n-m}}^{t_{n-m,j}} K(t_{n,j},\theta,y(\theta),y'(\theta))d\theta$$

的逼近值. 而 $\tilde{Y}_j^{(n-i)}$ 为 $y'(t_{n-i}+c_jh)$ 的逼近且由下式计算

$$\tilde{Y}_j^{(n-i)} = f(t_{n-i,j},Y_j^{(n-i)},Y_j^{(n-m-i)},K_j^{(n-i)}). \tag{5.4.2}$$

当 $-m \leqslant n \leqslant -1$ 时, $Y_j^{(n)}$ 和 $\tilde{Y}_j^{(n)}$ 分别由 $Y_j^{(n)} = \phi(t_n+c_jh)$ 和 $\tilde{Y}_j^{(n)} = \phi'(t_n+c_jh)$ 给出. 许多作者已将这两类 Runge-Kutta 法: 带有 CQ 公式的 Runge-Kutta 法 (5.4.1) 和带有 PQ 公式的 Runge-Kutta 法 (5.4.1) 应用到延迟积分微分方程. 对前者, 可参见 [1,264]; 对后者, 可参见 [25,135,265].

文献 [35] 给出了下述定义.

定义 5.4.1 (见 Burrage 和 Butcher [35] 或 Hairer 和 Wanner [74]) 设 k,l 是实常数. Runge-Kutta 法 (A,b^{T},c) 称为是 (k,l)-代数稳定的, 如果存在一个非负对角矩阵 $D=\mathrm{diag}(d_1,d_2,\cdots,d_s)$ 使得 $\mathcal{M}=[\mathcal{M}_{ij}]$ 是非负定的, 这里

$$\mathcal{M} = \begin{bmatrix} k-1-2le^{\mathrm{T}}De & e^{\mathrm{T}}D-b^{\mathrm{T}}-2le^{\mathrm{T}}DA \\ De-b-2lA^{\mathrm{T}}De & DA+A^{\mathrm{T}}D-bb^{\mathrm{T}}-2lA^{\mathrm{T}}DA \end{bmatrix} \tag{5.4.3}$$

及 $e=[1,1,\cdots,1]^{\mathrm{T}}$. 特别地, 一个 $(1,0)$-代数稳定的 Runge-Kutta 法称为是代数稳定的.

5.4.2 稳定性分析

我们将主要讨论 (k,l)-代数稳定的 Runge-Kutta 法关于非线性试验问题类 $\mathcal{D}(\alpha,\beta,\gamma,L_K,\mu)$ 及 $\mathcal{L}(\alpha,\beta,\gamma,L_y,L_\mu,\mu)$ 的稳定性. 以 $y_n\in\mathbb{C}^N$ 和 $z_n\in\mathbb{C}^N$ 分别表示由 Runge-Kutta 法 (5.4.1) 应用于 (5.1.1) 和 (5.2.1) 所产生的数值解. $Z_j^{(n)}$

和 $\tilde{K}_j^{(n)}$ 分别表示 $z(t_n + c_j h)$ 和 $\int_{t_{n-m,j}}^{t_{n,j}} K(t,\theta,z(\theta),z'(\theta))d\theta$ 的逼近. 为方便计, 引入记号

$$\omega_n = y_n - z_n, \quad W_j^{(n)} = Y_j^{(n)} - Z_j^{(n)}, \quad \tilde{W}_j^{(n)} = \tilde{Y}_j^{(n)} - \tilde{Z}_j^{(n)}$$

和

$$\begin{aligned} Q_j^{(n)} = h[&f(t_n + c_j h, Y_j^{(n)}, Y_j^{(n-m)}, K_j^{(n)}) \\ &- f(t_n + c_j h, Z_j^{(n)}, Z_j^{(n-m)}, \tilde{K}_j^{(n)})], \quad j = 1, \cdots, s. \end{aligned}$$

则从 (5.4.1) 可得

$$\begin{cases} W_i^{(n)} = \omega_n + \sum_{j=1}^{s} a_{ij} Q_j^{(n)}, \qquad i = 1, \cdots, s, \\ \omega_{n+1} = \omega_n + \sum_{j=1}^{s} b_j Q_j^{(n)}. \end{cases} \tag{5.4.4}$$

引理 5.4.2 设问题 (5.1.1) 及其扰动问题 (5.2.1) 满足条件 (5.2.2), Runge-Kutta 法 (A, b^{T}, c) 是 (k,l)-代数稳定的. 则

$$\|\omega_{n+1}\|^2 \leqslant k\|\omega_n\|^2 + 2\sum_{j=1}^{s} d_j \left[(\alpha h - l)\|W_j^{(n)}\|^2 + h\|W_j^{(n)}\|\Phi_j^{(n)}\right], \tag{5.4.5}$$

这里 $\Phi_j^{(n)}$ 由下式定义

$$\Phi_j^{(n)} = \|f(t_{n,j}, Z_j^{(n)}, Y_j^{(n-m)}, K_j^{(n)}) - f(t_{n,j}, Z_j^{(n)}, Z_j^{(n-m)}, \tilde{K}_j^{(n)})\|.$$

证明 方法的 (k,l)-代数稳定性意味着 (例见 [35, 150])

$$\|\omega_{n+1}\|^2 \leqslant k\|\omega_n\|^2 + 2\sum_{j=1}^{s} d_j \Re e\langle W_j^{(n)}, Q_j^{(n)} - lW_j^{(n)}\rangle. \tag{5.4.6}$$

另一方面, 从 (5.2.2) 我们有

$$\begin{aligned} &\Re e\langle W_j^{(n)}, Q_j^{(n)}\rangle \\ &= h\Re e\langle W_j^{(n)}, f(t_{n,j}, Y_j^{(n)}, Y_j^{(n-m)}, K_j^{(n)}) - f(t_{n,j}, Z_j^{(n)}, Y_j^{(n-m)}, K_j^{(n)})\rangle \\ &\quad + h\Re e\langle W_j^{(n)}, f(t_{n,j}, Z_j^{(n)}, Y_j^{(n-m)}, K_j^{(n)}) - f(t_{n,j}, Z_j^{(n)}, Z_j^{(n-m)}, \tilde{K}_j^{(n)})\rangle \\ &\leqslant h\alpha\|W_j^{(n)}\|^2 + h\|W_j^{(n)}\|\Phi_j^{(n)}. \end{aligned} \tag{5.4.7}$$

将不等式 (5.4.7) 插入不等式 (5.4.6), 即得 (5.4.5) 并由此完成引理 5.4.2 的证明.

1. 带有 CQ 公式的 Runge-Kutta 法的稳定性

这一部分, 我们将给出带有 CQ 公式的 Runge-Kutta 法的一系列稳定性结果. 记号

$$\nu = \max\left\{2|\nu_0|, \max_{1\leqslant i\leqslant m-1}|\nu_i|, 2|\nu_m|\right\}$$

将在这一节中频繁使用.

定理 5.4.3 设 Runge-Kutta 法 (A, b^{T}, c) 关于非负对角矩阵 $D = \mathrm{diag}(d_1, d_2, \cdots, d_s) \in \mathbb{R}^{s\times s}$ 是 (k,l)-代数稳定的, 且 $0 < k \leqslant 1$. 则当

$$2\gamma\tau\mu\nu < 1, \quad \left[\alpha + \frac{1-\gamma\tau\mu\nu}{1-2\gamma\tau\mu\nu}(\beta+\gamma\tau\nu\Lambda_K)\right]h \leqslant l \tag{5.4.8}$$

时, 由带有 CQ 公式的 Runge-Kutta 法 (5.4.1) 求解类 $\mathcal{D}(\alpha,\beta,\gamma,L_K,\mu)$ 中问题所获数值解满足

$$\begin{aligned}\|\omega_{n+1}\|^2 \leqslant& \|\omega_{2m}\|^2 + \sum_{j=1}^{s} d_j\left[\frac{\tau(1-\gamma\tau\mu\nu)}{1-2\gamma\tau\mu\nu}(\beta+\gamma\tau\nu\Lambda_K)\max_{0\leqslant i\leqslant 2m-1}\|W_j^{(i)}\|^2\right.\\ &\left.+\frac{(\gamma\tau\mu\nu)^2\tau(1-\gamma\tau\mu\nu)}{(1-2\gamma\tau\mu\nu)(\beta+\gamma\tau\nu L_K)}\max_{0\leqslant i\leqslant 2m-1}\left(\Phi_j^{(i)}\right)^2\right], \quad n+1\geqslant 2m.\end{aligned} \tag{5.4.9}$$

证明 从 CQ 公式和条件 (5.4.7)—(5.2.5) 容易推出

$$\begin{aligned}\Phi_j^{(n-i)} \leqslant& \beta\|W_j^{(n-m-i)}\| + \gamma\|K_j^{(n-i)} - \tilde{K}_j^{(n-i)}\|\\ \leqslant& \beta\|W_j^{(n-m-i)}\| + \gamma h\sum_{r=0}^{m}|\nu_r|\left(L_K\|W_j^{(n-r-i)}\| + \mu\Phi_j^{(n-r-i)}\right)\\ \leqslant& \beta\|W_j^{(n-m-i)}\| + \gamma h\nu\sum_{r=0}^{m}{}''\left(L_K\|W_j^{(n-r-i)}\| + \mu\Phi_j^{(n-r-i)}\right)\\ \leqslant& \beta\|W_j^{(n-m-i)}\| + \gamma h\nu L_K\Gamma_j^{(n-i)} + \gamma h\nu\mu\Delta_j^{(n-i)},\end{aligned} \tag{5.4.10}$$

式中

$$\Gamma_j^{(n)} = \sum_{i=0}^{m}{}''\|W_j^{(n-i)}\|, \qquad \Delta_j^{(n)} = \sum_{i=0}^{m}{}''\Phi_j^{(n-i)}.$$

从 (5.4.10) 进一步可得

$$\Delta_j^{(n)} \leqslant \beta\sum_{i=0}^{m}{}''\|W_j^{(n-m-i)}\|$$

$$
\begin{aligned}
&+\gamma h\nu L_K\left(\frac{1}{2}\sum_{i=0}^{m}{}''\|W_j^{(n-i)}\|+\sum_{i=0}^{m}{}''\sum_{k=1}^{m-1}\|W_j^{(n-k-i)}\|+\frac{1}{2}\sum_{i=0}^{m}{}''\|W_j^{(n-i)}\|\right)\\
&+\gamma h\mu\nu\left(\frac{1}{2}\Delta_j^{(n)}+\sum_{i=0}^{m}{}''\sum_{k=1}^{m-1}\Phi_j^{(n-k-i)}+\frac{1}{2}\Delta_j^{(n-m)}\right)\\
\leqslant&\beta\Gamma_j^{(n-m)}+\gamma h\nu L_K\sum_{i=0}^{m}{}''\Gamma_j^{(n-i)}+\gamma h\nu\mu\sum_{i=0}^{m}{}''\Delta_j^{(n-i)}. \qquad (5.4.11)
\end{aligned}
$$

注意到

$$
\sum_{i=0}^{m}{}''\Delta_j^{(n-i)}\leqslant m\left(\Delta_j^{(n)}+\Delta_j^{(n-m)}\right),
$$

从 (5.4.11) 易得

$$
\Delta_j^{(n)}\leqslant\beta\Gamma_j^{(n-m)}+\gamma h\nu L_K\sum_{i=0}^{m}{}''\Gamma_j^{(n-i)}+\gamma\tau\mu\nu\left(\Delta_j^{(n)}+\Delta_j^{(n-m)}\right).
$$

由此进一步可得

$$
\begin{aligned}
\Delta_j^{(n)}\leqslant&\frac{\gamma\tau\mu\nu}{1-\gamma\tau\mu\nu}\Delta_j^{(n-m)}+\frac{\beta}{1-\gamma\tau\mu\nu}\Gamma_j^{(n-m)}+\frac{\gamma h\nu L_K}{1-\gamma\tau\mu\nu}\sum_{i=0}^{m}{}''\Gamma_j^{(n-i)}\\
\leqslant&\left(\frac{\gamma\tau\mu\nu}{1-\gamma\tau\mu\nu}\right)^q\Delta_j^{(n-qm)}+\sum_{p=0}^{q-1}\left(\frac{\gamma\tau\mu\nu}{1-\gamma\tau\mu\nu}\right)^p\left(\frac{\beta}{1-\gamma\tau\mu\nu}\Gamma_j^{(n-pm-m)}\right.\\
&\left.+\frac{\gamma h\nu L_K}{1-\gamma\tau\mu\nu}\sum_{i=0}^{m}{}''\Gamma_j^{(n-pm-i)}\right), \qquad (5.4.12)
\end{aligned}
$$

这里 $q=\left\lfloor\dfrac{n}{m}\right\rfloor-1$, $\lfloor\cdot\rfloor$ 表示最大整数函数. 引进记号

$$
\Psi_j^{(n)}=\sum_{i=0}^{m}{}''\|W_j^{(n-i)}\|^2,\qquad \Upsilon_j^{(n)}=\sum_{i=0}^{m}{}''\left(\Phi_j^{(n-i)}\right)^2,
$$

并定义 ϑ 为

$$
\vartheta=\frac{\gamma\tau\mu\nu}{1-\gamma\tau\mu\nu}.
$$

从而将 (5.4.12) 和 (5.4.10) 插入 (5.4.5) 可得

$$
\begin{aligned}
\|\omega_{n+1}\|^2\leqslant&k\|\omega_n\|^2+2\sum_{j=1}^{s}d_j\left[(\alpha h-l)\|W_j^{(n)}\|^2\right.\\
&\left.+h\|W_j^{(n)}\|\left(\beta\|W_j^{(n-m)}\|+\gamma h\nu L_K\Gamma_j^{(n)}+\gamma h\mu\nu\Delta_j^{(n)}\right)\right]
\end{aligned}
$$

$$
\begin{aligned}
&\leqslant k\|\omega_n\|^2+\sum_{j=1}^{s}d_j(2\alpha h-2l)\|W_j^{(n)}\|^2+h\sum_{j=1}^{s}d_j\Bigg\{\beta+\gamma\tau\nu L_K\\
&\quad+\gamma h\mu\nu\left[m\vartheta^q\frac{\beta+\gamma\tau\nu L_K}{1-\gamma\tau\mu\nu}+\sum_{p=0}^{q-1}\vartheta^p\frac{m\beta+m\gamma\tau\nu L_K}{1-\gamma\tau\mu\nu}\right]\Bigg\}\|W_j^{(n)}\|^2\\
&\quad+h\sum_{j=1}^{s}d_j\Bigg\{\beta\|W_j^{(n-m)}\|^2+\gamma h\nu L_K\Psi_j^{(n)}+\gamma h\mu\nu\Bigg[\vartheta^q\frac{1-\gamma\tau\mu\nu}{\beta+\gamma\tau\nu L_K}\Upsilon_j^{(n-qm)}\\
&\quad+\sum_{p=0}^{q-1}\vartheta^p\left(\frac{\beta}{1-\gamma\tau\mu\nu}\Psi_j^{(n-pm-m)}+\frac{\gamma h\nu L_K}{1-\gamma\tau\mu\nu}\sum_{i=0}^{m}{}''\Psi_j^{(n-pm-i)}\right)\Bigg]\Bigg\},
\end{aligned}
\tag{5.4.13}
$$

其中我们重复使用了 Cauchy 不等式. 注意到

$$
\beta+\gamma\tau\nu L_K+\gamma h\mu\nu\sum_{p=0}^{q}\vartheta^p\frac{m\beta+m\gamma\tau\nu L_K}{1-\gamma\tau\mu\nu}\leqslant\frac{1-\gamma\tau\mu\nu}{1-2\gamma\tau\mu\nu}(\beta+\gamma\tau\nu L_K).
$$

则有

$$
\begin{aligned}
\|\omega_{n+1}\|^2\leqslant&\|\omega_n\|^2+\sum_{j=1}^{s}d_j\left(2\alpha h+\frac{1-\gamma\tau\mu\nu}{1-2\gamma\tau\mu\nu}(\beta+\gamma\tau\nu L_K)h-2l\right)\|W_j^{(n)}\|^2\\
&+h\sum_{j=1}^{s}d_j\Bigg\{\beta\|W_j^{(n-m)}\|^2+\gamma h\nu L_K\Psi_j^{(n)}+\gamma h\mu\nu\Bigg[\vartheta^q\frac{1-\gamma\tau\mu\nu}{\beta+\gamma\tau\nu L_K}\Upsilon_j^{(n-qm)}\\
&+\sum_{p=0}^{q-1}\vartheta^p\left(\frac{\beta}{1-\gamma\tau\mu\nu}\Psi_j^{(n-pm-m)}+\frac{\gamma h\nu L_K}{1-\gamma\tau\mu\nu}\sum_{i=0}^{m}{}''\Psi_j^{(n-pm-i)}\right)\Bigg]\Bigg\}\\
\leqslant&\|\omega_{2m}\|^2+\sum_{j=1}^{s}d_j\left(2\alpha h+\frac{1-\gamma\tau\mu\nu}{1-2\gamma\tau\mu\nu}(\beta+\gamma\tau\nu L_K)h-2l\right)\sum_{i=2m}^{n}\|W_j^{(i)}\|^2\\
&+h\sum_{j=1}^{s}d_j\Bigg\{\beta\sum_{i=m}^{n-m}\|W_j^{(i)}\|^2+\gamma\tau\nu L_K\sum_{i=m}^{n}\|W_j^{(i)}\|^2\\
&+\gamma\tau\mu\nu\Bigg[\sum_{p=1}^{q}\vartheta^p\frac{1-\gamma\tau\mu\nu}{\beta+\gamma\tau\nu L_K}m\max_{0\leqslant i\leqslant 2m-1}\left(\Phi_j^{(i)}\right)^2\\
&+\sum_{p=0}^{q-1}\vartheta^p\frac{\beta+\gamma\tau\nu L_K}{1-\gamma\tau\mu\nu}\sum_{i=0}^{n}\|W_j^{(i)}\|^2\Bigg]\Bigg\},
\end{aligned}
\tag{5.4.14}
$$

上式蕴涵着不等式 (5.4.9). 证毕.

定理 5.4.4 设 Runge-Kutta 法 (A, b^{T}, c) 关于非负对角矩阵 $D = \mathrm{diag}(d_1, d_2, \cdots, d_s) \in \mathbb{R}^{s \times s}$ 是 (k, l)-代数稳定的, 且 $0 < k < 1$. 则当 (5.4.8) 成立时, 由带有 CQ 公式的 Runge-Kutta 法 (5.4.1) 求解类 $\mathcal{D}(\alpha, \beta, \gamma, L_K, \mu)$ 中问题所获数值解满足

$$\lim_{n \to \infty} \|y_n - z_n\| = 0. \tag{5.4.15}$$

注意到 (5.4.15) 式可以看作是问题 (5.1.1) 真解渐近稳定性的数值模拟.

证明 定义 δ 为

$$\delta = \left[2\alpha + \frac{(\beta + \gamma\tau\nu L_K)(1 - \gamma\tau\mu\nu)}{1 - 2\gamma\tau\mu\nu}\right] h - 2l.$$

则从 (5.4.12) 有

$$\begin{aligned}
&\|\omega_{n+1}\|^2 \\
\leqslant{}& k^{n+1-2m}\|\omega_{2m}\|^2 + \sum_{i=2m}^{n} k^{n-i} \sum_{j=1}^{s} d_j \delta \|W_j^{(i)}\|^2 + \sum_{i=2m}^{n} k^{n-i} \sum_{j=1}^{s} d_j \\
&\times \left\{ \beta \|W_j^{(i-m)}\|^2 + \gamma h \nu L_K \Psi_j^{(i)} + \gamma h \mu \nu \left[\vartheta^{\lfloor \frac{i}{m} \rfloor - 1} \frac{1 - \gamma\tau\mu\nu}{\beta + \gamma\tau\nu L_K} \Upsilon_j^{(i - \lfloor \frac{i}{m} \rfloor m + m)} \right.\right. \\
&\left.\left. + \sum_{p=0}^{\lfloor \frac{i}{m} \rfloor - 2} \vartheta^p \left(\frac{\beta}{1 - \gamma\tau\mu\nu} \Psi_j^{(i-pm-m)} + \frac{\gamma h \nu L_K}{1 - \gamma\tau\mu\nu} \sum_{r=0}^{m}{}'' \Psi_j^{(i-pm-r)} \right) \right] \right\} \\
\leqslant{}& k^{n+1-2m}\|\omega_{2m}\|^2 + \sum_{j=1}^{s} d_j \left\{ \sum_{i=2m}^{n} k^{n-i} \left[\delta + \frac{(\beta + \gamma\tau\nu L_K)(1 - \gamma\tau\mu\nu)}{1 - 2\gamma\tau\mu\nu} \right] \|W_j^{(i)}\|^2 \right. \\
&+ (\beta + \gamma\tau\nu L_K) \sum_{p=0}^{q} \vartheta^p k^{q-p} \max_{0 \leqslant i \leqslant 2m-1} \|W_j^{(i)}\|^2 \\
&\left. + \frac{\gamma\tau\mu\nu(1 - \gamma\tau\mu\nu)}{\beta + \gamma\tau\nu L_K} \sum_{p=0}^{q-1} \vartheta^p k^{q-1-p} \max_{0 \leqslant i \leqslant 2m-1} \left(\Phi_j^{(i)}\right)^2 \right\}.
\end{aligned}$$

因 $d_j \geqslant 0$, $0 < k < 1$ 及 $0 \leqslant \vartheta < 1$, (5.4.15) 成立. 证毕.

定理 5.4.5 设 Runge-Kutta 法 (A, b^{T}, c) 关于对角矩阵 $D > 0$ 代数稳定, 且 $\det A \neq 0$ 及 $|1 - b^{\mathrm{T}} A^{-1} e| < 1$. 则当

$$2\gamma\tau\mu\nu < 1, \qquad \alpha + \frac{1 - \gamma\tau\mu\nu}{1 - 2\gamma\tau\mu\nu}(\beta + \gamma\tau\nu\Lambda_K) < 0 \tag{5.4.16}$$

时, 由带有 CQ 公式的 Runge-Kutta 法 (5.4.1) 求解类 $\mathcal{D}(\alpha, \beta, \gamma, L_K, \mu)$ 中问题所获数值解满足 (5.4.15).

证明 从 (5.4.14) 可得

$$\lim_{n\to\infty}\|W_j^{(n)}\|=0,\quad j=1,2,\cdots,s. \tag{5.4.17}$$

另一方面, $\det A\neq 0$ 蕴涵着 A 非奇. 记 $G=[g_{ij}]=A^{-1}$. 则从 (5.4.4) 有

$$Q_i^{(n)}=\sum_{j=1}^{s}g_{ij}(W_j^{(n)}-\omega_n),\qquad i=1,2,\cdots,s$$

和

$$\omega_{n+1}=(1-b^{\mathrm{T}}A^{-1}e)\omega_n+\sum_{i=1}^{s}\sum_{j=1}^{s}b_ig_{ij}W_j^{(n)}.$$

由此, 从 $|1-b^{\mathrm{T}}A^{-1}e|<1$ 和 (5.4.17) 容易获得 (5.4.15). 证毕.

下面, 我们将研究带有 CQ 公式的 Runge-Kutta 法求解类 $\mathcal{L}(\alpha,\ \beta,\ \gamma,\ L_y,\ L_\mu,\mu)$ 中问题的稳定性.

定理 5.4.6 设 Runge-Kutta 法 (A,b^{T},c) 关于非负对角矩阵 $D=\mathrm{diag}(d_1,\ d_2,\cdots,d_s)\in\mathbb{R}^{s\times s}$ 是 (k,l)-代数稳定的, 且 $0<k\leqslant 1$. 则当

$$2\gamma\tau\mu\nu<1,\quad \left\{\alpha+\frac{1-\gamma\tau\mu\nu}{1-2\gamma\tau\mu\nu}[\beta+\gamma\tau\nu(\Lambda_\mu+\mu L_y)]\right\}h\leqslant l \tag{5.4.18}$$

时, 由带有 CQ 公式的 Runge-Kutta 法 (5.4.1) 求解类 $\mathcal{L}(\alpha,\beta,\gamma,L_y,L_\mu,\mu)$ 中问题所获数值解满足

$$\|\omega_{n+1}\|^2\leqslant C\max\left\{\max_{\theta\in[-\tau,0]}\|\phi(\theta)-\psi(\theta)\|,\max_{\theta\in[-\tau,0]}\|\phi'(\theta)-\psi'(\theta)\|\right\}, \tag{5.4.19}$$

这里常数 C 由

$$C=\sqrt{1+\left[\beta+\gamma\tau\nu(\Lambda_\mu+\mu L_y)+\frac{(\gamma\mu\nu\tau)^2}{\beta+\gamma\tau\nu(\Lambda_\mu+\mu L_y)}\right]\frac{d\tau(1-\gamma\tau\mu\nu)}{1-2\gamma\tau\mu\nu}},$$

定义且 $d=\sum\limits_{j=1}^{s}d_j$.

证明 当 $-2m<n<-m-1$ 时, 定义 $W_j^{(n)}$ 和 $\tilde{W}_j^{(n)}$ 为

$$W_j^{(n)}=0,\quad \tilde{W}_j^{(n)}=0. \tag{5.4.20}$$

类似于定理 5.4.3 的证明, 我们可以获得

$\|\omega_{n+1}\|^2$

$$\begin{aligned}
&\leqslant \|\omega_0\|^2 + \sum_{j=1}^{s} d_j \left\{ 2\alpha h + \frac{1-\gamma\tau\mu\nu}{1-2\gamma\tau\mu\nu} \left[\beta + \gamma\tau\nu(L_\mu + \mu L_y)\right] h - 2l \right\} \sum_{i=0}^{n} \|W_j^{(i)}\|^2 \\
&\quad + h \sum_{j=1}^{s} d_j \left\{ \beta \sum_{i=-m}^{n-m} \|W_j^{(i)}\|^2 + \gamma\tau\nu(L_\mu + \mu L_y) \sum_{i=-m}^{n} \|W_j^{(i)}\|^2 \right. \\
&\quad + \gamma\tau\mu\nu \left[\sum_{p=1}^{q+2} \vartheta^p \frac{1-\gamma\tau\mu\nu}{\beta + \gamma\tau\nu(L_\mu + \mu L_y)} m \max_{-2m \leqslant i \leqslant -1} \|\tilde{W}_j^{(i)}\|^2 \right. \\
&\quad \left.\left. + \sum_{p=0}^{q+1} \vartheta^p \frac{\beta + \gamma\tau\nu(L_\mu + \mu L_y)}{1-\gamma\tau\mu\nu} \sum_{i=-2m}^{n} \|W_j^{(i)}\|^2 \right] \right\}, \qquad (5.4.21)
\end{aligned}$$

从而不等式 (5.4.19) 成立. 证毕.

采用类似的方式, 可以获得下述定理.

定理 5.4.7 设 Runge-Kutta 法 (A, b^{T}, c) 关于非负对角矩阵 $D = \mathrm{diag}(d_1, d_2, \cdots, d_s) \in \mathbb{R}^{s\times s}$ 是 (k,l)-代数稳定的, 且 $0 < k < 1$. 则当 (5.4.18) 成立时, 由带有 CQ 公式的 Runge-Kutta 法 (5.4.1) 求解类 $\mathcal{L}(\alpha, \beta, \gamma, L_y, L_\mu, \mu)$ 中问题所获数值解满足 (5.4.15).

定理 5.4.8 设 Runge-Kutta 法 (A, b^{T}, c) 关于正对角矩阵 $D > 0$ 代数稳定, 且 $\det A \neq 0$ 及 $|1 - b^{\mathrm{T}} A^{-1} e| < 1$. 则当

$$2\gamma\tau\mu\nu < 1, \quad \alpha + \frac{1-\gamma\tau\mu\nu}{1-2\gamma\tau\mu\nu}\left[\beta + \gamma\tau\nu(\Lambda_\mu + \mu L_y)\right] < 0 \qquad (5.4.22)$$

时, 由带有 CQ 公式的 Runge-Kutta 法 (5.4.1) 求解类 $\mathcal{L}(\alpha, \beta, \gamma, L_y, L_\mu, \mu)$ 中问题所获数值解满足 (5.4.15).

2. 带有 PQ 公式的 Runge-Kutta 法的稳定性

这一部分, 我们将考虑带有 PQ 公式的 s 级 Runge-Kutta 法 (5.4.1) 求解 (5.1.1) 的稳定性. 这一部分中, 将频繁使用记号

$$\eta = \max\left\{ 2\max_{1\leqslant i,j\leqslant s} |a_{ij}|, \max_{1\leqslant i\leqslant s} |b_i|, 2\max_{1\leqslant i,j\leqslant s} |b_j - a_{ij}| \right\}, \quad \Theta = \frac{\gamma\tau\mu\eta s}{1-\gamma\tau\mu\eta s}.$$

定理 5.4.9 设 s 级 Runge-Kutta 法 (A, b^{T}, c) 关于非负对角矩阵 $D = \mathrm{diag}(d_1, d_2, \cdots, d_s) \in \mathbb{R}^{s\times s}$ 是 (k,l)-代数稳定的, 且 $0 < k \leqslant 1$. 则当

$$2\gamma\tau\mu\eta s < 1, \qquad \left[\alpha + \frac{1-\gamma\tau\mu\eta s}{1-2\gamma\tau\mu\eta s}(\beta + \gamma\tau\eta s\Lambda_K)\right] h \leqslant l \qquad (5.4.23)$$

时, 由带有 PQ 公式的 Runge-Kutta 法 (5.4.1) 求解类 $\mathcal{D}(\alpha, \beta, \gamma, L_K, \mu)$ 中问题

所获数值解满足

$$
\begin{aligned}
\|\omega_{n+1}\|^2 \leqslant \|\omega_{2m}\|^2 &+ \frac{d\tau(1-\gamma\tau\mu\eta s)}{1-2\gamma\tau\mu\eta s}(\beta+\gamma\tau\eta s\Lambda_K)\max_{\substack{0\leqslant i\leqslant 2m-1\\1\leqslant j\leqslant s}}\|W_j^{(i)}\|^2 \\
&+\frac{(\gamma\tau\mu\eta s)^2 d\tau(1-\gamma\tau\mu\eta s)}{(1-2\gamma\tau\mu\eta s)(\beta+\gamma\tau\eta s L_K)}\max_{\substack{0\leqslant i\leqslant 2m-1\\1\leqslant j\leqslant s}}\left(\Phi_j^{(i)}\right)^2. \qquad (5.4.24)
\end{aligned}
$$

证明　引进记号

$$
\Omega^{(n)}=\sum_{i=0}^{m}{}''\sum_{r=1}^{s}\|W_r^{(n-i)}\|,\quad \Lambda^{(n)}=\sum_{i=0}^{m}{}''\sum_{r=1}^{s}\Phi_r^{(n-i)}.
$$

由此易得

$$
\Phi_j^{(n-i)}\leqslant\beta\|W_j^{(n-m-i)}\|+\gamma h\eta L_K\Omega^{(n-i)}+\gamma h\mu\eta\Lambda^{(n-i)}. \qquad (5.4.25)
$$

从而使用定理 5.4.3 中同样的技巧, 可得

$$
\Lambda^{(n)}\leqslant\beta\Omega^{(n-m)}+\gamma h\eta L_K s\sum_{i=0}^{m}{}''\Omega^{(n-i)}+\gamma h\nu\mu s\sum_{i=0}^{m}{}''\Lambda^{(n-i)}. \qquad (5.4.26)
$$

注意到

$$
\sum_{i=0}^{m}{}''\Lambda^{(n-i)}\leqslant m\left(\Lambda^{(n)}+\Lambda^{(n-m)}\right),
$$

我们有

$$
\begin{aligned}
\Lambda^{(n)}\leqslant{}&\Theta^q\Lambda^{(n-qm)}\\
&+\sum_{p=0}^{q-1}\Theta^p\left(\frac{\beta}{1-\gamma\tau\mu\eta s}\Omega^{(n-pm-m)}+\frac{\gamma h\eta s L_K}{1-\gamma\tau\mu\eta s}\sum_{i=0}^{m}{}''\Omega^{(n-pm-i)}\right).
\end{aligned}
\qquad (5.4.27)
$$

从 (5.4.5), (5.4.25) 及 (5.4.27) 容易推出

$$
\begin{aligned}
&\|\omega_{n+1}\|^2\\
\leqslant{}&k\|\omega_n\|^2+2\sum_{j=1}^{s}d_j\Big[(\alpha h-l)\|W_j^{(n)}\|^2\\
&+h\|W_j^{(n)}\|\left(\beta\|W_j^{(n-m)}\|+\gamma h\eta L_K\Omega^{(n)}+\gamma h\mu\eta\Lambda^{(n)}\right)\Big]\\
\leqslant{}&k\|\omega_n\|^2+\sum_{j=1}^{s}d_j(2\alpha h-2l)\|W_j^{(n)}\|^2+h\sum_{j=1}^{s}d_j\Big\{\beta+\gamma\tau\eta s L_K
\end{aligned}
$$

$$
+\gamma h\mu\eta\left[ms\Theta^q\frac{\beta+\gamma\tau\eta sL_K}{1-\gamma\tau\mu\eta s}+\sum_{p=0}^{q-1}\Theta^p\frac{ms(\beta+\gamma\tau\eta sL_K)}{1-\gamma\tau\mu\eta s}\right]\Bigg\}\|W_j^{(n)}\|^2
$$

$$
+\sum_{j=1}^{s}d_j\Bigg\{\beta\|W_j^{(n-m)}\|^2+\gamma h\eta sL_KU^{(n)}+\gamma h\mu\eta\left[\Theta^q\frac{1-\gamma\tau\mu\eta s}{\beta+\gamma\tau\eta sL_K}V^{(n-qm)}\right.
$$

$$
\left.+\sum_{p=0}^{q-1}\Theta^p\left(\frac{\beta}{1-\gamma\tau\mu\eta s}U^{(n-pm-m)}+\frac{\gamma h\eta sL_K}{1-\gamma\tau\mu\eta s}\sum_{i=0}^{m}{}''U^{(n-pm-i)}\right)\right]\Bigg\}, \quad (5.4.28)
$$

这里

$$
U^{(n)}=\frac{1}{2}\sum_{r=1}^{s}\|W_r^{(n)}\|^2+\sum_{i=1}^{m-1}\sum_{r=1}^{s}\|W_r^{(n-i)}\|^2+\frac{1}{2}\sum_{r=1}^{s}\|W_r^{(n-m)}\|^2,
$$

$$
V^{(n)}=\frac{1}{2}\sum_{r=1}^{s}\left(\Phi_r^{(n)}\right)^2+\sum_{i=1}^{m-1}\sum_{r=1}^{s}\left(\Phi_r^{(n-i)}\right)^2+\frac{1}{2}\sum_{r=1}^{s}\left(\Phi_r^{(n-m)}\right)^2.
$$

由此从 (5.4.28) 易得 (5.4.24). 证毕.

使用与定理 5.4.4 和定理 5.4.5 同样的证明方式, 我们可以获得下面的定理.

定理 5.4.10 设 s 级 Runge-Kutta 法 (A,b^{T},c) 关于非负对角矩阵 $D=\mathrm{diag}(d_1,d_2,\cdots,d_s)\in\mathbb{R}^{s\times s}$ 是 (k,l)-代数稳定的, 且 $0<k<1$. 则当 (5.4.23) 成立时, 由带有 PQ 公式的 Runge-Kutta 法 (5.4.1) 求解类 $\mathcal{D}(\alpha,\beta,\gamma,L_K,\mu)$ 中问题所获数值解满足 (5.4.15).

定理 5.4.11 设 s 级 Runge-Kutta 法 (A,b^{T},c) 关于正对角矩阵 $D>0$ 代数稳定, 且 $\det A\neq 0$ 及 $|1-b^{\mathrm{T}}A^{-1}e|<1$. 则当

$$
2\gamma\tau\mu\eta s<1,\quad \alpha+\frac{1-\gamma\tau\mu\eta s}{1-2\gamma\tau\mu\eta s}(\beta+\gamma\tau\eta s\Lambda_K)<0 \quad (5.4.29)
$$

时, 由带有 PQ 公式的 Runge-Kutta 法 (5.4.1) 求解类 $\mathcal{D}(\alpha,\beta,\gamma,L_K,\mu)$ 中问题所获数值解满足 (5.4.15).

下面, 我们将建立带有 PQ 公式的 s 级 Runge-Kutta 法求解类 $\mathcal{L}(\alpha,\beta,\gamma,L_y,L_\mu,\mu)$ 中问题的稳定性结果.

定理 5.4.12 设 s 级 Runge-Kutta 法 (A,b^{T},c) 关于非负对角矩阵 $D=\mathrm{diag}(d_1,d_2,\cdots,d_s)\in\mathbb{R}^{s\times s}$ 是 (k,l)-代数稳定的, 且 $0<k\leqslant 1$. 则当

$$
2\gamma\tau\mu\eta s<1,\quad \left\{\alpha+\frac{1-\gamma\tau\mu\eta s}{1-2\gamma\tau\mu\eta s}[\beta+\gamma\tau\eta s(\Lambda_\mu+\mu L_y)]\right\}h\leqslant l \quad (5.4.30)
$$

时, 由带有 PQ 公式的 Runge-Kutta 法 (5.4.1) 求解类 $\mathcal{L}(\alpha,\beta,\gamma,L_y,L_\mu,\mu)$ 中问题所获数值解满足

$$
\|\omega_{n+1}\|^2\leqslant\mathcal{C}\max\left\{\max_{\theta\in[-\tau,0]}\|\phi(\theta)-\psi(\theta)\|,\max_{\theta\in[-\tau,0]}\|\phi'(\theta)-\psi'(\theta)\|\right\}, \quad (5.4.31)
$$

这里常数

$$\mathcal{C}=\sqrt{1+\left[\beta+\gamma\tau\eta s(\Lambda_\mu+\mu L_y)+\frac{(\gamma\mu\eta s\tau)^2}{\beta+\gamma\tau\eta s(\Lambda_\mu+\mu L_y)}\right]\frac{d\tau(1-\gamma\tau\mu\eta s)}{1-2\gamma\tau\mu\eta s}}.$$

定理 5.4.13　设 s 级 Runge-Kutta 法 (A,b^{T},c) 关于非负对角矩阵 $D=\mathrm{diag}(d_1,d_2,\cdots,d_s)\in\mathbb{R}^{s\times s}$ 是 (k,l)-代数稳定的, 且 $0<k<1$. 则当 (5.4.30) 成立时, 由带有 PQ 公式的 Runge-Kutta 法 (5.4.1) 求解类 $\mathcal{L}(\alpha,\beta,\gamma,L_y,L_\mu,\mu)$ 中问题所获数值解满足 (5.4.15).

定理 5.4.14　设 s 级 Runge-Kutta 法 (A,b^{T},c) 关于对角矩阵 $D>0$ 代数稳定, 且 $\det A\neq 0$ 及 $|1-b^TA^{-1}e|<1$. 则当

$$2\gamma\tau\mu\eta s<1,\quad \alpha+\frac{1-\gamma\tau\mu\eta s}{1-2\gamma\tau\mu\eta s}[\beta+\gamma\tau\eta s(\Lambda_\mu+\mu L_y)]<0 \tag{5.4.32}$$

时, 由带有 PQ 公式的 Runge-Kutta 法 (5.4.1) 求解类 $\mathcal{L}(\alpha,\beta,\gamma,L_y,L_\mu,\mu)$ 中问题所获数值解满足 (5.4.15).

5.4.3　解非线性方程组迭代法的收敛性

对非线性方程组 (5.4.1), 我们考虑它的迭代解法

$$\begin{cases} Y_i^{(n,l)}=y_n+h\sum_{j=1}^{s}a_{ij}\tilde{Y}_j^{(n,l)}, & i=1,2,\cdots,s,\\ \tilde{Y}_j^{(n,l)}=f(t_{n,j},Y_j^{(n,l)},Y_j^{(n-m)},K_j^{(n,l-1)}), \end{cases} \tag{5.4.33}$$

其中, 对 CQ 公式, $K_j^{(n,l-1)}$ 由下式定义

$$\begin{aligned} K_j^{(n,l-1)}=&h\nu_0K(t_{n,j},t_{n,j},Y_j^{(n,l-1)},\tilde{Y}_j^{(n,l-1)})\\ &+h\sum_{i=1}^{m}\nu_iK(t_{n,j},t_{n-i,j},Y_j^{(n-i)},\tilde{Y}_j^{(n-i)}); \end{aligned}$$

而对 PQ 公式, $K_j^{(n,l-1)}$ 由下式求得

$$\begin{aligned} K_j^{(n,l-1)}=&h\sum_{r=1}^{s}a_{jr}K(t_{n,j},t_{n,r},Y_r^{(n,l-1)},\tilde{Y}_r^{(n,l-1)})\\ &+h\sum_{i=1}^{m}\sum_{r=1}^{s}b_rK(t_{n,j},t_{n-i,r},Y_r^{(n-i)},\tilde{Y}_r^{(n-i)})\\ &-h\sum_{r=1}^{s}a_{jr}K(t_{n,j},t_{n-m,r},Y_r^{(n-m)},\tilde{Y}_r^{(n-m)}). \end{aligned}$$

而 $Y_j^{(n,0)}$ 和 $\tilde{Y}_j^{(n,0)}$ 为迭代初值, 事先给定. 在讨论迭代是否收敛之前, 我们给出以下定义.

定义 5.4.15 (Hairer 和 Wanner [74]) 设 $D = \mathrm{diag}(d_1, d_2, \cdots, d_s)$ 为正定矩阵, 考虑形式为 $\langle u, u\rangle_D = u^{\mathrm{T}}Du$ 的内积.

$$\kappa_D(A^{-1}) := \sup\{\kappa : \langle u, A^{-1}u\rangle_D \geqslant \kappa\langle u, u\rangle_D, \forall u \in \mathbb{R}^s\}, \tag{5.4.34}$$

$$\kappa_0(A^{-1}) := \sup_{D>0} \kappa_D(A^{-1}). \tag{5.4.35}$$

利用这个定义, 我们给出迭代收敛的结果.

定理 5.4.16 设 Rune-Kutta 法矩阵 A 可逆. 当方法 (5.4.1) 应用于 $\mathcal{D}(\alpha, \beta, \gamma, L_K, \mu)$ 类初值问题时, 若

$$\alpha h < \kappa_0(A^{-1}), \tag{5.4.36}$$

则对充分小的 h, 迭代 (5.4.33) 收敛. 进一步, 若

$$|\nu_0|\left[\frac{L_K h}{\kappa_D(A^{-1}) - h\alpha} + \gamma\mu\right] \leqslant 1 \quad (\text{CQ 公式}), \tag{5.4.37}$$

$$\eta_0\left[\frac{L_K h}{\kappa_D(A^{-1}) - h\alpha} + \gamma\mu\right] \leqslant 1 \quad (\text{PQ 公式}), \tag{5.4.38}$$

则有

$$\|\Delta K^{(n,l)}\|_D \leqslant h\|\Delta K^{(n,l-1)}\|_D, \tag{5.4.39}$$

这里

$$\Delta K^{(n,l-1)} := [K_1^{(n,l-1)} - K_1^{(n)}, \cdots, K_s^{(n,l-1)} - K_s^{(n)}]^{\mathrm{T}}.$$

证明 式 (5.4.33) 减去式 (5.4.1), 类似于文献 [74](pp. 233–234), 可得

$$\Delta Y^{(n,l)} = h(A \otimes I)\Delta\tilde{Y}^{(n,l)}, \tag{5.4.40}$$

这里 $\otimes$ 为 Kronecker 符号,

$$\begin{aligned}
\Delta Y^{(n,l)} &= [Y_1^{(n,l)} - Y_1^{(n)}, \cdots, Y_s^{(n,l)} - Y_s^{(n)}]^{\mathrm{T}}, \\
\Delta\tilde{Y}^{(n,l)} &= [\tilde{Y}_1^{(n,l)} - \tilde{Y}_1^{(n)}, \cdots, \tilde{Y}_s^{(n,l)} - \tilde{Y}_s^{(n)}]^{\mathrm{T}}, \\
&= [f(t_{n,1}, Y_1^{(n,l)}, Y_1^{(n-m)}, K_1^{(n,l-1)}) - f(t_{n,1}, Y_1^{(n)}, Y_1^{(n-m)}, K_1^{(n)}), \\
&\quad \cdots, f(t_{n,s}, Y_s^{(n,l)}, Y_s^{(n-m)}, K_s^{(n,l-1)}) - f(t_{n,s}, Y_s^{(n)}, Y_s^{(n-m)}, K_s^{(n)})]^{\mathrm{T}}.
\end{aligned}$$

式 (5.4.40) 两边同乘 $\Delta Y^{(n,l)}(DA^{-1} \otimes I)$, 其中 D 为满足条件 $h\alpha < \kappa_D(A^{-1})$ 的对角矩阵, 我们得到

$$\left[\Delta Y^{(n,l)}\right]^{\mathrm{T}}(DA^{-1} \otimes I)\Delta Y^{(n,l)} = h\left[\Delta Y^{(n,l)}\right]^{\mathrm{T}}(D \otimes I)\Delta\tilde{Y}^{(n,l)}, \tag{5.4.41}$$

注意到

$$\begin{aligned}\left[\Delta Y^{(n,l)}\right]^{\mathrm{T}}(DA^{-1}\otimes I)\Delta Y^{(n,l)} \geqslant& \kappa_D(A^{-1})\|\Delta Y^{(n,l)}\|_D^2,\\ \left[\Delta Y^{(n,l)}\right]^{\mathrm{T}}(D\otimes I)\Delta \tilde{Y}^{(n,l)} \leqslant& \alpha\|\Delta Y^{(n,l)}\|_D^2+\gamma\|\Delta Y^{(n,l)}\|_D\|\Delta K^{(n,l-1)}\|_D,\end{aligned}$$

从式 (5.4.41) 容易推出

$$\|\Delta Y^{(n,l)}\|_D \leqslant \frac{h}{\kappa_D(A^{-1})-h\alpha}\|\Delta K^{(n,l-1)}\|_D. \tag{5.4.42}$$

另一方面, 对 CQ 公式, 我们有

$$\begin{aligned}\|\Delta K^{(n,l-1)}\|_D \leqslant& h|\nu_0|[L_K\|\Delta Y^{(n,l-1)}\|_D+\gamma\mu\|\Delta K^{(n,l-2)}\|_D]\\ \leqslant& h|\nu_0|\left[\frac{L_K h}{\kappa_D(A^{-1})-h\alpha}+\gamma\mu\right]\|\Delta K^{(n,l-2)}\|_D;\end{aligned}$$

而对 PQ 公式, 类似有

$$\|\Delta K^{(n,l-1)}\|_D \leqslant h\eta_0\left[\frac{L_K h}{\kappa_D(A^{-1})-h\alpha}+\gamma\mu\right]\|\Delta K^{(n,l-2)}\|_D.$$

由此完成定理的证明.

5.4.4 应用举例

我们从一些常用的 Runge-Kutta 法开始. 当 5.4.3 节所推导的稳定性和渐近稳定性结果应用于这些 Runge-Kutta 法时, 我们可以获得一些一般的结果.

1. 应用于一些经典 Runge-Kutta 法

只要注意到 s 级 Gauss, Radau IA, Radau IIA 及 Lobatto IIIC 方法都是代数稳定的且满足 $b_j>0\ (j=1,2,\cdots,s)$, 我们容易得到下面的定理.

定理 5.4.17 若用带有 CQ 公式的 Gauss, Radau IA, Radau IIA 或 Lobatto IIIC 方法求解类 $\mathcal{D}(\alpha,\beta,\gamma,L_K,\mu)$ 中问题, 则当

$$2\gamma\tau\mu\nu<1, \qquad \alpha+\frac{1-\gamma\tau\mu\nu}{1-2\gamma\tau\mu\nu}(\beta+\gamma\tau\nu\Lambda_K)\leqslant 0 \tag{5.4.43}$$

成立时, 这些 Runge-Kutta 法是稳定的; 若用带有 CQ 公式的 Gauss, Radau IA, Radau IIA 或 Lobatto IIIC 方法求解类 $\mathcal{L}(\alpha,\beta,\gamma,L_y,L_\mu,\mu)$ 中问题, 则当

$$2\gamma\tau\mu\nu<1,\quad \alpha+\frac{1-\gamma\tau\mu\nu}{1-2\gamma\tau\mu\nu}[\beta+\gamma\tau\nu(\Lambda_\mu+\mu L_y)]\leqslant 0 \tag{5.4.44}$$

成立时, 这些 Runge-Kutta 法是稳定的. 其中 $d_j=b_j$.

定理 5.4.18 若用带有 PQ 公式的 s 级 Gauss, Radau IA, Radau IIA 或 Lobatto IIIC 方法求解类 $\mathcal{D}(\alpha,\beta,\gamma,L_K,\mu)$ 中问题, 则当

$$2\gamma\tau\mu\eta s<1,\qquad \alpha+\frac{1-\gamma\tau\mu\eta s}{1-2\gamma\tau\mu\eta s}(\beta+\gamma\tau\eta s\Lambda_K)\leqslant 0 \tag{5.4.45}$$

成立时, 这些 Runge-Kutta 法是稳定的; 若用带有 PQ 公式的 Gauss, Radau IA, Radau IIA 或 Lobatto IIIC 方法求解类 $\mathcal{L}(\alpha,\beta,\gamma,\ L_y,L_\mu,\mu)$ 中问题, 则当

$$2\gamma\tau\mu\eta s<1,\quad \alpha+\frac{1-\gamma\tau\mu\eta s}{1-2\gamma\tau\mu\eta s}[\beta+\gamma\tau\eta s(\Lambda_\mu+\mu L_y)]\leqslant 0 \tag{5.4.46}$$

成立时, 这些 Runge-Kutta 法是稳定的. 其中 $d_j=b_j$.

从文献 [150], 我们也看到所有 s ($s\geqslant 1$) 级 Radau IA, Radau IIA 以及 s ($s\geqslant 2$) 级 Lobatto IIIC Runge-Kutta 法满足定理 5.4.5、定理 5.4.8、定理 5.4.11及定理 5.4.14 的假定, 其中 $|1-b^{\mathrm{T}}A^{-1}e|=0$. 因此, 我们有下面的结果.

定理 5.4.19 用带有 CQ 公式的 s 级 Radau IA ($s\geqslant 1$), Radau IIA ($s\geqslant 1$) 或 Lobatto IIIC ($s\geqslant 2$) 方法求解类 $\mathcal{D}(\alpha,\beta,\gamma,L_K,\mu)$ 中问题, 则当 (5.4.16) 成立时, 这些 Runge-Kutta 法是渐近稳定的; 若用带有 CQ 公式的 s 级 Radau IA ($s\geqslant 1$), Radau IIA ($s\geqslant 1$) 或 Lobatto IIIC ($s\geqslant 2$) 方法求解类 $\mathcal{L}(\alpha,\beta,\gamma,$ $L_y,L_\mu,\mu)$ 中问题, 则当 (5.4.22) 成立时, 这些 Runge-Kutta 法是渐近稳定的. 其中 $d_j=b_j$.

定理 5.4.20 用带有 PQ 公式的 s 级 Radau IA ($s\geqslant 1$), Radau IIA ($s\geqslant 1$) 或 Lobatto IIIC ($s\geqslant 2$) 方法求解类 $\mathcal{D}(\alpha,\beta,\gamma,L_K,\mu)$ 中问题, 则当 (5.4.29) 成立时, 这些 Runge-Kutta 法是渐近稳定的; 若用带有 PQ 公式的 s 级 Radau IA ($s\geqslant 1$), Radau IIA ($s\geqslant 1$) 或 Lobatto IIIC ($s\geqslant 2$) 方法求解类 $\mathcal{L}(\alpha,\beta,\gamma,$ $L_y,L_\mu,\mu)$ 中问题, 则当 (5.4.32) 成立时, 这些 Runge-Kutta 法是渐近稳定的. 其中 $d_j=b_j$.

下面, 我们给出一些关于 CQ 公式和 PQ 公式的例子.

例 5.4.1 首先, 我们考虑常用的数值求积公式. 对复合梯形求积公式, 我们有 $\nu=1$. 容易验证当 m 为偶数时, 对复合 Simpson 公式有 $\nu=\dfrac{4}{3}$. 而当 m 为 4 的倍数时, 对复合 Newton-Cotes 公式有 $\nu=\dfrac{64}{45}$.

例 5.4.2 考虑由常用 Runge-Kutta 法产生的 PQ 公式. 容易验证, 对 2 级 Lobatto IIIC 方法有 $\eta=2$; 而对 2 级 Radau IIA 方法, 我们有 $\eta=\dfrac{3}{2}$. 我们也容易发现对 2 级 Radau IA 方法有 $\eta=2$; 对 2 级 Gauss 方法有 $\eta=\dfrac{1}{2}+\dfrac{\sqrt{3}}{3}$.

2. 应用于 DIDEs

对延迟积分微分方程 (5.1.3) 的数值解, 张诚坚和 Vandewalle 在 [265] 证明了

(1) 如果

(i) Runge-Kutta 法 (A, b^{T}, c) 是 (k,l)-代数稳定的, 且 $0<k\leqslant 1$;

(ii) CQ 公式满足条件

$$h\sqrt{(m+1)\sum_{i=0}^{m}|\nu_i|^2}<\bar{\nu};$$

(iii) $h[2(\alpha+\beta)+\gamma(1+L_K^2\bar{\nu}^2)]\leqslant 2l$.

则带有 CQ 公式的 Runge-Kutta 法 (5.4.1) 求解类 $\mathcal{D}(\alpha,\beta,\gamma,L_K,0)$ 中问题是稳定的, 即

$$\|\omega_n\|\leqslant \mathcal{H}\max_{t\in[-\tau,0]}\|\phi(t)-\psi(t)\|,\quad \forall\ n\geqslant 1$$

成立, 其中稳定性常数

$$\mathcal{H}=\sqrt{1+d\tau(2\beta+\gamma L_K^2\bar{\nu}^2)/2}.$$

(2) 如果假定 (i) 和

(iii)* $h\left\{2(\alpha+\beta)+\gamma\left[1+\dfrac{3L_K^2\tau^2}{\tilde{d}}\left(\displaystyle\sum_{j=1}^{s}d_j\sum_{r=1}^{s}(2|a_{jr}|^2+|b_r|^2)\right)\right]\right\}\leqslant 2l$

成立. 则带有 PQ 公式的 Runge-Kutta 法 (5.4.1) 求解类 $\mathcal{D}(\alpha,\beta,\gamma,L_K,0)$ 中问题是稳定的, 其中稳定性常数

$$\mathcal{H}=\sqrt{1+d\tau\left[\beta+\frac{3\gamma L_K^2\tau^2}{\tilde{d}}\left(\sum_{j=1}^{s}d_j\sum_{r=1}^{s}(|a_{jr}|^2+|b_r|^2)\right)\right]},$$

式中 $\tilde{d}=\min\limits_{1\leqslant r\leqslant s}d_r$.

(3) 如果假定 (ii) 和

(i)$_*$ Runge-Kutta 法 (A, b^{T}, c) 是 (k,l)-代数稳定的, 且 $0<k<1$;

(iii)$_*$ $h[2(\alpha+\beta)+\gamma(1+L_K^2\bar{\nu}^2)]<2l$

成立. 则带有 CQ 公式的 Runge-Kutta 法 (5.4.1) 求解类 $\mathcal{D}(\alpha,\beta,\gamma,L_K,0)$ 中问题是渐近稳定的, 即 (5.4.15) 成立.

(4) 如果假定 (i)$_*$ 和

(iii)′ $h\left\{2(\alpha+\beta)+\gamma\left[1+\frac{3L_K^2\tau^2}{\tilde{d}}\left(\sum_{j=1}^{s}d_j\sum_{r=1}^{s}(2|a_{jr}|^2+|b_r|^2)\right)\right]\right\}<2l$;

成立. 则带有 PQ 公式的 Runge-Kutta 法 (5.4.1) 求解类 $\mathcal{D}(\alpha,\beta,\gamma,L_K,0)$ 中问题是渐近稳定的, 即 (5.4.15) 成立.

李寿佛在 [156] 中讨论了 Runge-Kutta 法求解一般的 Volterra 泛函微分方程的收缩性和渐近稳定性. 将其中的结果应用到延迟积分微分方程, 有下面的结论:

(1) 带有 CQ 公式的代数稳定 Runge-Kutta 法 (5.4.1) 求解类 $\mathcal{D}(\alpha,\beta,\gamma,L_K,0)$ 中问题是渐近稳定的, 如果

$$\alpha+q(\beta+\gamma)\nu\max\{1,\tau\Lambda_K\}<0$$

成立, 其中 $q\geqslant 1$(见 [156]).

而从 5.4.3 节的分析, 我们可以得到下面的结果.

推论 5.4.21 如果假定 (i) 和 (iii)$^\sharp$ $h(\alpha+\beta+\gamma L_K\tau\nu)\leqslant l$ 成立. 则带有 CQ 公式的 Runge-Kutta 法 (5.4.1) 求解类 $\mathcal{D}(\alpha,\beta,\gamma,L_K,0)$ 中问题是稳定的, 其稳定性常数为

$$\mathcal{C}=\sqrt{1+d\tau(\beta+\gamma\tau L_K\nu)}.$$

推论 5.4.22 如果假定 (i) 和 (iii)$_\sharp$ $h(\alpha+\beta+\gamma L_K\tau\eta s)\leqslant l$ 成立. 则带有 PQ 公式的 Runge-Kutta 法 (5.4.1) 求解类 $\mathcal{D}(\alpha,\beta,\gamma,L_K,0)$ 中问题是稳定的, 其稳定性常数为

$$\mathcal{C}=\sqrt{1+d\tau(\beta+\gamma\tau L_K\eta s)}.$$

推论 5.4.23 在假定 (i)$_*$ 和 (iii)$^\sharp$ 下, 带有 CQ 公式的 Runge-Kutta 法 (5.4.1) 求解类 $\mathcal{D}(\alpha,\beta,\gamma,L_K,0)$ 中问题是渐近稳定的.

推论 5.4.24 在假定 (i)$_*$ 和 (iii)$_\sharp$ 下, 带有 PQ 公式的 Runge-Kutta 法 (5.4.1) 求解类 $\mathcal{D}(\alpha,\beta,\gamma,L_K,0)$ 中问题是渐近稳定的.

比较这些结果, 我们发现上述四个推论中所陈述的稳定性结果比已有的结果更为一般和深刻. 特别地, 我们发现由复合梯形求积公式推广的 s 级 Radau IA ($s\geqslant 1$), Radau IIA ($s\geqslant 1$) 或 Lobatto IIIC ($s\geqslant 2$) 能够保持真解的渐近稳定性. 事实上, 我们有下面更实用的结果.

定理 5.4.25 用带有 CQ 公式的 s 级 Radau IA ($s\geqslant 1$), Radau IIA ($s\geqslant 1$) 或 Lobatto IIIC ($s\geqslant 2$) 方法求解类 $\mathcal{D}(\alpha,\beta,\gamma,L_K,0)$ 中问题, 则当

$$\alpha+\beta+\gamma\tau\nu L_K<0$$

成立时, 这些 Runge-Kutta 法是渐近稳定的, 其中 $d_j=b_j$.

定理 5.4.26 用带有 PQ 公式的 s 级 Radau IA ($s \geqslant 1$), Radau IIA ($s \geqslant 1$) 或 Lobatto IIIC ($s \geqslant 2$) 方法求解类 $\mathcal{D}(\alpha, \beta, \gamma, L_K, 0)$ 中问题, 则当

$$\alpha + \beta + \gamma\tau\eta s\Lambda_K < 0$$

成立时, 这些 Runge-Kutta 法是渐近稳定的, 其中 $d_j = b_j$.

5.4.5 数值算例

仍然考虑偏中立型泛函微分方程 (5.3.38) 及初边值条件 (5.3.39)—(5.3.40) 或初边值条件 (5.3.39), (5.3.42) 空间离散后, 我们采用 2 级 Radau IIA 方法配上复合梯形求积公式 (简记为 RadauIICQ) 或 Pouzet 求积公式 (简记为 RadauIIPQ) 求解中立型延迟积分微分方程组. 迭代求解 (5.4.1) 时, 取 $l = 2$. 仍然设原问题 (5.3.38)—(5.3.40) 及带有初始条件 (5.3.42) 的问题 (5.3.38)—(5.3.39) 的数值解分别为 $U_1(x_i, t)$ 和 $U_2(x_i, t)$. 以

$$E(t) = \max_{1 \leqslant i \leqslant N_x - 1} |U_1(x_i, t) - U_2(x_i, t)|$$

表示它们的差. 表 5.4.1列出了 $a = -e^{-1}$ 及 $b = 0.01$ 时的数值结果, 这些数值结果证实了本节所获稳定性结果的正确性.

表 5.4.1 数值方法应用于问题 (5.3.38) 时两解的差 $E(t) = |U_1(x_i, t) - U_2(x_i, t)|$

t	RadauIICQ		RadauIIPQ	
	$h = 0.1$	$h = 0.01$	$h = 0.1$	$h = 0.01$
0.1	$9.275701 \times$ e-01	$9.800226 \times$ e-01	$9.275618 \times$ e-01	$9.800225 \times$ e-01
1	$3.735039 \times$ e-01	$3.545434 \times$ e-01	$3.735050 \times$ e-01	$3.545434 \times$ e-01
5	$6.314180 \times$ e-03	$6.627136 \times$ e-03	$6.314179 \times$ e-03	$6.627136 \times$ e-03
10	$4.254367 \times$ e-05	$4.465401 \times$ e-05	$4.254367 \times$ e-05	$4.465401 \times$ e-05

5.5 单支方法的收敛性

这一节我们将考虑单支方法 (5.3.2) 求解中立型延迟积分微分方程的收敛性, 我们将证明单支方法是 p 阶 E(或 EB)-收敛的当且仅当相应的常微分方程方法是 A-稳定的且经典相容阶为 p (这里 $p = 1, 2$). 本节内容可参见 [215].

5.5.1 收敛性分析 I

在研究中立型延迟积分微分方程的收敛性时, 我们总设问题 (5.1.1) 在有限区间 $[0, T]$ 上有唯一充分光滑的真解 $y(t)$, 并设其具有下文中所需的各阶导数, 满足

$$\left\| \frac{d^i y(t)}{dt^i} \right\| \leqslant M_i, \quad -\tau \leqslant t \leqslant T. \tag{5.5.1}$$

对函数 $K(t,s,y(s),y'(s))$, 设其具有下文所需各阶偏导数, 并满足

$$\left\|\frac{\partial^i K(t,s,y(s),y'(s))}{\partial s^i}\right\| \leqslant N_i, \quad 0\leqslant t\leqslant T, \quad -\tau\leqslant s\leqslant T. \tag{5.5.2}$$

如无特别说明, 下文中恒设 $\gamma\tau\mu<1$. 考虑方法 (5.3.2), 其中 K_n 由复合梯形公式计算, 我们首先给出下述定义.

定义 5.5.1 单支方法 (5.3.2) 称为是 p 阶 E-收敛的, 如果该方法从起始值 $y_0,y_1,\cdots,y_{k-1}$ 出发按定步长 h 求解 $\mathcal{D}(\alpha,\beta,\gamma,L_K,\mu)$ 类初值问题 (5.1.1) 时, 所得到的逼近序列 $\{y_n\}$ 的整体误差有估计

$$\|y(t_n)-y_n\|\leqslant C(t_n)(h^p+\max_{0\leqslant i\leqslant k-1}\|y(t_i)-y_i\|), \quad n\geqslant k, \quad h\in(0,h_0], \tag{5.5.3}$$

这里误差函数 $C(t)$ 与最大容许步长 h_0 仅依赖于方法、常数 α、β、γ、L_K、μ、τ 以及 M_i, N_i.

为研究方法 (5.3.2) 的收敛性, 考虑

$$\rho(E)\hat{y}_n+\alpha_k e_n=hf(\sigma(E)t_n,\sigma(E)\hat{y}_n+\beta_k e_n,\bar{y}_{n-m},\bar{K}_n), \quad n=0,1,\cdots, \tag{5.5.4}$$

这里

$$\hat{y}_n=y(t_n)+c_1h^2y''(t_n), \tag{5.5.5}$$

$$\begin{aligned}\bar{K}_n=h\bigg[&\frac{1}{2}K(\sigma(E)t_n,\sigma(E)t_n,\sigma(E)\hat{y}_n+\beta_k e_n,\bar{Y}_n)\\&+\sum_{j=1}^{m-1}K(\sigma(E)t_n,\sigma(E)t_{n-j},\bar{y}_{n-j},\bar{Y}_{n-j})\\&+\frac{1}{2}K(\sigma(E)t_n,\sigma(E)t_{n-m},\bar{y}_{n-m},\bar{Y}_{n-m})\bigg]\end{aligned} \tag{5.5.6}$$

$$\bar{y}_i=y(\sigma(E)t_i), \quad i=0,1,2,\cdots,n-1, \tag{5.5.7}$$

$$\bar{Y}_i=\begin{cases}f(\sigma(E)t_n,\sigma(E)\hat{y}_n+\beta_k e_n,\bar{y}_{n-m},\bar{K}_n), & i=n,\\ y'(\sigma(E)t_i), & i=0,1,2,\cdots,n-1,\end{cases} \tag{5.5.8}$$

其中

$$c_1=-\frac{1}{2}\sum_{j=0}^{k-1}\left(\beta_j-\frac{\beta_k}{\alpha_k}\alpha_j\right)j^2-\frac{\beta_k}{\alpha_k}\sum_{j=0}^{k}j\beta_j+\frac{1}{2}\left(\sum_{j=0}^{k}j\beta_j\right)^2.$$

由上可知, 对 $n\geqslant 0$, 当步长 h 满足一定条件时, e_n 由 (5.5.4) 唯一确定.

对 $k\times k$ 实对称正定矩阵 $G=[g_{ij}]$, 定义范数 $\|\cdot\|_G$ 为

$$\|U\|_G=\left(\sum_{i,j=1}^{k}g_{ij}\langle u_i,u_j\rangle\right)^{\frac{1}{2}},\qquad U=(u_1^{\mathrm{T}},u_2^{\mathrm{T}},\cdots,u_k^{\mathrm{T}})^{\mathrm{T}}\in\mathbb{C}^{kN}.$$

下面我们讨论方法 (5.3.2) 的收敛性. 为方便计, 我们设本小节下文中出现的诸 h_i,d_i,c_i 依赖于方法、α、β、γ、L_K、τ、μ 和 M_i、N_i.

定理 5.5.2　*若方法 (5.3.1) 是 A-稳定的, 则方法 (5.3.2) 用于求解 $\mathcal{D}(\alpha,\beta,\gamma,L_K,\mu)$ 类初值问题 (5.1.1) 时以下估计成立*

$$\begin{aligned}\|\varepsilon_{n+1}\|_G^2\leqslant{}&(1+h)\|\varepsilon_n\|_G^2+d_1h\|\sigma(E)(y_n-\hat{y}_n)\|^2+d_2h\max_{1\leqslant i\leqslant n-1}\|\sigma(E)(y_i-\hat{y}_i)\|^2\\&+d_3h^5+d_4h^{-1}\|e_n\|^2,\quad n=0,1,\cdots,\quad h\in(0,h_1],\end{aligned}\tag{5.5.9}$$

这里 $\varepsilon_n=[(y_n-\hat{y}_n)^{\mathrm{T}},(y_{n+1}-\hat{y}_{n+1})^{\mathrm{T}},\cdots,(y_{n+k-1}-\hat{y}_{n+k-1})^{\mathrm{T}}]^{\mathrm{T}}$.

证明　由于 A-稳定等价于 G-稳定 (见 [51]), 于是从定义 4.5.1可知存在一 $k\times k$ 实对称正定矩阵 G, 对任意实数列 $\{a_i\}_{i=0}^{k}$, 成立

$$A_1^{\mathrm{T}}GA_1-A_0^{\mathrm{T}}GA_0\leqslant2\sigma(E)a_0\rho(E)a_0,$$

这里 $A_i=(a_i,a_{i+1},\cdots,a_{i+k-1})^{\mathrm{T}}\ (i=0,1)$. 由此按文献 [51,150] 的方法, 有

$$\|\varepsilon_{n+1}\|_G^2-\|\varepsilon_n\|_G^2\leqslant2\Re e\langle\sigma(E)(y_n-\hat{y}_n),\rho(E)(y_n-\hat{y}_n)\rangle.\tag{5.5.10}$$

记 $\hat{\varepsilon}_{n+1}=[(y_{n+1}-\hat{y}_{n+1})^{\mathrm{T}},\cdots,(y_{n+k-1}-\hat{y}_{n+k-1})^{\mathrm{T}},(y_{n+k}-\hat{y}_{n+k}-e_n)^{\mathrm{T}}]^{\mathrm{T}}$, 注意其与 ε_{n+1} 的区别, 同理有

$$\begin{aligned}\|\hat{\varepsilon}_{n+1}\|_G^2\leqslant&\|\varepsilon_n\|_G^2+2\Re e\langle\sigma(E)(y_n-\hat{y}_n)-\beta_ke_n,\\&\rho(E)(y_n-\hat{y}_n)-\alpha_ke_n\rangle.\end{aligned}\tag{5.5.11}$$

利用条件 (5.2.2)—(5.2.3), 由 (5.5.11) 可得

$$\begin{aligned}&\|\hat{\varepsilon}_{n+1}\|_G^2\\\leqslant&\|\varepsilon_n\|_G^2+2h\Re e\langle\sigma(E)(y_n-\hat{y}_n)-\beta_ke_n,\\&f(\sigma(E)t_n,\sigma(E)y_n,\sigma(E)y_{n-m},K_n)-f(\sigma(E)t_n,\sigma(E)\hat{y}_n+\beta_ke_n,\bar{y}_{n-m},\bar{K}_n)\rangle\\\leqslant&\|\varepsilon_n\|_G^2+2h[\alpha\|\sigma(E)(y_n-\hat{y}_n)-\beta_ke_n\|^2+\|\sigma(E)(y_n-\hat{y}_n)-\beta_ke_n\|\\&\times(\beta\|\sigma(E)y_{n-m}-\bar{y}_{n-m}\|+\gamma\|K_n-\bar{K}_n\|)].\end{aligned}\tag{5.5.12}$$

另一方面, 利用条件 (5.2.3)—(5.2.5), 可得

$$\|K_n-\bar{K}_n\|\leqslant\frac{1}{2}h[L_K\|\sigma(E)(y_n-\hat{y}_n)-\beta_ke_n\|$$

$$
\begin{aligned}
&+\mu(\beta\|\sigma(E)y_{n-m}-\bar{y}_{n-m}\|+\gamma\|K_n-\bar{K}_n\|)]\\
&+h\sum_{j=1}^{m-1}[L_K\|\sigma(E)y_{n-j}-\bar{y}_{n-j}\|+\mu(\beta\|\sigma(E)y_{n-m-j}-\bar{y}_{n-m-j}\|\\
&+\gamma\|K_{n-j}-\bar{K}_{n-j}\|)]+\frac{1}{2}h[L_K\|\sigma(E)y_{n-m}-\bar{y}_{n-m}\|\\
&+\mu(\beta\|\sigma(E)y_{n-2m}-\bar{y}_{n-2m}\|+\gamma\|K_{n-m}-\bar{K}_{n-m}\|)],
\end{aligned}\tag{5.5.13}
$$

注意到 $\frac{1}{2}\gamma\mu h<1$, 进而易得

$$
\begin{aligned}
\|K_n-\bar{K}_n\|\leqslant&\frac{2}{2-\gamma\mu h}\Big[\frac{1}{2}h(L_K\|\sigma(E)(y_n-\hat{y}_n)-\beta_k e_n\|\\
&+\mu\beta\|\sigma(E)y_{n-m}-\bar{y}_{n-m}\|)+\tau L_K\max_{1\leqslant j\leqslant m}\|\sigma(E)y_{n-j}-\bar{y}_{n-j}\|\\
&+\beta\tau\mu\max_{m\leqslant j\leqslant 2m}\|\sigma(E)y_{n-j}-\bar{y}_{n-j}\|+\gamma\tau\mu\max_{1\leqslant j\leqslant m}\|K_{n-j}-\bar{K}_{n-j}\|\Big];
\end{aligned}\tag{5.5.14}
$$

对于 $i<n$, 同理可得

$$
\begin{aligned}
\|K_i-\bar{K}_i\|\leqslant&h\sum_{j=0}^{m}{}''[L_K\|\sigma(E)y_{i-j}-\bar{y}_{i-j}\|+\mu(\beta\|\sigma(E)y_{i-m-j}-\bar{y}_{i-m-j}\|\\
&+\gamma\|K_{i-j}-\bar{K}_{i-j}\|)]\\
\leqslant&\tau L_K\max_{0\leqslant j\leqslant m}\|\sigma(E)y_{i-j}-\bar{y}_{i-j}\|+\beta\tau\mu\max_{m\leqslant j\leqslant 2m}\|\sigma(E)y_{i-j}-\bar{y}_{i-j}\|\\
&+\gamma\tau\mu\max_{0\leqslant j\leqslant m}\|K_{i-j}-\bar{K}_{i-j}\|.
\end{aligned}\tag{5.5.15}
$$

由 Taylor 展式易知存在 c_2, 使得

$$
\|\sigma(E)\hat{y}_i-y(\sigma(E)t_i)\|\leqslant c_2h^2,\quad i\leqslant n-1.
$$

于是

$$
\begin{aligned}
\|\sigma(E)y_i-\bar{y}_i\|&=\|\sigma(E)y_i-y(\sigma(E)t_i)\|\\
&\leqslant\|\sigma(E)(y_i-\hat{y}_i)\|+\|\sigma(E)\hat{y}_i-y(\sigma(E)t_i)\|\\
&\leqslant\|\sigma(E)(y_i-\hat{y}_i)\|+c_2h^2.
\end{aligned}\tag{5.5.16}
$$

将上式代入 (5.5.15), 并注意 $y_j=y(t_j)$ 及 $K_j=\bar{K}_j$, $j\leqslant 0$, 可得

$$
\max_{1\leqslant i\leqslant n-1}\|K_i-\bar{K}_i\|\leqslant\tau(L_K+\beta\mu)\left(\max_{1\leqslant i\leqslant n-1}\|\sigma(E)(y_i-\hat{y}_i)\|+c_2h^2\right)
$$

$$+\gamma\tau\mu \max_{1\leqslant i\leqslant n-1}\|K_i-\bar{K}_i\|, \tag{5.5.17}$$

从而

$$\max_{1\leqslant i\leqslant n-1}\|K_i-\bar{K}_i\|\leqslant \frac{\tau(L_K+\beta\mu)}{1-\gamma\tau\mu}\left(\max_{1\leqslant i\leqslant n-1}\|\sigma(E)(y_i-\hat{y}_i)\|+c_2h^2\right). \tag{5.5.18}$$

将 (5.5.18) 代入 (5.5.14) 可进一步推出

$$\begin{aligned}
\|K_n-\bar{K}_n\|\leqslant&\frac{2}{2-\gamma\mu h}\left[\frac{1}{2}h(L_K\|\sigma(E)(y_n-\hat{y}_n)-\beta_k e_n\|\right.\\
&+\mu\beta\|\sigma(E)y_{n-m}-\bar{y}_{n-m}\|)+\tau(L_K+\beta\mu)\max_{1\leqslant j\leqslant 2m}\|\sigma(E)y_{n-j}-\bar{y}_{n-j}\|\\
&\left.+\gamma\tau\mu\frac{\tau(L_K+\beta\mu)}{1-\gamma\tau\mu}\left(\max_{1\leqslant i\leqslant n-1}\|\sigma(E)(y_i-\hat{y}_i)\|+c_2h^2\right)\right]\\
\leqslant&\frac{h}{2-\gamma\mu h}(L_K\|\sigma(E)(y_n-\hat{y}_n)-\beta_k e_n\|+\mu\beta\|\sigma(E)y_{n-m}-\bar{y}_{n-m}\|)\\
&+\frac{2\tau(L_K+\beta\mu)}{(2-\gamma\mu h)(1-\gamma\tau\mu)}\left(\max_{1\leqslant i\leqslant n-1}\|\sigma(E)(y_i-\hat{y}_i)\|+c_2h^2\right),
\end{aligned}$$

并将其代入 (5.5.12) 立得

$$\begin{aligned}
&\|\hat{\varepsilon}_{n+1}\|_G^2\\
\leqslant&\|\varepsilon_n\|_G^2+2h\left\{\alpha\|\sigma(E)(y_n-\hat{y}_n)-\beta_k e_n\|^2+\|\sigma(E)(y_n-\hat{y}_n)-\beta_k e_n\|\right.\\
&\times\left[\beta\|\sigma(E)y_{n-m}-\bar{y}_{n-m}\|+\frac{\gamma hL_K}{2-\gamma\mu h}\|\sigma(E)(y_n-\hat{y}_n)-\beta_k e_n\|\right.\\
&+\frac{\gamma h\mu\beta}{2-\gamma\mu h}\|\sigma(E)y_{n-m}-\bar{y}_{n-m}\|\\
&\left.\left.+\frac{2\tau(L_K+\beta\mu)}{(2-\gamma\mu h)(1-\gamma\tau\mu)}\left(\max_{1\leqslant i\leqslant n-1}\|\sigma(E)(y_i-\hat{y}_i)\|+c_2h^2\right)\right]\right\}\\
\leqslant&\|\varepsilon_n\|_G^2+2h\left[\left(\alpha+\frac{\gamma hL_K}{2-\gamma\mu h}+\frac{(\gamma\tau L_K+\beta)}{(2-\gamma\mu h)(1-\gamma\tau\mu)}\right)\|\sigma(E)(y_n-\hat{y}_n)-\beta_k e_n\|^2\right.\\
&\left.+\frac{(\gamma\tau L_K+\beta)}{(2-\gamma\mu h)(1-\gamma\tau\mu)}\left(\max_{1\leqslant i\leqslant n-1}\|\sigma(E)(y_i-\hat{y}_i)\|+c_2h^2\right)^2\right].
\end{aligned} \tag{5.5.19}$$

于是, 易得

$$\|\hat{\varepsilon}_{n+1}\|_G^2\leqslant\|\varepsilon_n\|_G^2+c_3h\|\sigma(E)(y_n-\hat{y}_n)-\beta_k e_n\|^2+\frac{2(\gamma\tau L_K+\beta)h}{(1-\gamma\tau\mu)^2}c_2^2h^4$$

$$+\frac{2(\gamma\tau L_K+\beta)h}{(1-\gamma\tau\mu)^2}\max_{1\leqslant i\leqslant n-1}\|\sigma(E)(y_i-\hat{y}_i)\|^2,\quad h\leqslant\tau,\tag{5.5.20}$$

这里

$$c_3=\begin{cases}0, & 2\alpha+\dfrac{\gamma\tau L_K}{1-\gamma\mu\tau}+\dfrac{\gamma\tau L_K+\beta}{(1-\gamma\mu\tau)^2}\leqslant 0,\\ 2\alpha+\dfrac{\gamma\tau L_K}{1-\gamma\mu\tau}+\dfrac{\gamma\tau L_K+\beta}{(1-\gamma\mu\tau)^2}, & 2\alpha+\frac{\gamma\tau L_K}{1-\gamma\mu\tau}+\dfrac{\gamma\tau L_K+\beta}{(1-\gamma\mu\tau)^2}>0.\end{cases}$$

因

$$\|\sigma(E)(y_n-\hat{y}_n)-\beta_k e_n\|^2=2\|\sigma(E)(y_n-\hat{y}_n)\|^2+2\beta_k^2\|e_n\|^2\tag{5.5.21}$$

及

$$\begin{aligned}\|\varepsilon_{n+1}\|_G^2\leqslant&\|\hat{\varepsilon}_{n+1}\|_G^2+\lambda_{\max}^G\|e_n\|^2+2\sqrt{\lambda_{\max}^G}\|e_n\|\|\hat{\varepsilon}\|_G\\ \leqslant&(1+h)\|\hat{\varepsilon}_{n+1}\|_G^2+\left(1+\frac{1}{h}\right)\lambda_{\max}^G\|e_n\|^2,\end{aligned}\tag{5.5.22}$$

其中 $\lambda_{\max}^G$ 为 G 的最大特征值, 故

$$\begin{aligned}\|\varepsilon_{n+1}\|_G^2\leqslant&(1+h)\Big[\|\varepsilon_n\|_G^2+2c_3h\|\sigma(E)(y_n-\hat{y}_n)\|^2+2c_3\beta_k^2h\|e_n\|^2\\ &+\frac{2(\gamma\tau L_K+\beta)h}{(1-\gamma\tau\mu)^2}\max_{1\leqslant i\leqslant n-1}\|\sigma(E)(y_i-\hat{y}_i)\|^2\\ &+\frac{2(\gamma\tau L_K+\beta)h}{(1-\gamma\tau\mu)^2}c_2^2h^4+h^{-1}\lambda_{\max}^G\|e_n\|^2\Big]\\ \leqslant&(1+h)\|\varepsilon_n\|_G^2+d_1h\|\sigma(E)(y_n-\hat{y}_n)\|^2+d_2h\max_{1\leqslant i\leqslant n-1}\|\sigma(E)(y_i-\hat{y}_i)\|^2\\ &+d_3h^5+d_4h^{-1}\|e_n\|^2,\quad n=0,1,\cdots,\quad h\in(0,h_1],\end{aligned}\tag{5.5.23}$$

其中

$$h_1=\min\{1,\tau\},\quad d_1=4c_3,\quad d_2=\frac{4(\gamma\tau L_K+\beta)}{(1-\gamma\tau\mu)^2},\quad d_3=\frac{4(\gamma\tau L_K+\beta)}{(1-\gamma\tau\mu)^2}c_2^2,$$

$$d_4=4c_3\beta_k^2+2\lambda_{\max}^G.$$

由此完成定理的证明.

定理 5.5.3 设方法 (5.3.1) 是 A-稳定的, 那么存在 d_5, 使得

$$\|e_n\|\leqslant d_5h^{p+1},\quad h\in(0,h_2],\quad n=0,1,\cdots,\tag{5.5.24}$$

其中 p 为单支方法的经典相容阶, $p=1,2$, h_2 由 (5.5.34) 式定义.

证明　由于方法 (5.3.1) A-稳定, 于是 $\dfrac{\beta_k}{\alpha_k} > 0$ (见 [51, 150]), 其经典相容阶 $p = 1, 2$. 考虑

$$y(\sigma(E)t_n) = \sum_{j=0}^{k-1}\left(\beta_j - \frac{\beta_k}{\alpha_k}\alpha_j\right)\hat{y}_{n+j} + \frac{\beta_k}{\alpha_k}hy'(\sigma(E)t_n) + R_1^{(n)}, \tag{5.5.25}$$

$$\rho(E)\hat{y}_n = hy'(\sigma(E)t_n) + R_2^{(n)}. \tag{5.5.26}$$

由 Taylor 展开式易知存在常数 c_4, 使得

$$R_1^{(n)} \leqslant c_4 h^3, \tag{5.5.27}$$

$$R_2^{(n)} \leqslant c_4 h^{p+1}. \tag{5.5.28}$$

由复化梯形求积公式的误差分析易知存在 c_5, 使得

$$\begin{aligned}
&\left\|\int_{\sigma(E)t_n-\tau}^{\sigma(E)t_n} K(\sigma(E)t_n, s, y(s), y'(s))ds - \bar{K}_n\right\| \\
=& \Big\| \int_{\sigma(E)t_n-\tau}^{\sigma(E)t_n} K(\sigma(E)t_n, s, y(s), y'(s))ds - \tilde{K}_n \\
&+ \frac{h}{2}\Big[K(\sigma(E)t_n, \sigma(E)t_n, y(\sigma(E)t_n), y'(\sigma(E)t_n)) \\
&- K(\sigma(E)t_n, \sigma(E)t_n, \sigma(E)\hat{y}_n + \beta_k e_n, \bar{Y}_n)\Big]\Big\| \\
\leqslant& c_5\tau N_2 h^2 + \frac{h}{2}\Bigg[L_K\|y(\sigma(E)t_n) - \sigma(E)\hat{y}_n - \beta_k e_n\| \\
&+ \gamma\mu\left\|\int_{\sigma(E)t_n-\tau}^{\sigma(E)t_n} K(\sigma(E)t_n, s, y(s), y'(s))ds - \bar{K}_n\right\|\Bigg],
\end{aligned}$$

其中

$$\begin{aligned}
\tilde{K}_n =& h\Bigg[\frac{1}{2}K(\sigma(E)t_n, \sigma(E)t_n, y(\sigma(E)t_n), y'(\sigma(E)t_n)) \\
&+ \sum_{j=1}^{m-1} K(\sigma(E)t_n, \sigma(E)t_{n-j}, \bar{y}_{n-j}, \bar{Y}_{n-j}) \\
&+ \frac{1}{2}K(\sigma(E)t_n, \sigma(E)t_{n-m}, \bar{y}_{n-m}, \bar{Y}_{n-m})\Bigg],
\end{aligned}$$

并进而有

$$\left\|\int_{\sigma(E)t_n-\tau}^{\sigma(E)t_n} K(\sigma(E)t_n, s, y(s), y'(s))ds - \bar{K}_n\right\|$$

$$\leqslant \frac{c_5\tau N_2}{1-\gamma\mu\tau}h^2 + \frac{hL_K}{2(1-\gamma\mu\tau)}\|y(\sigma(E)t_n) - \sigma(E)\hat{y}_n - \beta_k e_n\|, \quad h \leqslant \tau. \tag{5.5.29}$$

由 (5.5.4) 及 (5.5.25) 式可知

$$\begin{aligned} & y(\sigma(E)t_n) - \sigma(E)\hat{y}_n - \beta_k e_n \\ =& \frac{\beta_k}{\alpha_k}h\left[y'(\sigma(E)t_n) - f(\sigma(E)t_n, \sigma(E)\hat{y}_n + \beta_k e_n, \bar{y}_{n-m}, \bar{K}_n)\right] + R_1^{(n)}. \end{aligned} \tag{5.5.30}$$

由此及 (5.5.29) 进一步可得

$$\begin{aligned} & \|y(\sigma(E)t_n) - \sigma(E)\hat{y}_n - \beta_k e_n\|^2 \\ \leqslant & \frac{\beta_k}{\alpha_k}h\|y(\sigma(E)t_n) - \sigma(E)\hat{y}_n - \beta_k e_n\|\Big[\alpha\|y(\sigma(E)t_n) - \sigma(E)\hat{y}_n - \beta_k e_n\| \\ & + \gamma\Big\|\int_{\sigma(E)t_n-\tau}^{\sigma(E)t_n} K(\sigma(E)t_n, s, y(s), y'(s))ds - \bar{K}_n\Big\|\Big] \\ & + R_1^{(n)}\|y(\sigma(E)t_n) - \sigma(E)\hat{y}_n - \beta_k e_n\| \\ \leqslant & \frac{\beta_k}{\alpha_k}\left(\alpha + \frac{\gamma\tau L_K}{2(1-\gamma\mu\tau)}\right)h\|y(\sigma(E)t_n) - \sigma(E)\hat{y}_n - \beta_k e_n\|^2 \\ & + \frac{c_5\gamma\tau N_2\beta_k}{(1-\gamma\mu\tau)\alpha_k}h^3\|y(\sigma(E)t_n) - \sigma(E)\hat{y}_n - \beta_k e_n\| \\ & + R_1^{(n)}\|y(\sigma(E)t_n) - \sigma(E)\hat{y}_n - \beta_k e_n\|. \end{aligned}$$

于是当 $\frac{\beta_k}{\alpha_k}\left(\alpha + \frac{\gamma\tau L_K}{2(1-\gamma\mu\tau)}\right)h < 1$ 时, 有

$$\begin{aligned} & \|y(\sigma(E)t_n) - \sigma(E)\hat{y}_n - \beta_k e_n\| \\ \leqslant & \frac{2\alpha_k(1-\gamma\mu\tau)}{2\alpha_k(1-\gamma\mu\tau) - [2\alpha(1-\gamma\mu\tau) + \gamma\tau L_K]h\beta_k}\left[\frac{c_5\gamma\tau N_2\beta_k}{(1-\gamma\mu\tau)\alpha_k} + c_4\right]h^3 \\ \leqslant & c_6 h^3, \end{aligned} \tag{5.5.31}$$

其中

$$c_6 = \sup_{h\in(0,\ h_1]}\left[\frac{2\alpha_k(1-\gamma\mu\tau)}{2\alpha_k(1-\gamma\mu\tau) - [2\alpha(1-\gamma\mu\tau) + \gamma\tau L_K]h\beta_k}\left(\frac{c_5\gamma\tau N_2\beta_k}{(1-\gamma\mu\tau)\alpha_k} + c_4\right)\right].$$

将 (5.5.31) 代入 (5.5.30) 得

$$\begin{aligned} & \|hy'(\sigma(E)t_n) - hf(\sigma(E)t_n, \sigma(E)\hat{y}_n + \beta_k e_n, \bar{y}_{n-m}, \bar{K}_n)\| \\ \leqslant & \frac{\alpha_k}{\beta_k}\|y(\sigma(E)t_n) - \sigma(E)\hat{y}_n - \beta_k e_n\| + \frac{\alpha_k}{\beta_k}\|R_1^{(n)}\| \end{aligned}$$

$$\leqslant \frac{\alpha_k}{\beta_k}(c_4 + c_6)h^3. \tag{5.5.32}$$

另一方面, 因

$$\alpha_k e_n = hf(\sigma(E)t_n, \sigma(E)\hat{y}_n + \beta_k e_n, \bar{y}_{n-m}, \bar{K}_n) - hy'(\sigma(E)t_n) - R_2^{(n)},$$

从 (5.5.32) 可以推出

$$\alpha_k \|e_n\| \leqslant \frac{\alpha_k}{\beta_k}(c_4 + c_6)h^3 + c_4 h^{p+1}. \tag{5.5.33}$$

令

$$h_2 = \begin{cases} h_1, & \alpha + \dfrac{\gamma\tau L_K}{2(1-\gamma\tau\mu)} \leqslant 0, \\ \min\left\{h_1, \dfrac{\alpha_k(1-\gamma\mu\tau)}{\beta_k[2(1-\gamma\mu\tau)\alpha\beta_k + \gamma\tau L_K]}\right\}, & \alpha + \dfrac{\gamma\tau L_K}{2(1-\gamma\tau\mu)} > 0, \end{cases} \tag{5.5.34}$$

于是从 (5.5.33) 立得 (5.5.24) 式, 其中

$$d_5 = \frac{c_4 + c_6}{\beta_k} + \frac{c_4}{\alpha_k}.$$

证毕.

定理 5.5.4 方法 (5.3.2) p 阶 E-收敛的充分必要条件为相应的常微分方程方法是 A-稳定的且其经典相容阶为 p, 其中 $p = 1, 2$.

证明 首先注意到, 方法 (5.3.2) p 阶 E-收敛意味着方法 (5.3.1) p 阶 B-收敛, 进而意味着 A-稳定且其经典相容阶为 p, $p = 1, 2$ [92].

另一方面, 由定理 5.5.2 和定理 5.5.3 可知

$$\begin{aligned} \|\varepsilon_{n+1}\|_G^2 \leqslant{}& (1+h)\|\varepsilon_n\|_G^2 + d_1 h\|\sigma(E)(y_n - \hat{y}_n)\|^2 + d_2 h \max_{1\leqslant i\leqslant n-1}\|\sigma(E)(y_i - \hat{y}_i)\|^2 \\ & + d_3 h^5 + d_4 d_5 h^{2p+1}, \quad n = 0, 1, \cdots, \quad h \in (0, h_2], \end{aligned}$$

上式递推下去, 有

$$\begin{aligned} \|\varepsilon_{n+1}\|_G^2 \leqslant{}& \|\varepsilon_0\|_G^2 + h\sum_{i=0}^{n}\Big[\|\varepsilon_i\|_G^2 + d_1\|\sigma(E)(y_i - \hat{y}_i)\|^2 \\ & + d_2 \max_{1\leqslant l\leqslant i-1}\|\sigma(E)(y_l - \hat{y}_l)\|^2 + d_3 h^4 + d_4 d_5 h^{2p}\Big]. \end{aligned} \tag{5.5.35}$$

于是

$$\|y_{n+k} - \hat{y}_{n+k}\|^2 \leqslant \frac{\lambda_{\max}^G}{\lambda_{\min}^G}\sum_{j=0}^{k-1}\|y_j - \hat{y}_j\|^2 + \frac{h}{\lambda_{\min}^G}\sum_{i=0}^{n}\Big[\lambda_{\max}^G\sum_{j=0}^{k-1}\|y_{i+j} - \hat{y}_{i+j}\|^2$$

$$+ d_1\|\sigma(E)(y_i - \hat{y}_i)\|^2 + d_2 \max_{1\leqslant j\leqslant i-1} \|\sigma(E)(y_j - \hat{y}_j)\|^2$$
$$+ \ d_3h^4 + d_4d_5h^{2p}\Big], \tag{5.5.36}$$

其中 $\lambda_{\min}^G$ 为 G 的最小特征值. 容易验证, 存在 d_6, 使得

$$\|\sigma(E)(y_i - \hat{y}_i)\|^2 = \left\|\sum_{j=0}^{k} \beta_j(y_{i+j} - \hat{y}_{i+j})\right\|^2 \leqslant d_6 \sum_{j=0}^{k} \|y_{i+j} - \hat{y}_{i+j}\|^2.$$

将其代入 (5.5.36) 可得

$$\begin{aligned}
&\|y_{n+k} - \hat{y}_{n+k}\|^2 \\
\leqslant &\frac{\lambda_{\max}^G}{\lambda_{\min}^G}\sum_{j=0}^{k-1}\|y_j - \hat{y}_j\|^2 + \frac{h}{\lambda_{\min}^G}\sum_{i=0}^{n}\left[\lambda_{\max}^G\sum_{j=0}^{k-1}\|y_{i+j} - \hat{y}_{i+j}\|^2\right. \\
&\left.+d_1d_6\sum_{j=0}^{k}\|y_{i+j} - \hat{y}_{i+j}\|^2 + d_2d_6(k+1)\max_{1\leqslant j\leqslant i+k-1}\|y_j - \hat{y}_j\|^2 + d_3h^4 + d_4d_5h^{2p}\right] \\
\leqslant &\frac{\lambda_{\max}^G}{\lambda_{\min}^G}\sum_{j=0}^{k-1}\|y_j - \hat{y}_j\|^2 + \frac{(k+1)h}{\lambda_{\min}^G}(\lambda_{\max}^G + d_1d_6 + d_2d_6)\sum_{i=0}^{n+k-1}\|y_i - \hat{y}_i\|^2 \\
&+ \frac{n+1}{\lambda_{\min}^G}(d_3h^5 + d_4d_5h^{2p+1}) + \frac{hd_1d_6}{\lambda_{\min}^G}\|y_{n+k} - \hat{y}_{n+k}\|^2.
\end{aligned} \tag{5.5.37}$$

当 $\dfrac{hd_1d_6}{\lambda_{\min}^G} < 1$ 时, 易知存在 c_0, d_0, h_0, d_7 使得

$$\|y_{n+k} - \hat{y}_{n+k}\|^2 \leqslant d_7\sum_{j=0}^{k-1}\|y_j - \hat{y}_j\|^2 + d_0h\sum_{i=0}^{n+k-1}\|y_i - \hat{y}_i\|^2 + c_0t_{n+k}h^{2p},$$
$$n = 0, 1, 2, \cdots, \quad h \in (0, h_0], \tag{5.5.38}$$

其中

$$h_0 = \min\left\{h_2, \frac{\lambda_{\min}^G}{2d_1d_6}\right\}, \quad d_7 = \frac{\lambda_{\max}^G}{\lambda_{\min}^G}, \quad d_0 = \frac{(k+1)}{\lambda_{\min}^G}(\lambda_{\max}^G + d_1d_6 + d_2d_6),$$
$$c_0 = \frac{d_3 + d_4d_5}{\lambda_{\min}^G}.$$

利用离散的 Bellman 不等式, 由 (5.5.38) 可得

$$\|y_{n+k} - \hat{y}_{n+k}\|^2 \leqslant \left[k(d_0 + d_7)\max_{0\leqslant i\leqslant k-1}\|y_i - \hat{y}_i\|^2 + c_0t_{n+k}h^{2p}\right]\exp(d_0t_{n+k}),$$

$$n = 0, 1, 2, \cdots, \quad h \in (0, h_0]. \tag{5.5.39}$$

于是

$$\begin{aligned}
&\|y_{n+k} - y(t_{n+k})\| \\
&= \|y_{n+k} - \hat{y}_{n+k} + \hat{y}_{n+k} - y(t_{n+k})\| \\
&\leqslant |c_1| M_2 h^2 + \left[\sqrt{k(d_0 + d_7)} \left(\max_{0 \leqslant i \leqslant k-1} \|y_i - y(t_i)\| + |c_1| M_2 h^2 \right) \right. \\
&\quad \left. + \sqrt{c_0 t_{n+k}} h^p \right] \exp\left(\frac{1}{2} d_0 t_{n+k} \right), \quad n = 0, 1, 2, \cdots, \quad h \in (0, h_0].
\end{aligned}$$

这意味着单支方法的收敛阶为 $p, p = 1$ 或 2. 证毕.

5.5.2 收敛性分析 II

对问题类 $\mathcal{L}(\alpha, \beta, \gamma, L_y, L_\mu, \mu)$, 我们给出下述定义.

定义 5.5.5 单支方法 (5.3.2) 称为是 p 阶 EB-收敛的, 如果该方法从起始值 $y_0, y_1, \cdots, y_{k-1}$ 出发按定步长 h 求解 $\mathcal{L}(\alpha, \beta, \gamma, L_y, L_\mu, \mu)$ 类初值问题 (5.1.1) 时, 所得到的逼近序列 $\{y_n\}$ 的整体误差有估计

$$\|y(t_n) - y_n\| \leqslant C(t_n)(h^p + \max_{0 \leqslant i \leqslant k-1} \|y(t_i) - y_i\|), \quad n \geqslant k, \quad h \in (0, h_0], \tag{5.5.40}$$

这里误差函数 $C(t)$ 与最大容许步长 h_0 仅依赖于方法、常数 α、$\beta, \gamma, \tau, \gamma\tau\mu L_y, L_\mu$ 以及 M_i, N_i.

完全类似地, 我们可以证明下面的定理.

定理 5.5.6 方法 (5.3.2) p 阶 EB-收敛的充分必要条件为相应的常微分方程方法是 A-稳定的且其经典相容阶为 p, 其中 $p = 1, 2$.

5.5.3 数值算例

数值算例 5.5.1 考虑方程

$$\begin{cases}
y'(t) = f(t, y(t)) + \displaystyle\int_{t-\tau}^{t} K_\kappa(t-s) G(y'(s)) ds + g(t), \quad t \geqslant 0, \\
y(t) = \phi(t), \quad t \in [-\tau, 0],
\end{cases} \tag{5.5.41}$$

其中 $K_\kappa(t-s)$ 仍由 (5.3.33) 定义,

$$f(t, y(t)) = -10y(t), \quad \tau = 1, \quad \kappa = 2, \quad G(u) = 0.2u,$$

而 $g(t) = 0.164e^{-10(t-1)} - 0.004e^{-10t}$ 和 $\phi(t) = e^{-10t}$ 使得 (5.5.41) 的真解为 $y(t) = e^{-10t}$. 现用两种方法: 中点公式 (MPR) 以及 2 阶 BDF 方法 (BDF2) 求

解之, 采用三种步长: $h=0.1$, $h=0.01$ 和 $h=0.001$. 其数值解 y_n 与真解 $y(t_n)$ 的差 $\varepsilon(t_n)=|y_n-y(t_n)|$ 列于表 5.5.1. 数值结果验证了本节的结论.

表 5.5.1 BDF2 及 MPR 应用于问题 (5.5.41) 时的误差 $\varepsilon(T)$

h	0.1	0.01	0.001
BDF2	2.773690×10^{-16}	2.368985×10^{-18}	2.437574×10^{-20}
MPR	2.693473×10^{-16}	2.406000×10^{-18}	2.402233×10^{-20}

数值算例 5.5.2 考虑偏中立型泛函微分方程

$$\begin{aligned}u'(x,t)=&\frac{1}{\pi}\ddot{u}(x,t)+au(x,t-1)+b\int_{t-1}^{t}e^{-s}\sin u(x,s)\cos u'(x,s)ds+g(x,t),\\&x\in[0,1],\quad t\in[0,10],\end{aligned}\tag{5.5.42}$$

其中 $(')=\partial_t$, $(\dot{})=\partial_x$, 初边值条件

$$u(x,t)=(x-x^2+1)e^{-t},\qquad x\in[0,1],\quad t\in[-1,0],\tag{5.5.43}$$

$$u(0,t)=u(1,t)=e^{-t},\qquad t\in[0,10].\tag{5.5.44}$$

选取函数 $g(t,x)$ 使得问题的真解为 $u(x,t)=(x-x^2+1)e^{-t}$. 因此, 可用有限差分在网格点 $x_i=i/N_x$, $i=1,\cdots,N_x-1$ 上代替二阶偏导并且没有截断误差, 这里 N_x 为任给的正整数. 记 $u_i(t)=u(x_i,t)$, $\Delta x=1/N_x$. 应用线方法之后可得如下中立型延迟积分微分

$$\begin{aligned}u_i'(t)=&\frac{1}{\pi\Delta x^2}[u_{i-1}(t)-2u_i(t)+u_{i+1}(t)]+au_i(t-1)\\&+b\int_{t-1}^{t}e^{-s}\sin u_i(s)\cos u_i'(s)ds+g_i(t),\quad t\in[0,10],\\u_0(t)=&\ u_{N_x}(t)=e^{-t},\quad t\in[0,10],\\u_i(t)=&\ (i\Delta x-i^2\Delta x^2+1),\quad i=1,\cdots,N_x-1,\quad t\in[-1,0].\end{aligned}\tag{5.5.45}$$

因而, 我们有 $\alpha=-\frac{4N_x^2}{\pi}\sin\frac{\pi}{2N_x}$, $\beta=|a|$, $\gamma=|b|$, $L_K=e+\frac{4eN_x^2}{\pi}$, $\mu=e$, $L_y=\frac{4N_x^2}{\pi}$, $L_\mu=e$.

对线方法, 取 $\Delta x=0.1$, 而对问题 (5.5.45) 的求解, 我们采用 2 阶 BDF 方法 (BDF2) 及中点公式 (MPR). 迭代求解 (5.3.22) 时, 取 $l=2$. 以

$$\varepsilon(T)=\max_{1\leqslant i\leqslant N_x-1}|U_i(T)-u(x_i,T)|$$

表示方法应用于问题 (5.5.45) 的误差, 其中 $U_i(T)$ 表示在点 $T=10$ 的数值逼近. 表 5.5.2 列出了 $a=-e^{-1}$ 及 $b=0.01$ 时的数值结果, 这些数值结果证实了本节所获收敛性结果的正确性.

表 5.5.2 BDF2 及 MPR 应用于问题 (5.5.45) 时的误差 $\varepsilon(T)$ $(h=1/m)$

m	10	20	40	80
BDF2	7.748076×10^{-8}	1.866404×10^{-8}	4.579712×10^{-9}	1.134266×10^{-9}
MPR	3.212700×10^{-8}	8.039485×10^{-9}	2.010355×10^{-9}	5.026191×10^{-10}

5.6 Runge-Kutta 法的收敛性

这一节我们将考虑 Runge-Kutta 法 (5.4.1) 求解中立型延迟积分微分方程的收敛性, 可参见 [217]. 为此, 我们首先给出下面的定义.

定义 5.6.1 带有求积公式的 Runge-Kutta 法 (5.4.1) 称为是 p 阶 E-收敛的, 如果当其求解属于类 $\mathcal{D}(\alpha,\beta,\gamma,L_K,\mu)$ 中问题 (5.1.1) 时, 整体误差有估计

$$\|y(t_n)-y_n\|\leqslant c(t_n)h^p,\quad n\geqslant 1,\quad h\in(0,H_0],\tag{5.6.1}$$

这里连续函数 $c(t)$ 与最大容许步长 H_0 仅依赖于方法、α、β、γ、L_K、τ、μ 以及 M_i、N_i.

命题 5.6.2 E-收敛性蕴涵 B-收敛性.

定义 5.6.3 (Butcher [36]) 称 Runge-Kutta 法 (A,b^{T},c) 的级阶为 p, 如果 p 是使下列简化条件成立的最大整数,

(1) $B(p)$: $b^{\mathrm{T}}c^{i-1}=1/i, i=1,2,\cdots,p$;

(2) $C(p)$: $Ac^{i-1}=c^i/i, i=1,2,\cdots,p$,

其中 $c^i=(c_1^i,c_2^i,\cdots,c_s^i)^{\mathrm{T}}$.

现在我们引入一些记号. 对任意给定的 $k\times l$ 实矩阵 $G=[g_{ij}]$, 可相应地定义一线性映射 $G:\mathbb{C}^{lN}\to\mathbb{C}^{kN}$, 使得对于任意的 $U=[u_1^{\mathrm{T}},u_2^{\mathrm{T}},\cdots,u_l^{\mathrm{T}}]^{\mathrm{T}}\in\mathbb{C}^{lN}, u_i\in\mathbb{C}^N$ 有

$$GU=V=[v_1^{\mathrm{T}},v_2^{\mathrm{T}},\cdots,v_k^{\mathrm{T}}]^{\mathrm{T}}\in\mathbb{C}^{kN},$$

这里 $v_i=\sum\limits_{j=1}^{l}g_{ij}u_j$, $i=1,2,\cdots,k$. 乘积空间 $\mathbb{C}^{kN}$ 中元素的内积及内积范数定义为

$$\langle U,V\rangle=\sum_{i=1}^{k}\langle u_i,v_i\rangle,\quad \|U\|=\left(\sum_{i=1}^{k}\|u_i\|^2\right)^{1/2},$$

这里

$$U = [u_1^{\mathrm{T}}, u_2^{\mathrm{T}}, \cdots, u_k^{\mathrm{T}}]^{\mathrm{T}} \in \mathbb{C}^{kN},$$
$$V = [v_1^{\mathrm{T}}, v_2^{\mathrm{T}}, \cdots, v_k^{\mathrm{T}}]^{\mathrm{T}} \in \mathbb{C}^{kN}, \quad u_i, v_i \in \mathbb{C}^N, \quad i = 1, 2, \cdots, k.$$

线性映射 G 的范数 $\|G\|$ 由矩阵 G 的谱范数定义. 下面, 我们也使用范数

$$\|U\|_\infty = \max_{1 \leqslant i \leqslant k} \|u_i\|, \quad U = [u_1^{\mathrm{T}}, u_2^{\mathrm{T}}, \cdots, u_k^{\mathrm{T}}]^{\mathrm{T}} \in \mathbb{C}^{kN}.$$

5.6.1 主要结果及其证明

本小节我们主要对代数稳定 Runge-Kutta 法求解类 $\mathcal{D}(\alpha, \beta, \gamma, L_K, \mu)$ 中问题时的误差进行分析. 对任意 $n \geqslant 0$, $R_i^{(n)}$, $i = 1, \cdots, s$ 及 $R_0^{(n)}$ 由下式定义

$$\begin{cases} y(t_{n,i}) = y(t_n) + h\displaystyle\sum_{j=1}^{s} a_{ij} f(t_{n,j}, y(t_{n,j}), y(t_{n-m,j}), \bar{K}_j^{(n)}) + R_i^{(n)}, \quad i = 1, \cdots, s, \\ y(t_{n+1}) = y(t_n) + h\displaystyle\sum_{j=1}^{s} b_j f(t_{n,j}, y(t_{n,j}), y(t_{n-m,j}), \bar{K}_j^{(n)}) + R_0^{(n)}, \quad n \geqslant 0, \end{cases} \tag{5.6.2}$$

这里

$$\bar{K}_j^{(n)} = \int_{t_{n,j}-\tau}^{t_{n,j}} K(t_{n,j}, \theta, y(\theta), y'(\theta)) d\theta. \tag{5.6.3}$$

利用 Taylor 展开和条件 $B(p)$ 及 $C(p)$, 容易证明存在仅依赖于方法和问题真解的某些导数界 M_i 的常数 $\bar{d}_0$ 和 $\bar{d}_1$, 使得

$$\|R_0^{(n)}\| \leqslant \bar{d}_0 h^{p+1}, \quad \|R^{(n)}\| \leqslant \bar{d}_1 h^{p+1}, \tag{5.6.4}$$

这里 $R^{(n)} = [R_1^{(n)\mathrm{T}}, R_2^{(n)\mathrm{T}}, \cdots, R_s^{(n)\mathrm{T}}]^{\mathrm{T}}$. 为估计误差 $\|y(t_{n+1}) - y_{n+1}\|$, 考虑一个扰动积分步

$$\begin{cases} \hat{Y}_i^{(n)} = y(t_n) + h\displaystyle\sum_{j=1}^{s} a_{ij} f(t_{n,j}, \hat{Y}_j^{(n)}, y(t_{n-m,j}), \hat{K}_j^{(n)}), \quad i = 1, 2, \cdots, s, \\ \hat{y}_{n+1} = y(t_n) + h\displaystyle\sum_{j=1}^{s} b_j f(t_{n,j}, \hat{Y}_j^{(n)}, y(t_{n-m,j}), \hat{K}_j^{(n)}), \quad n \geqslant 0. \end{cases} \tag{5.6.5}$$

因为我们使用了两种不同求积公式：CQ 公式和 PQ 公式, 从而 $\hat{K}_j^{(n)}$ 具有不同形式并将在后文中给出.

对 $0 \leqslant i \leqslant n, 1 \leqslant j \leqslant s$, 引入下面的记号是方便的:

$$
\begin{aligned}
&W_j^{(i)} = y(t_{i,j}) - \hat{Y}_j^{(i)}, \quad W^{(i)} = [W_1^{(i)\mathrm{T}}, W_2^{(i)\mathrm{T}}, \cdots, W_s^{(i)\mathrm{T}}]^{\mathrm{T}} \in \mathbb{C}^{sN},\\
&\hat{W}_j^{(i)} = \hat{Y}_j^{(i)} - Y_j^{(i)}, \quad \hat{W}^{(i)} = [\hat{W}_1^{(i)\mathrm{T}}, \hat{W}_2^{(i)\mathrm{T}}, \cdots, \hat{W}_s^{(i)\mathrm{T}}]^{\mathrm{T}} \in \mathbb{C}^{sN},\\
&\bar{W}_j^{(i)} = y(t_{i,j}) - Y_j^{(i)}, \quad \bar{W}^{(i)} = [\bar{W}_1^{(i)\mathrm{T}}, \bar{W}_2^{(i)\mathrm{T}}, \cdots, \bar{W}_s^{(i)\mathrm{T}}]^{\mathrm{T}} \in \mathbb{C}^{sN},\\
&Q_j = h[f(t_n + c_j h, y(t_{n,j}), y(t_{n-m,j}), \bar{K}_j^{(n)}) - f(t_n + c_j h, \hat{Y}_j^{(n)}, y(t_{n-m,j}), \hat{K}_j^{(n)})],\\
&\hat{Q}_j = h[f(t_n + c_j h, \hat{Y}_j^{(n)}, y(t_{n-m,j}), \hat{K}_j^{(n)}) - f(t_n + c_j h, Y_j^{(n)}, Y_j^{(n-m)}, K_j^{(n)})],
\end{aligned}
$$

以及

$$
Q = [Q_1^{\mathrm{T}}, Q_2^{\mathrm{T}}, \cdots, Q_s^{\mathrm{T}}]^{\mathrm{T}} \in \mathbb{C}^{sN}, \quad \hat{Q} = [\hat{Q}_1^{\mathrm{T}}, \hat{Q}_2^{\mathrm{T}}, \cdots, \hat{Q}_s^{\mathrm{T}}]^{\mathrm{T}} \in \mathbb{C}^{sN}.
$$

1. 带有 CQ 公式的 Runge-Kutta 法收敛性分析

在这一小节, 我们给出带有 CQ 公式的 Runge-Kutta 法收敛性结果. 此时, 定义 $\hat{K}_j^{(n)}$ 如下

$$
\hat{K}_j^{(n)} = h\sum_{i=1}^{m} \nu_i K(t_{n,j}, t_{n-i,j}, y(t_{n-i,j}), y'(t_{n-i,j})) + h\nu_0 K(t_{n,j}, t_{n,j}, \hat{Y}_j^{(n)}, \hat{\bar{Y}}_j^{(n)}),
\tag{5.6.6}
$$

其中 $\hat{\bar{Y}}_j^{(n)}$ 由下式决定

$$
\hat{\bar{Y}}_j^{(n)} = f(t_{n,j}, \hat{Y}_j^{(n)}, y(t_{n-m,j}), \hat{K}_j^{(n)}).
\tag{5.6.7}
$$

由文献 [25] 中定理 2.1.1 可知, CQ 公式收敛当且仅当其对所有多项式收敛且存在一不依赖于 m 的有限常数 ν 使得

$$
h\sum_{i=0}^{m} |\nu_i| < \nu,
\tag{5.6.8}
$$

其中 $mh = \tau$. 因此, 在这一小节, 我们始终假定 (5.6.8) 成立.

引理 5.6.4 设 CQ 公式是基于 q 次多项式的 r-点复合求积公式. 若一 s 级 Runge-Kutta 法 (A, b^{T}, c) 与其一起求解属于类 $\mathcal{D}(\alpha, \beta, \gamma, L_K, \mu)$ 中问题 (5.1.1), 则当 $\mu\gamma\nu < 1$ 时, 有

$$
\|\bar{K}_j^{(n)} - \hat{K}_j^{(n)}\| \leqslant \frac{1}{1 - \mu\gamma\nu}\left[\nu L_K \|W_j^{(n)}\| + c_q h^{q+1}\right],
\tag{5.6.9}
$$

这里 c_q 仅依赖于求积公式及 N_{q+1}.

证明 从 CQ 公式的误差估计及条件 (5.2.2)—(5.2.3) 容易推出

$$\begin{aligned}\|\bar{K}_j^{(n)}-\hat{K}_j^{(n)}\|=&\Big\|\bar{K}_j^{(n)}-h\sum_{i=0}^{m}\nu_iK(t_{n,j},t_{n-i,j},y(t_{n-i,j}),y'(t_{n-i,j}))\\&+h\nu_0\left[K(t_{n,j},t_{n,j},y(t_{n,j}),y'(t_{n,j}))-K(t_{n,j},t_{n,j},\hat{Y}_j^{(n)},\hat{\hat{Y}}_j^{(n)})\right]\Big\|\\\leqslant&c_qh^{q+1}+h|\nu_0|\left[L_K\|W_j^{(n)}\|+\mu\gamma\|\bar{K}_j^{(n)}-\hat{K}_j^{(n)}\|\right].\end{aligned}\tag{5.6.10}$$

从而当 $\mu\gamma\nu<1$ 时, 有

$$\|\bar{K}_j^{(n)}-\hat{K}_j^{(n)}\|\leqslant\frac{1}{1-\mu\gamma|\nu_0|h}\left[h|\nu_0|L_K\|W_j^{(n)}\|+c_qh^{q+1}\right],$$

这蕴涵着不等式 (5.6.9).

引理 5.6.5 设 CQ 公式是基于 q 次多项式的 r-点复合求积公式. 若一 s 级 Runge-Kutta 法 (A,b^{T},c) 与其一起求解属于类 $\mathcal{D}(\alpha,\beta,\gamma,L_K,\mu)$ 中问题 (5.1.1), 则当 $\mu\gamma\nu<1$ 时, 有

$$\|\bar{K}_j^{(n-i)}-K_j^{(n-i)}\|\leqslant\frac{c_qh^{q+1}}{1-\gamma\mu\nu}+\frac{\nu(L_K+\mu\beta)}{1-\gamma\mu\nu}\max_{0\leqslant k\leqslant n-i}\|\bar{W}_j^{(k)}\|,\quad i=1,\cdots,n\tag{5.6.11}$$

和

$$\begin{aligned}&\|\hat{K}_j^{(n)}-K_j^{(n)}\|\\\leqslant&\frac{\nu(L_K+\mu\beta)}{1-\mu\gamma\nu}\max_{0\leqslant i\leqslant n-1}\|\bar{W}_j^{(i)}\|+\frac{c_qh^{q+1}}{1-\gamma\mu\nu}+\frac{\nu L_K}{1-\mu\gamma\nu}\|\hat{W}_j^{(n)}\|.\end{aligned}\tag{5.6.12}$$

证明 由 CQ 公式的误差估计及 (5.6.3) 可得

$$\begin{aligned}&\|\bar{K}_j^{(n-i)}-K_j^{(n-i)}\|\\=&\Big\|\bar{K}_j^{(n-i)}-h\sum_{k=0}^{m}\nu_kK(t_{n-i,j},t_{n-i-k,j},y(t_{n-i-k,j}),y'(t_{n-i-k,j}))\\&+h\sum_{k=0}^{m}\nu_kK(t_{n-i,j},t_{n-i-k,j},y(t_{n-i-k,j}),y'(t_{n-i-k,j}))-K_j^{(n-i)}\Big\|\\\leqslant&c_qh^{q+1}+h\sum_{k=0}^{m}|\nu_k|\left[L_K\|\bar{W}_j^{(n-i-k)}\|\right.\\&\left.+\mu\beta\|\bar{W}_j^{(n-i-k-m)}\|+\mu\gamma\|\bar{K}_j^{(n-i-k)}-K_j^{(n-i-k)}\|\right].\end{aligned}$$

并因此有

$$
\begin{aligned}
&\|\bar{K}_j^{(n-i)} - K_j^{(n-i)}\| \\
\leqslant &\frac{c_q h^{q+1}}{1-\gamma\mu|\nu_0|h} + \frac{\mu\gamma h}{1-\gamma\mu|\nu_0|h}\sum_{k=1}^{m}|\nu_k|\|\bar{K}_j^{(n-i-k)} - K_j^{(n-i-k)}\| \\
&+ \frac{h}{1-\gamma\mu|\nu_0|h}\sum_{k=0}^{m}|\nu_k|\left[L_K\|\bar{W}_j^{(n-i-k)}\| + \mu\beta\|\bar{W}_j^{(n-i-k-m)}\|\right] \\
\leqslant &\vartheta \max_{1\leqslant k\leqslant m}\|\bar{K}_j^{(n-i-k)} - K_j^{(n-i-k)}\| + \frac{c_q h^{q+1}}{1-\gamma\mu|\nu_0|h} \\
&+ \frac{\nu}{1-\gamma\mu|\nu_0|h}(L_K+\mu\beta)\max_{0\leqslant k\leqslant 2m}\|\bar{W}_j^{(n-i-k)}\|,
\end{aligned}
$$

式中

$$
\vartheta = \frac{\mu\gamma h}{1-\gamma\mu|\nu_0|h}\sum_{k=1}^{m}|\nu_k| < 1.
$$

我们进一步可得

$$
\begin{aligned}
&\|\bar{K}_j^{(n-i)} - K_j^{(n-i)}\| \\
\leqslant &\frac{c_q h^{q+1}}{1-\gamma\mu\nu} + \frac{\nu(L_K+\mu\beta)}{1-\gamma\mu|\nu_0|h}\sum_{\varpi=0}^{n+m-1}\vartheta^{\varpi}\max_{0\leqslant k\leqslant n-i}\|\bar{W}_j^{(k)}\|,
\end{aligned}
\tag{5.6.13}
$$

上式蕴涵着不等式 (5.6.11). 另一方面, 由 CQ 公式的误差估计和 (5.6.6), 可得

$$
\begin{aligned}
&\|\hat{K}_j^{(n)} - K_j^{(n)}\| \\
=&\|h\sum_{i=1}^{m}\nu_i K(t_{n,j}, t_{n-i,j}, y(t_{n-i,j}), y'(t_{n-i,j})) + h\nu_0 K(t_{n,j}, t_{n,j}, \hat{Y}_j^{(n)}, \hat{\tilde{Y}}_j^{(n)}) \\
&- h\sum_{i=0}^{m}\nu_i K(t_{n,j}, t_{n-i,j}, Y_j^{(n-i)}, \tilde{Y}_j^{(n-i)})\| \\
\leqslant &h\sum_{i=1}^{m}|\nu_i|\left[L_K\|\bar{W}_j^{(n-i)}\| + \mu\beta\|\bar{W}_j^{(n-i-m)}\| + \mu\gamma\|\bar{K}_j^{(n-i)} - K_j^{(n-i)}\|\right] \\
&+ h|\nu_0|\left[L_K\|\hat{W}_j^{(n)}\| + \mu\beta\|\bar{W}_j^{(n-m)}\| + \mu\gamma\|\hat{K}_j^{(n)} - K_j^{(n)}\|\right],
\end{aligned}
$$

并因此有

$$
\begin{aligned}
\|\hat{K}_j^{(n)} - K_j^{(n)}\| \leqslant &\frac{h}{1-\mu\gamma|\nu_0|h}\sum_{i=1}^{m}|\nu_i|\left[L_K\|\bar{W}_j^{(n-i)}\| + \mu\beta\|\bar{W}_j^{(n-i-m)}\|\right. \\
&\left. + \mu\gamma\|\bar{K}_j^{(n-i)} - K_j^{(n-i)}\|\right]
\end{aligned}
$$

$$
+\frac{|\nu_0|h}{1-\mu\gamma|\nu_0|h}\left[L_K\|\hat{W}_j^{(n)}\|+\mu\beta\|\bar{W}_j^{(n-m)}\|\right]. \tag{5.6.14}
$$

将 (5.6.13) 代入 (5.6.14) 易得

$$
\begin{aligned}
\|\hat{K}_j^{(n)}-K_j^{(n)}\| \leqslant & \frac{c_q h^{q+1}}{1-\gamma\mu\nu}+\frac{\nu(L_K+\mu\beta)}{1-\mu\gamma|\nu_0|h}\max_{1\leqslant i\leqslant 2m}\|\bar{W}_j^{(n-i)}\| \\
& +\frac{\nu(L_K+\mu\beta)}{1-\mu\gamma|\nu_0|h}\vartheta\sum_{\varpi=0}^{n+m-1}\vartheta^{\varpi}\max_{0\leqslant k\leqslant n-1}\|\bar{W}_j^{(k)}\|+\frac{|\nu_0|hL_K}{1-\mu\gamma|\nu_0|h}\|\hat{W}_j^{(n)}\| \\
\leqslant & \frac{\nu(L_K+\mu\beta)}{1-\mu\gamma\nu}\max_{0\leqslant i\leqslant n-1}\|\bar{W}_j^{(i)}\|+\frac{c_q h^{q+1}}{1-\gamma\mu\nu}+\frac{|\nu_0|hL_K}{1-\mu\gamma|\nu_0|h}\|\hat{W}_j^{(n)}\|,
\end{aligned}
$$

由上式可得 (5.6.12). 证毕.

定理 5.6.6 设 CQ 公式是基于 q 次多项式的 r-点复合求积公式. 若一 s 级对角稳定 Runge-Kutta 法 (A, b^{T}, c) 与其一起求解属于类 $\mathcal{D}(\alpha,\beta,\gamma,L_K,\mu)$ 中问题 (5.1.1), 则当 $\mu\gamma\nu<1$ 时, 存在仅依赖于方法的常数 c_1, c_2, c_3, 使得

$$
\begin{aligned}
&\|y(t_{n+1})-\hat{y}_{n+1}\| \\
\leqslant & c_1\left(\|R^{(n)}\|+\|R_0^{(n)}\|\right)+\frac{c_2\gamma c_q}{1-\gamma\mu\nu}h^{q+2}, \quad \left(\alpha+\frac{\gamma\nu L_K}{1-\mu\gamma\nu}\right)h\leqslant c_3.
\end{aligned} \tag{5.6.15}
$$

证明 方法 (A, b^{T}, c) 的对角稳定性意味着存在 $s\times s$ 对角矩阵 $P=\mathrm{diag}(p_1, p_2,\cdots,p_s)>0$, 使得

$$
\hat{P}:=PA+A^{\mathrm{T}}P>0. \tag{5.6.16}
$$

由此显见矩阵 A 非奇, 且存在仅依赖于方法的常数 $\tilde{c}_3>0$, 使得

$$
E:=A^{-\mathrm{T}}\hat{P}A^{-1}-2\tilde{c}_3P>0. \tag{5.6.17}
$$

另一方面, 从 (5.2.2) 及 (5.2.3) 可得

$$
2\Re e\langle Q, PW^{(n)}\rangle \leqslant 2\alpha h\Re e\langle W^{(n)}, PW^{(n)}\rangle+2h\gamma\sum_{j=1}^{s}p_j\|W_j^{(n)}\|\|\bar{K}_j^{(n)}-\hat{K}_j^{(n)}\|. \tag{5.6.18}
$$

将 (5.6.9) 代入 (5.6.18) 可得

$$
\begin{aligned}
&2\Re e\langle Q, PW^{(n)}\rangle \\
\leqslant & 2h\left(\alpha+\frac{\gamma\nu L_K}{1-\mu\gamma\nu}\right)\Re e\langle W^{(n)}, PW^{(n)}\rangle+\frac{2\gamma\sqrt{s}c_q h^{q+2}}{1-\mu\gamma\nu}\|P\|\|W^{(n)}\|.
\end{aligned} \tag{5.6.19}
$$

当 $\left(\alpha+\dfrac{\gamma\nu L_K}{1-\mu\gamma\nu}\right)h\leqslant\tilde{c}_3$ 时, 从 (5.6.16), (5.6.17) 及 (5.6.19) 可以推出

$$\begin{aligned}-\frac{2\gamma\sqrt{s}c_qh^{q+2}}{1-\mu\gamma\nu}\|P\|\|W^{(n)}\|\leqslant&\Re e\langle W^{(n)},2\tilde{c}_3PW^{(n)}\rangle+2\Re e\langle Q,-PW^{(n)}\rangle\\=&-\langle W^{(n)},EW^{(n)}\rangle+2\langle PA^{-1}W^{(n)}-PQ,W^{(n)}\rangle\\\leqslant&-\lambda_{\min}^E\|W^{(n)}\|^2+\|2PA^{-1}\|\|W^{(n)}\|\|R^{(n)}\|.\end{aligned}$$

上式蕴涵着

$$\lambda_{\min}^E\|W^{(n)}\|\leqslant\|2PA^{-1}\|\|R^{(n)}\|+\frac{2\gamma\sqrt{s}c_qh^{q+2}}{1-\mu\gamma\nu}\|P\|,$$

并因此有

$$\|W^{(n)}\|\leqslant\tilde{c}_1\|R^{(n)}\|+\frac{\gamma c_q\tilde{c}_2h^{q+2}}{1-\mu\gamma\nu},\quad\left(\alpha+\frac{\gamma\nu L_K}{1-\mu\gamma\nu}\right)h\leqslant\tilde{c}_3,\tag{5.6.20}$$

这里

$$\tilde{c}_1=\frac{\|2PA^{-1}\|}{\lambda_{\min}^E},\quad\tilde{c}_2=\frac{2\sqrt{s}\|P\|}{\lambda_{\min}^E}.$$

鉴于式 (5.6.20), 可进一步得到

$$\begin{aligned}\|y(t_{n+1})-\hat{y}_{n+1}\|\leqslant&\|b^{\mathrm{T}}Q+R_0^{(n)}\|=\|b^{\mathrm{T}}A^{-1}(W^{(n)}-R^{(n)})+R_0^{(n)}\|\\\leqslant&\|b^{\mathrm{T}}A^{-1}\|\left(\|W^{(n)}\|+\|R^{(n)}\|\right)+\|R_0^{(n)}\|\\\leqslant&(1+\tilde{c}_1)\|b^{\mathrm{T}}A^{-1}\|\|R^{(n)}\|+\|R_0^{(n)}\|+\frac{\gamma c_q\tilde{c}_2h^{q+2}}{1-\mu\gamma\nu}\|b^{\mathrm{T}}A^{-1}\|,\end{aligned}\tag{5.6.21}$$

从上式可知式 (5.6.15) 成立, 其中

$$c_1=\max\{(1+\tilde{c}_1)\|b^{\mathrm{T}}A^{-1}\|,1\},\quad c_2=\tilde{c}_2\|b^{\mathrm{T}}A^{-1}\|,\quad c_3=\tilde{c}_3.$$

由此完成定理的证明.

定理 5.6.7　*设 CQ 公式是基于 q 次多项式的 r-点复合求积公式, s 级对角稳定 Runge-Kutta 法 (A,b^{T},c) 代数稳定且级阶为 p. 若 $\mu\gamma\nu<1$, 则带有 CQ 公式的此 Runge-Kutta 法至少是 $\min\{p,q+1\}$ 阶 E-收敛.*

证明　方法 (A,b^{T},c) 的代数稳定性意味着

$$\|\hat{y}_{n+1}-y_{n+1}\|^2\leqslant\|y(t_n)-y_n\|^2+2\Re e\langle\hat{W}^{(n)},B\hat{Q}\rangle,\tag{5.6.22}$$

这里 $B = \text{diag}(b_1, b_2, \cdots, b_s) > 0$. 记 $\alpha_0 = \max\{0, \alpha\}$, 从式 (5.2.2)—(5.2.3) 可得

$$
\begin{aligned}
2\Re e\langle \hat{W}^{(n)}, B\hat{Q}\rangle \leqslant & 2\alpha_0 h\|B\|\|\hat{W}^{(n)}\|^2 + 2\beta h\sum_{j=1}^{s} b_j\|\hat{W}_j^{(n)}\|\|\bar{W}_j^{(n-m)}\| \\
& + 2\gamma h\sum_{j=1}^{s} b_j\|\hat{W}_j^{(n)}\|\|\hat{K}_j^{(n)} - K_j^{(n)}\|. \quad (5.6.23)
\end{aligned}
$$

将 (5.6.12) 代入 (5.6.23) 可推出

$$
\begin{aligned}
& \|\hat{y}_{n+1} - y_{n+1}\|^2 \\
\leqslant & \|y(t_n) - y_n\|^2 + \left(2\alpha_0 + \frac{\beta + \gamma\nu L_K + \gamma c_q}{1 - \gamma\mu\nu} + \frac{2\gamma|\nu_0|hL_K}{1 - \mu\gamma|\nu_0|h}\right) h\|B\|\|\hat{W}^{(n)}\|^2 \\
& + \frac{\beta + \gamma\nu L_K}{1 - \gamma\mu\nu} h\|B\| \max_{0\leqslant i\leqslant n-1}\|\bar{W}^{(i)}\|^2 + \frac{\gamma c_q h\|B\|}{1 - \gamma\mu\nu} h^{2(q+1)} \\
\leqslant & \|y(t_n) - y_n\|^2 + \hat{d}_1 h\|\hat{W}^{(n)}\|^2 + \hat{d}_2 h \max_{0\leqslant i\leqslant n-1}\|\bar{W}^{(i)}\|^2 + \hat{d}_3 h^{2(q+1)+1}, \quad (5.6.24)
\end{aligned}
$$

这里

$$
\begin{aligned}
\hat{d}_1 &= \left(2\alpha_0 + \frac{\beta + \gamma\nu L_K + \gamma c_q}{1 - \gamma\mu\nu} + \frac{2\gamma|\nu_0|hL_K}{1 - \mu\gamma|\nu_0|h}\right)\|B\|, \\
\hat{d}_2 &= \frac{\beta + \gamma\nu L_K}{1 - \gamma\mu\nu}\|B\|, \quad \hat{d}_3 = \frac{\gamma c_q\|B\|}{1 - \gamma\mu\nu}.
\end{aligned}
$$

另一方面, 我们有

$$
\begin{aligned}
& 2\Re e\langle \hat{Q}, P\hat{W}^{(n)}\rangle \\
\leqslant & 2\alpha h\Re e\langle \hat{W}^{(n)}, P\hat{W}^{(n)}\rangle + 2\beta h\|P\|\|\hat{W}^{(n)}\|\|\bar{W}^{(n-m)}\| \\
& + 2h\gamma\sum_{j=1}^{s} p_j\|\hat{W}_j^{(n)}\|\|\hat{K}_j^{(n)} - K_j^{(n)}\| \\
\leqslant & 2\left(\alpha + \frac{\gamma|\nu_0|hL_K}{1 - \mu\gamma|\nu_0|h}\right) h\Re e\langle \hat{W}^{(n)}, P\hat{W}^{(n)}\rangle + \frac{2\gamma\sqrt{s}c_q h^{q+2}}{1 - \gamma\mu\nu}\|P\|\|\hat{W}^{(n)}\| \\
& + \frac{2(\beta + \gamma\nu L_K)}{1 - \mu\nu\gamma} h\|P\|\|\hat{W}^{(n)}\| \max_{0\leqslant i\leqslant n-1}\|\bar{W}^{(i)}\|.
\end{aligned}
$$

类似于不等式 (5.6.20), 可得

$$
\begin{aligned}
\|\hat{W}^{(n)}\| \leqslant & s\tilde{c}_1\|y(t_n) - y_n\| + \frac{\gamma c_q\tilde{c}_2 h^{q+2}}{1 - \mu\gamma\nu} + \frac{(\beta + \gamma\nu L_K)\tilde{c}_2}{1 - \gamma\mu\nu} h \max_{0\leqslant i\leqslant n-1}\|\bar{W}^{(i)}\|, \\
& \left(\alpha + \frac{\gamma\nu L_K}{1 - \mu\gamma\nu}\right) h \leqslant \tilde{c}_3, \quad (5.6.25)
\end{aligned}
$$

故有

$$
\begin{aligned}
\|\bar{W}^{(i)}\| \leqslant & \|W^{(i)}\| + \|\hat{W}^{(i)}\| \\
\leqslant & \tilde{c}_1(s\|y(t_i) - y_i\| + \|R^{(i)}\|) + \frac{2\gamma c_q \tilde{c}_2 h^{q+2}}{1-\mu\gamma\nu} \\
& + \frac{(\beta+\gamma\nu L_K)\tilde{c}_2}{1-\gamma\mu\nu} h \max_{0\leqslant k\leqslant i} \|\bar{W}^{(k)}\|, \quad \left(\alpha + \frac{\gamma\nu L_K}{1-\mu\gamma\nu}\right) h \leqslant \tilde{c}_3.
\end{aligned} \tag{5.6.26}
$$

从上式可知

$$
\begin{aligned}
\max_{0\leqslant i\leqslant n-1} \|\bar{W}^{(i)}\| \leqslant & \tilde{c}_1 s \max_{0\leqslant i\leqslant n-1} \|y(t_i) - y_i\| + \tilde{c}_1 \max_{0\leqslant i\leqslant n-1} \|R^{(i)}\| \\
& + \frac{2\gamma c_q \tilde{c}_2 h^{q+2}}{1-\mu\gamma\nu} + \frac{(\beta+\gamma\nu L_K)\tilde{c}_2}{1-\gamma\mu\nu} h \max_{0\leqslant i\leqslant n-1} \|\bar{W}^{(i)}\|.
\end{aligned} \tag{5.6.27}
$$

因此, 对任意给定常数 $c_0 \in (0,1)$, 当 $\dfrac{(\beta+\gamma\nu L_K)\tilde{c}_2}{1-\gamma\mu\nu} h \leqslant c_0$ 时, 有

$$
\begin{aligned}
\max_{0\leqslant i\leqslant n-1} \|\bar{W}^{(i)}\| \leqslant & \frac{\tilde{c}_1 s}{1-c_0} \max_{0\leqslant i\leqslant n-1} \|y(t_i) - y_i\| + \frac{\tilde{c}_1}{1-c_0} \max_{0\leqslant i\leqslant n-1} \|R^{(i)}\| \\
& + \frac{2\gamma c_q \tilde{c}_2 h^{q+2}}{(1-c_0)(1-\gamma\mu\nu)}.
\end{aligned} \tag{5.6.28}
$$

由此及 (5.6.24), (5.6.25) 可得

$$
\begin{aligned}
& \|\hat{y}_{n+1} - y_{n+1}\|^2 \\
\leqslant & \|y(t_n) - y_n\|^2 + \hat{d}_1 h \left[3s^2\tilde{c}_1^2 \|y(t_n) - y_n\|^2 + 3\left(\frac{\gamma c_q \tilde{c}_2}{1-\mu\gamma\nu}\right)^2 h^{2(q+2)} \right. \\
& \left. + 3c_0^2 \max_{0\leqslant i\leqslant n-1} \|\bar{W}^{(i)}\|^2 \right] + \hat{d}_2 h \max_{0\leqslant i\leqslant n-1} \|\bar{W}^{(i)}\|^2 + \hat{d}_3 h^{2(q+1)+1} \\
\leqslant & (1 + 3s^2\hat{d}_1\tilde{c}_1^2 h)\|y(t_n) - y_n\|^2 + (3\hat{d}_1 c_0^2 + \hat{d}_2) h \max_{0\leqslant i\leqslant n-1} \|\bar{W}^{(i)}\|^2 \\
& + \left[3\hat{d}_1 \left(\frac{\gamma c_q \tilde{c}_2}{1-\mu\gamma\nu}\right)^2 h^2 + \hat{d}_3 \right] h^{2(q+1)+1} \\
\leqslant & (1 + 3s^2\hat{d}_1\tilde{c}_1^2 h)\|y(t_n) - y_n\|^2 + \frac{3(3\hat{d}_1 c_0^2 + \hat{d}_2)\tilde{c}_1^2 s^2}{(1-c_0)^2} h \max_{0\leqslant i\leqslant n-1} \|y(t_i) - y_i\|^2 \\
& + \frac{3(3\hat{d}_1 c_0^2 + \hat{d}_2)\tilde{c}_1^2}{(1-c_0)^2} h \max_{0\leqslant i\leqslant n-1} \|R^{(i)}\|^2 \\
& + \left[3\hat{d}_1 \left(\frac{\gamma c_q \tilde{c}_2}{1-\mu\gamma\nu}\right)^2 h^2 + \hat{d}_3 + \frac{12(3\hat{d}_1 c_0^2 + \hat{d}_2)\gamma^2 c_1^2 \tilde{c}_2^2 h^2}{(1-c_0)^2(1-\gamma\mu\nu)^2} \right] h^{2(q+1)+1}
\end{aligned}
$$

$$\leqslant (1+\tilde{d}_1 h)\max_{0\leqslant i\leqslant n}\|y(t_i)-y_i\|^2+\tilde{d}_2 h\max_{0\leqslant i\leqslant n-1}\|R^{(i)}\|^2+\tilde{d}_3 h^{2(q+1)+1},$$

这里

$$\tilde{d}_1=3s^2\hat{d}_1\tilde{c}_1^2+\frac{3(3\hat{d}_1c_0^2+\hat{d}_2)\tilde{c}_1^2s^2}{(1-c_0)^2},\quad \tilde{d}_2=\frac{3(3\hat{d}_1c_0^2+\hat{d}_2)\tilde{c}_1^2}{(1-c_0)^2},$$

$$\tilde{d}_3=\left[3\hat{d}_1\left(\frac{\gamma c_q\tilde{c}_2}{1-\mu\gamma\nu}\right)^2h^2+\hat{d}_3+\frac{12(3\hat{d}_1c_0^2+\hat{d}_2)\gamma^2c_1^2\tilde{c}_2^2h^2}{(1-c_0)^2(1-\gamma\mu\nu)^2}\right].$$

另一方面, 我们有

$$\|y(t_{n+1})-y_{n+1}\|\leqslant\|y(t_{n+1})-\hat{y}_{n+1}\|+\|\hat{y}_{n+1}-y_{n+1}\|.$$

从而

$$\begin{aligned}
&\|y(t_{n+1})-y_{n+1}\|^2\\
\leqslant&(1+h)h^{-1}\|y(t_{n+1})-\hat{y}_{n+1}\|^2+(1+h)\|\hat{y}_{n+1}-y_{n+1}\|^2\\
\leqslant&(1+h)h^{-1}\left[2c_1^2(\|R^{(n)}\|+\|R_0^{(n)}\|)^2+2\left(\frac{c_2\gamma c_q}{1-\gamma\mu\nu}\right)^2h^{2(q+2)}\right]\\
&+(1+h)\left[(1+\tilde{d}_1h)\max_{0\leqslant i\leqslant n}\|y(t_i)-y_i\|^2+\tilde{d}_2h\max_{0\leqslant i\leqslant n-1}\|R^{(i)}\|^2+\tilde{d}_3h^{2q+3}\right]\\
\leqslant&(1+d_1h)\max_{0\leqslant i\leqslant n}\|y(t_i)-y_i\|^2+(1+h)\tilde{d}_2h\max_{0\leqslant i\leqslant n-1}\|R^{(i)}\|^2\\
&+2(1+h)h^{-1}c_1^2(\|R^{(n)}\|+\|R_0^{(n)}\|)^2+(1+h)\left[2\left(\frac{c_2\gamma c_q}{1-\gamma\mu\nu}\right)^2+\tilde{d}_3\right]h^{2q+3},
\end{aligned}$$

式中 $d_1=1+\tilde{d}_1+\tilde{d}_1h$. 由此递推, 可得

$$\begin{aligned}
&\|y(t_{n+1})-y_{n+1}\|^2\\
\leqslant&\left[d_2\max_{0\leqslant i\leqslant n-1}\|R^{(i)}\|^2+h^{-2}d_3\max_{0\leqslant i\leqslant n}(\|R^{(i)}\|+\|R_0^{(i)}\|)^2+d_4h^{2(q+1)}\right]\\
&\times\exp(d_1t_{n+1}),\quad h\in(0,H_0],
\end{aligned}\tag{5.6.29}$$

其中

$$d_2=\frac{(1+h)\tilde{d}_2}{d_1},\quad d_3=\frac{2(1+h)c_1^2}{d_1},\quad d_4=\frac{1+h}{d_1}\left[2\left(\frac{c_2\gamma c_q}{1-\gamma\mu\nu}\right)^2+\tilde{d}_3\right],$$

$$H_0=\begin{cases}\dfrac{c_0(1-\gamma\mu\nu)}{(\beta+\gamma\nu L_K)\tilde{c}_2}, & \alpha+\dfrac{\gamma\nu L_K}{1-\gamma\mu\nu}\leqslant 0,\\[2ex] \min\left\{\dfrac{c_0(1-\gamma\mu\nu)}{(\beta+\gamma\nu L_K)\tilde{c}_2},\dfrac{\tilde{c}_3(1-\gamma\mu\nu)}{(1-\gamma\mu\nu)\alpha+\gamma\nu L_K}\right\}, & \alpha+\dfrac{\gamma\nu L_K}{1-\gamma\mu\nu}>0.\end{cases}$$

最后, 应用 (5.6.4) 使得我们可以断言此定理成立.

2. 带有 PQ 公式的 Runge-Kutta 法收敛性分析

本部分, 我们将考虑带有 PQ 公式的 s 级 Runge-Kutta 法 (5.4.1) 求解 (5.1.1) 的误差. 在这种情况下, $\hat{K}_j^{(n)}$ 定义为

$$\begin{aligned}\hat{K}_j^{(n)} =& h\sum_{r=1}^{s} a_{jr}K(t_{n,j}, t_{n,r}, \hat{Y}_r^{(n)}, \hat{\hat{Y}}_r^{(n)})\\ &+ h\sum_{i=1}^{m}\sum_{r=1}^{s} b_r K(t_{n,j}, t_{n-i,r}, y(t_{n-i,r}), y'(t_{n-i,r}))\\ &- h\sum_{r=1}^{s} a_{jr}K(t_{n,j}, t_{n-m,r}, y(t_{n-m,r}), y'(t_{n-m,r})),\end{aligned} \tag{5.6.30}$$

式中, $\hat{\hat{Y}}_r^{(n)}$ 同样由 (5.6.7) 定义. 在这一部分, 下述记号将频繁使用

$$\eta = 2\eta_0 h + \tau, \quad \eta_0 = \max_{1\leqslant j\leqslant s}\sum_{r=1}^{s}|a_{jr}|, \quad \Theta = \frac{\mu\gamma(\tau + \eta_0 h)}{1 - \gamma\mu\eta_0 h} < 1.$$

引理 5.6.8 若用带有 PQ 公式的 s 级 Runge-Kutta 法求解类 $\mathcal{D}(\alpha, \beta, \gamma, L_K, \mu)$ 中问题, 设其经典阶为 p, 则当 $\mu\gamma\eta < 1$ 时, 有

$$\max_{1\leqslant j\leqslant s}\|\bar{K}_j^{(n)} - \hat{K}_j^{(n)}\| \leqslant \frac{c_p}{1 - \mu\gamma\eta_0 h}h^p + \frac{hL_K\eta_0}{1 - \mu\gamma\eta_0 h}\max_{1\leqslant r\leqslant s}\|W_r^{(n)}\|, \tag{5.6.31}$$

这里 c_p 仅依赖于求积公式和 N_p.

证明 鉴于文献 [25] 中定理 4.1.1, 我们有

$$\|\bar{K}_j^{(n)} - \hat{K}_j^{(n)}\| \leqslant c_p h^p + h\sum_{r=1}^{s}|a_{jr}|[L_K\|W_r^{(n)}\| + \mu\gamma\|\bar{K}_r^{(n)} - \hat{K}_r^{(n)}\|],$$

并因此可得

$$\begin{aligned}&\max_{1\leqslant j\leqslant s}\|\bar{K}_j^{(n)} - \hat{K}_j^{(n)}\|\\ \leqslant& c_p h^p + h\max_{1\leqslant j\leqslant s}\sum_{r=1}^{s}|a_{jr}|[L_K\|W_r^{(n)}\| + \mu\gamma\|\bar{K}_r^{(n)} - \hat{K}_r^{(n)}\|]\\ \leqslant& c_p h^p + h\eta_0[L_K\max_{1\leqslant r\leqslant s}\|W_r^{(n)}\| + \mu\gamma\max_{1\leqslant r\leqslant s}\|\bar{K}_r^{(n)} - \hat{K}_r^{(n)}\|].\end{aligned} \tag{5.6.32}$$

上式蕴涵着不等式 (5.6.31).

引理 5.6.9 若用带有 PQ 公式的 s 级 Runge-Kutta 法求解类 $\mathcal{D}(\alpha,\beta,\gamma,L_K,\mu)$ 中问题, 设其经典阶为 p, 则当 $\mu\gamma\eta<1$ 时, 我们有

$$\|\bar{K}^{(i)}-K^{(i)}\|_\infty\leqslant\frac{c_ph^p}{1-\gamma\mu\eta}+\frac{\eta(L_K+\mu\beta)}{1-\gamma\mu\eta}\max_{0\leqslant k\leqslant i}\|\bar{W}^{(k)}\|_\infty,\quad i=1,\cdots,n-1 \tag{5.6.33}$$

及

$$\begin{aligned}&\|\hat{K}^{(n)}-K^{(n)}\|_\infty\\ \leqslant&\frac{\eta(L_K+\mu\beta)}{1-\mu\gamma\eta}\max_{0\leqslant i\leqslant n-1}\|\bar{W}^{(i)}\|_\infty+\frac{c_ph^p}{1-\gamma\mu\eta}+\frac{\eta_0hL_K}{1-\mu\gamma\eta_0h}\|\hat{W}^{(n)}\|_\infty.\end{aligned} \tag{5.6.34}$$

证明 首先估计 $\|\bar{K}_j^{(n-i)}-K_j^{(n-i)}\|$. 利用引理 5.6.5 中的方法, 可得

$$\begin{aligned}&\|\bar{K}_j^{(n-i)}-K_j^{(n-i)}\|\\ \leqslant&c_ph^p+h\sum_{r=1}^{s}|a_{jr}|[L_K\|\bar{W}_r^{(n-i)}\|+\mu\beta\|\bar{W}_r^{(n-i-m)}\|+\mu\gamma\|\bar{K}_r^{(n-i)}-K_r^{(n-i)}\|]\\ &+h\sum_{k=1}^{m}\sum_{r=1}^{s}|b_r|[L_K\|\bar{W}_r^{(n-i-k)}\|+\mu\beta\|\bar{W}_r^{(n-i-k-m)}\|\\ &+\mu\gamma\|\bar{K}_r^{(n-i-k)}-K_r^{(n-i-k)}\|]+h\sum_{r=1}^{s}|a_{jr}|[L_K\|\bar{W}_r^{(n-i-m)}\|\\ &+\mu\beta\|\bar{W}_r^{(n-i-2m)}\|+\mu\gamma\|\bar{K}_r^{(n-i-m)}-K_r^{(n-i-m)}\|],\end{aligned}$$

并因而有

$$\begin{aligned}\max_{1\leqslant j\leqslant s}\|\bar{K}_j^{(n-i)}-K_j^{(n-i)}\|\leqslant&\Theta\max_{1\leqslant k\leqslant m,1\leqslant j\leqslant r}\|\bar{K}_j^{(n-i-k)}-K_j^{(n-i-k)}\|+\frac{c_ph^p}{1-\gamma\mu\eta_0h}\\ &+\frac{\eta(L_K+\mu\beta)}{1-\gamma\mu\eta_0h}\max_{0\leqslant k\leqslant 2m,1\leqslant j\leqslant s}\|\bar{W}_j^{(n-i-k)}\|.\end{aligned}$$

我们进一步可得

$$\|\bar{K}^{(n-i)}-K^{(n-i)}\|_\infty\leqslant\frac{c_ph^p}{1-\gamma\mu\eta}+\frac{\eta(L_K+\mu\beta)}{1-\gamma\mu\eta_0h}\sum_{\varpi=0}^{n+m-1}\Theta^{\varpi}\max_{0\leqslant k\leqslant n-i}\|\bar{W}^{(k)}\|_\infty,$$

由此, 引理中的第一个不等式 (5.6.33) 得证. 其次让我们来估计 $\|\hat{K}_j^{(n)}-K_j^{(n)}\|$,

$$\begin{aligned}&\|\hat{K}_j^{(n)}-K_j^{(n)}\|\\ \leqslant&h\sum_{i=1}^{m}\sum_{r=1}^{s}|b_r|[L_K\|\bar{W}_r^{(n-i)}\|+\mu\beta\|\bar{W}_r^{(n-i-m)}\|+\mu\gamma\|\bar{K}_r^{(n-i)}-K_r^{(n-i)}\|]\end{aligned}$$

$$
\begin{aligned}
&+h\sum_{r=1}^{s}|a_{jr}|[L_K\|\hat{W}_r^{(n)}\|+\mu\beta\|\bar{W}_r^{(n-m)}\|+\mu\gamma\|\hat{K}_r^{(n)}-K_r^{(n)}\|]\\
&+h\sum_{r=1}^{s}|a_{jr}|[L_K\|\bar{W}_r^{(n-m)}\|+\mu\beta\|\bar{W}_r^{(n-2m)}\|+\mu\gamma\|\bar{K}_r^{(n-m)}-K_r^{(n-m)}\|],
\end{aligned}
$$

进而有

$$
\begin{aligned}
\|\hat{K}^{(n)}-K^{(n)}\|_\infty \leqslant & \frac{\eta(L_K+\mu\beta)}{1-\mu\gamma\eta_0 h}\max_{1\leqslant i\leqslant 2m}\|\bar{W}^{(n-i)}\|_\infty\\
&+\Theta\max_{1\leqslant i\leqslant m}\|\bar{K}^{(n-i)}-K^{(n-i)}\|_\infty+\frac{\eta_0 hL_K}{1-\mu\gamma\eta_0 h}\|\hat{W}^{(n)}\|_\infty\\
\leqslant & \frac{\eta(L_K+\mu\beta)}{1-\mu\gamma\eta}\max_{0\leqslant i\leqslant n-1}\|\bar{W}^{(i)}\|_\infty+\frac{c_p h^p}{1-\gamma\mu\eta}+\frac{\eta_0 hL_K}{1-\mu\gamma\eta_0 h}\|\hat{W}\|_\infty.
\end{aligned}
$$

从上式我们可以完成引理的证明.

定理 5.6.10 若用带有 PQ 公式的 s 级对角稳定 Runge-Kutta 法求解类 $\mathcal{D}(\alpha,\beta,\gamma,L_K,\mu)$ 中问题, 设其经典阶为 p, 则当 $\mu\gamma\eta<1$ 时, 存在仅依赖于方法和 μ、γ、L_K 的常数 $\hat{c}_1$、$\hat{c}_2$、$\hat{c}_3$、$\hat{c}_4$, 使得

$$
\|y(t_{n+1})-\hat{y}_{n+1}\|\leqslant \hat{c}_1\left(\|R^{(n)}\|+\|R_0^{(n)}\|\right)+\hat{c}_2h^{p+1},\quad \alpha h\leqslant \hat{c}_3,\ h\leqslant \hat{c}_4. \tag{5.6.35}
$$

证明 从 (5.6.18) 及 (5.6.31) 容易推出

$$
\begin{aligned}
2\Re e\langle Q,PW^{(n)}\rangle\leqslant & 2h\alpha\Re e\langle W^{(n)},PW^{(n)}\rangle+\frac{2\gamma\sqrt{s}c_p h^{p+1}}{1-\mu\gamma\eta_0 h}\|P\|\|W^{(n)}\|\\
&+\frac{2\gamma\sqrt{s}h^2\eta_0 L_K}{1-\mu\gamma\eta_0 h}\|P\|\|W^{(n)}\|\|W^{(n)}\|_\infty.
\end{aligned} \tag{5.6.36}
$$

当 $\alpha h\leqslant\tilde{c}_3$ 时, 由此及 (5.6.16), (5.6.17) 可得

$$
\begin{aligned}
&-\frac{2\gamma\sqrt{s}c_p h^{p+1}}{1-\mu\gamma\eta_0 h}\|P\|\|W^{(n)}\|-\frac{2\gamma\sqrt{s}h^2\eta_0 L_K}{1-\mu\gamma\eta_0 h}\|P\|\|W^{(n)}\|^2\\
\leqslant & \Re e\langle W^{(n)},2\tilde{c}_3PW^{(n)}\rangle+2\Re e\langle Q,-PW^{(n)}\rangle\\
= & -\langle W^{(n)},EW^{(n)}\rangle+2\langle PA^{-1}W^{(n)}-PQ,W^{(n)}\rangle\\
\leqslant & -\lambda_{\min}^E\|W^{(n)}\|^2+\|2PA^{-1}\|\|W^{(n)}\|\|R^{(n)}\|.
\end{aligned}
$$

由此进一步可得

$$
\left(\lambda_{\min}^E-\frac{2\gamma\sqrt{s}h^2\eta_0 L_K}{1-\mu\gamma\eta_0 h}\|P\|\right)\|W^{(n)}\|\leqslant\|2PA^{-1}\|\|R^{(n)}\|+\frac{2\gamma\sqrt{s}c_p h^{p+1}}{1-\mu\gamma\eta_0 h}\|P\|
$$

及

$$\|W^{(n)}\| \leqslant \tilde{c}_1\|R^{(n)}\| + \tilde{c}_2 h^{p+1}, \quad \alpha h \leqslant \tilde{c}_3, \quad h \leqslant \tilde{c}_4, \tag{5.6.37}$$

其中

$$\tilde{c}_1 = \frac{\|2PA^{-1}\|(1-\mu\gamma\eta)}{\lambda_{\min}^E(1-\mu\gamma\eta) - 2\gamma\sqrt{s}h\eta L_K\|P\|}, \quad \tilde{c}_2 = \frac{2\gamma\sqrt{s}c_p\|P\|}{\lambda_{\min}^E(1-\mu\gamma\eta) - 2\gamma\sqrt{s}h\eta L_K\|P\|},$$

$$\tilde{c}_4 = \frac{\lambda_{\min}^E(1-\mu\gamma\eta)}{2\gamma\sqrt{s}\eta L_K\|P\|}.$$

类似于 (5.6.21), 可进一步得到

$$\begin{aligned}\|y(t_{n+1}) - \hat{y}_{n+1}\| \leqslant & \|b^{\mathrm{T}}Q + R_0^{(n)}\| = \|b^{\mathrm{T}}A^{-1}(W - R^{(n)}) + R_0^{(n)}\| \\ \leqslant & (1+\tilde{c}_1)\|b^{\mathrm{T}}A^{-1}\|\|R^{(n)}\| + \|R_0^{(n)}\| + \tilde{c}_2\|b^{\mathrm{T}}A^{-1}\|h^{p+1},\end{aligned} \tag{5.6.38}$$

从上式可知 (5.6.35) 成立, 其中

$$\hat{c}_1 = \max\{(1+\tilde{c}_1)\|b^{\mathrm{T}}A^{-1}\|, 1\}, \quad \hat{c}_2 = \tilde{c}_2\|b^{\mathrm{T}}A^{-1}\|, \quad \hat{c}_3 = \tilde{c}_3, \quad \hat{c}_4 = \tilde{c}_4.$$

定理得证.

定理 5.6.11 设 s 级对角稳定的 Runge-Kutta 法 (A, b^{T}, c) 代数稳定且级阶为 p. 则当 $\gamma\mu\eta < 1$ 时, 带有 PQ 公式的 Runge-Kutta 法是 p 阶 E-收敛.

证明 类似于 (5.6.24), 易得

$$\begin{aligned}&\|\hat{y}_{n+1} - y_{n+1}\|^2 \\ \leqslant & \|y(t_n) - y_n\|^2 + \left(2\alpha_0 + \frac{\sqrt{s}(\beta + \gamma\eta L_K + \gamma c_p)}{1-\gamma\mu\eta} + \frac{2\gamma\sqrt{s}\eta_0 h L_K}{1-\mu\gamma\eta_0 h}\right)h\|B\|\|\hat{W}\|^2 \\ & + \frac{\sqrt{s}(\beta + \gamma\eta L_K)}{1-\gamma\mu\eta}h\|B\|\max_{0\leqslant i\leqslant n-1}\|\bar{W}^{(i)}\|_\infty^2 + \frac{\gamma c_p h\sqrt{s}\|B\|}{1-\gamma\mu\eta}h^{2p} \\ \leqslant & \|y(t_n) - y_n\|^2 + \hat{d}_1 h\|\hat{W}\|^2 + \hat{d}_2 h\max_{0\leqslant i\leqslant n-1}\|\bar{W}^{(i)}\|_\infty^2 + \hat{d}_3 h^{2p+1},\end{aligned} \tag{5.6.39}$$

这里

$$\hat{d}_1 = \left(2\alpha_0 + \frac{\sqrt{s}(\beta + \gamma\eta L_K + \gamma c_p)}{1-\gamma\mu\eta} + \frac{2\gamma\sqrt{s}\eta L_K}{1-\mu\gamma\eta}\right)\|B\|,$$

$$\hat{d}_2 = \frac{\sqrt{s}(\beta + \gamma\eta L_K)}{1-\gamma\mu\eta}\|B\|, \quad \hat{d}_3 = \frac{\gamma c_p\sqrt{s}\|B\|}{1-\gamma\mu\eta}.$$

另一方面, 类似地, 我们有

$$2\Re e\langle\hat{Q}, P\hat{W}^{(n)}\rangle \leqslant 2\alpha h\Re e\langle\hat{W}^{(n)}, P\hat{W}^{(n)}\rangle + 2\beta h\|P\|\|\hat{W}^{(n)}\|\|\bar{W}^{(n-m)}\|$$

$$
\begin{aligned}
&+2h\gamma\sum_{j=1}^{s}p_j\|\hat{W}_j^{(n)}\|\|\hat{K}_j^{(n)}-K_j^{(n)}\|\\
\leqslant&2\alpha h\Re e\langle\hat{W}^{(n)},P\hat{W}^{(n)}\rangle+\frac{2\gamma\sqrt{s}c_ph^{p+1}}{1-\gamma\mu\eta}\|P\|\|\hat{W}^{(n)}\|\\
&+\frac{2\sqrt{s}(\beta+\gamma\eta L_K)}{1-\mu\eta\gamma}h\|P\|\|\hat{W}^{(n)}\|\max_{0\leqslant i\leqslant n-1}\|\bar{W}^{(i)}\|_\infty\\
&+\frac{2\gamma\sqrt{s}\eta_0L_Kh}{1-\mu\gamma\eta_0h}\|P\|\|\hat{W}^{(n)}\|^2.
\end{aligned}
$$

从上式可知

$$
\|\hat{W}^{(n)}\|\leqslant s\tilde{c}_1\|y(t_n)-y_n\|+\tilde{c}_2h^{p+1}+\bar{c}_3h\max_{0\leqslant i\leqslant n-1}\|\bar{W}^{(i)}\|_\infty,\quad \alpha h\leqslant\tilde{c}_3,\ h\leqslant\tilde{c}_4, \tag{5.6.40}
$$

这里

$$
\bar{c}_3=\frac{2\sqrt{s}(\beta+\gamma\nu L_K)(1-\mu\gamma\eta_0h)\|P\|}{(1-\gamma\mu\nu)[\lambda_{\min}^E(1-\mu\gamma\eta_0h)-2\gamma\sqrt{s}\eta_0L_Kh^2]}.
$$

采用与 (5.6.26) 相同的方法, 我们可以推出

$$
\begin{aligned}
\|\bar{W}^{(i)}\|\leqslant&\tilde{c}_1(s\|y(t_i)-y_i\|+\|R^{(i)}\|)\\
&+\tilde{c}_2h^{p+1}+\bar{c}_3h\max_{0\leqslant k\leqslant i}\|\bar{W}^{(k)}\|_\infty,\quad \alpha h\leqslant\tilde{c}_3,\ h\leqslant\tilde{c}_4.
\end{aligned}
$$

对任意给定的常数 $c_0\in(0,1)$, 当 $\bar{c}_3h<c_0$ 时, 有

$$
\begin{aligned}
\max_{0\leqslant i\leqslant n-1}\|\bar{W}^{(i)}\|_\infty\leqslant&\tilde{c}_1s\max_{0\leqslant i\leqslant n-1}\|y(t_i)-y_i\|+\tilde{c}_1\max_{0\leqslant i\leqslant n-1}\|R^{(i)}\|\\
&+\tilde{c}_2h^{p+1}+\bar{c}_3h\max_{0\leqslant i\leqslant n-1}\|\bar{W}^{(i)}\|_\infty,
\end{aligned}\tag{5.6.41}
$$

并因而有

$$
\begin{aligned}
\max_{0\leqslant i\leqslant n-1}\|\bar{W}^{(i)}\|_\infty\leqslant&\frac{\tilde{c}_1s}{1-c_0}\max_{0\leqslant i\leqslant n-1}\|y(t_i)-y_i\|\\
&+\frac{\tilde{c}_1}{1-c_0}\max_{0\leqslant i\leqslant n-1}\|R^{(i)}\|+\frac{\tilde{c}_2h^{p+1}}{1-c_0}.
\end{aligned}\tag{5.6.42}
$$

从上式及 (5.6.39), (5.6.40) 可得

$$
\begin{aligned}
&\|\hat{y}_{n+1}-y_{n+1}\|^2\\
\leqslant&\|y(t_n)-y_n\|^2+\hat{d}_1h(3s^2\tilde{c}_1^2\|y(t_n)-y_n\|^2+3\tilde{c}_2^2h^{2(p+1)}\\
&+3c_0^2\max_{0\leqslant i\leqslant n-1}\|\bar{W}^{(i)}\|_\infty^2)+\hat{d}_2h\max_{0\leqslant i\leqslant n-1}\|\bar{W}^{(i)}\|_\infty^2+\hat{d}_3h^{2p+1}
\end{aligned}
$$

$$
\begin{aligned}
&\leqslant (1+3s^2\hat{d}_1\tilde{c}_1^2h)\|y(t_n)-y_n\|^2+(3\hat{d}_1c_0^2+\hat{d}_2)h\max_{0\leqslant i\leqslant n-1}\|\bar{W}^{(i)}\|_\infty^2\\
&\quad+(3\hat{d}_1\tilde{c}_2^2h^2+\hat{d}_3)h^{2p+1}\\
&\leqslant (1+3s^2\hat{d}_1\tilde{c}_1^2h)\|y(t_n)-y_n\|^2+\frac{3(3\hat{d}_1c_0^2+\hat{d}_2)\tilde{c}_1^2s^2}{(1-c_0)^2}h\max_{0\leqslant i\leqslant n-1}\|y(t_i)-y_i\|^2\\
&\quad+\frac{3(3\hat{d}_1c_0^2+\hat{d}_2)\tilde{c}_1^2}{(1-c_0)^2}h\max_{0\leqslant i\leqslant n-1}\|R^{(i)}\|^2\\
&\quad+\left(3\hat{d}_1\tilde{c}_2^2h^2+\hat{d}_3+\frac{3(3\hat{d}_1c_0^2+\hat{d}_2)\tilde{c}_2^2h^2}{(1-c_0)^2}\right)h^{2p+1}\\
&\leqslant (1+\tilde{d}_1h)\max_{0\leqslant i\leqslant n}\|y(t_i)-y_i\|^2+\tilde{d}_2h\max_{0\leqslant i\leqslant n-1}\|R^{(i)}\|^2+\tilde{d}_3h^{2p+1},
\end{aligned}
$$

这里

$$
\begin{aligned}
&\tilde{d}_1=3s^2\hat{d}_1\tilde{c}_1^2+\frac{3(3\hat{d}_1c_0^2+\hat{d}_2)\tilde{c}_1^2s^2}{(1-c_0)^2},\ \tilde{d}_2=\frac{3(3\hat{d}_1c_0^2+\hat{d}_2)\tilde{c}_1^2}{(1-c_0)^2},\\
&\tilde{d}_3=\left(3\hat{d}_1\tilde{c}_2^2h^2+\hat{d}_3+\frac{3(3\hat{d}_1c_0^2+\hat{d}_2)\tilde{c}_2^2h^2}{(1-c_0)^2}\right).
\end{aligned}
$$

采用定理 5.6.7 同样的方式, 可得式 (5.6.29), 其中

$$
\begin{aligned}
&d_2=\frac{(1+h)\tilde{d}_2}{d_1},\quad d_3=\frac{2(1+h)\hat{c}_1^2}{d_1},\quad d_4=\frac{(1+h)(2\hat{c}_2^2+\tilde{d}_3)}{d_1},\\
&H_0=\min\left\{\frac{\tilde{c}_3}{\alpha_0},\frac{c_0}{\bar{c}_3},\tilde{c}_4\right\}.
\end{aligned}
$$

由此完成定理的证明.

注意到即使对于特例 (5.1.7), 由于 Lipschitz 常数的单边性质, 常数 α 小于文献 [56] 中的常数 L_f, 从而本节给出的误差界要小于文献 [56] 给出的误差界.

5.6.2 数值算例

仍然考虑用线方法离散初边值问题 (5.5.42)—(5.5.44), 取 $\Delta x=0.1$, 而对问题 (5.5.45) 的求解, 我们采用 2 级 Radau IIA 方法. 考虑它的两种推广, 一种是带有复合梯形求积公式, 我们将其简记为 RaIICQ; 另一种是带有 Pouzet 求积公式, 将其简记为 RaIIPQ. 迭代求解 (5.4.1) 时, 取 $l=2$. 仍以 $\varepsilon(T)=\max\limits_{1\leqslant i\leqslant N_x-1}|U_i(T)-u(x_i,T)|$ 表示方法应用于问题 (5.5.45) 的误差, 其中 $U_i(T)$ 表示在点 $T=10$ 的数值逼近. 表 5.6.1列出了 $a=-e^{-1}$ 及 $b=0.01$ 时的数值结果, 这些数值结果证实了本节所获收敛性结果的正确性.

表 5.6.1　2 级 Radau IIA 方法应用于问题 (5.5.45) 时的误差 $\varepsilon(T)$ $(h=1/m)$

m	10	20	40	80
RaIICQ	1.295734×10^{-9}	1.654411×10^{-10}	2.090210×10^{-11}	2.628293×10^{-12}
RaIIPQ	1.295441×10^{-9}	1.653751×10^{-10}	2.088557×10^{-11}	2.624160×10^{-12}

第 6 章　中立型比例延迟微分方程数值方法的稳定性和误差估计

6.1　引　　言

本章的目的是讨论非线性中立型比例延迟微分方程

$$\begin{cases} y'(t) = f(t, y(t), y(pt), y'(pt)), \quad t \geqslant 0, \quad 0 < p < 1, \\ y(0) = \phi = \hat{y}, \end{cases} \tag{6.1.1}$$

数值解的稳定性和误差估计, 这里 $f : [0, +\infty) \times \mathbb{C}^N \times \mathbb{C}^N \times \mathbb{C}^N \to \mathbb{C}^N$ 是给定的连续映射且满足下面的条件:

$$\Re e\langle y_1 - y_2, f(t, y_1, u, v) - f(t, y_2, u, v)\rangle \leqslant \alpha(t)\|y_1 - y_2\|^2, \quad \forall t \geqslant 0, y_1, y_2, u, v \in \mathbb{C}^N, \tag{6.1.2}$$

$$\|f(t, y, u_1, v) - f(t, y, u_2, v)\| \leqslant \beta(t)\|u_1 - u_2\|, \quad \forall t \geqslant 0, y, u_1, u_2, v \in \mathbb{C}^N, \tag{6.1.3}$$

$$\|f(t, y, u, v_1) - f(t, y, u, v_2)\| \leqslant \gamma(t)\|v_1 - v_2\|, \quad \forall t \geqslant 0, y, u, v_1, v_2 \in \mathbb{C}^N, \tag{6.1.4}$$

$$\|H(t, y, u_1, v, w) - H(t, y, u_2, v, w)\| \leqslant \varrho(t)\|u_1 - u_2\|, \quad \forall t \geqslant 0, y, u_1, u_2, v, w \in \mathbb{C}^N, \tag{6.1.5}$$

这里 $\alpha(t)$, $\beta(t)$, $\gamma(t)$, $\varrho(t)$ 为连续函数, $\|\cdot\|$ 为 $\mathbb{C}^N$ 中由内积 $\langle\cdot,\cdot\rangle$ 导出的范数,

$$H(t, y, u, v, w) := f(t, y, u, f(pt, u, v, w)).$$

在下面的分析中, 条件 (6.1.5) 有时会被经典 Lipschitz 条件 (6.1.6) 替代

$$\|f(t, y_1, u, v) - f(t, y_2, u, v)\| \leqslant L(t)\|y_1 - y_2\|, \quad \forall t \geqslant 0, y_1, y_2, u, v \in \mathbb{C}^N, \tag{6.1.6}$$

这里 $L(t)$ 为连续函数.

在过去的三四十年里, 许多的学者研究了一般的比例延迟方程的数值方法的线性稳定性 (例见 [14], [30]–[32], [72], [134], [160], 也可见 [21]),

$$\begin{cases} y'(t) = A(t)y(t) + B(t)y(pt) + C(t)y'(pt), \quad t \geqslant 0, \quad 0 < p < 1, \\ y(0) = \hat{y}. \end{cases} \tag{6.1.7}$$

Iserles [115] 研究了具有常系数的比例方程 (6.1.7) 的真解和离散后数值解的稳定性. 同时, Iserles 在 [116] 中发展了一个关于多比例延迟的一般微分方程的复杂理论

$$\begin{cases} y'(t) = ay(t) + \sum_{i=1}^{\infty} b_i y(p_i t) + \sum_{i=1}^{\infty} c_i y'(q_i t), \quad t > 0, 0 < p_i, q_i < 1, \\ y(0) = \hat{y}. \end{cases}$$

对于同一问题, Ishiwata [117] 研究了配置方法的获得阶. 黄乘明和 Vandewalle [107] 基于单边 Lipschitz 条件 (6.1.2) 研究了 Runge-Kutta 法的非线性稳定性. 不过, 他们所使用的条件并不是方程 (6.1.1) 理论解稳定的充分条件. 本章获得了理论解稳定的基于单边 Lipschitz 条件 (6.1.2) 的充分条件 (见 6.2 节), 并在这些条件下讨论了数值方法的稳定性.

系统 (6.1.1) 是一个特殊的中立型延迟微分方程系统

$$\begin{cases} y'(t) = f(t, y(t), y(t-\tau(t)), y'(t-\tau(t))), & t \geqslant t_0, \\ y(t) = \phi(t), & t \leqslant t_0, \end{cases} \tag{6.1.8}$$

这里延迟函数 $\tau(t)$ 是连续的并且满足

$$(\mathcal{H}2) \qquad \eta(t) = t - \tau(t) \text{ 对 } t \geqslant t_0 \text{ 严格递增}.$$

然而, 注意到, 无界延迟系统 (6.1.1) 和有界延迟系统 (例如, 常数延迟 $\tau(t) = \tau$) 之间存在非常不同的数值挑战. 由于两个关键性的因素: $\tau(t) = (1-p)t$, 当 $t \to +\infty$ 无界, 以及在 $t = 0$ 时 $\alpha(t) = pt = 0$, (6.1.1) 比常延迟系统具有更多的计算复杂性. 前者产生了严重的存储问题, 这个问题首先是由 Feldstein 和 Grafton [59] 发现的. 为了克服这个障碍, 我们将考虑几何网格和变换方法, 几何网格方法首先是由 Bellen 等 [14] 和 Liu [161] 各自使用的. 由于在第一个积分区间 $[0, T_0]$ 上, 微分方程并没有退化为一个常微分方程. 此时, 如何积分? 这个问题我们将在下面详细讨论.

本章安排如下:

在 6.2 节中, 我们简单回顾了中立型比例延迟微分方程理论解的稳定性.

在 6.3 节中, 我们将讨论单支 θ-方法的起始步积分以及拟几何网格上 θ-方法的稳定性和渐近稳定性.

在 6.4 节中, 我们将讨论线性 θ-方法求解比例延迟微分方程的稳定性, 利用全几何网格以及变换方法, 获得 θ-方法稳定和渐近稳定的结果.

6.5 节致力于全几何网格单支方法的稳定性.

6.6 节研究了全几何网格上单支方法的最优收敛阶.

6.2 中立型比例延迟微分方程理论解的稳定性

若不特别说明, 本章始终假定函数 f 满足 $f(t,0,0,0)=0, \forall t \geqslant 0$. 因当 $t=0$ 时, (6.1.1) 变成 $y'(0)=f(0,y(0),y(0),y'(0))$, 我们也始终假定方程 $x=f(0,y(0),y(0),x)$ 有唯一解 $y'(0)$. 为方便计, 我们首先从第 2 章及文献 [200] 中引述相关结果.

引理 6.2.1 设系统 (6.1.8) 对任意的 $t \geqslant t_0$ 满足条件 (6.1.2)—(6.1.5), 且函数 $\tau(t)$ 满足 $(\mathcal{H}2)$ 和

$$(\mathcal{H}3) \qquad \tau(t) \geqslant \tau_0 > 0, \quad \forall t \geqslant t_0.$$

若

$$\alpha(t) < 0, \quad \frac{\varrho(t)-\alpha(\eta(t))\gamma(t)}{-\alpha(t)} \leqslant 1, \quad t \geqslant t_0, \tag{6.2.1}$$

则下面的不等式成立:

$$\|y(t)\| \leqslant \max\{\|\phi(t_0)\|, \kappa\}, \quad \forall t \geqslant t_0, \tag{6.2.2}$$

这里

$$\kappa = \sup_{t_0 \leqslant s \leqslant \xi} \frac{\|f(s,0,\phi(\alpha(s)),\phi'(\alpha(s)))\|}{-\alpha(s)}$$

和 ξ 是方程 $t-\tau(t)=t_0$ 的唯一解.

引理 6.2.2 设系统 (6.1.8) 对任意的 $t \geqslant t_0$ 满足条件 (6.1.2)—(6.1.5), 且函数 $\tau(t)$ 满足 $(\mathcal{H}2), (\mathcal{H}3)$ 及

$$(\mathcal{H}4) \qquad \lim_{t\to+\infty} \eta(t) = +\infty.$$

则在下面的条件下:

(i) 存在 $\alpha_0 > 0$, 使得 $\forall t \geqslant t_0, \alpha(t) \leqslant -\alpha_0$;

(ii) 存在 $\delta \in [0,1)$, 使得 $\forall t \geqslant t_0, \dfrac{\gamma(t)\alpha(\eta(t))}{\alpha(t)} \leqslant \delta$;

(iii) 存在 $\nu \in [0,1)$, 使得 $\forall t \geqslant t_0, \dfrac{\varrho(t)}{-\alpha(t)} \leqslant \nu(1-\delta)$,

(6.1.8) 的解渐近稳定, 即

$$\lim_{t\to+\infty} \|y(t)\| = 0. \tag{6.2.3}$$

引理 6.2.3 设系统 (6.1.8) 对任意的 $t \geqslant t_0$ 满足条件 (6.1.2)—(6.1.4) 和 (6.1.6), 函数 $\tau(t)$ 满足条件 $(\mathcal{H}2)$, $(\mathcal{H}3)$. 则

$$\alpha(t) < 0, \quad \frac{\beta(t) + \gamma(t)L(\eta(t)) - \alpha(\eta(t))\gamma(t)}{-\alpha(t)} \leqslant 1, \quad \forall t \geqslant t_0 \tag{6.2.4}$$

蕴涵着收缩性不等式 (6.2.2).

引理 6.2.4 设系统 (6.1.8) 对任意的 $t \geqslant t_0$ 满足条件 (6.1.2)—(6.1.4) 和 (6.1.6), 函数 $\eta(t) = t - \tau(t)$ 满足条件 $(\mathcal{H}2)$—$(\mathcal{H}4)$. 则在条件 (i), (ii) 和

$$\text{(iii)}' \quad \text{存在 } \nu \in [0,1), \text{ 使得 } \forall t \geqslant t_0, \frac{\beta(t) + \gamma(t)L(\eta(t))}{-\alpha(t)} \leqslant \nu(1-\delta)$$

下, (6.1.8) 的解渐近稳定.

基于上面的引理, 我们可以获得下面的结果.

定理 6.2.5 设系统 (6.1.1) 满足条件 (6.1.2)—(6.1.5). 则

$$\alpha(t) < 0, \quad \gamma(0) < 1, \quad \frac{\varrho(t) - \alpha(pt)\gamma(t)}{-\alpha(t)} \leqslant 1, \quad \forall t \geqslant 0 \tag{6.2.5}$$

蕴涵着收缩性不等式

$$\|y(t)\| \leqslant \|\hat{y}\|, \quad \forall t \geqslant 0. \tag{6.2.6}$$

证明 取 $H = t_0 > 0$ 并将区间 $[0, +\infty)$ 分成两个区间 $[0, H] \cup [H, +\infty)$. 由引理 6.2.1, 我们有

$$\|y(t)\| \leqslant \max\left\{\|y(H)\|, \max_{H \leqslant s \leqslant p^{-1}H} \frac{\|f(s, 0, y(ps), y'(ps))\|}{-\alpha(s)}\right\}, \quad \forall t \geqslant H.$$

于上式中令 $H \to 0^+$, 可得

$$\|y(t)\| \leqslant \max\left\{\|\hat{y}\|, \frac{\|f(0,0,y(0),y'(0))\|}{-\alpha(0)}\right\}, \quad \forall t \geqslant 0. \tag{6.2.7}$$

另一方面, 我们有

$$\begin{aligned}\|f(0,0,y(0),y'(0))\| &= \|f(0,0,y(0),f(0,y(0),y(0),y'(0)))\| \\ &\leqslant \varrho(0)\|\hat{y}\| + \gamma(0)\|f(0,0,y(0),y'(0))\|.\end{aligned}$$

从上面的不等式易得

$$\|f(0,0,y(0),y'(0))\| \leqslant \frac{\varrho(0)}{1-\gamma(0)}\|\hat{y}\|.$$

注意到 $\dfrac{\varrho(0)}{-\alpha(0)[1-\gamma(0)]} \leqslant 1$, 从 (6.2.7) 容易得到 (6.2.6). 证毕.

推论 6.2.6 设系统 (6.1.1) 满足条件 (6.1.2)—(6.1.5). 则

$$\alpha < 0, \quad \gamma < 1, \quad \frac{\varrho - \alpha\gamma}{-\alpha} \leqslant 1, \quad \forall t \geqslant 0 \tag{6.2.8}$$

蕴涵着收缩性不等式 (6.2.6). 这里及本章, $\alpha = \sup_{t\geqslant 0}\alpha(t)$, $\beta = \sup_{t\geqslant 0}\beta(t)$, $\gamma = \sup_{t\geqslant 0}\gamma(t)$, $\varrho = \sup_{t\geqslant 0}\varrho(t)$.

定理 6.2.7 设系统 (6.1.1) 满足条件 (6.1.2)—(6.1.5) 和

(i*) 存在 $\alpha_0 > 0$, 使得 $\forall t \geqslant 0, \alpha(t) \leqslant -\alpha_0$;

(ii*) 存在 $\delta \in [0,1)$, 使得 $\forall t \geqslant 0, \dfrac{\gamma(t)\alpha(pt)}{\alpha(t)} \leqslant \delta$;

(iii*) 存在 $\nu \in [0,1)$, 使得 $\forall t \geqslant 0, \dfrac{\varrho(t)}{-\alpha(t)} \leqslant \nu(1-\delta)$.

则 (6.1.1) 的解渐近稳定, 即

$$\lim_{t\to+\infty} \|y(t)\| = 0. \tag{6.2.9}$$

证明 由于初始区间 $[0,H]$ 上的值根本不会影响解的渐近行为, 从引理 6.2.2 可得 (6.2.9).

推论 6.2.8 设系统 (6.1.1) 满足条件 (6.1.2)—(6.1.5) 和

$$\alpha < 0, \quad \frac{\varrho - \alpha\gamma}{-\alpha} < 1, \quad \forall t \geqslant 0. \tag{6.2.10}$$

则 (6.1.1) 的解渐近稳定.

使用同样的技巧, 我们有下面的结果.

定理 6.2.9 设系统 (6.1.1) 满足条件 (6.1.2)—(6.1.4) 和 (6.1.6). 则

$$\alpha(t) < 0, \quad \gamma(0) < 1, \quad \frac{\beta(t) + \gamma(t)L(pt) - \alpha(pt)\gamma(t)}{-\alpha(t)} \leqslant 1, \quad \forall t \geqslant 0 \tag{6.2.11}$$

蕴涵着收缩性不等式 (6.2.6).

定理 6.2.10 设系统 (6.1.1) 满足条件 (6.1.2)—(6.1.4) 和 (6.1.6). 则在条件 (i*), (ii*) 和 (iii*)$'$ 存在 $\nu \in [0,1)$, 使得 $\forall t \geqslant 0, \dfrac{\beta(t)+\gamma(t)L(pt)}{-\alpha(t)} \leqslant \nu(1-\delta)$ 下, (6.1.1) 的解渐近稳定.

推论 6.2.11　设系统 (6.1.1) 满足条件 (6.1.2)—(6.1.4) 和 (6.1.6). 则

$$\alpha < 0, \quad \gamma < 1, \quad \frac{\beta + \gamma L - \alpha\gamma}{-\alpha} \leqslant 1, \quad \forall t \geqslant 0 \tag{6.2.12}$$

蕴涵着收缩性不等式 (6.2.6), 而条件

$$\alpha < 0, \quad \frac{\beta + \gamma L - \alpha\gamma}{-\alpha} < 1, \quad \forall t \geqslant 0 \tag{6.2.13}$$

意味着 (6.1.1) 的解渐近稳定. 这里及本章 $L = \sup_{t \geqslant 0} L(t)$.

推论 6.2.12 (见 [21](p.286-287) 或 [72])　若设系统 (6.1.7) 满足条件 (6.2.5) (或 (6.2.11)), 则 (6.2.6) 成立. 此外, 若设线性系统 (6.1.7) 满足条件 (i*), (ii*), (iii*)$'$, 则有 (6.2.9). 这里, $\alpha(t) = \mu[A(t)] < 0$, $\varrho(t) = \|C(t)A(pt) + B(t)\|$, $\beta(t) = \|B(t)\|$, $\gamma(t) = \|C(t)\|$, $L(t) = \|A(t)\|$, $\mu[\cdot]$ 表示由 $\langle \cdot, \cdot \rangle$ 导出的对数矩阵范数.

注 6.2.13　一般而言, $\varrho(t)$ 并不会随着 $L(t)$ 增加而增加, 且 $\varrho(t) \leqslant \beta(t) + \gamma(t)L(pt)$. 因此, 条件 (6.2.5) 并不等价于条件 (6.2.11). 基于不同的需要可以选取条件 (6.2.5) 或条件 (6.2.11). 注意到, 若系统 (6.1.1) 为非中立型的延迟微分方程, 条件 (6.2.5) 等价于条件 (6.2.11). 事实上, 我们有与已有结果 (例见 [21]p.282–284) 相一致的如下推论.

推论 6.2.14　若设延迟微分方程系统

$$\begin{cases} y'(t) = f(t, y(t), y(pt)), \quad t \geqslant 0, \quad 0 < p < 1, \\ y(0) = \hat{y} \end{cases} \tag{6.2.14}$$

满足条件 (6.2.5) (或 (6.2.11)), 则有 (6.2.6). 此外, 若设其满足条件 (i*), (ii*), (iii*) (或 (i*), (ii*), (iii*)$'$), 则有 (6.2.9). 这里, $\varrho(t) = \beta(t)$ 及 $\gamma(t) = 0$.

6.3　单支 θ-方法求解中立型比例延迟微分方程

记 $\rho(x) = x - 1$, $\sigma(x) = \theta x + (1 - \theta)$, E 表示位移算子. 应用于 (6.1.1) 的单支 θ-方法具有形式:

$$y_{n+1} = y_n + h_{n+1} f(\sigma(E)t_n, \sigma(E)y_n, \bar{y}_{n+1}, \tilde{y}_{n+1}), \tag{6.3.1}$$

这里 $0 \leqslant \theta \leqslant 1$, 步长 $h_{n+1} = t_{n+1} - t_n$, y_n, $\bar{y}_{n+1}$ 和 $\tilde{y}_{n+1} (n \geqslant 0)$ 分别是 $y(t_n)$, $y(p\sigma(E)t_n)$ 和 $y'(p\sigma(E)t_n)$ 的逼近.

6.3.1 拟几何网格

在过去的几十年里, 本节所考虑的拟几何网格技术得到了广泛应用. 首先, 选择一个初始网格点 $t_0 = T_0 > 0$. 利用这个初始的网格点, 我们可以得到点列 $T_k = p^{-k}T_0, k = 1, 2, \cdots$. 而这些点决定了所谓的宏区间 $I_k := [T_{k-1}, T_k], k = 1, 2, \cdots$. 由此可以将区间 $[0, \infty)$ 分成无穷个有界小区间, 即

$$[0, \infty) = \bigcup_{k=0}^{\infty} I_k.$$

之后, 将每个宏区间 $I_k(k \geqslant 1)$ 平均分成 m 等份. 因而, 通过在 I_0 上选取 $t_{-(m+1)} = 0, t_{-i} = pt_{m-i}(i = m, m-1, \cdots, 1)$, 我们得到一个 $[0, \infty)$ 上的网格 $t_{-(m+1)} \equiv 0 < t_{-m} < \cdots < t_{-1} < t_0 \equiv T_0 < t_1 < t_2 < \cdots < t_m \equiv T_1 < t_{m+1} < \cdots$. 显然, 在 $I_k, k = 1, 2, \cdots$ 有

$$t_n = T_{\lfloor n/m \rfloor} + (n - \lfloor n/m \rfloor m)h_n, \quad n \geqslant 0. \tag{6.3.2}$$

张诚坚和孙耿在 [263] 中指出步长序列 $\{h_n\}$ 满足

$$h_n = \begin{cases} pT_0, & n = -m, \\ \dfrac{(1-p)T_0}{m}, & n = -m+1, -m+2, \cdots, -1, 0, \\ \dfrac{(1-p)T_0}{mp^{\lfloor (n-1)/m \rfloor + 1}}, & n = 1, 2, \cdots. \end{cases}$$

此外, $pt_n = t_{n-m},\ n \geqslant 0$ 及 $ph_n = h_{n-m},\ n \geqslant 1$ 也明显成立. 通过这种方式选取的网格称为拟几何网格.

由于这种网格使得在计算 y_{n+1} 时需要的 $\bar{y}_{n+1}$ 和 $\tilde{y}_{n+1}$ 的值在 m 步之前已经算出, 这种拟几何网格解决了在引言中提到的计算存储问题 (见 [21], 或 [72], 或 [202, 214]).

6.3.2 起始步积分

首先, 我们考虑方程 (6.1.1) 在初始区间 $I_0 := [0, T_0]$ 上的数值逼近. 为简单计, 记 $T_0 = h$. 当一个单支 θ-方法 (6.3.1) 被用于在 $[0, T_0]$ 上积分时, 这个方法可以简单地写成

$$y_h = \hat{y} + hf(\theta h, (1-\theta)\hat{y} + \theta y_h, \eta(p\theta h), \bar{\eta}(p\theta h)), \tag{6.3.3}$$

这里 y_h 是 $y(h)$ 的逼近. 在 (6.3.3) 中, 逼近于 $y(p\theta h)$ 的 $\eta(p\theta h)$ 和逼近于 $y'(p\theta h)$ 的 $\bar{\eta}(p\theta h)$ 将通过下面的公式来计算:

$$\eta(t) = \frac{h-t}{h}\hat{y} + \frac{t}{h}y_h, \quad t \leqslant h \tag{6.3.4}$$

及

$$\bar{\eta}(t) = f(t, \eta(t), \eta(pt), \bar{\eta}(pt)), \quad t \leqslant h, \tag{6.3.5}$$

这里 $\eta(t)$ 和 $\bar{\eta}(t)$ 分别是 $y(t)$ 及其导数 $y'(t)$ 在区间 $[0,h]$ 上的逼近. 除了上面两个公式, 我们也使用下面的线性插值:

$$\bar{\eta}(t) = \frac{h-t}{h}y'(0) + \frac{t}{h}\bar{\eta}(h), \quad t \leqslant h. \tag{6.3.6}$$

在下面的分析中, 考虑到方法的阶, 我们也使用常数插值

$$f(pt, 0, \eta(p^2t), \bar{\eta}(p^2t)) = pf(t, 0, \eta(pt), \bar{\eta}(pt)), \quad t \leqslant h. \tag{6.3.7}$$

我们首先给出在下面的分析中起重要作用的一个结果:

引理 6.3.1 当应用方法 (6.3.3) 于问题 (6.1.1) 时, 若

$$0 < -\alpha(\theta h)h \leqslant \frac{2\theta - 1}{\theta(1-\theta)}, \tag{6.3.8}$$

则

$$\|y_h\| \leqslant \max\left\{\|\hat{y}\|, \frac{\|f(\theta h, 0, \eta(p\theta h), \bar{\eta}(p\theta h))\|}{-\alpha(\theta h)}\right\}. \tag{6.3.9}$$

证明 记

$$f(\theta h, Y_1, \eta(p\theta h), \bar{\eta}(p\theta h)) = Q_h, \tag{6.3.10}$$

$$Y_1 = \hat{y} + h\theta Q_h. \tag{6.3.11}$$

则容易得到 $y_h = \hat{y} + hQ_h$.

因条件 (6.3.8) 意味着 $\theta > 1/2$, 直接计算可得

$$\begin{aligned}
&\|y_h\|^2 - \|\hat{y}\|^2 - 2\Re e\langle Y_1, hQ_h\rangle \\
=&\langle \hat{y} + hQ_h, \hat{y} + hQ_h\rangle - \langle \hat{y}, \hat{y}\rangle - 2\Re e\langle \hat{y} + h\theta Q_h, hQ_h\rangle \\
\leqslant& 0.
\end{aligned}$$

设 $\Re e\langle Y_1, hQ_h\rangle > 0$, 则有

$$\begin{aligned}
2\Re e\langle Y_1, hQ_h\rangle \leqslant& 2\Re e\langle Y_1, h[f(\theta h, Y_1, \eta(p\theta h), \bar{\eta}(p\theta h)) - f(\theta h, 0, \eta(p\theta h), \bar{\eta}(p\theta h))]\rangle \\
&+ 2\Re e\langle Y_1, hf(\theta h, 0, \eta(p\theta h), \bar{\eta}(p\theta h))\rangle \\
\leqslant& 2\alpha(\theta h)h\|Y_1\|^2 + 2h\|Y_1\|\|f(\theta h, 0, \eta(p\theta h), \bar{\eta}(p\theta h))\|
\end{aligned}$$

$$
\begin{aligned}
&\leqslant -\alpha(\theta h)h\left[\left(\frac{\|f(\theta h,0,\eta(p\theta h),\bar{\eta}(p\theta h))\|}{-\alpha(\theta h)}\right)^2-\|Y_1\|^2\right]\\
&\leqslant \frac{2\theta-1}{\theta(1-\theta)}\left[\left(\frac{\|f(\theta h,0,\eta(p\theta h),\bar{\eta}(p\theta h))\|}{-\alpha(\theta h)}\right)^2-\|Y_1\|^2\right]
\end{aligned}
$$

和

$$
\left(\frac{\|f(\theta h,0,\eta(p\theta h),\bar{\eta}(p\theta h))\|}{-\alpha(\theta h)}\right)^2\geqslant\frac{2\theta(1-\theta)}{2\theta-1}\Re e\langle Y_1,hQ_h\rangle+\|Y_1\|^2.
$$

因此, 易得

$$
\begin{aligned}
&\|y_h\|^2-\frac{(1-\theta)^2}{\theta^2}\|\hat{y}\|^2-\frac{2\theta-1}{\theta^2}\left(\frac{\|f(\theta h,0,\eta(p\theta h),\bar{\eta}(p\theta h))\|}{-\alpha(\theta h)}\right)^2\\
\leqslant&\|y_h\|^2-\frac{(1-\theta)^2}{\theta^2}\|\hat{y}\|^2-\frac{2(1-\theta)}{\theta}\Re e\langle Y_1,hQ_h\rangle-\frac{2\theta-1}{\theta^2}\|Y_1\|^2\\
\leqslant&0.
\end{aligned}
$$

上面的不等式意味着 (6.3.9). 此外, 若 $\Re e\langle Y_1,hQ_h\rangle\leqslant 0$, 则不等式 (6.3.9) 显然成立. 证毕.

定理 6.3.2 应用一个单支 θ-方法 (6.3.3)、插值 (6.3.4) 以及递推公式 (6.3.5) 于满足条件 (6.1.2)—(6.1.5) 的问题 (6.1.1), 若 (6.3.8) 及

$$
\alpha(t)<0,\quad \gamma(0)<1,\quad \frac{\varrho(t)-\alpha(pt)\gamma(t)}{-\alpha(t)}\leqslant 1,\quad \forall t\in[0,h]
$$

成立, 则

$$
\|\eta(t)\|\leqslant\|\hat{y}\|,\quad \forall t\in[0,h]. \tag{6.3.12}
$$

证明 从 (6.1.4), (6.1.5) 及 (6.3.5) 易得

$$
\begin{aligned}
&\|f(\theta h,0,\eta(p\theta h),\bar{\eta}(p\theta h))\|\\
=&\|f(\theta h,0,\eta(p\theta h),f(p\theta h,\eta(p\theta h),\eta(p^2\theta h),\bar{\eta}(p^2\theta h)))\|\\
=&\|f(\theta h,0,\eta(p\theta h),f(p\theta h,\eta(p\theta h),\eta(p^2\theta h),\bar{\eta}(p^2\theta h)))\\
&-f(\theta h,0,0,f(p\theta h,0,\eta(p^2\theta h),\bar{\eta}(p^2\theta h)))\\
&+f(\theta h,0,0,f(p\theta h,0,\eta(p^2\theta h),\bar{\eta}(p^2\theta h)))-f(\theta h,0,0,f(p\theta h,0,0,0))\|\\
\leqslant&\varrho(\theta h)\|\eta(p\theta h)\|+\gamma(\theta h)\|f(p\theta h,0,\eta(p^2\theta h),\bar{\eta}(p^2\theta h))\|.
\end{aligned}
$$

因此, 利用引理 6.3.1, 得到

$$
\|y_h\|\leqslant\max\left\{\|\hat{y}\|,\frac{\|f(\theta h,0,\eta(p\theta h),\bar{\eta}(p\theta h))\|}{-\alpha(\theta h)}\right\}
$$

$$\leqslant \max\left\{\|\hat{y}\|, \|\eta(p\theta h)\|, \frac{\|f(p\theta h, 0, \eta(p^2\theta h), \bar{\eta}(p^2\theta h))\|}{-\alpha(p\theta h)}\right\}$$

$$\leqslant \max\left\{\|\hat{y}\|, \|\eta(p\theta h)\|, \cdots, \|\eta(p^n\theta h)\|, \frac{\|f(p^n\theta h, 0, \eta(p^{n+1}\theta h), \bar{\eta}(p^{n+1}\theta h))\|}{-\alpha(p^n\theta h)}\right\}.$$

于上式令 $n \to +\infty$, 类似于定理 6.2.5, 可得 (6.3.12). 证毕.

注 6.3.3 当 $\theta = 1$ 时, 即方法为隐式 Euler 方法时, 定理 5.3.1 意味着不等式对任意的 $h > 0$ 都成立.

注意到若 (6.1.6) 成立, 有

$$\begin{aligned}
&\|f(\theta h, 0, \eta(p\theta h), \bar{\eta}(p\theta h))\| \leqslant \beta(\theta h)\|\eta(p\theta h)\| + \gamma(\theta h)\|\bar{\eta}(p\theta h)\| \\
\leqslant &\beta(\theta h)\|\eta(p\theta h)\| + \gamma(\theta h)[L(p\theta h)\|\eta(p\theta h)\| + \|f(p\theta h, 0, \eta(p^2\theta h), \bar{\eta}(p^2\theta h))\|] \\
\leqslant &\beta(\theta h)\|\eta(p\theta h)\| + \gamma(\theta h)[L(p\theta h)\|\eta(p\theta h)\| + \|f(p\theta h, 0, \eta(p^2\theta h), \bar{\eta}(p^2\theta h))\|].
\end{aligned} \tag{6.3.13}$$

由此, 类似地, 我们可以证明下面的定理.

定理 6.3.4 应用一个单支 θ-方法 (6.3.3)、插值 (6.3.4) 以及递推公式 (6.3.5) 于满足条件 (6.1.2)—(6.1.4) 及 (6.1.6) 的问题 (6.1.1), 若 (6.3.8) 和

$$R(t) < 0, \quad \gamma(0) < 1, \quad \frac{\beta(t) + \gamma(t)L(pt) - \alpha(pt)\gamma(t)}{-\alpha(t)} \leqslant 1, \quad \forall t \in [0, h]$$

成立, 则我们有 (6.3.12).

推论 6.3.5 应用一个单支 θ-方法 (6.3.3)、插值 (6.3.4) 以及递推公式 (6.3.5) 于满足条件 (6.1.2)—(6.1.4) 及 (6.1.6) (或者 (6.1.2)—(6.1.5)) 的问题 (6.1.1), 如果

$$0 < -\bar{\alpha}h \leqslant \frac{2\theta - 1}{\theta(1-\theta)} \tag{6.3.14}$$

及

$$\bar{\alpha} < 0, \quad \bar{\gamma} < 1, \quad \frac{\bar{\beta} + \bar{\gamma}\bar{L} - \bar{\alpha}\bar{\gamma}}{-\bar{\alpha}} \leqslant 1 \tag{6.3.15}$$

(或者在上面的不等式中 $\bar{\beta} + \bar{\gamma}\bar{L}$ 由 $\bar{\varrho}$ 代替) 成立, 这里 $\bar{\alpha} = \sup_{0 \leqslant t \leqslant h} \alpha(t)$, $\bar{\beta} = \sup_{0 \leqslant t \leqslant h} \beta(t)$, $\bar{\gamma} = \sup_{0 \leqslant t \leqslant h} \gamma(t)$, $\bar{\varrho} = \sup_{0 \leqslant t \leqslant h} \varrho(t)$ 以及 $\bar{L} = \sup_{0 \leqslant t \leqslant h} L(t)$, 则我们有 (6.3.12).

如果直接使用 (6.3.6) 去计算 $\bar{\eta}(t)$, $t \in [0, T_0]$, 我们有下面的结果.

定理 6.3.6 应用一个单支 θ-方法 (6.3.3)、插值 (6.3.4) 和 (6.3.6) 以及递推公式 (6.3.5) 于满足条件 (6.1.2)—(6.1.4) 及 (6.1.6) 的问题 (6.1.1), 如果 (6.3.8) 和

$$\bar{c} = \alpha(\theta h)[1 - p\gamma(h)] + p\theta\beta(\theta h)[1 - p\gamma(h)] + p\theta\gamma(\theta h)[L(h) + p\beta(h)] < 0$$

成立, 我们有

$$\|\eta(t)\| \leqslant \max\{\|\hat{y}\|, c_1\|\hat{y}\| + \hat{c}_1\|y'(0)\|\}, \quad \forall t \in [0,h]. \tag{6.3.16}$$

进一步, 若 $c_1 + \hat{c}_1 \leqslant 1$, 我们有

$$\|\eta(t)\| \leqslant \max\{\|\hat{y}\|, \|y'(0)\|\}, \forall t \in [0,h]. \tag{6.3.17}$$

这里

$$c_1 = \frac{\beta(\theta h)(1-p\theta)[1-p\gamma(h)] + \gamma(\theta h)p\theta\beta(h)(1-p)}{-\bar{c}}$$

以及

$$\hat{c}_1 = \frac{\gamma(\theta h)(1-p\theta)[1-p\gamma(h)] + \gamma(\theta h)p\theta\gamma(h)(1-p)}{-\bar{c}}.$$

证明 利用

$$\begin{aligned}\|\bar{\eta}(h)\| &= \|f(h, y_h, \eta(ph), \bar{\eta}(ph))\| \\ &\leqslant L(h)\|y_h\| + \beta(h)[(1-p)\|\hat{y}\| + p\|y_h\|] + \gamma(h)[(1-p)\|y'(0)\| + p\|\bar{\eta}(h)\|]\end{aligned}$$

可得

$$\|\bar{\eta}(h)\| \leqslant \frac{[L(h) + p\beta(h)]\|y_h\| + \beta(h)(1-p)\|\hat{y}\| + \gamma(h)(1-p)\|y'(0)\|}{1-\gamma(h)p}. \tag{6.3.18}$$

另一方面, 我们有

$$\begin{aligned}&\|f(\theta h, 0, \eta(p\theta h), \bar{\eta}(p\theta h))\| \\ \leqslant&\beta(\theta h)\|\eta(p\theta h)\| + \gamma(\theta h)\|\bar{\eta}(p\theta h)\| \\ \leqslant&\beta(\theta h)[(1-p\theta)\|\hat{y}\| + p\theta\|y_h\|] + \gamma(\theta h)[(1-p\theta)\|y'(0)\| + p\theta\|\bar{\eta}(h)\|].\end{aligned} \tag{6.3.19}$$

利用引理 6.3.1, 从 (6.3.18) 和 (6.3.19) 可以推出

$$\begin{aligned}&\left[1 + \frac{\beta(\theta h)p\theta}{\alpha(\theta h)} + \frac{\gamma(\theta h)p\theta(L(h) + \beta(h)p)}{\alpha(\theta h)(1-p\gamma(h))}\right]\|y_h\| \\ \leqslant&\frac{\beta(\theta h)(1-p\theta)\|\hat{y}\| + \gamma(\theta h)(1-p\theta)\|y'(0)\|}{-\alpha(\theta h)} \\ &+ \frac{\gamma(\theta h)p\theta[\beta(h)(1-p)\|\hat{y}\| + \gamma(h)(1-p)\|y'(0)\|]}{-\alpha(\theta h)[1-p\gamma(h)]},\end{aligned}$$

从上式容易导出 (6.3.16) 和 (6.3.17). 证毕.

推论 6.3.7 应用单支 θ-方法 (6.3.3)、插值 (6.3.4) 和 (6.3.6) 以及递推公式 (6.3.5) 于满足条件 (6.1.2)—(6.1.4) 及 (6.1.6) 的问题 (6.1.1), 如果 (6.3.14) 和

$$\tilde{c}=\bar{\alpha}(1-\bar{\gamma}p)+p\theta(\bar{\beta}+\bar{\gamma}\bar{L})<0$$

成立, 我们有

$$\|\eta(t)\|\leqslant\max\{\|\hat{y}\|,\check{c}_1\|\hat{y}\|+\check{c}_1\|y'(0)\|\},\quad \forall t\in[0,h].$$

进一步, 若 $\check{c}_1+\check{c}_1\leqslant 1$, 我们有 (6.3.17). 这里

$$\check{c}_1=\frac{\bar{\beta}(1-p\theta-p\bar{\gamma}+p\theta\bar{\gamma})}{-\tilde{c}}\quad 和\quad \check{c}_1=\frac{\bar{\gamma}(1-p\theta-p\bar{\gamma}+p\theta\bar{\gamma})}{-\tilde{c}}.$$

此外, 若 (6.3.14) 和 (6.3.15) 也成立, 我们有 (6.3.12).

证明 除了 (6.3.12), 此推论可从定理 6.3.6 和它的证明立得. 因此, 为获得此推论, 我们仅需证明 (6.3.12). 因

$$\|y'(0)\|\leqslant\bar{L}\|\hat{y}\|+\|f(0,0,y(0),y'(0))\|,$$

类似于定理 6.2.5, 通过计算, 从定理 6.3.6 的证明可得 (6.3.12).

现在我们考虑插值 (6.3.7) 并有下面的结果.

定理 6.3.8 应用单支 θ-方法 (6.3.3)、插值 (6.3.4) 和 (6.3.7) 以及递推公式 (6.3.5) 于满足条件 (6.1.2)—(6.1.4) 及 (6.1.6) 的问题 (6.1.1), 如果 (6.3.8) 和

$$\alpha(\theta h)<0,\quad \frac{\beta(\theta h)+\gamma(\theta h)L(p\theta h)-R(\theta h)\gamma(\theta h)}{-\alpha(\theta h)}\leqslant 1 \tag{6.3.20}$$

成立, 则 (6.3.12) 成立.

证明 从 (6.3.20) 可得

$$\frac{\beta(\theta h)+\gamma(\theta h)L(p\theta h)}{-\alpha(\theta h)[1-p\gamma(\theta h)]}\leqslant 1,\quad t\geqslant 0. \tag{6.3.21}$$

利用 (6.1.3), (6.1.4), (6.1.6) 及 (6.3.7), 我们有

$$\begin{aligned}
&\|f(\theta h,0,\eta(p\theta h),\bar{\eta}(p\theta h))\|\\
\leqslant&\beta(\theta h)\|\eta(p\theta h)\|+\gamma(\theta h)\|\bar{\eta}(p\theta h)\|\\
\leqslant&\beta(\theta h)\|\eta(p\theta h)\|+\gamma(\theta h)[L(p\theta h)\|\eta(p\theta h)\|+\|f(p\theta h,0,\eta(p^2\theta h),\bar{\eta}(p^2\theta h))\|]\\
\leqslant&\beta(\theta h)\|\eta(p\theta h)\|+\gamma(\theta h)[L(p\theta h)\|\eta(p\theta h)\|+p\|f(\theta h,0,\eta(p\theta h),\bar{\eta}(p\theta h))\|].
\end{aligned} \tag{6.3.22}$$

另一方面, 使用引理 6.3.1, 可得

$$\|y_h\| \leqslant \max\left\{\|\hat{y}\|, \frac{\|f(\theta h, 0, \eta(p\theta h), \bar{\eta}(p\theta h))\|}{-\alpha(\theta h)}\right\}. \tag{6.3.23}$$

因此, 从 (6.3.4), (6.3.21)—(6.3.23) 可得

$$\|y_h\| \leqslant \max\{\|\hat{y}\|, (1-p\theta)\|\hat{y}\| + p\theta\|y_h\|\}.$$

即 (6.3.12) 成立. 证毕.

注意到当 (6.1.5) 满足时, (6.3.22) 可由

$$\begin{aligned}\|f(\theta h, 0, \eta(p\theta h), \bar{\eta}(p\theta h))\| &\leqslant \varrho(\theta h)\|\eta(p\theta h)\| + \gamma(\theta h)\|f(p\theta h, 0, \eta(p^2\theta h), \bar{\eta}(p^2\theta h))\| \\ &\leqslant \varrho(\theta h)\|\eta(p\theta h)\| + p\gamma(\theta h)\|f(\theta h, 0, \eta(p\theta h), \bar{\eta}(p\theta h))\|\end{aligned}$$

代替. 从而, 我们可轻易获得下面的结果.

定理 6.3.9 应用单支 θ-方法 (6.3.3)、插值 (6.3.4) 和 (6.3.7) 以及递推公式 (6.3.7) 于满足条件 (6.1.2)—(6.1.5) 的问题 (6.1.1), 如果 (6.3.8) 和

$$\alpha(\theta h) < 0, \quad \frac{\varrho(\theta h) - \alpha(\theta h)\gamma(\theta h)}{-\alpha(\theta h)} \leqslant 1 \tag{6.3.24}$$

成立, 则 (6.3.12) 成立.

注 6.3.10 必须指出, 这里所介绍的所有方法对于非中立型系统 (6.2.14) 是一致的.

推论 6.3.11 应用单支 θ-方法 (6.3.3)、插值 (6.3.4) 于满足条件 (6.1.2)—(6.1.3) 的非中立型问题 (6.2.14), 若 (6.3.8) 和

$$\alpha(\theta h) + \beta(\theta h)p\theta < 0 \tag{6.3.25}$$

满足, 则我们有

$$\|y_h\| \leqslant \frac{\beta(\theta h)(1-p\theta)}{-\alpha(\theta h) - \beta(\theta h)p\theta}\|\hat{y}\|.$$

进一步, 若 (6.3.8) 和

$$\alpha(\theta h) < 0, \quad \frac{\beta(\theta h)}{-\alpha(\theta h)} \leqslant 1 \tag{6.3.26}$$

成立, 则我们有 (6.3.12).

必须指出当 $\theta = 1$ 时, 上面五个定理对于任意 $T_0 = h > 0$ 都成立, 并且定理 5.3.5 与 [17] 中的结果相一致. 此外, 特殊化我们的结果至线性系统, 我们可轻易获得一些特殊的结果. 在此我们不打算一个一个地去陈述, 这里仅报告一个结果.

推论 6.3.12 应用单支 θ-方法 (6.3.3)、插值 (6.3.4) 以及递推公式 (6.3.5) 于线性系统 (6.1.7), 如果 (6.3.8) 和

$$\mu[A(t)]<0,\quad \|C(0)\|<1,\quad \frac{\|B(t)+C(t)A(pt)\|}{-\mu[A(t)]}\leqslant 1-\|C(t)\|,\quad \forall t\in[0,h]$$

成立, 则 (6.3.12) 也成立.

6.3.3 稳定性分析

现在, 我们考虑由单支 θ-方法 (6.3.1) 得到的数值解的稳定性. 鉴于所考虑的网格, 易得 $\bar{y}_{n+1}=\sigma(E)y_{n-m}$. 至于 $\tilde{y}_{n+1}$, 我们使用下面的计算公式:

$$\tilde{y}_{n+1}=f(\sigma(E)t_{n-m},\bar{y}_{n+1},\bar{y}_{n-m+1},\tilde{y}_{n-m+1}),$$

其中当 $l\leqslant 0$ 时, $\tilde{y}_l=\bar{\eta}(t_l)$.

考虑到上一小节的分析, 我们假定 $y(t)$ 在区间 $I_0=[0,T_0]$ 已知. 为简单计, 记

$$\mathbb{M}_1=\max_{0\leqslant t\leqslant T_0}\|y(t)\|,\quad \mathbb{M}_2=\max_{0\leqslant t\leqslant T_0}\|y'(t)\|.$$

定理 6.3.13 设 $\theta\in[1/2,1]$. 则当单支 θ-方法 (6.3.1) 应用于满足条件 (6.1.2)—(6.1.5) 及

$$\alpha<0,\quad \gamma<p,\quad p\alpha+\frac{\varrho+\varepsilon}{1-\gamma}\leqslant 0 \tag{6.3.27}$$

的系统 (6.1.1) 时, 所获数值解 y_n 满足下面的稳定性不等式

$$\|y_n\|\leqslant c_2\mathbb{M}_1+\hat{c}_2\mathbb{M}_2, \tag{6.3.28}$$

这里

$$c_2=\left(1+\sqrt{\frac{2(1-p)pT_0\beta^2}{(\varrho+\varepsilon)(p-\gamma)}+\frac{\varrho(1-p)T_0}{p(1-\gamma)}}\right),\quad \hat{c}_2=\sqrt{\frac{2(1-p)\gamma^2pT_0}{(\varrho+\varepsilon)(p-\gamma)}},$$

且当 $\varrho\neq 0$ 时, $\varepsilon=0$; 而当 $\varrho=0$ 时, $\varepsilon>0$ 是一个适度大小的常数.

证明 从 (6.3.1) 易得

$$\|y_{n+1}\|^2-\|y_n\|^2\leqslant 2\Re e\langle\sigma(E)y_n,\rho(E)y_n\rangle. \tag{6.3.29}$$

利用条件 (6.1.2)—(6.1.5), $t_n\in I_l$, 从

$$\|\sigma(E)y_i\|=\|(1-\theta)y_i+\theta y_{i+1}\|\leqslant\mathbb{M}_1,\quad -m\leqslant i\leqslant -1$$

可得

$$
\begin{aligned}
&\|y_{n+1}\|^2-\|y_n\|^2\leqslant 2\Re e\langle\sigma(E)y_n,\rho(E)y_n\rangle\\
\leqslant&2h_{n+1}\alpha\|\sigma(E)y_n\|^2\\
&+2h_{n+1}\|\sigma(E)y_n\|\left[\varrho\sum_{j=0}^{l-1}\gamma^j\|\sigma(E)y_{n-(j+1)m}\|+\gamma^l(\beta M_1+\gamma M_2)\right]\\
\leqslant&\left[2\alpha+(\varrho+\varepsilon)\sum_{j=0}^{l}\gamma^j\right]h_{n+1}\|\sigma(E)y_n\|^2+\varrho h_{n+1}\sum_{j=0}^{l-1}\gamma^j\|\sigma(E)y_{n-(j+1)m}\|^2\\
&+\frac{\gamma^l h_{n+1}}{\varrho+\varepsilon}(2\beta^2\mathbb{M}_1^2+2\gamma^2\mathbb{M}_2^2)\\
\leqslant&\left(2\alpha+\frac{\varrho+\varepsilon}{1-\gamma}\right)h_{n+1}\|\sigma(E)y_n\|^2+\varrho h_{n+1}\sum_{j=0}^{l-1}\gamma^j\|\sigma(E)y_{n-(j+1)m}\|^2\\
&+\left(\frac{\gamma}{p}\right)^l\frac{h_{n-lm+1}}{\varrho+\varepsilon}(2\beta^2\mathbb{M}_1^2+2\gamma^2\mathbb{M}_2^2),\quad n\geqslant 0.
\end{aligned}\tag{6.3.30}
$$

进一步递推可得

$$
\begin{aligned}
\|y_{n+1}\|^2\leqslant&\|y_0\|^2+\left(2\alpha+\frac{\varrho+\varepsilon}{1-\gamma}\right)\sum_{i=0}^{n}h_{i+1}\|\sigma(E)y_i\|^2\\
&+\varrho\sum_{i=0}^{n}h_{i+1}\sum_{j=0}^{l-1}\gamma^j\|\sigma(E)y_{i-m}\|^2\\
&+\sum_{j=0}^{l}\left(\frac{\gamma}{p}\right)^j\sum_{i=-m}^{-1}h_{i+1}\frac{1}{\varrho+\varepsilon}(2\beta^2\mathbb{M}_1+2\gamma^2\mathbb{M}_2),\quad n\geqslant 0.
\end{aligned}\tag{6.3.31}
$$

另一方面,

$$
\begin{aligned}
&\sum_{i=0}^{n}h_{i+1}\|\sigma(E)y_{i-m}\|^2\\
=&\sum_{i=-m}^{n-m}h_{m+i+1}\|\sigma(E)y_i\|^2\\
=&\frac{1}{p}\sum_{i=-m}^{n-m}h_{i+1}\|\sigma(E)y_i\|^2\\
\leqslant&\frac{1}{p}\left(\sum_{i=0}^{n}h_{i+1}\|\sigma(E)y_i\|^2+\sum_{i=-m}^{-1}h_{i+1}\|\sigma(E)y_i\|^2\right)
\end{aligned}
$$

$$\leqslant \frac{1}{p}\left(\sum_{i=0}^{n} h_{i+1}\|\sigma(E)y_i\|^2 + (1-p)T_0 \max_{-m\leqslant i\leqslant -1}\|\sigma(E)y_i\|^2\right). \tag{6.3.32}$$

将 (6.3.32) 代入 (6.3.31) 并使用条件 $p\in(0,1)$ 及 (6.3.27), 可得

$$\begin{aligned}\|y_{n+1}\|^2 \leqslant &\|y_0\|^2 + \frac{2}{p}\left(p\alpha + \frac{\varrho+\varepsilon}{1-\gamma}\right)\sum_{i=0}^{n} h_{i+1}\|\sigma(E)y_i\|^2 + \frac{\varrho(1-p)T_0}{(1-\gamma)p}\mathbb{M}_1^2\\ &+\frac{p(1-p)T_0}{(\varrho+\varepsilon)(p-\gamma)}(2\beta^2\mathbb{M}_1^2 + 2\gamma^2\mathbb{M}_2^2)\\ \leqslant &\|y_0\|^2 + \left[\frac{2(1-p)pT_0\beta^2}{(\varrho+\varepsilon)(p-\gamma)} + \frac{\varrho(1-p)T_0}{p(1-\gamma)}\right]\mathbb{M}_1^2 + \frac{2(1-p)\gamma^2 pT_0}{(\varrho+\varepsilon)(p-\gamma)}\mathbb{M}_2^2,\end{aligned}$$

此式意味着 (6.3.28) 成立. 证毕.

定理 6.3.14 设 $\theta\in(1/2,1]$ 且

$$\alpha<0,\quad \gamma<p,\quad p\alpha + \frac{\varrho+\varepsilon}{1-\gamma}<0. \tag{6.3.33}$$

则当单支 θ-方法 (6.3.1) 应用于满足条件 (6.1.2)—(6.1.5) 的系统 (6.1.1) 时, 所获数值解 y_n 是渐近稳定的, 即

$$\lim_{n\to\infty}\|y_n\| = 0. \tag{6.3.34}$$

由于这个证明类似于文献 [263] 中定理 3.2 的证明, 这里我们省略掉定理的证明.

在下面两个定理中, 因 $\beta+\gamma L=0$ 意味着 $\beta=0,\ \gamma=0$ 或 $\beta=0,\ L=0$. 若 $\beta=0$ 且 $L=0$, 则 $\alpha=0$ 这与 $\alpha<0$ 矛盾; 若 $\beta=0$ 且 $\gamma=0$, 则问题 (6.1.1) 成为常微分方程初值问题, 对此我们有更好的结果. 因此我们假定 $\beta+\gamma L\neq 0$.

定理 6.3.15 设 $\theta\in[1/2,1]$. 则当单支 θ-方法 (6.3.1) 应用于满足条件 (6.1.2)—(6.1.4), (6.1.6) 及

$$\alpha<0,\quad \gamma<p,\quad p\alpha + \frac{\beta+\gamma L}{1-\gamma}\leqslant 0 \tag{6.3.35}$$

的系统 (6.1.1) 时, 所获数值解 y_n 满足下面的稳定性不等式

$$\|y_n\|\leqslant c_3\mathbb{M}_1 + \hat{c}_3\mathbb{M}_2. \tag{6.3.36}$$

这里

$$c_3 = \left(1+\sqrt{\frac{2(1-p)pT_0\beta^2}{(\beta+\gamma L)(p-\gamma)} + \frac{(\beta+\gamma L)(1-p)T_0}{p(1-\gamma)}}\right),\quad \hat{c}_3 = \sqrt{\frac{2(1-p)\gamma^2 pT_0}{(\beta+\gamma L)(p-\gamma)}}.$$

证明 注意到当 (6.1.6) 成立时, (6.3.30) 可被下式代替

$$
\begin{aligned}
&\|y_{n+1}\|^2-\|y_n\|^2 \leqslant 2\Re e\langle\sigma(E)y_n,\rho(E)y_n\rangle\\
\leqslant& 2h_{n+1}\alpha\|\sigma(E)y_n\|^2\\
&+2h_{n+1}\|\sigma(E)y_n\|\left[(\beta+\gamma L)\varrho\sum_{j=0}^{l-1}\gamma^j\|\sigma(E)y_{n-(j+1)m}\|+\gamma^l(\beta\mathbb{M}_1+\gamma\mathbb{M}_2)\right]\\
\leqslant&\left(2\alpha+\frac{\beta+\gamma L}{1-\gamma}\right)h_{n+1}\|\sigma(E)y_n\|^2+(\beta+\gamma L)h_{n+1}\sum_{j=0}^{l-1}\gamma^j\|y_{n-(j+1)m}\|^2\\
&+\left(\frac{\gamma}{p}\right)^l\frac{h_{n-lm+1}}{\beta+\gamma L}(2\beta^2\mathbb{M}_1^2+2\gamma^2\mathbb{M}_2^2),\quad n\geqslant 0.
\end{aligned}
$$

从而, 类似地可得此定理. 证毕.

采用同样的方式, 我们可以获得下面的定理.

定理 6.3.16 设 $\theta\in(1/2,1]$ 且

$$
\alpha<0,\quad \gamma<p,\quad p\alpha+\frac{\beta+\gamma L}{1-\gamma}<0, \tag{6.3.37}
$$

则当单支 θ-方法 (6.3.1) 应用于满足条件 (6.1.2)—(6.1.4) 及 (6.1.6) 的系统 (6.1.1) 时, 所获数值解 y_n 是渐近稳定的.

6.3.4 数值算例

在实际计算中, 计算 $\eta(t)$ 及 $\bar{\eta}(t), t\leqslant T_0$ 是必需的. 我们可以通过 (6.3.4) 和 (6.3.6) 来达到这一目的. 但是如何计算 y_h 及 $\bar{\eta}(h)$ 呢? 我们可以采用下面三种方式之一来计算.

算法 1 [A1] 令 $x_0=y'(0)$ 及 $z_0=y'(0)$. 选取一个充分大的正整数 $\mathbb{m}$ 并使用迭代公式

$$
\begin{aligned}
&x_k=f(\theta p^{\mathbb{m}-k}h,(1-\theta)\hat{y}+\theta y_h^{(k)},(1-p\theta)\hat{y}+p\theta y_h^{(k)},x_{k-1}),\\
&y_h^{(k)}=\hat{y}+hx_k,\\
&z_k=f(p^{\mathbb{m}-k}h,y_h^{(k)},(1-p)\hat{y}+py_h^{(k)},z_{k-1}),\quad k=1,2,\cdots,\mathbb{m},
\end{aligned} \tag{6.3.38}
$$

从而我们可以获得 $\bar{\eta}(h)$ 及 y_h, 其中 $\bar{\eta}(h)=z_{\mathbb{m}}$ 及 $y_h=y_h^{(\mathbb{m})}$.

算法 2 [A2] 根据定理 6.3.6 (或推论 6.3.7), 利用线性插值 (6.3.6) 计算 $\bar{\eta}(ph)$, 即 $\bar{\eta}(h)$ 及 y_h 可从下面的方程组中解出

$$
\bar{\eta}(h)=f(h,y_h,(1-p)\hat{y}+py_h,(1-p)y'(0)+p\bar{\eta}(h)),
$$

$$y_h = \hat{y} + hf(\theta h, (1-\theta)\hat{y} + \theta y_h, (1-p\theta)\hat{y} + p\theta y_h, (1-p\theta)y'(0) + p\theta\bar{\eta}(h)). \tag{6.3.39}$$

算法 3 [A3] 根据定理 6.3.8 (或定理 6.3.9), 利用 (6.3.4), (6.3.5) 及 (6.3.7):

$$\begin{aligned}
&\bar{\eta}(h) = f(h, y_h, (1-p)\hat{y} + py_h, \bar{\eta}(ph)),\\
&\bar{\eta}(ph) = f(ph, (1-p)\hat{y} + py_h, 0, 0) + pf(h, 0, (1-p)\hat{y} + py_h, \bar{\eta}(ph)),\\
&y_h = \hat{y} + hf(\theta h, (1-\theta)\hat{y} + \theta y_h, (1-p\theta)\hat{y} + p\theta y_h, \bar{\eta}(p\theta h)),\\
&\bar{\eta}(p\theta h) = f(p\theta h, (1-p\theta)\hat{y} + p\theta y_h, 0, 0) + pf(\theta h, 0, (1-p\theta)\hat{y} + p\theta y_h, \bar{\eta}(p\theta h)),
\end{aligned} \tag{6.3.40}$$

得到 $\eta(t)$ 及 $\bar{\eta}(t), t \leqslant T_0$ 之后, 可利用 (6.3.1) 一步一步地计算出 $y_{n+1}, n \geqslant 0$.

例 6.3.1 考虑非线性中立型比例延迟微分方程

$$\begin{aligned}
&y'(t) = ay(t) + be^{-t}\sin y'(t/2)\cos y(t/2), \quad t \geqslant 0,\\
&y(0) = 0.001.
\end{aligned} \tag{6.3.41}$$

选取

$$a = -2, \quad b = 0.4.$$

则 (6.3.41) 满足定理 6.3.2—定理 6.3.9 中的条件, 其中

$$\alpha = -2, \quad \beta = 0.4, \quad \varrho = 1.2, \quad \gamma = 0.4, \quad L = 2.$$

容易计算出 $y'(0) = -3.333328 \times 10^{-3}$. 令 $\theta = 0.8$. 为说明算法 1 中 $\mathfrak{m}$ 在实际计算中并不需要很大, 我们选取了 $\mathfrak{m} = 999$ 和 $\mathfrak{m} = 9$ 两种情形. 表 6.3.1 中所有数据都肯定我们在 6.3.2 小节中所获的结果.

表 6.3.1 对不同的 $T_0 = h$ 由不同算法所得到的值 y_h

T_0	1	0.1	0.01	0.001
A1($\mathfrak{m} = 999$)	1.398189×e−04	7.411177×e−04	9.675960×e−04	9.966762×e−04
A1 ($\mathfrak{m} = 9$)	1.713071×e−04	9.102504×e−04	9.909212×e−04	9.990910×e−04
A2	8.039535×e−05	7.317928×e−04	9.674489×e−04	9.966747×e−04
A3	1.316275×e−04	7.570943×e−04	9.706846×e−04	9.970070×e−04

例 6.3.2 作为一个检验稳定性的例子, 我们用单支 θ-方法去求解一个简单的初值问题

$$y'(t) = -y(t) + 0.1y(0.8t) + 0.5y'(0.8t) + (0.32t - 0.5)e^{-0.8t} + e^{-t}, \quad t \geqslant 0,$$

$$y(0)=0, \tag{6.3.42}$$

其真解为 $y(t) = te^{-t}$.

对于这个例子, 因 $\alpha = -1, \beta = 0.1, \varrho = 0.4, \gamma = 0.5$, $L = 1$ 及 $p = 0.8$, 故定理 6.3.2、定理 6.3.6、定理 6.3.9 及定理 6.3.13 的条件满足, 但不满足定理 6.3.4、定理 6.3.8 及定理 6.3.15 的条件. 选取 $m = 3$, $\theta = 0.8$, 并在区间 $[0, 10]$ 积分这个系统. 注意到函数 f 对任意的 $t \geqslant 0$ 都不满足 $f(t, 0, 0, 0) = 0$. 我们修改算法 3 为

$$\begin{aligned}\bar{\eta}(px) =& f(px, (1-px)\hat{y} + pxy_h, 0, 0) + pf(x, 0, (1-px)\hat{y} \\ &+ pxy_h, \bar{\eta}(px)) - pf(x, 0, 0, 0),\end{aligned}$$

并作为算法 4 [A4].

表 6.3.2 是对不同的 T_0, 真解在这些点的值以及由上述算法所得到的不同的值 y_h. 显然, 由算法 1 或算法 2 所获 y_h 比由算法 3 或算法 4 所获的值更接近真解.

表 6.3.2 对不同的 $T_0 = h$ 由不同算法所得到的值 y_h 及真解的值 $y(h)$

T_0	1	0.1	0.01	0.001
A1($\mathrm{m} = 99$)	2.914197×e−01	8.455340×e−02	9.825481×e−03	9.982319×e−04
A1($\mathrm{m} = 9$)	2.914281×e−01	8.456699×e−02	9.825753×e−03	9.982348×e−04
A2	3.175463×e−01	8.583405×e−02	9.842036×e−03	9.984021×e−04
A3	3.711525×e−01	1.067898×e−01	1.229701×e−02	1.247947×e−03
A4	2.751437×e−01	7.839746×e−02	9.018785×e−03	9.151708×e−04
真解	3.678794×e−01	9.048374×e−02	9.900498×e−03	9.990005×e−04

由于算法 1 ($\mathrm{m} = 99$) 和算法 1 ($\mathrm{m} = 9$) 所获数值解的差别并不明显, 在图 6.3.1 中我们仅描绘了算法 1 ($\mathrm{m} = 9$) 的误差 $|y_i - y_i(t)|$, 这里 $y_i(t)$ 表示真解 $y(t)$ 在点 t_i 的值. 从 6.3.2 小节、6.3.3 小节给出的理论分析以及图 6.3.1、图 6.3.2 中所展示的数值结果, 我们可以得到下面的注记:

(1) 这四种算法都是稳定和收敛的. 误差 $|y_i - y_i(t)|$ 随着 t 的增加而减小.

(2) 算法 3 和算法 4 实际上是由常数插值推广的单支 θ-方法. 这导致算法 3 和算法 4 的误差 $|y_i - y_i(t)|$ 一般要大于算法 1 和算法 2 的误差.

(3) T_0 越小, 这四种算法所产生的误差 $|y_i - y_i(t)|$ 都越小. 尽管如此, 当 T_0 非常小的时候, 这种情况并不明显.

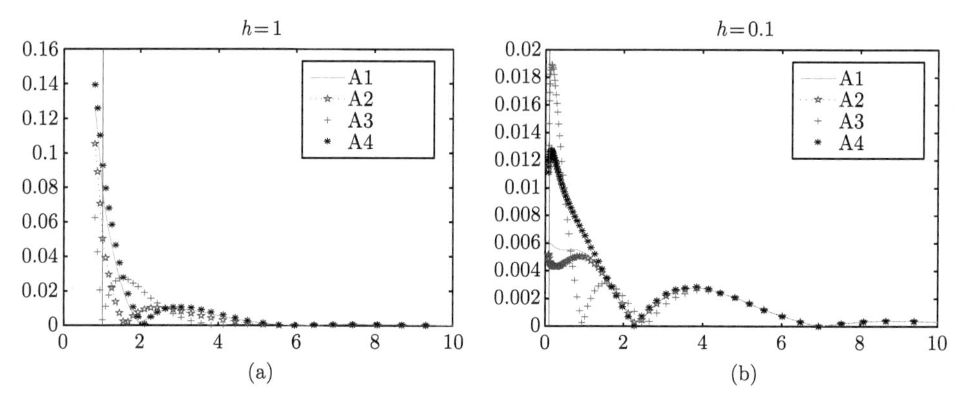

图 6.3.1 问题 (6.3.42) 数值解的误差 $|y_i - y_i(t)|$, 其中 $\theta = 0.8$, $T_0 = h = 1$ (图 (a)) 和 $T_0 = h = 0.1$(图 (b))

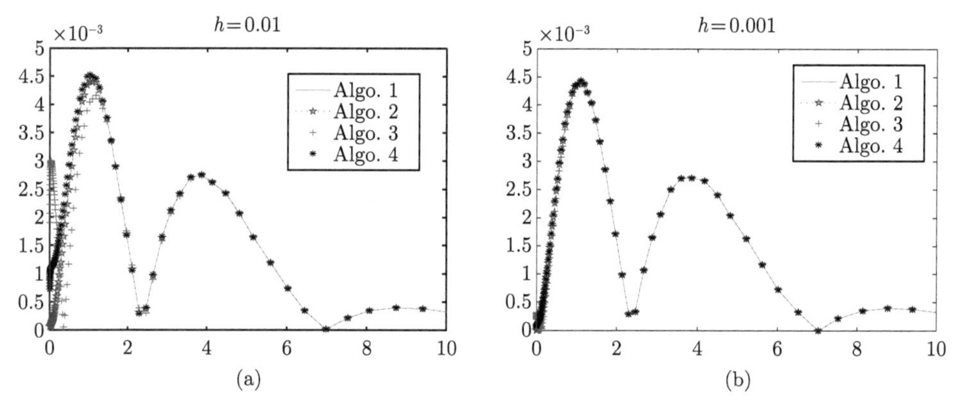

图 6.3.2 问题 (6.3.42) 数值解的误差 $|y_i - y_i(t)|$, 其中 $\theta = 0.8$, $T_0 = h = 0.01$ (图 (a)) 和 $T_0 = h = 0.001$(图 (b))

6.4 线性 θ-方法求解中立型比例延迟微分方程

这一节, 我们将讨论线性 θ-方法求解非线性中立型比例延迟微分方程 (6.1.1) 的稳定性, 可参见 [205]. 不同于上一节的分析方法, 这里我们考虑问题 (6.1.1) 的一个扰动问题

$$\begin{cases} z'(t) = f(t, z(t), z(pt), z'(pt)), \quad t \geqslant 0, \quad 0 < p < 1, \\ z(0) = \psi = \hat{z}, \end{cases} \tag{6.4.1}$$

其与 (6.1.1) 的唯一不同在于其初值为 $z(0) = \psi = \hat{z}$.

6.4.1 起始步积分

类似于单支方法, 我们首先讨论在初始区间 $[0, T_0]$ 上的积分. 按照 Liu [160] 引进的一个自然方式, 用 θ-方法于 (6.1.1) 可得下面的差分方程

$$y_T = \phi + T_0[(1-\theta)f(0, \phi, \phi, y'(0)) + \theta f(T_0, y_T, \eta(pT_0), \bar{\eta}(pT_0))]. \tag{6.4.2}$$

这里 y_T, $\eta(pT_0)$ 及 $\bar{\eta}(pT_0)$ 分别是 $y(T_0)$, $y(pT_0)$ 及 $y'(pT_0)$ 的逼近. 逼近于 $y(t)$, $t \in [0, T_0]$ 的 $\eta(t)$ 总是通过下面的线性插值获得

$$\eta(t) = \frac{T_0 - t}{T_0}\phi + \frac{t}{T_0}y_T, \quad t \leqslant T_0. \tag{6.4.3}$$

考虑到方法的阶, 为计算 y_T 及 $\bar{\eta}(T_0)$, 我们设计了四种算法.

算法 1 [RF]. 使用迭代公式

$$\bar{\eta}(t) = f(t, \eta(t), \eta(pt), \bar{\eta}(pt)), \quad t \leqslant T_0.$$

(1) 令 $X_0 = y'(0)$;

(2) 选取一充分大的正整数 $\mathbb{n}$ 并使用迭代公式

$$\begin{aligned} X_k &= f(p^{\mathbb{n}-k}T_0, y_T^{(k)}, (1-p)\phi + py_T^{(k)}, X_{k-1}), \\ y_T^{(k)} &= \phi + p^{\mathbb{n}-k}T_0[(1-\theta)y'(0) + \theta X_k], \quad k = 1, 2, \cdots, \mathbb{n}; \end{aligned}$$

(3) $\bar{\eta}(T_0) = X_{\mathbb{n}}$ 及 $y_T = y_T^{(\mathbb{n})}$.

算法 2 [LI]. 使用线性插值计算 $\bar{\eta}(pT_0)$.

$$\begin{aligned} &\bar{\eta}(pT_0) = (1-p)y'(0) + p\bar{\eta}(T_0), \\ &\bar{\eta}(T_0) = f(T_0, y_T, (1-p)\phi + py_T, (1-p)y'(0) + p\bar{\eta}(T_0)), \\ &y_T = \phi + T_0[(1-\theta)y'(0) + \theta\bar{\eta}(T_0)]. \end{aligned}$$

算法 3 [CI]. 使用常数插值 $f(pt, 0, \eta(p^2t), \bar{\eta}(p^2t))$:

$$f(pt, 0, \eta(p^2t), \bar{\eta}(p^2t)) = pf(t, 0, \eta(pt), \bar{\eta}(pt)), \quad 0 \leqslant t \leqslant T_0.$$

这算法详述为

$$\begin{aligned} &\bar{\eta}(T_0) = f(T_0, y_T, (1-p)\phi + py_T, \bar{\eta}(pT_0)), \\ &\bar{\eta}(pT_0) = f(pT_0, (1-p)\phi + py_T, 0, 0) + pf(T_0, 0, (1-p)\phi + py_T, \bar{\eta}(pT_0)), \\ &y_T = \phi + T_0[(1-\theta)y'(0) + \theta\bar{\eta}(T_0)]. \end{aligned}$$

算法 4 [MLI] 可考虑另一种计算 $f(pt,0,\eta(p^2t),\bar{\eta}(p^2t))$ 的方式:

$$f(pt,0,\eta(p^2t),\bar{\eta}(p^2t))=(1-p)f(0,0,\phi,y'(0))+pf(t,0,\eta(pt),\bar{\eta}(pt)),$$
$$0\leqslant t\leqslant T_0.$$

上式实际上是对算法 3 中的常数插值做了一点修改. 此算法可详述为

$$\begin{aligned}\bar{\eta}(T_0)&=f(T_0,y_T,(1-p)\phi+py_T,\bar{\eta}(pT_0)),\\ \bar{\eta}(pT_0)&=f(pT_0,(1-p)\phi+py_T,0,0)\\ &\quad+(1-p)f(0,0,\phi,y'(0))+pf(T_0,0,(1-p)\phi+py_T,\bar{\eta}(pT_0)),\\ y_T&=\phi+T_0[(1-\theta)y'(0)+\theta\bar{\eta}(T_0)].\end{aligned}$$

这四种算法有它们各自的优点, 这依赖于映射 f 的结构. 例如, 若 f 仅关于第四个变元是非线性的, 则算法 1 比其他三种算法更适合. 这四种算法中, 只有算法 1 和算法 2 适合于任何非线性中立型比例延迟微分方程. 对于有些方程, 例如 $y'(t)=y(t)y'(pt)$, 算法 3 和算法 4 是不适合的. 所以, 一般而言, 算法 1 和算法 2 比算法 3 和算法 4 更好. 必须指出, 这里介绍的四种算法对于非中立型系统 (6.2.14) 而言是一致的.

因稳定的充分条件都意味着 $\gamma<1$ 或 $\gamma(t)<1$, $\forall t\geqslant 0$, 在下面的分析中, 若无特别说明, 都假定它们成立.

定理 6.4.1 应用算法 1 于满足条件 (6.1.2)—(6.1.5) 的问题 (6.1.1). 若

$$\alpha(t)<0,\quad \frac{\varrho(t)-\gamma(t)\alpha(pt)}{-\alpha(t)}\leqslant 1,\quad \forall t\in[0,T_0], \tag{6.4.4}$$

则下面的不等式成立:

$$\|\eta(t)-\zeta(t)\|\leqslant\kappa_0+\frac{1-\theta}{-\alpha(T_0)(1-p)\theta}\|y'(0)-z'(0)\|,\quad 0\leqslant t\leqslant T_0, \tag{6.4.5}$$

这里

$$\kappa_0=\max\left\{\|\phi-\psi\|,\frac{\beta(0)\|\phi-\psi\|+\gamma(0)\|y'(0)-z'(0)\|}{-\alpha(0)}\right\},$$

$\zeta(t)$ 是当同样的方法应用于问题 (6.4.1) 时真解 $z(t)$ 的逼近, $z'(0)$ 表示方程 $Z=f(0,\psi,\psi,Z)$ 的唯一解.

证明 用符号 z_T 表示 $\zeta(T_0)$, 而用符号 $\bar{\zeta}(t)$ 表示 $y'(t)$ 的逼近. 记

$$y_T-z_T=\omega_T,\quad f(T_0,y_T,\eta(pT_0),\bar{\eta}(pT_0))-f(T_0,z_T,\zeta(pT_0),\bar{\zeta}(pT_0))=Q_T,$$
$$\eta(t)-\zeta(t)=\omega(t),\quad f(t,\zeta(t),\eta(pt),\bar{\eta}(pt))-f(t,\zeta(t),\zeta(pt),\bar{\zeta}(pt))=Q(t),$$

$$0 \leqslant t \leqslant T_0.$$

从 (6.6.13) 可得

$$\begin{aligned}\|\omega_T\|^2 &\leqslant \|\phi-\psi\|\|\omega_T\| + \langle \omega_T, T_0\theta Q_T\rangle + (1-\theta)T_0\|\omega_T\|\|y'(0)-z'(0)\| \\ &\leqslant \|\phi-\psi\|\|\omega_T\| + \theta\alpha(T_0)T_0\|\omega_T\|^2 + \theta T_0\|\omega_T\|\|Q(T_0)\| \\ &\quad + (1-\theta)T_0\|\omega_T\|\|y'(0)-z'(0)\|.\end{aligned}$$

当 $\|\omega_T\| = 0$ 时, (6.4.5) 显然成立. 当 $\|\omega_T\| \neq 0$ 时, 上述不等式两边同时除以 $\|\omega_T\|$ 可得

$$\|\omega_T\| - \|\phi-\psi\| \leqslant T_0[\theta\alpha(T_0)\|\omega_T\| + \theta\|Q(T_0)\| + (1-\theta)\|y'(0)-z'(0)\|]. \tag{6.4.6}$$

若 $\|\omega_T\| \leqslant \|\phi-\psi\|$, 则 (6.4.5) 显然成立. 若 $\|\omega_T\| > \|\phi-\psi\|$, 则从 (6.4.6) 有

$$\|\omega_T\| < -\frac{1}{\alpha(T_0)}\|Q(T_0)\| + \frac{1-\theta}{-\alpha(T_0)\theta}\|y'(0)-z'(0)\|. \tag{6.4.7}$$

另一方面,

$$\begin{aligned}\|Q(T_0)\| =& \|f(T_0, z_T, \eta(pT_0), f(pT_0, \eta(pT_0), \eta(p^2T_0), \bar{\eta}(p^2T_0))) \\ &- f(T_0, z_T, \zeta(pT_0), f(pT_0, \zeta(pT_0), \zeta(p^2T_0), \bar{\zeta}(p^2T_0)))\| \\ \leqslant& \varrho(T_0)\|\omega(pT_0)\| + \gamma(T_0)\|Q(pT_0)\|,\end{aligned} \tag{6.4.8}$$

上式导致

$$\frac{\|Q(T_0)\|}{-\alpha(T_0)} \leqslant \max\left\{\|\omega(pT_0)\|, \|\omega(p^2T_0)\|, \cdots, \frac{\|Q(p^nT_0)\|}{-\alpha(p^nT_0)}\right\}.$$

令 $n \to +\infty$ 即得 (6.4.5).

类似地, 若条件 (6.1.2)—(6.1.4) 和 (6.1.6) 满足, 我们有

定理 6.4.2 应用算法 1 于满足条件 (6.1.2)—(6.1.4) 和 (6.1.6) 的问题 (6.1.1). 若

$$\alpha(t) < 0, \quad \frac{\beta(t) + \gamma(t)L(pt) - \gamma(t)\alpha(pt)}{-\alpha(t)} \leqslant 1, \quad \forall t \in [0, T_0], \tag{6.4.9}$$

则 (6.4.5) 成立.

定理 6.4.3 应用算法 2 于满足条件 (6.1.2)—(6.1.4) 和 (6.1.6) 的问题 (6.1.1). 若

$$\tilde{d}_1 = -\alpha(T_0)[1 - p\gamma(T_0)] - p[\beta(T_0) + \gamma(T_0)L(T_0)] > 0,$$

则我们有

$$\|\eta(t)-\zeta(t)\| \leqslant \max\left\{\|\phi-\psi\|, d_1\|\phi-\psi\|+\hat{d}_1\|y'(0)-z'(0)\|\right\},\ 0\leqslant t\leqslant T_0, \tag{6.4.10}$$

这里

$$d_1=\frac{(1-p)\beta(T_0)}{\tilde{d}_1},\quad \hat{d}_1=\frac{(1-p)\theta\gamma(T_0)+(1-\theta)[1-p\gamma(T_0)]}{\theta\tilde{d}_1}.$$

进一步, 若

$$\frac{\beta(T_0)+\gamma(T_0)L(T_0)}{-\alpha(T_0)[1-p\gamma(T_0)]}\leqslant 1, \tag{6.4.11}$$

则

$$\|\eta(t)-\zeta(t)\| \leqslant \max\left\{\|\phi-\psi\|, d_2\|\phi-\psi\|+\hat{d}_2\|y'(0)-z'(0)\|\right\},\quad 0\leqslant t\leqslant T_0, \tag{6.4.12}$$

式中

$$d_2=\frac{\beta(T_0)}{-\alpha(T_0)[1-p\gamma(T_0)]},\qquad \hat{d}_2=\frac{\gamma(T_0)}{-\alpha(T_0)[1-p\gamma(T_0)]}+\frac{1-\theta}{-\alpha(T_0)\theta(1-p)}.$$

证明 因线性插值 $\bar{\eta}(pT_0)$, 故有

$$\begin{aligned}\|\bar{\eta}(pT_0)-\bar{\zeta}(pT_0)\| &\leqslant (1-p)\|y'(0)-z'(0)\|+p\|\bar{\eta}(T_0)-\bar{\zeta}(T_0)\|\\ &\leqslant (1-p)\|y'(0)-z'(0)\|+pL(T_0)\|\omega_T\|\\ &\quad+p\beta(T_0)\|\omega(pT_0)\|+p\gamma(T_0)\|\bar{\eta}(pT_0)-\bar{\zeta}(pT_0)\|,\end{aligned}$$

此不等式导致

$$\begin{aligned}(1-p\gamma(T_0))\|\bar{\eta}(pT_0)-\bar{\zeta}(pT_0)\| \leqslant\, &(1-p)\|y'(0)-z'(0)\|\\ &+pL(T_0)\|\omega_T\|+p\beta(T_0)\|\omega(pT_0)\|.\end{aligned} \tag{6.4.13}$$

因此, 从 (6.4.7), 我们得到

$$\begin{aligned}\|\omega_T\| &< \frac{\beta(T_0)\|\omega(pT_0)\|+\gamma(T_0)\|\bar{\eta}(pT_0)-\bar{\zeta}(pT_0)\|}{-\alpha(T_0)}+\frac{1-\theta}{-\alpha(T_0)\theta}\|y'(0)-z'(0)\|\\ &\leqslant \frac{(1-p)\beta(T_0)\|\phi-\psi\|+p[\beta(T_0)+L(T_0)\gamma(T_0)]\|\omega_T\|}{-\alpha(T_0)[1-p\gamma(T_0)]}\\ &\quad+\frac{(1-p)\gamma(T_0)}{-\alpha(T_0)[1-p\gamma(T_0)]}\|y'(0)-z'(0)\|+\frac{1-\theta}{-\alpha(T_0)\theta}\|y'(0)-z'(0)\|.\end{aligned} \tag{6.4.14}$$

显然, (6.4.14) 意味着 (6.4.10) 及 (6.4.12) 成立.

定理 6.4.4 应用算法 3 于满足条件 (6.1.2)—(6.1.5) 的问题 (6.1.1). 若

$$\alpha(T_0) < 0, \quad \frac{\varrho(T_0) - \gamma(T_0)\alpha(T_0)}{-\alpha(T_0)} \leqslant 1, \tag{6.4.15}$$

则有

$$\|\eta(t) - \zeta(t)\| \leqslant \|\phi - \psi\| + \frac{1-\theta}{\alpha(T_0)\theta(p-1)}\|y'(0) - z'(0)\|, \quad 0 \leqslant t \leqslant T_0. \tag{6.4.16}$$

证明 从

$$\begin{aligned}\|Q(T_0)\| &\leqslant \varrho(T_0)\|\omega(pT_0)\| + \gamma(T_0)\|Q(pT_0)\| \\ &= \varrho(T_0)\|\omega(pT_0)\| + p\gamma(T_0)\|Q(T_0)\|,\end{aligned} \tag{6.4.17}$$

容易获得

$$\|Q(T_0)\| \leqslant \frac{\varrho(T_0)}{1 - p\gamma(T_0)}\|\omega(pT_0)\|. \tag{6.4.18}$$

合并 (6.4.6) 及 (6.4.18) 导出 (6.4.16).

定理 6.4.5 应用算法 3 于满足条件 (6.1.2)—(6.1.4) 和 (6.1.6) 的问题 (6.1.1). 若

$$\alpha(T_0) < 0, \quad \frac{\beta(T_0) + \gamma(T_0)L(pT_0) - \gamma(T_0)\alpha(T_0)}{-\alpha(T_0)} \leqslant 1, \tag{6.4.19}$$

则有 (6.4.16).

证明 注意到当条件 (6.1.6) 满足时, 式 (6.4.17) 可由下式代替

$$\begin{aligned}\|Q(T_0)\| &\leqslant \beta(T_0)\|\omega(pT_0)\| + \gamma(T_0)\|\bar{\eta}(pT_0) - \bar{\zeta}(pT_0)\| \\ &\leqslant (\beta(T_0) + \gamma(T_0)L(pT_0))\|\omega(pT_0)\| + p\gamma(T_0)\|Q(T_0)\|,\end{aligned}$$

则类似地, 可得 (6.4.16).

定理 6.4.6 应用算法 4 于满足条件 (6.1.2)—(6.1.5) 的问题 (6.1.1). 若

$$\tilde{d}_3 = -\alpha(T_0)[1 - p\gamma(T_0)] - p\varrho(T_0) > 0,$$

则有

$$\|\eta(t) - \zeta(t)\| \leqslant \max\left\{\|\phi - \psi\|, d_3\|\phi - \psi\| + \hat{d}_3\|y'(0) - z'(0)\|\right\}, \quad 0 \leqslant t \leqslant T_0, \tag{6.4.20}$$

这里

$$d_3 = \frac{(1-p)[\beta(0) + \varrho(T_0)]}{\tilde{d}_3}, \qquad \hat{d}_3 = \frac{(1-p)\theta\gamma(0) + (1-\theta)[1 - p\gamma(T_0)]}{\theta\tilde{d}_3}.$$

进一步, 若 (6.4.15) 成立, 则有

$$\|\eta(t)-\zeta(t)\| \leqslant d_4\|\phi-\psi\|+\hat{d}_4\|y'(0)-z'(0)\|, \quad 0\leqslant t\leqslant T_0, \tag{6.4.21}$$

其中

$$d_4=1+\frac{\beta(0)}{-\alpha(T_0)[1-p\gamma(T_0)]}, \qquad \hat{d}_4=\frac{\gamma(0)}{-\alpha(T_0)[1-p\gamma(T_0)]}+\frac{1-\theta}{-\alpha(T_0)\theta(1-p)}.$$

证明 类似于 (6.4.17) 和 (6.4.18), 我们有

$$\|Q(T_0)\| \leqslant \varrho(T_0)\|\omega(pT_0)\|+(1-p)\|Q(0)\|+p\gamma(T_0)\|Q(T_0)\| \tag{6.4.22}$$

和

$$\begin{aligned}\|Q(T_0)\| \leqslant & \frac{\varrho(T_0)}{1-p\gamma(T_0)}\|\omega(pT_0)\| \\ & +\frac{(1-p)\beta(0)\|\phi-\psi\|+(1-p)\gamma(0)\|y'(0)-z'(0)\|}{1-p\gamma(T_0)}.\end{aligned} \tag{6.4.23}$$

由此, 从 (6.4.7) 易得 (6.4.20) 及 (6.4.21).

按照同样的方式, 我们有下面的结果.

定理 6.4.7 应用算法 4 于满足条件 (6.1.2)—(6.1.4) 和 (6.1.6) 的问题 (6.1.1). 若

$$\tilde{d}_5=-\alpha(T_0)[1-p\gamma(T_0)]-p[\beta(T_0)+\gamma(T_0)L(pT_0)]>0,$$

则有

$$\|\eta(t)-\zeta(t)\| \leqslant \max\{\|\phi-\psi\|, d_5\|\phi-\psi\|+\hat{d}_5\|y'(0)-z'(0)\|\}, \quad 0\leqslant t\leqslant T_0, \tag{6.4.24}$$

这里

$$d_5=\frac{(1-p)[\beta(0)+\beta(T_0)+\gamma(T_0)L(pT_0)]}{\tilde{d}_5},$$

$$\hat{d}_5=\frac{(1-p)\theta\gamma(0)+(1-\theta)[1-p\gamma(T_0)]}{\theta\tilde{d}_5}.$$

进一步, 若 (6.4.19) 成立, 我们有 (6.4.21).

推论 6.4.8 应用方法 (6.6.13) 及插值 (6.4.3) 于满足条件 (6.1.2) 和 (6.1.3) 的非中立型系统 (6.2.14). 若

$$\tilde{d}_6=-\alpha(T_0)-p\beta(T_0)>0,$$

则有

$$\|\eta(t)-\zeta(t)\| \leqslant \max\Big\{\|\phi-\psi\|, d_6\|\phi-\psi\|+\hat{d}_6\|y'(0)-z'(0)\|\Big\}, \quad 0\leqslant t\leqslant T_0. \tag{6.4.25}$$

式中

$$d_6=\frac{(1-p)\beta(T_0)}{\tilde{d}_6}, \qquad \hat{d}_6=\frac{1-\theta}{\tilde{d}_6\theta}.$$

此外, 若

$$\alpha(T_0)<0, \quad \beta(T_0)+\alpha(T_0)\leqslant 0,$$

则有

$$\|\eta(t)-\zeta(t)\| \leqslant \|\phi-\psi\|+\frac{1-\theta}{-\alpha(T_0)(1-p)\theta}\|y'(0)-z'(0)\|, \quad 0\leqslant t\leqslant T_0. \tag{6.4.26}$$

注 6.4.9 Bellen 等在 [21] 中指出带有线性插值的梯形公式对任意的 T_0 都不是收缩的, 即

$$\|\eta(t)-\zeta(t)\| \leqslant \|\phi-\psi\| \tag{6.4.27}$$

不成立. 这里, 我们证明带有线性插值的梯形公式应用于系统 (6.2.14), 对任意的 T_0, (6.4.26) 式成立. 此外, 也注意到对任意的 T_0, 带有线性插值的隐式 Euler 方法都是收缩的.

6.4.2 变换方法 [TRA]

按照下述方式, 我们将 (6.1.1) 变换成中立型常延迟微分方程系统. 这种方法已广泛使用于线性系统 (例见 [21, 134, 160, 273]). 对 $t\geqslant t_0+\log p$, 这里 $t_0\geqslant 0$, 令 $x(t)=y(e^t)$. 则 $x(t)$ 满足下面的初值问题

$$\begin{cases} x'(t)=g(t,x(t),x(t-\tau),x'(t-\tau)), & t\geqslant t_0,\\ x(t)=y(e^t), & t\in[-\tau,t_0], \end{cases} \tag{6.4.28}$$

这里 $\tau=-\log p$,

$$g(t,x(t),x(t-\tau),x'(t-\tau))=e^t f(e^t,x(t),x(t-\tau),e^{-(t-\tau)}x'(t-\tau)),$$

而 $y(t)$, $0<t\leqslant e^{t_0}$, 可通过 6.4.1节中介绍的算法来计算. 从条件 (6.1.2)—(6.1.5) 及 (6.1.6), 对所有 $t\geqslant t_0$ 有

$$\Re e\langle x_1-x_2, g(t,x_1,u,v)-g(t,x_2,u,v)\rangle \leqslant e^t\alpha(e^t)\|x_1-x_2\|^2; \tag{6.4.29}$$

$$\|g(t,x,u_1,v)-g(t,x,u_2,v)\| \leqslant e^t\beta(e^t)\|u_1-u_2\|; \tag{6.4.30}$$

$$\|g(t,x,u,v_1)-g(t,x,u,v_2)\| \leqslant p^{-1}\gamma(e^t)\|v_1-v_2\|; \tag{6.4.31}$$

$$\|\Lambda(t,x,u_1,v,w)-\Lambda(t,x,u_2,v,w)\| \leqslant e^t\varsigma(e^t)\|u_1-u_2\|, \tag{6.4.32}$$

这里

$$\Lambda(t,x,u,v,w)=g(t,x,u,g(t-\tau,u,v,w));$$

或者

$$\|g(t,x_1,u,v)-g(t,x_2,u,v)\| \leqslant e^tL(e^t)\|x_1-x_2\|. \tag{6.4.33}$$

类似地, 我们假定 $\tilde{\alpha}=\sup_{t\geqslant t_0}\{\alpha(e^t)\}$, $\tilde{\beta}=\sup_{t\geqslant t_0}\{\beta(e^t)\}$, $\tilde{\varrho}=\sup_{t\geqslant t_0}\{\varsigma(e^t)\}$, $\tilde{\gamma}=\sup_{t\geqslant t_0}\{\gamma(e^t)\}$, $\tilde{L}=\sup_{t\geqslant t_0}\{L(e^t)\}$.

定理 6.4.10 设 $1/2\leqslant\theta\leqslant 1$ 且

$$\tilde{\alpha}<0,\quad \tilde{\gamma}<\sqrt{p},\quad \tilde{\varrho}+\varepsilon+(\sqrt{p}-\tilde{\gamma})\tilde{\alpha}\leqslant 0. \tag{6.4.34}$$

则对所有 $n\geqslant 0$ 及所有满足

$$\tau=mh,\quad m\in\mathbb{N} \tag{6.4.35}$$

的 $h>0$ 有

$$\|x_n-\tilde{x}_n\|\leqslant \bar{c}_1\bar{\mathbb{M}}+\theta h\bar{\Gamma}, \tag{6.4.36}$$

这里 x_n 是方程 (6.4.28) 真解 $x(t_n)(t_n=t_0+nh)$ 的逼近; 当同样的变换和同样的方法应用于 (6.4.1) 及初值数据 ψ 时, $\tilde{x}_n$ 就是其变换后的方程的真解 $\tilde{x}(t_n)$ 的逼近, 此外

$$\bar{c}_1=\left[1+\frac{\tau(\tilde{\beta}+\tilde{\gamma})^2}{(\tilde{\varrho}+\varepsilon)(\sqrt{p}-\tilde{\gamma})}\right]^{\frac{1}{2}},$$

$$\bar{\mathbb{M}}=\max\left\{\max_{-\tau\leqslant s\leqslant t_0}e^{s/2}\|y(pe^s)-z(pe^s)\|,\max_{-\tau\leqslant s\leqslant t_0}e^{s/2}\|y'(e^s)-z'(e^s)\|\right\}$$

及

$$\bar{\Gamma}=e^{t_0}\|f(e^{t_0},y(e^{t_0}),y(pe^{t_0}),y'(pe^{t_0}))-f(e^{t_0},z(e^{t_0}),z(pe^{t_0}),z'(pe^{t_0}))\|.$$

本小节始终假定, 若 $\tilde{\varrho}\neq 0$, 则 $\varepsilon=0$; 否则 $\varepsilon>0$ 是一个适度大小的实数.

证明 设 $n+1=lm+k$, $0\leqslant k<m$, 其中 l 为非负整数. 令

$$x_n-\tilde{x}_n=\tilde{\omega}_n,\quad g(t_n,x_n,x_{n-m},\bar{x}_{n-m})-g(t_n,\tilde{x}_n,\tilde{x}_{n-m},\bar{\tilde{x}}_{n-m})=\tilde{Q}_n,$$
$$g(t_n,\tilde{x}_n,x_{n-m},\bar{x}_{n-m})-g(t_n,\tilde{x}_n,\tilde{x}_{n-m},\bar{\tilde{x}}_{n-m})=V_n,$$

则有

$$
\begin{aligned}
&\|\tilde{\omega}_{n+1}\|^2 - 2\theta h \Re e\langle\tilde{\omega}_{n+1}, \tilde{Q}_{n+1}\rangle + \theta^2 h^2 \|\tilde{Q}_{n+1}\|^2 \\
=&\|\tilde{\omega}_n\|^2 + 2(1-\theta)h\Re e\langle\tilde{\omega}_n, \tilde{Q}_n\rangle + (1-\theta)^2 h^2 \|\tilde{Q}_n\|^2.
\end{aligned} \tag{6.4.37}
$$

另一方面, 从条件 (6.4.29)—(6.4.32), 有

$$
\begin{aligned}
\Re e\langle\tilde{\omega}_{n+1}, \tilde{Q}_{n+1}\rangle \leqslant& \tilde{\alpha} e^{t_{n+1}} \|\tilde{\omega}_{n+1}\|^2 + \|\tilde{\omega}_{n+1}\| \|V_{n+1}\| \\
\leqslant& \tilde{\alpha} e^{t_{n+1}} \|\tilde{\omega}_{n+1}\|^2 + (\tilde{\varrho}+\varepsilon)\|\tilde{\omega}_{n+1}\| \\
&\times \left[\sum_{j=0}^{l-1} \left(\tilde{\gamma} p^{-1}\right)^j e^{t_{n+1-jm}} \|\omega_{n+1-(j+1)m}\| + \frac{\left(\tilde{\gamma} p^{-1}\right)^l}{\tilde{\varrho}+\varepsilon} \|V_{n+1-lm}\|\right].
\end{aligned}
$$

引进记号

$$
G_{n+1} = \sqrt{e^{t_{n+1}}}\|\tilde{\omega}_{n+1}\|,
$$

则有

$$
\begin{aligned}
\Re e\langle\tilde{\omega}_{n+1}, \tilde{Q}_{n+1}\rangle \leqslant& \tilde{\alpha} G_{n+1}^2 + p^{-1/2}(\tilde{\varrho}+\varepsilon) G_{n+1} \left[\sum_{j=0}^{l-1} \left(\tilde{\gamma} p^{-1/2}\right)^j G_{n+1-(j+1)m}\right. \\
&+ \frac{\left(\tilde{\gamma} p^{-1/2}\right)^l}{(\tilde{\varrho}+\varepsilon)} \sqrt{e^{t_{n+1-lm}-\tau}} (\tilde{\beta} \|y(e^{t_{n+1-lm}-\tau}) - z(e^{t_{n+1-lm}-\tau})\| \\
&\left. + \tilde{\gamma} \|y'(e^{t_{n+1-lm}-\tau}) - z'(e^{t_{n+1-lm}-\tau})\|)\right] \\
\leqslant& \tilde{\alpha} G_{n+1}^2 + p^{-1/2}(\tilde{\varrho}+\varepsilon) G_{n+1} \left[\sum_{j=0}^{l-1} \left(\tilde{\gamma} p^{-1/2}\right)^j G_{n+1-(j+1)m}\right. \\
&\left. + \frac{\left(\tilde{\gamma} p^{-1/2}\right)^l}{(\tilde{\varrho}+\varepsilon)} (\tilde{\beta}+\tilde{\gamma}) \bar{\mathbb{M}}\right].
\end{aligned}
$$

当 $k \neq 0$ 时, 注意到 $\dfrac{1}{2} \leqslant \theta \leqslant 1$ 及 $\tilde{\alpha} + \dfrac{\tilde{\varrho}+\varepsilon}{\sqrt{p}-\gamma} \leqslant 0$, 从 (6.4.37), 可得

$$
\begin{aligned}
&\|\tilde{\omega}_{n+1}\|^2 + \theta^2 h^2 \|\tilde{Q}_{n+1}\|^2 \\
\leqslant& \|\tilde{\omega}_n\|^2 + \theta^2 h^2 \|\tilde{Q}_n\|^2 + 2\theta h \left[\tilde{\alpha} G_{n+1}^2\right. \\
&\left. + p^{-1/2}(\tilde{\varrho}+\varepsilon) G_{n+1} \left(\sum_{j=0}^{l-1} \left(\tilde{\gamma} p^{-1/2}\right)^j G_{n+1-(j+1)m} + \frac{\left(\tilde{\gamma} p^{-1/2}\right)^l}{(\tilde{\varrho}+\varepsilon)} (\tilde{\beta}+\tilde{\gamma}) \bar{\mathbb{M}}\right)\right] \\
&+ 2(1-\theta) h \left[\tilde{\alpha} G_n^2\right.
\end{aligned}
$$

$$
\begin{aligned}
&+p^{-1/2}(\tilde{\varrho}+\varepsilon)G_n\left(\sum_{j=0}^{l-1}\left(\tilde{\gamma}p^{-1/2}\right)^j G_{n-(j+1)m}+\frac{\left(\tilde{\gamma}p^{-1/2}\right)^l}{(\tilde{\varrho}+\varepsilon)}(\tilde{\beta}+\tilde{\gamma})\bar{\mathbb{M}}\right)\Bigg]\\
\leqslant&\|\tilde{\omega}_n\|^2+\theta^2h^2\|\tilde{Q}_n\|^2+\theta h\Bigg[\tilde{\alpha}G_{n+1}^2\\
&+p^{-1/2}(\tilde{\varrho}+\varepsilon)\sum_{j=0}^{l-1}\left(\tilde{\gamma}p^{-1/2}\right)^j G_{n+1-(j+1)m}^2+\frac{\left(\tilde{\gamma}p^{-1/2}\right)^l}{\sqrt{p}(\tilde{\varrho}+\varepsilon)}(\tilde{\beta}+\tilde{\gamma})^2\bar{\mathbb{M}}^2\Bigg]\\
&+(1-\theta)h\Bigg[\tilde{\alpha}G_n^2\\
&+p^{-1/2}(\tilde{\varrho}+\varepsilon)\sum_{j=0}^{l-1}\left(\tilde{\gamma}p^{-1/2}\right)^j G_{n-(j+1)m}^2+\frac{\left(\tilde{\gamma}p^{-1/2}\right)^l}{\sqrt{p}(\tilde{\varrho}+\varepsilon)}(\tilde{\beta}+\tilde{\gamma})^2\bar{\mathbb{M}}^2\Bigg].
\end{aligned}
\tag{6.4.38}
$$

当 $k=0$ 时, 因此时 $l\neq 0$, 完全类似地可得

$$
\begin{aligned}
&\|\tilde{\omega}_{n+1}\|^2+\theta^2h^2\|\tilde{Q}_{n+1}\|^2\\
\leqslant&\|\tilde{\omega}_n\|^2+\theta^2h^2\|\tilde{Q}_n\|^2+\theta h\Bigg[\tilde{\alpha}G_{n+1}^2\\
&+p^{-1/2}(\tilde{\varrho}+\varepsilon)\sum_{j=0}^{l-1}\left(\tilde{\gamma}p^{-1/2}\right)^j G_{n+1-(j+1)m}^2+\frac{\left(\tilde{\gamma}p^{-1/2}\right)^l}{\sqrt{p}(\tilde{\varrho}+\varepsilon)}(\tilde{\beta}+\tilde{\gamma})^2\bar{\mathbb{M}}^2\Bigg]\\
&+(1-\theta)h\Bigg[\tilde{\alpha}G_n^2\\
&+p^{-1/2}(\tilde{\varrho}+\varepsilon)\sum_{j=0}^{l-2}\left(\tilde{\gamma}p^{-1/2}\right)^j G_{n-(j+1)m}^2+\frac{\left(\tilde{\gamma}p^{-1/2}\right)^{l-1}}{\sqrt{p}(\tilde{\varrho}+\varepsilon)}(\tilde{\beta}+\tilde{\gamma})^2\bar{\mathbb{M}}^2\Bigg].
\end{aligned}
\tag{6.4.39}
$$

上述两种情况通过递推都可得到

$$
\begin{aligned}
&\|\tilde{\omega}_{n+1}\|^2+\theta^2h^2\|\tilde{Q}_{n+1}\|^2\\
\leqslant&\|\tilde{\omega}_0\|^2+\theta^2h^2\|\tilde{Q}_0\|^2\\
&+\theta h\left[\tilde{\alpha}\sum_{i=n+2-m}^{n+1}G_i^2+\left(\tilde{\alpha}+\frac{\tilde{\varrho}+\varepsilon}{\sqrt{p}-\tilde{\gamma}}\right)\sum_{i=1}^{n+1-m}G_i^2\right]\\
&+(1-\theta)h\left[\tilde{\alpha}\sum_{i=n+1-m}^{n}G_i^2+\left(\tilde{\alpha}+\frac{\tilde{\varrho}+\varepsilon}{\sqrt{p}-\tilde{\gamma}}\right)\sum_{i=0}^{n-m}G_i^2\right]+\frac{\tau(\tilde{\beta}+\tilde{\gamma})^2\bar{\mathbb{M}}^2}{(\sqrt{p}-\tilde{\gamma})(\tilde{\varrho}+\varepsilon)}.
\end{aligned}
\tag{6.4.40}
$$

注意到 $\alpha+\dfrac{\sigma+\varepsilon}{1-\gamma}\leqslant 0$, 从而易得 (6.4.36). 证毕.

定理 6.4.11 设 $1/2 \leqslant \theta \leqslant 1$ 且 (6.4.34) 成立. 则对任意的 $n \geqslant 0$ 及满足 (6.4.35) 的任意 $h > 0$ 有

$$\|x_n - \tilde{x}_n\| \leqslant \frac{\bar{c}_1}{\sqrt{1-\theta h\tilde{\alpha}e^{t_n}}}\bar{M} + \frac{\theta h}{\sqrt{1-\theta h\tilde{\alpha}e^{t_n}}}\bar{\Gamma}.$$

从上面的定理, 我们容易得到下面的结果.

定理 6.4.12 设 (6.4.34) 成立. 则对满足 (6.4.35) 的任意 $h > 0$,

$$\lim_{n\to\infty}\|x_n - \tilde{x}_n\| = 0 \tag{6.4.41}$$

成立的充分必要条件是 $1/2 \leqslant \theta \leqslant 1$.

定理 6.4.13 设 $1/2 \leqslant \theta \leqslant 1$ 且

$$\tilde{\alpha} < 0, \quad \tilde{\gamma} < \sqrt{p}, \quad \tilde{\beta} + \tilde{\gamma}\tilde{L} + (\sqrt{p} - \tilde{\gamma})\tilde{\alpha} \leqslant 0. \tag{6.4.42}$$

则有

$$\|x_n - \tilde{x}_n\| \leqslant \bar{c}_2\bar{M} + \theta h\tilde{L}e^{t_0}\|y(e^{t_0}) - z(e^{t_0})\|, \quad \forall n \geqslant 0, \tag{6.4.43}$$

这里

$$\bar{c}_2 = \sqrt{1 + \frac{\tau(\tilde{\beta}+\tilde{\gamma})^2}{(\tilde{\beta}+\tilde{\gamma}\tilde{L})(\sqrt{p}-\tilde{\gamma})}} + \theta h(\tilde{\beta}e^{t_0} + p^{-1}\tilde{\gamma}).$$

进一步, 我们有

$$\|x_n - \tilde{x}_n\| \leqslant \frac{\bar{c}_2}{\sqrt{1-\theta h\tilde{\alpha}e^{t_n}}}\bar{M} + \frac{\theta h\tilde{L}e^{t_0}}{\sqrt{1-\theta h\tilde{\alpha}e^{t_n}}}\|y(e^{t_0}) - z(e^{t_0})\|, \quad \forall n \geqslant 0$$

和 (6.4.41).

6.4.3 全几何网格离散 [FGMD]

直接应用于 (6.1.1) 的 θ-方法具有形式:

$$y_{n+1} = y_n + h_{n+1}[(1-\theta)f(t_n, y_n, \bar{y}_n, \tilde{y}_n) + \theta f(t_{n+1}, y_{n+1}, \bar{y}_{n+1}, \tilde{y}_{n+1})], \tag{6.4.44}$$

这里 $0 \leqslant \theta \leqslant 1$, m 是某个正整数, 步长 $h_{n+1} = t_{n+1} - t_n$, y_n, $\bar{y}_{n+1}$ 及 $\tilde{y}_{n+1}(n \geqslant 0)$ 分别是 $y(t_n)$, $y(pt_{n+1})$ 和 $y'(pt_{n+1})$ 的逼近. Bellen 等在文献 [14] 和 Liu 在文献 [161] (也可见 [21, 72]) 各自独立地引进了全几何网格技术. 这种技术是约束网格以致 $h_{n+1} = qh_n, n \geqslant 1$, 这里 $q = p^{-1/m}$ 是一个常数及 $m \geqslant 1$ 是一个整数. 为获得这种网格, 首先选取初始网格点 $t_0 = T_0 > 0$. 之后, 通过选取 $h_1 = (q-1)T_0$, 我们可以获得网格

$$\Delta_m = \{t_{-m} = q^{-m}T_0, \cdots, t_{-1} = q^{-1}T_0, t_0 = T_0, t_1 = qT_0, \cdots, t_n = q^nT_0, \cdots\},$$

其中步长 $h_{n+1} = q^n h_1$, $n \geqslant -m$ 满足指数增长规律. 所谓的宏-区间 $[T_{k-1}, T_k]$, $k \geqslant 1$ 由点列 T_k 决定, 其中 $T_k = p^{-1}T_{k-1} = p^{-k}T_0$.

几何网格已广泛应用于数值求解比例延迟微分方程, 中立型比例延迟微分方程以及 Volterra 比例积分方程 (例见 [20, 27, 73, 263]). 尽管如此, 我们也注意到许多研究者主要考虑拟几何网格技术 (例见 [21, 73, 263, 266]). 拟几何网格和全几何网格本质上是相同的, 但在细节上还是有区别的 (见 [21] 或 [72]). 在每个所谓的宏-区间, 拟几何网格技术是将这个区间平均分成 m ($m \geqslant 1$) 等份. 这意味着当网格点 t_{n+1}, t_n 和 t_{n-1} 属于同一个宏-区间 $[T_{k-1}, T_k]$ 时, 步长满足 $h_{n+1} = h_n$. 然而, 对于全几何网格而言, 在每一个宏-区间上, 步长都不是相等的而是满足 $h_{n+1} = qh_n$, 其中 $q = p^{-1/m} > 1$.

现在, 我们考虑由 θ-方法 (6.4.44) 得到的数值解的稳定性. 鉴于网格, 易得 $\bar{y}_{n+1} = y_{n-m+1}$. 至于 $\tilde{y}_{n+1}$, 使用下面的公式:

$$\tilde{y}_{n+1} = f(t_{n-m+1}, \bar{y}_{n+1}, \bar{y}_{n-m+1}, \tilde{y}_{n-m+1}),$$

其中当 $l \leqslant 0$ 时, $\tilde{y}_l = \bar{\eta}(t_l)$.

首先, 我们假定在区间 $I_0 = [0, T_0]$ 上, $y(t)$ 和 $z(t)$ 是已知的. 为简单计, 记

$$\mathbb{M}_1 = \max_{0 \leqslant t \leqslant T_0} \|y(t) - z(t)\|, \qquad \mathbb{M}_2 = \max_{0 \leqslant t \leqslant T_0} \|y'(t) - z'(t)\|.$$

定理 6.4.14 设 $q \leqslant \dfrac{\theta}{1-\theta}$. 则由 θ-方法 (6.4.44) 应用于满足条件 (6.1.2)—(6.1.5) 及

$$\alpha < 0, \quad \gamma < p, \quad p\alpha + \frac{\varrho + \varepsilon}{1 - \gamma} \leqslant 0 \tag{6.4.45}$$

的问题 (6.1.1) 所获数值解 y_n 满足稳定性不等式

$$\|y_n - z_n\| \leqslant C_1 \mathbb{M}_1 + \bar{C}_1 \mathbb{M}_2, \quad \forall n \geqslant 0, \tag{6.4.46}$$

这里 z_n 表示同样的方法应用于 (6.4.1) 所获的数值解,

$$C_1 = 1 + \sqrt{\frac{2(1-p)T_0\beta^2}{(\varrho+\varepsilon)(p-\gamma)} + \frac{(\varrho+\varepsilon)(1-p)T_0}{p(1-\gamma)}}, \qquad \bar{C}_1 = \theta h_0 + \sqrt{\frac{2(1-p)T_0\gamma^2}{(\varrho+\varepsilon)(p-\gamma)}}.$$

证明 不失一般性, 设 $n+1 = lm + k$, $0 < k < m$, 其中 l 为非负整数. 则易得

$$\begin{aligned} &\|\omega_{n+1}\|^2 - 2\theta h_{n+1} \Re e\langle \omega_{n+1}, \hat{Q}_{n+1}\rangle + \theta^2 h_{n+1}^2 \|\hat{Q}_{n+1}\|^2 \\ =& \|\omega_n\|^2 + 2(1-\theta) h_{n+1} \Re e\langle \omega_n, \hat{Q}_n\rangle + (1-\theta)^2 h_{n+1}^2 \|\hat{Q}_n\|^2. \end{aligned} \tag{6.4.47}$$

这里 $y_{n+1} - z_{n+1} = \omega_{n+1}$, $f(t_{n+1}, y_{n+1}, \bar{y}_{n+1}, \tilde{y}_{n+1}) - f(t_{n+1}, z_{n+1}, \bar{z}_{n+1}, \tilde{z}_{n+1}) = \hat{Q}_{n+1}$. 进一步有

$$\|\omega_{n+1}\|^2 + \theta^2 h_{n+1}^2 \|\hat{Q}_{n+1}\|^2$$

$$
\begin{aligned}
&\leqslant \|\omega_n\|^2+(1-\theta)^2h_{n+1}^2\|\hat{Q}_n\|^2 \\
&\quad +\theta h_{n+1}\left(\alpha\|\omega_{n+1}\|^2+(\varrho+\varepsilon)\sum_{j=0}^{l-1}\gamma^j\|\omega_{n+1-(j+1)m}\|^2+\frac{\gamma^l(2\beta^2\mathbb{M}_1^2+2\gamma^2\mathbb{M}_2^2)}{\varrho+\varepsilon}\right) \\
&\quad +(1-\theta)h_{n+1}\left(\alpha\|\omega_n\|^2+(\varrho+\varepsilon)\sum_{j=0}^{l-1}\gamma^j\|\omega_{n-(j+1)m}\|^2+\frac{\gamma^l(2\beta^2\mathbb{M}_1^2+2\gamma^2\mathbb{M}_2^2)}{\varrho+\varepsilon}\right).
\end{aligned}
$$

因 $q\leqslant\dfrac{\theta}{1-\theta}$ 及 $h_{n+1}=qh_n$, 从上式可进一步得到

$$
\begin{aligned}
&\|\omega_{n+1}\|^2+\theta^2h_{n+1}^2\|\hat{Q}_{n+1}\|^2 \\
&\leqslant \|\omega_n\|^2+\theta^2h_n^2\|\hat{Q}_n\|^2+q^{(l+1)m}h_{n+1-(l+1)m}\frac{\gamma^l(2\beta^2\mathbb{M}_1^2+2\gamma^2\mathbb{M}_2^2)}{\varrho+\varepsilon} \\
&\quad +\theta h_{n+1}\left(\alpha\|\omega_{n+1}\|^2+(\varrho+\varepsilon)\sum_{j=0}^{l-1}\gamma^j\|\omega_{n+1-(j+1)m}\|^2\right) \\
&\quad +(1-\theta)h_{n+1}\left(\alpha\|\omega_n\|^2+(\varrho+\varepsilon)\sum_{j=0}^{l-1}\gamma^j\|\omega_{n-(j+1)m}\|^2\right),
\end{aligned}
$$

由此递推可得

$$
\begin{aligned}
&\|\omega_{n+1}\|^2+\theta^2h_{n+1}^2\|\hat{Q}_{n+1}\|^2 \\
&\leqslant \|\omega_0\|^2+\theta^2h_0^2\|\hat{Q}_0\|^2+\sum_{j=0}^{l}\left(\frac{\gamma}{p}\right)^j\sum_{i=-m+1}^{0}h_i\frac{(2\beta^2\mathbb{M}_1^2+2\gamma^2\mathbb{M}_2^2)}{p(\varrho+\varepsilon)} \\
&\quad +\theta\left(\alpha\sum_{i=1}^{n+1}h_i\|\omega_i\|^2+\frac{\varrho+\varepsilon}{1-\gamma}\sum_{i=1}^{n+1}h_i\|\omega_{i-m}\|^2\right) \\
&\quad +(1-\theta)\left(\alpha\sum_{i=0}^{n}h_{i+1}\|\omega_i\|^2+\frac{\varrho+\varepsilon}{1-\gamma}\sum_{i=0}^{n}h_{i+1}\|\omega_{i-m}\|^2\right). \qquad (6.4.48)
\end{aligned}
$$

另一方面,

$$
\begin{aligned}
\sum_{i=1}^{n+1}h_i\|\omega_{i-m}\|^2&=\sum_{i=1-m}^{n+1-m}h_{m+i}\|\omega_i\|^2=\frac{1}{p}\sum_{i=1-m}^{n+1-m}h_i\|\omega_i\|^2 \\
&\leqslant\frac{1}{p}\left(\sum_{i=1}^{n+1}h_i\|\omega_i\|^2+\sum_{i=1-m}^{0}h_i\|\omega_i\|^2\right) \\
&\leqslant\frac{1}{p}\left(\sum_{i=1}^{n+1}h_i\|\omega_i\|^2+(1-p)T_0\max_{1-m\leqslant i\leqslant 0}\|\omega_i\|^2\right) \qquad (6.4.49)
\end{aligned}
$$

和

$$\begin{aligned}\sum_{i=0}^{n} h_{i+1}\|\omega_{i-m}\|^2 &= \sum_{i=-m}^{n-m} h_{m+i+1}\|\omega_i\|^2 = \frac{1}{p}\sum_{i=-m}^{n-m} h_{i+1}\|\omega_i\|^2 \\ &\leqslant \frac{1}{p}\left(\sum_{i=0}^{n} h_{i+1}\|\omega_i\|^2 + \sum_{i=-m}^{-1} h_{i+1}\|\omega_i\|^2\right) \\ &\leqslant \frac{1}{p}\left(\sum_{i=0}^{n} h_{i+1}\|\omega_i\|^2 + (1-p)T_0 \max_{-m\leqslant i\leqslant -1}\|\omega_i\|^2\right). \end{aligned} \tag{6.4.50}$$

将 (6.4.49) 及 (6.4.50) 代入 (6.4.48) 并使用条件 $p \in (0,1)$ 和 (6.4.45), 可推出

$$\begin{aligned}\|\omega_{n+1}\|^2 \leqslant & \|\omega_0\|^2 + \theta^2 h_0^2 \|\hat{Q}_0\|^2 \\ & + \frac{(1-p)T_0}{(\varrho+\varepsilon)(p-\gamma)}(2\beta^2\mathbb{M}_1^2 + 2\gamma^2\mathbb{M}_2^2) + \frac{(\varrho+\varepsilon)(1-p)T_0}{p(1-\gamma)}\mathbb{M}_1^2,\end{aligned}$$

此式意味着 (6.4.46) 成立. 证毕.

进一步, 我们有下面关于渐近稳定性的结果.

定理 6.4.15 设 $q \leqslant \dfrac{\theta}{1-\theta}$, 且条件 (6.1.2)—(6.1.5) 及

$$\alpha < 0, \quad \gamma < p, \quad p\alpha + \frac{\varepsilon+\varepsilon}{1-\gamma} < 0 \tag{6.4.51}$$

满足. 则下式成立

$$\lim_{n\to\infty}\|y_n - z_n\| = 0. \tag{6.4.52}$$

类似先前的讨论, 我们有下面关于稳定性和渐近稳定性的结果.

定理 6.4.16 设 $q \leqslant \dfrac{\theta}{1-\theta}$. 则由 θ-方法 (6.4.44) 应用于满足条件 (6.1.2)—(6.1.4), (6.1.6) 及

$$\alpha < 0, \quad \gamma < p, \quad p\alpha + \frac{\beta+\gamma L}{1-\gamma} \leqslant 0 \tag{6.4.53}$$

的问题 (6.1.1) 所获数值解 y_n 满足稳定性不等式

$$\|y_n - z_n\| \leqslant C_2 M_1 + \bar{C}_2 M_2, \quad \forall n \geqslant 0, \tag{6.4.54}$$

式中,

$$C_2 = 1 + \sqrt{\frac{2(1-p)T_0\beta^2}{(\beta+\gamma L)(p-\gamma)} + \frac{(\beta+\gamma L)(1-p)T_0}{p(1-\gamma)}},$$

$$\bar{C}_2 = \theta h_0 + \sqrt{\frac{2(1-p)T_0\gamma^2}{(\beta+\gamma L)(p-\gamma)}}.$$

定理 6.4.17 设 $q \leqslant \dfrac{\theta}{1-\theta}$, 且条件 (6.1.2)—(6.1.4), (6.1.6) 及

$$\alpha < 0, \quad \gamma < p, \quad p\alpha + \frac{\beta + \gamma L}{1-\gamma} < 0 \tag{6.4.55}$$

满足. 则有 (6.4.52).

推论 6.4.18 设 $q \leqslant \dfrac{\theta}{1-\theta}$. 则由 θ-方法 (6.4.44) 应用于满足条件 (6.1.2)—(6.1.3) 及

$$\alpha < 0, \quad p\alpha + \beta \leqslant 0 \tag{6.4.56}$$

的非中立型问题 (6.2.14) 所获数值解 y_n 满足稳定性不等式

$$\|y_n - z_n\| \leqslant \tilde{C}_1 M_1 + \check{C}_1 M_2, \quad \forall n \geqslant 0,$$

其中 $\tilde{C}_1 = 1 + \sqrt{3(1-p)T_0\beta/p}$ 及 $\check{C}_1 = \theta h_0$. 进一步, 若 $p\alpha + \beta < 0$, 则 (6.4.52) 成立.

在实现这些方法时, 计算 $\eta(t)$ 及 $\bar{\eta}(t), t \leqslant T_0$ 是必需的. 如果我们采用 6.4.1 小节中所讨论的方法去计算 y_T 和 $\bar{\eta}(T_0)$ 并使用线性插值计算连续逼近 $\eta(t)$ 及 $\bar{\eta}(t), t \in (0, T_0)$, 则我们能轻易获得一些结果. 由于这些结果都是类似的, 在此我们仅陈述一个.

定理 6.4.19 设 y_T 和 $\bar{\eta}(T_0)$ 由 6.4.1 小节中介绍的算法 1 计算, 且 $\eta(t)$ 和 $\bar{\eta}(t), (0, T_0)$, 由线性插值获得. 若定理 6.4.15 的条件满足, 则由 θ-方法 (6.4.44) 应用于问题 (6.1.1) 所获数值解 y_n 对所有 $n \geqslant 0$ 满足稳定性不等式

$$\|\omega_n\| \leqslant \left[C_1 + \frac{\bar{C}_1(L+\beta)}{1-p}\right]\kappa_0 + \left[\left(C_1 + \frac{\bar{C}_1(L+\beta)}{1-p}\right)\frac{(1-\theta)}{-\alpha\theta(1-p)} + \bar{C}_1\right]\|y'(0) - z'(0)\|.$$

因解的渐近行为不受初始区间 $[0, T_0]$ 上值的影响, 故我们有下面的定理.

定理 6.4.20 设定理 6.4.15 的条件满足. 并设区间 $[0, T_0]$ 上的数值解 $\eta(t)$ 由 6.4.1 小节所引进的算法得到. 则由 θ-方法 (6.4.44) 应用于问题 (6.1.1) 所获数值解 y_n 是渐近稳定的, 即 (6.4.52) 成立.

定理 6.4.21 设定理 6.4.17 的条件满足. 并设区间 $[0, T_0]$ 上的数值解 $\eta(t)$ 由 6.4.1 小节所引进的算法得到. 则由 θ-方法 (6.4.44) 应用于问题 (6.1.1) 所获数值解 y_n 是渐近稳定的, 即 (6.4.52) 成立.

推论 6.4.22 设区间 $[0, T_0]$ 上的数值解 $\eta(t)$ 由 6.4.1 小节所引进的算法得到. 若 $q \leqslant \dfrac{\theta}{1-\theta}$, 则由 θ-方法 (6.4.44) 应用于满足条件 (6.1.2), (6.1.3) 及 (6.4.56)

的非中立型问题 (6.2.14) 所获数值解 y_n 对所有 $n \geqslant 0$ 满足稳定性不等式

$$\|y_n - z_n\| \leqslant \left[\tilde{C}_1 + \check{C}_1(L+\beta)\right] \|\phi - \psi\| + \left[\frac{\tilde{C}_1(1-\theta)}{-\alpha\theta(1-p)}\right.$$
$$\left. + \check{C}_1 \max\left\{1, \frac{(1-\theta)(L+\beta)}{-\alpha\theta(1-p)}\right\}\right] \|y'(0) - z'(0)\|.$$

进一步, 若 $p\alpha + \beta < 0$, 则 (6.4.52) 成立.

注 6.4.23 必须指出, 对于梯形方法, 由于 q 大于 1, 与全几何网格相联系的梯形方法不是渐近稳定的. 这个结果与 Liu [161] 及 Bellen 等 [14] 的结果相一致.

6.4.4 数值算例

例 6.4.1 考虑下面的非线性方程

$$y'(t) = ay(t) + b\cos(y'(pt))\sin(y(pt)) + cy'(pt), \quad t \geqslant 0, \tag{6.4.57}$$

$$y(0) = 1. \tag{6.4.58}$$

经 $x(t) = y(e^t)$ 变换后为

$$x'(t) = e^t[ax(t) + b\cos(e^{\tau-t}x'(t-\tau))\sin(x(t-\tau))] + cp^{-1}x'(t-\tau), \quad t \geqslant 0, \tag{6.4.59}$$

$$x(t) = y(e^t), \qquad t \in [-\tau, 0], \tag{6.4.60}$$

这里 $\tau = -\ln p$, 且 $y(t)$ 在 $t \in [p,1]$ 上逼近 $\eta(t)$, $t \in [p,1]$ 将由 6.4.1 小节所引进的方法计算. 参数 a, b, c, p 的选取是使得条件 (6.4.34) 及 (6.4.51) 得以满足

$$a = -1, \quad b = -0.1, \quad c = 0.1, \quad p = 0.5.$$

由此可计算出 $\alpha = -1$, $\beta = 0.1$, $\sigma = 0.3$, $\gamma = 0.2$, $L = 1$ 及 $\tilde{\alpha} = -1$, $\tilde{\beta} = 0.1$, $\tilde{\sigma} = 0.5$, $\tilde{\gamma} = 0.2$, $\tilde{L} = 1$. 利用 Newton 迭代容易算出 $y'(0) = -1.149358$.

首先, 对于不同的 T_0, 我们使用 6.4.1 小节引进的方法计算 $y(T_0)$ 的逼近 y_T. 我们注意到对于这个问题, 算法 LI 与算法 MLI 一致, 故我们在表 6.4.1 中仅列出了由三种算法获得的值 $|y_T|$. 从表 6.4.1 可以看出, 当 T_0 充分大时, 由梯形方法所得的 $|y_T|$ 要大于 $y(0) = 1$. 幸运的是, 它们都小于本节所给出的界.

现在我们考虑数值解的长时间行为. 为了数值求解这个例子, 我们采用了本节所考虑的两种方式: 变换方法 (TRA) 以及基于全几何网格的直接离散 (FGMD), 并采用两种方法: $\theta = 0.5$ 的梯形方法和 $\theta = 0.8$ 的 θ-方法. 连续逼近 $\eta(t)$ 及 $\bar{\eta}(t)$

也由两种算法计算: 算法 [RF] 和线性插值以及算法 [LI] 和线性插值. 从本节给出的理论分析和表 6.4.2、表 6.4.3 所列数值结果, 我们可以得到下面的注记.

表 6.4.1　对不同的 T_0 由 θ-方法 ($\theta = 0.5$, $\theta = 0.8$) 及不同算法所获得的值 $|y_T|$

算法	θ	$T_0 = 1$	$T_0 = 10$	$T_0 = 100$	$T_0 = 1000$
算法 1 [RF]	0.5	0.5435748	0.5393847	0.9716325	1.027350
	0.8	0.5937232	0.0786188	0.2680137	0.2894471
算法 2 [LI]	0.5	0.2442183	0.8138647	1.104174	1.138382
	0.8	0.3721147	0.2189632	0.3436541	0.3575046
算法 3 [CI]	0.5	0.2457694	0.8079206	1.097193	1.131298
	0.8	0.3739522	0.2136425	0.3374748	0.3512291

在所有的 θ-方法 $\left(\dfrac{1}{2} \leqslant \theta \leqslant 1\right)$ 中, 只有与全几何网格相联系的梯形方法不能保持真解的渐近行为.

表 6.4.2　由与 TRA 及 FGMD 相联系的梯形方法所获得的数值解 y_n, 其中 y_T 由算法 [RF] 或算法 [LI] 计算, $m = 2$, $T_0 = 1$

t	TRA [RF]	TRA [LI]	FGMD [RF]	FGMD [LI]
1.2800×10^2	-3.3798×10^{-6}	-1.6620×10^{-6}	-2.0803×10^{-6}	-8.1315×10^{-6}
3.7963×10^8	-6.5006×10^{-14}	9.0359×10^{-14}	-7.0162×10^{-7}	6.1544×10^{-6}
1.6226×10^{32}	1.5209×10^{-37}	-2.1140×10^{-37}	7.0162×10^{-7}	-6.1544×10^{-6}
4.8332×10^{97}	-5.1059×10^{-103}	7.0973×10^{-103}	-7.0162×10^{-7}	6.1544×10^{-6}
1.6367×10^{150}	1.5078×10^{-155}	-2.0958×10^{-155}	7.0162×10^{-7}	-6.1544×10^{-6}

表 6.4.3　由与 TRA 及 FGMD 相联系的 θ-方法 ($\theta = 0.8$) 所获得的数值解 y_n, 其中 y_T 由算法 [RF] 或算法 [LI] 计算, $m = 2$, $T_0 = 1$

t	TRA [RF]	TRA [LI]	FGMD [RF]	FGMD [LI]
1.2800×10^2	-8.5180×10^{-7}	-6.5256×10^{-7}	-1.0294×10^{-6}	-8.2209×10^{-7}
3.7963×10^8	6.5642×10^{-28}	3.8071×10^{-28}	1.0007×10^{-27}	5.8468×10^{-28}
1.6226×10^{32}	-5.2560×10^{-107}	-4.7947×10^{-107}	-5.8118×10^{-107}	-5.8978×10^{-107}
4.8332×10^{97}	4.9407×10^{-324}	4.9441×10^{-324}	9.8813×10^{-324}	4.9407×10^{-324}
1.6367×10^{150}	0	0	0	0

例 6.4.2　另一个问题是定义在 $t \geqslant 0$ 及 $x \in [0,1]$ 上的偏中立型泛函微分方程

$$\begin{aligned} u'(t,x) = {} & \ddot{u}(t,x) - e^{-0.5t}u(0.5t,x) + e^{-(5+0.5t)}u'(0.5t,x) \\ & +2e^{-t} + (x-x^2)e^{-(5+t)}, \end{aligned} \tag{6.4.61}$$

其中 $(') = \partial_t$ 及 $(\ddot{}) = \partial_x$. 初边值条件为

$$u(0,x) = (x-x^2)e^{-t}, \qquad 0 < x < 1, \tag{6.4.62}$$

$$u(t,0)=u(t,1)=0, \qquad t \geqslant 0. \tag{6.4.63}$$

问题 (6.4.61)—(6.4.63) 的真解是 $u(t,x)=(x-x^2)e^{-t}$. 应用线方法之后, 我们可以获得下面的中立型延迟微分方程

$$\begin{aligned} v_i'(t) = {} & \Delta x^{-2}[v_{i-1}(t)-2v_i(t)+v_{i+1}(t)]-e^{-0.5t}v_i(0.5t)+e^{-(5+0.5t)}v_i'(0.5t) \\ & +2e^{-t}+i\Delta x(1-i\Delta x)e^{-(5+t)}, \qquad t \geqslant 0, \end{aligned} \tag{6.4.64}$$

$$v_0(t)=v_N(t)=0, t \geqslant 0, \quad v_i(0)=i\Delta x(1-i\Delta x), \quad i=1,2,\cdots,N_x-1, \tag{6.4.65}$$

这里 $N_x=1/\Delta x$, $x_i=i\Delta x$ 及 $v_i(t)$ 表示 (6.4.61) 的解在点 (t,x_i) 处的逼近. 从而, 我们有 $\alpha(t)=-\pi^2$, $\beta(t)=e^{-0.5t}$, $\gamma(t)=e^{-5-0.5t}$, $L(t)=4N_x^2$.

对线方法, 我们取 $\Delta x = 0.1$. 使用与变换方法 (TRA)、全几何网格离散 (FGMD) 相联系的 θ-方法去积分问题 (6.4.64)—(6.4.65). 经变换之后, 有

$$\begin{aligned} w_i'(t) = {} & e^t\Big\{\Delta x^{-2}[w_{i-1}(t)-2w_i(t)+w_{i+1}(t)]-e^{-0.5e^t}w_i(t-\tau)+2e^{-e^t} \\ & +e^{-(5+0.5e^t)}e^{-(t-\tau)}w_i'(t-\tau)+i\Delta x(1-i\Delta x)e^{-(5+e^t)}\Big\}, \quad t \geqslant 0, \end{aligned} \tag{6.4.66}$$

$$w_0(t)=w_{N_x}(t)=0, t \geqslant -\tau, \quad w_i(t)=v_i(e^t),\ t\in[-\tau,0], \quad i=1,\cdots,N_x-1, \tag{6.4.67}$$

这里 $\tau=\ln 2$. 因算法 3 和算法 4 不适合于这个问题, 逼近于 $u(t,x_i)$, $t\in[p,1]$ 的 $\eta_i(t)$, $t\in[p,1]$ 由 6.4.1 小节的算法 1 和算法 2 来计算. 表 6.4.4 列出了在 T_0 点的数值结果, 这里 ER 表示最大误差 $\max_{1\leqslant i\leqslant N-1}|\eta_i(T_0)-u(T_0,x_i)|$.

以

$$e_n=\max_{1\leqslant i\leqslant N_x-1}|U_i^n-u(t_n,x_i)|$$

表示应用于问题 (6.4.64)—(6.4.65) 或问题 (6.4.66)—(6.4.67) 的误差, 这里 U_i^n 表示基于变换方法 (TRA) 或基于全几何网格离散 (FGMD) 由 θ-方法得到的逼近于 $u(t_n,x_i)$ 的数值解. 表 6.4.5 及表 6.4.6 列出了误差 e_n, 其中 $m=3$, $T_0=1$. 当取 $\Delta x=0.01$ 或 $\Delta x=0.001$ 时, 我们有类似结果. 这进一步肯定了我们的结论.

表 6.4.4　对不同 T_0, 基于不同算法的 θ-方法 ($\theta=0.5$, $\theta=0.8$) 在 T_0 的误差 ER

算法	θ	$T_0=1$	$T_0=0.1$	$T_0=0.01$	$T_0=0.001$
算法 1 [RF]	0.5	3.195834×10^{-3}	2.294049×10^{-5}	3.469654×10^{-8}	3.630840×10^{-11}
	0.8	2.827774×10^{-3}	3.769210×10^{-4}	6.920434×10^{-6}	7.440678×10^{-8}
算法 2 [LI]	0.5	3.200703×10^{-3}	2.300248×10^{-5}	3.481730×10^{-8}	3.643463×10^{-11}
	0.8	2.823069×10^{-3}	3.766416×10^{-4}	6.919450×10^{-6}	7.440572×10^{-8}

表 6.4.5 由与 TRA 及 FGMD 相联系的梯形方法的误差 e_n, 其中 y_T 由算法 [RF] 或算法 [LI] 计算

t	TRA [RF]	TRA [LI]	FGMD [RF]	FGMD [LI]
8	4.682753×10^{-6}	4.686013×10^{-6}	1.686723×10^{-6}	1.688409×10^{-6}
1024	1.136064×10^{-8}	1.137546×10^{-8}	7.886368×10^{-6}	7.898187×10^{-6}
1.949633×10^{26}	5.935582×10^{-32}	5.943336×10^{-32}	7.853469×10^{-6}	7.865261×10^{-6}
1.915619×10^{53}	6.040975×10^{-59}	6.048867×10^{-59}	7.853469×10^{-6}	7.865261×10^{-6}
1.102305×10^{100}	1.049819×10^{-105}	1.051190×10^{-105}	7.853469×10^{-6}	7.865261×10^{-6}

表 6.4.6 由与 TRA 及 FGMD 相联系的 θ-方法 ($\theta=0.8$) 的误差 e_n, 其中 y_T 由 RF 算法或 LI 算法计算

t	TRA [RF]	TRA [LI]	FGMD [RF]	FGMD [LI]
8	4.188456×10^{-6}	4.188461×10^{-6}	3.863196×10^{-6}	3.863202×10^{-6}
1024	3.257206×10^{-24}	3.257269×10^{-24}	4.810845×10^{-22}	4.810685×10^{-22}
1.949633×10^{26}	3.546946×10^{-187}	3.547015×10^{-187}	9.981222×10^{-162}	9.980890×10^{-162}
1.915619×10^{53}	0	0	0	0

例 6.4.3 作为一个综合例子, 考虑一个带有比例延迟项的 PDE:

$$u'(t,x)=\frac{1}{\pi}\ddot{u}(t,x)+a\pi u(pt,x)+bu'(pt,x)+g(t,x), \tag{6.4.68}$$

其中 $t\geqslant 0$ 及 $x\in[0,1]$. 选取函数 $g(t,x)$ 和初边值条件使得其真解为

$$u(t,x)=\sin(\pi t)\sin(\pi x).$$

这个数值算例的目的是说明本章所获准则的重要性以及进一步肯定与全几何网格相联系的梯形方法不是渐近稳定的. 为此, 我们给出另一个初始条件

$$u(0,x)=0.1\sin(\pi x).$$

空间离散之后, 得到一个中立型泛函微分方程系统

$$v_i'(t)=\frac{1}{\pi\Delta x^2}[v_{i-1}(t)-2v_i(t)+v_{i+1}(t)]+a\pi v_i(pt)+bv_i'(pt)+g_i(t), \tag{6.4.69}$$

式中 $i=1,\cdots,N_x-1$, 而初边值为

$$v_i(0)=0,\quad i=1,2,\cdots,N_x-1, \tag{6.4.70}$$

$$v_0(t)=v_{N_x}(t)=0,\quad t\geqslant 0. \tag{6.4.71}$$

另一个初始条件变为

$$v_i(0) = 0.1\sin(\pi i\Delta x), \quad i = 1, 2, \cdots, N_x - 1, \tag{6.4.72}$$

其中 Δx 为空间步长; N_x 为自然数使得 $N_x\Delta x = 1$; $g_i(t) = g(t, i\Delta x)$. 从而, 我们有 $\alpha = -\pi$, $\beta = a\pi$, $\gamma = b$, $L = \dfrac{4N_x^2}{\pi}$.

从例 6.4.1 和例 6.4.2 观察到, 由算法 1 和算法 2 所获在点 T_0 的数值解的差非常小. 因此, 为简单起见, 在这个试验中, 我们仅考虑使用算法 2 [LI] 去计算在 $T_0 = 1$ 点的逼近值 $v_i(T_0)$. 令 $p = 0.5$, $a = 0.01$ 及 $m = 3$. 为比较之目的, 可选取不同的 b 和 Δx. 定义数值解的差为

$$E_n = \max_{1\leqslant i\leqslant N_x-1} |U_{1,i}^n - U_{2,i}^n|,$$

其中 $U_{1,i}^n$ 和 $U_{2,i}^n$ 分别是问题 (6.4.69)—(6.4.71) 及问题 (6.4.69), (6.4.71)—(6.4.72) 的数值解. 与变换方法 (TRA) 及全几何网格离散 (FGMD) 相联系的 θ-方法 ($\theta = 0.8$) 的数值结果分别列于表 6.4.7 和表 6.4.8. 与变换方法及全几何网格离散相联系的梯形方法 ($\theta = 0.5$) 的数值结果列于表 6.4.9.

表 6.4.7 应用于问题 (6.4.69)—(6.4.71) 及 (6.4.69), (6.4.71)—(6.4.72) 的与 TRA 相联系的 θ-方法 ($\theta = 0.8$) 的差 E_n

t	$\Delta x = 0.1$ $b = 0.8$	$\Delta x = 0.1$ $b = 0.01$	$\Delta x = 0.001$ $b = 0.01$	$\Delta x = 0.001$ $b = 1\times 10^{-6}$
8	4.370337×10^{-3}	3.367265×10^{-9}	6.984031×10^{-10}	4.120530×10^{-7}
128	3.300567×10^{-6}	2.220446×10^{-16}	1.110223×10^{-15}	8.992806×10^{-15}
4.479489×10^{102}	2.220446×10^{-16}	0	3.219647×10^{-15}	8.881784×10^{-16}
5.228062×10^{180}	4.440892×10^{-16}	0	2.886580×10^{-15}	0
6.750081×10^{300}	2.220446×10^{-16}	0	6.661338×10^{-16}	0

表 6.4.8 应用于问题 (6.4.69)—(6.4.71) 及 (6.4.69), (6.4.71)—(6.4.72) 的与 FGMD 相联系的 θ-方法 ($\theta = 0.8$) 的差 E_n

t	$\Delta x = 0.1$ $b = 0.8$	$\Delta x = 0.1$ $b = 0.01$	$\Delta x = 0.001$ $b = 0.01$	$\Delta x = 0.001$ $b = 1\times 10^{-6}$
8	4.972770×10^{-3}	2.427211×10^{-9}	2.449367×10^{-10}	4.371378×10^{-7}
128	3.616318×10^{-6}	0	4.996004×10^{-16}	7.993606×10^{-15}
4.479489×10^{102}	4.440892×10^{-16}	0	1.609823×10^{-15}	0
5.228062×10^{180}	5.551115×10^{-17}	0	6.328271×10^{-15}	0
6.750081×10^{300}	2.220446×10^{-16}	0	1.443290×10^{-15}	0

表 6.4.9 应用于问题 (6.4.69)—(6.4.71) 及 (6.4.69)—(6.4.71)—(6.4.72) 的与 TRA 或 FGMD 相联系的梯形方法的差 E_n

t	TRA		FGMD	
	$\Delta x = 0.1$	$\Delta x = 0.001$	$\Delta x = 0.1$	$\Delta x = 0.001$
8	5.123664×10^{-9}	9.871912×10^{-9}	1.167986×10^{-8}	7.832190×10^{-8}
128	6.951861×10^{-11}	6.170578×10^{-10}	9.680572×10^{-9}	7.832190×10^{-8}
5.997032×10^{22}	0	1.476597×10^{-14}	9.580518×10^{-9}	7.822120×10^{-8}
2.811821×10^{160}	0	2.586820×10^{-14}	9.580518×10^{-9}	7.822120×10^{-8}
6.750081×10^{300}	0	1.787459×10^{-14}	9.580518×10^{-9}	7.822120×10^{-8}

6.5 全几何网格单支方法求解中立型比例延迟微分方程

变网格单支方法 (包括全几何网格单支方法), 特别是变网格 BDFs, 已经被广泛应用于各种问题 (如 [11,39]), 其稳定性也得到了深入的研究 (如 [53,71,75,173]). 在这些经典文献中, 已经得到了一些重要的结果, 例如, 对于某些稳定变系数问题, 一些常数步长单支方法是稳定的, 但是变步长方法是不稳定的 (例如, 参见 [53, 173]). 本节将研究全几何网格 (FGM) 单支方法 (OLMs) 求解具有比例延迟的中立型泛函微分方程初值问题的稳定性.

为了实现这一点, 我们必须回顾全几何网格单支方法并引入一个新的稳定性概念, $G_q(\bar{q})$-稳定性. 它将在后面的数值稳定性分析中发挥重要作用. 在这一节中, 我们还引入了另一个稳定性概念——渐近收缩性. 在 6.5.2 小节中, 我们考虑了求解线性系统的全几何网格单支方法的稳定性, 得到了一个 Lyapunov 函数及其数值逼近. 在 6.5.3 小节中, 我们将研究推进到非线性问题, 得到了一些关于渐近收缩性和有界稳定性的结果. 6.5.4 小节给出了证实我们理论结果的数值算例. 本节内容可参见 [227], 关于全几何网格上 Runge-Kutta 法的稳定性可参见 [226].

6.5.1 全几何网格单支方法

本节将介绍全几何网格单支方法, 并将其应用于中立型比例延迟微分方程 (6.1.1).

6.5.1.1 几何网格

对于给定的 $\mathtt{N} \in \mathbb{N}$, 令 $J^{\mathtt{N}} : \{0 = t_0 < t_1 < \cdots < t_n < \cdots < t_{\mathtt{N}} = T\}$ 为给定区间 J_T 的一个网格. 在 J_T 中, 一个网格 $J^{\mathtt{N}}$ 被称为具有 $\mathtt{N}$ 步 (t_{n-1}, t_n), $n = 1, 2, \cdots, \mathtt{N}$ 的几何网格, 分级因子 $r \in (0, 1)$, 如果

$$t_0 = 0, \qquad t_n = r^{N-n}T, \quad 1 \leqslant n \leqslant \mathtt{N}.$$

对于这样的几何网格, 当步长 h_n 被定义为 $h_n := t_n - t_{n-1}$ $(n \geqslant 1)$ 时, 很容易推导出 $h_{n+1} = r^{-1}h_n = qh_n, n \geqslant 2$. 这种网格已经广泛用于数值求解一些实际问题,

例如, 具有比例延迟的微分方程 (例如, 参见 [14, 72, 107, 170, 202, 205, 226, 275]), 具有比例延迟的积分方程 (例如, 参见 [27, 91]), 以及在 $t = 0$ 时可能出现奇点的问题 (例如, 参见 [171, 240]).

6.5.1.2 几何网格单支方法

设 E 为平移算子:$Ey_n = y_{n+1}$. 在一致网格上, 对于 ODEs, 由 “(ρ, σ) 法” 确定的单支 k-步法为

$$\rho(E)y_n = hf(\sigma(E)t_n, \sigma(E)y_n), \quad n = 0, 1, \cdots, \tag{6.5.1}$$

其中 ρ 和 σ 定义为

$$\rho(x) \equiv \sum_{j=0}^{k} \alpha_j x^j, \quad \sigma(x) \equiv \sum_{j=0}^{k} \beta_j x^j; \quad |\alpha_0| + |\beta_0| > 0, \quad \alpha_k \neq 0, \quad \alpha_i, \beta_i \in \mathbb{R}, \tag{6.5.2}$$

$\rho(x)$ 和 $\sigma(x)$ 是互质多项式并满足

$$\rho(1) = 0, \quad \rho'(1) = \sigma(1) = 1. \tag{6.5.3}$$

在具有变步长 $h_n, n = 1, 2, \cdots, \mathtt{N}+k$ 的几何网格 $J^{\mathtt{N}+k}$ 上, 由于步长比是 q, 系数 α_j, β_j $(j = 1, \cdots, k)$ 通常依赖于 q, 其 k-步单支方法为

$$\rho_q(E)y_n = H_n f(\sigma_q(E)t_n, \sigma_q(E)y_n), \quad n = 0, 1, \cdots, \mathtt{N}, \tag{6.5.4}$$

其中 ρ_q 和 σ_q 定义为

$$\rho_q(x) \equiv \sum_{j=0}^{k} \alpha_{j,q} x^j, \quad \sigma_q(x) \equiv \sum_{j=0}^{k} \beta_{j,q} x^j; \quad \alpha_{k,q} \neq 0, \quad \alpha_{j,q}, \beta_{j,q} \in \mathbb{R}, \tag{6.5.5}$$

$\rho_q(x)$ 和 $\sigma_q(x)$ 是互质多项式且同样满足

$$\rho_q(1) = 0, \quad \sigma_q(1) = 1. \tag{6.5.6}$$

对于 H_n, $1 \leqslant n \leqslant \mathtt{N}$, 将假设

$$H_n = \sum_{j=1}^{k} \gamma_{j,q} h_{n+j}, \qquad \gamma_{j,q} \in \mathbb{R}. \tag{6.5.7}$$

这意味着

$$qH_n = \sum_{j=1}^{k} \gamma_{j,q} q h_{n+j} = \sum_{j=1}^{k} \gamma_{j,q} h_{n+1+j} = H_{n+1}. \tag{6.5.8}$$

为了方便起见, 我们还令 $H_0 = H_1/q$. 从 (6.5.7) 可以得出, 存在两个依赖于 q 的非负常数 ς_1, ς_2, 使得 $\varsigma_1 h_{n+k} \leqslant H_n \leqslant \varsigma_2 h_{n+k}$. 在下面中, 方法 (6.5.4) 将被称为 "(ρ_q, σ_q) 法".

注 6.5.1 在变步长情况下的单支方法通常是以当前步长 h_{n+k} 来表达的

$$\rho_q(E)y_n = h_{n+k}f(\sigma_q(E)t_n, \sigma_q(E)y_n), \quad n = 0, 1, \cdots, \mathtt{N}. \tag{6.5.9}$$

但在 [53] 中, 方法用 H_n 表示而不是当前步长 h_{n+k}. 这将有利于得到一些高阶方法 (见例 6.5.2).

设 $t_{n+j} = t_n^* + \tau_j H_n$, $j = 0, 1, \cdots, k$, t_n^* 是一些参考点. 在 [52, 53, 111] 中给出了一般变步长单支方法 $\tilde{p}$ 阶精度的充要条件:

$$\text{线性约束:} \quad M_i(\rho) = iM_{i-1}(\sigma), \quad i = 0, 1, \cdots, \tilde{p}, \tag{6.5.10}$$

以及

$$\text{非线性约束:} \quad M_{i-1}(\sigma) = [M_1(\sigma)]^{i-1}, \quad i = 1, \cdots, \tilde{p}, \tag{6.5.11}$$

其中 $M_i(\rho)$ 和 $M_i(\sigma)$ 被分别定义为

$$M_i(\rho) = \sum_{j=0}^{k} \alpha_{j,q}\tau_j^i, \quad M_i(\sigma) = \sum_{j=0}^{k} \beta_{j,q}\tau_j^i, \qquad i = 0, 1, \cdots, \tilde{p}. \tag{6.5.12}$$

根据这些条件, 我们可以构造一些几何网格单支方法. 一般来说, 每一个常数步长单支方法都可以有相应的几何网格单支方法, 即当 $q = 1$ 时, 几何网格单支方法退化为常数步长单支方法.

在探讨稳定性之前, 我们需要引入一个新的稳定性概念, 它与 G-稳定性相对应.

6.5.1.3 $G_q(\bar{q})$-稳定性

对于任何给定的 Hermitian 正定矩阵 $X = [x_{ij}]_{i,j=1}^d \in \mathbb{C}^{d\times d}$ 在 $\mathbb{C}^d$ 中关于该矩阵的内积定义为

$$\langle u, v\rangle_X := v^*Xu = \sum_{i,j=1}^{d} x_{ij}\bar{v}_j u_i; \qquad u = [u_j]_{j=1}^d, \quad v = [v_j]_{j=1}^d, \tag{6.5.13}$$

其中 v^* 表示向量 v 的转置共轭, $\bar{z}$ 表示复数 z 的共轭. 符号 $\|\cdot\|_X$ 在本节中表示与内积相关联的椭圆范数. 当 $X \equiv I_d$ 时, 即为 d 维的单位矩阵时, 内积 $\langle\cdot,\cdot\rangle_X$ 和范数 $\|\cdot\|_X$ 将分别由 $\langle\cdot,\cdot\rangle$ 和 $\|\cdot\|$ 表示.

对于任何给定的 $k \times k$ 实对称正定矩阵 $G = [g_{ij}]$, 范数 $\|\cdot\|_{G\otimes X}$ 定义为

$$\|U\|_{G\otimes X} = \left(\sum_{i,j=1}^{k} g_{ij}\langle U_i, U_j\rangle_X\right)^{\frac{1}{2}}, \quad \forall\, U = [U_j]_{j=1}^{k},\ U_j \in \mathbb{C}^d,\ 1 \leqslant j \leqslant k, \tag{6.5.14}$$

其中 $\otimes$ 表示 Kronecker 内积. 注意到将要使用的 G-范数是 $\|\cdot\|_{G\otimes X}$ 当 $X \equiv I_d$ 时的特例. 在这种情况下, 为了简单起见, $\|\cdot\|_{G\otimes I_d}$ 用 $\|\cdot\|_G$ 表示.

现在我们可以引入 $G_q(\bar{q})$-稳定性的概念了.

定义 6.5.2 *单支方法 (ρ_q, σ_q) 称为 $G_q(\bar{q})$-稳定的, 如果存在 $k \times k$ 实对称矩阵 $G = G(q) = [g_{ij}(q)]$, 其对任意的 $q \in [1, \bar{q}]$ 都是正定的, 使对所有实数 $a_0,\ a_1,\ \cdots,\ a_k$,*

$$A_1^{\mathrm{T}} G A_1 - A_0^{\mathrm{T}} G A_0 \leqslant 2\sigma_q(E)a_0\rho_q(E)a_0, \qquad \forall q \in [1, \bar{q}], \tag{6.5.15}$$

其中 $A_i = [a_i, a_{i+1}, \cdots, a_{i+k-1}]^{\mathrm{T}}$, $i = 0, 1$. 特别地, $G_q(+\infty)$-稳定性简称为 G_q-稳定性.

不难看出, 当将 $G_q(\bar{q})$-稳定的单支方法在几何网格上应用于收缩的 ODEs 时, 差分方程 (6.5.4) 关于 G-范数 (6.5.14) 是收缩的. 在接下来的分析中, $G_q(\bar{q})$-稳定性将起到与常数步长数值稳定性分析中 G-稳定性一样重要的作用. 由于对 G-稳定的单支方法, 存在一个 $k \times k$ 的不依赖于 q 的实对称正定矩阵 G, 使得对任意 $q \geqslant 1$, 对所有实数 $a_0,\ a_1,\ \cdots,\ a_k$, (6.5.15) 都成立, 因此很容易得到以下命题.

命题 6.5.3 *G-稳定单支方法是 G_q-稳定.*

虽然 G-稳定的常数步长单支方法在没有修改的情况下可以应用于几何网格上的 ODEs, 并且是 G_q-稳定的, 但是它的阶数将会降低. 然而, 当单步单支方法 (ρ, σ) 在几何网格上求解 ODEs 时, 降阶现象不会出现.

例 6.5.1 隐式 Euler 法

$$y_{n+1} = y_n + h_{n+1} f\left(t_{n+1}, y_{n+1}\right) \tag{6.5.16}$$

和中点公式

$$y_{n+1} = y_n + h_{n+1} f\left(t_n + \frac{1}{2}h_{n+1}, \frac{1}{2}y_n + \frac{1}{2}y_{n+1}\right) \tag{6.5.17}$$

都是 G_q-稳定的, $G(q) = 1$, 且其阶数分别为一阶和二阶.

例 6.5.2 在 [53] 中, Dahlquist, Liniger 和 Nevanlinna 研究了两步相容方法的稳定性, 其系数

$$\alpha_{2,q} = \frac{1}{2}(c+1), \qquad \alpha_{1,q} = -c, \qquad \alpha_{0,q} = \frac{1}{2}(c-1), \tag{6.5.18}$$

$$\beta_{2,q}=\frac{1}{4}[1+b+(a+c)],\quad \beta_{1,q}=\frac{1}{2}(1-b),\quad \beta_{0,q}=\frac{1}{4}[1+b-(a+c)], \tag{6.5.19}$$

由参数 a, b, c 表示, 这些参数取决于网格比 q. 很容易验证如果

$$a\geqslant 0,\qquad b\geqslant 0,\qquad c\geqslant 0$$

(注意, 这个条件等价于 A-稳定的代数条件 [53]) 以及 $b+ac>0$, 由 (6.5.18)—(6.5.19) 定义的方法是 G_q-稳定的, 其中

$$G(q)=\frac{1}{4}\begin{bmatrix} 1+b+ac+c^2-2c+2\sqrt{abc} & 1-b-ac-c^2-2\sqrt{abc} \\ 1-b-ac-c^2-2\sqrt{abc} & 1+b+ac+c^2+2c+2\sqrt{abc}\end{bmatrix}. \tag{6.5.20}$$

设 $t_n^*=t_{n+1}$. 那么 $H_n=\alpha_{2,q}h_{n+2}-\alpha_{0,q}h_{n+1}$. 在 [53] 中已经指出, 二阶条件 (6.5.10) 和 (6.5.11) 可以改写为

$$a=\zeta\left(\frac{1-c^2}{1+\zeta c}-b\right),\qquad \zeta=\frac{q-1}{q+1}. \tag{6.5.21}$$

那么, 由 (6.5.18)—(6.5.19) 定义的 G_q-稳定的二阶方法为

$$a(\zeta)=\frac{\zeta^2c(1-c^2)}{(1+\zeta c)^2},\qquad b(\zeta)=\frac{(1-c^2)}{(1+\zeta c)^2},\quad c=\text{const},\quad 0\leqslant c\leqslant 1. \tag{6.5.22}$$

注意到, 条件 $b+ac>0$ 在技术上排除了 $c=1$ 的情形. 但在 $c=1$ 的情况下, 两步公式退化为步长 h_{n+2} 的中点公式 (6.5.17), 它是 G_q-稳定的单步方法 [53].

注 6.5.4 值得注意的是, 引入数量 $\bar{q}$ 是基于这样一个事实: 当步长比小于某个界限时, 一些变步长单支方法是稳定的, 而当步长比大于这个上界时, 它们就不稳定了 [53,70,75,172]. 例如, 变步长 2 步 BDF 公式的步长比的上界是 $\sqrt{2}+1$, 而且这个界在任意变网格下步长趋向 0 时是不可改进的 (参见 [38,70,75]). 我们还观察到几何网格 2 步 BDF 公式, 其中

$$\alpha_{0,q}=\frac{q^2}{1+q},\quad \alpha_{1,q}=-1-q,\quad \alpha_{2,q}=\frac{2q+1}{1+q};\quad \beta_{0,q}=0,\quad \beta_{1,q}=0,\quad \beta_{2,q}=1$$

是 $G_q(1)$-稳定的. 这意味着即使对于 ODEs, 网格比为 $q>1$ 的几何网格两步 BDF 公式也可能在 G-范数 (6.5.14) 下不收缩.

6.5.1.4 求解中立型比例延迟微分方程的全几何网格单支方法

我们在本节中考虑的中立型比例延迟微分方程的全网格技术是由 Bellen 等 [14] 和 Liu[161] 首次提出的 (另见 [21,72]). 考虑到比例延迟微分方程 (6.1.1) 的特殊结构,

我们设几何网格 $J^{\mathtt{N}+k}$ 的步长比为 $q=p^{-1/m}$, 其中 m 是一个正整数. 这将导出所谓的全几何网格. 观察到网格直径 $h_{\max} := \max_{2\leqslant n\leqslant \mathtt{N}+k} h_n$ 是由 $h_{\mathtt{N}+k} = T(q-1)/q = T(1-p^{1/m}) = T(1-r)$ 所给出的. 如果我们要求 $h_{\max}$ 具有当 $\mathtt{N}\to\infty$ 时, $h_{\max}\to 0$ 的性质, 那么 $q\to 1$ $(\mathtt{N}\to\infty)$, 因而 $m\to\infty$ $(\mathtt{N}\to\infty)$ 也成立.

在这个与方程 (6.1.1) 有关的网格上, 所谓的宏区间 $J_s := [T_{s-1}, T_s]$, $1\leqslant s\leqslant \mathcal{N}$, 是由 $T_s = pT_{s+1} = p^{\mathcal{N}-s}T = p^{\mathcal{N}-s}T_{\mathcal{N}}$ 的点 T_s 确定的. 特别地, 我们有 $T_0 = p^{\mathcal{N}}T$. 显然, $\mathcal{N}\to\infty$ 等价于 $T_0\to 0$. 注意, 尽管

$$T_0 = p^{\mathcal{N}}T = q^{-m\mathcal{N}}T = r^{m\mathcal{N}}T, \tag{6.5.23}$$

$m\to\infty$ 不意味着 $T_0\to 0$. 同理, 我们不能从 $\mathcal{N}\to\infty$ 得到 $h_{\max}\to 0$. 在本章中, 我们将假设 $T_0 = t_{m+k}$, 那么有 $m+k = \mathtt{N}+k-m\mathcal{N}$, 以及 $\mathtt{N} = m(\mathcal{N}+1)$. 通过以上讨论, 我们得到以下命题, 并将其用于下面的渐近分析中.

命题 6.5.5 对于上述基于中立型比例延迟微分方程 (6.1.1) 定义的全几何网格, 我们有

$$h_2\to 0 \Leftarrow h_{\max}\to 0 \Leftrightarrow m\to\infty \Leftrightarrow q\to 1 \Rightarrow \mathtt{N}\to\infty; \tag{6.5.24}$$

$$h_2\to 0 \Leftarrow T_0\to 0 \Leftrightarrow \mathcal{N}\to\infty \Rightarrow \mathtt{N}\to\infty. \tag{6.5.25}$$

现将 (ρ_q,σ_q) 法在全几何网格 $J^{\mathtt{N}+k}$ 上应用于 (6.1.1), 可得

$$\rho_q(E)y_n = H_n f_n, \qquad n = m+1, m+2, \cdots, \mathtt{N}, \tag{6.5.26}$$

$$f_n = f\left(\sigma_q(E)t_n, \sigma_q(E)y_n, \sigma_q(E)y_{n-m}, f_{n-m}\right), \tag{6.5.27}$$

其中 y_n 和 f_n 分别是 $y(t_n)$ 和 $y'(\sigma(E)t_n)$ 的近似值. $J_0 := [0, T_0]$ 中 (6.1.1) 的近似解将由 6.3 节和 6.4 节中考虑的算法计算 (也可见 [202, 205, 226]).

注 6.5.6 可以看到, 很多研究者主要考虑拟几何网格 (QGM, 例如, 参见 [20, 73, 262, 266]). 拟几何网格和全几何网格在本质上是相同的, 但在细节上略有不同 (见 [21] 或 [72, 205, 226]). 拟几何网格 QGM 在每个所谓的宏区间上包括 $m+1$ $(m\geqslant 1)$ 等距节点. 这意味着当网格点 t_{n+1}, t_n 和 t_{n-1} 处于同宏区间 $[T_{s-1}, T_s]$ 时, 步长满足 $h_{n+1} = h_n$. 然而, 在每个与全几何网格相关的宏区间上, 步长并不相等, 但满足 $h_{n+1} = qh_n$ 且 $q = p^{-1/m} > 1$.

为了研究方法 (6.5.24)—(6.5.25) 的稳定性, 我们引入了 (6.1.1) 的扰动问题

$$\begin{cases} z'(t) = f(t, z(t), z(pt), z'(pt)), & t\in J_T, \\ z(0) = \varphi. \end{cases} \tag{6.5.28}$$

对它应用 (ρ_q,σ_q) 法可以得到

$$\rho_q(E)z_n = H_n\tilde{f}_n, \qquad n = m+1, m+2, \cdots, \mathtt{N}, \tag{6.5.29}$$

$$\tilde{f}_n = f\left(\sigma_q(E)t_n, \sigma_q(E)z_n, \sigma_q(E)z_{n-m}, \tilde{f}_{n-m}\right), \tag{6.5.30}$$

其中 z_n 和 $\tilde{f}_n$ $(n \geqslant 0)$ 分别是 $z(t_n)$ 和 $z'(\sigma(E)t_n)$ 的近似逼近. 为了简化符号, 记

$$W_n = [y_{n+1} - z_{n+1}, y_{n+2} - z_{n+2}, \cdots, y_{n+k} - z_{n+k}]^{\mathrm{T}},$$

$$\Psi_1 = \max_{0\leqslant t\leqslant T_0} \|y(t) - z(t)\|_*, \qquad \Psi_2 = \max_{0\leqslant t\leqslant T_0} \|y'(t) - z'(t)\|_*,$$

其中 $\|\cdot\|_*$ 表示 $\mathbb{C}^d$ 上的范数 (诱导矩阵范数也用 $\|\cdot\|_*$ 表示), 并引入以下定义.

定义 6.5.7 求解 (6.1.1) 的单支方法 (ρ_q, σ_q) 称为稳定的, 如果存在常数 C 使得对任何给定的问题 (6.1.1) 和 (6.5.28), 其数值近似 y_n 和 z_n 满足以下不等式:

$$\|W_n\|_* \leqslant C\left(\|W_m\|_* + \Psi_1 + \Psi_2\right), \qquad m+1 \leqslant n \leqslant \mathtt{N}, \tag{6.5.31}$$

这里常数 C 仅依赖于方法和要求解的问题.

在经典的数值稳定性理论中, 收缩性和渐近稳定性是最重要的. 然而, 如果一个几何网格用于数值求解中立型比例延迟微分方程, 那么渐近稳定性意味着步长序列将趋于无穷. 与这种不受控制的步长序列相反, 在实际计算中, 我们应该要求步长大小合适. 此外, 我们知道 $T_0 \to 0$ 是收敛的首要条件, 如果使用单步法在区间 $[0, T_0]$ 上进行第一步积分 (如 [202, 205, 226]), 这一条件对于设计一个好的算法也是必不可少的. 由于这些原因, 我们考虑 $T_0 \to 0$ 时数值解的渐近行为. 这意味着对于固定的有限区间 J_T, $\mathtt{N} \to \infty$. 为此, 我们引入下面关于渐近收缩性的定义.

定义 6.5.8 求解中立型比例延迟微分方程的单支方法 (ρ_q, σ_q) 称为是渐近收缩的, 如果对于固定的 m, 任何给定问题 (6.1.1) 和 (6.5.28) 的数值逼近 y_n 和 z_n 满足以下不等式:

$$\lim_{\mathtt{N}\to\infty} \|W_{\mathtt{N}}\|_* \leqslant \|W_m\|_*. \tag{6.5.32}$$

6.5.2 逼近 Lyapunov 泛函和线性稳定性

为了深入分析求解中立型比例延迟微分方程的全几何网格单支方法 (6.5.4) 的线性稳定性, 我们考虑将其应用于如下线性系统

$$y'(t) = Ly(t) + My(pt) + Ny'(pt), \tag{6.5.33}$$

其中 L, M 和 N 都是 $d \times d$ 的复矩阵, 且 L 非奇异. 由此, 我们可得

$$\sum_{j=0}^{k} \alpha_{j,q} y_{n+j} = H_n f_n, \qquad n = m+1, m+2, \cdots, \mathtt{N}, \tag{6.5.34}$$

$$f_n = \sum_{j=0}^{k} \beta_{j,q} L y_{n+j} + \sum_{j=0}^{k} \beta_{j,q} M y_{n+j-m} + N f_{n-m}. \qquad (6.5.35)$$

我们也假设 y_i, f_i, $1 \leqslant i \leqslant m+k$ 的逼近值均由 6.3 节、6.4 节中的算法得到 (也可见 [202, 205, 226]).

我们引入一些记号

$$F^{(n)} = H_n f_n, \quad Y^{(n)} = \sigma_q(E) y_n = \sum_{j=0}^{k} \beta_{j,q} y_{n+j}, \quad A = \left[0, 0, \cdots, \frac{1}{\alpha_{k,q}}\right]^{\mathrm{T}},$$

$$y^{(n)} = \begin{bmatrix} y_{n+1} \\ y_{n+2} \\ \vdots \\ y_{n+k} \end{bmatrix}, \quad B = \begin{bmatrix} 0 & 1 & 0 & \cdots & 0 \\ 0 & 0 & 1 & \cdots & 0 \\ \vdots & \vdots & \vdots & \ddots & \vdots \\ 0 & 0 & 0 & \cdots & 1 \\ -\dfrac{\alpha_{0,q}}{\alpha_{k,q}} & -\dfrac{\alpha_{1,q}}{\alpha_{k,q}} & -\dfrac{\alpha_{2,q}}{\alpha_{k,q}} & \cdots & -\dfrac{\alpha_{k-1,q}}{\alpha_{k,q}} \end{bmatrix}.$$

那么, 我们有

$$Y^{(n)} = \frac{\beta_{k,q}}{\alpha_{k,q}} F^{(n)} + \sum_{j=0}^{k-1} \left(\beta_{j,q} - \frac{\beta_{k,q}}{\alpha_{k,q}} \alpha_{j,q} \right) y_{n+j}, \qquad (6.5.36)$$

$$\begin{aligned} F^{(n)} = H_n \Bigg[& \frac{\beta_{k,q}}{\alpha_{k,q}} L F^{(n)} + \sum_{j=0}^{k-1} \left(\beta_{j,q} - \frac{\beta_{k,q}}{\alpha_{k,q}} \alpha_{j,q} \right) L y_{n+j} + N f_{n-m} \\ & + \frac{\beta_{k,q}}{\alpha_{k,q}} M F^{(n-m)} + \sum_{j=0}^{k-1} \left(\beta_{j,q} - \frac{\beta_{k,q}}{\alpha_{k,q}} \alpha_{j,q} \right) M y_{n+j-m} \Bigg], \end{aligned} \qquad (6.5.37)$$

$$y^{(n)} = (A \otimes I_d) F^{(n)} + (B \otimes I_d) y^{(n-1)}. \qquad (6.5.38)$$

6.5.2.1 逼近 Lyapunov 泛函

在本小节中, 我们将给出线性系统 (6.5.33) 的 Lyapunov 泛函及其离散逼近. 为此, 我们需要引进含参数 ν 的矩阵 $\mathcal{H}(\nu)$. 它是文献 [134] 和 [107, 108] 中所述非中立型系统矩阵的推广:

$\mathcal{H}(\nu) =$

$$
-\begin{bmatrix} \theta(L^*Q+QL+P) & \theta QM & 0 \\ \theta M^*Q & -\nu\theta P & -(1-\theta)(L^{-1}M)^*Q \\ 0 & -(1-\theta)QL^{-1}M & (1-\theta)[(L^{-1})^*Q+QL^{-1}+K] \\ \theta N^*Q & 0 & -(1-\theta)(L^{-1}N)^*Q \end{bmatrix.
$$

$$
\left.\begin{matrix} \theta QN \\ 0 \\ -(1-\theta)QL^{-1}N \\ -(1-\theta)\nu K \end{matrix}\right],
$$

其中 Q, P 和 K 是 Hermitian 正定矩阵, $\theta\in[0,1]$, 上标 * 表示共轭转置. 如果 $\mathcal{H}(\nu_1)$ 是非负定的, 并且 $\nu_2>\nu_1$, 则容易看出 $\mathcal{H}(\nu_2)$ 也是非负定的. 在标量情况下, 如果存在一个常数 $\theta\in[0,1]$, 使得

$$
\sqrt{\nu}(\Re eL)+|M|\leqslant 0, \qquad \sqrt{\nu}(\Re eL)+|NL|\leqslant 0, \tag{6.5.39}
$$

$$
\theta(1-\theta)\nu(\Re eL)^2-(1-\theta)|M|^2-\theta|NL|^2\leqslant 0, \tag{6.5.40}
$$

那么 $\mathcal{H}(\nu)$ 是非负定的. 特别地, 当 $N\equiv 0$ 时, 我们可以选择 $\theta=1$ 使得条件 (6.5.39)—(6.5.40) 变为

$$
\sqrt{\nu}(\Re eL)+|M|\leqslant 0, \tag{6.5.41}
$$

这比 [134] 和 [107,108] 中给出的条件稍弱; 当 $M\equiv 0$ 时, 我们可以选择 $\theta=0$, 使得条件 (6.5.39)—(6.5.40) 变为

$$
\sqrt{\nu}(\Re eL)+|NL|\leqslant 0. \tag{6.5.42}
$$

很容易证明, 如果 $\mathcal{H}(p)$ 是非负定的, 则泛函

$$
V(y(t))=\|y(t)\|_Q^2+\theta\int_{pt}^t\|y(x)\|_P^2dx+(1-\theta)\int_{pt}^t\|y'(x)\|_K^2dx
$$

是方程 (6.5.33) 的 Lyapunov 函数, 即它满足

$$
V(y(\bar{t}))\leqslant V(y(\tilde{t})), \qquad \forall\bar{t}\geqslant\tilde{t}. \tag{6.5.43}
$$

现在我们来定义一个类似于上述 Lyapunov 泛函的离散函数

$$
V_n=\|y^{(n)}\|_{G\otimes Q}^2+\theta\sum_{i=n-m+1}^{n}H_i\|Y^{(i)}\|_P^2+(1-\theta)\sum_{i=n-m+1}^{n}H_i\|f_i\|_K^2, \tag{6.5.44}
$$

并期望其具有与 (6.5.43) 类似的性质. 在引入如下符号

$$\mathcal{Y}^{(n)} = \theta\|Y^{(n)}\|_P^2 + (1-\theta)\|f_n\|_K^2, \quad n \geqslant 1$$

后, 我们得到了下面的结果.

引理 6.5.9 设单支方法 (ρ_q, σ_q) 是 $G_q(\bar{q})$-稳定的, 并且存在常数 $\theta \in [0,1]$, ν 和 Hermitian 正定矩阵 Q, P, K, 使得 $\mathcal{H}(\nu)$ 是非负定的, 则下面的不等式对于任何 $q \in (1,\bar{q}]$ 都成立:

$$\|y^{(n)}\|_{G\otimes Q}^2 + H_n\mathcal{Y}^{(n)} \leqslant \|y^{(n-1)}\|_{G\otimes Q} + \nu H_n \mathcal{Y}^{(n-m)}, \quad m+1 \leqslant n \leqslant \mathtt{N}. \tag{6.5.45}$$

证明 方法的 $G_q(\bar{q})$-稳定性意味着对于任意的 $q \in (1,\bar{q}]$ 和所有 $m+1 \leqslant n \leqslant \mathtt{N}$,

$$\|y^{(n)}\|_{G\otimes Q}^2 \leqslant \|y^{(n-1)}\|_{G\otimes Q}^2 + H_n\left(\langle Y^{(n)}, f_n\rangle_Q + \langle f_n, Y^{(n)}\rangle_Q\right). \tag{6.5.46}$$

从 (6.5.35) 中可得

$$Y^{(n)} = L^{-1}f_n - (L^{-1}M)Y^{(n-m)} - (L^{-1}N)f_{n-m}. \tag{6.5.47}$$

将 (6.5.46) 和 (6.5.47) 结合, 可以推出

$$\begin{aligned}
\|y^{(n)}\|_{G\otimes Q}^2 \leqslant& \|y^{(n-1)}\|_{G\otimes Q}^2 + H_n\left(\langle Y^{(n)}, f_n\rangle_Q + \langle f_n, Y^{(n)}\rangle_Q\right) \\
=& \|y^{(n-1)}\|_{G\otimes Q}^2 + \theta H_n\langle f_n, Y^{(n)}\rangle_Q + (1-\theta)H_n\langle f_n, Y^{(n)}\rangle_Q \\
& + \theta H_n\langle Y^{(n)}, f_n\rangle_Q + (1-\theta)H_n\langle Y^{(n)}, f_n\rangle_Q \\
=& \|y^{(n-1)}\|_{G\otimes Q}^2 - \theta H_n\|Y^{(n)}\|_P^2 - (1-\theta)H_n\|f_n\|_K^2 \\
& + \theta\nu H_n\|Y^{(n-m)}\|_P^2 + (1-\theta)\nu H_n\|f_{n-m}\|_K^2 \\
& - H_n[Y^{(n)*}, Y^{(n-m)*}, f_n^*, f_{n-m}^*]\mathcal{H}(\nu)[Y^{(n)}, Y^{(n-m)}, f_n, f_{n-m}]^{\mathrm{T}},
\end{aligned}$$

由 $\mathcal{H}(\nu)$ 的非负定性得到 (6.5.45).

定理 6.5.10 设单支方法 (ρ_q, σ_q) 是 $G_q(\bar{q})$-稳定的, 且存在常数 $\theta \in [0,1]$ 和 Hermitian 正定矩阵 Q, P, K, 使得 $\mathcal{H}(p)$ 是非负定的, 那么对所有 $m+1 \leqslant n \leqslant \mathtt{N}$, 对任意 $q \in (1,\bar{q}]$, 下列不等式成立:

$$V_n \leqslant V_{n-1}. \tag{6.5.48}$$

不等式 (6.5.48) 表明 $G_q(\bar{q})$-稳定的全几何网格单支方法对于线性系统 (6.5.33) 可以保持 Lyapunov 泛函的衰减性质.

证明 由引理 6.5.9 和 $pH_n = H_{n-m}$ 这一事实, 我们可直接得到 (6.5.48).

将定理 6.5.10 应用于非中立型比例方程 (6.5.33), 可取 $N \equiv 0$, 得到如下结果.

推论 6.5.11 设单支方法 (ρ_q, σ_q) 是 $G_q(\bar{q})$- 稳定的, 且存在 Hermitian 正定矩阵 Q, P, 使得

$$-\begin{bmatrix} L^*Q + QL + P & QM \\ -M^*Q & -pP \end{bmatrix} \tag{6.5.49}$$

是非负定的, 那么对所有的 $m+1 \leqslant n \leqslant \mathtt{N}$, 对任意的 $q \in (1, \bar{q}]$, 以下不等式成立:

$$\|y^{(n)}\|_{G\otimes Q}^2 + \sum_{i=n-m+1}^{n} H_i \|Y^{(i)}\|_P^2 \leqslant \|y^{(n-1)}\|_{G\otimes Q}^2 + \sum_{i=n-m}^{n-1} H_i \|Y^{(i)}\|_P^2. \tag{6.5.50}$$

将定理 6.5.10 应用到 $M \equiv 0$ 的 (6.5.33), 我们可以选择 $\theta = 0$ 使以下推论成立.

推论 6.5.12 设单支方法 (ρ_q, σ_q) 是 $G_q(\bar{q})$-稳定的, 且存在 Hermitian 正定矩阵 Q, K, 使得

$$-\begin{bmatrix} (L^{-1})^*Q + QL^{-1} + K & -QL^{-1}N \\ -(L^{-1}N)^*QG & -pK \end{bmatrix} \tag{6.5.51}$$

是非负定的, 那么对所有的 $m+1 \leqslant n \leqslant \mathtt{N}$, 对任意的 $q \in (1, \bar{q}]$, 以下不等式成立:

$$\|y^{(n)}\|_{G\otimes Q}^2 + \sum_{i=n-m+1}^{n} H_i \|f_i\|_K^2 \leqslant \|y^{(n-1)}\|_{G\otimes Q}^2 + \sum_{i=n-m}^{n-1} H_i \|f_i\|_K^2.$$

6.5.2.2 线性稳定性和渐近收缩性

我们将讨论有界稳定性和渐近性质. 由 (6.5.48) 得出

$$V_n \leqslant V_m, \qquad \forall n \geqslant m, \tag{6.5.52}$$

这意味着

$$\sum_{i=n-m+1}^{n} H_i \mathcal{Y}^{(i)} \leqslant V_n \leqslant \|y^{(m)}\|_{G\otimes Q}^2 + \sum_{i=1}^{m} H_i \mathcal{Y}^{(i)}, \qquad \forall n \geqslant m; \tag{6.5.53}$$

$$\|y^{(n)}\|_{G\otimes Q}^2 \leqslant V_n \leqslant \|y^{(m)}\|_{G\otimes Q}^2 + \sum_{i=1}^{m} H_i \mathcal{Y}^{(i)}, \qquad \forall n \geqslant m. \tag{6.5.54}$$

数值解的线性稳定性由 (6.5.54) 保证. 此外, 由于 $\sum\limits_{i=1}^{m} H_i \leqslant \varsigma_2 T_0$, 故对于固定的 m, 当 $T_0 \to 0$ 时有 $\sum\limits_{i=1}^{m} H_i \to 0$. 因此, 对于固定的 m, 由 (6.5.54) 式可得

$$\lim_{\mathtt{N}\to\infty} \|y^{(\mathtt{N})}\|_{G\otimes Q}^2 \leqslant \|y^{(m)}\|_{G\otimes Q}^2, \tag{6.5.55}$$

这意味着 $G_q(\bar{q})$-稳定的全几何网格单支方法是渐近收缩的. 鉴于有限维向量空间范数的等价性, 由 (6.5.54) 也可得

$$\|y^{(n)}\|_* \leqslant \bar{C}_1\|y^{(m)}\|_* + \bar{C}_2\left(\sum_{i=1}^{m} H_i\mathcal{Y}^{(i)}\right)^{1/2}, \qquad \forall n \geqslant m. \tag{6.5.56}$$

现在我们转向估计 $\mathcal{Y}^{(n)}$, 从而得到 $y'(\sigma(E)_q t_n)$ 的近似值 f_n.

引理 6.5.13 设单支方法 (ρ_q, σ_q) 是 $G_q(\bar{q})$-稳定的, 且存在常数 $\theta \in [0,1]$, $\nu \geqslant p$ 和 Hermitian 正定矩阵 Q, P, K, 使得 $\mathcal{H}(\nu)$ 是非负定的, 那么对任意 $q \in (1, \bar{q}]$, 对每一个 $l \geqslant 0$, 我们有

$$\sum_{i=0}^{m-1} q^{-i}\mathcal{Y}^{((l+1)m-i)} \leqslant p\nu^l\delta, \tag{6.5.57}$$

其中

$$\delta = H_0^{-1}\|y^{(m)}\|_{G\otimes Q}^2 + \nu p^{-1}M_m, \qquad M_m = \sum_{i=1}^{m} q^i\mathcal{Y}^{(i)}. \tag{6.5.58}$$

证明 由于 $H_n = q^n H_0 = p^{-1}H_0 q^{n-m}$, 从 (6.5.45) 可得

$$\|y^{(n)}\|_{G\otimes Q}^2 \leqslant \|y^{(n-1)}\|_{G\otimes Q}^2 - H_0 q^n\mathcal{Y}^{(n)} + \nu p^{-1}H_0 q^{n-m}\mathcal{Y}^{(n-m)}.$$

通过简单递推, 有

$$\begin{aligned}\|y^{(n)}\|_{G\otimes Q}^2 &\leqslant \|y^{(m)}\|_{G\otimes Q}^2 - H_0\sum_{i=m+1}^{n} q^i\mathcal{Y}^{(i)} + \nu p^{-1}H_0\sum_{i=1}^{n-m} q^i\mathcal{Y}^{(i)} \\ &\leqslant \|y^{(m)}\|_{G\otimes Q}^2 - H_0\sum_{i=n-m+1}^{n} q^i\mathcal{Y}^{(i)} \\ &\quad + (-1+\nu p^{-1})H_0\sum_{i=m+1}^{n-m} q^i\mathcal{Y}^{(i)} + \nu p^{-1}H_0\sum_{i=1}^{m} q^i\mathcal{Y}^{(i)},\end{aligned}$$

这意味着

$$\sum_{i=n-m+1}^{n} q^i\mathcal{Y}^{(i)} \leqslant \delta + (-1+\nu p^{-1})\sum_{i=m+1}^{n-m} q^i\mathcal{Y}^{(i)}.$$

对于 $l \geqslant 0$ 时, 令 $n = (l+1)m$, 有

$$q^{(l+1)m}\sum_{i=0}^{m-1} q^{-i}\mathcal{Y}^{((l+1)m-i)} \leqslant \delta + (-1+\nu p^{-1})\sum_{j=1}^{l-1} q^{(j+1)m}\sum_{i=0}^{m-1} q^{-i}\mathcal{Y}^{((j+1)m-i)},$$

这就给出了

$$\sum_{i=0}^{m-1} q^{-i}\mathcal{Y}^{((l+1)m-i)} \leqslant p^{l+1}\delta + (-1+\nu p^{-1})\sum_{j=1}^{l-1} p^j \sum_{i=0}^{m-1} q^{-i}\mathcal{Y}^{((l+1-j)m-i)}.$$

由此可以容易地用数学归纳法证明 (6.5.57). 事实上, 如果 $l=0$, (6.5.57) 直接从上述不等式得出. 现在我们假设 (6.5.57) 对每个 $l<k$ 成立, 并证明它对 $l=k$ 也成立. 从上面的不等式, 我们进一步得到

$$\begin{aligned}\sum_{i=0}^{m-1} q^{-i}\mathcal{Y}^{((k+1)m-i)} &\leqslant p^{k+1}\delta + (-1+\nu p^{-1})\sum_{j=1}^{k} p^j \sum_{i=0}^{m-1} q^{-i}\mathcal{Y}^{((k+1-j)m-i)} \\ &\leqslant p^{k+1}\delta + (-1+\nu p^{-1})\sum_{j=1}^{k} p^j p\nu^{k-j}\delta \\ &= p\nu^k\delta.\end{aligned}$$

因此, 当 $k \geqslant 0$ 时, (6.5.57) 也成立.

基于上述引理, $\mathcal{Y}^{(n)}$ 的上界可以表述如下.

定理 6.5.14 在引理 6.5.13 的假设下, 我们有

$$\mathcal{Y}^{(n)} \leqslant \nu^{n/m}\delta, \quad m \leqslant n \leqslant \mathtt{N}. \tag{6.5.59}$$

此外, 如果 $\nu = p$, 我们有

$$\mathcal{Y}^{(n)} \leqslant \frac{1}{\varsigma_1(1-r)T}\|y^{(m)}\|_{G\otimes Q}^2 + p^{n/m}M_m, \quad \forall m \leqslant n \leqslant \mathtt{N}; \tag{6.5.60}$$

并且对于一个固定的 m,

$$\lim_{\mathtt{N}\to\infty} \mathcal{Y}^{(\mathtt{N})} \leqslant \frac{1}{\varsigma_1(1-r)T}\|y^{(m)}\|_{G\otimes Q}^2. \tag{6.5.61}$$

证明 由 (6.5.57) 可知, 对于每一个 $l \geqslant 0$, $i \in \{1,2,\cdots,m\}$,

$$\mathcal{Y}^{((l+1)m-i)} \leqslant q^i p\nu^l\delta = p^{1-i/m}\nu^l\delta \leqslant \nu^{l+1-i/m}\delta,$$

由此可得 (6.5.59).

由于 $H_0 = H_n/q^n = p^{n/m}H_n$, 我们有

$$\begin{aligned}\mathcal{Y}^{(n)} &\leqslant H_n^{-1}\|y^{(m)}\|_{G\otimes Q}^2 + p^{n/m}M_m \\ &\leqslant \frac{1}{\varsigma_1(1-r)T}\|y^{(m)}\|_{G\otimes Q}^2 + p^{n/m}M_m, \quad \forall n \geqslant m,\end{aligned} \tag{6.5.62}$$

从中我们进一步可得 (6.5.61), 这就完成了证明.

我们将以一些注释来结束这一小节.

注 6.5.15 (1)(稳定性的另一种推导) 我们现在概述推导稳定性不等式 (6.5.56) 的第二种方法. 为此, 我们假定 $\beta_{k,q} \neq 0$, 并引入符号

$$D = \begin{bmatrix} \beta_{0,q} - \dfrac{\beta_{k,q}}{\alpha_{k,q}}\alpha_{0,q} \\ \beta_{1,q} - \dfrac{\beta_{k,q}}{\alpha_{k,q}}\alpha_{1,q} \\ \vdots \\ \beta_{k-1,q} - \dfrac{\beta_{k,q}}{\alpha_{k,q}}\alpha_{k-1,q} \end{bmatrix},$$

$$S = \begin{bmatrix} 0 & 1 & 0 & \cdots & 0 \\ 0 & 0 & 1 & \cdots & 0 \\ \vdots & \vdots & \vdots & \ddots & \vdots \\ 0 & 0 & 0 & \cdots & 1 \\ -\dfrac{\beta_{0,q}}{\beta_{k,q}} & -\dfrac{\beta_{1,q}}{\beta_{k,q}} & -\dfrac{\beta_{2,q}}{\beta_{k,q}} & \cdots & -\dfrac{\beta_{k-1,q}}{\beta_{k,q}} \end{bmatrix}.$$

因为 $\beta_{k,q} \neq 0$, 从 (6.5.36) 容易得到

$$F^{(n)} = \frac{\alpha_{k,q}}{\beta_{k,q}} Y^{(n)} - \sum_{j=0}^{k-1} \left(\frac{\alpha_{k,q}}{\beta_{k,q}} \beta_{j,q} - \alpha_{j,q} \right) y_{n+j}. \tag{6.5.63}$$

将上式代入 (6.5.38) 得

$$\begin{aligned} y^{(n)} &= \left(\left(B - \frac{\alpha_{k,q}}{\beta_{k,q}} AD \right) \otimes I_d \right) y^{(n-1)} + \left(\frac{\alpha_{k,q}}{\beta_{k,q}} A \otimes I_d \right) Y^{(n)} \\ &= (S \otimes I_d)\, y^{(n-1)} + \left(\frac{\alpha_{k,q}}{\beta_{k,q}} A \otimes I_d \right) Y^{(n)}, \end{aligned}$$

这意味着存在一个常数 $C_1 > 0$, 使得

$$\|y^{(n)}\|_* \leqslant \kappa \|y^{(n-1)}\|_* + C_1 \|Y^{(n)}\|_*, \tag{6.5.64}$$

其中 $\kappa := \|S \otimes I_d\|_* \leqslant 1$.

现在我们依次考虑以下两种情况.

情况 1 $\theta = 0$. 由于存在常数 $\nu \geqslant p$, 矩阵 Q, P 和 K 使得 $\mathcal{H}(\nu)$ 非负定, 所以很容易推导出 $M \equiv 0$. 从而由 (6.5.35) 可知存在两个常数 $C_2 = \|L^{-1}\|_*$,

$C_3 = \|L^{-1}N\|_*$ 使得

$$\|Y^{(n)}\|_* \leqslant C_2\|f_n\|_* + C_3\|f_{n-m}\|_*. \tag{6.5.65}$$

由 (6.5.62) 的第一个不等式和 $\theta = 0$ 可知, 存在一个常数 C_4, 使得对任意 $n \geqslant m$,

$$\|f_n\|_* \leqslant C_4 \left(\sqrt{H_n^{-1}}\|y^{(m)}\|_{G\otimes Q} + p^{n/2m}\sqrt{M_m}\right). \tag{6.5.66}$$

将 (6.5.65) 和 (6.5.66) 代入 (6.5.64), 可得

$$\begin{aligned}
\|y^{(n)}\|_* \leqslant & \kappa\|y^{(n-1)}\|_* + C_1C_2C_4\left(\sqrt{H_n^{-1}}\|y^{(m)}\|_{G\otimes Q} + p^{n/2m}\sqrt{M_m}\right) \\
& + C_1C_3C_4\left(\sqrt{H_{n-m}^{-1}}\|y^{(m)}\|_{G\otimes Q} + p^{n/2m-1/2}\sqrt{M_m}\right) \\
\leqslant & \kappa^{n-m}\|y^{(m)}\|_* + C_1C_4(C_2 + C_3p^{-1/2})\sqrt{M_m}\sum_{i=0}^{n-m-1}\kappa^i p^{(n-i)/2m} \\
& + C_1C_4(C_2 + C_3p^{-1/2})\|y^{(m)}\|_{G\otimes Q}\sum_{i=0}^{n-m-1}\kappa^i\sqrt{H_{n-i}^{-1}} \\
\leqslant & \kappa^{n-m}\|y^{(m)}\|_* + C_1C_4(C_2 + C_3p^{-1/2})\sqrt{M_m}p^{(m+1)/2m}\chi_{n-m}(\kappa, \sqrt{r}) \\
& + C_1C_4(C_2 + C_3p^{-1/2})\|y^{(m)}\|_{G\otimes Q}\chi_{n-m}(1, \kappa\sqrt{q})\sqrt{H_n^{-1}},
\end{aligned}$$

由此可得类似于 (6.5.56) 的不等式, 其中

$$\chi_n(x_1, x_2) = \begin{cases} \dfrac{x_1^n - x_2^n}{x_1 - x_2}, & x_1 \neq x_2, \\ nx_1^{n-1}, & x_1 = x_2. \end{cases} \tag{6.5.67}$$

情况 2 $\theta \in (0, 1]$. 在这种情况下, 我们可从 (6.5.59) 断言, 存在一个常数 C_5, 使得对任意 $n \geqslant 0$

$$\|Y^{(n)}\|_* \leqslant C_5\nu^{n/2m}\delta^{1/2} \leqslant C_5\left(\sqrt{H_n^{-1}}\|y^{(m)}\|_{G\otimes Q} + p^{n/2m}\sqrt{M_m}\right). \tag{6.5.68}$$

将上述不等式代入 (6.5.64) 即可得到

$$\begin{aligned}
\|y^{(n)}\|_* \leqslant & \kappa\|y^{(n-1)}\|_* + C_1C_5\nu^{n/2m}\delta^{1/2} \\
\leqslant & \kappa^{n-m}\|y^{(m)}\|_* + C_1C_5\sqrt{M_m}p^{(m+1)/2m}\chi_{n-m}(\kappa, \sqrt{r}) \\
& + C_1C_5\|y^{(m)}\|_{G\otimes Q}\chi_{n-m}(1, \kappa\sqrt{q})\sqrt{H_n^{-1}},
\end{aligned}$$

由此可得一个类似于 (6.5.56) 的不等式.

(2) 在 [268] 中, 张诚坚和孙耿结合中立型比例延迟微分方程 (6.5.33) 的 TRA 方法考虑了单支方法的有界稳定性. 但值得注意的是, 他们文中的中立项 $y'(pt)$ 的离散化方法与我们在本节中方法不同. 换句话说, [268] 的作者讨论了另一类扩展单支方法的稳定性.

6.5.3 非线性稳定性和渐近收缩性

在本小节中, 我们将全几何网格单支方法的稳定性研究推进到非线性方程 (6.1.1). 为此, 我们假定 (6.1.1) 中的函数 f, 对任意的 $t \geqslant 0$ 以及任意的 $y, y_1, y_2, u, u_1, u_2, v, v_1, v_2, w \in \mathbb{C}^d$, 对于给定的 Hermitian 正定矩阵 $Q = [Q_{ij}]_{i,j=1}^d \in \mathbb{C}^{d\times d}$, 满足以下条件:

$$\Re e\langle y_1 - y_2, f(t, y_1, u, v) - f(t, y_2, u, v)\rangle_Q \leqslant \alpha\|y_1 - y_2\|_Q^2, \tag{6.5.69}$$

$$\|f(t, y, u_1, v) - f(t, y, u_2, v)\|_Q \leqslant \beta\|u_1 - u_2\|_Q, \tag{6.5.70}$$

$$\|f(t, y, u, v_1) - f(t, y, u, v_2)\|_Q \leqslant \gamma\|v_1 - v_2\|_Q, \tag{6.5.71}$$

$$\|\mathcal{F}(t, y, u_1, v, w) - \mathcal{F}(t, y, u_2, v, w)\|_Q \leqslant \varrho\|u_1 - u_2\|_Q, \tag{6.5.72}$$

其中

$$\mathcal{F}(t, y, u, v, w) := f(t, y, u, f(pt, u, v, w)).$$

首先, 我们回顾关于 (6.1.1) 解析解稳定性的一个结果. 由第 2 章或 [202] 中给出的解析解的相关结果, 我们可得以下收缩性定理.

定理 6.5.16 假设 (6.1.1) 中的函数 f 满足条件 (6.5.69)—(6.5.72). 如果

$$\alpha < 0, \quad \alpha + \frac{\varrho}{1-\gamma} \leqslant 0, \tag{6.5.73}$$

那么我们有

$$\|y(t) - z(t)\|_Q \leqslant \|\phi - \varphi\|_Q. \tag{6.5.74}$$

现在研究数值解的非线性稳定性. 需要指出的是, 在 6.5.2 小节中, 我们假设区间 $[0, T_0]$ 中的 $y(t)$ 和 $z(t)$ 是已知的, 例如, 它们的近似可以通过上两节或 [202, 205, 226] 中讨论的算法得到. 为了简单起见, 记 $\omega_n = y_n - z_n$, $R_n = f(\sigma_q(E)t_n, \sigma_q(E)z_n, \sigma_q(E)y_{n-m}, f_{n-m}) - \tilde{f}_n$. 那么我们有以下结论.

定理 6.5.17 设单支方法 (ρ_q, σ_q) 是 $G_q(\bar{q})$-稳定的, 并且下列条件成立:

$$\gamma < p, \qquad 2\alpha + \frac{\varrho+\varepsilon}{1-\gamma} + \frac{\varrho+\varepsilon}{p-\gamma} \leqslant 0. \tag{6.5.75}$$

则对任意的 $q \in (1, \bar{q}]$, 所有的 $n \geqslant m+1$, 我们有

$$\|W_n\|_{G\otimes Q}^2 - \sum_{i=n-m+1}^{n}\left(2\alpha + \frac{\varrho+\varepsilon}{1-\gamma}\right)H_i\|\sigma_q(E)\omega_i\|_Q^2 \tag{6.5.76}$$

$$\leqslant \|W_m\|_{G\otimes Q}^2 + \frac{\varsigma_2 p(1-p)T_0}{(\varrho+\varepsilon)(p-\gamma)}(\beta\Psi_1+\gamma\Psi_2)^2,$$

其中 Ψ_1, Ψ_2 已在上面定义. 在这里及以后, 当 $\varrho\neq 0$ 时, $\varepsilon=0$; 当 $\varrho=0$ 时, $\varepsilon>0$ 是一个合适的常数.

证明 从方法的 $G_q(\bar{q})$-稳定性, 有

$$\|W_n\|_{G\otimes Q}^2 - \|W_{n-1}\|_{G\otimes Q}^2 \leqslant 2\Re e\langle \sigma_q(E)\omega_n, \rho_q(E)\omega_n\rangle_Q. \tag{6.5.77}$$

假设 $T_0 < \sigma_q(E)t_{n-\mu m} \leqslant T_1$, μ 为非负整数. 根据条件 (6.5.69), (6.5.71) 和 (6.5.72), 有

$$\begin{aligned}
&2\Re e\langle \sigma_q(E)\omega_n, \rho_q(E)\omega_n\rangle_Q\\
\leqslant& 2\alpha H_n\|\sigma_q(E)\omega_n\|_Q^2 + 2H_n\|\sigma_q(E)\omega_n\|_Q\|R_n\|_Q\\
\leqslant& 2\alpha H_n\|\sigma_q(E)\omega_n\|_Q^2\\
&+2H_n\|\sigma_q(E)\omega_n\|_Q\left[\varrho\sum_{i=0}^{\mu-1}\gamma^i\|\sigma_q(E)\omega_{n-(i+1)m}\|_Q + \gamma^\mu\|R_{n-\mu m}\|_Q\right]\\
\leqslant& 2\alpha H_n\|\sigma_q(E)\omega_n\|_Q^2\\
&+2H_n\|\sigma_q(E)\omega_n\|_Q\left[\varrho\sum_{i=0}^{\mu-1}\gamma^i\|\sigma_q(E)\omega_{n-(i+1)m}\|_Q + \gamma^\mu(\beta\Psi_1+\gamma\Psi_2)\right]\\
\leqslant& \left(2\alpha+\frac{\varrho+\varepsilon}{1-\gamma}\right)H_n\|\sigma_q(E)\omega_n\|_Q^2 + H_n\varrho\sum_{i=0}^{\mu-1}\gamma^i\|\sigma_q(E)\omega_{n-(i+1)m}\|_Q^2\\
&+\frac{\gamma^\mu H_n}{\varrho+\varepsilon}(\beta\Psi_1+\gamma\Psi_2)^2.
\end{aligned}$$

将上述不等式代入 (6.5.77) 可得

$$\begin{aligned}
\|W_n\|_{G\otimes Q}^2 \leqslant& \|W_{n-1}\|_{G\otimes Q}^2 + \left(2\alpha+\frac{\varrho+\varepsilon}{1-\gamma}\right)H_n\|\sigma_q(E)\omega_n\|_Q^2\\
&+H_n\varrho\sum_{i=0}^{\mu-1}\gamma^i\|\sigma_q(E)\omega_{n-(i+1)m}\|_Q^2 + \frac{\gamma^\mu H_n}{\varrho+\varepsilon}(\beta\Psi_1+\gamma\Psi_2)^2.
\end{aligned}$$

由于 $pH_n = H_{n-m}$, 我们进一步得到

$$\begin{aligned}
\|W_n\|_{G\otimes Q}^2 \leqslant& \|W_{n-1}\|_{G\otimes Q}^2 + \left(2\alpha+\frac{\varrho+\varepsilon}{1-\gamma}\right)H_n\|\sigma_q(E)\omega_n\|_Q^2 \qquad (6.5.78)\\
&+\varrho\sum_{i=0}^{\mu-1}\left(\frac{\gamma}{p}\right)^i p^{-1}H_{n-(i+1)m}\|\sigma_q(E)\omega_{n-(i+1)m}\|_Q^2
\end{aligned}$$

$$+\frac{H_{n-\mu m}\gamma^{\mu}}{p^{\mu}(\varrho+\varepsilon)}(\beta\Psi_1+\gamma\Psi_2)^2.$$

通过归纳递推, 可得

$$\begin{aligned}\|W_n\|_{G\otimes Q}^2\leqslant&\|W_m\|_{G\otimes Q}^2+\sum_{j=m+1}^{n}\left(2\alpha+\frac{\sigma+\varepsilon}{1-\gamma}\right)H_j\|\sigma_q(E)\omega_j\|_Q^2\\&+\frac{\varrho+\varepsilon}{p}\sum_{j=2m+1}^{n}\sum_{i=0}^{\lfloor\frac{j}{m}\rfloor-1}\left(\frac{\gamma}{p}\right)^i H_{j-(i+1)m}\|\sigma_q(E)\omega_{j-(i+1)m}\|_Q^2\\&+\frac{1}{\varrho+\varepsilon}\sum_{j=0}^{\mu}\left(\frac{\gamma}{p}\right)^j\sum_{i=1}^{m}H_i(\beta\Psi_1+\gamma\Psi_2)^2.\end{aligned}$$

根据 $\sum\limits_{i=1}^{m}H_i\leqslant\varsigma_2(1-p)T_0$, 我们进一步得到

$$\begin{aligned}\|W_n\|_{G\otimes Q}^2\leqslant&\|W_m\|_{G\otimes Q}^2+\sum_{j=n-m+1}^{n}\left(2\alpha+\frac{\varrho+\varepsilon}{1-\gamma}\right)H_j\|\sigma_q(E)\omega_j\|_Q^2\\&+\sum_{j=m+1}^{n-m}\left(2\alpha+\frac{\varrho+\varepsilon}{1-\gamma}+\frac{\varrho+\varepsilon}{p-\gamma}\right)H_j\|\sigma_q(E)\omega_j\|_Q^2\\&+\frac{\varsigma_2 p(1-p)T_0}{(\varrho+\varepsilon)(p-\gamma)}(\beta\Psi_1+\gamma\Psi_2)^2,\end{aligned}\tag{6.5.79}$$

由此可得 (6.5.76). 证毕.

推论 6.5.18 在定理 6.5.17 的假设下, 对所有的 $n\geqslant m+1$, 我们有

$$\|W_n\|_{G\otimes Q}^2\leqslant\|W_m\|_{G\otimes Q}^2+\frac{\varsigma_2 p(1-p)T_0}{(\varrho+\varepsilon)(p-\gamma)}(\beta\Psi_1+\gamma\Psi_2)^2.\tag{6.5.80}$$

证明 因为条件 (6.5.75) 蕴涵着 $2\alpha+\dfrac{\varrho+\varepsilon}{1-\gamma}\leqslant 0$, (6.5.80) 可从 (6.5.76) 得到. 证毕.

从上述推论, 我们进一步得到了 $\|y_{n+k}-z_{n+k}\|_Q$ 的估计.

推论 6.5.19 在定理 6.5.17 的假设下, 存在常数 $\bar{C}$, 该常数仅依赖于方法, p, ϱ, β, γ 和 T_0, 使得对所有的 $n\geqslant m+1$, 下式成立:

$$\|y_{n+k}-z_{n+k}\|_Q\leqslant\bar{C}\left(\Psi_1+\Psi_2\right).\tag{6.5.81}$$

证明 设 λ_1 和 λ_2 分别为矩阵 G 的最大特征值和最小特征值. 从 (6.5.80) 得到

$$\lambda_2\|\omega_{n+k}\|_Q^2 \leqslant \lambda_1 \sum_{i=1}^{k} \|\omega_{m+i}\|_Q^2 + \frac{\varsigma_2 p(1-p)T_0}{(\varrho+\varepsilon)(p-\gamma)}(\beta\Psi_1+\gamma\Psi_2)^2,$$

这意味着 (6.5.81) 成立.

接下来的定理叙述了 $G_q(\bar{q})$-稳定的全几何网格单支方法的渐近收缩性.

定理 6.5.20 设单支方法 (ρ_q,σ_q) 是 $G_q(\bar{q})$-稳定的. 如果 (6.5.75) 成立, 那么对于任意的 $q\in(1,\bar{q}]$, 固定的 m, 我们有 (6.5.32), 这意味着该方法是渐近收缩的.

证明 这是 (6.5.80) 的直接结果.

将定理 6.5.17 和定理 6.5.20 应用于非中立型比例方程, 我们可以得到 $G_q(\bar{q})$-稳定的全几何网格单支方法有界稳定和渐近收缩的一个充分条件:

$$2\alpha+\frac{1+p}{p}\beta\leqslant 0.$$

注 6.5.21 观察到定理 6.5.17中的条件 (6.5.75) 比定理 6.5.16 中的条件 (6.5.73) 更强. 我们试图进一步改进这些结果, 并得到以下定理.

定理 6.5.22 设单支方法 (ρ_q,σ_q) 是 $G_q(\bar{q})$-稳定的, 并且下列条件成立:

$$\gamma<\sqrt{p},\quad \alpha+\frac{\varrho+\varepsilon}{\sqrt{p}-\gamma}\leqslant 0. \tag{6.5.82}$$

那么对所有的 $n\geqslant m+1$, 我们有

$$\begin{aligned}&\|W_n\|_{G\otimes Q}^2-\sum_{i=n-m+1}^{n}\left(2\alpha+\frac{\varrho+\varepsilon}{\sqrt{p}-\gamma}\right)H_i\|\sigma_q(E)\omega_i\|_Q^2\\ \leqslant&\|W_m\|_{G\otimes Q}^2+\frac{\varsigma_2(1-p)p^{3/2}T_0}{(\varrho+\varepsilon)(\sqrt{p}-\gamma)}(\beta\Psi_1+\gamma\Psi_2)^2,\end{aligned} \tag{6.5.83}$$

以及

$$\|W_n\|_{G\otimes Q}^2\leqslant\|W_m\|_{G\otimes Q}^2+\frac{\varsigma_2(1-p)p^{3/2}T_0}{(\varrho+\varepsilon)(\sqrt{p}-\gamma)}(\beta\Psi_1+\gamma\Psi_2)^2. \tag{6.5.84}$$

证明 如定理 6.5.17 所述, 通过方法的 $G_q(\bar{q})$-稳定性和

$$H_n=p^{-1/2}\sqrt{H_n}\sqrt{H_{n-m}}=p^{-1/2}\sqrt{H_n}\sqrt{p^{-i}}\sqrt{H_{n-(i+1)m}},$$

有

$$\|W_n\|_{G\otimes Q}^2\leqslant\|W_{n-1}\|_{G\otimes Q}^2+2\alpha H_n\|\sigma_q(E)\omega_n\|_Q^2+2p^{-1/2}\sqrt{H_n}\|\sigma_q(E)\omega_n\|_Q$$

$$\times\left[\varrho\sum_{i=0}^{\mu-1}\gamma^i\sqrt{H_{n-m}}\|\sigma_q(E)\omega_{n-(i+1)m}\|_Q+\gamma^\mu\sqrt{H_{n-m}}(\beta\Psi_1+\gamma\Psi_2)\right]$$

$$\leqslant\|W_n\|_{G\otimes Q}^2+\left(2\alpha+\frac{\varrho+\varepsilon}{\sqrt{p}-\gamma}\right)H_n\|\sigma_q(E)\omega_n\|_Q^2$$

$$+\frac{\varrho+\varepsilon}{\sqrt{p}}\sum_{i=0}^{\mu-1}\left(\frac{\gamma}{\sqrt{p}}\right)^i H_{n-(i+1)m}\|\sigma_q(E)\omega_{n-(i+1)m}\|_Q^2$$

$$+\left(\frac{\gamma}{\sqrt{p}}\right)^\mu\frac{p}{\varrho+\varepsilon}H_{n-\mu m}(\beta\Psi_1+\gamma\Psi_2)^2.$$

通过归纳递推, 我们得到

$$\|W_n\|_{G\otimes Q}^2\leqslant\|W_m\|_{G\otimes Q}^2+\sum_{i=m+1}^{n}\left(2\alpha+\frac{\varrho+\varepsilon}{\sqrt{p}-\gamma}\right)H_i\|\sigma_q(E)\omega_i\|_Q^2$$

$$+\frac{\varrho+\varepsilon}{\sqrt{p}}\sum_{j=2m+1}^{n}\sum_{i=0}^{\lfloor\frac{j}{m}\rfloor-1}\left(\frac{\gamma}{\sqrt{p}}\right)^i H_{j-(i+1)m}\|\sigma_q(E)\omega_{j-(i+1)m}\|_Q^2$$

$$+\frac{p}{\varrho+\varepsilon}\sum_{j=0}^{\mu}\left(\frac{\gamma}{\sqrt{p}}\right)^j\sum_{i=1}^{m}H_i(\beta\Psi_1+\gamma\Psi_2)^2.$$

注意到 $\sum\limits_{i=1}^{m}H_i\leqslant\varsigma_2(1-p)T_0$, 如定理 6.5.17 所示, 可以得出

$$\|W_n\|_{G\otimes Q}^2\leqslant\|W_m\|_{G\otimes Q}^2+\sum_{j=n-m+1}^{n}\left(2\alpha+\frac{\varrho+\varepsilon}{\sqrt{p}-\gamma}\right)H_j\|\sigma_q(E)\omega_j\|_Q^2$$

$$+\sum_{j=m+1}^{n-m}2\left(\alpha+\frac{\varrho+\varepsilon}{\sqrt{p}-\gamma}\right)H_j\|\sigma_q(E)\omega_j\|_Q^2$$

$$+\frac{\varsigma_2(1-p)p^{3/2}T_0}{(\varrho+\varepsilon)(\sqrt{p}-\gamma)}(\beta\Psi_1+\gamma\Psi_2)^2, \tag{6.5.85}$$

以及所需不等式 (6.5.83) 和 (6.5.84). 这完成了证明.

这个定理的一个直接结论是下面的渐近收缩性.

定理 6.5.23 设单支方法 (ρ_q,σ_q) 是 $G_q(\bar{q})$-稳定的. 如果 (6.5.82) 成立, 那么对于任意的 $q\in(1,\bar{q}]$ 和一个固定的 m, 我们有 (6.5.32), 这意味着该方法是渐近收缩的.

很容易证明定理 6.5.22中的条件 (6.5.82) 弱于定理 6.5.17中的条件 (6.5.75). 将定理 6.5.22 应用于 $G_q(\bar{q})$-稳定全几何网格单支方法求解非中立型方程的情形, 我们可以得到其有界稳定和渐近收缩的一个充分条件:

$$\alpha+\beta/\sqrt{p}\leqslant 0.$$

这一小节的其余部分专门讨论 $\sigma_q(E)\omega_n$ 的上界. 为此, 我们分别用 C_0 和 C_α 表示 $2\left(\alpha+\dfrac{\varrho+\varepsilon}{\sqrt{p}-\gamma}\right)$ 和 $2\alpha+\dfrac{\varrho+\varepsilon}{\sqrt{p}-\gamma}$. 为简单起见, 我们也用 ϖ 表示定理 6.5.22中的 $\dfrac{\varsigma(1-p)p^{3/2}T_0}{(\varrho+\varepsilon)(\sqrt{p}-\gamma)}(\beta\Psi_1+\gamma\Psi_2)^2$. 在下文中, 我们假设 $C_\alpha<0$. 现在我们令 $\Theta_1=\max\{0,-C_0/C_\alpha\}$ 和

$$\Delta_1=\frac{\|W_m\|_{G\otimes Q}^2+\varpi}{-H_0C_\alpha}. \tag{6.5.86}$$

引理 6.5.24 设单支方法 (ρ_q,σ_q) 是 $G_q(\bar{q})$-稳定的, 并且下列条件成立:

$$\gamma<\sqrt{p},\quad C_\alpha<0. \tag{6.5.87}$$

那么对所有的 $l\geqslant 1$, 对任意的 $q\in(1,\bar{q}]$, 我们有

$$\sum_{j=0}^{m-1}q^{-j}\|\sigma_q(E)\omega_{(l+1)m-j}\|_Q^2\leqslant p(p+p\Theta_1)^l\Delta_1. \tag{6.5.88}$$

证明 从 (6.5.85) 可得

$$\sum_{i=n-m+1}^{n}q^i\|\sigma_q(E)\omega_i\|_Q^2\leqslant\Theta_1\sum_{i=m+1}^{n-m}q^i\|\sigma_q(E)\omega_i\|_Q^2+\Delta_1.$$

当 $l\geqslant 1$ 时, 令 $n=(l+1)m$. 那么, 我们有

$$\begin{aligned}\sum_{j=0}^{m-1}q^{-j}\|\sigma_q(E)\omega_{(l+1)m-j}\|_Q^2\leqslant&\Theta_1\sum_{i=1}^{l-1}p^i\sum_{j=0}^{m-1}q^{-j}\|\sigma_q(E)\omega_{(l-i+1)m-j}\|_Q^2\\&+p^{l+1}\Delta_1.\end{aligned} \tag{6.5.89}$$

现在我们用数学归纳法证明 (6.5.88) 对于所有的 $l\geqslant 1$ 都成立. 首先, 对于 $l=1$, 不等式 (6.5.89) 显然包含 (6.5.88). 假设 (6.5.88) 对所有 $1\leqslant l\leqslant\mu$ 成立, 且 $l=\mu+1$. 根据 (6.5.89) 和假设

$$\sum_{j=0}^{m-1}q^{-j}\|\sigma_q(E)\omega_{(\mu+2)m-j}\|_Q^2\leqslant\Theta_1\sum_{i=1}^{\mu}p^i\left[p(p+p\Theta_1)^{\mu+1-i}\Delta_1\right]+p^{\mu+2}\Delta_1$$

$$\leqslant p^{\mu+2}\left[\Theta_1\sum_{i=1}^{\mu}(1+\Theta_1)^{\mu+1-i}+1\right]\Delta_1$$

$$\leqslant p^{\mu+2}(1+\Theta_1)^{\mu+1}\Delta_1,$$

这意味着 $l=\mu+1$ 时 (6.5.88) 成立, 归纳完毕. 因此, 完成了证明.

我们现在能够给出 $\sigma_q(E)\omega_n$ 的上界.

定理 6.5.25 在引理 6.5.24 的假设下, 不等式 (6.5.88) 意味着对于每一个 $n\geqslant m+1$, 有

$$\|\sigma_q(E)\omega_n\|_Q^2\leqslant(1+\Theta_1)^{\lfloor n/m\rfloor}\frac{\|W_m\|_{G\otimes Q}^2+\varpi}{-H_nC_\alpha}. \tag{6.5.90}$$

而且, 如果 $C_0\leqslant 0$, 有

$$\|\sigma_q(E)\omega_n\|_Q^2\leqslant\frac{\|W_m\|_{G\otimes Q}^2+\varpi}{-H_nC_\alpha}, \tag{6.5.91}$$

且对固定的 m,

$$\lim_{\mathrm{N}\to\infty}\|\sigma_q(E)\omega_{\mathrm{N}}\|_Q^2\leqslant\frac{\|W_m\|_{G\otimes Q}^2}{-\varsigma_1(1-r)TC_\alpha}. \tag{6.5.92}$$

证明 对每一个 $l\geqslant 1$, $i\in\{0,1,\cdots,m-1\}$, 由 (6.5.88) 可知

$$\|\sigma_q(E)\omega_{(l+1)m-i}\|_Q^2\leqslant q^ip(p+p\Theta_1)^l\Delta_1=p^{l+1-i/m}(1+\Theta_1)^l\Delta_1,$$

由此可得

$$\|\sigma_q(E)\omega_n\|_Q^2\leqslant p^{n/m}(1+\Theta_1)^{\lfloor n/m\rfloor}\Delta_1. \tag{6.5.93}$$

现在需证的不等式 (6.5.90) 可从 $p^{n/m}/H_0=1/H_n$ 得到. 利用 $C_0\leqslant 0$, 可以得到 $\Theta_1=0$. 那么 (6.5.91) 和 (6.5.92) 是 (6.5.90) 的直接结果.

6.5.4 数值算例

在这一部分, 我们给出一些数值例子, 以支持本节的分析. 为此, 我们考虑前面介绍的两种方法. 首先是中点公式 (6.5.17). 第二种方法由 (6.5.18)—(6.5.19) 给出, $c=1/2$, $b=\dfrac{3}{(2+\zeta)^2}$, $a=\dfrac{3\zeta^2}{2(2+\zeta)^2}$, 其中 ζ 已在 (6.5.21) 中给出. 那么我们有

$$\alpha_{2,q}=\frac{3}{4},\quad \alpha_{1,q}=-\frac{1}{2},\quad \alpha_{0,q}=-\frac{1}{4}, \tag{6.5.94}$$

$$\beta_{2,q}=\frac{3(\zeta^2+2\zeta+3)}{4(2+\zeta)^2},\quad \beta_{1,q}=\frac{\zeta^2+4\zeta+1}{2(2+\zeta)^2},\quad \beta_{0,q}=\frac{-\zeta^2+2\zeta+5}{4(2+\zeta)^2}. \tag{6.5.95}$$

现在让我们考虑以下方程

$$y'(t)=A_1y(t)+A_2\cos(y'(pt))\sin(y(pt))+A_3y'(pt),\quad 0\leqslant t\leqslant 10, \tag{6.5.96}$$

$$y(0)=1, \tag{6.5.97}$$

其中 $p=0.5$, $A_1=-1$. 参数 A_2 和 A_3 将在下面给出.

我们首先考虑一个线性问题并逼近 Lyapunov 泛函. 为此, 我们设 $A_2=0$, $A_3=0.7$, 使得条件 (6.5.42) 满足. 很容易计算 $y'(0)=-10/3$. 区间 $J_0=[0,T_0]$ 上 (6.5.96) 的近似解由 [202] 中的算法 2 (也可见 6.4 节) 结合中点公式计算. 设 $K=1$. 那么, 我们很容易计算出 $Q\geqslant\frac{p+\sqrt{p^2-pA_3^2}}{A_3^2}$ 或 $0<Q\leqslant\frac{p-\sqrt{p^2-pA_3^2}}{A_3^2}$. 我们选择 $Q=\frac{p+\sqrt{p^2-pA_3^2}}{A_3^2}$, 使得矩阵 (6.5.51) 是非负定的. 那么泛函

$$V(y(t))=\|y(t)\|_Q^2+\int_{pt}^{t}\|y'(x)\|_K^2dx$$

是方程 (6.5.96) 的 Lyapunov 泛函. 上述 Lyapunov 泛函的离散近似为

$$V_n=\|y^{(n)}\|_{G\otimes Q}^2+\sum_{i=n-m+1}^{n}H_i\|f_i\|_K^2, \tag{6.5.98}$$

现在由中点公式 (6.5.17) 和 Dahlquist-Liniger-Nevanlinna (DLN) 方法 (6.5.18)—(6.5.19) 计算, 其中 $c=1/2$. 设 $m=20$, $\mathcal{N}=9$, $V_i=0$, $i=1,2,\cdots,m-1$. 上述两种方法的数值结果分别如图 6.5.1 所示. 根据本章的理论分析和图 6.5.1 所示的数值结果, 我们有以下结论:

$G_q(\bar{q})$-稳定的全几何网格单支方法对任意 $1\leqslant q\leqslant\bar{q}$ 都能够保持线性中立型比例延迟微分 (6.5.33) 的 Lyapunov 泛函的衰减性质.

现在我们考虑一个非线性问题. 选择 $A_2=-0.1$, $A_3=0.2$, 使得 $\alpha=-1,\beta=0.1,\varrho=0.4,\gamma=0.3$, 且 $Q=1$, 满足条件 (6.5.82). $y'(0)=-1.280143$ 很容易通过 Newton 迭代计算出来. 这个数值算例的目的是验证对于满足 (6.5.82) 的非线性问题, $G_q(\bar{q})$-稳定的全几何网格单支方法对任意 $1\leqslant q\leqslant\bar{q}$ 都是稳定的. 为此, 我们选择不同的 m 和 $\mathcal{N}$. 方程 (6.5.96) 在 $J_0=[0,T_0]$ 上的近似解仍然由 [202] 中的算法 2 结合中点公式计算得到. 考虑到 $y=0$ 是 (6.5.96) 的特解, 我们选择另一个初始条件 $\varphi=0$, 使得在上述分析中 $z=0$. 因此, 只需要考虑数值解 y_n. 当

应用于问题 (6.5.96)—(6.5.97) 时, 全几何网格上的中点公式 (6.5.17) 和 DLN 法 (6.5.18)—(6.5.19), 其中 $c=1/2$ 的数值结果列在表 6.5.1 中.

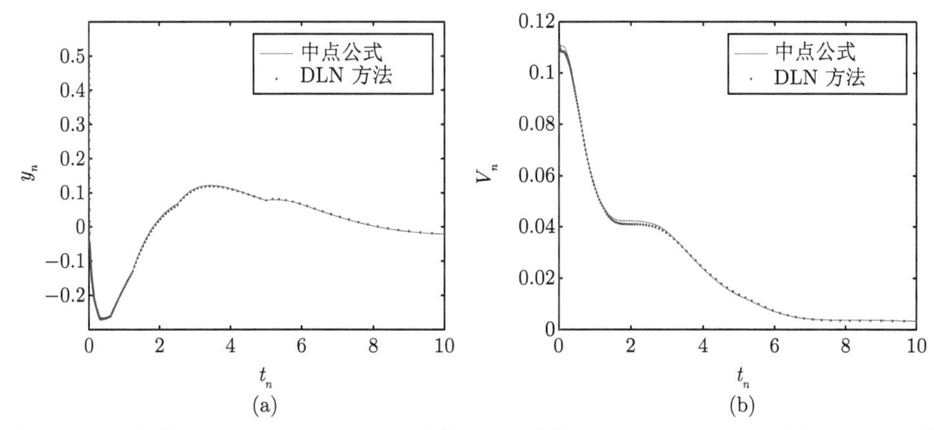

图 6.5.1 中点公式 (6.5.17) 和 $c=1/2$ 时的 DLN 方法 (6.5.18)—(6.5.19) 求解 (6.5.96) 的数值结果, 这里 $A_1=-1,\ A_2=0,\ A_3=0.7,\ m=20,\ \mathcal{N}=9$. (a) 数值解 y_n; (b) 逼近 Lyapunov 泛函 V_n

表 6.5.1 对于不同的 m 和 $\mathcal{N}$, 用中点公式 (6.5.17) 和 DLN 方法 (6.5.18)—(6.5.19) 计算 (6.5.96) $A_1=-1,\ A_2=-0.1,\ A_3=0.2$ 的数值解的 G-范数 $\|y^{(\mathrm{N})}\|_G$

	$\mathcal{N}$	$m=10$	$m=20$	$m=40$	$m=80$
中点公式	9	1.403704×10^{-4}	1.390762×10^{-4}	1.387546×10^{-4}	1.386743×10^{-4}
	19	1.291654×10^{-7}	1.279928×10^{-7}	1.277013×10^{-7}	1.276286×10^{-7}
	39	1.231721×10^{-13}	1.220540×10^{-13}	1.217760×10^{-13}	1.217066×10^{-13}
	79	1.120244×10^{-25}	1.110074×10^{-25}	1.107546×10^{-25}	1.106915×10^{-25}
DLN 方法	9	4.258750×10^{-5}	9.035959×10^{-5}	1.142844×10^{-4}	1.263917×10^{-4}
	19	9.802593×10^{-5}	4.792572×10^{-5}	2.379969×10^{-5}	1.183039×10^{-5}
	39	9.815565×10^{-5}	4.805321×10^{-5}	2.392695×10^{-5}	1.195775×10^{-5}
	79	9.815565×10^{-5}	4.805321×10^{-5}	2.392695×10^{-5}	1.195775×10^{-5}

从这些数值结果中, 我们观察到中点公式 (6.5.17) 和 DLN 方法 (6.5.18)—(6.5.19) 对于非线性中立型比例延迟微分方程是稳定的和渐近收缩的. 我们还观察到, 具有全几何网格上的中点公式 (6.5.17) 可能具有更强的性质

$$\lim_{T_0\to0}\|W_{\mathrm{N}}\|_*=0. \tag{6.5.99}$$

这一特性将在未来进行研究.

本节证明了对线性和非线性中立型比例延迟微分方程, $G_q(\bar{q})$-稳定的全几何网格单支方法对任意 $1\leqslant q\leqslant\bar{q}$ 都是稳定的和渐近收缩的. 我们还证明了这类方

法可以保持线性中立型比例延迟微分方程 (6.5.33) 的 Lyapunov 函数的衰减性质. 理论分析和数值算例表明, 这些方法适用于全几何网格上的比例方程的数值求解. 此外, 这些全几何网格单支方法也可以应用在 $t=0$ 时可能出现奇点的问题 (例如, 参见 [171, 240]).

6.6 具有消失延迟中立型微分方程全几何网格单支方法的最优收敛阶

本节主要研究具有消失延迟的中立型泛函微分方程 (NFDEs) 初值问题全几何网格 (FGM) 单支方法 (OLMs) 的误差估计, 方程形式如下

$$\begin{cases} y'(t)=f(t,y(t),y(\eta(t)),y'(\eta(t))), & t\in J_T:=[0,T], \\ y(0)=\phi, \end{cases} \tag{6.6.1}$$

其中 $f: J_T\times\mathbb{C}^d\times\mathbb{C}^d\times\mathbb{C}^d\to\mathbb{C}^d$ 是给定映射, $0\leqslant\eta(t)\leqslant\lambda t$, $t\in J_T$, 且 $\lambda\in(0,1)$, 常实数 $T>0$, 向量 $\phi\in\mathbb{C}^d$. 显然, 带比例延迟 $\eta(t)=\lambda t$ 的 NFDEs 是 (6.6.1) 的特殊情况.

近几十年来, NFDEs 数值方法的稳定性和收敛性受到广泛关注. 文献 [31] 研究了具有消失延迟的 NFDEs 梯形公式的线性稳定性. Jackiewicz 和他的合作者系统地研究了非线性 NFDEs 的变步长和变阶算法 (例如, 参见 [121, 126]). 对于具有可变延迟的中立型微分方程, [222] 已经证明了单支方法在一致网格上的 p 阶收敛性. 然而, 对几何网格上的中立型方程 (6.6.1) 数值方法的误差估计关注甚少.

由于使用几何网格可以减少计算量, 且能推导光滑问题数值方法在网格点处的经典最优或拟最优收敛阶, 并可解决非光滑问题数值方法的降阶问题, 几何网格已经广泛用于数值求解一些实际问题. 对于几何网格, 一些作者 (例如, 参见 [14, 72, 107, 170, 202, 205, 226, 275]) 考虑了具有比例延迟的微分方程数值方法的稳定性; 在几何网格上研究了具有比例延迟的 Volterra 积分 (-微分) 方程数值方法的收敛性 (例如, 参见 [27, 91]); 数值求解在 $t=0$ 处弱奇异的微分方程时也考虑使用几何网格 (例如, 参见 [171, 240]). 文献中给出了非中立型比例方程 (例如, 参见 [12, 20, 112]), 具有比例延迟的 Volterra 积分方程 (例如, 参见 [27, 28]) 和 Volterra 延迟积分微分方程 (VDIDE, 例如 [20, 91]) 的单步配置法的最优超收敛结果. 据我们所知, 文献中尚没有关于几何网格上延迟方程多步方法的最佳收敛阶结果.

在本节中, 我们致力于全几何网格上具有消失延迟非线性 NFDEs (6.6.1) 单支多步法的误差分析. 当考虑几何网格上 (6.6.1) 的离散化时, 会遇到两个小参数: 一个是初始区间的长度 T_0, 另一个是网格直径 $h_{\max}$. 为了在 T_0 和 $h_{\max}$ 之间建立

联系, 引入第三个参数 δ. 然后在某些条件下, 我们给出了 k 步 G_q-代数稳定 (其定义见 6.5 节) 的全几何网格单支方法的误差估计:

$$\|y_n - y(t_n)\| \leqslant C\left(h_{\max}^2 + T_0^2 + \delta^{p+\frac{1-\varepsilon}{2}}\right),\ n = m+k, m+k+1, \cdots, \mathrm{N}+k, \tag{6.6.2}$$

其中 p 是该方法的相容阶, m 是要选择的正整数, $\varepsilon = \varepsilon_m = q^{-2p} = \lambda^{\frac{2p}{m}}$. 这个结果表明了当选择合适的参数 δ 时, 具有相容阶 p $(p = 1, 2)$ 的 G_q 代数稳定全几何网格单支方法相对于 T_0 和 $h_{\max}$ 的最优收敛阶是 $\min\left\{2, p + \dfrac{1-\varepsilon}{2}\right\}$. 在本节中, 我们使用字母 C 来表示一个一般的正常数, 它代表不同的值, 取决于上下文中的不同内容. 分别用 $\langle\cdot,\cdot\rangle$ 和 $\|\cdot\|$ 表示空间 $\mathbb{C}^d$ 中的内积和范数.

本节结构如下. 在 6.6.1 小节中介绍求解 NFDEs (6.6.1) 的全几何网格单支方法. 在 6.6.2 小节中对问题和方法做了一些假设. 6.6.3 小节专门讨论第一个区间 $[0, T_0]$ 上起始步积分的误差估计. 6.6.4 小节给出了相对于 T_0 和网格直径 $h_{\max}$ 的全几何网格单支方法的最优收敛阶. 在 6.6.5 小节中, 我们报告了几个数值算例的数值结果. 本节内容可参见 [230].

6.6.1 求解消失延迟中立型方程的全几何网格单支方法

考虑到 NFDEs (6.6.1) 的特殊结构, 在全几何网格 J^{N+k} 上令 $q = \lambda^{-1/m}$, m 为正整数. 这将导出所谓的全几何网格 (FGM, 见 6.5 节). 在全几何网格 $J^{\mathrm{N}+k}$ 上对 NFDEs (6.6.1) 应用方法 (ρ_q, σ_q) 将导致

$$\rho_q(E)y_n = H_n f_n, \qquad n = m, m+1, \cdots, \mathrm{N}, \tag{6.6.3}$$

$$f_n = f\left(\tilde{t}_n, \tilde{y}_n, y^h(\eta(\tilde{t}_n)), Y^h(\eta(\tilde{t}_n))\right), \tag{6.6.4}$$

其中 y_n 和 f_n 分别是 $y(t_n)$ 和 $y'(\sigma(E)t_n)$ 的近似. 由插值得到的 $y^h(t)$ 和 $Y^h(t)$ 分别是 $y(t)$ 和 $y'(t)$ 的连续逼近. 对 $t \in [\tilde{t}_n, \tilde{t}_{n+1}]$, $n = m, m+1, \cdots, N$, 它们分别由以下线性插值获得

$$y^h(t) = l_n(t)\tilde{y}_n + l_{n+1}(t)\tilde{y}_{n+1} \quad 和 \quad Y^h(t) = l_n(t)f_n + l_{n+1}(t)f_{n+1}, \tag{6.6.5}$$

其中

$$l_n(t) := \frac{\tilde{t}_{n+1} - t}{\tilde{t}_{n+1} - \tilde{t}_n}, \qquad l_{n+1}(t) := \frac{t - \tilde{t}_n}{\tilde{t}_{n+1} - \tilde{t}_n}. \tag{6.6.6}$$

在区间 $J_0 := [0, T_0]$ 上 (6.6.1) 的近似解将会由 6.6.3 小节中考虑的方法计算. 在与 NFDEs (6.6.1) 相关联的网格上, 所谓的宏区间 $J_s := [T_{s-1}, T_s]$, $1 \leqslant s \leqslant \mu$ 仍

由点 T_s 确定, $T_s = \lambda T_{s+1} = \lambda^{\mu-s}T = \lambda^{\mu-s}T_\mu$. 特别地, 仍有 6.5 节中关于全几何网格的性质. 不过我们强调 $T_0 = t_{m+k-1}$, 因而有 $m+k-1 = \mathtt{N}+k-m\mu$ 和 $\mathtt{N} = m(\mu+1)-1$. 计算步数刻画了计算花费.

6.6.2 一些假设

在这一小节中, 我们对本节考虑的问题和方法做了一些假设. 为了估计求解 NFDEs (6.6.1) 数值方法的误差, 假设 (6.6.1) 中的函数 f, 对于任意的 $t \in [0,T]$, y, y_1, y_2, u, u_1, u_2, v, v_1, $v_2 \in \mathbb{C}^d$, 满足以下条件:

$$\Re e\langle y_1 - y_2, f(t,y_1,u,v) - f(t,y_2,u,v)\rangle \leqslant \alpha\|y_1 - y_2\|^2, \tag{6.6.7}$$

$$\|f(t,y_1,u,v) - f(t,y_2,u,v)\| \leqslant L\|y_1 - y_2\|, \tag{6.6.8}$$

$$\|f(t,y,u_1,v) - f(t,y,u_2,v)\| \leqslant \beta\|u_1 - u_2\|, \tag{6.6.9}$$

$$\|f(t,y,u,v_1) - f(t,y,u,v_2)\| \leqslant \gamma\|v_1 - v_2\|, \tag{6.6.10}$$

其中 α 为常数, $L \geqslant 0$, $\beta \geqslant 0$, $\gamma \geqslant 0$. 因为稳定性的充分条件蕴含着 $\gamma < 1$ (例如, 参见 [205, 221, 223]), 我们总是假设它成立.

此外, 我们假设问题的真解 $y(t)$ 在积分区间上是足够光滑的, 并且在研究中使用的该函数的所有导数是连续的且满足

$$\sup_{0\leqslant\xi\leqslant T}\|y^{(i)}(\xi)\| \leqslant \mathcal{M}_i, \tag{6.6.11}$$

每个上界 $\mathcal{M}_i$ 具有适度大小的值. 实际上假设 $y \in C^4[0,T]$ 就足够了; 参见 6.6.4 小节和 6.6.5 小节中的分析.

至于方法 (6.6.3), 我们假设它是 $G_q(\bar{q})$-代数稳定的 (见定义 6.5.2). 如果对于任意给定的 $k\times k$ 实对称正定矩阵 $G = [g_{ij}]$, 定义范数 $\|\cdot\|_G$ 为

$$\|U\|_G = \left(\sum_{i,j=1}^{k} g_{ij}\langle U_i, U_j\rangle\right)^{\frac{1}{2}}, \quad \forall\, U = [U_j]_{j=1}^k,\ U_j \in \mathbb{C}^d,\ 1 \leqslant j \leqslant k, \tag{6.6.12}$$

那么 (6.5.15) 等价于

$$\|A_1\|_G^2 - \|A_0\|_G^2 \leqslant 2\sigma_q(E)a_0\rho_q(E)a_0.$$

6.6.3 起始步积分的误差估计

首先, 我们需要考虑区间 $[0,T_0]$ 上的积分. 很自然地将中点公式应用于 (6.6.1) 得到差分方程

$$y_T = \phi + T_0 f\left(\frac{T_0}{2}, \frac{\phi + y_T}{2}, y^h\left(\eta\left(\frac{T_0}{2}\right)\right), Y^h\left(\eta\left(\frac{T_0}{2}\right)\right)\right), \tag{6.6.13}$$

其中 y_T 是 $y(T_0)$ 的近似. $y(t)$ 的近似值 $y^h(t)$, $t \in [0, T_0]$ 始终由如下线性插值得到

$$y^h(t) = \frac{T_0 - t}{T_0}\phi + \frac{t}{T_0}y_T, \quad t \leqslant T_0. \tag{6.6.14}$$

考虑到方法的阶, 我们还对 $Y^h(t)$ 使用线性插值

$$Y^h(t) = \frac{T_0 - t}{T_0}y'(0) + \frac{t}{T_0}Y^h(T_0), \quad t \leqslant T_0, \quad t \neq T_0/2. \tag{6.6.15}$$

注意到, $y'(0)$ 可由 $y'(0) = f(0, \phi, \phi, y'(0))$ 算出, 而 $Y^h(T_0/2)$ 和 $Y^h(T_0)$ 可分别由

$$Y^h(T_0/2) = f\left(\frac{T_0}{2}, \frac{\phi + y_T}{2}, (1 - \vartheta_0)\phi + \vartheta_0 y_T, (1 - \vartheta_0)y'(0) + \vartheta_0 Y^h(T_0)\right), \tag{6.6.16}$$

$$Y^h(T_0) = f(T_0, y_T, (1 - \vartheta_1)\phi + \vartheta_1 y_T, (1 - \vartheta_1)y'(0) + \vartheta_1 Y^h(T_0)) \tag{6.6.17}$$

得到, 其中 $\vartheta_0 := \eta(T_0/2)/T_0 \leqslant \lambda/2$ 且 $\vartheta_1 := \eta(T_0)/T_0 \leqslant \lambda$.

注 6.6.1 值得注意的是, $y^h(t)$ 和 $Y^h(t)$ 在区间 $t \in [0, T_0]$ 上的插值和在 $t \geqslant T_0$ 上的插值是不同的. 这是因为已经证明了后者比前者有更好的稳定性 [203].

引理 6.6.2 假设真解 $y \in C^3[0, T_0]$. 那么对任意的 $\vartheta \in [0, 1]$, 有

$$y(\vartheta T_0) - (1 - \vartheta)\phi - \vartheta y_T = \vartheta T_0\left[y'\left(\frac{T_0}{2}\right) - Y^h\left(\frac{T_0}{2}\right)\right] + R_\vartheta^{(0)} \tag{6.6.18}$$

$$= 2\vartheta\left[y\left(\frac{T_0}{2}\right) - \frac{\phi + y_T}{2}\right] + R_\vartheta^{(1)}. \tag{6.6.19}$$

如果真解 $y \in C^4[0, T_0]$. 那么对任意的 $\vartheta \in [0, 1]$, 有

$$y'(\vartheta T_0) - (1 - \vartheta)y'(0) - \vartheta\bar{\eta}(T_0) = 2\vartheta\left[y'\left(\frac{T_0}{2}\right) - Y^h\left(\frac{T_0}{2}\right)\right] + R_\vartheta^{(2)}, \tag{6.6.20}$$

其中

$$R_\vartheta^{(0)} = \frac{(\vartheta^2 - \vartheta)T_0^2}{2}y''(0) + \left(\frac{\vartheta^3}{6} - \frac{\vartheta}{8}\right)T_0^3 y^{(3)}(\xi_0), \quad \xi_0 \in [0, T_0]; \tag{6.6.21}$$

$$R_\vartheta^{(1)} = \frac{(2\vartheta^2 - \vartheta)T_0^2}{4}y''(0) + \left(\frac{\vartheta^3}{6} - \frac{\vartheta}{24}\right)T_0^3 y^{(3)}(\xi_1), \quad \xi_1 \in [0, T_0]; \tag{6.6.22}$$

$$R_\vartheta^{(2)} = \frac{(2\vartheta^2 - \vartheta)T_0^2}{4}y^{(3)}(0) + \left(\frac{\vartheta^3}{6} - \frac{\vartheta}{24}\right)T_0^3 y^{(4)}(\xi_2), \quad \xi_2 \in [0, T_0]. \tag{6.6.23}$$

证明 通过 Taylor 展开和一些代数运算易得想要的结果并完成证明.

我们首先推导出一个误差界, 这个误差界不是最优的, 但将在后面的分析中使用.

引理 6.6.3 对满足 (6.6.7)—(6.6.10) 的问题 (6.6.1) 应用算法 (6.6.13)—(6.6.16)—(6.6.17). 那么当 $T_0\left(\alpha+\dfrac{2\vartheta_0(\gamma L+\beta)}{1-2\gamma\vartheta_0}\right)<2$, 有

$$\|y(T_0)-y_T\|\leqslant 2C_{T_0}\left[\beta T_0\left\|R_{\vartheta_0}^{(1)}\right\|+\gamma T_0\left\|R_{\vartheta_0}^{(2)}\right\|+2(1-2\vartheta_0\gamma)\left\|R_{\frac{1}{2}}^{(0)}\right\|\right]+\|R_1^{(1)}\|, \tag{6.6.24}$$

其中

$$C_{T_0}=\frac{1}{2(1-2\gamma\vartheta_0)-T_0[\alpha(1-2\gamma\vartheta_0)+2\vartheta_0(\gamma L+\beta)]}.$$

证明 应用等式 (6.6.18), 容易得到

$$y\left(\frac{T_0}{2}\right)-\frac{\phi+y_T}{2}=\frac{T_0}{2}\left[y'\left(\frac{T_0}{2}\right)-Y^h\left(\frac{T_0}{2}\right)\right]+R_{\frac{1}{2}}^{(0)}.$$

然后由 (6.6.7), (6.6.9) 和 (6.6.10) 得到

$$\begin{aligned}\left\|y\left(\frac{T_0}{2}\right)-\frac{\phi+y_T}{2}\right\|^2=&\frac{T_0}{2}\Re e\left\langle y\left(\frac{T_0}{2}\right)-\frac{\phi+y_T}{2},y'\left(\frac{T_0}{2}\right)-Y^h\left(\frac{T_0}{2}\right)\right\rangle\\&+\Re e\left\langle y\left(\frac{T_0}{2}\right)-\frac{\phi+y_T}{2},R_{\frac{1}{2}}^{(0)}\right\rangle\\\leqslant&\frac{T_0}{2}\left[\alpha\left\|y\left(\frac{T_0}{2}\right)-\frac{\phi+y_T}{2}\right\|^2+\left\|y\left(\frac{T_0}{2}\right)-\frac{\phi+y_T}{2}\right\|\right.\\&\times\left(\beta\left\|y(\eta(T_0/2))-(1-\vartheta_0)\phi-\vartheta_0y_T\right\|\right.\\&\left.\left.+\gamma\left\|y'(\eta(T_0/2))-(1-\vartheta_0)y'(0)-\vartheta_0Y^h(T_0)\right\|\right)\right]\\&+\left\|R_{\frac{1}{2}}^{(0)}\right\|\left\|y\left(\frac{T_0}{2}\right)-\frac{\phi+y_T}{2}\right\|.\end{aligned}\tag{6.6.25}$$

由 (6.6.19) 和 (6.6.20), 有

$$\|y(\eta(T_0/2))-(1-\vartheta_0)\phi-\vartheta_0y_T\|\leqslant 2\vartheta_0\left\|y\left(\frac{T_0}{2}\right)-\frac{\phi+y_T}{2}\right\|+\left\|R_{\vartheta_0}^{(1)}\right\| \tag{6.6.26}$$

和

$$\begin{aligned}&\left\|y'(\eta(T_0/2))-(1-\vartheta_0)y'(0)-\vartheta_0Y^h(T_0)\right\|\\\leqslant&2\vartheta_0\left\|y'\left(\frac{T_0}{2}\right)-Y^h\left(\frac{T_0}{2}\right)\right\|+\left\|R_{\vartheta_0}^{(2)}\right\|,\end{aligned}$$

$$\leqslant 2\vartheta_0\left[L\left\|y\left(\frac{T_0}{2}\right)-\frac{\phi+y_T}{2}\right\|+\beta\left\|y\left(\eta(T_0/2)\right)-\left(1-\vartheta_0\right)\phi-\vartheta_0 y_T\right\|\right.$$

$$\left.+\gamma\left\|y'\left(\eta(T_0/2)\right)-\left(1-\vartheta_0\right)y'(0)-\vartheta_0 Y^h(T_0)\right\|\right]+\left\|R_{\vartheta_0}^{(2)}\right\|. \tag{6.6.27}$$

不等式 (6.6.27) 表明了

$$\begin{aligned}&\left\|y'\left(\eta(T_0/2)\right)-\left(1-\vartheta_0\right)y'(0)-\vartheta_0\bar{\eta}(T_0)\right\|\\ \leqslant&\frac{2\vartheta_0(L+2\beta\vartheta_0)}{1-2\vartheta_0\gamma}\left\|y\left(\frac{T_0}{2}\right)-\frac{\phi+y_T}{2}\right\|+\frac{2\vartheta_0\beta}{1-2\vartheta_0\gamma}\left\|R_{\vartheta_0}^{(1)}\right\|+\frac{1}{1-2\vartheta_0\gamma}\left\|R_{\vartheta_0}^{(2)}\right\|.\end{aligned} \tag{6.6.28}$$

将 (6.6.28) 和 (6.6.26) 代入 (6.6.25) 得

$$\begin{aligned}\left\|y\left(\frac{T_0}{2}\right)-\frac{\phi+y_T}{2}\right\|\leqslant&\frac{T_0}{2}\left[\left(\alpha+\frac{2\vartheta_0(\gamma L+\beta)}{1-2\gamma\vartheta_0}\right)\left\|y\left(\frac{T_0}{2}\right)-\frac{\phi+y_T}{2}\right\|\right.\\&\left.+\frac{\beta}{1-2\gamma\vartheta_0}\left\|R_{\vartheta_0}^{(1)}\right\|+\frac{\gamma}{1-2\gamma\vartheta_0}\left\|R_{\vartheta_0}^{(2)}\right\|\right]+\left\|R_{\frac{1}{2}}^{(0)}\right\|.\end{aligned} \tag{6.6.29}$$

当 $T_0\left(\alpha+\dfrac{2\vartheta_0(\gamma L+\beta)}{1-2\gamma\vartheta_0}\right)<2$, 有

$$\left\|y\left(\frac{T_0}{2}\right)-\frac{\phi+y_T}{2}\right\|\leqslant C_{T_0}\left[\beta T_0\left\|R_{\vartheta_0}^{(1)}\right\|+\gamma T_0\left\|R_{\vartheta_0}^{(2)}\right\|+2(1-2\lambda\vartheta_0)\left\|R_{\frac{1}{2}}^{(0)}\right\|\right]. \tag{6.6.30}$$

那么要证的不等式 (6.6.24) 由 (6.6.19) 和 (6.6.30) 得到.

作为上述分析的结果, 我们有以下定理.

定理 6.6.4 对满足 (6.6.7)—(6.6.10) 的问题 (6.6.1) 应用算法 (6.6.13)—(6.6.16)—(6.6.17). 那么当 $T_0\left(\alpha+\dfrac{2\vartheta_0(\gamma L+\beta)}{1-2\gamma\vartheta_0}\right)<2$, 有

$$\|y(\tilde{t}_i)-\tilde{y}_i\|\leqslant CT_0^2,\qquad i=1,2,\cdots,m-1; \tag{6.6.31}$$

$$\|y'(\tilde{t}_i)-Y^h(\tilde{t}_i)\|\leqslant CT_0^2,\qquad i=1,2,\cdots,m-1. \tag{6.6.32}$$

证明 首先注意到 $T_0=t_{m+k-1}$, 因此 $\tilde{t}_i\leqslant T_0$, $i=1,2,\cdots,m-1$. 则有

$$\tilde{y}_i=\sum_{j=0}^{k}\alpha_{j,q}y_{i+j}=\sum_{j=0}^{k}\alpha_{j,q}\left[\frac{T_0-t_{i+j}}{T_0}\phi+\frac{t_{i+j}}{T_0}y_T\right]. \tag{6.6.33}$$

应用条件 (6.5.6), 有

$$\tilde{y}_i = \left(1 - \frac{\tilde{t}_i}{T_0}\right)\phi + \frac{\tilde{t}_i}{T_0} y_T. \tag{6.6.34}$$

那么由 (6.6.19) 和 (6.6.30) 可得到 (6.6.31).

为了证明 (6.6.32), 我们使用 (6.6.20), (6.6.30) 和条件 (6.6.8)—(6.6.10) 估计 $\left\| y'\left(\frac{T_0}{2}\right) - Y^h\left(\frac{T_0}{2}\right) \right\|$

$$\begin{aligned}
&\left\| y'\left(\frac{T_0}{2}\right) - Y^h\left(\frac{T_0}{2}\right) \right\| \\
&\leqslant \frac{L+2\beta\vartheta_0}{1-2\gamma\vartheta_0}\left\| y\left(\frac{T_0}{2}\right) - \frac{\phi+y_T}{2} \right\| + \frac{\beta}{1-2\gamma\vartheta_0}\left\| R_{\vartheta_0}^{(1)} \right\| + \frac{\gamma}{1-2\gamma\vartheta_0}\left\| R_{\vartheta_0}^{(2)} \right\| \\
&\leqslant \frac{2C_{T_0}(L+2\beta\vartheta_0)}{1-2\gamma\vartheta_0}\left[\beta T_0\left\| R_{\vartheta_0}^{(1)} \right\| + \gamma T_0\left\| R_{\vartheta_0}^{(2)} \right\| + 2(1-2\vartheta_0\gamma)\left\| R_{\frac{1}{2}}^{(0)} \right\|\right] \\
&\quad + \frac{\beta T_0}{1-2\gamma\vartheta_0}\left\| R_{\vartheta_0}^{(1)} \right\| + \frac{\gamma T_0}{1-2\gamma\vartheta_0}\left\| R_{\vartheta_0}^{(2)} \right\|.
\end{aligned} \tag{6.6.35}$$

则鉴于

$$\bar{\eta}(\tilde{t}_i) = \left(1 - \frac{\tilde{t}_i}{T_0}\right) y'(0) + \frac{\tilde{t}_i}{T_0} Y^h(T_0), \quad i = 1, 2, \cdots, m-1,$$

我们可从 (6.6.20) 获得估计 (6.6.32).

为简便起见, 令 M 表示

$$M = \max\left\{ \max_{1\leqslant i\leqslant m-1} \|y(\tilde{t}_i) - \tilde{y}_i\|, \max_{1\leqslant i\leqslant m-1} \|y'(\tilde{t}_i) - f_i\| \right\}. \tag{6.6.36}$$

则可从定理 6.6.4 得到, 存在一个正常数 C, 使得 $M \leqslant CT_0^2$.

现在我们可以给出 $\|y(T_0) - y_T\|$ 的最佳估计.

定理 6.6.5 对满足 (6.6.7)—(6.6.10) 的问题 (6.6.1) 应用算法 (6.6.13)—(6.6.16)—(6.6.17). 当 $T_0\left(\alpha + \frac{2\vartheta_0(\gamma L+\beta)}{1-2\gamma\vartheta_0}\right) < 2$, 有

$$\|y(T_0) - y_T\| \leqslant CT_0^3. \tag{6.6.37}$$

证明 用 $\vartheta = 1$ 时的 (6.6.18) 和 (6.6.35), 得到

$$\|y(T_0) - y_T\| \leqslant \frac{2C_{T_0}(L+2\beta\vartheta_0)+1}{1-2\gamma\vartheta_0}\left[\beta T_0^2\left\| R_{\vartheta_0}^{(1)} \right\| + \gamma T_0^2\left\| R_{\vartheta_0}^{(2)} \right\|\right]$$

$$+4C_{T_0}(L+2\beta\vartheta_0)T_0\left\|R_{\frac{1}{2}}^{(0)}\right\|+\left\|R_1^{(0)}\right\|. \tag{6.6.38}$$

那么所需估计 (6.6.37) 可以从 (6.6.21)—(6.6.23) 得到.

注意到对于非中立型微分方程

$$\begin{cases} y'(t)=f(t,y(t),y(\eta(t))), & t\in J_T, \\ y(0)=\phi, \end{cases} \tag{6.6.39}$$

条件 $T_0\left(\alpha+\dfrac{2\vartheta_0(\gamma L+\beta)}{1-2\gamma\vartheta_0}\right)<2$ 退化为 $T_0\left(\alpha+2\vartheta_0\beta\right)<2$.

6.6.4 误差估计

在这一小节中, 我们推导求解 NFDEs (6.6.1) 的全几何网格单支方法的误差界. 为此, 我们首先引入以下误差分解

$$y_{n+k}-y(t_{n+k})=y_{n+k}-\hat{y}_{n+k}+\hat{y}_{n+k}-y(t_{n+k}),$$

其中 $\hat{y}_i$, $i=0,1,\cdots,n+k$, 定义为

$$\hat{y}_i=y(t_i)+c_0H_i^2y''(t_i^*), \qquad i=0,1,\cdots,n+k, \tag{6.6.40}$$

且

$$c_0=\frac{1}{2}\left(M_1^2(\sigma)-M_2(\sigma)\right).$$

注意到如果 $c_0=0$, 方法满足非线性条件 (6.5.11), 其中 $p\geqslant 3$. 由于 G_q-代数稳定的单支方法一般满足非线性条件 (6.5.11) 且 $p\leqslant 2$ (特别地, $p=2$ 时中点公式满足 (6.5.11)), 因此我们假设 $c_0\neq 0$, 且可根据 (6.6.40) 定义 $\hat{y}_i$, $i=0,1,\cdots,n+k$. 现在鉴于 (6.6.40), 有 $\|\hat{y}_{n+k}-y(t_{n+k})\|\leqslant|c_0|\mathcal{M}_2H_{n+k}^2$. 因而, 我们只需估计 $\omega_{n+k}=y_{n+k}-\hat{y}_{n+k}$. 为此, 我们将估计 $\|\varepsilon_{n+1}\|_G$, 其中 $\varepsilon_{n+1}=[\omega_{n+1}^{\mathrm{T}},\omega_{n+2}^{\mathrm{T}},\cdots,\omega_{n+k}^{\mathrm{T}}]^{\mathrm{T}}$.

在全几何网格上, 我们需要注意两个小参数: 一个是初始步长 T_0, 另一个是网格直径 $h_{\max}$. 我们将两个小参数转换为单个量来统一处理它们. 为此, 引入参数 $\delta\in[0,1)$, 其满足

$$C_1(1-r)\leqslant\delta\leqslant C_2(1-r), \tag{6.6.41}$$

$C_i>0$, $i=1,2$, 以此来建立 T_0 和 $h_{\max}$ 之间的关系.

现在我们给出如下误差估计, 其证明将在下一小节给出.

定理 6.6.6 (误差估计) 假设问题 (6.6.1) 满足条件 (6.6.7)—(6.6.10). 令 G_q-代数稳定的单支方法 (ρ_q,σ_q) 满足 $\dfrac{\beta_{k,q}}{\alpha_{k,q}}>0$ 和阶条件 (6.5.10)—(6.5.11), 其中阶为 p, $p=1,2$. 如果存在两个常数 C_3 和 C_4 使得

$$\|\sigma_q(E)\omega_i\|^2\leqslant C_3\|\varepsilon_{i+1}\|_G^2+C_4\|\varepsilon_i\|_G^2, \qquad m\leqslant i\leqslant n \tag{6.6.42}$$

成立, 那么对任意固定的 $\bar{c}_0 \in (0,1)$, 在条件 (6.6.41) 下, 当

$$\max\left\{c_1C_3, \alpha\frac{\beta_{k,q}}{\alpha_{k,q}}\right\}H_{\rm N} < \bar{c}_0, \quad c_1 := 8(\alpha + C_\gamma) = 8\left(\alpha + \frac{\beta+\gamma L}{1-\gamma}\right) \quad (6.6.43)$$

满足时, 有

$$\|y_n - y(t_n)\| \leqslant C\left(h_{\max}^2 + T_0^2 + \delta^{p+\frac{1-\varepsilon}{2}}\right), \ n = m+k, m+k+1, \cdots, {\rm N}+k, \quad (6.6.44)$$

其中 $\varepsilon = \varepsilon_s = \lambda^{\frac{s-1}{m}}$, $s = 2p+1$.

这个定理表明我们可以选择合适的 δ 作为初始区间长度 T_0 和网格直径 $h_{\max}$ 之间的桥梁, 使得我们可以获得该方法关于 T_0 和 $h_{\max}$ 的最优收敛阶. 更准确地说, 我们有以下注.

注 6.6.7 (1) (**关于 T_0 的收敛阶**) 当 $p=2$ 时选择 $\delta = \mathcal{O}(T_0)$, 而当 $p=1$ 时选择 $\delta = \mathcal{O}(T_0^2)$, 从而使得该方法关于 T_0 是二阶的.

(2) (**关于 $h_{\max}$ 的收敛阶**) 如同 6.5 节所强调的, 网格直径 $h_{\max} = h_{{\rm N}+k} = T(1-r) \approx T\delta$. 则 (6.6.44) 中的误差项 $T^{p+1/2}\delta^{p+\frac{1-\varepsilon}{2}}$ 可用 $h_{\max}$ 来表示并因而有

$$\|y_n - y(t_n)\| \leqslant C\left(h_{\max}^2 + T_0^2 + h_{\max}^{p+\frac{1-\varepsilon}{2}}\right), \ n = m+k, m+k+1, \cdots, {\rm N}+k. \quad (6.6.45)$$

当 $p=2$ 时, 在 $h_{\max} = \mathcal{O}(\delta) = \mathcal{O}(T_0)$ 的条件下, $\|y_n - y(t_n)\|$ 的界为

$$\|y_n - y(t_n)\| \leqslant Ch_{\max}^2, \quad n = m+k, m+k+1, \cdots, {\rm N}+k. \quad (6.6.46)$$

当 $\varepsilon = r^{2p} = \lambda^{\frac{2p}{m}}$ 时, 收敛阶可能达到 $p + \dfrac{1-\varepsilon}{2}$ 阶.

对于 $p=1$ 和 $h_{\max} = \mathcal{O}(\delta) = \mathcal{O}(T_0)$ 的情况, 误差界能达到 $h_{\max}^{p+\frac{1-\varepsilon}{2}}$. 这一点将在后面的数值算例中观察到.

(3) (**无条件估计**) 如果 $c_1 \leqslant 0$, 即 $\alpha + \dfrac{\beta+\gamma L}{1-\gamma} \leqslant 0$, 这是系统 (6.6.1) 稳定的充分条件 (见第 2 章, 也可参见 [221,223]), 那么对于任意步长 $H_n < 1$, 有误差估计 (6.6.44) 和 (6.6.46).

(4) (**非中立型方程**) 对于非中立型方程 (6.6.39), 误差估计 (6.6.44) 仍然可行且是新的.

推论 6.6.8 (带消失延迟的非中立型方程) 假设问题 (6.6.39) 满足条件 (6.6.7) 和 (6.6.9). 令 G_q-代数稳定单支方法 (ρ_q, σ_q) 满足 $\dfrac{\beta_{k,q}}{\alpha_{k,q}} > 0$ 和阶条件 (6.5.10) 和 (6.5.11), 其中阶为 p, $p = 1, 2$. 如果存在两个常数 C_3 和 C_4 使得 (6.6.42) 成立, 那么在条件 (6.6.41) 下, 我们对任意固定的 $\bar{c}_0 \in (0,1)$, 当 $\max\left\{c_1C_3, \alpha\dfrac{\beta_{k,q}}{\alpha_{k,q}}\right\}H_{\rm N} < \bar{c}_0$ 时, 其中 $c_1 = 8(\alpha+\beta)$, 有估计 (6.6.44) 成立.

现在我们用四步来证明定理 6.6.6.

6.6.4.1 局部截断误差

考虑下面的扰动步

$$\rho_q(E)\hat{y}_n + \alpha_{k,q}e_n = H_n\hat{f}_n, \quad n = m, m+1, \cdots, \mathrm{N}, \tag{6.6.47}$$

$$\hat{f}_n = f(\tilde{t}_n, \sigma_q(E)\hat{y}_n + \beta_{k,q}e_n, y(\eta(\tilde{t}_n)), y'(\eta(\tilde{t}_n))). \tag{6.6.48}$$

可以看出, 对于 $n \geqslant m$, 当步长 H_n 满足一定条件时, 可视为局部截断误差的 e_n 完全由 (6.6.47) 和 (6.6.48) 决定. 为了获得 e_n 的界, 我们给出以下引理.

引理 6.6.9 (局部截断误差估计) 假设 $\dfrac{\beta_{k,q}}{\alpha_{k,q}} > 0$. 令方法 (ρ_q, σ_q) 满足阶条件 (6.5.10) 和 (6.5.11), 阶为 p, $p = 1, 2$. 那么对于任意给定的 $\bar{c}_1 \in (0,1)$, 当 $\dfrac{\alpha\beta_{k,q}H_n}{\alpha_{k,q}} \leqslant \bar{c}_1$ 时, 存在一个常数 d_1, 它只依赖于方法、一些界 $\mathcal{M}_i$ 和参数 α, 使得

$$\|e_n\| \leqslant d_1 H_n^{p+1}, \quad n = m+1, m+2, \cdots, \mathrm{N}. \tag{6.6.49}$$

证明 考虑如下公式

$$y(\tilde{t}_n) = \sum_{j=0}^{k-1}\left(\beta_{j,q} - \frac{\beta_{k,q}}{\alpha_{k,q}}\alpha_{j,q}\right)\hat{y}_{n+j} + \frac{\beta_{k,q}}{\alpha_{k,q}}H_n y'(\tilde{t}_n) + R_1^{(n)}, \tag{6.6.50}$$

$$\rho_q(E)\hat{y}_n = H_n y'(\tilde{t}_n) + R_2^{(n)}. \tag{6.6.51}$$

鉴于 $\hat{y}_n$ 的定义, 通过 Taylor 展开, 可以断言存在常数 c_2 使得

$$\|R_1^{(n)}\| \leqslant c_2 H_n^3, \tag{6.6.52}$$

$$\|R_2^{(n)}\| \leqslant c_2 H_n^{p+1}. \tag{6.6.53}$$

根据 (6.6.47) 和 (6.6.50), 容易得到

$$y(\tilde{t}_n) - \sigma_q(E)\hat{y}_n - \beta_{k,q}e_n = \frac{\beta_{k,q}}{\alpha_{k,q}}H_n\left[y'(\tilde{t}_n) - \hat{f}_n\right] + R_1^{(n)}, \tag{6.6.54}$$

这意味着

$$\begin{aligned}\|y(\tilde{t}_n) - \sigma_q(E)\hat{y}_n - \beta_{k,q}e_n\|^2 \leqslant{}& \frac{\alpha\beta_{k,q}}{\alpha_{k,q}}H_n\|y(\tilde{t}_n) - \sigma_q(E)\hat{y}_n - \beta_{k,q}e_n\|^2 \\ &+\|R_1^{(n)}\|\|y(\tilde{t}_n) - \sigma_q(E)\hat{y}_n - \beta_{k,q}e_n\|.\end{aligned}$$

由于 $\dfrac{\alpha\beta_{k,q}H_n}{\alpha_{k,q}} \leqslant \bar{c}_1$, 上述不等式导出

$$\|y(\tilde{t}_n) - \sigma_q(E)\hat{y}_n - \beta_{k,q}e_n\| \leqslant \frac{1}{1-\bar{c}_1}\|R_1^{(n)}\| \leqslant c_3 H_n^3, \tag{6.6.55}$$

其中 $c_3 = \dfrac{c_2}{1-\bar{c}_1}$. 将 (6.6.55) 代入 (6.6.54) 得到

$$\begin{aligned} H_n\|y'(\tilde{t}_n) - \hat{f}_n\| &\leqslant \frac{\alpha_{k,q}}{\beta_{k,q}}\|y(\tilde{t}_n) - \sigma_q(E)\hat{y}_n - \beta_{k,q}e_n\| + \frac{\alpha_{k,q}}{\beta_{k,q}}\|R_1^{(n)}\| \\ &\leqslant \frac{\alpha_{k,q}}{\beta_{k,q}}(c_2+c_3)H_n^3. \end{aligned} \tag{6.6.56}$$

另一方面, 因为

$$\alpha_{k,q}e_n = H_n\hat{f}_n - H_n y'(\tilde{t}_n) - R_2^{(n)},$$

从 (6.6.56) 得到

$$|\alpha_{k,q}|\|e_n\| \leqslant \frac{\alpha_{k,q}}{\beta_{k,q}}(c_2+c_3)H_n^3 + c_2 H_n^{p+1}. \tag{6.6.57}$$

那么所需不等式 (6.6.49) 由 (6.6.57) 得到, 其中

$$d_1 = \frac{c_2+c_3}{|\beta_{k,q}|} + \frac{c_2}{|\alpha_{k.q}|}.$$

这便完成了引理的证明.

我们注意到只要 $\alpha < 0$ 成立, 那么条件 $\dfrac{\alpha\beta_{k,q}H_n}{\alpha_{k,q}} < \bar{c}_1$ 可以去掉. 对于单支 θ- 方法 (6.5.17), 条件 $\dfrac{\alpha\beta_{k,q}H_n}{\alpha_{k,q}} < \bar{c}_1$ 变为 $\alpha\theta H_n < \bar{c}_1$, 其中 $\bar{c}_1 \in (0,1)$.

6.6.4.2 估计 $\sum\limits_{n=m}^{N} H_n^s$

$\sum\limits_{n=m}^{N} H_n^s$ 的估计将是证明定理 6.6.6 的关键.

引理 6.6.10 假设存在两个正常数 C_1 和 C_2 使得 (6.6.41) 成立. 那么对任意的 $s \geqslant 1$, 有

$$\sum_{n=m}^{N} H_n^s \leqslant \frac{C_2^{\varepsilon_s}}{C_1^s}\varsigma_2^s T^s \delta^{s-\varepsilon_s}, \tag{6.6.58}$$

其中 $\varepsilon_s = \varepsilon_{s,m} = r^{s-1} = \lambda^{\frac{s-1}{m}}$.

证明 因为 $H_n \leqslant \varsigma_2 h_{n+k} = \varsigma_2(t_{n+k} - t_{n+k-1}) = \varsigma_2 T r^{\mathrm{N}-n}(1-r) \leqslant C_1^{-1}\varsigma_2 T r^{\mathrm{N}-n}\delta$, 有

$$\sum_{n=m}^{\mathrm{N}} H_n^s \leqslant C_1^{-s}\varsigma_2^s T^s \delta^s \sum_{n=m}^{\mathrm{N}} (r^{\mathrm{N}-n})^s \leqslant \frac{C_1^{-s}\varsigma_2^s T^s \delta^s}{1-r^s}, \qquad s>0. \tag{6.6.59}$$

使用标准不等式

$$(1-x)^\nu \leqslant 1-\nu x, \qquad x\in[0,1], \quad \nu\in(0,1], \tag{6.6.60}$$

进一步有

$$\frac{1}{1-r^s} = \frac{1}{1-r^{s-1}r} \leqslant \frac{1}{(1-r)^{r^{s-1}}} = \frac{1}{(1-r)^{\varepsilon_s}} \leqslant C_2^{\varepsilon_s}\delta^{-\varepsilon_s}. \tag{6.6.61}$$

将不等式 (6.6.61) 代入 (6.6.59) 得到 (6.6.58).

6.6.4.3 估计 $\|\varepsilon_{n+1}\|_G$

我们首先估计初始误差 $\|\varepsilon_m\|_G$, 它可以由下面的引理来估计.

引理 6.6.11 假设 y_{m+i}, $1\leqslant i\leqslant k-1$ 是通过线性插值 (6.6.14) 得到的, 且 $\hat{y}_{m+i}$, $1\leqslant i\leqslant k-1$, 由 (6.6.40) 所定义, 则有

$$\|\varepsilon_m\|_G \leqslant C\max\{T_0, 1-r\}T_0^2. \tag{6.6.62}$$

证明 由 G-范数可以得到

$$\begin{aligned}\|\varepsilon_m\|_G &\leqslant \sqrt{k\lambda_{\max}^G}\max_{0\leqslant i\leqslant k-1}\|y_{m+i}-\hat{y}_{m+i}\| \\ &\leqslant \sqrt{k\lambda_{\max}^G}\max_{0\leqslant i\leqslant k-1}\left(\|y_{m+i}-y(t_{m+i})\| + \|y(t_{m+i})-\hat{y}_{m+i}\|\right),\end{aligned} \tag{6.6.63}$$

其中 $\lambda_{\max}^G$ 表示矩阵 G 的最大特征值. 为了估计 $\|y(t_{m+i})-\hat{y}_{m+i}\|$, $0\leqslant i\leqslant k-1$, 应用 $H_m \leqslant \varsigma_2 h_{m+k} = \varsigma_2(t_{m+k}-t_{m+k-1}) = \varsigma_2(1-r)T_0$ 可以得到

$$\|y(t_{m+i})-\hat{y}_{m+i}\| \leqslant |c_0|\mathcal{M}_2 H_m^2 \leqslant C(1-r)^2 T_0^2. \tag{6.6.64}$$

由 (6.6.18), (6.6.21) 和 (6.6.29) 得到

$$\|y_{m+i}-y(t_{m+i})\| \leqslant CT_0^3 + \frac{1}{2}\mathcal{M}_2\left|\frac{t_{m+i}}{T_0}\left(\frac{t_{m+i}}{T_0}-1\right)\right|T_0^2, \quad 0\leqslant i\leqslant k-1. \tag{6.6.65}$$

考虑到 $t_{m+i} = r^{k-i}T_0$, $0\leqslant i\leqslant k-1$, 我们有

$$\left|\frac{t_{m+i}}{T_0}\left(\frac{t_{m+i}}{T_0}-1\right)\right| = (1-r^{k-i})r^{k-i} = (1-r)r^{k-i}\sum_{j=0}^{k-i-1} r^j \leqslant k(1-r).$$

则 (6.6.65) 变为

$$\|y_{m+i}-y(t_{m+i})\|\leqslant C\max\{T_0,1-r\}T_0^2,\qquad 0\leqslant i\leqslant k-1.\tag{6.6.66}$$

将 (6.6.64) 和 (6.6.66) 代入 (6.6.63) 可得到我们想要的结果.

作为引理 6.6.10 和引理 6.6.11 的结果, 对 $\|\varepsilon_{n+1}\|_G^2$ 有如下估计.

定理 6.6.12 (估计 $\|\varepsilon_{n+1}\|_G$) 假设问题 (6.6.1) 满足条件 (6.6.7)—(6.6.10). 令 G_q-代数稳定单支方法 (ρ_q,σ_q) 满足阶条件 (6.5.10) 和 (6.5.11), 阶为 $p, p=1,2$. 如果存在两个正常数 C_3 和 C_4 使得 (6.6.42) 成立, 那么在条件 (6.6.41) 下, 对任意固定的 $\bar{c}_2\in(0,1)$, 当 $c_1C_3H_N<\bar{c}_2$ 时, 有

$$\|\varepsilon_{n+1}\|_G^2\leqslant C\left(T_0^4+\delta^{2p+1-\varepsilon}\right),\qquad n=m,m+1,\cdots,\mathrm{N}.\tag{6.6.67}$$

这里 $\varepsilon=\varepsilon_m=r^{2p}=\lambda^{\frac{2p}{m}}$. 很明显 $\lim_{m\to+\infty}\varepsilon=1$.

证明 令 $\hat{\varepsilon}_{n+1}=[\omega_{n+1}^{\mathrm{T}},\cdots,\omega_{n+k-1}^{\mathrm{T}},(\omega_{n+k}-e_n)^{\mathrm{T}}]^{\mathrm{T}}$, 注意它和 ε_{n+1} 的区别. 然后从方法的 G_q-代数稳定性的定义得

$$\|\hat{\varepsilon}_{n+1}\|_G^2\leqslant\|\varepsilon_n\|_G^2+2\Re e\langle\sigma_q(E)\omega_n-\beta_{k,q}e_n,\rho_q(E)\omega_n-\alpha_{k,q}e_n\rangle.\tag{6.6.68}$$

利用条件 (6.6.7), 从 (6.6.68) 可得

$$\begin{aligned}\|\hat{\varepsilon}_{n+1}\|_G^2\leqslant&\|\varepsilon_n\|_G^2+2H_n\Re e\langle\sigma_q(E)\omega_n-\beta_{k,q}e_n,f_n-\hat{f}_n\rangle\\\leqslant&\|\varepsilon_n\|_G^2+2H_n[\alpha\|\sigma_q(E)\omega_n-\beta_{k,q}e_n\|^2+\|\sigma_q(E)\omega_n-\beta_{k,q}e_n\|\\&\times(\beta\|y^h(\eta(\tilde{t}_n))-y(\eta(\tilde{t}_n))\|+\gamma\|Y^h(\eta(\tilde{t}_n))-y'(\eta(\tilde{t}_n))\|)].\end{aligned}\tag{6.6.69}$$

设 $\eta(\tilde{t}_n)\in[\tilde{t}_{m_n},\tilde{t}_{m_n+1}]$, 通过 Taylor 展开, 有

$$\begin{aligned}&\beta\|y^h(\eta(\tilde{t}_n))-y(\eta(\tilde{t}_n))\|+\gamma\|Y^h(\eta(\tilde{t}_n))-y'(\eta(\tilde{t}_n))\|\\\leqslant&\beta l_{m_n}(\eta(\tilde{t}_n))\|\tilde{y}_{m_n}-\sigma_q(E)\hat{y}_{m_n}\|\\&+\beta l_{m_n+1}(\eta(\tilde{t}_n))\|\tilde{y}_{m_n+1}-\sigma_q(E)\hat{y}_{m_n+1}\|+\beta C_{\mathcal{M}}H_{m_n+1}^2\\&+\gamma l_{m_n}(\eta(\tilde{t}_n))\|f_{m_n}-y'(\tilde{t}_{m_n})\|+\gamma l_{m_n+1}(\eta(\tilde{t}_n))\|f_{m_n+1}-y'(\tilde{t}_{m_n+1})\|\\&+\gamma LC_{\mathcal{M}}H_{m_n+1}^2\\\leqslant&(\beta+\gamma L)[l_{m_n}(\eta(\tilde{t}_n))\|\sigma_q(E)\omega_{m_n}\|+\beta l_{m_n+1}(\eta(\tilde{t}_n))\|\sigma_q(E)\omega_{m_n+1}\|\\&+\beta C_{\mathcal{M}}H_{m_n+1}^2]\\&+\gamma l_{m_n}(\eta(\tilde{t}_n))\left(\beta\|y^h(\eta(\tilde{t}_{m_n}))-y(\eta(\tilde{t}_{m_n}))\|+\gamma\|Y^h(\eta(\tilde{t}_{m_n}))-y'(\eta(\tilde{t}_{m_n}))\|\right)\\&+\gamma l_{m_n+1}(\eta(\tilde{t}_n))(\beta\|y^h(\eta(\tilde{t}_{m_n+1}))-y(\eta(\tilde{t}_{m_n+1}))\|+\gamma\|Y^h(\eta(\tilde{t}_{m_n+1}))\\&-y'(\eta(\tilde{t}_{m_n+1}))\|)\end{aligned}$$

$$\leqslant C_\gamma\left(\max_{m\leqslant i\leqslant n-1}\|\sigma_q(E)\omega_i\|+M\right)+C_\gamma C_{\mathcal{M}}H_n^2,$$

其中 $C_\gamma=\dfrac{\beta+\gamma L}{1-\gamma}$ 已经在定理 6.6.6 中定义了. 由 ε_{n+1} 和 $\hat{\varepsilon}_{n+1}$ 的定义可知

$$\begin{aligned}\|\varepsilon_{n+1}\|_G^2&\leqslant\|\hat{\varepsilon}_{n+1}\|_G^2+\lambda_{\max}^G\|e_n\|^2+2\sqrt{\lambda_{\max}^G}\|e_n\|\|\hat{\varepsilon}_{n+1}\|_G\\&\leqslant(1+H_n)\|\hat{\varepsilon}_{n+1}\|_G^2+\left(1+\frac{1}{H_n}\right)\lambda_{\max}^G\|e_n\|^2,\end{aligned}\tag{6.6.70}$$

将 (6.6.69) 代入 (6.6.70) 得

$$\begin{aligned}\|\varepsilon_{n+1}\|_G^2\leqslant&(1+H_n)\|\varepsilon_n\|_G^2+2\left(\alpha+C_\gamma\right)(1+H_n)H_n\|\sigma_q(E)\omega_n-\beta_{k,q}e_n\|^2\\&+2C_\gamma(1+H_n)H_n\left(\max_{m\leqslant i\leqslant n-1}\|\sigma_q(E)\omega_i\|^2+M^2\right)+C_\gamma(1+H_n)C_{\mathcal{M}}^2H_n^5\\&+\left(1+\frac{1}{H_n}\right)\lambda_{\max}^G\|e_n\|^2.\end{aligned}\tag{6.6.71}$$

鉴于

$$\|\sigma_q(E)\omega_j-\beta_{k,q}e_j\|^2\leqslant2\|\sigma_q(E)\omega_j\|^2+2\beta_{k,q}^2\|e_j\|^2,$$

应用条件 (6.6.42) 和 $H_n\leqslant1$, 得到

$$\begin{aligned}\|\varepsilon_{n+1}\|_G^2\leqslant&(1+H_n)\|\varepsilon_n\|_G^2+c_1H_n\|\sigma_q(E)\omega_n\|^2+c_1H_n\beta_{k,q}^2\|e_n\|^2\\&+4C_\gamma H_n\max_{m\leqslant i\leqslant n-1}\|\sigma_q(E)\omega_i\|^2+4C_\gamma H_nM^2+2C_\gamma C_{\mathcal{M}}^2H_n^5+\frac{2\lambda_{\max}^G}{H_n}\|e_n\|^2\\\leqslant&(1+H_n)\|\varepsilon_n\|_G^2+c_1H_n(C_3\|\varepsilon_{n+1}\|^2+C_4\|\varepsilon_n\|^2)+(c_1\beta_{k,q}^2+2\lambda_{\max}^G)H_n^{2p+1}\\&+4C_\gamma H_n\max_{m\leqslant i\leqslant n-1}(C_3\|\varepsilon_{i+1}\|^2+C_4\|\varepsilon_i\|^2)+4C_\gamma H_nM^2+2C_\gamma C_{\mathcal{M}}^2H_n^5.\end{aligned}\tag{6.6.72}$$

当 $c_1C_3H_n\leqslant\bar{c}_2<1$ 时, 有

$$\|\varepsilon_{n+1}\|_G^2\leqslant(1+d_2H_n)\max_{m\leqslant i\leqslant n}\|\varepsilon_i\|_G^2+d_3H_nM^2+d_4H_n^{2p+1},\tag{6.6.73}$$

其中

$$d_2=\frac{1+c_1C_4+4C_\gamma(C_3+C_4)}{1-\bar{c}_2},\quad d_3=\frac{4C_\gamma}{1-\bar{c}_2},\quad d_4=\frac{c_1\beta_{k,q}^2+2\lambda_{\max}^G+2C_\gamma C_{\mathcal{M}}^2}{1-\bar{c}_2}.$$

鉴于 $M\leqslant CT_0^2$, 通过归纳得到

$$\begin{aligned}
\|\varepsilon_{n+1}\|_G^2 &\leqslant \max_{m\leqslant i\leqslant n+1}\|\varepsilon_i\|_G^2 \leqslant (1+d_2H_n)\max_{m\leqslant i\leqslant n}\|\varepsilon_i\|_G^2 + d_3H_nM^2 + d_4H_n^{2p+1}\\
&\leqslant \prod_{i=m}^{n}(1+d_2H_i)\|\varepsilon_m\|_G^2 + \sum_{j=m}^{n}\prod_{i=j+1}^{n}(1+d_2H_i)(d_3H_jM^2 + d_4H_j^{2p+1})\\
&\leqslant \exp(d_2(T-T_0))\|\varepsilon_m\|_G^2 + \exp(d_2(T-T_0))\sum_{j=m}^{n}(d_3H_jM^2 + d_4H_j^{2p+1})\\
&\leqslant C\left(T_0^4 + \sum_{j=m}^{n}H_j^{2p+1}\right).
\end{aligned} \tag{6.6.74}$$

应用引理 6.6.10, 得到 $\sum\limits_{n=m}^{N} H_n^s \leqslant C_2^{\varepsilon_s}C_1^{-s}\varsigma_2^sT^s\delta^{s-\varepsilon_s}$, 因此 (6.6.67). 这就完成了定理 6.6.12 的证明.

6.6.4.4 定理 6.6.6 的证明

这一小节将证明最主要的结果, 定理 6.6.6.

证明 由定理 6.6.12 得

$$\begin{aligned}
\|y_{n+k} - y(t_{n+k})\| &= \|y_{n+k} - \hat{y}_{n+k} + \hat{y}_{n+k} - y(t_{n+k})\|\\
&\leqslant |c_0|\mathcal{M}_2H_{n+k}^2 + \frac{C}{\sqrt{\lambda_{\min}^G}}\left(T_0^2 + \delta^{p+\frac{1-\varepsilon}{2}}\right),\\
&\qquad n = m, m+1, \cdots, \mathtt{N},
\end{aligned}$$

这意味着 (6.6.44) 成立. 定理 6.6.6 的证明由此完成.

6.6.5 数值算例

为了支持本节的分析, 在这一小节, 我们给出了一些数值算例. 令 $E(T_0) := \|y_T - y(T_0)\|$ 和 $E(T) := \|y_{\mathtt{N}+k} - y(T)\|$. 当我们想要强调误差 $E(T)$ 与初始区间长度 T_0 或网格直径 $h_{\max}$ 之间的关联性时, 我们分别添加 T_0 或 $h_{\max}$ 作为下标, 即 $E_{T_0}(T)$ 或 $E_{h_{\max}}(T)$. 那么收敛阶可以定义为

$$p_0 = \log_{T_{0,1}/T_{0,2}}\left(\frac{E(T_{0,1})}{E(T_{0,2})}\right), \tag{6.6.75}$$

$$p_T = \log_{T_{0,1}/T_{0,2}}\left(\frac{E_{T_{0,1}}(T)}{E_{T_{0,2}}(T)}\right), \quad p_h = \log_{h_{\max,1}/h_{\max,2}}\left(\frac{E_{h_{\max,1}}(T)}{E_{h_{\max,2}}(T)}\right). \tag{6.6.76}$$

在实际应用中, 我们首先选择 T_0, 从而可得 μ ($T_0 = \lambda^\mu T$). 进而通过关系式 (6.6.41) 可选择 δ 和 m. 因此得到 $q(=\lambda^{-1/m})$ 和 $h_{\max}(=T-T/q)$. 在确定这些参数后, 可以使用全几何网格单支方法来求解 NFDEs (6.6.1).

考虑两个不同的算例. 第一个是标量非线性中立型比例延迟微分方程, 它是 NFDEs (6.6.1) 的一个特例, 而在第二个例子中, 考虑一个带消失延迟偏 NFDEs.

数值算例 6.6.1 考虑如下非线性受电弓方程

$$y'(t)=A_1y(t)+A_2\cos(y'(\lambda t))\sin(y(\lambda t))+A_3y'(\lambda t)+f_1(t),\ 0\leqslant t\leqslant T,\quad (6.6.77)$$

$$y(0)=1,\quad (6.6.78)$$

其中 $\lambda=0.5$, $A_1=-1$, $A_2=-0.1$, $A_3=0.2$, T 在后面选择. 选择函数 f_1 使得 (6.6.77)—(6.6.78) 的精确解为 $y(t)=\cos(t)$. 很明显 (6.6.77) 的右端项满足条件 (6.6.7)—(6.6.10), 且 $\alpha=A_1$, $L=|A_1|$, $\beta=|A_2|$ 和 $\gamma=|A_3|$.

在这个例子中, 考虑 6.5 节中提出的三种 G_q-代数稳定方法: 第一种方法是 $p=2$ 阶的中点方法 (MP), 也就是 $\theta=1/2$ 时的 (6.3.1); 第二种方法是 $p=1$ 阶的隐式 Euler 方法 (IEM), 即 $\theta=1$ 时的 (6.3.1), 注意到第 3 章 (也可见 [218]) 中已经研究了 Banach 空间中 NFDEs (6.6.1) 全几何网格 IEM 的保稳定性; 第三种方法为 Dahlquist, Liniger 和 Nevanlinna 在 [53] 中引入的 (6.5.18)—(6.5.19)(DLN). 取 $c=1/2$, $b=\dfrac{3}{(2+\zeta)^2}$ 和 $a=\dfrac{3\zeta^2}{2(2+\zeta)^2}$, 其中 ζ 在 (6.5.21) 中给定, 有

$$\alpha_{2,q}=\frac{3}{4},\quad \alpha_{1,q}=-\frac{1}{2},\quad \alpha_{0,q}=-\frac{1}{4},\quad (6.6.79)$$

$$\beta_{2,q}=\frac{3(\zeta^2+2\zeta+3)}{4(2+\zeta)^2},\quad \beta_{1,q}=\frac{\zeta^2+4\zeta+1}{2(2+\zeta)^2},\quad \beta_{0,q}=\frac{-\zeta^2+2\zeta+5}{4(2+\zeta)^2}.\quad (6.6.80)$$

那么我们知道方法 (6.6.79)—(6.6.80) 满足阶条件 (6.5.10) 和 (6.5.11) 且阶 $p=2$.

首先考虑起始步积分. 应用 6.6.3 小节中介绍的算法 (6.6.16)—(6.6.17) 对不同的 T_0 计算 $y(T_0)$ 的近似值 y_T. 在表 6.6.1 中展示了中点方法产生的误差 $E(T_0)$ 和收敛阶 p_0. 从表 6.6.1 中很容易看出不等式 (6.6.37) 给出了误差 $E(T_0)$ 的精确估计.

表 6.6.1 求解 (6.6.77)—(6.6.78) 时, 由 (6.6.16)—(6.6.17) 产生的误差 $E(T_0)$ 和收敛阶 p_0

T_0	0.5	0.25	0.125	0.0625	0.03125
$E(T_0)$	0.0094	0.0014	1.8590×10^{-4}	2.4137×10^{-5}	3.0747×10^{-6}
p_0		2.7472	2.9128	2.9452	2.9727

现在考虑 $[0,T]$ 上的数值解. 解 $y(t)$ 在 $t\in[0,T_0]$ 的近似 $\eta(t)$ 仍用 6.6.3 小节中算法 (6.6.16)—(6.6.17) 计算. 表 6.6.2 和表 6.6.3 展示了三种不同方法产生的误差 $E(T)$ 和收敛阶, 其中 δ 分别为 $\delta=T_0^{\frac{5}{2p}}T^{-1}$, $\delta=T_0^{\frac{2}{p}}T^{-1}$, T 分别为 $T=2$, $T=8$. 条件 (6.6.41) 表明 m 可以通过下式计算

$$m=\left\lceil\frac{\ln\lambda}{\ln(1-\delta)}\right\rceil,\quad (6.6.81)$$

其中 $\lceil x \rceil$ 表示大于或等于 x 的最小整数.

表 6.6.2 当应用于 (6.6.77)—(6.6.78) 时，方法 MP, DLN 和 IEM 对不同参数 δ 产生的误差 $E(T)$ 和收敛阶 p_T, p_h, 其中 $T=2$. 上表: MP 的数值结果；中间: DLN 的数值结果；下表: IEM 的数值结果

	T_0 (μ)	0.5 (2)	0.25 (3)	0.125 (4)	0.0625 (5)	0.03125 (6)
	m	3	8	19	45	106
MP	$h_{\max}$	0.4126	0.1660	0.0716	0.0306	0.0130
$\delta=T_0^{\frac{5}{4}}T^{-1}$	$E(T)$	0.0060	7.3530×10^{-4}	1.1108×10^{-4}	1.8438×10^{-5}	3.2346×10^{-6}
	p_T		3.0286	2.7267	2.5908	2.5110
	p_h		2.3057	2.2476	2.1125	2.0331
	m	3	6	11	22	45
MP	$h_{\max}$	0.4162	0.2182	0.1221	0.0620	0.0306
$\delta=T_0T^{-1}$	$E(T)$	0.0060	0.0012	3.0565×10^{-4}	7.4470×10^{-5}	1.7683×10^{-5}
	p_T		2.3219	1.9731	2.0371	2.0743
	p_h		2.5253	2.3562	2.0835	2.0352
	m	3	8	19	45	106
DLN	$h_{\max}$	0.4126	0.1660	0.0716	0.0306	0.0130
$\delta=T_0^{5/4}T^{-1}$	$E(T)$	0.0101	0.0018	3.1805×10^{-4}	5.7041×10^{-5}	1.0310×10^{-5}
	p_T		2.4883	2.5008	2.4792	2.4680
	p_h		2.0840	2.0613	2.0214	1.9984
	m	3	6	11	22	45
DLN	$h_{\max}$	0.4162	0.2182	0.1221	0.0620	0.0306
$\delta=T_0T^{-1}$	$E(T)$	0.0101	0.0028	8.7895×10^{-4}	2.2971×10^{-4}	5.6142×10^{-5}
	p_T		1.8508	1.6718	1.9360	2.0327
	p_h		2.0129	1.9960	1.9803	1.9945
	m	8	45	251	1420	8030
IEM	$h_{\max}$	0.1660	0.0306	0.0055	9.7603×10^{-4}	1.7263×10^{-4}
$\delta=T_0^{5/2}T^{-1}$	$E(T)$	0.0018	2.1934×10^{-4}	2.1821×10^{-5}	2.5765×10^{-6}	3.7224×10^{-7}
	p_T		3.0368	3.3298	3.0822	2.7911
	p_h		1.2448	1.3445	1.2356	1.1168
	m	6	22	89	355	1420
IEM	$h_{\max}$	0.2182	0.0620	0.0155	0.0039	9.7603×10^{-4}
$\delta=T_0^2T^{-1}$	$E(T)$	0.0015	2.3347×10^{-4}	3.7089×10^{-5}	7.7248×10^{-6}	1.8296×10^{-6}
	p_T		2.6837	2.6542	2.2634	2.0780
	p_h		1.4782	1.3270	1.1369	1.0398

根据表 6.6.2 和表 6.6.3 中列出的数值结果, 我们首先观察到三种方法对于 $\delta = T_0^{\frac{5}{2p}}T^{-1}$ 和 $\delta = T_0^{\frac{2}{p}}T^{-1}$ 关于 T_0 都是 2 阶的, 在某些情况下甚至大于 2. 我们理论上已经证明了其关于网格直径 $h_{\max}$ 是 p 阶收敛的, 并在数值算例中进一步验证了. 此外, 需要指出的是, 算例说明了高阶方法的优势. 事实上, 为了获得相同精度的近似值, IEM 方法需要比两个 2 阶方法 (MP 方法和 DLN 方法) 更多的计算步. 例如, 在表 6.6.3 中, 我们看到要获得逼近误差 2.0337×10^{-4}, IEM 方法需要 8×5678 步, 而两个 2 阶方法只需要 7×75 步.

表 6.6.3　当应用于 (6.6.77)—(6.6.78) 时, 方法 MP、DLN 和 IEM 对不同 δ 产生的误差 $E(T)$、收敛阶 p_T 和 p_h, 其中 $T = 8$. 上表: MP 的数值结果; 中间: DLN 的数值结果; 下表: IEM 的数值结果

	T_0 (μ)	0.5 (4)	0.25 (5)	0.125 (6)	0.0625 (7)	0.03125 (8)
	m	13	32	75	178	422
MP	$h_{\max}$	0.4154	0.1714	0.0736	0.0311	0.0131
$\delta = T_0^{5/4}T^{-1}$	$E(T)$	0.0028	4.3289×10^{-4}	7.6855×10^{-5}	1.3546×10^{-5}	2.4051×10^{-6}
	p_T		2.6936	2.4938	2.5043	2.4937
	p_h		2.1087	2.0450	2.0151	1.9991
	m	11	22	45	89	178
MP	$h_{\max}$	0.4886	0.2481	0.1223	0.0621	0.0311
$\delta = T_0T^{-1}$	$E(T)$	0.0040	9.1567×10^{-4}	2.1316×10^{-4}	5.4141×10^{-5}	1.3374×10^{-5}
	p_T		2.1271	2.1029	1.9771	2.0173
	p_h		2.1758	2.0607	2.0224	2.0222
	m	13	32	75	178	422
DLN	$h_{\max}$	0.4154	0.1714	0.0736	0.0311	0.0131
$\delta = T_0^{5/4}T^{-1}$	$E(T)$	0.0124	0.0016	2.6242×10^{-4}	4.4959×10^{-5}	7.8871×10^{-6}
	p_T		2.9542	2.6081	2.5452	2.5110
	p_h		2.3128	2.1387	2.0481	2.0130
	m	11	22	45	89	178
DLN	$h_{\max}$	0.4886	0.2481	0.1223	0.0621	0.0311
$\delta = T_0T^{-1}$	$E(T)$	0.0187	0.0038	7.5907×10^{-4}	1.8420×10^{-4}	4.4927×10^{-5}
	p_T		2.2990	2.3237	2.0430	2.0356
	p_h		2.3515	2.2770	2.0897	2.0406
	m	32	178	1004	5678	32121
IEM	$h_{\max}$	0.1714	0.0311	0.0055	9.7655×10^{-4}	1.7263×10^{-4}
$\delta = T_0^{5/2}T^{-1}$	$E(T)$	0.0352	0.0065	0.0011	2.0337×10^{-4}	3.5958×10^{-4}
	p_T		2.4371	2.5629	2.4353	2.4497
	p_h		0.9896	1.0254	0.9766	0.9999
	m	22	89	355	1420	5678
IEM	$h_{\max}$	0.2481	0.0621	0.0156	0.0039	9.7655×10^{-4}
$\delta = T_0^2T^{-1}$	$E(T)$	0.0508	0.0129	0.0032	8.1300×10^{-4}	2.0340×10^{-4}
	p_T		1.9775	2.0112	1.9767	1.9990
	p_h		0.9896	1.0091	0.9883	1.0006

数值算例 6.6.2　这个例子中, 考虑以下偏 NFDEs

$$u'(t,x)=\frac{1}{\pi}\ddot{u}(t,x)+au(\eta(t),x)+bu'(\eta(t),x)+g(t,x),\quad t\in[0,2],\quad x\in[0,1], \tag{6.6.82}$$

其中 $(')=\partial_t$, $(\ddot{\ })=\partial_{xx}$,$a=0.1$, $b=0.1$, 且 $\eta(t)=\pi|\sin(t)|t/4\leqslant\pi t/4$. 选择函数 $g(t,x)$、初始值以及边界值使得精确解为

$$u(t,x)=\pi x(1-x)\exp(-10t).$$

在空间离散化之后, 得到一个中立型泛函微分方程系统

$$y_i'(t)=\frac{1}{\pi\Delta x^2}[y_{i-1}(t)-2y_i(t)+y_{i+1}(t)]+ay_i(\eta(t))+by_i'(\eta(t))+g_i(t), \tag{6.6.83}$$

$i=1,\cdots,N_x-1$, 其初边值为

$$y_i(0)=0,\quad i=1,2,\cdots,N_x-1, \tag{6.6.84}$$

$$y_0(t)=y_{N_x}(t)=0,\quad t\geqslant 0, \tag{6.6.85}$$

其中 Δx 是空间步长; N_x 是自然数并使 $N_x\Delta x=1$; $g_i(t)=g(t,i\Delta x)$. 令 $N_x=100$. 对于 $y=[y_0,y_1,y_2,\cdots,y_{N_x-1},y_{N_x}]^{\mathrm{T}}$, 将它的离散 L^2 范数 $\|y\|$ 定义为

$$\|y\|=\left(\Delta x\sum_{i=0}^{N_x}y_i^2\right)^{\frac{1}{2}}.$$

这个数值算例的目的是说明所提出的 FGM OLMs 的有效性. 为此, 我们考虑 $\lambda=\pi/4$, 并用 FGM MP 方法和常数步长 MP 方法 (均匀网格, 例如, 参见 [31, 222]) 来求解 (6.6.83). 这两种方法在 $[0,T_0]$ 上的初始近似由 6.6.3 小节的算法 (6.6.16)—(6.6.17) 得到. 对于常数步长 MP 方法, 令计算步数 N 等于 100, 即常数步长 $h=0.02$. 为了比较相同计算成本 (同样的计算步数) 下的数值结果, 我们对于全几何网格单支方法选择 $m=2$ ($\mu=49$) 和 $m=3$ ($\mu=32$). 这些方法的离散 L^2 误差如图 6.6.1 所示. 结果表明, 与常数步长 MP 方法相比, 全几何网格中点方法在求解带消失延迟的 NFDEs 时具有明显的优势, 因为它的误差比常数步长 MP 方法小得多.

本节理论上导出了带消失延迟的非线性 NFDEs (6.6.1) 的 G_q-代数稳定全几何网格单支方法的误差估计, 并得到了关于初始区间长度 T_0 和网格直径 $h_{\max}$ 的最优收敛阶. 用三种数值方法 (MP、DLN 和 IEM) 得到的标量中立型比例延迟微分方程的数值结果证实了求解非线性 NFDEs (6.6.1) 数值方法的收敛阶. 另一个带消失延迟偏 NFDEs 的数值算例表明, 全几何网格数值方法比通常的常数步长中点方法更为精确和有效.

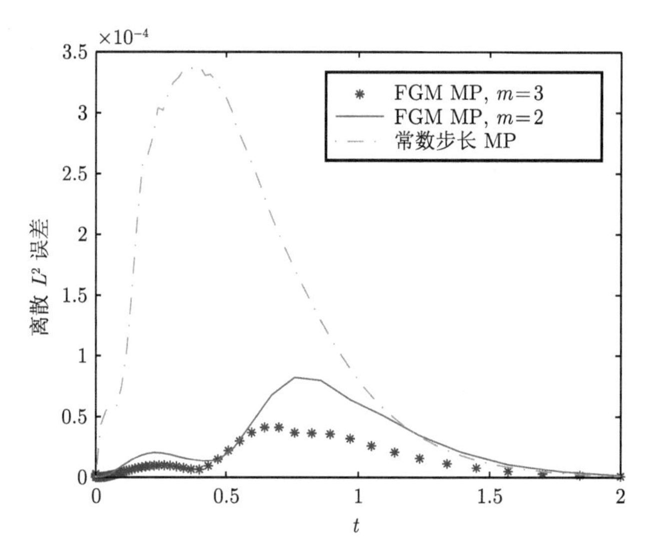

图 6.6.1　$m = 2$ 和 $m = 3$ 时 FGM MP, 以及常数步长 MP 法求解 (6.6.83)—(6.6.85) 的离散 L^2 误差

第 7 章　中立型延迟微分方程数值方法的耗散性

7.1　引　言

前面数章讨论了中立型泛函微分方程, 特别是中立型延迟微分方程

$$\begin{cases} y'(t) = f(t, y(t), y(\eta(t)), y'(\eta(t))), & t \geqslant 0, \\ y(t) = \phi(t), & t_{-1} \leqslant t \leqslant 0, \end{cases} \tag{7.1.1}$$

理论解的稳定性和数值解的稳定性与收敛性, 其中我们都假定右端函数对任意的 $t \geqslant 0$ 满足

$$\Re e\langle y_1 - y_2, f(t, y_1, u, v) - f(t, y_2, u, v)\rangle \leqslant \alpha\|y_1 - y_2\|^2, \quad \forall y_1, y_2, u, v \in \mathbb{C}^N, \tag{7.1.2}$$

$$\|f(t, y, u_1, v) - f(t, y, u_2, v)\| \leqslant \beta\|u_1 - u_2\|, \quad \forall y, u_1, u_2, v \in \mathbb{C}^N, \tag{7.1.3}$$

$$\|f(t, y, u, v_1) - f(t, y, u, v_2)\| \leqslant \gamma\|v_1 - v_2\|, \quad \forall y, u, v_1, v_2 \in \mathbb{C}^N, \tag{7.1.4}$$

$$\|H(t, y, u_1, v, w) - H(t, y, u_2, v, w)\| \leqslant \sigma\|u_1 - u_2\|, \quad \forall y, u_1, u_2, v, w \in \mathbb{C}^N, \tag{7.1.5}$$

或

$$\|f(t, y_1, u, v) - f(t, y_2, u, v)\| \leqslant L\|y_1 - y_2\|^2, \quad \forall y_1, y_2, u, v \in \mathbb{C}^N, \tag{7.1.6}$$

这里

$$H(t, y, u, v, w) := f(t, y, u, f(\eta(t), u, v, w)).$$

然而, 即使对于特殊的中立型问题——常微分方程, 耗散系统也不需满足单边 Lipschitz 条件 (7.1.2), 如 Humphries 和 Stuart [110] 证明耗散 Lorenz 系统不满足所谓的单边 Lipschitz 条件. 耗散系统是指系统具有一有界吸引集, 即从任意初始条件出发的解经过有限时间后进入该吸引集并随后保持在里面. 对于耗散性的精确定义可参见 [80, 110]. Humphries 和 Stuart[110] 在结构性条件

$$\langle f(y), y\rangle \leqslant \gamma - \alpha\|y\|^2. \tag{7.1.7}$$

下获得了动力系统

$$y'(t) = f(y), \quad t \geqslant 0, \qquad y(0) = y_0 \tag{7.1.8}$$

的耗散性结果, 这里 $y(t) \in \mathbb{R}^N$, $f : \mathbb{R}^N \to \mathbb{R}^N$ 局部 Lipschitz 连续. 他们也研究了 Runge-Kutta 法求解耗散系统 (7.1.8) 的数值耗散性, 并证明由代数稳定 Runge-Kutta 法所得数值解有一吸引集从而是耗散的. Hill [80] 在三个不同条件

(1) $f : \mathbb{C}^N \to \mathbb{C}^N, \Re e\langle f(y), y\rangle \leqslant \gamma - \alpha\|y\|^2, \gamma \geqslant 0, \alpha > 0$, 对任意 $y \in \mathbb{C}^N$;

(2) $f : \mathbb{C}^N \to \mathbb{C}^N, \Re e\langle f(y), y\rangle \leqslant 0$, $y \in \mathbb{C}^N \backslash \mathbf{B}(0, R)$ 且 $R > 0$;

(3) $f : \mathbf{W} \to \mathbf{H}, \Re e\langle f(y), y\rangle_{\mathbf{H}} \leqslant \gamma - \alpha\|y\|_{\mathbf{H}}^2, \gamma \geqslant 0, \alpha > 0$ 对任意 $y \in \mathbf{W}$

下, 研究了单支方法和线性多步方法求解 (7.1.8) 的耗散性, 其中 $\langle\cdot,\cdot\rangle$ 为复 Hilbert 空间 $\mathbf{H}$ 中内积, $\|\cdot\|$ 为相应范数, $\mathbf{W}$ 为其连续嵌入的稠密子空间. 他进一步研究了 Hilbert 空间 Runge-Kutta 法求解 (7.1.8) 的耗散性 [81].

数值方法应用于 Volterra 泛函微分方程

$$\begin{cases} y'(t) = f(t, y(t), y(\cdot)), & t \geqslant 0, \\ y(t) = \phi(t), & t_{-1} \leqslant t \leqslant 0 \end{cases} \tag{7.1.9}$$

的类似工作出现得较晚. 黄乘明 [95,96] 首先在条件

$$\langle f(y, u), y\rangle \leqslant \gamma - \alpha\|y\|^2 + \beta\|u\|^2, \quad \gamma \geqslant 0, \alpha > 0, \beta \geqslant 0 \tag{7.1.10}$$

下研究了常延迟自治动力系统的耗散性, 并给出了 Runge-Kutta 法和单支方法等一些数值方法的耗散性结果. 田红炯在文献 [193] 研究了有界变延迟动力系统本身及 θ-方法的耗散性. 此后, 文立平和李寿佛 [237] 给出了 Volterra 泛函微分方程 (7.1.9) 本身的耗散性结果.

基于上面的杰出工作, 自然地就是去研究由中立型微分方程所定义的动力系统的耗散性. 于是, 一个主要的问题就是什么样的中立型微分方程是耗散的, 即在什么样的条件下, 中立型微分方程是耗散的. 显然这个条件不同于稳定性条件. 另外由于常微分方程和延迟微分方程是中立型延迟微分方程的特殊情况, 这个充分条件也应该是常微分方程和延迟微分方程的充分条件.

另一个主要问题就是什么样的方法能够保持系统的耗散性. 由于耗散性是系统的一个重要性质, 在某些情况下离散时保持这个性质是非常重要的.

鉴于以上分析, 研究系统 (7.1.1) 的耗散性行为以及它的数值逼近具有非常重要的意义.

在以下两节, 我们将分别调查两类特殊的中立型延迟微分方程——中立型分片延迟微分方程和中立型常延迟微分方程本身的耗散性以及 Runge-Kutta 法的数值耗散性.

7.2 中立型分片延迟微分方程 Runge-Kutta 法的耗散性

本节内容可参见 [211], 主要讨论 Runge-Kutta 法求解中立型分片延迟微分方程的耗散性.

7.2.1 中立型分片延迟微分方程

一个有趣的问题是发展问题

$$\begin{cases} y'(t) = f(t, y(t), y(\lfloor t \rfloor), y'(\lfloor t \rfloor)), & t \geqslant 0, \\ y(0) = y_0, \end{cases} \tag{7.2.1}$$

这里 $\lfloor x \rfloor$ 表示小于或等于 x 的最大整数. 上面已指出, 问题 (7.2.1) 是中立型延迟微分方程的特殊情况. 在 [241] 中, Wiener 给出线性问题

$$\begin{cases} y'(t) = Ay(t) + A_0 y(\lfloor t \rfloor) + A_1 y'(\lfloor t \rfloor), & t \geqslant 0, \\ y(0) = y_0 \end{cases} \tag{7.2.2}$$

的解的显式表达式. 本节将讨论问题 (7.2.1) 本身的耗散性和 Runge-Kutta 法的数值耗散性.

注意到许多学者已研究了 (7.2.4) 的特殊情形——分片延迟微分方程

$$\begin{cases} y'(t) = f(t, y(t), y(\lfloor t \rfloor)), & t \geqslant 0, \\ y(0) = y_0 \end{cases} \tag{7.2.3}$$

的解的一些性质 [49, 165, 233, 236].

7.2.2 系统的耗散性

对任意 $r > 0$, 本章定义 $\mathbf{B}(0, r)$ 为 $\mathbf{B}(0, r) \equiv \{x \in \mathbf{H} : \|x\| < r\}$.

对问题 (7.2.1), 恒设映射 $f : [0, \infty) \times \mathbf{W} \times \mathbf{W} \times \mathbf{W} \to \mathbf{H}$ 局部 Lipschitz 连续且满足下列两组条件之一:

(1) **条件 1**

$$\Re e\langle f(t, y, u, v), y\rangle \leqslant \alpha\|y\|^2 + \beta\|f(t, 0, u, v)\|^2,$$
$$\|f(t, 0, u, f(\lfloor t \rfloor, u, v, w))\|^2 \leqslant \gamma + \mu\|u\|^2 + \sigma\|f(\lfloor t \rfloor, 0, v, w)\|^2,$$

对所有的 $t \geqslant 0, y, u, v, w \in \mathbf{W}$ 成立, 这里 α, $\beta \geqslant 0$, $\gamma \geqslant 0$, $\mu \geqslant 0$ 及 $\sigma \geqslant 0$ 是常数.

(2) **条件 2**

$$\begin{aligned}\Re e\langle f(t,y,u,v),y\rangle &\leqslant \alpha\|y\|^2+\beta\|f(t,0,u,v)\|^2,\\ \|f(t,y,u,v)\|^2 &\leqslant \gamma_1+L_y\|y\|^2+\sigma\|f(t,0,u,v)\|^2,\\ \|f(t,0,u,v)\|^2 &\leqslant \gamma_2+L_u\|u\|^2+L_v\|v\|^2,\end{aligned}$$

对所有的 $t\geqslant 0, y,u,v\in \mathbf{X}$ 成立, 这里 α, $\beta\geqslant 0$, $\sigma\geqslant 0$, $\gamma_1\geqslant 0$, $L_y\geqslant 0$, $\gamma_2\geqslant 0$, $L_u\geqslant 0$ 及 $L_v\geqslant 0$ 是常数.

对任意 $\varphi\in\mathbf{H}$ 及任意 $t\geqslant 0$, 总是假定方程 $x=f(\lfloor t\rfloor,\varphi,\varphi,x)$ 有唯一解 x.

定义 7.2.1 (见 Humphries 和 Stuart [110] 或 Hill [80]) 称问题 (7.2.1) 于 $\mathbf{H}$ 上是耗散的, 如果存在一个有界集 $\mathbf{E}\subset\mathbf{H}$ 使得对任意的有界集 $\mathbf{D}\subset\mathbf{H}$ 都存在时刻 $t_0(\mathbf{D})$, 只要初值 $y_0\in\mathbf{D}$, 则当 $t\geqslant t_0$ 时相应的解 $y(t)$ 属于 $\mathbf{E}$. $\mathbf{E}$ 称为 $\mathbf{H}$ 中的一个吸引集.

定理 7.2.2 设 $y(t)$ 是问题 (7.2.1) 的解, f 满足条件 1 且

$$\alpha(1-\sigma)+\beta\mu<0,\quad \sigma<1. \tag{7.2.4}$$

则对任意的 $\varepsilon>0$ 存在 $t^*=t^*(\|y_0\|,\varepsilon)$, 使得, 当 $t>t^*$ 时, 有

$$\|y(t)\|^2<\frac{\beta\gamma}{-((1-\sigma)\alpha+\beta\mu)}+\frac{\beta\gamma}{-(1-\sigma)\alpha}\left(1-e^{2\alpha}\right)+\varepsilon=R_1+\varepsilon. \tag{7.2.5}$$

即系统是耗散的. 对任意的 $\varepsilon>0$, 开球 $\mathbf{B}=\mathbf{B}(0,\sqrt{R_1+\varepsilon})$ 是其吸引集.

证明 为证此定理, 定义 $Y(t)=\|y(t)\|^2$. 则有

$$\begin{aligned}Y'(t)&=2\Re e\langle y(t),f(t,y(t),y(\lfloor t\rfloor),y'(\lfloor t\rfloor))\rangle\\ &\leqslant 2\alpha Y(t)+2\beta\|f(t,0,y(\lfloor t\rfloor),y'(\lfloor t\rfloor))\|^2\\ &\leqslant 2\alpha Y(t)+2\beta(\gamma+\mu\|y(\lfloor t\rfloor)\|^2+\sigma\|f(\lfloor t\rfloor,0,y(\lfloor t\rfloor),y'(\lfloor t\rfloor))\|^2).\end{aligned} \tag{7.2.6}$$

另一方面, 我们有

$$\|f(\lfloor t\rfloor,0,y(\lfloor t\rfloor),y'(\lfloor t\rfloor))\|^2\leqslant\gamma+\mu\|y(\lfloor t\rfloor)\|^2+\sigma\|f(\lfloor t\rfloor,0,y(\lfloor t\rfloor),y'(\lfloor t\rfloor))\|^2. \tag{7.2.7}$$

比较 (7.2.6) 和 (7.2.7) 可得

$$Y'(t)\leqslant 2\alpha Y(t)+2\beta\left(\frac{\gamma}{1-\sigma}+\frac{\mu}{1-\sigma}\|y(\lfloor t\rfloor)\|^2\right). \tag{7.2.8}$$

用 $e^{-2\alpha t}$ 乘上式两端可得

$$e^{-2\alpha t}Y'(t)-e^{-2\alpha t}2\alpha Y(t)\leqslant e^{-2\alpha t}2\beta\left(\frac{\gamma}{1-\sigma}+\frac{\mu}{1-\sigma}\|y(\lfloor t\rfloor)\|^2\right).$$

从而有

$$\int_{t_1}^{t_2}(e^{-2\alpha x}Y(x))'dx\leqslant\int_{t_1}^{t_2}e^{-2\alpha x}2\beta\left(\frac{\gamma}{1-\sigma}+\frac{\mu}{1-\sigma}\|y(\lfloor x\rfloor)\|^2\right)dx,\quad \forall\ 0\leqslant t_1\leqslant t_2<+\infty,$$

这意味着

$$Y(t_2)\leqslant e^{2\alpha(t_2-t_1)}Y(t_1)+\frac{\beta\gamma}{-\alpha(1-\sigma)}(1-e^{2\alpha(t_2-t_1)})+\frac{\beta\mu}{1-\sigma}\int_{t_1}^{t_2}e^{2\alpha(t_2-x)}2Y(\lfloor x\rfloor)dx. \tag{7.2.9}$$

当 $t\in[m,m+1]$ 时, 在不等式 (7.2.9) 中取 $t_1=m$ 及 $t_2=t$ 可得

$$Y(t)\leqslant\left(\frac{\beta\mu}{-\alpha(1-\sigma)}+\frac{\alpha(1-\sigma)+\beta\mu}{\alpha(1-\sigma)}e^{2\alpha(t-m)}\right)Y(m)+\frac{\beta\gamma}{-\alpha(1-\sigma)}(1-e^{2\alpha(t-m)}).$$

从 (7.2.4) 可进一步得到

$$Y(t)\leqslant Y(m)+r,\quad t\in[m,m+1) \tag{7.2.10}$$

及

$$Y(m+1)\leqslant\theta Y(m)+r, \tag{7.2.11}$$

其中

$$\theta=\frac{\beta\mu}{-\alpha(1-\sigma)}+\frac{\alpha(1-\sigma)+\beta\mu}{\alpha(1-\sigma)}e^{2\alpha},\quad r=\frac{\beta\gamma}{-\alpha(1-\sigma)}(1-e^{2\alpha}).$$

简单递推有

$$Y(t)\leqslant Y(m)+r\leqslant\theta Y(m-1)+2r\leqslant\theta^m Y(0)+r\sum_{i=0}^{m-1}\theta^i+r. \tag{7.2.12}$$

注意到 $0<\theta<1$, 从 (7.2.12) 容易获得 (7.2.5). 证毕.

同理可证下面的定理.

定理 7.2.3 设 $y(t)$ 是问题 (7.2.1) 的解, f 满足条件 2 且

$$\alpha+\beta(L_u+L_vL_y)-L_v\sigma\alpha<0,\quad L_v\sigma<1. \tag{7.2.13}$$

则对任意的 $\varepsilon>0$ 存在 $t^*=t^*(\|y_0\|,\varepsilon)$, 使得当 $t>t^*$ 时有

$$\|y(t)\|^2<\frac{\beta(\gamma_2+L_v\gamma_1)}{-(\alpha+\beta(L_u+L_vL_y)-L_v\sigma\alpha)}+\frac{\beta(\gamma_2+L_v\gamma_1)}{-(1-L_v\sigma)\alpha}(1-e^{2\alpha})+\varepsilon=R_2+\varepsilon, \tag{7.2.14}$$

即系统是耗散的. 对任意的 $\varepsilon>0$, 开球 $\mathbf{B}=\mathbf{B}(0,\sqrt{R_2+\varepsilon})$ 是其吸引集.

注 7.2.4 对分片延迟微分方程 (7.2.3), 这两个充分条件是一致的并与文献 [236] 中的结果相同.

例 7.2.1 考虑问题

$$\begin{cases} y'(t) = Ay(t) + A_0 y(\lfloor t \rfloor) + A_1 y'(\lfloor t \rfloor) + A_2, \quad t \geqslant 0, \\ y(0) = y_0, \end{cases} \tag{7.2.15}$$

其中 A, A_0, A_1 及 A_2 为复数, $y(t)$ 为复值标量函数. 基于定理 7.2.2, 我们能断言此系统是耗散的, 如果存在 $\theta > 1$ 使得 $1-\theta|A_1| > 0$ 且 $(1-\theta|A_1|)\Re eA+|A_0+AA_1| < 0$. 事实上, 对任意 $0 < \delta < -((1-\theta|A_1|)\Re eA+|A_0+AA_1|)$, 我们可以选取

$$\alpha = \Re eA + \frac{|A_0 + AA_1| + \delta}{2(1-\theta|A_1|)}, \quad \beta = \frac{1-\theta|A_1|}{2(|A_0 + AA_1| + \delta)}, \quad \mu = \frac{(|A_0 + AA_1| + \delta)^2}{1-\theta|A_1|},$$

$$\sigma = \theta|A_1|, \quad \gamma = \left[\frac{1}{\kappa} + \varrho|A_1| + 1\right] A_2^2,$$

其中

$$\varrho > \frac{1}{\varpi}, \quad \varpi = \min\left\{\theta - \frac{1}{\theta}, \theta - |A_1|\right\},$$

$$\kappa = \frac{\theta^2\varrho|A_1| - \varrho|A_1| - \theta|A_1|}{(1-\theta|A_1|)(\theta\varrho - 1 - \varrho|A_1|)} + \frac{2\delta}{|A_0 + AA_1|},$$

使得在 $\mathbb{C}$ 的标准内积下条件 1 及 (7.2.4) 成立.

例 7.2.2 作为一个特殊的例子, 考虑非线性问题

$$y'(t) = -ay(t) + \frac{cy'(\lfloor t \rfloor)}{1 + (y'(\lfloor t \rfloor))^n}, \tag{7.2.16}$$

这里 $y(t)$ 是实值标量函数, $a > 0$ 和 c 为实数, n 是个偶数. 则基于定理 7.2.3, 我们能断言此系统是耗散的. 事实上, 对任意 $0 < \varepsilon < a$, 我们可选取

$$\alpha = -a+\varepsilon, \ \beta = \frac{1}{4\varepsilon}, \ L_y = (1+\varpi)a^2, \ \sigma = \frac{1+\varpi}{\varpi}, \ \gamma_1 = 0, L_u = L_v = 0, \gamma_2 = c^2,$$

其中 $\varpi > 0$, 使得在通常的 Euclidean 内积下, 满足条件 2 和 (7.2.13).

7.2.3 Runge-Kutta 法的耗散性

以 (A, b^{T}, c) 表示一个给定的 Runge-Kutta 法, 其中 $A = (a_{ij})$ 为 $s \times s$ 矩阵, $b = [b_1, \cdots, b_s]^{\mathrm{T}}$, $c = [c_1, \cdots, c_s]^{\mathrm{T}}$ 为 s 维向量. 本节始终假定 $c_i < c_{i+1}, c_i \in$

$[0,1], \forall i$, 且认为方法是相容的, 即 $\sum\limits_{i=1}^{s} b_i = 1$. 对任意正整数 k, 取步长 $h = 1/k$, 应用一个 Runge-Kutta 法 (A, b^{T}, c) 于 (7.2.1) 有

$$\begin{cases} Y_i^{(n+1)} = y_n + h\sum\limits_{j=1}^{s} a_{ij} f(t_n + c_j h, Y_j^{(n+1)}, y_l, \bar{y}_l), \quad i = 1, 2, \cdots, s, \\ y_{n+1} = y_n + h\sum\limits_{i=1}^{s} b_i f(t_n + c_i h, Y_i^{(n+1)}, y_l, \bar{y}_l), \\ \bar{y}_l = f(t_l, y_l, y_l, \bar{y}_l), \end{cases} \tag{7.2.17}$$

这里 $t_n = nh\ (n = 0, 1, 2, \cdots)$ 是网格节点, y_n 和 $\bar{y}_n$ 分别是真解 $y(t_n)$ 及其导数的逼近, $l = k\left[\dfrac{n}{k}\right]$.

定义 7.2.5 设 λ 是一个实常数. 方法 (A, b^{T}, c) 称为是 $E(\lambda)$-耗散的, 如果用该方法以步长 $h = 1/k$ 求解满足条件 1 及

$$\alpha + \frac{\beta\mu}{\lambda(1-\sigma)} < 0, \quad \sigma < 1 \tag{7.2.18}$$

的问题 (7.2.1) 时, 存在一有界集 $\mathcal{E} \subset \mathbf{H}$ 使得对任意的初值 y_0 都有

$$y_n \in \mathcal{E}, \qquad n \geqslant n_0,$$

其中 n_0 依赖于步长 h 和初值问题本身. 当上述定义中的条件 1 及 (7.2.18) 被条件 2 和

$$\alpha + \frac{\beta(L_u + L_v L_y)}{\lambda(1 - L_v\sigma)} < 0, \quad L_v\sigma < 1 \tag{7.2.19}$$

替代时, 称为弱 $E(\lambda)$-耗散的. 特别地, 一个 (弱) $E(1)$-耗散的方法简称为 (弱) E-耗散的.

下面, 我们将引入几个在以后的分析中起重要作用的定义和结果.

定义 7.2.6 (Hairer 和 Wanner [74]) 方法 (A, b^{T}, c) 称为是 DJ-可约的, 如果有非空指标集 $T \subset \{1, \cdots, s\}$,

$$b_j = 0, \quad j \in T \qquad \text{和} \qquad a_{ij} = 0, \quad i \notin T, j \in T.$$

否则, 称为 DJ-不可约的.

引理 7.2.7 (Hairer 和 Wanner [74]) DJ-不可约的, 代数稳定的 Runge-Kutta 法 (A, b^{T}, c) 满足

$$d_i = b_i > 0, \qquad i = 1, 2, \cdots, s.$$

为方便计, 引入下面的记号. 若 D 是一 $s\times s$ 非负对角矩阵, 于 $\mathbf{H}^s$ 定义一个伪内积

$$\langle Y,Z\rangle_D=\sum_{j=1}^{s}d_j\langle Y_j,Z_j\rangle,\quad Y=[Y_1,\cdots,Y_s]^{\mathrm{T}}\in\mathbf{H}^s,\quad Z=[Z_1,\cdots,Z_s]^{\mathrm{T}}\in\mathbf{H}^s$$

及其相应的伪范数

$$\|Y\|_D=\sqrt{\langle Y,Y\rangle_D}.$$

显然, 当 D 是正定的时, 它们分别是 $\mathbf{H}^s$ 上的内积和范数. 特别地, 当 D 是单位矩阵 I 时, $\|\cdot\|_D$ 简记为 $\|\cdot\|_I$.

现在, 我们讨论代数稳定的 Runge-Kutta 法的耗散性并给出下面的结果, 关于代数稳定性的定义见 5.4.1.

定理 7.2.8　设 Runge-Kutta 法 (A,b^{T},c) 是 DJ-不可约的、代数稳定的且满足条件

$$A^{-1}\ \text{存在},\ \text{且}\ |1-b^{\mathrm{T}}A^{-1}e|<1.$$

则该方法 (A,b^{T},c) 是 (弱) $E(\lambda)$-耗散的, 其中

$$\lambda=\frac{\omega(1-|1-b^{\mathrm{T}}A^{-1}e|)^2}{\|b^{\mathrm{T}}A^{-1}\|_2^2},\qquad \omega=\min_{1\leqslant i\leqslant s}b_i.$$

证明　我们将证明方法的弱耗散性. 方法的代数稳定性意味着 (见 Burrage 和 Butcher [34,35])

$$\|y_{n+1}\|^2\leqslant\|y_n\|^2+2h\sum_{j=1}^{s}b_j\Re e\langle Y_j^{(n)},f(t_n+c_jh,Y_j^{(n)},y_l,\bar{y}_l)\rangle.\tag{7.2.20}$$

进一步从条件 2 可得

$$\|y_{n+1}\|^2\leqslant\|y_n\|^2+2\alpha h\|Y^{(n)}\|_B^2+2h\beta\sum_{j=1}^{s}b_j\|f(t_n+c_jh,0,y_l,\bar{y}_l)\|^2,\tag{7.2.21}$$

这里 $B=\mathrm{diag}(b_1,\cdots,b_s)$, $Y^{(n)}=[Y_1^{(n)},\cdots,Y_s^{(n)}]^{\mathrm{T}}$. 因此, 对任意给定的 $\varepsilon>0$, 或

$$\|y_{n+1}\|^2\leqslant\|y_n\|^2+2\alpha h\varepsilon\tag{7.2.22}$$

成立, 或从 (7.2.21) 有

$$\|Y^{(n)}\|_B^2\leqslant\frac{\beta}{-\alpha}\sum_{j=1}^{s}b_j\|f(t_n+c_jh,0,y_l,\bar{y}_l)\|^2+\varepsilon.\tag{7.2.23}$$

不妨设 (7.2.23) 成立. 则从条件 2, 易得

$$\frac{\beta}{-\alpha}\sum_{j=1}^{s}b_j\left\|f(t_n+c_jh,0,y_l,\bar{y}_l)\right\|^2\leqslant\frac{\beta}{-\alpha}\sum_{j=1}^{s}b_j\left(\gamma_2+L_u\|y_l\|^2+L_v\|\bar{y}_l\|^2\right).\tag{7.2.24}$$

另一方面, 从条件 2 和式 (7.2.17) 容易推出

$$\|\bar{y}_l\|^2\leqslant\frac{\gamma_1+\gamma_2\sigma}{1-L_v\sigma}+\frac{L_y+L_u\sigma}{1-L_v\sigma}\|y_l\|^2,$$

并因此有

$$\begin{aligned}\|Y^{(n)}\|_B^2&\leqslant\frac{\beta}{-\alpha}\left(\frac{\gamma_2+L_v\gamma_1}{1-L_v\sigma}+\frac{L_u+L_vL_y}{1-L_v\sigma}\|y_l\|^2\right)+\varepsilon\\&\leqslant\tilde{\vartheta}\|y_l\|^2+\tilde{\upsilon}+\varepsilon,\end{aligned}\tag{7.2.25}$$

式中

$$\tilde{\vartheta}=\frac{\beta(L_u+L_vL_y)}{-\alpha(1-L_v\sigma)},\qquad\tilde{\upsilon}=\frac{\beta(L_v\gamma_1+\gamma_2)}{-\alpha(1-L_v\sigma)}.$$

因此, 利用引理 7.2.7 可得

$$\|Y^{(n)}\|_I\leqslant\vartheta\|y_l\|+\upsilon+\sqrt{\varepsilon/\omega},\tag{7.2.26}$$

其中

$$\vartheta=\sqrt{\tilde{\vartheta}/\omega},\quad\upsilon=\sqrt{\tilde{\upsilon}/\omega}.$$

另一方面, 式 (7.2.17) 意味着

$$y_{n+1}=(1-b^{\mathrm{T}}A^{-1}e)y_n+(b^{\mathrm{T}}A^{-1}\otimes I)Y^{(n)},\tag{7.2.27}$$

这里 $e=[1,1,\cdots,1]^{\mathrm{T}}$. 式 (7.2.27) 两边取范数可得

$$\begin{aligned}\|y_{n+1}\|&\leqslant|1-b^{\mathrm{T}}A^{-1}e|\|y_n\|+\|b^{\mathrm{T}}A^{-1}\|_2\|Y^{(n)}\|_I\\&\leqslant|1-b^{\mathrm{T}}A^{-1}e|\|y_n\|+\|b^{\mathrm{T}}A^{-1}\|_2\left(\vartheta\|y_l\|+\upsilon+\sqrt{\varepsilon/\omega}\right).\end{aligned}\tag{7.2.28}$$

引进记号

$$\delta=|1-b^{\mathrm{T}}A^{-1}e|,\quad\nu=\|b^{\mathrm{T}}A^{-1}\|_2.$$

因条件 (7.2.19) 意味着 $\dfrac{\nu\vartheta}{1-\delta}<1$, 从式 (7.2.28) 易得

$$\begin{aligned}\|y_{mk}\| &\leqslant \left(\delta^k+\sum_{i=0}^{k-1}\delta^i\nu\vartheta\right)\|y_{(m-1)k}\|+\sum_{i=0}^{k-1}\delta^i\nu\left(\upsilon+\sqrt{\varepsilon/\omega}\right)\\ &\leqslant \left(\delta^k+\frac{1-\delta^k}{1-\delta}\nu\vartheta\right)\|y_{(m-1)k}\|+\frac{1-\delta^k}{1-\delta}\nu\left(\upsilon+\sqrt{\varepsilon/\omega}\right)\\ &\leqslant \Theta^m\|y_0\|+\frac{1-\Theta^m}{1-\Theta}\frac{1-\delta^k}{1-\delta}\nu\left(\upsilon+\sqrt{\varepsilon/\omega}\right),\end{aligned}$$

这里

$$\Theta=\delta^k+\frac{\nu\vartheta}{1-\delta}(1-\delta^k)<\delta^k+1-\delta^k=1.$$

则对任意 $\varepsilon>0$ 存在 $n_0(\|y_0\|,\varepsilon)$ 使得

$$\|y_n\|\leqslant\frac{\nu\upsilon}{1-\delta-\nu\vartheta}+\varepsilon=R+\varepsilon,\qquad n\geqslant n_0, \tag{7.2.29}$$

从式 (7.2.22) 和式 (7.2.29) 即可证得方法 (7.2.17) 是弱 $E(\lambda)$-耗散的并且开球 $\mathbf{B}(0,R+\varepsilon)$ 是一吸引集. 同理可证方法的 $E(\lambda)$-耗散性.

推论 7.2.9　设 Runge-Kutta 法 (A,b^{T},c) 是 DJ-不可约的, 代数稳定的且满足条件

$$A^{-1}\ \text{存在},\quad \text{且}\ |1-b^{\mathrm{T}}A^{-1}e|<1,\qquad |1-b^{\mathrm{T}}A^{-1}e|+\|b^{\mathrm{T}}A^{-1}\|_2\leqslant 1.$$

则该方法 (A,b^{T},c) 是 (弱) $E(\omega)$-耗散的, 其中 $\omega=\min_{1\leqslant i\leqslant s}b_i$.

证明　注意到下面这个事实, 立得此定理的证明

$$\frac{\|b^{\mathrm{T}}A^{-1}\|_2}{1-|1-b^{\mathrm{T}}A^{-1}e|}\leqslant 1\ \ \text{且}\quad \frac{\tilde{\vartheta}\|b^{\mathrm{T}}A^{-1}\|_2^2}{\omega(1-|1-b^{\mathrm{T}}A^{-1}e|)^2}\leqslant\frac{\tilde{\vartheta}}{\omega}<1.$$

注意到若 $a_{si}=b_i$, $i=1,2,\cdots,s$, 从式 (7.2.25) 我们也可获得同样的结果. 下面的定理叙述了这个结论.

定理 7.2.10　设 Runge-Kutta 法 (A,b^{T},c) 是 DJ-不可约的、代数稳定的且满足条件

$$a_{si}=b_i,\quad i=1,2,\cdots,s. \tag{7.2.30}$$

则该方法 (A,b^{T},c) 是 (弱) $E(\lambda)$-耗散的, 这里 $\lambda=b_s$.

证明 当条件 (7.2.30) 成立时, 则 $y_{n+1} = Y_s^{(n)}$. 于是从式 (7.2.25) 可得

$$\|Y_s^{(n)}\|^2 \leqslant \frac{\tilde{\vartheta}}{b_s}\|y_l\|^2 + \frac{\tilde{\upsilon}}{b_s} + \frac{\varepsilon}{b_s}$$

并因此有

$$\|y_{(m-1)k+i}\|^2 \leqslant \hat{\vartheta}\|y_{(m-1)k}\|^2 + \hat{\upsilon} + \hat{\varepsilon}, \qquad i = 1, 2, \cdots, k,$$

这里

$$\hat{\vartheta} = \frac{\tilde{\vartheta}}{b_s}, \qquad \hat{\upsilon} = \frac{\tilde{\upsilon}}{b_s}, \qquad \hat{\varepsilon} = \frac{\varepsilon}{b_s}.$$

从而下式成立

$$\|y_{mk}\|^2 \leqslant \hat{\vartheta}\|y_{(m-1)k}\|^2 + \hat{\upsilon} + \hat{\varepsilon} \leqslant \hat{\vartheta}^m\|y_0\|^2 + \frac{1-\hat{\vartheta}^m}{1-\hat{\vartheta}}\left(\hat{\upsilon} + \hat{\varepsilon}\right).$$

注意到在这种情况下, $\hat{\vartheta} < 1$. 类似于定理 7.2.8 的证明, 注意到对任意的 $\varepsilon > 0$ 存在 $n_0(\|y_0\|, \varepsilon)$ 使得

$$\|y_n\| \leqslant \sqrt{\frac{\tilde{\upsilon}}{b_s - \tilde{\vartheta}}} + \varepsilon, \qquad n \geqslant n_0,$$

我们可轻易获得这个定理.

7.2.4 应用举例

例 7.2.3 单支 θ-方法

$$y_{n+1} = y_n + hf((1-\theta)t_n + \theta t_{n+1}, (1-\theta)y_n + \theta y_{n+1}), \quad \theta \geqslant \frac{1}{2}, \quad (7.2.31)$$

可以写成 Runge-Kutta 法的形式 (例见, [150])

$$\begin{array}{c|c} \theta & \theta \\ \hline & 1 \end{array}$$

并且是代数稳定的. 容易验证 $\delta = \dfrac{1-\theta}{\theta}$ 及 $\nu = \dfrac{1}{\theta}$. 从定理 7.2.8, 单支 θ-方法 (7.2.31) $\theta > \dfrac{1}{2}$ 是 (弱) $E((2\theta-1)^2)$-耗散的并且 $\mathbf{B}\left(0, \dfrac{\upsilon}{2\theta - 1 - \vartheta} + \varepsilon\right)$ 是一吸引集. 特别地, 隐式 Euler 方法是 (弱) E-耗散的且 $\mathbf{B}\left(0, \dfrac{\upsilon}{1-\vartheta} + \varepsilon\right)$ 是一吸引集.

例 7.2.4　Radau IA 方法

$$\begin{array}{c|cc} 0 & 1/4 & -1/4 \\ 2/3 & 1/4 & 5/12 \\ \hline & 1/4 & 3/4 \end{array} \tag{7.2.32}$$

是代数稳定的. 因 $\delta = 0$ 且 $\nu = 5/2$, 从定理 7.2.8 可知 Radau IA 方法 (7.2.32) 是 (弱) $E(1/10)$-耗散的且 $\mathbf{B}\left(0, \dfrac{v}{1-\vartheta} + \varepsilon\right)$ 是一吸引集.

例 7.2.5　因所有的 s $(s \geqslant 1)$ 级 Radau IIA 和 s $(s \geqslant 2)$ 级 Lobatto IIIC 方法满足引理 6.2.4 的假定, 其中 $a_{si} = b_i$, $i = 1, 2, \cdots, s$, 我们能断言这些方法都是 (弱) $E(\lambda)$-耗散的且开球 $\mathbf{B}\left(0, \sqrt{\tilde{v}/(b_s - \tilde{\vartheta})} + \varepsilon\right)$ 是一吸引集, 这里 $\lambda = b_s$.

7.3　非线性中立型延迟微分方程 Runge-Kutta 法的耗散性

考虑变延迟中立型方程 (7.1.1), 这里设 $t_{-1} = \inf_{t \geqslant 0}\{t - \tau(t)\}$, 函数 $f : [0, \infty) \times \mathbf{W} \times \mathbf{W} \times \mathbf{W} \to \mathbf{H}$ 局部 Lipschitz 连续且对所有的 $t \geqslant 0, y, u, v \in \mathbf{W}$ 满足条件:

$$\begin{aligned} &\Re e\langle f(t, y, u, v), y\rangle \leqslant \alpha(t)\|y\|^2 + \beta(t)\|f(t, 0, u, v)\|^2, \\ &\quad \|f(t, y, u, v)\|^2 \leqslant \gamma_1(t) + L_y(t)\|y\|^2 + \sigma(t)\|f(t, 0, u, v)\|^2, \\ &\quad \|f(t, 0, u, v)\|^2 \leqslant \gamma_2(t) + L_u(t)\|u\|^2 + L_v(t)\|v\|^2, \end{aligned} \tag{7.3.1}$$

这里 $\alpha(t)$, $\beta(t)$, $\sigma(t)$, $\gamma_1(t)$, $L_y(t)$, $\gamma_2(t)$, $L_u(t)$ 及 $L_v(t)$ 为 $[0, \infty)$ 上有界连续函数. 对所有 $t \geqslant 0$, 恒设 $\beta(t) \geqslant 0, L_y(t) \geqslant 0$, $\sigma(t) \geqslant 0$, $\gamma_1(t) \geqslant 0$, $\gamma_2(t) \geqslant 0$, $L_u(t) \geqslant 0$ 及 $L_v(t) \geqslant 0$.

如无特别说明, 本节始终假定延迟函数 $\tau(t)$ 连续并满足 $\mathcal{H}3$ 和 $\mathcal{H}4$ (见本书第 6 章), $\phi(t) : [t_{-1}, 0] \to \mathbb{C}^N$ 为给定的连续可微的初始函数.

7.3.1 小节我们将给出系统 (7.1.1) 耗散的充分条件. 对于 ODEs 和 DDEs, 这个条件与已有的充分条件一致. 7.3.2 小节我们将简介 Runge-Kutta 法. 7.3.3 小节我们证明了方法的保耗散性. 本节内容可参见 [228, 229].

7.3.1　系统的耗散性

这一小节, 我们将给出系统耗散的充分条件. 为此, 首先给出如下定义.

定义 7.3.1 (见 Humphries 和 Stuart [110] 或 Hill [80]) 称问题 (7.1.1) 于 $\mathbf{H}$ 上是耗散的, 如果存在一个有界集 $\mathbf{E}\subset\mathbf{H}$ 使得对任意的有界集 $\mathbf{D}\subset C^1[t_{-1},0]$ 都存在时刻 $t_0(\mathbf{D})$, 只要初始数据 $\phi\in\mathbf{D}$, 则当 $t\geqslant t_0$ 时相应的解 $y(t)$ 属于 $\mathbf{E}$. $\mathbf{E}$ 称为 $\mathbf{H}$ 中的一个吸引集.

令 $\alpha=\sup_{t\geqslant 0}\alpha(t)$, $\beta=\sup_{t\geqslant 0}\beta(t)$, $\gamma_1=\sup_{t\geqslant 0}\gamma_1(t)$, $\sigma=\sup_{t\geqslant 0}\sigma(t)$, $L_y=\sup_{t\geqslant 0}L_y(t)$, $\gamma_2=\sup_{t\geqslant 0}\gamma_2(t)$, $L_u=\sup_{t\geqslant 0}L_u(t)$, $L_v=\sup_{t\geqslant 0}L_v(t)$. 则我们有下面的结果.

定理 7.3.2 设 $y(t)$ 是问题 (7.1.1) 的解, f 满足 (7.3.1) 和

$$\alpha+\beta(L_u+L_vL_y)-L_v\sigma\alpha<0,\quad L_v\sigma<1. \tag{7.3.2}$$

则对任意的 $\varepsilon>0$ 存在 $t^*=t^*(\|\phi\|_{C^1[t_{-1},0]},\varepsilon)$, 使得对所有的 $t>t^*$ 有

$$\|y(t)\|^2<\frac{\beta(\gamma_2+L_v\gamma_1)}{-[\alpha+\beta(L_u+L_vL_y)-L_v\sigma\alpha]}+\varepsilon:=R+\varepsilon, \tag{7.3.3}$$

即系统是耗散的. 对任意的 $\varepsilon>0$, 开球 $\mathbf{B}=\mathbf{B}(0,\sqrt{R+\varepsilon})$ 是其吸引集.

证明 首先, 如同文献 [237], 鉴于条件 $(\mathcal{H}3)$ 和 $(\mathcal{H}4)$, 我们可以构造一个严格增加的序列 $\{\xi_k\}$ $(\xi_0=0)$ 满足

$$\lim_{k\to\infty}\xi_k=+\infty; \tag{7.3.4}$$

$$\eta(t-\tau_0)>\xi_k,\quad \forall t>\xi_{k+1},\quad k=0,1,\cdots; \tag{7.3.5}$$

存在一严格增加的序列 $\{n_k\},n_k\in\mathbb{Z}^+$, 使得

$$\lim_{k\to\infty}n_k=+\infty\ \text{ 且 }\ \xi_k=n_k\tau_0,\quad k=1,2,\cdots. \tag{7.3.6}$$

为证明此定理, 定义

$$Y(t):=\|y(t)\|^2=\langle y(t),y(t)\rangle,\quad \Phi(t):=f(t,0,y(\eta(t)),y'(\eta(t))).$$

则有

$$\begin{aligned}Y'(t)&=2\Re e\langle y(t),y'(t)\rangle=2\Re e\langle y(t),f(t,y(t),y(\eta(t)),y'(\eta(t)))\rangle\\&\leqslant 2\alpha Y(t)+2\beta\|\Phi(t)\|^2,\qquad t>0,\end{aligned}$$

此式意味着

$$e^{-2\alpha x}Y'(x)-2\alpha e^{-2\alpha x}Y(x)\leqslant 2\beta e^{-2\alpha x}\|\Phi(x)\|^2.$$

对任意的 t_0, $0 \leqslant t_0 \leqslant t$, 从 t_0 到 t 积分得

$$\int_{t_0}^{t} (e^{-2\alpha x} Y(x))' dx \leqslant \int_{t_0}^{t} 2e^{-2\alpha x} \beta \|\Phi(x)\|^2 dx, \tag{7.3.7}$$

上式意味着

$$Y(t) \leqslant e^{2\alpha(t-t_0)} Y(t_0) + \left[1 - e^{2\alpha(t-t_0)}\right] \frac{\beta}{-\alpha} \max_{t_0 \leqslant x \leqslant t} \|\Phi(x)\|^2. \tag{7.3.8}$$

若 $t \in (0, \tau_0]$, 在式 (7.3.8) 中选取 $t_0 = 0$ 得

$$Y(t) \leqslant \tilde{\phi} + \frac{\beta \gamma_2}{-\alpha} \left[1 - e^{2\alpha(t-t_0)}\right], \tag{7.3.9}$$

这里

$$\tilde{\phi} = \max\left\{1, \frac{\beta}{-\alpha} L_u, \frac{\beta}{-\alpha} L_v\right\} \|\phi\|_{C^1[t_{-1},0]}^2.$$

对任意的 $t > \tau_0$, 在式 (7.3.8) 中选取 $t_0 = t - \tau_0$ 可得

$$Y(t) \leqslant e^{2\alpha\tau_0} Y(t - \tau_0) + \left[1 - e^{2\alpha\tau_0}\right] \frac{\beta}{-\alpha} \max_{t-\tau_0 \leqslant x \leqslant t} \|\Phi(x)\|^2. \tag{7.3.10}$$

对任意的 $t > 0$, 定义

$$\Psi(t) := \max\left\{Y(t), \frac{\beta}{-\alpha} \|\Phi(t)\|^2\right\}.$$

则通过数学归纳法可以证明

$$\Psi(t) \leqslant \theta^{l-1} \bar{\phi} + r \sum_{j=0}^{n_l} \theta^j, \quad t \in (\xi_{l-1}, \xi_l], \quad l \in \mathbb{Z}^+, \tag{7.3.11}$$

式中

$$\theta = \frac{\beta(L_u + L_v L_y) - L_v \sigma \alpha}{-\alpha} + \frac{\alpha + \beta(L_u + L_v L_y) - L_v \sigma \alpha}{\alpha} e^{2\alpha\tau_0} < 1,$$

$$\bar{\phi} = \tilde{\phi} + \frac{r_0}{1-\theta}, \quad r_0 = \frac{\beta(\gamma_2 + L_v \gamma_1)}{-\alpha}, \quad r = \frac{\beta(\gamma_2 + L_v \gamma_1)}{-\alpha}(1 - e^{2\alpha\tau_0}).$$

我们首先证明 (7.3.11) 对 $l=1$ 成立. 在这种情况下, 利用数学归纳法可得

$$\Psi(t) \leqslant \tilde{\phi} + r_0 \sum_{j=0}^{i} \theta^j \leqslant \bar{\phi}, \quad t \in (i\tau_0, (i+1)\tau_0], \quad i = 0, 1, \cdots, n_1 - 1. \quad (7.3.12)$$

事实上, 若 $t \in (0, \tau_0]$, 式 (7.3.12) 显然成立. 现假定式 (7.3.12) 对所有 $t \in \bigcup_{i=0}^{q-1}(i\tau_0, (i+1)\tau_0]$ 成立, 其中 $1 \leqslant q < n_1$. 则对 $t \in (q\tau_0, (q+1)\tau_0]$, 定义

$$\mathcal{A}_1 = \{x | x \in [t-\tau_0, t] \text{且} \eta(x) \leqslant 0\}, \quad \mathcal{A}_2 = [t-\tau_0, t] \backslash \mathcal{A}_1.$$

因

$$\frac{\beta}{-\alpha}\|\Phi(t)\| \leqslant \tilde{\phi} + \frac{\beta\gamma_2}{-\alpha}, \qquad t \in \mathcal{A}_1 \quad (7.3.13)$$

和

$$\begin{aligned} \frac{\beta}{-\alpha}\|\Phi(t)\| &\leqslant \frac{\beta}{-\alpha}\left\{L_u Y(\eta(t)) + L_v\left[\gamma_1 + L_y Y(\eta(t)) + \sigma\|\Phi(\eta(t))\|^2\right] + \gamma_2\right\} \\ &\leqslant \theta\Psi(\eta(t)) + \frac{\beta(\gamma_2 + L_v\gamma_1)}{-\alpha} \\ &\leqslant \theta\tilde{\phi} + r_0\sum_{j=0}^{q}\theta^j, \qquad t \in \mathcal{A}_2. \end{aligned} \quad (7.3.14)$$

从 (7.3.10), 我们有

$$\begin{aligned} Y(t) &\leqslant \max\left\{Y(t-\tau_0), \frac{\beta}{-\alpha}\max_{t-\tau_0 \leqslant x \leqslant t}\|\Phi(x)\|^2\right\} \\ &\leqslant \max\left\{Y(t-\tau_0), \frac{\beta}{-\alpha}\max_{x\in\mathcal{A}_1}\|\Phi(x)\|^2, \frac{\beta}{-\alpha}\max_{x\in\mathcal{A}_2}\|\Phi(x)\|^2\right\} \\ &\leqslant \max\left\{\tilde{\phi} + r_0\sum_{j=0}^{q-1}\theta^j, \tilde{\phi} + \frac{\beta\gamma_2}{-\alpha}, \theta\left(\tilde{\phi} + r_0\sum_{j=0}^{q-1}\theta^j\right) + \frac{\beta(\gamma_2 + L_v\gamma_1)}{-\alpha}\right\} \\ &\leqslant \tilde{\phi} + r_0\sum_{j=0}^{q}\theta^j. \end{aligned} \quad (7.3.15)$$

不等式 (7.3.14) 和 (7.3.15) 意味着式 (7.3.12) 对 $t \in (q\tau_0, (q+1)\tau_0]$ 成立. 这也说明式 (7.3.12) 对任意 $t \in (0, \xi_1]$ 成立, 即式 (7.3.11) 对 $l=1$ 成立.

现在, 假定式 (7.3.11) 对任意固定的 $l=k,\ k\in\mathbb{N}$ 成立. 我们将证明当 k 由 $k+1$ 替代时同样的不等式成立. 实际上, 我们可利用数学归纳法证明

$$\Psi(t)\leqslant\theta^k\bar{\phi}+r\sum_{j=0}^{n_k+i}\theta^j,\quad t\in(\xi_k+(i-1)\tau_0,\xi_k+i\tau_0],\quad i=1,2,\cdots,n_{k+1}-n_k. \tag{7.3.16}$$

对 $i=1$, 从式 (7.3.10) 及归纳假设可以推出

$$\Psi(t)\leqslant\theta\max_{\eta(t-\tau_0)\leqslant x\leqslant t-\tau_0}\Psi(x)+r\leqslant\theta\left[\theta^{k-1}\bar{\phi}+r\sum_{j=0}^{n_k}\theta^j\right]+r\leqslant\theta^k\bar{\phi}+r\sum_{j=0}^{n_k+1}\theta^j,$$

上式意味着式 (7.3.16) 成立. 现假定式 (7.3.16) 对所有 $t\in\bigcup_{i=0}^{q-1}(\xi_k+i\tau_0,\xi_k+(i+1)\tau_0]$ 成立, 其中 $1\leqslant q<n_{k+1}-n_k$. 则, 对 $t\in(\xi_k+q\tau_0,\xi_k+(q+1)\tau_0]$, 从 (7.3.10) 我们有

$$\begin{aligned}\Psi(t)&\leqslant\theta\max_{\eta(t-\tau_0)\leqslant x\leqslant t-\tau_0}\Psi(x)+r\\&\leqslant\theta\max\left\{\theta^{k-1}\bar{\phi}+r\sum_{j=0}^{n_k}\theta^j,\max_{1\leqslant p\leqslant q}\left(\theta^k\bar{\phi}+r\sum_{j=0}^{n_k+p}\theta^j\right)\right\}+r\\&\leqslant\theta^k\bar{\phi}+r\sum_{j=0}^{n_k+q+1}\theta^j,\end{aligned}$$

这意味着式 (7.3.16) 对所有的 $t\in(\xi_k,\xi_{k+1}]$ 成立. 这也证明了式 (7.3.11) 对所有 $l\geqslant1$ 成立, 因此定理的结论成立. 证毕.

注 7.3.3　当系统 (7.1.1)—(7.1.2) 为常延迟微分方程时, 即函数 f 不依赖于“中立项” $y'(\eta(t))$, 定理 7.3.2 与文献中的结果相一致 (见 [95]).

注 7.3.4　特殊化定理 7.3.2 于 $L_u=0$ 且 $L_v=0$ 的情形, 我们能够获得没有延迟的动力系统, 即常微分方程系统的耗散性 [110].

例 7.3.1　考虑标量线性问题

$$y'(t)=ay(t)+by(t-\tau(t))+cy'(t-\tau(t))+d,\quad t\geqslant0, \tag{7.3.17}$$

这里 a, b, c 及 d 是复数且 $|c|<1$, $y(t)$ 是复值标量函数. 基于定理 7.3.2, 我们能断言系统是耗散的, 如果 $(1-\theta|c|)\Re e(a)+|b|+|ac|<0$, 这里

$$\theta=\frac{1-|c|+\sqrt{(1-|c|)^2+4c^2}}{2|c|}>1.$$

事实上, 因 $\theta|c|<1$, 对任意 $0<\delta<-[(1-\theta|c|)\Re e(a)+|b|+|ac|]$, 我们能选取

$$\alpha=\Re e(a)+\frac{|b|+|ac|+\delta}{2(1-\theta|c|)},\quad \beta=\frac{1-\theta|c|}{2(|b|+|ac|+\delta)},\quad \gamma_1=0,\quad L_y=\frac{\theta a^2}{\theta-1},$$

$$\sigma=\theta,\quad \gamma_2=\left[\frac{|b|}{\lambda}+\frac{|c|}{\nu}+1\right]d^2,\quad L_u=\frac{(|b|+\delta)^2+2|a|(|b|+\delta)}{(1-\theta|c|)(\theta-1)},\quad L_v=|c|,$$

这里

$$0<\nu\leqslant\frac{\theta-1}{\theta},$$

$$\lambda=\frac{(\theta|c|-\theta|c|\nu-|c|)b^2+(1-\nu-|c|)(2|ac|\delta+2|abc|+2|b|\delta+\delta^2)}{|b|(1-\nu-|c|)(1-\theta|c|)},$$

使得条件 (7.3.1) 和 (7.3.2) 在 $\mathbb{C}$ 的标准内积下成立. 当然, 我们也能够选取

$$\alpha=\Re e(a)+\frac{|b|+|ac|+2\delta(1-\theta|c|)}{2(1-\theta|c|)},\quad \beta=\frac{1-\theta|c|}{2[|b|+|ac|+2\delta(1-\theta|c|)]},$$

$$\gamma_1=0,\quad L_y=\frac{\theta a^2}{\theta-1},\quad \sigma=\theta,\quad \gamma_2=\left[\frac{|b|}{\lambda}+\frac{|c|}{\nu}+1\right]d^2,$$

$$L_u=\frac{(b^2+2|abc|)+2\delta(1-\theta|c|)(|b|+|ac|)}{1-\theta|c|},\qquad L_v=|c|,$$

这里

$$0<\nu\leqslant\frac{\theta-1}{\theta},$$

$$\lambda=\frac{(\theta|c|-\theta|c|\nu-|c|)b^2+(1-\nu-|c|)[2\delta(1-\theta|c|)(|b|+|ac|)+2|abc|]}{|b|(1-\nu-|c|)(1-\theta|c|)},$$

使得系统是耗散的, 且当 $c=0$ 时, 即 (7.3.17) 为延迟系统, 这里所获结果完全与 [95] 中的结果一致.

7.3.2 Runge-Kutta 法

这一小节开始考虑 Runge-Kutta 法求解常延迟的问题 (7.1.1), 即

$$y'(t)=f(t,y(t),y(t-\tau),y'(t-\tau)),\qquad t\geqslant 0,\tag{7.3.18}$$

$$y(t)=\phi(t),\qquad -\tau\leqslant t\leqslant 0,\tag{7.3.19}$$

其中 τ 为实常数. 以 (A,b^{T},c) 表示一个给定的 Runge-Kutta 法, 其中 $A=(a_{ij})$ 是 $s\times s$ 矩阵, $b=[b_1,\cdots,b_s]^{\mathrm{T}}$ 和 $c=[c_1,\cdots,c_s]^{\mathrm{T}}$ 为 s 维向量. 始终假定

$0 \leqslant c_1 \leqslant c_2 \leqslant \cdots \leqslant c_s \leqslant 1$ 及方法是相容的, 即 $\sum\limits_{i=1}^{s} b_i = 1$. 以 $h > 0$ 表示步长且满足 $\tau = mh$, 其中 m 是正整数, $t_{n,j} = t_n + c_j h, j = 1, 2, \cdots, s$. Runge-Kutta 法求解问题 (7.1.1) 具有形式

$$\begin{cases} Y_i^{(n)} = y_n + h \sum\limits_{j=1}^{s} a_{ij} \mathbb{Y}_j^{(n)}, & i = 1, \cdots, s, \\ \mathbb{Y}_j^{(n)} = f(t_{n,j}, Y_j^{(n)}, Y_j^{(n-m)}, \mathbb{Y}_j^{(n-m)}), & j = 1, \cdots, s, \\ y_{n+1} = y_n + h \sum\limits_{j=1}^{s} b_j \mathbb{Y}_j^{(n)}, \end{cases} \tag{7.3.20}$$

这里 y_n 是真解 $y(t_n)$ 在 $t_n = nh$ 处的逼近, 特别地, 有 $y_0 = \phi(0)$. $Y_i^{(n)}$ 和 $\mathbb{Y}_i^{(n)}$ 分别是 $y(t_{n,i})$ 和 $y'(t_{n,i})$ 的逼近.

因本节的目的是数值解耗散的条件, 而不是具体构造这个解, 我们始终假定隐式方程 (7.3.20) 存在唯一解 $[Y_1^{(n)}, Y_2^{(n)}, \cdots, Y_s^{(n)}] \in \mathbf{W}^s$.

下面的记号将频繁使用

$$d = \sum_{j=1}^{s} d_j, \quad \|\Delta_i^{(n)}\|^2 = \|f(t_{n,i}, 0, Y_i^{(n-m)}, \mathbb{Y}_i^{(n-m)})\|^2.$$

注意到 $\|\Delta_i^{(n)}\|^2$ 是 $\|f(t_{n,i}, 0, y(t_{n,i} - \tau), y'(t_{n,i} - \tau))\|^2$ 的离散模拟.

在调查数值耗散性之前, 我们需要下面的定义.

定义 7.3.5　问题 (7.3.18)—(7.3.19) 的数值解称为是耗散的, 如果对所有的 $R_1 > 0$ 存在一个 $n_0(R_1) > 0$, 使得对所有的 $\phi \in C^1[-\tau, 0]$ 和所有步长 $h > 0$, 存在仅依赖于步长 h 的 $R_h > 0$, 有

$$\|\phi\|_{C^1[-\tau,0]} < R_1 \Longrightarrow \|y_n\| < R_h, \qquad \forall n > n_0(R_1). \tag{7.3.21}$$

如果对于一个耗散系统, 一个数值方法产生的数值解是耗散的, 我们称这个方法是保耗散的.

7.3.3 数值方法的保耗散性

这一小节我们考虑 (k, l)-代数稳定 Runge-Kutta 法的保耗散性.

定理 7.3.6　应用一个关于非负对角矩阵 $D = \mathrm{diag}(d_1, d_2, \cdots, d_s)$ (k, l)-代数稳定的 s 级 Runge-Kutta 法 (A, b^{T}, c) 于满足条件 (7.3.1) 的 NDDEs (7.3.18)—(7.3.19). 设 $k < 1$ 且 (7.3.2) 成立, 如果

$$\left[\alpha + \frac{\beta(L_u + L_v L_y)}{1 - L_v \sigma}\right] h \leqslant l, \tag{7.3.22}$$

则对任意的 $\varepsilon > 0$, 存在 $n_0 = n_0(\|\phi\|_{C^1[-\tau,0]}, \varepsilon)$ 使得对所有的 $n > n_0$, 有

$$\|y_n\|^2 < R_h, \tag{7.3.23}$$

其中

$$R_h := \frac{2hd\beta(\gamma_2 + L_v\gamma_1)}{(1 - L_v\sigma)(1 - k)} + \varepsilon. \tag{7.3.24}$$

证明 正如 [35] 和 [95], 我们可获得

$$\|y_{n+1}\|^2 - k\|y_n\|^2 - 2\sum_{j=1}^{s} d_j \mathcal{R}e\langle Y_j^{(n)}, Q_{j+1} - lY_j^{(n)}\rangle = -\sum_{i=1}^{s+1}\sum_{j=1}^{s+1} \mathcal{M}_{ij}\langle Q_i, Q_j\rangle, \tag{7.3.25}$$

其中 $Q_1 = y_n$, $Q_j = hf(t_n + c_{j-1}h, Y_{j-1}^{(n)}, Y_{j-1}^{(n-m)}, \mathbb{Y}_{j-1}^{(n-m)})$, $j = 2, 3, \cdots, s+1$.

方法的 (k, l)-代数稳定性和条件 (7.3.1) 蕴涵着

$$\begin{aligned}\|y_{n+1}\|^2 &\leqslant k\|y_n\|^2 + 2\sum_{j=1}^{s} d_j \mathcal{R}e\langle Y_j^{(n)}, Q_{j+1} - lY_j^{(n)}\rangle \\ &\leqslant k\|y_n\|^2 + 2(\alpha h - l)\left\|Y^{(n)}\right\|_D^2 + 2h\beta\sum_{j=1}^{s} d_j \left\|\Delta_j^{(n)}\right\|^2. \end{aligned}\tag{7.3.26}$$

从条件 (7.3.1) 进一步可得

$$\begin{aligned}\sum_{j=1}^{s} d_j \left\|\Delta_j^{(n)}\right\|^2 &\leqslant \sum_{j=1}^{s} d_j \left\{\gamma_2 + L_u\left\|Y_j^{(n-m)}\right\|^2 + L_v\left\|\mathbb{Y}_j^{(n-m)}\right\|^2\right\} \\ &\leqslant d(\gamma_2 + L_v\gamma_1) + (L_u + L_vL_y)\left\|Y^{(n-m)}\right\|_D^2 \\ &\quad + L_v\sigma\sum_{j=1}^{s} d_j\left\|\Delta_j^{(n-m)}\right\|^2. \end{aligned}\tag{7.3.27}$$

通过递推并令 $\varpi = \lfloor n/m \rfloor$, 其中 $\lfloor x \rfloor$ 表示小于或等于 x 的最大整数, 我们有

$$\begin{aligned}\sum_{j=1}^{s} d_j \left\|\Delta_j^{(n)}\right\|^2 \leqslant& \sum_{r=0}^{\varpi-1}(L_v\sigma)^r\left[d(\gamma_2 + L_v\gamma_1) + (L_u + L_vL_y)\left\|Y^{(n-(r+1)m)}\right\|_D^2\right] \\ &+ (L_v\sigma)^{\varpi}\sum_{j=1}^{s} d_j\left\|\Delta_j^{(n-\varpi m)}\right\|^2\end{aligned}$$

$$\leqslant \sum_{r=0}^{\varpi-1}(L_v\sigma)^r\left[d(\gamma_2+L_v\gamma_1)+(L_u+L_vL_y)\left\|Y^{(n-(r+1)m)}\right\|_D^2\right]$$
$$+(L_v\sigma)^{\varpi}\left[d\gamma_2+d(L_u+L_v)\|\phi\|^2_{C^1[-\tau,0]}\right]. \tag{7.3.28}$$

将 (7.3.28) 代入 (7.3.26) 可得

$$\|y_{n+1}\|^2\leqslant k\|y_n\|^2+2(\alpha h-l)\left\|Y^{(n)}\right\|_D^2$$
$$+2h\beta\left\{\sum_{r=0}^{\varpi-1}(L_v\sigma)^r(L_u+L_vL_y)\left\|Y^{(n-(r+1)m)}\right\|_D^2\right.$$
$$\left.+\frac{d(\gamma_2+L_v\gamma_1)}{1-L_v\sigma}+(L_v\sigma)^{\varpi}d(L_u+L_v)\|\phi\|^2_{C^1[-\tau,0]}\right\}. \tag{7.3.29}$$

关于 n 简单递推可得

$$\|y_{n+1}\|^2\leqslant k^{n+1}\|y_0\|^2+2\sum_{i=0}^{n}k^{n-i}\left\{(\alpha h-l)\left\|Y^{(i)}\right\|_D^2\right.$$
$$\left.+h\beta(L_u+L_vL_y)\sum_{r=1}^{\varpi}(L_v\sigma)^{r-1}\left\|Y^{(i)}\right\|_D^2+\frac{hd\beta(\gamma_2+L_v\gamma_1)}{1-L_v\sigma}\right\}$$
$$+2h\beta md(L_u+L_v)\sum_{r=0}^{\varpi}(L_v\sigma)^rk^{\varpi-r}\|\phi\|^2_{C^1[-\tau,0]}$$
$$\leqslant k^{n+1}\|y_0\|^2+2\left[\left(\alpha+\frac{\beta(L_u+L_vL_y)}{1-L_v\sigma}\right)h-l\right]\sum_{i=0}^{n}k^{n-i}\|Y^{(i)}\|_D^2$$
$$+\frac{2hd\beta(\gamma_2+L_v\gamma_1)}{(1-L_v\sigma)(1-k)}+2\beta\tau d(L_u+L_v)\sum_{r=0}^{\varpi}(L_v\sigma)^rk^{\varpi-r}\|\phi\|^2_{C^1[-\tau,0]}. \tag{7.3.30}$$

使用条件 (7.3.22), 我们有

$$\|y_{n+1}\|^2\leqslant k^{n+1}\|y_0\|^2+\frac{2hd\beta(\gamma_2+L_v\gamma_1)}{(1-L_v\sigma)(1-k)}$$
$$+2\beta\tau d(L_u+L_v)\sum_{r=0}^{\varpi}(L_v\sigma)^rk^{\varpi-r}\|\phi\|^2_{C^1[-\tau,0]}. \tag{7.3.31}$$

因为 $L_v\sigma<1$ 和 $k<1$, 对任意 $\varepsilon>0$ 存在 $n_0(\|\phi\|_{C^1[t_*,0]},\varepsilon)$ 使得

$$\|y_n\|^2<\frac{2hd\beta(\gamma_2+L_v\gamma_1)}{(1-L_v\sigma)(1-k)}+\varepsilon,\qquad n\geqslant n_0,$$

这意味着数值解 y_n 是耗散的及方法是保耗散的. 证毕.

为建立代数稳定 Runge-Kutta 法的保耗散性, 我们需要下面的引理 (参见 [81]).

引理 7.3.7 (参见 [81]) 若 DJ-不可约、代数稳定 Runge-Kutta 法 (A, b^{T}, c) 满足 $|R(\infty)| < 1$, 则对任意 $l < 0$ 存在 $k < 1$ 使得方法是 (k, l)-代数稳定的.

鉴于上面的引理, 我们有下面的推论.

推论 7.3.8 若 s 级 DJ-不可约代数稳定 Runge-Kutta 法 (A, b^{T}, c) 满足 $|R(\infty)| < 1$, 则方法 (7.3.20) 对于满足条件 (7.3.1) 的 NDDEs (7.3.18)—(7.3.19) 是保耗散的.

从 [150] 和 [74], 我们知道所有 s 级 $(s \geqslant 1)$ Radau IA 和 Radau IIA Runge-Kutta 法及 s 级 $(s \geqslant 2)$ Lobatto IIIC Runge-Kutta 法满足推论 7.3.8 的假设且 $|R(\infty)| = 0$. 因此我们有下面的推论.

推论 7.3.9 任意 s 级 $(s \geqslant 1)$ Radau IA 和 Radau IIA Runge-Kutta 法及 s 级 $(s \geqslant 2)$ Lobatto IIIC Runge-Kutta 法应用于满足条件 (7.3.1) 的 NDDEs(7.3.18)—(7.3.19), 其数值解是耗散的.

注 7.3.10 注意到在定理 7.3.6 的假设下, 当 $h \to 0^+$ 和 $n \to \infty$ 时, 我们得不到 $\|y_n\| \to 0$. 这是因为对于某些数值方法, 当 $h \to 0^+$ 时, 从 (7.3.22) 我们有 $h \geqslant l \Big/ \left(\alpha + \dfrac{\beta(L_u + L_y L_v)}{1 - L_v \sigma}\right)$, 因此有 $l \to 0^-$ 及 $k \to 1^-$.

为了说明上面的情形, 我们举两个例子.

例 7.3.2 考虑单支 θ-方法

$$\begin{array}{c|c} \theta & \theta \\ \hline & 1 \end{array}$$

其中 $1/2 \leqslant \theta \leqslant 1$. 从 [35] 可知当 $l < 1/\theta$ 时, 其关于 $D = d = \vartheta$ 是 (k, l)-代数稳定, 其中 $k = \vartheta^2$ 和

$$\vartheta = \begin{cases} \dfrac{1 + l(1-\theta)}{1 - l\theta}, & l \geqslant -\dfrac{2\theta - 1}{2\theta(1-\theta)}, \\[2ex] \dfrac{1-\theta}{\theta}, & l < -\dfrac{2\theta - 1}{2\theta(1-\theta)}. \end{cases}$$

显然 $k<1$ 蕴涵着 $l<0$. 应用单支 θ-方法 $(\theta>1/2)$ 于满足条件 (7.3.1) 的 NDDEs (7.3.18)—(7.3.19), 对任意小的步长 $h>0$, 我们能选择 $l=\left(\alpha+\dfrac{\beta(L_u+L_yL_v)}{1-L_v\sigma}\right)h$, 其

满足 $l \geqslant -\dfrac{2\theta-1}{2\theta(1-\theta)}$. 那么我们有

$$1-k=1-\left(\frac{1+l(1-\theta)}{1-l\theta}\right)^2=-\frac{2l(1-l\theta)+l^2}{(1-l\theta)^2},$$

并因而对任意 $n \geqslant n_0$,

$$\begin{aligned}R_h&=\frac{2hd\beta(\gamma_2+L_v\gamma_1)}{(1-L_v\sigma)(1-k)}+\varepsilon\\&=\frac{2l(1-L_v\sigma)[1+l(1-\theta)]\beta(\gamma_2+L_v\gamma_1)}{[(1-L_v\sigma)\alpha+\beta(L_u+L_yL_v)](1-l\theta)}\Bigg/\left[-(1-L_v\sigma)\frac{2l(1-l\theta)+l^2}{(1-l\theta)^2}\right]+\varepsilon\\&=-\frac{2(1-l\theta)[1+l(1-\theta)]\beta(\gamma_2+L_v\gamma_1)}{[(1-L_v\sigma)\alpha+\beta(L_u+L_yL_v)][2(1-l\theta)+l]}+\varepsilon.\end{aligned}\tag{7.3.32}$$

观察到当 $h\to 0^+$ 时, 我们有 $l\to 0^-$ 并且

$$R_h\to\frac{\beta(\gamma_2+L_v\gamma_1)}{-[(1-L_v\sigma)\alpha+\beta(L_u+L_yL_v)]}+\varepsilon,$$

其逼近问题真解的界 R. 这意味着对充分小的步长 $h>0$, $\theta>1/2$ 的单支 θ-方法能够完全保持问题 (7.3.18)—(7.3.19) 的耗散性.

例 7.3.3　在此例中, 我们考虑 2 级 Lobatto IIIC 方法

$$\begin{array}{c|cc}0&1/2&-1/2\\1&1/2&1/2\\\hline&1/2&1/2\end{array}\tag{7.3.33}$$

在 [35], Burrage 和 Butcher 已计算出这个方法是 $(1/(1-l)^2,l)$-代数稳定的且 $l\leqslant 1$ 和 $D=\mathrm{diag}\left(\dfrac{1}{2(1-l)},\dfrac{1}{2(1-l)}\right)$. 显然, $k<1$ 蕴涵着 $l<0$. 当应用这个方法于满足条件 (7.3.1) 的 NDDEs(7.3.18)—(7.3.19) 时, 类似于上面的例子, 我们可获得同单支 θ-方法 ($\theta>1/2$) 相类似的结论, 即 2 级 Lobatto IIIC 方法对充分小的步长 $h>0$ 能够完全保持问题 (7.3.18)—(7.3.19) 的耗散性. 此结论的证明概要如下:

对任意步长 $h>0$, 可选择 $l=\left(\alpha+\dfrac{\beta(L_u+L_yL_v)}{1-L_v\sigma}\right)h<0$. 则我们有

$$1-k=1-\frac{1}{(1-l)^2}=\frac{l^2-2l}{(1-l)^2},$$

并因此, 对任意 $n \geqslant n_0$,

$$R_h = \frac{2hd\beta(\gamma_2 + L_v\gamma_1)}{(1 - L_v\sigma)(1 - k)} + \varepsilon = \frac{2(1-l)\beta(\gamma_2 + L_v\gamma_1)}{(l-2)[(1 - L_v\sigma)\alpha + \beta(L_u + L_yL_v)]} + \varepsilon. \quad (7.3.34)$$

观察到当 $h \to 0^+$ 时, 我们有 $l \to 0^-$ 及

$$R_h \to \frac{\beta(\gamma_2 + L_v\gamma_1)}{-[(1 - L_v\sigma)\alpha + \beta(L_u + L_yL_v)]} + \varepsilon,$$

其逼近问题真解的界 R.

总结上面两个例子中的结论可得如下定理.

定理 7.3.11 应用一个单支 θ-方法 $(\theta > 1/2)$ 或 2 级 Lobatto IIIC 方法于满足条件 (7.3.1) 的 NDDEs (7.3.18)—(7.3.19), 若 (7.3.22) 成立, 则对任意 $\varepsilon > 0$ 存在 $n_0 = n_0(\|\phi\|_{C^1[-\tau,0]}, \varepsilon)$ 使得对所有 $n > n_0$, 有

$$\|y_n\|^2 < R_h, \quad (7.3.35)$$

其中

$$R_h \to R, \qquad h \to 0. \quad (7.3.36)$$

应用我们的结果于非中立型 DDEs 可得如下推论.

推论 7.3.12 设 s 级 Runge-Kutta 法 (A, b^{T}, c) 关于非负对角矩阵 $D = \mathrm{diag}(d_1, d_2, \cdots, d_s)$ 是 (k,l)-代数稳定的且 $k < 1$, 并应用其于满足条件 (7.3.1) 的 DDEs (即 $L_v = 0$). 若 $\alpha + \beta L_u < 0$ 成立, 且

$$(\alpha + \beta L_u)\, h \leqslant l, \quad (7.3.37)$$

则对任意 $\varepsilon > 0$, 存在 $n_0 = n_0(\|\phi\|_{C^1[-\tau,0]}, \varepsilon)$ 使得对所有 $n > n_0$, 有

$$\|y_n\|^2 < R_h^D, \quad (7.3.38)$$

其中

$$R_h^D := \frac{2hd\beta\gamma_2}{1-k} + \varepsilon. \quad (7.3.39)$$

注 7.3.13 对非中立型 DDEs 系统, 黄乘明[95] 获得了 (k,l)-代数稳定 Runge-Kutta 法的保耗散性. 注意到推论 7.3.12 中的结果比 [95] 中结果要更为深刻. 首先, 条件 (7.3.37) 要弱于 [95] 中条件

$$(\alpha + \beta L_u)\, h < l. \quad (7.3.40)$$

其次, 对于一些像单支 θ-($\theta > 1/2$) 和 2 级 Lobatto IIIC(见例 7.3.2 和例 7.3.3) 一样的方法, 当 $h \to 0$ 时, 我们的界 R_h^D 将趋向于真解的界 $R = \dfrac{\beta\gamma_2}{-(\alpha+\beta L_u)} + \varepsilon$. 但是, 从 [95] 中的界 $R_h^H = \dfrac{2hd\beta\gamma_2}{1-\bar{k}} + \varepsilon$, 其中 $\bar{k} = \max\left\{k, \left(\dfrac{\beta L_u h}{-(\alpha h - l)}\right)^{1/m}\right\}$, 我们得不到类似的结论.

7.3.4 数值算例

这一小节, 为检验数值解的长时间行为, 我们呈现几个数值例子. 数值结果肯定了我们的理论分析. 为比较, 我们考虑文献 [68] 中系统

$$x'(t) = \sin(t) - ax + by + \frac{b_1[x(t-1) + b_2x'(t-1)]}{1 + [x(t-1) + b_2x'(t-1)]^2}, \quad t \geqslant 0, \tag{7.3.41}$$

$$y'(t) = \cos(t) + bx - ay + \frac{b_1[y(t-1) + b_2y'(t-1)]}{1 + [y(t-1) + b_2y'(t-1)]^2}, \quad t \geqslant 0, \tag{7.3.42}$$

带有

$$\text{初值条件 I:} \quad x(t) = 2[\sin(t) + \cos(t)], \quad y(t) = 2[\sin(t) - \cos(t)], \quad t \leqslant 0,$$

其中 $x(t)$, $y(t)$ 是实值标量函数, $a > 0$, b, b_1 和 b_2 是实参数.

文献 [68] 考虑了下面的常延迟 NDDEs, $\tau > 0$,

$$y'(t) = f(t, y(t), G(t, y(t-\tau), y'(t-\tau))), \qquad t \geqslant 0, \tag{7.3.43}$$

并获得了其解耗散的充分条件. 显然, (7.3.43) 是 (7.3.18) 的特例. 作为一个具体的例子, 文献 [68] 也考虑了方程 (7.3.41)—(7.3.42). 基于文献 [68] 的结果可知, 如果条件

$$|b| + |b_1| < a \quad \text{和} \quad (1 - ab_2)^2 + (b^2 + b_1^2)b_2^2 < \frac{1}{4} \tag{7.3.44}$$

成立, 其解是耗散的. 然而, 正如作者在该文中所指出的那样, 若

$$a = 0.05, \quad b = \frac{a}{2}, \quad b_1 = \frac{a}{2}, \quad b_2 = \frac{1}{a}, \tag{7.3.45}$$

条件 (7.3.44) 并不满足, 但由单支 θ-方法和线性 θ-方法获得的数值解都是耗散的. 这是为什么呢? 带有参数 (7.3.45) 的问题 (7.3.41)—(7.3.42) 的解是否耗散?

由 7.3.1 节的结果可知, 第二个问题的答案是肯定的, 并进一步可知, 如果问题 (7.3.41)—(7.3.42) 的参数满足

$$|b| < a, \tag{7.3.46}$$

则其解也是耗散的. 事实上, 对任意 $0 < \varepsilon < a - |b|$, 可选择

$$\alpha = -a + |b| + \varepsilon, \quad \beta = \frac{1}{4\varepsilon}, \quad L_y = 2(a + |b|)^2, \quad \sigma = 2, \quad \gamma_1 = 0,$$

$$L_u = L_v = 0, \quad \gamma_2 = 1 + 2\sqrt{2}|b_1| + 2b_1^2$$

使得在通常的 $\mathbb{R}^2$ 内积下条件 (7.3.2) 成立. 则由 7.3.1 小节的结果可得我们的结论.

现在我们考虑问题 (7.3.41)—(7.3.42) 的数值解, 其目的是数值验证我们的理论结果:

(1) 如果参数 a 和 b 满足条件 (7.3.46), 则问题 (7.3.41)—(7.3.42) 的解是耗散的;

(2) 当步长满足 (7.3.22) 时, (k,l)-代数稳定 Runge-Kutta ($k < 1$) 方法对非线性 NDDEs 是保耗散的;

(3) 真解的界 R 和数值解的界 R_h 独立于初始数据.

为此, 我们使用步长为 $h = 0.1$ 的 2 级 Radau IIA 方法 (Radau IIA2) 求解带有不同参数值 $a > 0$, b, b_1, b_2 和不同初值条件的问题 (7.3.41)—(7.3.42):

初值条件 II: $x(t) = 20[\sin(t) + \cos(t)], \quad y(t) = 20[\sin(t) - \cos(t)], \quad t \leqslant 0,$

初值条件 III: $x(t) = 200[\sin(t) + \cos(t)], \quad y(t) = 200[\sin(t) - \cos(t)], \quad t \leqslant 0.$

首先指出 2 级 Radau IIA 方法关于 $D = \mathrm{diag}(d_1, d_2)$ 是 (k,l)-代数稳定的 (参见 [35,74]), 其中 $\xi = (9 - 3\sqrt{17})/8$,

$$k = \begin{cases} \dfrac{4^2}{(5-2l)^2}, & l \leqslant \xi, \\ \dfrac{(3+4l)^2}{(3-2l)(3+4l-2l^2)}, & \xi \leqslant l < 3/2 \end{cases} \tag{7.3.47}$$

和

$$d_1 = \begin{cases} \dfrac{9}{(3-l)(5-2l)}, & l \leqslant \xi, \\ \dfrac{(3+4l)^2}{4(3+4l-2l^2)}, & \xi \leqslant l, \end{cases} \qquad d_2 = \begin{cases} \dfrac{2}{5-2l}, & l \leqslant \xi, \\ \dfrac{3+4l}{4(3+4l-2l^2)}, & \xi \leqslant l. \end{cases} \tag{7.3.48}$$

现在应用方法于参数 a, b, b_1, b_2 为 (7.3.45) 的问题 (7.3.41)—(7.3.42). 在此情形, 我们注意到由单支 θ-方法和线性 θ-方法所获数值解是耗散的. 现在图 7.3.1 所示 2 级 Radau IIA 方法 (Radau IIA2) 的数值解也是耗散的. 从图 7.3.1, 我们还可观察到界 R_h 独立于初始数据.

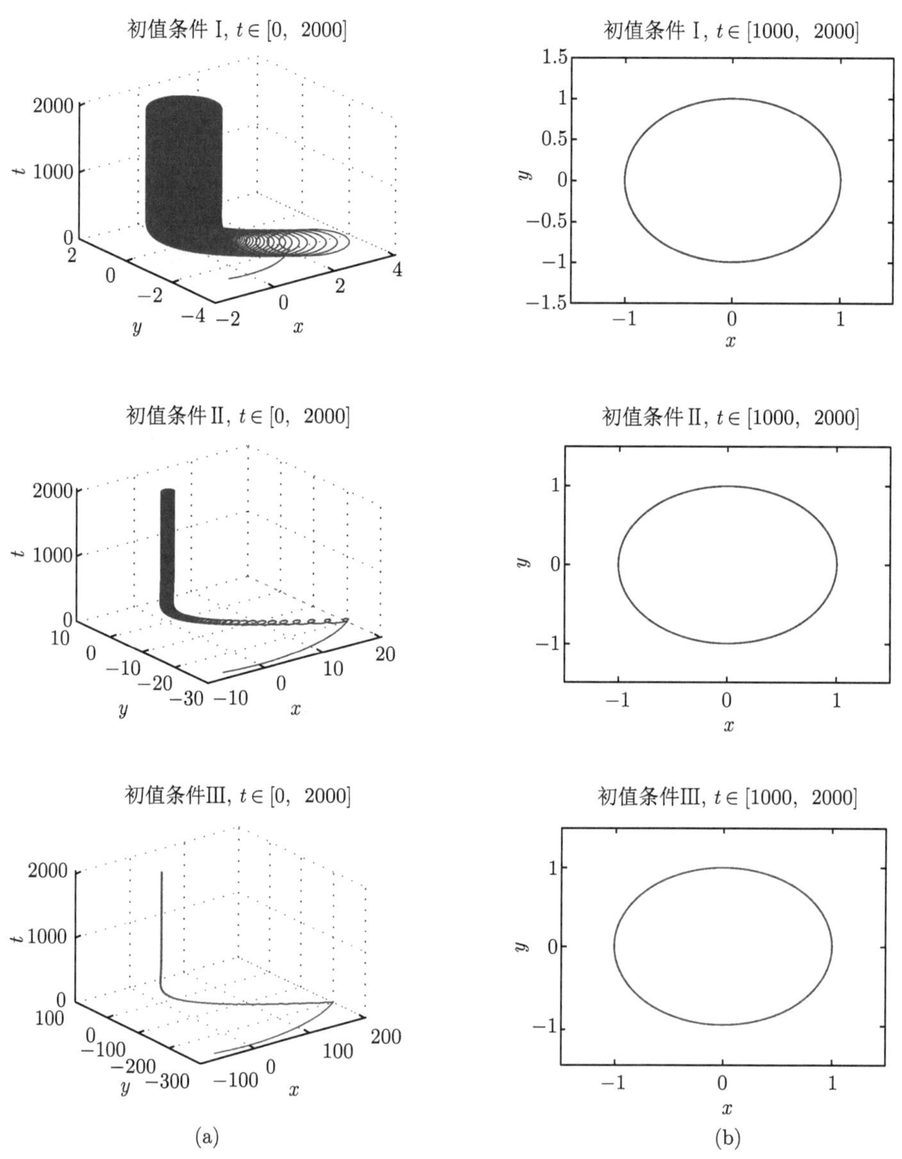

图 7.3.1　Radau IIA2 求解参数 a, b, b_1 和 b_2 为 (7.3.45) 的问题 (7.3.41)—(7.3.42) 的数值解, 其中 $h = 0.1$. (a) $t \in [0, 2000]$; (b) $t \in [1000, 2000]$

注意到由定理 7.3.2 可知真解的界 R 仅依赖于 a, b, b_1 但不依赖于 b_2, 因为对任意 $0<\varepsilon<a-|b|$, $R=\dfrac{1+2\sqrt{2}|b_1|+2b_1^2}{4\varepsilon(a-|b|-\varepsilon)}$. 为进一步验证这一理论结果, 我们改变参数值为

$$a=0.05,\quad b=0.0499,\quad b_1=\frac{a}{2},\quad b_2=200. \tag{7.3.49}$$

需要强调的是参数值 (7.3.49) 仍然满足条件 (7.3.46) 但不满足文献 [68] 中的条件 (7.3.44). 在此参数下, 由 Radau IIA2 方法在步长 $h=0.1$ 下所获数值解如图 7.3.2 所示.

最后, 当参数取为

$$a=0.05,\quad b=0.0499,\quad b_1=200,\quad b_2=\frac{1}{a} \tag{7.3.50}$$

时, 问题 (7.3.41)—(7.3.42) 的数值解如图 7.3.3 所示. 这进一步证实了我们的结论: 满足条件 (7.3.46) 的问题 (7.3.41)—(7.3.42) 的解是耗散的; 当步长满足 (7.3.22) 时, (k,l)-代数稳定 Runge-Kutta ($k<1$) 方法对非线性 NDDEs 是保耗散的.

从图 7.3.3, 我们观察到另外一个有趣的现象: 带有不同初值条件并满足条件 (7.3.2) 的问题 (7.3.41)—(7.3.42) 的解可能完全不同, 但它们展现出某种对称性且界是一样的. 直观地说, 当 $t\in[1000,2000]$ 时, 带有初值条件 I 的问题 (7.3.41)—(7.3.42) 的解在区域 $[219.5,221.5]\times[66,69]$ 里, 而带有初值条件 II 和 III 的解在区域 $[-221.5,-219.5]\times[-69,-66]$ 里. 这揭示了耗散系统的解比渐近稳定系统的解要更为复杂.

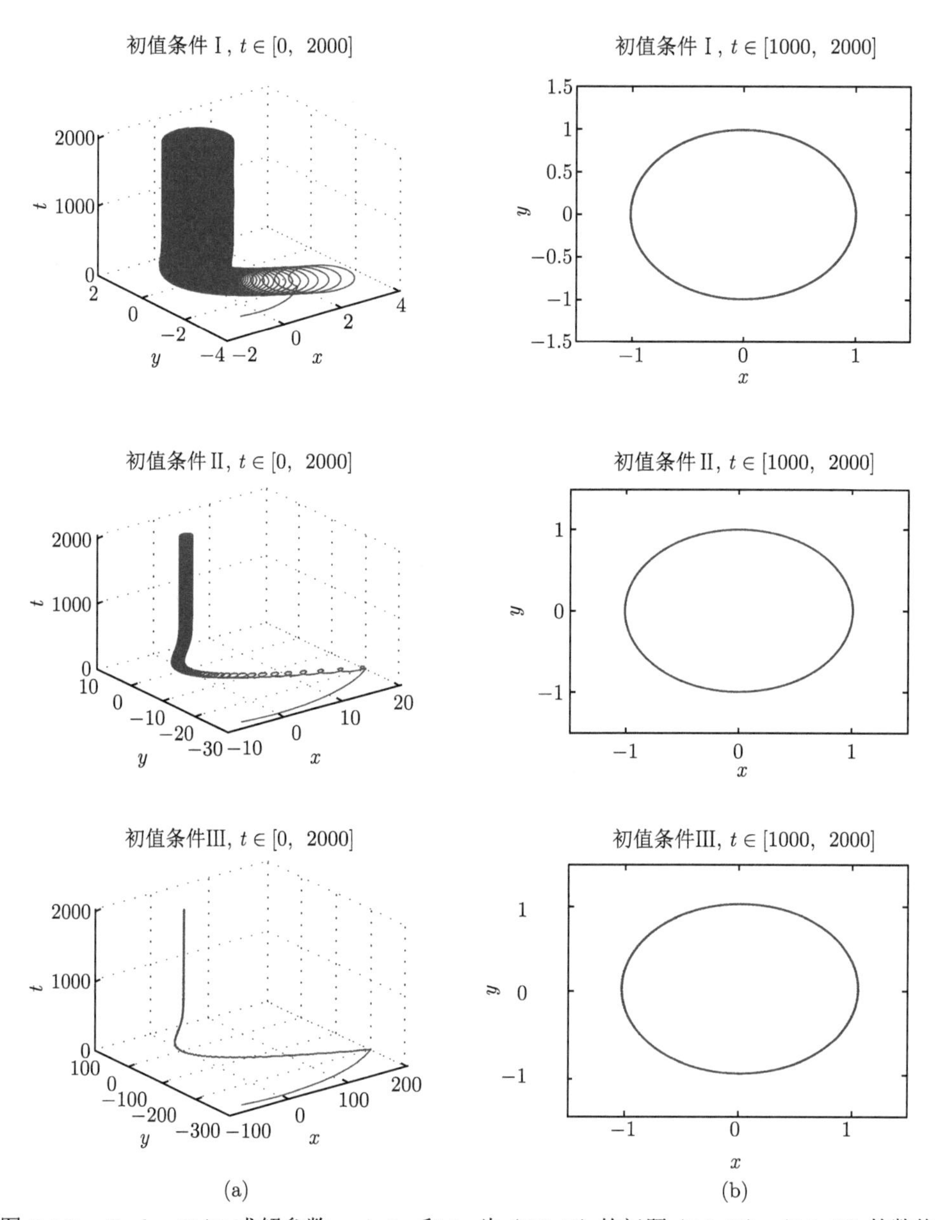

图 7.3.2　Radau IIA2 求解参数 a, b, b_1 和 b_2 为 (7.3.49) 的问题 (7.3.41)—(7.3.42) 的数值解, 其中 $h = 0.1$. (a) $t \in [0, 2000]$; (b) $t \in [1000, 2000]$

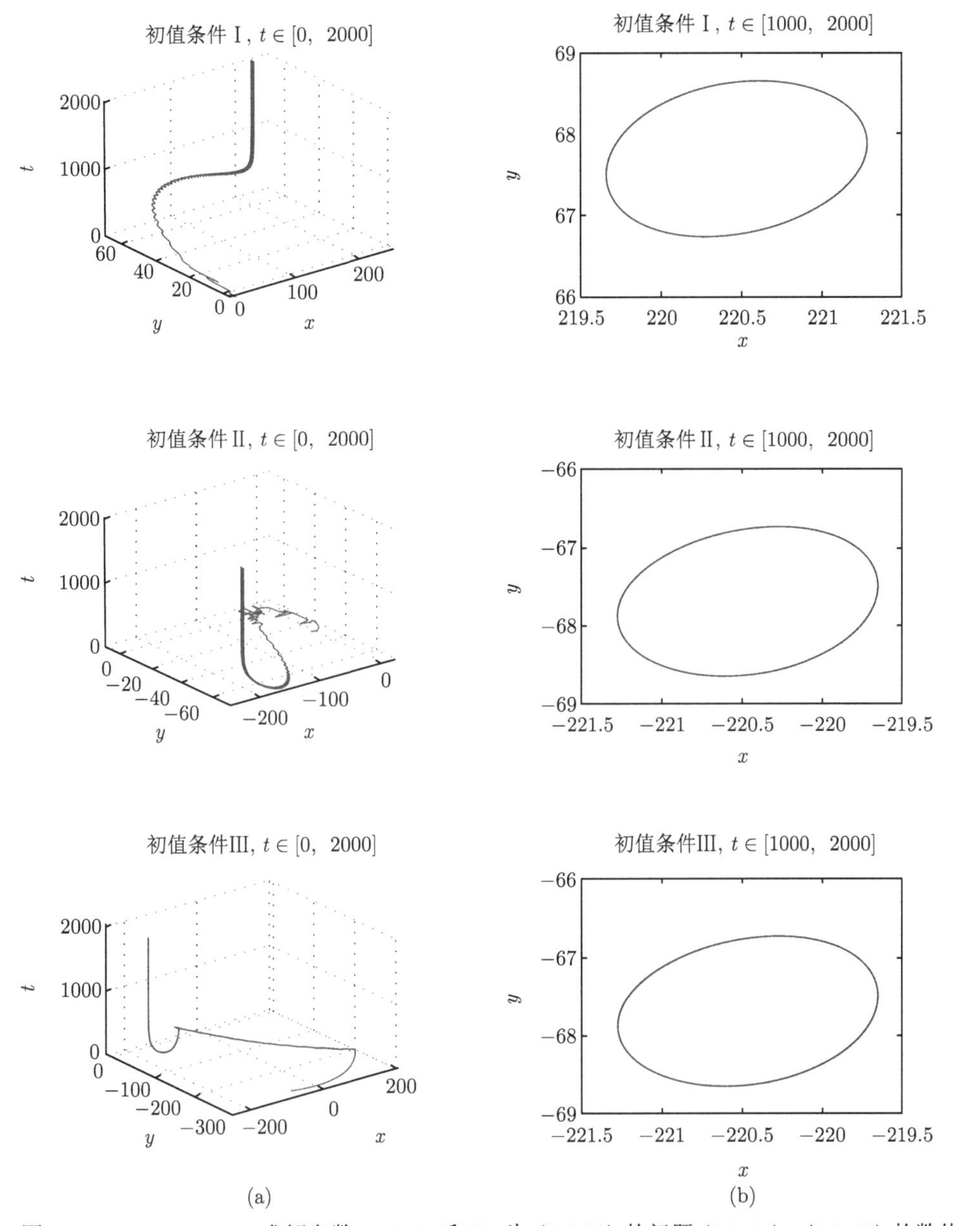

图 7.3.3 Radau IIA2 求解参数 a, b, b_1 和 b_2 为 (7.3.50) 的问题 (7.3.41)—(7.3.42) 的数值解, 其中 $h = 0.1$. (a) $t \in [0, 2000]$; (b) $t \in [1000, 2000]$

第 8 章 中立型泛函微分方程数值方法的 B-理论

8.1 引言

考虑中立型泛函微分方程初值问题, 即

$$\begin{cases} y'(t) = f(t, y(t), y(\cdot), y'(\cdot)), & t \in I_T = [0, T], \\ y(t) \ = \phi(t), & t \in I_\tau = [-\tau, 0], \end{cases} \tag{8.1.1}$$

这里 τ, T 是常数, $-\infty < T < +\infty$, $0 \leqslant \tau < +\infty$, $\phi \in C_N^1[-\tau, 0]$ 是给定的初始函数, $f : [t_0, T] \times \mathbb{R}^N \times C_N^1[-\tau, T] \times C_N[-\tau, T] \to \mathbb{R}^N$ 是给定的连续映射, 满足条件

$$\begin{cases} \langle f(t, u_1, \psi, \chi) - f(t, u_2, \psi, \chi), u_1 - u_2 \rangle \leqslant \alpha \|u_1 - u_2\|^2, \\ \quad \forall t \in [0, T], u_1, u_2 \in \mathbb{R}^N, \psi, \chi \in C_N[-\tau, T], \\ \quad \|f(t, u_1, \psi_1, \chi_1) - f(t, u_2, \psi_2, \chi_2)\| \\ \quad \leqslant L\|u_1 - u_2\| + \beta \max\limits_{-\tau \leqslant \xi \leqslant t} \|\psi_1(\xi) - \psi_2(\xi)\| \\ \quad + \gamma \max\limits_{-\tau \leqslant \xi \leqslant t} \|\chi_1(\xi) - \chi_2(\xi)\|, \\ \quad \forall t \in [0, T], u_1, u_2 \in \mathbb{R}^N, \psi_1, \psi_2, \chi_1, \chi_2 \in C_N[-\tau, T], \end{cases} \tag{8.1.2}$$

其中 α 和 L, β, γ 分别是单边 Lipschitz 常数及经典 Lipschitz 常数. 恒设 $\gamma < 1$ 且 β, γL 和

$$\alpha_+ := \begin{cases} \alpha, & \alpha \geqslant 0, \\ 0, & \alpha < 0 \end{cases}$$

仅具有适度大小, 但这里允许 L 为大常数, 即允许问题具有刚性. 当 $L \gg 1$ 时, 即问题具有强刚性时, 从 γL 仅具有适度大小可知 $\gamma \ll 1$.

刚性常微分方程的 B-理论, 是近三十年来常微分方程数值解法研究领域的巨大成就之一, 是刚性问题算法理论的突破性进展, 这方面存在大量文献 (可参阅 [37, 74, 150, 244, 254] 及其中的参考文献). 2003 年和 2005 年, 李寿佛将刚性常微分方程 Runge-Kutta 法和一般线性方法的 B-理论推广到泛函微分方程情形 [153,154]. 本章将进一步将此理论推广到中立型泛函微分方程. 将统一和扩张非线性刚性常微分方程、非线性 Volterra 泛函微分方程的 B-理论.

在 8.2 节, 我们将讨论 Runge-Kutta 法的 B-理论, 包括 B-稳定性、B-相容性和 B-收敛性. 在 8.3 节我们将讨论一般线性方法的 B-理论.

8.2 Runge-Kutta 法的 B-理论

本节内容可参见 [224], 主要讨论 Runge-Kutta 法求解中立型泛函微分方程的 B-理论.

8.2.1 Runge-Kutta 法

任意一个求解常微分方程初值问题的 s 级 Runge-Kutta 法

$$
(A, b^{\mathrm{T}}, c) = \begin{array}{c|c} c & A \\ \hline & b^{\mathrm{T}} \end{array} = \begin{array}{c|cccc} c_1 & a_{11} & a_{12} & \cdots & a_{1s} \\ c_2 & a_{21} & a_{22} & \cdots & a_{2s} \\ \vdots & \vdots & \vdots & & \vdots \\ c_s & a_{s1} & a_{s2} & \cdots & a_{ss} \\ \hline & b_1 & b_2 & \cdots & b_s \end{array} \tag{8.2.1}
$$

与两个适当的插值算子 π^h, Π^h 相结合便可构成求解中立型泛函微分方程初值问题 (8.1.1) 的 s 级 Runge-Kutta 法

$$
\begin{cases} y^h(t) = \pi^h(t; \psi, y_1, y_2, \cdots, y_{n+1}), & -\tau \leqslant t \leqslant t_{n+1}, \\ \mathbb{Y}^h(t) = \Pi^h(t; \psi', \mathbb{Y}_1, \mathbb{Y}_2, \cdots, \mathbb{Y}_{n+1}), & -\tau \leqslant t \leqslant t_{n+1}, \\ Y^{(n+1)} = e y_n + h_n A F(Y^{(n+1)}, y^h, \mathbb{Y}^h), \\ y_{n+1} = y_n + h_n b^T F(Y^{(n+1)}, y^h, \mathbb{Y}^h), \\ \mathbb{Y}_{n+1} = f(t_{n+1}, y_{n+1}, y^h, \mathbb{Y}^h), \end{cases} \tag{8.2.2}
$$

这里插值函数 $y^h(t)$ 和 $\mathbb{Y}^h(t)$ 分别是问题 (8.1.1) 的真解 $y(t)$ 及其导数 $y'(t)$ 的逼近, $\psi \in C_N^1[-\tau, 0]$ 是初始函数 ϕ 的逼近, $y_0 := \psi(0)$, $\mathbb{Y}_0 := \psi'(0)$, $y_n \in \mathbb{R}^N$ 及 $Y^{(n+1)} = [Y_1^{(n+1)\mathrm{T}}, Y_2^{(n+1)\mathrm{T}}, \cdots, Y_s^{(n+1)\mathrm{T}}]^{\mathrm{T}} \in \mathbb{R}^{Ns}$ 分别是真解的值 $y(t_n)$ 及 $Y(t_n, h_n) = [y(t_n + c_1 h_n)^{\mathrm{T}}, y(t_n + c_2 h_n)^{\mathrm{T}}, \cdots, y(t_n + c_s h_n)^{\mathrm{T}}]^{\mathrm{T}}$ 的逼近, $\mathbb{Y}_n$ 是真解导数的值 $y'(t_n)$ 的逼近, t_n $(n = 0, 1, \cdots, N_T)$ 是网格节点, 满足不等式

$$
0 = t_0 < t_1 < \cdots < t_{N_T} = T \tag{8.2.3}
$$

及某种附加条件 $\mathcal{F}$, $h_n = t_{n+1} - t_n$ 是积分步长, A, b^{T} 及 e 分别是与矩阵 $A = [a_{ij}]$, $b^{\mathrm{T}} = [b_1, b_2, \cdots, b_s]$ 及 $e = [1, 1, \cdots, 1]^{\mathrm{T}} \in \mathbb{R}^s$ 相应的线性映射,

$$
\begin{aligned} F(Y^{n+1}, y^h, \mathbb{Y}^h) = [&f(t_n + c_1 h_n, Y_1^{n+1}, y^h, \mathbb{Y}^h)^{\mathrm{T}}, f(t_n + c_2 h_n, Y_2^{(n+1)}, y^h, \mathbb{Y}^h)^{\mathrm{T}}, \\ &\cdots, f(t_n + c_s h_n, Y_s^{(n+1)}, y^h, \mathbb{Y}^h)^{\mathrm{T}}]^{\mathrm{T}}. \end{aligned} \tag{8.2.4}
$$

为简单计, 以符号 Δ_h 表示网域 $\{t_0, t_1, \cdots, t_n\}$, 恒设向量 $c=[c_1, c_2, \cdots, c_s]^{\mathrm{T}}$ 的每个元素 $c_i \in [0,1]$, 并设插值算子 π^h 和 Π^h 分别满足正规性条件

$$\begin{aligned}
&\max_{-\tau\leqslant t\leqslant t_{n+1}} \|\pi^h(t;\psi, y_1, \cdots, y_{n+1}) - \pi^h(t;\chi, z_1, \cdots, z_{n+1})\| \\
&\leqslant c_\pi \max\left\{\max_{1\leqslant i\leqslant n+1}\|y_i - z_i\|, \max_{-\tau\leqslant t\leqslant 0}\|\psi(t)-\chi(t)\|\right\}, \\
&\quad \forall \psi, \chi \in C_N^1[-\tau, 0],\ \Delta_h \in \{\Delta_h\},\ y_i, z_i \in \mathbb{R}^N, i=1,2,\cdots,n+1 \quad (8.2.5)
\end{aligned}$$

和

$$\begin{aligned}
&\max_{-\tau\leqslant t\leqslant t_{n+1}} \|\Pi^h(t;\psi', \mathbb{Y}_1, \cdots, \mathbb{Y}_{n+1}) - \Pi^h(t;\chi', \mathbb{Z}_1, \cdots, \mathbb{Z}_{n+1})\| \\
&\leqslant c_\Pi \max\left\{\max_{1\leqslant i\leqslant n+1}\|\mathbb{Y}_i - \mathbb{Z}_i\|, \max_{-\tau\leqslant t\leqslant 0}\|\psi'(t)-\chi'(t)\|\right\}, \\
&\quad \forall \psi, \chi \in C_N^1[-\tau, 0],\ \Delta_h \in \{\Delta_h\},\ \mathbb{Y}_i, \mathbb{Z}_i \in \mathbb{R}^N,\quad i=1,2,\cdots,n+1, \quad (8.2.6)
\end{aligned}$$

这里及下文, 符号 $\{\Delta_h\}$ 表示一切满足不等式 (8.2.3) 及附加条件 $\mathcal{F}$ 的网域 $\Delta_h = \{t_0, t_1, \cdots, t_n\}$ 所构成的定向半序集, 这里的下标 $h = \max_{0\leqslant n\leqslant N_T-1} h_n$, 常数 c_π, c_Π 不依赖于 n 及网域 Δ_h, 不依赖于问题的刚性. 注意为了保证插值算子 π^h, Π^h 满足正规性条件 (8.2.5)—(8.2.6), 要求每个网域 $\Delta_h \in \{\Delta_h\}$ 除满足不等式 (8.2.3) 外, 还满足某种附加条件 $\mathcal{F}$ 是必要的 (参见 [153]).

一般说来, 对于任给的 $\psi \in C_N^1[-\tau, 0]$, $y_1, y_2, \cdots, y_n, \mathbb{Y}_1, \mathbb{Y}_2, \cdots, \mathbb{Y}_n \in \mathbb{R}^N$, 只要取步长 h_n 足够小, 从方程 (8.2.2) 便可唯一确定 $y_{n+1}, \mathbb{Y}_{n+1}$, 从而完成一个积分步 $(\psi, y_1, y_2, \cdots, y_n, \mathbb{Y}_1, \mathbb{Y}_2, \cdots, \mathbb{Y}_n) \to (\psi, y_1, y_2, \cdots, y_{n+1}, \mathbb{Y}_1, \mathbb{Y}_2, \cdots, \mathbb{Y}_{n+1})$ 的计算. 鉴于方法 (8.2.2) 是从 (8.2.1) 诱导出来的, 故称方法 (8.2.1) 是方法 (8.2.2) 的母方法.

8.2.2 B-稳定性

按照文献 [60, 148, 151, 153] 的思想给出下列定义.

定义 8.2.1 方法 (8.2.2) 称为是 B-稳定的, 如果存在常数 c_1, c_2, c_3, c_4, $c_5 > 0$, 它们仅依赖于方法, 使得对于任何满足条件 (8.1.2) 及 $\gamma c_\Pi < 1$ 的初值问题 (8.1.1)、任何网域 $\Delta_h \in \{\Delta_h\}$ 及任意两个平行的积分步 $(\psi, y_1, y_2, \cdots, y_n, \mathbb{Y}_1, \mathbb{Y}_2, \cdots, \mathbb{Y}_n) \to (\psi, y_1, y_2, \cdots, y_{n+1}, \mathbb{Y}_1, \mathbb{Y}_2, \cdots, \mathbb{Y}_{n+1})$ 和 $(\chi, z_1, z_2, \cdots, z_n, \mathbb{Z}_1, \mathbb{Z}_2, \cdots, \mathbb{Z}_n) \to (\chi, z_1, z_2, \cdots, z_{n+1}, \mathbb{Z}_1, \mathbb{Z}_2, \cdots, \mathbb{Z}_{n+1})$, 有

$$\begin{aligned}
\|y_{n+1} - z_{n+1}\| \leqslant{}& (1 + c_1\alpha_+ h_n)^{\frac{1}{2}}\|y_n - z_n\| \\
&+ c_2\beta h_n \max_{-\tau\leqslant t\leqslant t_{n+1}} \|\pi^h(t;\psi, y_1, y_2, \cdots, y_{n+1})
\end{aligned}$$

$$
\begin{aligned}
&- \pi^h(t;\chi,z_1,z_2,\cdots,z_{n+1})\| \\
&+ c_3\gamma h_n \max_{-\tau\leqslant t\leqslant t_{n+1}} \|\Pi^h(t;\psi',\mathbb{Y}_1,\mathbb{Y}_2,\cdots,\mathbb{Y}_{n+1}) \\
&- \Pi^h(t;\chi',\mathbb{Z}_1,\mathbb{Z}_2,\cdots,\mathbb{Z}_{n+1})\|,
\end{aligned}
$$

$$
\alpha h_n \leqslant c_4, \qquad \frac{r\beta+\gamma L}{1-\gamma c_\Pi} h_n \leqslant c_5, \tag{8.2.7}
$$

这里 $r = c_\pi/c_\Pi$ 称为插值比. 注意这里前一积分步直接由方程 (8.2.2) 确定, 后一积分步可从用 $\chi, z_1, z_2, \cdots, z_n, \mathbb{Z}_1, \mathbb{Z}_2, \cdots, \mathbb{Z}_n$ 分别去代替方程 (8.2.2) 中的 $\psi, y_1, y_2, \cdots, y_n, \mathbb{Y}_1, \mathbb{Y}_2, \cdots, \mathbb{Y}_n$ 而得到的方程确定.

定义 8.2.2 方法 (8.2.2) 称为是 BS-稳定的, 如果存在常数 $\hat{c}_1$, $\hat{c}_2$, $\hat{c}_3$, $\hat{c}_4$, $\hat{c}_5$, $\hat{c}_6 > 0$, 它们仅依赖于方法, 使得对于任何满足条件 (8.1.2) 及 $\gamma c_\Pi < 1$ 的初值问题 (8.1.1)、任何网域 $\Delta_h \in \{\Delta_h\}$ 及由式 (8.2.2) 确定的任一积分步 $(\psi, y_1, y_2, \cdots, y_n, \mathbb{Y}_1, \mathbb{Y}_2, \cdots, \mathbb{Y}_n) \to (\psi, y_1, y_2, \cdots, y_{n+1}, \mathbb{Y}_1, \mathbb{Y}_2, \cdots, \mathbb{Y}_{n+1})$ 和相应的扰动步

$$
\begin{cases}
\hat{y}^h(t) = \pi^h(t;\psi,y_1,y_2,\cdots,y_n,\hat{y}_{n+1}) + R_0(t), & -\tau\leqslant t\leqslant t_{n+1}, \\
\hat{\mathbb{Y}}^h(t) = \Pi^h(t;\psi',\mathbb{Y}_1,\mathbb{Y}_2,\cdots,\mathbb{Y}_n,\hat{\mathbb{Y}}_{n+1}) + R_1(t), & -\tau\leqslant t\leqslant t_{n+1}, \\
\hat{Y}^{(n+1)} = ey_n + h_nAF(\hat{Y}^{(n+1)},\hat{y}^h,\hat{\mathbb{Y}}^h) + R_2, \\
\hat{y}_{n+1} = y_n + h_nb^TF(\hat{Y}^{(n+1)},\hat{y}^h,\hat{\mathbb{Y}}^h) + R_3, \\
\hat{\mathbb{Y}}_{n+1} = f(t_{n+1},\hat{y}_{n+1},\hat{y}^h,\hat{\mathbb{Y}}^h) + R_4
\end{cases} \tag{8.2.8}
$$

(这里 $R_0, R_1 \in C_N[-\tau, t_{n+1}]$, $R_2 \in \mathbb{R}^{Ns}$, $R_3, R_4 \in \mathbb{R}^N$ 是任给的扰动), 有

$$
\begin{aligned}
\|\hat{y}_{n+1} - y_{n+1}\| \leqslant\ & \hat{c}_1(\|R_2\| + \|R_3\|) + \hat{c}_2\beta h_n \max_{-\tau\leqslant t\leqslant t_{n+1}} \|R_0(t)\| \\
&+ \hat{c}_3\gamma h_n \max_{-\tau\leqslant t\leqslant t_{n+1}} \|R_1(t)\| + \frac{\hat{c}_4\gamma h_n}{1-\gamma c_\Pi}\|R_4\|, \\
&\alpha h_n \leqslant \hat{c}_5, \quad \frac{r\beta+\gamma L}{1-\gamma c_\Pi} h_n \leqslant \hat{c}_6.
\end{aligned} \tag{8.2.9}
$$

定义 8.2.3 方法 (8.2.2) 称为是 BSI-稳定的, 如果存在常数 $\breve{c}_1, \breve{c}_2, \breve{c}_3, \breve{c}_4$, 它们仅依赖于方法, 使得对于任何满足条件 (8.1.2) 及 $\gamma c_\Pi < 1$ 的初值问题 (8.1.1)、任何网域 $\Delta_h \in \{\Delta_h\}$ 及由式 (8.2.2) 确定的任一积分步 $(\psi, y_1, y_2, \cdots, y_n, \mathbb{Y}_1, \mathbb{Y}_2, \cdots, \mathbb{Y}_n) \to (\psi, y_1, y_2, \cdots, y_{n+1}, \mathbb{Y}_1, \mathbb{Y}_2, \cdots, \mathbb{Y}_{n+1})$ 和相应的扰动步 (8.2.8), 有

$$
\|\hat{Y}^{(n+1)} - Y^{(n+1)}\| \leqslant \breve{c}_1\|R_2\| + \breve{c}_2\beta h_n \left(\max_{-\tau\leqslant t\leqslant t_{n+1}} \|R_0(t)\| + c_\pi\|\hat{y}_{n+1} - y_{n+1}\| \right)
$$

$$
\begin{aligned}
&+ \breve{c}_3 \gamma h_n \left(\max_{-\tau \leqslant t \leqslant t_{n+1}} \|R_1(t)\| + c_\Pi \|\hat{\mathbb{Y}}_{n+1} - \mathbb{Y}_{n+1}\| \right), \\
&\alpha h_n \leqslant \breve{c}_4.
\end{aligned} \tag{8.2.10}
$$

定义 8.2.4　方法 (8.2.2) 称为是代数稳定的, 如果它的母方法 (8.2.1) 是代数稳定的; 方法 (8.2.2) 称为是对角稳定的, 如果它的母方法 (8.2.1) 是对角稳定的.

由于常微分方程初值问题可视为中立型泛函微分方程初值问题 (8.1.1) 的最简单的特殊情形, 且此情形下方法 (8.2.2) 退化为母方法 (8.2.1), 故从定义可直接推出如下命题.

命题 8.2.5　方法 (8.2.2) 的 B-, BS-及 BSI-稳定性分别蕴涵母方法 (8.2.1) 的 B-, BS-及 BSI-稳定性. 方法 (8.2.2) 的代数稳定性及对角稳定性分别等价于母方法 (8.2.1) 的代数稳定性及对角稳定性.

这里关于母方法 (8.2.1) 的各种稳定性概念可参阅文献 [60, 148, 151, 153] 也可参见定义 5.4.1.

定理 8.2.6　若方法 (8.2.2) 是对角稳定的, 则它是 BS-稳定且 BSI-稳定的.

证明　方法 (8.2.2) 的对角稳定性意味着存在 $s \times s$ 对角矩阵 $B > 0$, 使得

$$
E := BA + A^{\mathrm{T}} B > 0. \tag{8.2.11}
$$

由此显见矩阵 A 非奇, 且存在仅依赖于方法的常数 $\breve{c}_4 > 0$, 使得

$$
\breve{E} := A^{-\mathrm{T}} E A^{-1} - 2\breve{c}_3 B > 0. \tag{8.2.12}
$$

记

$$
W = \hat{Y}^{(n+1)} - Y^{(n+1)}, \quad Q = h_n[F(\hat{Y}^{(n+1)}, \hat{y}^h, \hat{\mathbb{Y}}^h) - F(Y^{(n+1)}, y^h, \mathbb{Y}^h)]. \tag{8.2.13}
$$

当 $\alpha h_n \leqslant \breve{c}_4$ 时, 由 (8.1.2), (8.2.2), (8.2.8) 及 (8.2.11)—(8.2.13) 可推出

$$
\begin{aligned}
&-2h_n\sqrt{s}\|B\|\|W\| \left(\beta \max_{-\tau \leqslant t \leqslant t_{n+1}} \|\hat{y}^h(t) - y^h(t)\| + \gamma \max_{-\tau \leqslant t \leqslant t_{n+1}} \|\hat{\mathbb{Y}}^h(t) - \mathbb{Y}^h(t)\| \right) \\
&\leqslant \langle W, 2\breve{c}_3 BW \rangle + 2\langle Q, -BW \rangle = -\langle W, \breve{E}W \rangle + 2\langle BA^{-1}W - BQ, W \rangle \\
&\leqslant -\lambda_{\min}^{\breve{E}} \|W\|^2 + \|2BA^{-1}\|\|W\|\|R_2\|.
\end{aligned}
$$

由此及 (8.2.8), (8.2.2) 和 (8.2.5) 式得

$$
\begin{aligned}
\lambda_{\min}^{\breve{E}} \|W\| \leqslant{}& \|2BA^{-1}\|\|R_2\| + 2h_n\beta\sqrt{s}\|B\|\Big(\max_{-\tau \leqslant t \leqslant t_{n+1}} \|\pi^h(t; \psi, y_1, y_2, \cdots, y_n, \hat{y}_{n+1}) \\
&- \pi^h(t; \psi, y_1, y_2, \cdots, y_n, y_{n+1})\| + \max_{-\tau \leqslant t \leqslant t_{n+1}} \|R_0(t)\|\Big)
\end{aligned}
$$

$$
\begin{aligned}
&+2h_n\gamma\sqrt{s}\|B\|(\max_{-\tau\leqslant t\leqslant t_{n+1}}\|\Pi^h(t;\psi',\mathbb{Y}_1,\mathbb{Y}_2,\cdots,\mathbb{Y}_n,\hat{\mathbb{Y}}_{n+1})\\
&-\Pi^h(t;\psi',\mathbb{Y}_1,\mathbb{Y}_2,\cdots,\mathbb{Y}_n,\mathbb{Y}_{n+1})\|+\max_{-\tau\leqslant t\leqslant t_{n+1}}\|R_1(t)\|)\\
\leqslant&\|2BA^{-1}\|\|R_2\|+2h_n\beta\sqrt{s}\|B\|(c_\pi\|\hat{y}_{n+1}-y_{n+1}\|+\max_{-\tau\leqslant t\leqslant t_{n+1}}\|R_0(t)\|)\\
&+2h_n\gamma\sqrt{s}\|B\|(c_\Pi\|\hat{\mathbb{Y}}_{n+1}-\mathbb{Y}_{n+1}\|+\max_{-\tau\leqslant t\leqslant t_{n+1}}\|R_1(t)\|).
\end{aligned}
$$

故有

$$
\begin{aligned}
\|W\|\leqslant\ &\breve{c}_1\|R_2\|+\breve{c}_2\beta h_n(\max_{-\tau\leqslant t\leqslant t_{n+1}}\|R_0(t)\|+c_\pi\|\hat{y}_{n+1}-y_{n+1}\|)\\
&+\breve{c}_3\gamma h_n(\max_{-\tau\leqslant t\leqslant t_{n+1}}\|R_1(t)\|+c_\Pi\|\hat{\mathbb{Y}}_{n+1}-\mathbb{Y}_{n+1}\|),\quad \alpha h_n\leqslant\breve{c}_4,
\end{aligned}\tag{8.2.14}
$$

这里

$$
\breve{c}_1=\|2BA^{-1}\|/\lambda_{\min}^{\breve{E}},\quad \breve{c}_2=(2\sqrt{s}\|B\|)/\lambda_{\min}^{\breve{E}},\quad \breve{c}_3=(2\sqrt{s}\|B\|)/\lambda_{\min}^{\breve{E}}.
$$

至此方法的 BSI-稳定性得证. 其次由 (8.2.2), (8.2.8) 及 (8.2.14) 式推出

$$
\begin{aligned}
\|\hat{y}_{n+1}-y_{n+1}\|&=\|b^{\mathrm{T}}Q+R_3\|=\|b^{\mathrm{T}}A^{-1}(\hat{Y}^{(n+1)}-Y^{(n+1)}-R_2)+R_3\|\\
&\leqslant\|b^{\mathrm{T}}A^{-1}\|(\|\hat{Y}^{(n+1)}-Y^{(n+1)}\|+\|R_2\|)+\|R_3\|\\
&\leqslant(1+\breve{c}_1)\|b^{\mathrm{T}}A^{-1}\|\|R_2\|+\breve{c}_2\beta h_n\|b^{\mathrm{T}}A^{-1}\|\max_{-\tau\leqslant t\leqslant t_{n+1}}\|R_0(t)\|\\
&\quad+\breve{c}_2c_\pi\beta h_n\|b^{\mathrm{T}}A^{-1}\|\|\hat{y}_{n+1}-y_{n+1}\|+\|R_3\|\\
&\quad+\breve{c}_3\gamma h_n\|b^{\mathrm{T}}A^{-1}\|(\max_{-\tau\leqslant t\leqslant t_{n+1}}\|R_1(t)\|+c_\Pi\|\hat{\mathbb{Y}}_{n+1}-\mathbb{Y}_{n+1}\|).
\end{aligned}\tag{8.2.15}
$$

另一方面, 从条件 (8.1.2) 可得

$$
\begin{aligned}
\|\hat{\mathbb{Y}}_{n+1}-\mathbb{Y}_{n+1}\|\leqslant&L\|\hat{y}_{n+1}-y_{n+1}\|+\beta(\max_{-\tau\leqslant t\leqslant t_{n+1}}\|R_0(t)\|+c_\pi\|\hat{y}_{n+1}-y_{n+1}\|)\\
&+\gamma(\max_{-\tau\leqslant t\leqslant t_{n+1}}\|R_1(t)\|+c_\Pi\|\hat{\mathbb{Y}}_{n+1}-\mathbb{Y}_{n+1}\|)+\|R_4\|.
\end{aligned}
$$

由此立得

$$
\begin{aligned}
\|\hat{\mathbb{Y}}_{n+1}-\mathbb{Y}_{n+1}\|\leqslant&\frac{L}{1-\gamma c_\Pi}\|\hat{y}_{n+1}-y_{n+1}\|\\
&+\frac{\beta}{1-\gamma c_\Pi}(\max_{-\tau\leqslant t\leqslant t_{n+1}}\|R_0(t)\|+c_\pi\|\hat{y}_{n+1}-y_{n+1}\|)
\end{aligned}
$$

$$+\frac{\gamma}{1-\gamma c_{\Pi}}\max_{-\tau\leqslant t\leqslant t_{n+1}}\|R_1(t)\|+\frac{1}{1-\gamma c_{\Pi}}\|R_4\|.$$

将上式代入 (8.2.15) 可得

$$\begin{aligned}\|\hat{y}_{n+1}-y_{n+1}\|\leqslant{}&\hat{c}_1(\|R_2\|+\|R_3\|)+\hat{c}_2\beta h_n\max_{-\tau\leqslant t\leqslant t_{n+1}}\|R_0(t)\|+\frac{\hat{c}_4\gamma h_n}{1-\gamma c_{\Pi}}\|R_4\|\\&+\hat{c}_3\gamma h_n\max_{-\tau\leqslant t\leqslant t_{n+1}}\|R_1(t)\|,\quad \alpha h_n\leqslant\hat{c}_5,\ \frac{r\beta+\gamma L}{1-\gamma c_{\Pi}}h_n\leqslant\hat{c}_6,\end{aligned}$$

这里用到了 $\breve{c}_2=\breve{c}_3$, 并且

$$\hat{c}_1=\frac{1}{c_0}\max\left\{(1+\breve{c}_1)\|b^{\mathrm{T}}A^{-1}\|,\ 1\right\},\quad \hat{c}_2=\frac{\breve{c}_2\|b^{\mathrm{T}}A^{-1}\|}{c_0},$$

$$\hat{c}_3=\frac{\breve{c}_3\|b^{\mathrm{T}}A^{-1}\|}{c_0},\quad \hat{c}_4=\frac{\breve{c}_3c_{\Pi}\|b^{\mathrm{T}}A^{-1}\|}{c_0},\quad \hat{c}_5=\breve{c}_4,\quad \hat{c}_6=\frac{1-c_0}{\breve{c}_2c_{\Pi}\|b^{\mathrm{T}}A^{-1}\|},$$

其中常数 $c_0\in(0,1)$ 任给. 证毕.

从定理 8.2.6 的证明过程易知下面的命题成立.

命题 8.2.7 *方法 (8.2.2) 的 BSI-稳定性蕴涵 BS-稳定性.*

定理 8.2.8 *若方法 (8.2.2)BS-稳定, 且它的母方法 (8.2.1) 是 B-稳定的, 则方法 (8.2.2) 是 B-稳定的.*

证明 考虑用方法 (8.2.2) 求解满足条件 (8.1.2) 的任何初值问题 (8.1.1) 时的任意两个平行的积分步 $(\psi,y_1,y_2,\cdots,y_n,\mathbb{Y}_1,\mathbb{Y}_2,\cdots,\mathbb{Y}_n)\to(\psi,y_1,y_2,\cdots,y_{n+1},\mathbb{Y}_1,\mathbb{Y}_2,\cdots,\mathbb{Y}_{n+1})$ 和 $(\chi,z_1,z_2,\cdots,z_n,\mathbb{Z}_1,\mathbb{Z}_2,\cdots,\mathbb{Z}_n)\to(\chi,z_1,z_2,\cdots,z_{n+1},\mathbb{Z}_1,\mathbb{Z}_2,\cdots,\mathbb{Z}_{n+1})$, 前者由 (8.2.2) 式确定, 后者由式

$$\begin{cases}z^h(t)=\pi^h(t;\chi,z_1,z_2,\cdots,z_{n+1}),\\ \mathbb{Z}^h(t)=\Pi^h(t;\chi',\mathbb{Z}_1,\mathbb{Z}_2,\cdots,\mathbb{Z}_{n+1}),\\ Z^{(n+1)}=ez_n+h_nAF(Z^{(n+1)},z^h),\\ z_{n+1}=z_n+h_nb^{\mathrm{T}}F(Z^{(n+1)},z^h),\\ \mathbb{Z}_{n+1}=f(t_{n+1},z_{n+1},z^h,\mathbb{Z}^h)\end{cases}\tag{8.2.16}$$

确定. 同时考虑用母方法 (8.2.1) 按步长 h_n 求解常微分方程

$$u'(t)=f(t,u(t),y^h,\mathbb{Y}^h),\qquad t_n\leqslant t\leqslant t_{n+1}$$

的相应的两个平行积分步 $(t_n, u_n) \to (t_{n+1}, u_{n+1})$:

$$\begin{cases} U^{(n+1)} = eu_n + h_n AF(U^{(n+1)}, y^h, \mathbb{Y}^h), \\ u_{n+1} = u_n + h_n b^{\mathrm{T}} F(U^{(n+1)}, y^h, \mathbb{Y}^h) \end{cases} \tag{8.2.17}$$

及 $(t_n, v_n) \to (t_{n+1}, v_{n+1})$:

$$\begin{cases} V^{(n+1)} = ev_n + h_n AF(V^{(n+1)}, y^h, \mathbb{Y}^h), \\ v_{n+1} = v_n + h_n b^{\mathrm{T}} F(V^{(n+1)}, y^h, \mathbb{Y}^h), \end{cases} \tag{8.2.18}$$

这里的 $y^h, \mathbb{Y}^h \in C_N[-\tau, t_{n+1}]$ 由方程 (8.2.2) 确定. 令 $u_n = y_n$, $v_n = z_n$. 则方程 (8.2.17) 可等价地写成

$$\begin{cases} y^h(t) = \pi^h(t, \psi, y_1, y_2, \cdots, y_n, u_{n+1}) + R_u(t), & -\tau \leqslant t \leqslant t_{n+1}, \\ \mathbb{Y}^h(t) = \Pi^h(t; \psi', \mathbb{Y}_1, \mathbb{Y}_2, \cdots, \mathbb{Y}_n, \mathbb{U}_{n+1}) + R_U(t), & -\tau \leqslant t \leqslant t_{n+1}, \\ U^{(n+1)} = ey_n + h_n AF(U^{(n+1)}, y^h, \mathbb{Y}^h), \\ u_{n+1} = y_n + h_n b^{\mathrm{T}} F(U^{(n+1)}, y^h, \mathbb{Y}^h), \\ \mathbb{U}_{n+1} = f(t_{n+1}, u_{n+1}, y^h, \mathbb{Y}^h), \end{cases} \tag{8.2.19}$$

其中

$$R_u(t) = \pi^h(t; \psi, y_1, y_2, \cdots, y_{n+1}) - \pi^h(t; \psi, y_1, y_2, \cdots, y_n, u_{n+1}),$$

$$R_U(t) = \Pi^h(t; \psi', \mathbb{Y}_1, \mathbb{Y}_2, \cdots, \mathbb{Y}_{n+1}) - \Pi^h(t; \psi', \mathbb{Y}_1, \mathbb{Y}_2, \cdots, \mathbb{Y}_n, \mathbb{U}_{n+1}).$$

(8.2.19) 式可视为积分步 (8.2.2) 的一个扰动步. 于是由 BS-稳定性及插值算子 π^h 和 Π^h 的正规性条件 (8.2.5) 和 (8.2.6) 得到

$$\begin{aligned} \|u_{n+1} - y_{n+1}\| &\leqslant \hat{c}_2 \beta h_n \max_{-\tau \leqslant t \leqslant t_{n+1}} \|R_u(t)\| + \hat{c}_3 \gamma h_n \max_{-\tau \leqslant t \leqslant t_{n+1}} \|R_U(t)\| \\ &\leqslant \hat{c}_2 c_\pi \beta h_n \|u_{n+1} - y_{n+1}\| + \hat{c}_3 c_\Pi \gamma h_n \|\mathbb{U}_{n+1} - \mathbb{Y}_{n+1}\|, \\ &\qquad \alpha h_n \leqslant \hat{c}_5, \quad \frac{r\beta + \gamma L}{1 - \gamma c_\Pi} h_n \leqslant \hat{c}_6. \end{aligned}$$

另一方面, 从条件 (8.1.2) 容易得到

$$\|\mathbb{U}_{n+1} - \mathbb{Y}_{n+1}\| \leqslant L \|u_{n+1} - y_{n+1}\|.$$

由此立得

$$\|u_{n+1} - y_{n+1}\| \leqslant \hat{c}_2 c_\pi \beta h_n \|u_{n+1} - y_{n+1}\| + \hat{c}_3 c_\Pi \gamma L h_n \|u_{n+1} - y_{n+1}\|$$

$$\leqslant \hat{c}_2 c_\Pi (r\beta + \gamma L) h_n \|u_{n+1} - y_{n+1}\|,$$

$$\alpha h_n \leqslant \hat{c}_5, \quad \frac{r\beta + \gamma L}{1 - \gamma c_\Pi} h_n \leqslant \hat{c}_6.$$

任取 $\hat{c}_0 \in (0,1)$, 则当 $\alpha h_n \leqslant \hat{c}_5$ 且 $\dfrac{r\beta + \gamma L}{1 - \gamma c_\Pi} h_n \leqslant \min\left\{\hat{c}_6, \dfrac{1 - \hat{c}_0}{\hat{c}_2 c_\Pi}\right\}$ 时从上式易推出

$$u_{n+1} = y_{n+1}, \qquad \alpha h_n \leqslant \hat{c}_5, \quad \frac{r\beta + \gamma L}{1 - \gamma c_\Pi} h_n \leqslant \min\left\{\hat{c}_6, \frac{1 - \hat{c}_0}{\hat{c}_2 c_\Pi}\right\}. \tag{8.2.20}$$

方程 (8.2.18) 可等价地写成

$$\begin{cases} y^h(t) = \Pi^h(t; \chi, z_1, z_2, \cdots, z_n, v_{n+1}) + R_v(t), & -\tau \leqslant t \leqslant t_{n+1}, \\ \mathbb{Y}^h(t) = \Pi^h(t; \chi', \mathbb{Z}_1, \mathbb{Z}_2, \cdots, \mathbb{Z}_n, \mathbb{V}_{n+1}) + R_V(t), & -\tau \leqslant t \leqslant t_{n+1}, \\ V^{(n+1)} = e z_n + h_n A F(V^{(n+1)}, y^h, \mathbb{Z}^h), \\ v_{n+1} = z_n + h_n b^T F(V^{(n+1)}, y^h, \mathbb{Z}^h), \\ \mathbb{V}_{n+1} = f(t_{n+1}, v_{n+1}, y^h, \mathbb{Y}^h), \end{cases} \tag{8.2.21}$$

并可视为积分步 (8.2.16) 的一个扰动步, 带有扰动

$$R_v(t) = R_0(t) + \pi^h(t; \chi, z_1, z_2, \cdots, z_{n+1}) - \pi^h(t; \chi, z_1, z_2, \cdots, z_n, v_{n+1}),$$

$$R_U(t) = R_1(t) + \Pi^h(t; \chi', \mathbb{Z}_1, \mathbb{Z}_2, \cdots, \mathbb{Z}_{n+1}) - \Pi^h(t; \chi', \mathbb{Z}_1, \mathbb{Z}_2, \cdots, \mathbb{Z}_n, \mathbb{V}_{n+1}),$$

其中

$$R_0(t) = \pi^h(t; \psi, y_1, y_2, \cdots, y_{n+1}) - \pi^h(t; \chi, z_1, z_2, \cdots, z_{n+1}),$$

$$R_1(t) = \Pi^h(t; \psi', \mathbb{Y}_1, \mathbb{Y}_2, \cdots, \mathbb{Y}_{n+1}) - \Pi^h(t; \chi', \mathbb{Z}_1, \mathbb{Z}_2, \cdots, \mathbb{Z}_{n+1}).$$

于是由 BS-稳定性及插值算子 π^h 和 Π^h 的正规性条件 (8.2.5) 和 (8.2.6) 得到

$$\begin{aligned} \|v_{n+1} - z_{n+1}\| &\leqslant \hat{c}_2 \beta h_n \max_{-\tau \leqslant t \leqslant t_{n+1}} \|R_v(t)\| + \hat{c}_3 \gamma h_n \max_{-\tau \leqslant t \leqslant t_{n+1}} \|R_V(t)\| \\ &\leqslant \hat{c}_2 \beta h_n \max_{-\tau \leqslant t \leqslant t_{n+1}} \|R_0(t)\| + \hat{c}_2 c_\pi \beta h_n \|v_{n+1} - z_{n+1}\| \\ &\quad + \hat{c}_3 \gamma h_n \max_{-\tau \leqslant t \leqslant t_{n+1}} \|R_1(t)\| + \hat{c}_3 c_\Pi \gamma h_n \|\mathbb{V}_{n+1} - \mathbb{Z}_{n+1}\|, \\ &\quad \alpha h_n \leqslant \hat{c}_5, \quad \frac{r\beta + \gamma L}{1 - \gamma c_\Pi} h_n \leqslant \hat{c}_6. \end{aligned} \tag{8.2.22}$$

另一方面, 从条件 (8.1.2) 容易得到

$$\|\mathbb{V}_{n+1} - \mathbb{Z}_{n+1}\| \leqslant L\|v_{n+1} - z_{n+1}\|.$$

上式代入 (8.2.22) 立得

$$\begin{aligned}
\|u_{n+1} - y_{n+1}\| &\leqslant \hat{c}_2\beta h_n \max_{-\tau\leqslant t\leqslant t_{n+1}} \|R_0(t)\| + \hat{c}_2 c_\pi \beta h_n \|v_{n+1} - z_{n+1}\| \\
&\quad + \hat{c}_3\gamma h_n \max_{-\tau\leqslant t\leqslant t_{n+1}} \|R_1(t)\| + \hat{c}_3 c_\Pi \gamma L h_n \|v_{n+1} - z_{n+1}\| \\
&\leqslant \hat{c}_2\beta h_n \max_{-\tau\leqslant t\leqslant t_{n+1}} \|R_0(t)\| + \hat{c}_3\gamma h_n \max_{-\tau\leqslant t\leqslant t_{n+1}} \|R_1(t)\| \\
&\quad + \hat{c}_2 c_\Pi (r\beta + \gamma L) h_n \|v_{n+1} - z_{n+1}\|, \\
&\quad \alpha h_n \leqslant \hat{c}_5, \quad \frac{r\beta + \gamma L}{1 - \gamma c_\Pi} h_n \leqslant \hat{c}_6.
\end{aligned}$$

当 $\alpha h_n \leqslant \hat{c}_5$ 且 $\dfrac{r\beta + \gamma L}{1 - \gamma c_\Pi} h_n \leqslant \min\left\{\hat{c}_6, \dfrac{1 - \hat{c}_0}{\hat{c}_2 c_\Pi}\right\}$ 时, 从上式易进一步推出

$$\begin{aligned}
\|v_{n+1} - z_{n+1}\| &\leqslant \frac{\hat{c}_2}{\hat{c}_0}\beta h_n \max_{-\tau\leqslant t\leqslant t_{n+1}} \|R_0(t)\| + \frac{\hat{c}_3}{\hat{c}_0}\gamma h_n \max_{-\tau\leqslant t\leqslant t_{n+1}} \|R_1(t)\|, \\
&\quad \alpha h_n \leqslant \hat{c}_5, \quad \frac{r\beta + \gamma L}{1 - \gamma c_\Pi} h_n \leqslant \min\left\{\hat{c}_6, \frac{1 - \hat{c}_0}{\hat{c}_2 c_\Pi}\right\}.
\end{aligned} \tag{8.2.23}$$

另一方面, 由于母方法 (8.2.1) 是 B-稳定的, 故有 (参见 [60, 150, 151])

$$\|u_{n+1} - v_{n+1}\| \leqslant (1 + \delta_1\alpha_+ h_n)^{\frac{1}{2}} \|y_n - z_n\|, \quad \alpha h_n \leqslant \delta_2, \tag{8.2.24}$$

这里 $\delta_1, \delta_2 > 0$ 是仅依赖于方法的常数. 由 (8.2.20), (8.2.23) 及 (8.2.24) 立得

$$\begin{aligned}
\|y_{n+1} - z_{n+1}\| &\leqslant \|u_{n+1} - v_{n+1}\| + \|v_{n+1} - z_{n+1}\| \\
&\leqslant (1 + \delta_1\alpha_+ h_n)^{\frac{1}{2}} \|y_n - z_n\| + \frac{\hat{c}_2}{\hat{c}_0}\beta h_n \max_{-\tau\leqslant t\leqslant t_{n+1}} \|R_0(t)\| \\
&\quad + \frac{\hat{c}_3}{\hat{c}_0}\gamma h_n \max_{-\tau\leqslant t\leqslant t_{n+1}} \|R_1(t)\|,
\end{aligned}$$

$$\alpha h_n \leqslant \min\{\hat{c}_5, \delta_2\}, \quad \frac{r\beta + \gamma L}{1 - \gamma c_\Pi} h_n \leqslant \min\left\{\hat{c}_6, \frac{1 - \hat{c}_0}{\hat{c}_2 c_\Pi}\right\}.$$

定理 8.2.8 得证.

从定理 8.2.6 和定理 8.2.8、命题 8.2.5 和命题 8.2.7, 并注意代数稳定性和 BSI-稳定性蕴涵母方法 (8.2.1) 的 B-稳定性 (参见 [60, 150, 151]), 可得如下命题.

命题 8.2.9 若方法 (8.2.2) 是代数稳定且 BSI-稳定的, 则该方法是 B-稳定的.

命题 8.2.10 若方法 (8.2.2) 是代数稳定且对角稳定的, 则该方法是 B-稳定的.

定理 8.2.11 若方法 (8.2.2) 是 B-稳定的, 则对于任何满足条件 (8.1.2) 和 $\gamma c_\Pi < 1$ 的初值问题 (8.1.1)、任何网域 $\Delta_h \in \{\Delta_h\}$ 及任意两个平行的积分步 $(\psi, y_1, y_2, \cdots, y_n, \mathbb{Y}_1, \mathbb{Y}_2, \cdots, \mathbb{Y}_n) \to (\psi, y_1, y_2, \cdots, y_{n+1}, \mathbb{Y}_1, \mathbb{Y}_2, \cdots, \mathbb{Y}_{n+1})$ 和 $(\chi, z_1, z_2, \cdots, z_n, \mathbb{Z}_1, \mathbb{Z}_2, \cdots, \mathbb{Z}_n) \to (\chi, z_1, z_2, \cdots, z_{n+1}, \mathbb{Z}_1, \mathbb{Z}_2, \cdots, \mathbb{Z}_{n+1})$, 其中 $\mathbb{Y}_k$ 和 $\mathbb{Z}_k$, $1 \leqslant j \leqslant k \leqslant n$, 分别是由式

$$\mathbb{Y}_k = f(t_k, y_k, y^h, \mathbb{Y}^h) \tag{8.2.25}$$

及式

$$\mathbb{Z}_k = f(t_k, z_k, z^h, \mathbb{Z}^h) \tag{8.2.26}$$

算出的, 有

$$\begin{aligned}\|y_{n+1} - z_{n+1}\| \leqslant (1 + ch_n) \max\Bigg\{&\max_{1\leqslant i\leqslant n} \|y_i - z_i\|, |||\psi(t) - \chi(t)|||_{[-\tau,0]},\\ &\max_{0\leqslant i\leqslant j-1} \|\mathbb{Y}_i - \mathbb{Z}_i\|\Bigg\},\\ &\alpha h_n \leqslant \bar{c}_4, \quad \frac{r\beta + \gamma L}{1 - \gamma c_\Pi} h_n \leqslant \bar{c}_5,\end{aligned} \tag{8.2.27}$$

特别地, 若 $j = 1$, 则有

$$\begin{aligned}\|y_{n+1} - z_{n+1}\| \leqslant (1 + ch_n) \max\left\{\max_{1\leqslant i\leqslant n} \|y_i - z_i\|, |||\psi(t) - \chi(t)|||_{[-\tau,0]}\right\},\\ \alpha h_n \leqslant \bar{c}_4, \quad \frac{r\beta + \gamma L}{1 - \gamma c_\Pi} h_n \leqslant \bar{c}_5,\end{aligned} \tag{8.2.28}$$

这里 $c = \bar{c}_1\alpha_+ + \bar{c}_2 \max\left\{r\beta + \gamma, \dfrac{r\beta + \gamma L}{1 - \gamma c_\Pi}\right\}$, 常数 $\bar{c}_1, \bar{c}_2, \bar{c}_4, \bar{c}_5 > 0$ 仅依赖于方法.

证明 由于方法是 B-稳定的, 存在仅依赖于方法的常数 $c_1, c_2, c_3, c_4, c_5 > 0$, 使得不等式 (8.2.7) 成立. 由此及插值算子 π^h 和 Π^h 的正规性条件 (8.2.5) 和 (8.2.6) 易知, 当 $\alpha h_n \leqslant c_4$ 且 $\dfrac{r\beta + \gamma L}{1 - \gamma c_\Pi} h_n \leqslant c_5$ 时有

$$\begin{aligned}\|y_{n+1} - z_{n+1}\| \leqslant{}& (1 + c_1\alpha_+ h_n)^{\frac{1}{2}} \|y_n - z_n\|\\ &+ c_2 c_\pi \beta h_n \max\left\{\max_{1\leqslant i\leqslant n+1} \|y_i - z_i\|, \max_{-\tau\leqslant t\leqslant 0} \|\psi(t) - \chi(t)\|\right\}\end{aligned}$$

$$+ c_2 c_\Pi \gamma h_n \max\left\{\max_{1\leqslant i\leqslant n+1}\|\mathbb{Y}_i - \mathbb{Z}_i\|, \max_{-\tau\leqslant t\leqslant 0}\|\psi'(t) - \chi'(t)\|\right\}. \tag{8.2.29}$$

我们分三种情况来讨论.

情况 1 若 $\max\left\{\max_{1\leqslant i\leqslant n+1}\|\mathbb{Y}_i - \mathbb{Z}_i\|, \max_{-\tau\leqslant t\leqslant 0}\|\psi'(t) - \chi'(t)\|\right\} = \|\mathbb{Y}_{n+1} - \mathbb{Z}_{n+1}\|$, 则

$$\begin{aligned}
&\max\left\{\max_{1\leqslant i\leqslant n+1}\|\mathbb{Y}_i - \mathbb{Z}_i\|, \max_{-\tau\leqslant t\leqslant 0}\|\psi'(t) - \chi'(t)\|\right\} = \|\mathbb{Y}_{n+1} - \mathbb{Z}_{n+1}\| \\
\leqslant{}& L\|y_{n+1} - z_{n+1}\| + \beta c_\pi \max\left\{\max_{1\leqslant i\leqslant n+1}\|y_i - z_i\|, \max_{-\tau\leqslant t\leqslant 0}\|\psi(t) - \chi(t)\|\right\} \\
&+ \gamma c_\Pi \max\left\{\max_{1\leqslant i\leqslant n+1}\|\mathbb{Y}_i - \mathbb{Z}_i\|, \max_{-\tau\leqslant t\leqslant 0}\|\psi'(t) - \chi'(t)\|\right\},
\end{aligned}$$

进而

$$\begin{aligned}
&\max\left\{\max_{1\leqslant i\leqslant n+1}\|\mathbb{Y}_i - \mathbb{Z}_i\|, \max_{-\tau\leqslant t\leqslant 0}\|\psi'(t) - \chi'(t)\|\right\} \\
\leqslant{}& \frac{L}{1-\gamma c_\Pi}\|y_{n+1} - z_{n+1}\| + \frac{\beta c_\pi}{1-\gamma c_\Pi}\max\left\{\max_{1\leqslant i\leqslant n+1}\|y_i - z_i\|, \max_{-\tau\leqslant t\leqslant 0}\|\psi(t) - \chi(t)\|\right\}.
\end{aligned}$$

将上式代入 (8.2.29) 可得

$$\begin{aligned}
\|y_{n+1} - z_{n+1}\| \leqslant{}& (1 + c_1\alpha_+ h_n)^{\frac{1}{2}}\|y_n - z_n\| + \frac{c_2 c_\Pi \gamma L h_n}{1 - \gamma c_\Pi}\|y_{n+1} - z_{n+1}\| \\
&+ \frac{c_2 c_\pi \beta h_n}{1 - \gamma c_\Pi}\max\left\{\max_{1\leqslant i\leqslant n+1}\|y_i - z_i\|, \max_{-\tau\leqslant t\leqslant 0}\|\psi(t) - \chi(t)\|\right\} \\
\leqslant{}& (1 + c_1\alpha_+ h_n)^{\frac{1}{2}}\|y_n - z_n\| + \frac{c_2 c_\Pi (r\beta + \gamma L) h_n}{1 - \gamma c_\Pi}\|y_{n+1} - z_{n+1}\| \\
&+ \frac{c_2 c_\pi \beta h_n}{1 - \gamma c_\Pi}\max\left\{\max_{1\leqslant i\leqslant n}\|y_i - z_i\|, \max_{-\tau\leqslant t\leqslant 0}\|\psi(t) - \chi(t)\|\right\},
\end{aligned}$$

由此立得

$$\begin{aligned}
&\left(1 - \frac{c_2 c_\Pi (r\beta + \gamma L) h_n}{1 - \gamma c_\Pi}\right)\|y_{n+1} - z_{n+1}\| \\
\leqslant{}& \left[(1 + c_1\alpha_+ h_n)^{\frac{1}{2}} + \frac{c_2 c_\pi \beta h_n}{1 - \gamma c_\Pi}\right]\max\left\{\max_{1\leqslant i\leqslant n}\|y_i - z_i\|, \max_{-\tau\leqslant t\leqslant 0}\|\psi(t) - \chi(t)\|\right\}.
\end{aligned}$$

情况 2 若 $\max\left\{\max\limits_{1\leqslant i\leqslant n+1}\|\mathbb{Y}_i-\mathbb{Z}_i\|,\ \max\limits_{-\tau\leqslant t\leqslant 0}\|\psi'(t)-\chi'(t)\|\right\}=\|\mathbb{Y}_k-\mathbb{Z}_k\|$, $1\leqslant j\leqslant k\leqslant n$, 则

$$
\begin{aligned}
&\max\left\{\max_{1\leqslant i\leqslant n}\|\mathbb{Y}_i-\mathbb{Z}_i\|,\max_{-\tau\leqslant t\leqslant 0}\|\psi'(t)-\chi'(t)\|\right\}=\|\mathbb{Y}_k-\mathbb{Z}_k\|\\
&\leqslant L\|y_k-z_k\|+\beta c_\pi\max\left\{\max_{1\leqslant i\leqslant k}\|y_i-z_i\|,\max_{-\tau\leqslant t\leqslant 0}\|\psi(t)-\chi(t)\|\right\}\\
&\quad+\gamma c_\Pi\max\left\{\max_{1\leqslant i\leqslant k}\|\mathbb{Y}_i-\mathbb{Z}_i\|,\max_{-\tau\leqslant t\leqslant 0}\|\psi'(t)-\chi'(t)\|\right\},
\end{aligned}
$$

由此立得

$$
\begin{aligned}
&\max\left\{\max_{1\leqslant i\leqslant n}\|\mathbb{Y}_i-\mathbb{Z}_i\|,\max_{-\tau\leqslant t\leqslant 0}\|\psi'(t)-\chi'(t)\|\right\}\\
&\leqslant\frac{L}{1-\gamma c_\Pi}\|y_k-z_k\|+\frac{\beta c_\pi}{1-\gamma c_\Pi}\max\left\{\max_{1\leqslant i\leqslant k}\|y_i-z_i\|,\max_{-\tau\leqslant t\leqslant 0}\|\psi(t)-\chi(t)\|\right\}.
\end{aligned}
$$

将上式代入 (8.2.29) 可得

$$
\begin{aligned}
\|y_{n+1}-z_{n+1}\|\leqslant&(1+c_1\alpha_+h_n)^{\frac{1}{2}}\|y_n-z_n\|+c_2c_\pi\beta h_n\|y_{n+1}-z_{n+1}\|\\
&+c_2c_\pi\beta h_n\max\left\{\max_{1\leqslant i\leqslant n}\|y_i-z_i\|,\max_{-\tau\leqslant t\leqslant 0}\|\psi(t)-\chi(t)\|\right\}\\
&+\frac{c_2c_\Pi\gamma Lh_n}{1-\gamma c_\Pi}\|y_k-z_k\|\\
&+\frac{c_2c_\Pi\gamma c_\pi\beta h_n}{1-\gamma c_\Pi}\max\left\{\max_{1\leqslant i\leqslant k}\|y_i-z_i\|,\max_{-\tau\leqslant t\leqslant 0}\|\psi(t)-\chi(t)\|\right\}\\
\leqslant&(1+c_1\alpha_+h_n)^{\frac{1}{2}}\|y_n-z_n\|+\frac{c_2c_\Pi(r\beta+\gamma L)h_n}{1-\gamma c_\Pi}\|y_{n+1}-z_{n+1}\|\\
&+\frac{c_2c_\Pi(r\beta+\gamma L)h_n}{1-\gamma c_\Pi}\max\left\{\max_{1\leqslant i\leqslant n}\|y_i-z_i\|,\max_{-\tau\leqslant t\leqslant 0}\|\psi(t)-\chi(t)\|\right\},
\end{aligned}
$$

因而

$$
\begin{aligned}
&\left(1-\frac{c_2c_\Pi(r\beta+\gamma L)h_n}{1-\gamma c_\Pi}\right)\|y_{n+1}-z_{n+1}\|\\
&\leqslant\left[(1+c_1\alpha_+h_n)^{\frac{1}{2}}+\frac{c_2c_\Pi(r\beta+\gamma L)h_n}{1-\gamma c_\Pi}\right]\max\left\{\max_{1\leqslant i\leqslant n}\|y_i-z_i\|,\max_{-\tau\leqslant t\leqslant 0}\|\psi(t)-\chi(t)\|\right\}.
\end{aligned}
$$

情况 3 若

$$\max\left\{\max_{1\leqslant i\leqslant n+1}\|\mathbb{Y}_i-\mathbb{Z}_i\|,\ \max_{-\tau\leqslant t\leqslant 0}\|\psi'(t)-\chi'(t)\|\right\}$$
$$=\max\left\{\max_{1\leqslant i\leqslant j-1}\|\mathbb{Y}_i-\mathbb{Z}_i\|,\ \max_{-\tau\leqslant t\leqslant 0}\|\psi'(t)-\chi'(t)\|\right\}.$$

在这种情况下, 从 (8.2.29) 易得

$$\begin{aligned}\|y_{n+1}-z_{n+1}\| &\leqslant (1+c_1\alpha_+h_n)^{\frac{1}{2}}\|y_n-z_n\|+c_2c_\pi\beta h_n\|y_{n+1}-z_{n+1}\|\\ &\quad + c_2c_\pi\beta h_n\max\left\{\max_{1\leqslant i\leqslant n}\|y_i-z_i\|,\ \max_{-\tau\leqslant t\leqslant 0}\|\psi(t)-\chi(t)\|\right\}\\ &\quad + c_2c_\Pi\gamma h_n\max\left\{\max_{1\leqslant i\leqslant j-1}\|\mathbb{Y}_i-\mathbb{Z}_i\|,\ \max_{-\tau\leqslant t\leqslant 0}\|\psi'(t)-\chi'(t)\|\right\}\\ &\leqslant (1+c_1\alpha_+h_n)^{\frac{1}{2}}\|y_n-z_n\|+\frac{c_2c_\Pi(r\beta+\gamma L)h_n}{1-\gamma c_\Pi}\|y_{n+1}-z_{n+1}\|\\ &\quad + c_2c_\Pi(r\beta+\gamma)h_n\max\left\{\max_{1\leqslant i\leqslant n}\|y_i-z_i\|,|||\psi-\chi|||_{[-\tau,0]},\right.\\ &\quad\left.\max_{1\leqslant i\leqslant j-1}\|\mathbb{Y}_i-\mathbb{Z}_i\|\right\}.\end{aligned}$$

对上述任意一种情况, 任意取定 $c_0\in(0,1)$, 并令 $\bar{c}_4=c_4,\bar{c}_5=\min\left\{c_5,\dfrac{1-c_0}{c_2c_\Pi}\right\}$. 则当 $\alpha h_n\leqslant\bar{c}_4$ 且 $\dfrac{r\beta+\gamma L}{1-\gamma c_\Pi}h_n\leqslant\bar{c}_5$ 时, 由上式可以推出

$$\begin{aligned}\|y_{n+1}-z_{n+1}\|\leqslant(1+ch_n)\max&\left\{\max_{1\leqslant i\leqslant n}\|y_i-z_i\|,|||\psi(t)-\chi(t)|||_{[-\tau,0]},\right.\\ &\left.\max_{1\leqslant i\leqslant j-1}\|\mathbb{Y}_i-\mathbb{Z}_i\|\right\},\end{aligned}$$

这里 $c=\bar{c}_1\alpha_++\bar{c}_2\max\left\{r\beta+\gamma,\dfrac{r\beta+\gamma L}{1-\gamma c_\Pi}\right\}$, $\bar{c}_1=c_1/c_0,\ \bar{c}_2=2c_2c_\Pi/c_0$.

对于 $j=1$ 的情形, 只要注意情况 3, 此时

$$\max\left\{\max_{1\leqslant i\leqslant n+1}\|\mathbb{Y}_i-\mathbb{Z}_i\|,\ \max_{-\tau\leqslant t\leqslant 0}\|\psi'(t)-\chi'(t)\|\right\}=\max_{-\tau\leqslant t\leqslant 0}\|\psi'(t)-\chi'(t)\|,$$

于是同理易得 (8.3.28). 证毕.

必须强调指出, 尽管 Runge-Kutta 法是单步方法, 但当试图使用高阶方法并通过分段插值来构造两个高阶相容的插值算子 π^h 和 Π^h 时, 在每个分段上构造插

值函数往往需要较多的插值基点及被插值函数在这些基点上的多个逼近值, 这就导致方法 (8.2.2) 在此情形下具有多步方法的特征 [153]. 事实上, 在方法起步时, 如果需要在某个区间 $[0,\delta]$ $(\delta>0)$ 上构造高阶插值函数, 则除了需要用到起始函数外, 还需要用到进行插值所必需的若干个 (设为 k 个) 事先通过其他方法算出的具有足够精度的附加起始值. 当真解 $y(t)$ 具有足够的整体光滑性且 $\tau>0$ 时, 这些附加起始值所对应的节点诚然可安排在区间 $[-\tau,0)$ 上, 记为 $t_{-1},t_{-2},\cdots,t_{-k}$, 并令 $y_{-j}=\phi(t_{-j})$, $\mathbb{Y}_{-j}=\phi'(t_{-j})$, $j=1,2,\cdots,k$. 然而, 当 $\tau=0$ 或者 $t=0$ 是真解的弱间断点时, 这些附加起始值所对应的节点就只能安排在点 $t=0$ 的右边, 记为 $t_1,t_2,\cdots,t_k$, 相应的附加起始值记为 y_j, $\mathbb{Y}_j$, $j=1,2,\cdots,k$, 它们必须事先通过其他办法算出.

定理 8.2.12 *若方法 (8.2.2) 是 B-稳定的, 则用该方法分别从任给两组不同起始数据 $\{\psi(t),y_1,y_2,\cdots,y_k,\mathbb{Y}_1,\mathbb{Y}_2,\cdots,\mathbb{Y}_k\}$ 和 $\{\chi(t),z_1,z_2,\cdots,z_k,\mathbb{Z}_1,\mathbb{Z}_2,\cdots,\mathbb{Z}_k\}$(其中设 $\mathbb{Y}_j$ 和 $\mathbb{Z}_j$, $0\leqslant l<j\leqslant k$, 分别由式 (8.2.25) 及式 (8.2.26) 确定; 这里及以后, 我们用 $l=k$ 表示 $\mathbb{Y}_j$ 和 $\mathbb{Z}_j$, $j=1,2,\cdots,k$, 不是由式 (8.2.25) 或式 (8.2.26) 确定) 出发, 在同样的网域 $\Delta_h\in\{\Delta_h\}$ 上求解满足条件 (8.1.2) 的同一初值问题 (8.1.1) 时, 所得到的两个逼近序列 $\{y_n\}$ 和 $\{z_n\}$ 满足*

$$\begin{aligned}\|y_n-z_n\|\leqslant\exp(c(t_n-t_k))\max\Bigg\{&\max_{1\leqslant i\leqslant k}\|y_i-z_i\|,|||\psi-\chi|||_{[-\tau,0]},\\&\max_{1\leqslant i\leqslant l}\|\mathbb{Y}_i-\mathbb{Z}_i\|\Bigg\},\\&\alpha\max_{k\leqslant i\leqslant n-1}h_i\leqslant\bar{c}_4,\quad\frac{r\beta+\gamma L}{1-\gamma c_\Pi}\max_{k\leqslant i\leqslant n-1}h_i\leqslant\bar{c}_5.\end{aligned}\tag{8.2.30}$$

特别地, 若 $l=0$, 则有

$$\begin{aligned}\|y_n-z_n\|\leqslant\exp(c(t_n-t_k))\max&\left\{\max_{1\leqslant i\leqslant k}\|y_i-z_i\|,|||\psi-\chi|||_{[-\tau,0]}\right\},\\&\alpha\max_{k\leqslant i\leqslant n-1}h_i\leqslant\bar{c}_4,\quad\frac{r\beta+\gamma L}{1-\gamma c_\Pi}\max_{k\leqslant i\leqslant n-1}h_i\leqslant\bar{c}_5.\end{aligned}\tag{8.2.31}$$

这里 $c=\bar{c}_1\alpha_++\bar{c}_2\max\left\{r\beta+\gamma,\dfrac{r\beta+\gamma L}{1-\gamma c_\Pi}\right\}$, 常数 $\bar{c}_1,\bar{c}_2,\bar{c}_4,\bar{c}_5>0$ 仅依赖于方法. $n=k+1,k+2,\cdots,N_T$.

证明 令

$$X_n=\max\{\max_{1\leqslant i\leqslant n}\|y_i-z_i\|,|||\psi-\chi|||_{[-\tau,0]},\max_{1\leqslant i\leqslant l}\|\mathbb{Y}_i-\mathbb{Z}_i\|\}.$$

从方法的 B-稳定性不等式 (8.2.27) 易推出

$$X_n \leqslant (1+ch_{n-1})X_{n-1}, \qquad \alpha h_{n-1} \leqslant \bar{c}_4, \quad \frac{r\beta+\gamma L}{1-\gamma c_\Pi} h_{n-1} \leqslant \bar{c}_5,$$

当 $\alpha \max\limits_{k\leqslant i\leqslant n-1} h_i \leqslant \bar{c}_4$, $\dfrac{r\beta+\gamma L}{1-\gamma c_\Pi} \max\limits_{k\leqslant i\leqslant n-1} h_i \leqslant \bar{c}_5$ 时, 由上式递归立得

$$\begin{aligned}
\|y_n - z_n\| \leqslant X_n \leqslant \prod_{i=k}^{n-1}(1+ch_i)X_k \leqslant \prod_{i=k}^{n-1}\exp(ch_i)X_k \\
= \exp(c(t_n-t_k)) \max\left\{\max_{1\leqslant i\leqslant k}\|y_i-z_i\|, |||\psi-\chi|||_{[-\tau,0]}, \max_{1\leqslant i\leqslant l}\|\mathbb{Y}_i-\mathbb{Z}_i\|\right\}, \\
\alpha \max_{k\leqslant i\leqslant n-1} h_i \leqslant \bar{c}_4, \quad \frac{r\beta+\gamma L}{1-\gamma c_\Pi}\max_{k\leqslant i\leqslant n-1} h_i \leqslant \bar{c}_5.
\end{aligned}$$

至于式 (8.2.31), 易从式 (8.2.28) 同理推得. 证毕.

注意对于在起步时不需要用到附加起始值的特殊情形, 亦即 $k=0$ 的情形, 不等式 (8.2.30) 和 (8.2.31) 可简化为

$$\begin{aligned}
\|y_n - z_n\| \leqslant \exp(ct_n)|||\psi-\chi|||_{[-\tau,0]}, \quad \alpha \max_{0\leqslant i\leqslant n-1} h_i \leqslant \bar{c}_4, \\
\frac{r\beta+\gamma L}{1-\gamma c_\Pi}\max_{0\leqslant i\leqslant n-1} h_i \leqslant \bar{c}_5, \quad n=1,2,\cdots,N_T.
\end{aligned} \tag{8.2.32}$$

式 (8.2.27)(或式 (8.2.28)) 和式 (8.2.30) (或式 (8.2.31), 或式 (8.2.32),) 分别表征着方法 (8.2.2) 的逐步稳定性和关于初始数据的稳定性, 称它们为 B-稳定性不等式.

8.2.3 B-相容性和 B-收敛性

从本节开始, 如无特别说明, 则恒设问题 (8.1.1) 中的映射 f 及初始函数 ϕ 充分光滑, 并设真解 $y(t)$ 在区间 $[0,T]$ 上充分光滑, 且具有后面中需要用到的各阶连续导数, 满足

$$\left\|\frac{d^i y(t)}{dt^i}\right\| \leqslant M_i, \qquad 0\leqslant t\leqslant T. \tag{8.2.33}$$

现在按照文献 [61, 148–151] 的思想给出下列定义.

定义 8.2.13 称方法 (8.2.2) 的级阶为 p, 如果 p 是具有下面性质的最大非负整数: 对于任给的满足条件 (8.1.2), (8.2.33) 及 $\gamma c_\Pi < 1$ 的初值问题 (8.1.1) 及

任何网域 $\Delta_h \in \{\Delta_h\}$, 有

$$\max_{-\tau\leqslant t\leqslant t_{n+1}} \|R_0(t)\| \leqslant d_0 \left(\max_{0\leqslant i\leqslant n} h_i\right)^p, \quad \max_{-\tau\leqslant t\leqslant t_{n+1}} \|R_1(t)\| \leqslant d_1 \left(\max_{0\leqslant i\leqslant n} h_i\right)^p,$$
$$\|R_2\| \leqslant d_2 h_n^{p+1}, \qquad \|R_3\| \leqslant d_3 h_n^{p+1}, \tag{8.2.34}$$

这里 $R_0(t)$, $R_1(t)$, R_2 及 R_3 由方程组

$$\begin{cases} y(t) = \pi^h(t;\phi, y(t_1), y(t_2), \cdots, y(t_{n+1})) + R_0(t), & -\tau \leqslant t \leqslant t_{n+1}, \\ y'(t) = \Pi^h(t;\phi', y'(t_1), y'(t_2), \cdots, y'(t_{n+1})) + R_1(t), & -\tau \leqslant t \leqslant t_{n+1}, \\ Y(t_n, h_n) = ey(t_n) + h_n AF(Y(t_n, h_n), y, y') + R_2, \\ y(t_{n+1}) = y(t_n) + h_n b^{\mathrm{T}} F(Y(t_n, h_n), y, y') + R_3, \\ y'(t_{n+1}) = f(t_{n+1}, y(t_{n+1}), y, y') \end{cases} \tag{8.2.35}$$

确定, 每个常数 $d_i (i = 0, 1, 2, 3)$ 仅依赖于方法和问题真解 $y(t)$ 的某些导数界 M_i (不依赖于 n 和 Δ_h).

定义 8.2.14 方法 (8.2.2) 中的插值算子 π^h 称为是 p 阶相容的, 如果对于任何网域 $\Delta_h \in \{\Delta_h\}$, 任何充分光滑的函数 $y : [0, T] \to \mathbb{R}^N$ 及 $\phi \in C_N^1[-\tau, 0]$ 满足 $\phi(0) = y(0)$, 有

$$\max_{-\tau\leqslant t\leqslant t_{n+1}} \|\tilde{y}(t) - \pi^h(t;\phi, y(t_1), y(t_2), \cdots, y(t_{n+1}))\| \leqslant d_\pi \left(\max_{0\leqslant i\leqslant n} h_i\right)^p, \tag{8.2.36}$$

这里

$$\tilde{y}(t) = \begin{cases} y(t), & 0 \leqslant t \leqslant T, \\ \phi(t), & -\tau \leqslant t < 0, \end{cases}$$

常数 d_π 仅依赖于函数 $y(t)$ 的某些导数界 M_i(不依赖于 n 和 Δ_h).

定义 8.2.15 方法 (8.2.2) 中的插值算子 Π^h 称为是 p 阶相容的, 如果对于任何网域 $\Delta_h \in \{\Delta_h\}$, 任何充分光滑的函数 $y : [0, T] \to \mathbb{R}^N$ 及 $\phi \in C_N^1[-\tau, 0]$ 满足 $\phi'(0) = y'(0)$, 有

$$\max_{-\tau\leqslant t\leqslant t_{n+1}} \|\tilde{y}'(t) - \Pi^h(t;\phi', y'(t_1), y'(t_2), \cdots, y'(t_{n+1}))\| \leqslant d_\Pi \left(\max_{0\leqslant i\leqslant n} h_i\right)^p, \tag{8.2.37}$$

这里

$$\tilde{y}'(t) = \begin{cases} y'(t), & 0 \leqslant t \leqslant T, \\ \phi'(t), & -\tau \leqslant t \leqslant 0, \end{cases}$$

常数 d_{Π} 仅依赖于函数 $y(t)$ 的某些导数界 M_i(不依赖于 n 和 Δ_h).

定义 8.2.16 方法 (8.2.2) 称为是 p 阶 B-相容的, 如果对于任何满足条件 (8.1.2) 和 (8.2.33) 及 $\gamma c_{\Pi} < 1$ 的初值问题 (8.1.1), 任何网域 $\Delta_h \in \{\Delta_h\}$ 及任何虚拟积分步 $(\phi, y(t_1), y(t_2), \cdots, y(t_n), y'(t_1), y'(t_2), \cdots, y'(t_n)) \to (\phi, y(t_1), y(t_2), \cdots, y(t_n), \tilde{y}_{n+1}, y'(t_1), y'(t_2), \cdots, y'(t_n), \tilde{\mathbb{Y}}_{n+1})$:

$$\begin{cases} \tilde{y}^h(t) = \pi^h(t; \phi, y(t_1), y(t_2), \cdots, y(t_n), \tilde{y}_{n+1}), & -\tau \leqslant t \leqslant t_{n+1}, \\ \tilde{\mathbb{Y}}^h(t) = \Pi^h(t; \phi', y'(t_1), y'(t_2), \cdots, y'(t_n), \tilde{\mathbb{Y}}_{n+1}), & -\tau \leqslant t \leqslant t_{n+1}, \\ \tilde{Y} = ey(t_n) + h_n AF(\tilde{Y}, \tilde{y}^h, \tilde{\mathbb{Y}}^h), \\ \tilde{y}_{n+1} = y(t_n) + h_n b^T F(\tilde{Y}, \tilde{y}^h, \tilde{\mathbb{Y}}^h), \\ \tilde{\mathbb{Y}}_{n+1} = f(t_{n+1}, \tilde{y}_{n+1}, \tilde{y}^h, \tilde{\mathbb{Y}}^h), \end{cases} \tag{8.2.38}$$

有

$$\|y(t_{n+1}) - \tilde{y}_{n+1}\| \leqslant \tilde{d} \left(\max_{0 \leqslant i \leqslant n} h_i \right)^p h_n, \quad h_n \leqslant \tilde{h}, \tag{8.2.39}$$

这里常数 $\tilde{d}$ 仅依赖于方法、α、β、γ、γL 及问题真解 $y(t)$ 的某些导数界 M_i, 常数 $\tilde{h}$ 仅依赖于 α、β、γ、γL 和方法 (它们都不依赖于 n 和网域 Δ_h).

定义 8.2.17 方法 (8.2.2) 称为是 p 阶最佳 B-收敛的, 如果以该方法从任给起始 $\psi \in C_N^1[-\tau, 0]$, $y_1, y_2, \cdots, y_k, \mathbb{Y}_1, \mathbb{Y}_2, \cdots, \mathbb{Y}_k \in \mathbb{R}^N$(其中设 $\mathbb{Y}_j$, $j = l+1, l+2, \cdots, k, l = 0, 1, \cdots, k$, 由式 (8.2.25) 确定) 出发, 在任给网域 $\Delta_h \in \{\Delta_h\}$ 上数值求解任给的满足条件 (8.1.2), (8.2.33) 及 $\gamma c_{\Pi} < 1$ 的初值问题 (8.1.1) 时, 所得到的逼近序列 $\{y_n\}$ 的整体误差有估计

$$\begin{aligned} \|y_n - y(t_n)\| \leqslant C_0(t_n) \max \Bigg\{ & \max_{1 \leqslant i \leqslant k} \|y_i - y(t_i)\|, |||\psi - \phi|||_{[-\tau, 0]}, \\ & \max_{1 \leqslant i \leqslant l} \|\mathbb{Y}_i - y'(t_i)\| \Bigg\} + C(t_n) \left(\max_{0 \leqslant i \leqslant n-1} h_i \right)^p, \\ & \max_{k \leqslant i \leqslant n-1} h_i \leqslant H_0, \quad n > k, \end{aligned} \tag{8.2.40}$$

这里 $y_1, y_2, \cdots, y_k, \mathbb{Y}_1, \mathbb{Y}_2, \cdots, \mathbb{Y}_k \in \mathbb{R}^m$ 是事先通过其他方法算出的附加起始值, 连续函数 $C_0(t)$ 及 $C(t)$ 仅依赖于方法、α、β、γ、γL 及问题真解 $y(t)$ 的某些导数界 M_i, 最大容许步长 H_0 仅依赖于 α、β、γ、γL 和方法 (它们都不依赖于 n 和网域 Δ_h).

注 8.2.18 对于 $l=k$, 前面已指出, 其意是 $\mathbb{Y}_j,\ j=l+1,l+2,\cdots,k$, 不是由式 (8.2.25) 确定. 若 $l=0$, 则式 (8.2.40) 意味着

$$\|y_n-y(t_n)\|\leqslant C_0(t_n)\max\left\{\max_{1\leqslant i\leqslant k}\|y_i-y(t_i)\|,|||\psi-\phi|||_{[-\tau,0]}\right\}$$

$$+C\left(t_n\right)\left(\max_{0\leqslant i\leqslant n-1}h_i\right)^p,\quad \max_{k\leqslant i\leqslant n-1}h_i\leqslant H_0,\quad n>k. \tag{8.2.41}$$

注意对于不需要附加起始值的特殊情形, 亦即 $k=0$ 的特殊情形, (8.2.40) 式可简化为

$$\|y_n-y(t_n)\|\leqslant C_0(t_n)|||\psi-\phi|||_{[-\tau,0]}+C(t_n)\left(\max_{0\leqslant i\leqslant n-1}h_i\right)^p,$$

$$\max_{k\leqslant i\leqslant n-1}h_i\leqslant H_0,\quad n=1,2,\cdots,N_T. \tag{8.2.42}$$

从定义 8.2.13—定义 8.2.15 直接得到.

命题 8.2.19 方法 (8.2.2) 的级阶为 p 的充分必要条件是插值算子 π^h 和 Π^h 都是 p 阶相容的, 且其母方法 (8.2.1) 的级阶为 p.

定理 8.2.20 若方法 (8.2.2) 是 BS-稳定的, 且其级阶为 p, 则该方法是 p 阶 B-相容的.

证明 由级阶的定义可知, 对于任给的满足条件 (8.1.2) 及 (8.2.33) 的初值问题 (8.1.1) 及任何网域 $\Delta_h\in\{\Delta_h\}$, 不等式 (8.2.34) 成立, 且其中 $R_0(t),R_1(t)$ 和 R_2 及 R_3 满足方程 (8.2.35). 由 BS-稳定性知存在仅依赖于方法的常数 $\hat{c}_1,\hat{c}_2,\hat{c}_3,\hat{c}_4,\hat{c}_5,\hat{c}_6>0$, 它们满足定义 8.2.2 的要求. 于是对于任何由式 (8.2.38) 确定的虚拟积分步, 当 $\alpha h_n\leqslant\hat{c}_5$ 且 $\dfrac{r\beta+\gamma L}{1-\gamma c_\Pi}h_n\leqslant\hat{c}_6$ 时, 或即当

$$h_n\leqslant\tilde{h}:=\begin{cases}\min\left\{\dfrac{\hat{c}_5}{\alpha},\dfrac{\hat{c}_6(1-\gamma c_\Pi)}{r\beta+\gamma L}\right\}, & \alpha>0,\\[2ex] \dfrac{\hat{c}_6(1-\gamma c_\Pi)}{r\beta+\gamma L}, & \alpha\leqslant 0\end{cases}$$

时, 由 BS-稳定性及 (8.2.34), (8.2.35) 和 (8.2.38) 式推出

$$\begin{aligned}\|\tilde{y}_{n+1}-y(t_{n+1})\|\leqslant{}&\hat{c}_1(\|R_2\|+\|R_3\|)+\hat{c}_2\beta h_n\max_{-\tau\leqslant t\leqslant t_{n+1}}\|R_0(t)\|\\&+\hat{c}_3\gamma h_n\max_{-\tau\leqslant t\leqslant t_{n+1}}\|R_1(t)\|\\ \leqslant{}&\hat{c}_1(d_2+d_3)h_n^{p+1}+\hat{c}_2\beta h_n d_0\left(\max_{0\leqslant i\leqslant n}h_i\right)^p+\hat{c}_3\gamma h_n d_1\left(\max_{0\leqslant i\leqslant n}h_i\right)^p\end{aligned}$$

$$\leqslant \tilde{c}\left(\max_{0\leqslant i\leqslant n} h_i\right)^p h_n,$$

这里

$$\tilde{c} = \hat{c}_1(d_2 + d_3) + \hat{c}_2\beta d_0 + \hat{c}_3\gamma d_1.$$

注意对于 $\beta = 0$ 的特殊情形, 表达式 $\hat{c}_4/\beta$ 应当用任给的正的常数去代替. 由于常数 $\tilde{c}$ 和 $\tilde{h}$ 显然都满足定义 8.2.16 的要求, 定理得证.

定理 8.2.21 *若方法 (8.2.2) 是 B-稳定的且 p 阶 B-相容的, 则该方法是 p 阶最佳 B-收敛的.*

证明 以方法 (8.2.2) 在任给网域 $\Delta_h\in\{\Delta_h\}$ 上从任给起始数据 $\psi\in C_N^1[-\tau,0]$, $y_1, y_2, \cdots, y_k, \mathbb{Y}_1, \mathbb{Y}_2, \cdots, \mathbb{Y}_k \in \mathbb{R}^N$ 出发数值求解任给的满足条件 (8.1.2) 和 (8.2.33) 的初值问题 (8.1.1), 所得的逼近序列记为 $\{y_n\}$. 由于方法是 p 阶 B-相容的, 对于由 (8.2.38) 式确定的任何虚拟积分步 $(\phi, y(t_1), y(t_2), \cdots, y(t_n), y'(t_1), y'(t_2), \cdots, y'(t_n)) \to (\phi, y(t_1), y(t_2), \cdots, y(t_n), \tilde{y}_{n+1}, y'(t_1), y'(t_2), \cdots, y'(t_n), \tilde{\mathbb{Y}}_{n+1})$, 当 $h_n \leqslant \tilde{h}$ 时不等式 (8.2.39) 成立, 且其中常数 $\tilde{h}$ 和 $\tilde{d}$ 满足定义 8.2.8 的要求. 另一方面, 由于方法 B-稳定, 从定理 8.2.3, 知存在仅依赖于方法的常数 $\bar{c}_1, \bar{c}_2, \bar{c}_3, \bar{c}_4, \bar{c}_5 > 0$, 使得当 $\alpha h_n \leqslant \bar{c}_4$, $\dfrac{r\beta+\gamma L}{1-\gamma c_\Pi} h_n \leqslant \bar{c}_5$ 时有

$$\|\tilde{y}_{n+1}-y_{n+1}\| \leqslant (1+ch_n)\max\left\{\max_{1\leqslant i\leqslant n}\|y(t_i)-y_i\|, |||\phi-\psi|||_{[-\tau,0]}, \max_{1\leqslant i\leqslant l}\|y'(t_i)-\mathbb{Y}_i\|\right\}, \tag{8.2.43}$$

其中常数 $c = \bar{c}_1\alpha_+ + \bar{c}_2\max\left\{r\beta+\gamma, \dfrac{r\beta+\gamma L}{1-\gamma c_\Pi}\right\} \geqslant 0$. 当

$$h_n \leqslant H_0 := \begin{cases} \min\left\{\tilde{h}, \dfrac{\bar{c}_5(1-\gamma c_\Pi)}{r\beta+\gamma L}, \dfrac{\bar{c}_4}{\alpha}\right\}, & \alpha > 0, \\ \min\left\{\tilde{h}, \dfrac{\bar{c}_5(1-\gamma c_\Pi)}{r\beta+\gamma L}\right\}, & \alpha \leqslant 0. \end{cases}$$

从 (8.2.39) 和 (8.2.43) 式可得

$$\|y(t_{n+1}) - y_{n+1}\| \leqslant \tilde{d}\left(\max_{0\leqslant i\leqslant n} h_i\right)^p h_n + (1+ch_n)\max\left\{\max_{1\leqslant i\leqslant n}\|y(t_i)-y_i\|,\right.$$
$$\left. |||\phi-\psi|||_{[-\tau,0]}, \max_{1\leqslant i\leqslant l}\|y'(t_i)-\mathbb{Y}_i\|\right\}$$

及

$$X_{n+1} \leqslant \tilde{d}\left(\max_{0\leqslant i\leqslant n} h_i\right)^p h_n + (1+ch_n)X_n, \quad h_n \leqslant H_0, \tag{8.2.44}$$

这里

$$X_n = \max\left\{\max_{1\leqslant i\leqslant n} \| y(t_i) - y_i \|, |||\phi - \psi|||_{[-\tau,0]}, \max_{1\leqslant i\leqslant l} \|y'(t_i) - \mathbb{Y}_i\|\right\}.$$

当 $\max_{k\leqslant i\leqslant n-1} h_i \leqslant H_0$ 时, 由 (8.2.44) 式递归立得

$$\begin{aligned}
\|y(t_n)-y_n\| \leqslant X_n \leqslant{}& \tilde{d}\left[\left(\max_{0\leqslant i\leqslant n-1} h_i\right)^p h_{n-1} + (1+ch_{n-1})\left(\max_{0\leqslant i\leqslant n-2} h_i\right)^p h_{n-2}\right.\\
&\left.+\cdots+\prod_{i=k+1}^{n-1}(1+ch_i)\left(\max_{0\leqslant i\leqslant k} h_i\right)^p h_k\right] + \prod_{i=k}^{n-1}(1+ch_i)X_k\\
\leqslant{}& \tilde{d}\left(\max_{0\leqslant i\leqslant n-1} h_i\right)^p \prod_{i=k}^{n-1}(1+ch_i)[h_{n-1}+h_{n-2}+\cdots+h_k] + \prod_{i=k}^{n-1}(1+ch_i)X_k\\
\leqslant{}& \prod_{i=k}^{n-1}\exp(ch_i)\left[\tilde{d}(t_n-t_k)\left(\max_{0\leqslant i\leqslant n-1} h_i\right)^p + X_k\right]\\
={}& \exp(c(t_n-t_k))\left[\tilde{d}(t_n-t_k)\left(\max_{0\leqslant i\leqslant n-1} h_i\right)^p + X_k\right]\\
={}& C_0(t_n)\max\left\{\max_{1\leqslant i\leqslant k}\|y(t_i)-y_i\|, |||\phi-\psi|||_{[-\tau,0]}, \max_{1\leqslant i\leqslant l}\|y'(t_i)-\mathbb{Y}_i\|\right\}\\
&+C(t_n)\left(\max_{0\leqslant i\leqslant n-1} h_i\right)^p,
\end{aligned}$$

这里

$$C_0(t) = \exp(c(t-t_k)), \quad C(t) = \tilde{d}(t-t_k)\exp(c(t-t_k)).$$

以上误差函数 $C_0(t)$ 和 $C(t)$ 及最大容许步长 H_0 显然满足定义 8.2.17 的要求. 定理证毕.

从定理 8.2.6、定理 8.2.11、定理 8.2.12、定理 8.2.20、定理 8.2.21、命题 8.2.5、命题 8.2.9、命题 8.2.10 和定义 8.2.17 可直接得到下面更为实用的结果:

定理 8.2.22　设母方法 (8.2.1) 代数稳定、对角稳定, 且级阶为 p, 并设正规插值算子 π^h 和 Π^h 都是 p 阶相容的, 则用于求解问题 (8.1.1) 的方法 (8.2.2) 是 B-稳定且 p 阶 B-相容的, 因而是 p 阶最佳 B-收敛的. 因而对于由方法 (8.2.1)

分别从任给两组不同起始数据 $\{\psi(t), y_1, y_2, \cdots, y_k, \mathbb{Y}_1, \mathbb{Y}_2, \cdots, \mathbb{Y}_k\}$ 和 $\{\chi(t), z_1, z_2, \cdots, z_k, \mathbb{Z}_1, \mathbb{Z}_2, \cdots, \mathbb{Z}_k\}$ (或者 $\psi(t)$ 和 $\chi(t)$) 出发在同一网域 $\Delta_h \in \{\Delta_h\}$ 上求解满足条件 (8.1.2) 和 $\gamma c_{\Pi} < 1$ 的同一初值问题 (8.1.1) 所得到的两个逼近序列 $\{y_n\}$ 和 $\{z_n\}$, 稳定性不等式 (8.2.27) 和 (8.2.30) (或 (8.2.32)) 成立; 对于由方法 (8.2.2) 从任给起始数据 $\psi \in C_N^1[-\tau, 0]$ 和 $y_1, y_2, \cdots, y_k, \mathbb{Y}_1, \mathbb{Y}_2, \cdots, \mathbb{Y}_k \in \mathbb{R}^N$ (或者 $\psi \in C_N^1[-\tau, 0]$) 出发在任给网域 $\Delta_h \in \{\Delta_h\}$ 上求解满足条件 (8.1.2) 和 (8.2.33) 及 $\gamma c_{\Pi} < 1$ 的任给初值问题 (8.1.1) 所得到的逼近序列 $\{y_n\}$, 整体误差估计 (8.2.40) 式 (或 (8.2.42) 式) 成立.

8.3 一般线性方法的 B-理论

8.3.1 一般线性方法

任意一个求解常微分方程初值问题的 s 级 r 值一般线性方法 $(C_{11}, C_{12}, C_{21}, C_{22})$:

$$\begin{cases} Y^{(n+1)} = hC_{11}\tilde{F}(Y^{(n+1)}) + C_{12}y^{(n)}, \\ y^{(n+1)} = hC_{21}\tilde{F}(Y^{(n+1)}) + C_{22}y^{(n)}, \end{cases} \tag{8.3.1}$$

与两个适当的插值算子 π^h, Π^h 相结合便可构成求解中立型泛函微分方程初值问题 (8.1.1) 的 s 级 r 值一般线性方法 $(C_{11}, C_{12}, C_{21}, C_{22}, \pi^h, \Pi^h)$:

$$\begin{cases} y^h(t) = \pi^h(t; \psi, y^{(0)}, y^{(1)}, \cdots, y^{(n+1)}), & -\tau \leqslant t \leqslant t_n + \mu h, \\ \mathbb{Y}^h(t) = \Pi^h(t; \psi, \mathbb{Y}^{(0)}, \mathbb{Y}^{(1)}, \cdots, \mathbb{Y}^{(n+1)}), & -\tau \leqslant t \leqslant t_n + \mu h, \\ Y^{(n+1)} = hC_{11}F(Y^{(n+1)}, y^h, \mathbb{Y}^h) + C_{12}y^{(n)}, \\ y^{(n+1)} = hC_{21}F(Y^{(n+1)}, y^h, \mathbb{Y}^h) + C_{22}y^{(n)}, \\ \mathbb{Y}^{(n+1)} = F(y^{(n+1)}, y^h, \mathbb{Y}^h), \end{cases} \tag{8.3.2}$$

这里 C_{11}, C_{12}, C_{21} 及 C_{22} 分别是相应于矩阵

$$\begin{cases} C_{11} = \begin{bmatrix} c_{11}^{11} & c_{12}^{11} & \cdots & c_{1s}^{11} \\ c_{21}^{11} & c_{22}^{11} & \cdots & c_{2s}^{11} \\ \vdots & \vdots & & \vdots \\ c_{s1}^{11} & c_{s2}^{11} & \cdots & c_{ss}^{11} \end{bmatrix}, \quad C_{12} = \begin{bmatrix} c_{11}^{12} & c_{12}^{12} & \cdots & c_{1r}^{12} \\ c_{21}^{12} & c_{22}^{12} & \cdots & c_{2r}^{12} \\ \vdots & \vdots & & \vdots \\ c_{s1}^{12} & c_{s2}^{12} & \cdots & c_{sr}^{12} \end{bmatrix}, \\ C_{21} = \begin{bmatrix} c_{11}^{21} & c_{12}^{21} & \cdots & c_{1s}^{21} \\ c_{21}^{21} & c_{22}^{21} & \cdots & c_{2s}^{21} \\ \vdots & \vdots & & \vdots \\ c_{r1}^{21} & c_{r2}^{21} & \cdots & c_{rs}^{21} \end{bmatrix}, \quad C_{22} = \begin{bmatrix} c_{11}^{22} & c_{12}^{22} & \cdots & c_{1r}^{22} \\ c_{21}^{22} & c_{22}^{22} & \cdots & c_{2r}^{22} \\ \vdots & \vdots & & \vdots \\ c_{r1}^{22} & c_{r2}^{22} & \cdots & c_{rr}^{22} \end{bmatrix} \end{cases}$$

的线性映射 (参见 [148, 150, 153, 154]), $y^{(n)}=[y_1^{(n)\mathrm{T}},y_2^{(n)\mathrm{T}},\cdots,y_r^{(n)\mathrm{T}}]^{\mathrm{T}}\in\mathbb{R}^{Nr}$, $\mathbb{Y}^{(n)}=[\mathbb{Y}_1^{(n)\mathrm{T}},\ \mathbb{Y}_2^{(n)\mathrm{T}},\ \cdots,\ \mathbb{Y}_r^{(n)\mathrm{T}}]^{\mathrm{T}}\in\mathbb{R}^{Nr}$ 和 $Y^{(n+1)}=[Y_1^{(n+1)\mathrm{T}},Y_2^{(n+1)\mathrm{T}},\cdots,Y_s^{(n+1)\mathrm{T}}]^{\mathrm{T}}\in\mathbb{R}^{Ns}$ 分别逼近 $H^h(t_n)=[H_1^h(t_n)^{\mathrm{T}},H_2^h(t_n)^{\mathrm{T}},\cdots,H_r^h(t_n)^{\mathrm{T}}]^{\mathrm{T}}$, $H^{h\prime}(t_n)=[H_1^{h\prime}(t_n)^{\mathrm{T}},\ H_2^{h\prime}(t_n)^{\mathrm{T}},\ \cdots,\ H_r^{h\prime}(t_n)^{\mathrm{T}}]^{\mathrm{T}}$ 和 $Y^h(t_n)=[y(t_n+c_1h)^{\mathrm{T}},y(t_n+c_2h)^{\mathrm{T}},\cdots,y(t_n+c_sh)^{\mathrm{T}}]^{\mathrm{T}}$, $H_i^h(t)$ 和 $H^{h\prime}(t_n)$ 分别表示问题真解 $y(t)$ 及其导数 $y'(t)$ 的一些信息, $t_n=nh$ 是网格节点, $h>0$ 为固定的积分步长,

$$\begin{aligned}F(Y^{(n+1)},y^h,\mathbb{Y}^h):=[&f(t_n+c_1h,Y_1^{(n+1)},y^h,\mathbb{Y}^h)^{\mathrm{T}},f(t_n+c_2h,Y_2^{(n+1)},y^h,\mathbb{Y}^h)^{\mathrm{T}},\\&\cdots,f(t_n+c_sh,Y_s^{(n+1)},y^h,\mathbb{Y}^h)^{\mathrm{T}}]^{\mathrm{T}},\end{aligned}\tag{8.3.3}$$

$$\begin{aligned}F(y^{(n+1)},y^h,\mathbb{Y}^h):=[&f(t_{n+1},y_1^{(n+1)},y^h,\mathbb{Y}^h)^{\mathrm{T}},f(t_{n+1},y_2^{(n+1)},y^h,\mathbb{Y}^h)^{\mathrm{T}},\\&\cdots,f(t_{n+1},y_r^{(n+1)},y^h,\mathbb{Y}^h)^{\mathrm{T}}]^{\mathrm{T}},\end{aligned}\tag{8.3.4}$$

插值函数 $y^h(t)$ 和 $\mathbb{Y}^h(t)$ 分别是真解 $y(t)$ 及其导数 $y'(t)$ 在区间 $[-\tau,t_n+\mu h]$ 上的逼近, 其中 $\mu=\max\limits_{1\leqslant i\leqslant s}c_i$, $\psi\in C_N^1[-\tau,0]$ 为初始函数 ϕ 的逼近. 为简单计, 设每个 $c_i\geqslant 0$, 并设插值算子 $\pi^h,\Pi^h:C_N[-\tau,0]\times\mathbb{R}^{Nr(n+2)}\to C_N[-\tau,t_n+\mu h]$ 分别满足下面的正规性条件:

$$\begin{aligned}&\max_{-\tau\leqslant t\leqslant t_n+\mu h}\|\pi^h(t;\psi,y^{(0)},\cdots,y^{(n+1)})-\pi^h(t;\chi,z^{(0)},\cdots,z^{(n+1)})\|\\&\leqslant c_\pi\max\left\{\max_{0\leqslant i\leqslant n+1}\|y^{(i)}-z^{(i)}\|,\ \max_{-\tau\leqslant t\leqslant 0}\|\psi(t)-\chi(t)\|\right\},\\&\qquad\forall\psi,\chi\in C_N^1[-\tau,0],\quad y^{(i)},z^{(i)}\in\mathbb{R}^{Nr},\ i=0,1,\cdots,n+1\end{aligned}\tag{8.3.5}$$

及

$$\begin{aligned}&\max_{-\tau\leqslant t\leqslant t_n+\mu h}\|\Pi^h(t;\psi',\mathbb{Y}^{(0)},\cdots,\mathbb{Y}^{(n+1)})-\Pi^h(t;\chi',\mathbb{Z}^{(0)},\cdots,\mathbb{Z}^{(n+1)})\|\\&\leqslant c_\Pi\max\left\{\max_{0\leqslant i\leqslant n+1}\|\mathbb{Y}^{(i)}-\mathbb{Z}^{(i)}\|\ \max_{-\tau\leqslant t\leqslant 0}\|\psi'(t)-\chi'(t)\|\right\},\\&\qquad\forall\psi,\chi\in C_N^1[-\tau,0],\quad \mathbb{Y}^{(i)},\mathbb{Z}^{(i)}\in\mathbb{R}^{Nr},\ i=0,1,\cdots,n+1.\end{aligned}\tag{8.3.6}$$

这里常数 c_π, c_Π 不依赖于 n, h 及问题的刚性. 对任意给定的 $\psi\in C_N^1[-\tau,0]$, $y^{(0)},y^{(1)},\cdots,y^{(n)},\mathbb{Y}^{(0)},\mathbb{Y}^{(1)},\cdots,\mathbb{Y}^{(n)}\in\mathbb{R}^{Nr}$ 及充分小的步长 $h>0$, 我们一般能从方程 (8.3.2) 计算出 $y^{(n+1)}$ 和 $\mathbb{Y}^{(n+1)}$ 从而完成一个积分步 $(\psi,y^{(0)},y^{(1)},\cdots,y^{(n)},\mathbb{Y}^{(0)},\mathbb{Y}^{(1)},\cdots,\mathbb{Y}^{(n)})\to(\psi,y^{(0)},y^{(1)},\cdots,y^{(n+1)},\mathbb{Y}^{(0)},\mathbb{Y}^{(1)},\cdots,\mathbb{Y}^{(n)},\mathbb{Y}^{(n+1)})$. 鉴于方法 (8.3.2) 是从 (8.3.1) 诱导出来的, 故称方法 (8.3.1) 是方法 (8.3.2) 的母方法.

8.3.2 B-稳定性

按照文献 [148,150,151,153,154] 的思想给出下列定义.

定义 8.3.1 方法 (8.3.2) 称为是 B-稳定的, 如果存在常数 c_1, c_2, c_3, c_4, $c_5>0$ 及一 $r\times r$ 对称正定矩阵 $G=[g_{ij}]$, 它们仅依赖于方法, 使得对于任何满足条件 (8.1.2) 及 $\gamma c_\Pi<1$ 的初值问题 (8.3.2) 及任意两个平行的积分步 $(\psi,y^{(0)},y^{(1)},\cdots,y^{(n)},\mathbb{Y}^{(0)},\mathbb{Y}^{(1)},\cdots,\mathbb{Y}^{(n)})\to(\psi,y^{(0)},y^{(1)},\cdots,y^{(n+1)},\mathbb{Y}^{(0)},\mathbb{Y}^{(1)},\cdots,\mathbb{Y}^{(n+1)})$ 和 $(\chi,z^{(0)},z^{(1)},\cdots,z^{(n)},\mathbb{Z}^{(0)},\mathbb{Z}^{(1)},\cdots,\mathbb{Z}^{(n)})\to(\chi,z^{(0)},z^{(1)},\cdots,z^{(n+1)},\mathbb{Z}^{(0)},\mathbb{Z}^{(1)},\cdots,\mathbb{Z}^{(n+1)})$, 有

$$\begin{aligned}\|y^{(n+1)}-z^{(n+1)}\|_G\leqslant{}&(1+c_1\alpha_+h)^{\frac{1}{2}}\|y^{(n)}-z^{(n)}\|_G\\&+c_2\beta h\max_{-\tau\leqslant t\leqslant t_n+\mu h}\|\pi^h(t;\psi,y^{(0)},y^{(1)},\cdots,y^{(n+1)})\\&-\pi^h(t;\chi,z^{(0)},z^{(1)},\cdots,z^{(n+1)})\|\\&+c_3\gamma h\max_{-\tau\leqslant t\leqslant t_n+\mu h}\|\Pi^h(t;\psi',\mathbb{Y}^{(0)},\mathbb{Y}^{(1)},\cdots,\mathbb{Y}^{(n+1)})\\&-\Pi^h(t;\chi',\mathbb{Z}^{(0)},\mathbb{Z}^{(1)},\cdots,\mathbb{Z}^{(n+1)})\|,\quad\alpha h\leqslant c_4,\\&\frac{r\beta+\gamma L}{1-\gamma c_\Pi}h\leqslant c_5,\end{aligned}\tag{8.3.7}$$

这里 $r=c_\pi/c_\Pi$ 称为插值比. 注意这里前一积分步直接由方程 (8.3.2) 确定, 后一积分步可从用 $\chi,z^{(0)},z^{(1)},\cdots,z^{(n)},\mathbb{Z}^{(0)},\mathbb{Z}^{(1)},\cdots,\mathbb{Z}^{(n)}$ 分别去代替方程 (8.3.2) 中的 $\psi,y^{(0)},y^{(1)},\cdots,y^{(n)},\mathbb{Y}^{(0)},\mathbb{Y}^{(1)},\cdots,\mathbb{Y}^{(n)}$ 而得到的方程确定. 符号 $\|U\|_G$ 表示

$$\|U\|_G=\sqrt{\langle U,GU\rangle}=\sqrt{\sum_{i,j=1}^{r}g_{ij}\langle u_i,u_j\rangle},\qquad\forall U=[u_1^{\mathrm{T}},u_2^{\mathrm{T}},\cdots,u_r^{\mathrm{T}}]^{\mathrm{T}}\in\mathbb{R}^{Nr}.$$

定义 8.3.2 方法 (8.3.2) 称为是 BS-稳定的, 如果存在常数 $\hat{c}_1$, $\hat{c}_2$, $\hat{c}_3$, $\hat{c}_4$, $\hat{c}_5$, $\hat{c}_6>0$, 它们仅依赖于方法, 使得对于任何满足条件 (8.1.1) 及 $\gamma c_\Pi<1$ 的初值问题及由 (8.3.2) 式确定的任一积分步 $(\psi,y^{(0)},y^{(1)},\cdots,y^{(n)},\mathbb{Y}^{(0)},\mathbb{Y}^{(1)},\cdots,\mathbb{Y}^{(n)})\to(\psi,y^{(0)},y^{(1)},\cdots,y^{(n+1)},\mathbb{Y}^{(0)},\mathbb{Y}^{(1)},\cdots,\mathbb{Y}^{(n+1)})$ 和相应的扰动步

$$\begin{cases}\hat{y}^h(t)=\pi^h(t;\psi,y^{(0)},y^{(1)},\cdots,y^{(n)},\hat{y}^{(n+1)})+R_0(t),&-\tau\leqslant t\leqslant t_n+\mu h,\\\hat{\mathbb{Y}}^h(t)=\Pi^h(t;\psi',\mathbb{Y}^{(0)},\mathbb{Y}^{(1)},\cdots,\mathbb{Y}^{(n)},\hat{\mathbb{Y}}^{(n+1)})+R_1(t),&-\tau\leqslant t\leqslant t_n+\mu h,\\\hat{Y}^{(n+1)}=hC_{11}F(\hat{Y}^{(n+1)},\hat{y}^h,\hat{\mathbb{Y}}^h)+C_{12}y^{(n)}+R_2,\\\hat{y}^{(n+1)}=hC_{21}F(\hat{Y}^{(n+1)},\hat{y}^h,\hat{\mathbb{Y}}^h)+C_{22}y^{(n)}+R_3,\\\hat{\mathbb{Y}}^{(n+1)}=F(\hat{y}^{(n+1)},\hat{y}^h,\hat{\mathbb{Y}}^h)+R_4\end{cases}\tag{8.3.8}$$

(这里 $R_0, R_1 \in C_N[-\tau, t_n + \mu h]$, $R_2 \in \mathbb{R}^{Ns}$, $R_3, R_4 \in \mathbb{R}^{Nr}$ 是任给的扰动), 有

$$\begin{aligned}\|\hat{y}_{n+1} - y_{n+1}\| \leqslant{}& \hat{c}_1(\|R_2\| + \|R_3\|) + \hat{c}_2\beta h \max_{-\tau\leqslant t\leqslant t_n+\mu h} \|R_0(t)\| \\ &+ \hat{c}_3\gamma h \max_{-\tau\leqslant t\leqslant t_n+\mu h} \|R_1(t)\| + \frac{\hat{c}_4\gamma h}{1-\gamma c_\Pi}\|R_4\|, \\ &\alpha h \leqslant \hat{c}_5, \quad \frac{r\beta+\gamma L}{1-\gamma c_\Pi} h \leqslant \hat{c}_6. \end{aligned} \tag{8.3.9}$$

定义 8.3.3 方法 (8.3.2) 称为是 BSI-稳定的, 如果存在常数 $\breve{c}_1$, $\breve{c}_2$, $\breve{c}_3$, $\breve{c}_4$, 它们仅依赖于方法, 使得对于任何满足条件 (8.1.2) 及 $\gamma c_\Pi < 1$ 的初值问题及由 (8.3.2) 式确定的任一积分步 $(\psi, y^{(0)}, y^{(1)}, \cdots, y^{(n)}, \mathbb{Y}^{(0)}, \mathbb{Y}^{(1)}, \cdots, \mathbb{Y}^{(n)}) \to (\psi, y^{(0)}, y^{(1)}, \cdots, y^{(n+1)}, \mathbb{Y}^{(0)}, \mathbb{Y}^{(1)}, \cdots, \mathbb{Y}^{(n+1)})$ 和相应的扰动步 (8.3.8), 有

$$\begin{aligned}\|\hat{Y}^{(n+1)} - Y^{(n+1)}\| \leqslant{}& \breve{c}_1\|R_2\| + \breve{c}_2\beta h \left(\max_{-\tau\leqslant t\leqslant t_n+\mu h} \|R_0(t)\| + c_\pi\|\hat{y}^{(n+1)} - y^{(n+1)}\|\right) \\ &+ \breve{c}_3\gamma h \left(\max_{-\tau\leqslant t\leqslant t_n+\mu h} \|R_1(t)\| + c_\Pi\|\hat{\mathbb{Y}}^{(n+1)} - \mathbb{Y}^{(n+1)}\|\right), \\ &\alpha h \leqslant \breve{c}_4. \end{aligned} \tag{8.3.10}$$

定义 8.3.4 方法 (8.3.2) 称为是代数稳定的, 如果它的母方法 (8.3.1) 是代数稳定的; 方法 (8.3.2) 称为是对角稳定的, 如果它的母方法 (8.3.1) 是对角稳定的.

由于常微分方程初值问题可视为中立型泛函微分方程初值问题 (8.1.1) 的最简单的特殊情形, 且在此情形下方法 (8.3.2) 退化为母方法 (8.3.1), 故从定义可直接推出如下命题.

命题 8.3.5 方法 (8.3.2) 的 B-, BS-及 BSI-稳定性分别蕴涵母方法 (8.3.1) 的 B-, BS-及 BSI-稳定性. 方法 (8.3.2) 的代数稳定性及对角稳定性分别等价于母方法 (8.3.1) 的代数稳定性及对角稳定性.

这里关于母方法 (8.3.1) 的各种稳定性概念可参阅文献 [148, 150].

定理 8.3.6 若方法 (8.3.2) 是对角稳定的, 则它是 BS-稳定且 BSI-稳定的.

证明 方法 (8.3.2) 的对角稳定性意味着存在 $s \times s$ 对角矩阵 $B > 0$, 使得

$$E := BC_{11} + C_{11}^{\mathrm{T}}B > 0. \tag{8.3.11}$$

由此显见矩阵 C_{11} 非奇, 且存在仅依赖于方法的常数 $\breve{c}_4 > 0$, 使得

$$\breve{E} := C_{11}^{-\mathrm{T}}EC_{11}^{-1} - 2\breve{c}_3B > 0. \tag{8.3.12}$$

记

$$W=\hat{Y}^{(n+1)}-Y^{(n+1)},\quad Q=h[F(\hat{Y}^{(n+1)},\hat{y}^h,\hat{\mathbb{Y}}^h)-F(Y^{(n+1)},y^h,\mathbb{Y}^h)]. \tag{8.3.13}$$

当 $\alpha h\leqslant\breve{c}_4$ 时, 由 (8.1.2), (8.3.2), (8.3.8) 及 (8.3.11)—(8.3.13) 可推出

$$\begin{aligned}&-2h\sqrt{s}\|B\|\|W\|\left(\beta\max_{-\tau\leqslant t\leqslant t_n+\mu h}\|\hat{y}^h(t)-y^h(t)\|+\gamma\max_{-\tau\leqslant t\leqslant t_n+\mu h}\|\hat{\mathbb{Y}}^h(t)-\mathbb{Y}^h(t)\|\right)\\&\leqslant\langle W,2\breve{c}_3BW\rangle+2\langle Q,-BW\rangle=-\langle W,\breve{E}W\rangle+2\langle BC_{11}^{-1}W-BQ,W\rangle\\&\leqslant-\lambda_{\min}^{\breve{E}}\|W\|^2+\|2BC_{11}^{-1}\|\|W\|\|R_2\|.\end{aligned}$$

由此及 (8.3.8), (8.3.2) 和 (8.3.5) 式得

$$\begin{aligned}\lambda_{\min}^{\breve{E}}\|W\|\leqslant&\|2BC_{11}^{-1}\|\|R_2\|+2h\beta\sqrt{s}\|B\|\Big(\max_{-\tau\leqslant t\leqslant t_n+\mu h}\|\pi^h(t;\psi,y^{(0)},\cdots,y^{(n)},\hat{y}^{(n+1)})\\&-\pi^h(t;\psi,y^{(0)},y^{(1)},\cdots,y^{(n)},y^{(n+1)})\|+\max_{-\tau\leqslant t\leqslant t_n+\mu h}\|R_0(t)\|\Big)\\&+2h\gamma\sqrt{s}\|B\|\Big(\max_{-\tau\leqslant t\leqslant t_{n+1}}\|\Pi^h(t;\psi',\mathbb{Y}^{(0)},\mathbb{Y}^{(1)},\cdots,\mathbb{Y}^{(n)},\hat{\mathbb{Y}}^{(n+1)})\\&-\Pi^h(t;\psi',\mathbb{Y}^{(0)},\mathbb{Y}^{(1)},\cdots,\mathbb{Y}^{(n)},\mathbb{Y}^{(n+1)})\|+\max_{-\tau\leqslant t\leqslant t_n+\mu h}\|R_1(t)\|\Big)\\\leqslant&\ \|2BC_{11}^{-1}\|\|R_2\|+2h\beta\sqrt{s}\|B\|\Big(c_\pi\|\hat{y}^{(n+1)}-y^{(n+1)}\|+\max_{-\tau\leqslant t\leqslant t_n+\mu h}\|R_0(t)\|\Big)\\&+2h\gamma\sqrt{s}\|B\|\Big(c_\Pi\|\hat{\mathbb{Y}}^{(n+1)}-\mathbb{Y}^{(n+1)}\|+\max_{-\tau\leqslant t\leqslant t_n+\mu h}\|R_1(t)\|\Big).\end{aligned}$$

故有

$$\begin{aligned}\|W\|\leqslant&\ \breve{c}_1\|R_2\|+\breve{c}_2\beta h(\max_{-\tau\leqslant t\leqslant t_n+\mu h}\|R_0(t)\|+c_\pi\|\hat{y}^{(n+1)}-y^{(n+1)}\|)\\&+\breve{c}_3\gamma h(\max_{-\tau\leqslant t\leqslant t_n+\mu h}\|R_1(t)\|+c_\Pi\|\hat{\mathbb{Y}}^{(n+1)}-\mathbb{Y}^{(n+1)}\|),\quad\alpha h\leqslant\breve{c}_4,\end{aligned}\tag{8.3.14}$$

这里

$$\breve{c}_1=\|2BC_{11}^{-1}\|/\lambda_{\min}^{\breve{E}},\quad\breve{c}_2=(2\sqrt{s}\|B\|)/\lambda_{\min}^{\breve{E}},\quad\breve{c}_3=(2\sqrt{s}\|B\|)/\lambda_{\min}^{\breve{E}}.$$

至此方法的 BSI-稳定性得证. 其次由 (8.3.2), (8.3.8) 及 (8.3.14) 式推出

$$\begin{aligned}\|\hat{y}^{(n+1)}-y^{(n+1)}\|&=\|C_{21}Q+R_3\|=\|C_{21}C_{11}^{-1}(\hat{Y}^{(n+1)}-Y^{(n+1)}-R_2)+R_3\|\\&\leqslant\|C_{21}C_{11}^{-1}\|(\|\hat{Y}^{(n+1)}-Y^{(n+1)}\|+\|R_2\|)+\|R_3\|\end{aligned}$$

$$
\begin{aligned}
&\leqslant (1+\breve{c}_1)\|C_{21}C_{11}^{-1}\|\|R_2\| + \breve{c}_2\beta h\|C_{21}C_{11}^{-1}\| \max_{-\tau\leqslant t\leqslant t_n+\mu h}\|R_0(t)\| \\
&\quad + \breve{c}_2 c_\pi \beta h\|C_{21}C_{11}^{-1}\|\|\hat{y}^{(n+1)} - y^{(n+1)}\| + \|R_3\| \\
&\quad + \breve{c}_3\gamma h\|C_{21}C_{11}^{-1}\|\Big(\max_{-\tau\leqslant t\leqslant t_n+\mu h}\|R_1(t)\| + c_\Pi\|\hat{\mathbb{Y}}^{(n+1)} - \mathbb{Y}^{(n+1)}\|\Big).
\end{aligned} \tag{8.3.15}
$$

另一方面, 从条件 (8.1.2) 可得

$$
\begin{aligned}
\|\hat{\mathbb{Y}}^{(n+1)} - \mathbb{Y}^{(n+1)}\| \leqslant{}& L\|\hat{y}^{(n+1)} - y^{(n+1)}\| \\
&+\beta\Big(\max_{-\tau\leqslant t\leqslant t_n+\mu h}\|R_0(t)\| + c_\pi\|\hat{y}^{(n+1)} - y^{(n+1)}\|\Big) \\
&+\gamma\Big(\max_{-\tau\leqslant t\leqslant t_n+\mu h}\|R_1(t)\| + c_\Pi\|\hat{\mathbb{Y}}^{(n+1)} - \mathbb{Y}^{(n+1)}\|\Big) + \|R_4\|.
\end{aligned}
$$

由此立得

$$
\begin{aligned}
\|\hat{\mathbb{Y}}_{n+1} - \mathbb{Y}_{n+1}\| \leqslant{}& \frac{L}{1-\gamma c_\Pi}\|\hat{y}_{n+1} - y_{n+1}\| \\
&+\frac{\beta}{1-\gamma c_\Pi}\Big(\max_{-\tau\leqslant t\leqslant t_{n+1}}\|R_0(t)\| + c_\pi\|\hat{y}_{n+1} - y_{n+1}\|\Big) \\
&+\frac{\gamma}{1-\gamma c_\Pi}\max_{-\tau\leqslant t\leqslant t_{n+1}}\|R_1(t)\| + \frac{1}{1-\gamma c_\Pi}\|R_4\|.
\end{aligned}
$$

将上式代入 (8.3.15) 可得

$$
\begin{aligned}
\|\hat{y}_{n+1} - y_{n+1}\| \leqslant{}& \hat{c}_1(\|R_2\| + \|R_3\|) + \hat{c}_2\beta h\max_{-\tau\leqslant t\leqslant t_n+\mu h}\|R_0(t)\| + \frac{\hat{c}_4\gamma h}{1-\gamma c_\Pi}\|R_4\| \\
&+ \hat{c}_3\gamma h\max_{-\tau\leqslant t\leqslant t_n+\mu h}\|R_1(t)\|, \quad \alpha h \leqslant \hat{c}_5, \ \frac{r\beta+\gamma L}{1-\gamma c_\Pi}h \leqslant \hat{c}_6,
\end{aligned}
$$

这里用到了 $\breve{c}_2 = \breve{c}_3$, 并且

$$
\hat{c}_1 = \frac{1}{c_0}\max\left\{(1+\breve{c}_1)\|C_{21}C_{11}^{-1}\|,\ 1\right\}, \quad \hat{c}_2 = \frac{\breve{c}_2\|C_{21}C_{11}^{-1}\|}{c_0},
$$

$$
\hat{c}_3 = \frac{\breve{c}_3\|C_{21}C_{11}^{-1}\|}{c_0}, \quad \hat{c}_4 = \frac{\breve{c}_3 c_\Pi\|C_{21}C_{11}^{-1}\|}{c_0}, \quad \hat{c}_5 = \breve{c}_4, \quad \hat{c}_6 = \frac{1-c_0}{\breve{c}_2 c_\Pi\|C_{21}C_{11}^{-1}\|},
$$

其中常数 $c_0 \in (0,1)$ 任给. 证毕.

从定理 8.3.6 的证明过程易知下面的命题成立.

命题 8.3.7 方法 (8.3.2) 的 BSI-稳定性蕴涵 BS-稳定性.

定理 8.3.8 若方法 (8.3.2) 的 BS-稳定, 且它的母方法 (8.3.1) 是 B-稳定的, 则方法 (8.3.2) 是 B-稳定的.

证明 考虑用方法 (8.3.2) 求解满足条件 (8.1.2) 的任何初值问题 (8.1.1) 时的任意两个平行的积分步 $(\psi, y^{(0)}, y^{(1)}, \cdots, y^{(n)}, \mathbb{Y}^{(0)}, \mathbb{Y}^{(1)}, \cdots, \mathbb{Y}^{(n)}) \rightarrow (\psi, y^{(0)}, y^{(1)}, \cdots, y^{(n+1)}, \mathbb{Y}^{(0)}, \mathbb{Y}^{(1)}, \cdots, \mathbb{Y}^{(n+1)})$ 和 $(\chi, z^{(0)}, z^{(1)}, \cdots, z^{(n)}, \mathbb{Z}^{(0)}, \mathbb{Z}^{(1)}, \cdots, \mathbb{Z}^{(n)}) \rightarrow (\chi, z^{(0)}, z^{(1)}, \cdots, z^{(n+1)}, \mathbb{Z}^{(0)}, \mathbb{Z}^{(1)}, \cdots, \mathbb{Z}^{(n+1)})$, 前者由 (8.3.2) 式确定, 后者由式

$$
\left\{\begin{array}{l}
z^h(t) = \pi^h(t; \chi, z^{(0)}, z^{(1)}, \cdots, z^{(n+1)}), \\
\mathbb{Z}^h(t) = \Pi^h(t; \chi', \mathbb{Z}^{(0)}, \mathbb{Z}^{(1)}, \cdots, \mathbb{Z}^{(n+1)}), \\
Z^{(n+1)} = hC_{11}F(Z^{(n+1)}, z^h, \mathbb{Z}^h) + C_{12}z^{(n)}, \\
z^{(n+1)} = hC_{21}F(Z^{(n+1)}, z^h, \mathbb{Z}^h) + C_{22}z^{(n)}, \\
\mathbb{Z}^{(n+1)} = F(z^{(n+1)}, z^h, \mathbb{Z}^h)
\end{array}\right. \tag{8.3.16}
$$

确定. 同时考虑用母方法 (8.3.1) 按步长 h 求解常微分方程

$$
u'(t) = f(t, u(t), y^h, \mathbb{Y}^h), \qquad t_n \leqslant t \leqslant t_{n+1}
$$

的相应的两个平行积分步 $(t_n, u_n) \rightarrow (t_{n+1}, u_{n+1})$:

$$
\left\{\begin{array}{l}
U^{(n+1)} = hC_{11}F(U^{(n+1)}, y^h, \mathbb{Y}^h) + C_{12}u^{(n)}, \\
u^{(n+1)} = hC_{21}F(U^{(n+1)}, y^h, \mathbb{Y}^h) + C_{22}u^{(n)}
\end{array}\right. \tag{8.3.17}
$$

及 $(t_n, v_n) \rightarrow (t_{n+1}, v_{n+1})$:

$$
\left\{\begin{array}{l}
V^{(n+1)} = hC_{11}F(V^{(n+1)}, y^h, \mathbb{Y}^h) + C_{12}v^{(n)}, \\
v^{(n+1)} = hC_{21}F(V^{(n+1)}, y^h, \mathbb{Y}^h) + C_{22}v^{(n)},
\end{array}\right. \tag{8.3.18}
$$

这里的 $y^h, \mathbb{Y}^h \in C_N[-\tau, t_n + \mu h]$ 由方程 (8.3.2) 确定. 令 $u^{(n)} = y^{(n)}$, $v^{(n)} = z^{(n)}$. 则方程 (8.3.17) 可等价地写成

$$
\left\{\begin{array}{ll}
y^h(t) = \pi^h(t, \psi, y^{(0)}, y^{(1)}, \cdots, y^{(n)}, u^{(n+1)}) + R_u(t), & -\tau \leqslant t \leqslant t_n + \mu h, \\
\mathbb{Y}^h(t) = \Pi^h(t; \psi', \mathbb{Y}^{(0)}, \mathbb{Y}^{(1)}, \cdots, \mathbb{Y}^{(n)}, \mathbb{U}^{(n+1)}) + R_U(t), & -\tau \leqslant t \leqslant t_n + \mu h, \\
U^{(n+1)} = hC_{11}F(U^{(n+1)}, y^h, \mathbb{Y}^h) + C_{12}u^{(n)}, & \\
u^{(n+1)} = hC_{21}F(U^{(n+1)}, y^h, \mathbb{Y}^h) + C_{22}u^{(n)}, & \\
\mathbb{U}^{(n+1)} = F(u^{(n+1)}, y^h, \mathbb{Y}^h), &
\end{array}\right. \tag{8.3.19}
$$

其中

$$R_u(t) = \pi^h(t;\psi, y^{(0)}, y^{(1)}, \cdots, y^{(n+1)}) - \pi^h(t;\psi, y^{(0)}, y^{(1)}, \cdots, y^{(n)}, u^{(n+1)}),$$

$$R_U(t) = \Pi^h(t;\psi', \mathbb{Y}^{(0)}, \mathbb{Y}^{(1)}, \cdots, \mathbb{Y}^{(n+1)}) - \Pi^h(t;\psi', \mathbb{Y}^{(0)}, \mathbb{Y}^{(1)}, \cdots, \mathbb{Y}^{(n)}, \mathbb{U}^{(n+1)}).$$

(8.3.19) 式可视为积分步 (8.3.2) 的一个扰动步. 于是由 BS-稳定性及插值算子 π^h 和 Π^h 的正规性条件 (8.3.5) 和 (8.3.6) 得到

$$\begin{aligned}\|u^{(n+1)} - y^{(n+1)}\| &\leqslant \hat{c}_2\beta h \max_{-\tau\leqslant t\leqslant t_n+\mu h}\|R_u(t)\| + \hat{c}_3\gamma h \max_{-\tau\leqslant t\leqslant t_n+\mu h}\|R_U(t)\| \\ &\leqslant \hat{c}_2 c_\pi \beta h\|u^{(n+1)} - y^{(n+1)}\| + \hat{c}_3 c_\Pi \gamma h\|\mathbb{U}^{(n+1)} - \mathbb{Y}^{(n+1)}\|, \\ &\quad \alpha h \leqslant \hat{c}_5, \quad \frac{r\beta+\gamma L}{1-\gamma c_\Pi}h \leqslant \hat{c}_6.\end{aligned}$$

另一方面, 从条件 (8.1.2) 容易得到

$$\|\mathbb{U}^{(n+1)} - \mathbb{Y}^{(n+1)}\| \leqslant L\|u^{(n+1)} - y^{(n+1)}\|.$$

由此立得

$$\begin{aligned}\|u^{(n+1)} - y^{(n+1)}\| &\leqslant \hat{c}_2 c_\pi \beta h\|u^{(n+1)} - y_{(n+1)}\| + \hat{c}_3 c_\Pi \gamma L h\|u^{(n+1)} - y^{(n+1)}\| \\ &\leqslant \hat{c}_2 c_\Pi (r\beta + \gamma L) h\|u^{(n+1)} - y^{(n+1)}\|, \\ &\quad \alpha h \leqslant \hat{c}_5, \quad \frac{r\beta+\gamma L}{1-\gamma c_\Pi}h \leqslant \hat{c}_6.\end{aligned}$$

任取 $\hat{c}_0 \in (0,1)$, 则当 $\alpha h \leqslant \hat{c}_5$ 且 $\dfrac{r\beta+\gamma L}{1-\gamma c_\Pi}h \leqslant \min\left\{\hat{c}_6, \dfrac{1-\hat{c}_0}{\hat{c}_2 c_\Pi}\right\}$ 时从上式易推出

$$u_{n+1} = y_{n+1}, \qquad \alpha h_n \leqslant \hat{c}_5, \quad \frac{r\beta+\gamma L}{1-\gamma c_\Pi}h_n \leqslant \min\left\{\hat{c}_6, \frac{1-\hat{c}_0}{\hat{c}_2 c_\Pi}\right\}. \tag{8.3.20}$$

方程 (8.3.18) 可等价地写成

$$\begin{cases} y^h(t) = \Pi^h(t;\chi, z^{(0)}, z^{(1)}, \cdots, z^{(n)}, v^{(n+1)}) + R_v(t), & -\tau \leqslant t \leqslant t_n + \mu h, \\ \mathbb{Y}^h(t) = \Pi^h(t;\chi', \mathbb{Z}^{(0)}, \mathbb{Z}^{(1)}, \cdots, \mathbb{Z}^{(n)}, \mathbb{V}^{(n+1)}) + R_V(t), & -\tau \leqslant t \leqslant t_n + \mu h, \\ V^{(n+1)} = hC_{11}F(V^{(n+1)}, y^h, \mathbb{Y}^h) + C_{12}v^{(n)}, \\ v^{(n+1)} = hC_{21}F(V^{(n+1)}, y^h, \mathbb{Y}^h) + C_{22}v^{(n)}, \\ \mathbb{V}^{(n+1)} = F(v^{(n+1)}, y^h, \mathbb{Y}^h), \end{cases} \tag{8.3.21}$$

并可视为积分步 (8.3.16) 的一个扰动步, 带有扰动

$$R_v(t)=R_0(t)+\pi^h(t;\chi,z^{(0)},z^{(1)},\cdots,z^{(n+1)})-\pi^h(t;\chi,z^{(0)},z^{(1)},\cdots,z^{(n)},v^{(n+1)}),$$

$$\begin{aligned}R_V(t)=&R_1(t)+\Pi^h(t;\chi',\mathbb{Z}^{(0)},\mathbb{Z}^{(1)},\cdots,\mathbb{Z}^{(n+1)})\\&-\Pi^h(t;\chi',\mathbb{Z}^{(0)},\mathbb{Z}^{(1)},\cdots,\mathbb{Z}^{(n)},\mathbb{V}^{(n+1)}),\end{aligned}$$

其中

$$R_0(t)=\pi^h(t;\psi,y^{(0)},y^{(1)},\cdots,y^{(n+1)})-\pi^h(t;\chi,z^{(0)},z^{(1)},\cdots,z^{(n+1)}),$$

$$R_1(t)=\Pi^h(t;\psi',\mathbb{Y}^{(0)},\mathbb{Y}^{(1)},\cdots,\mathbb{Y}^{(n+1)})-\Pi^h(t;\chi',\mathbb{Z}^{(0)},\mathbb{Z}^{(1)},\cdots,\mathbb{Z}^{(n+1)}).$$

于是由 BS-稳定性及插值算子 π^h 和 Π^h 的正规性条件 (8.3.5) 和 (8.3.6) 得到

$$\begin{aligned}\|v^{(n+1)}-z^{(n+1)}\|&\leqslant \hat{c}_2\beta h\max_{-\tau\leqslant t\leqslant t_n+\mu h}\|R_v(t)\|+\hat{c}_3\gamma h\max_{-\tau\leqslant t\leqslant t_n+\mu h}\|R_V(t)\|\\&\leqslant \hat{c}_2\beta h\max_{-\tau\leqslant t\leqslant t_n+\mu h}\|R_0(t)\|+\hat{c}_2c_\pi\beta h\|v^{(n+1)}-z^{(n+1)}\|\\&\quad+\hat{c}_3\gamma h\max_{-\tau\leqslant t\leqslant t_n+\mu h}\|R_1(t)\|+\hat{c}_3c_\Pi\gamma h\|\mathbb{V}^{(n+1)}-\mathbb{Z}^{(n+1)}\|,\\&\quad\alpha h\leqslant \hat{c}_5,\quad \frac{r\beta+\gamma L}{1-\gamma c_\Pi}h\leqslant \hat{c}_6.\end{aligned}\tag{8.3.22}$$

另一方面, 从条件 (8.1.2) 容易得到

$$\|\mathbb{V}^{(n+1)}-\mathbb{Z}^{(n+1)}\|\leqslant L\|v^{(n+1)}-z^{(n+1)}\|.$$

代入 (8.3.22) 立得

$$\begin{aligned}\|u^{(n+1)}-y^{(n+1)}\|&\leqslant \hat{c}_2\beta h\max_{-\tau\leqslant t\leqslant t_n+\mu h}\|R_0(t)\|+\hat{c}_2c_\pi\beta h\|v^{(n+1)}-z^{(n+1)}\|\\&\quad+\hat{c}_3\gamma h\max_{-\tau\leqslant t\leqslant t_n+\mu h}\|R_1(t)\|+\hat{c}_3c_\Pi\gamma Lh\|v^{(n+1)}-z^{(n+1)}\|\\&\leqslant \hat{c}_2\beta h\max_{-\tau\leqslant t\leqslant t_n+\mu h}\|R_0(t)\|+\hat{c}_3\gamma h\max_{-\tau\leqslant t\leqslant t_n+\mu h}\|R_1(t)\|\\&\quad+\hat{c}_2c_\Pi(r\beta+\gamma L)h\|v^{(n+1)}-z^{(n+1)}\|,\\&\quad\alpha h\leqslant \hat{c}_5,\quad \frac{r\beta+\gamma L}{1-\gamma c_\Pi}h\leqslant \hat{c}_6.\end{aligned}$$

当 $\alpha h\leqslant \hat{c}_5$ 且 $\dfrac{r\beta+\gamma L}{1-\gamma c_\Pi}h\leqslant \min\left\{\hat{c}_6,\dfrac{1-\hat{c}_0}{\hat{c}_2c_\Pi}\right\}$ 时, 从上式易进一步推出

$$\|v^{(n+1)}-z^{(n+1)}\|\leqslant \frac{\hat{c}_2}{\hat{c}_0}\beta h\max_{-\tau\leqslant t\leqslant t_n+\mu h}\|R_0(t)\|+\frac{\hat{c}_3}{\hat{c}_0}\gamma h\max_{-\tau\leqslant t\leqslant t_n+\mu h}\|R_1(t)\|,$$

$$\alpha h \leqslant \hat{c}_5, \quad \frac{r\beta+\gamma L}{1-\gamma c_{\Pi}} h \leqslant \min\left\{\hat{c}_6, \frac{1-\hat{c}_0}{\hat{c}_2 c_{\Pi}}\right\}. \tag{8.3.23}$$

另一方面, 由于母方法 (8.3.1) 是 B-稳定的, 故存在仅依赖于方法的常数 $\delta_1, \delta_2 > 0$ 及一 $r \times r$ 对称正定矩阵 $G = [g_{ij}]$, 使得 (参见 [148, 150, 153, 154])

$$\|u^{(n+1)} - v^{(n+1)}\|_G \leqslant (1+\delta_1\alpha_+ h)^{\frac{1}{2}} \|y^{(n)} - z^{(n)}\|_G, \quad \alpha h \leqslant \delta_2. \tag{8.3.24}$$

由 (8.3.20), (8.3.23) 及 (8.3.24) 立得

$$\begin{aligned}
\|y^{(n+1)} - z^{(n+1)}\|_G &\leqslant \|u^{(n+1)} - v^{(n+1)}\|_G + \|v^{(n+1)} - z^{(n+1)}\|_G \\
&\leqslant (1+\delta_1\alpha_+ h)^{\frac{1}{2}} \|y^{(n)} - z^{(n)}\|_G + \frac{\hat{c}_2}{\hat{c}_0}\beta h \max_{-\tau \leqslant t \leqslant t_n+\mu h} \|R_0(t)\| \\
&\quad + \frac{\hat{c}_3}{\hat{c}_0}\gamma h \max_{-\tau \leqslant t \leqslant t_n+\mu h} \|R_1(t)\|,
\end{aligned}$$

$$\alpha h \leqslant \min\{\hat{c}_5, \delta_2\}, \quad \frac{r\beta+\gamma L}{1-\gamma c_{\Pi}} h \leqslant \min\left\{\hat{c}_6, \frac{1-\hat{c}_0}{\hat{c}_2 c_{\Pi}}\right\}.$$

定理 8.3.8 得证.

从定理 8.3.6 和定理 8.3.8、命题 8.3.5 和命题 8.3.7, 并注意代数稳定性和 BSI-稳定性蕴涵母方法 (8.3.1) 的 B-稳定性 (参见 [148, 150, 153, 154]), 可得

命题 8.3.9 若方法 (8.3.2) 是代数稳定且 BSI-稳定的, 则该方法是 B-稳定的.

命题 8.3.10 若方法 (8.3.2) 是代数稳定且对角稳定的, 则该方法是 B-稳定的.

定理 8.3.11 若方法 (8.3.2) 是 B-稳定的, 则对于任何满足条件 (8.1.2) 和 $\gamma c_{\Pi} < 1$ 的初值问题 (8.1.1) 及任意两个平行的积分步 $(\psi, y^{(0)}, y^{(1)}, \cdots, y^{(n)}, \mathbb{Y}^{(0)}, \mathbb{Y}^{(1)}, \cdots, \mathbb{Y}^{(n)}) \to (\psi, y^{(0)}, y^{(1)}, \cdots, y^{(n+1)}, \mathbb{Y}^{(0)}, \mathbb{Y}^{(1)}, \cdots, \mathbb{Y}^{(n+1)})$ 和 $(\chi, z^{(0)}, z^{(1)}, \cdots, z^{(n)}, \mathbb{Z}^{(0)}, \mathbb{Z}^{(1)}, \cdots, \mathbb{Z}^{(n)}) \to (\chi, z^{(0)}, z^{(1)}, \cdots, z^{(n+1)}, \mathbb{Z}^{(0)}, \mathbb{Z}^{(1)}, \cdots, \mathbb{Z}^{(n+1)})$, 其中 $\mathbb{Y}^{(k)}$ 和 $\mathbb{Z}^{(k)}$, $0 \leqslant j \leqslant k \leqslant n$, 分别是由式

$$\mathbb{Y}^{(k)} = F(y^{(k)}, y^h, \mathbb{Y}^h) \tag{8.3.25}$$

及式

$$\mathbb{Z}^{(k)} = F(z^{(k)}, z^h, \mathbb{Z}^h) \tag{8.3.26}$$

算出的, 有

$$\|y^{(n+1)} - z^{(n+1)}\|_G \leqslant (1+ch) \max\left\{\max_{0 \leqslant i \leqslant n} \|y^{(i)} - z^{(i)}\|_G, |||\psi(t) - \chi(t)|||_{[-\tau,0]},\right.$$

$$\left.\max_{0\leqslant i\leqslant j-1}\|\mathbb{Y}^{(i)}-\mathbb{Z}^{(i)}\|\right\},\quad \alpha h\leqslant \bar{c}_4,\quad \frac{r\beta+\gamma L}{1-\gamma c_\Pi}h\leqslant \bar{c}_5. \tag{8.3.27}$$

特别地, 若 $j=0$, 则有

$$\|y^{(n+1)}-z^{(n+1)}\|_G\leqslant(1+ch)\max\left\{\max_{0\leqslant i\leqslant n}\|y^{(i)}-z^{(i)}\|_G, |||\psi(t)-\chi(t)|||_{[-\tau,0]}\right\},$$

$$\alpha h\leqslant \bar{c}_4,\quad \frac{r\beta+\gamma L}{1-\gamma c_\Pi}h\leqslant \bar{c}_5, \tag{8.3.28}$$

这里 $c=\bar{c}_1\alpha_++\bar{c}_2\max\left\{r\beta+\gamma,\dfrac{r\beta+\gamma L}{1-\gamma c_\Pi}\right\}$, 常数 $\bar{c}_1,\bar{c}_2,\bar{c}_4,\bar{c}_5>0$ 仅依赖于方法.

证明 由于方法是 B-稳定的, 存在仅依赖于方法的常数 $c_1, c_2, c_3, c_4, c_5>0$, 使得不等式 (8.3.7) 成立. 由此及插值算子 π^h 和 Π^h 的正规性条件 (8.3.5) 和 (8.3.6) 易知, 当 $\alpha h\leqslant c_4$ 且 $\dfrac{r\beta+\gamma L}{1-\gamma c_\Pi}h\leqslant c_5$ 时有

$$\begin{aligned}\|y^{(n+1)}-z^{(n+1)}\|_G\leqslant{}& (1+c_1\alpha_+h)^{\frac{1}{2}}\|y^{(n)}-z^{(n)}\|_G\\&+c_2c_\pi\beta h\max\left\{\max_{0\leqslant i\leqslant n+1}\|y^{(i)}-z^{(i)}\|,\max_{-\tau\leqslant t\leqslant 0}\|\psi(t)-\chi(t)\|\right\}\\&+c_2c_\Pi\gamma h\max\left\{\max_{0\leqslant i\leqslant n+1}\|\mathbb{Y}^{(i)}-\mathbb{Z}^{(i)}\|,\max_{-\tau\leqslant t\leqslant 0}\|\psi'(t)-\chi'(t)\|\right\}.\end{aligned} \tag{8.3.29}$$

我们分三种情况来讨论:

情况 1 若 $\max\left\{\max\limits_{0\leqslant i\leqslant n+1}\|\mathbb{Y}^{(i)}-\mathbb{Z}^{(i)}\|,\max\limits_{-\tau\leqslant t\leqslant 0}\|\psi'(t)-\chi'(t)\|\right\}=\|\mathbb{Y}^{(n+1)}-\mathbb{Z}^{(n+1)}\|$, 则

$$\begin{aligned}&\max\left\{\max_{0\leqslant i\leqslant n+1}\|\mathbb{Y}^{(i)}-\mathbb{Z}^{(i)}\|,\max_{-\tau\leqslant t\leqslant 0}\|\psi'(t)-\chi'(t)\|\right\}\\&=\|\mathbb{Y}^{(n+1)}-\mathbb{Z}^{(n+1)}\|\\&\leqslant L\|y^{(n+1)}-z^{(n+1)}\|+\beta c_\pi\max\left\{\max_{0\leqslant i\leqslant n+1}\|y^{(i)}-z^{(i)}\|,\max_{-\tau\leqslant t\leqslant 0}\|\psi(t)-\chi(t)\|\right\}\\&\quad+\gamma c_\Pi\max\left\{\max_{0\leqslant i\leqslant n+1}\|\mathbb{Y}^{(i)}-\mathbb{Z}^{(i)}\|,\max_{-\tau\leqslant t\leqslant 0}\|\psi'(t)-\chi'(t)\|\right\},\end{aligned}$$

进而

$$\max\left\{\max_{0\leqslant i\leqslant n+1}\|\mathbb{Y}^{(i)}-\mathbb{Z}^{(i)}\|,\max_{-\tau\leqslant t\leqslant 0}\|\psi'(t)-\chi'(t)\|\right\}$$

$$\leqslant \frac{L}{1-\gamma c_\Pi}\|y^{(n+1)}-z^{(n+1)}\| + \frac{\beta c_\pi}{1-\gamma c_\Pi}\max\left\{\max_{0\leqslant i\leqslant n+1}\|y^{(i)}-z^{(i)}\|,\ \max_{-\tau\leqslant t\leqslant 0}\|\psi(t)-\chi(t)\|\right\}.$$

将上式代入 (8.3.29) 可得

$$\begin{aligned}\|y^{(n+1)}-z^{(n+1)}\|_G &\leqslant (1+c_1\alpha_+h)^{\frac12}\|y^{(n)}-z^{(n)}\|_G+\frac{c_2c_\Pi\gamma Lh}{1-\gamma c_\Pi}\|y^{(n+1)}-z^{(n+1)}\| \\ &\quad+\frac{c_2c_\pi\beta h}{1-\gamma c_\Pi}\max\left\{\max_{0\leqslant i\leqslant n+1}\|y^{(i)}-z(i)\|,\ \max_{-\tau\leqslant t\leqslant 0}\|\psi(t)-\chi(t)\|\right\} \\ &\leqslant (1+c_1\alpha_+h)^{\frac12}\|y^{(n)}-z^{(n)}\|_G+\frac{c_6(r\beta+\gamma L)h}{1-\gamma c_\Pi}\|y^{(n+1)}-z^{(n+1)}\|_G \\ &\quad+\frac{c_6\beta h}{1-\gamma c_\Pi}\max\left\{\max_{0\leqslant i\leqslant n}\|y^{(i)}-z^{(i)}\|_G,\ \max_{-\tau\leqslant t\leqslant 0}\|\psi(t)-\chi(t)\|\right\},\end{aligned}$$

其中

$$c_6=c_2c_\Pi\max\left\{(\lambda_{\min}^G)^{-\frac12},1\right\}.$$

由此立得

$$\begin{aligned}&\left(1-\frac{c_6(r\beta+\gamma L)h}{1-\gamma c_\Pi}\right)\|y^{(n+1)}-z^{(n+1)}\|_G \\ \leqslant&\left[(1+c_1\alpha_+h)^{\frac12}+\frac{c_6\beta h}{1-\gamma c_\Pi}\right]\max\left\{\max_{1\leqslant i\leqslant n}\|y^{(i)}-z^{(i)}\|_G,\ \max_{-\tau\leqslant t\leqslant 0}\|\psi(t)-\chi(t)\|\right\}.\end{aligned}$$

情况 2　若 $\max\left\{\max_{0\leqslant i\leqslant n+1}\|\mathbb{Y}^{(i)}-\mathbb{Z}^{(i)}\|,\ \max_{-\tau\leqslant t\leqslant 0}\|\psi'(t)-\chi'(t)\|\right\}=\|\mathbb{Y}^{(k)}-\mathbb{Z}^{(k)}\|$, $0\leqslant j\leqslant k\leqslant n$, 则

$$\begin{aligned}&\max\left\{\max_{0\leqslant i\leqslant n}\|\mathbb{Y}^{(i)}-\mathbb{Z}^{(i)}\|,\ \max_{-\tau\leqslant t\leqslant 0}\|\psi'(t)-\chi'(t)\|\right\} \\ =&\|\mathbb{Y}^{(k)}-\mathbb{Z}^{(k)}\| \\ \leqslant& L\|y^{(k)}-z^{(k)}\|+\beta c_\pi\max\left\{\max_{0\leqslant i\leqslant k}\|y^{(i)}-z^{(i)}\|,\ \max_{-\tau\leqslant t\leqslant 0}\|\psi(t)-\chi(t)\|\right\} \\ &+\gamma c_\Pi\max\left\{\max_{0\leqslant i\leqslant k}\|\mathbb{Y}^{(i)}-\mathbb{Z}^{(i)}\|,\ \max_{-\tau\leqslant t\leqslant 0}\|\psi'(t)-\chi'(t)\|\right\}.\end{aligned}$$

由此立得

$$
\begin{aligned}
&\max\left\{\max_{0\leqslant i\leqslant n}\|\mathbb{Y}^{(i)}-\mathbb{Z}^{(i)}\|,\ \max_{-\tau\leqslant t\leqslant 0}\|\psi'(t)-\chi'(t)\|\right\}\\
\leqslant&\ \frac{L}{1-\gamma c_\Pi}\|y^{(k)}-z^{(k)}\|+\frac{\beta c_\pi}{1-\gamma c_\Pi}\max\left\{\max_{0\leqslant i\leqslant k}\|y^{(i)}-z^{(i)}\|,\ \max_{-\tau\leqslant t\leqslant 0}\|\psi(t)-\chi(t)\|\right\},
\end{aligned}
$$

将上式代入 (8.3.29) 可得

$$
\begin{aligned}
\|y^{(n+1)}-z^{(n+1)}\|_G\leqslant&\ (1+c_1\alpha_+h)^{\frac{1}{2}}\|y^{(n)}-z^{(n)}\|_G+c_2c_\pi\beta h\|y^{(n+1)}-z^{(n+1)}\|\\
&+c_2c_\pi\beta h\max\left\{\max_{0\leqslant i\leqslant n}\|y^{(i)}-z^{(i)}\|,\ \max_{-\tau\leqslant t\leqslant 0}\|\psi(t)-\chi(t)\|\right\}\\
&+\frac{c_2c_\Pi\gamma Lh}{1-\gamma c_\Pi}\|y^{(k)}-z^{(k)}\|\\
&+\frac{c_2c_\Pi\gamma c_\pi\beta h}{1-\gamma c_\Pi}\max\left\{\max_{0\leqslant i\leqslant k}\|y^{(i)}-z^{(i)}\|,\ \max_{-\tau\leqslant t\leqslant 0}\|\psi(t)-\chi(t)\|\right\}\\
\leqslant&\ (1+c_1\alpha_+h)^{\frac{1}{2}}\|y^{(n)}-z^{(n)}\|_G+\frac{c_6(r\beta+\gamma L)h}{1-\gamma c_\Pi}\|y^{(n+1)}-z^{(n+1)}\|_G\\
&+\frac{c_6(r\beta+\gamma L)h}{1-\gamma c_\Pi}\max\left\{\max_{0\leqslant i\leqslant n}\|y^{(i)}-z^{(i)}\|,\ \max_{-\tau\leqslant t\leqslant 0}\|\psi(t)-\chi(t)\|\right\},
\end{aligned}
$$

因而

$$
\begin{aligned}
&\left(1-\frac{c_6(r\beta+\gamma L)h}{1-\gamma c_\Pi}\right)\|y^{(n+1)}-z^{(n+1)}\|\\
\leqslant&\ \left[(1+c_1\alpha_+h)^{\frac{1}{2}}+\frac{c_6(r\beta+\gamma L)h}{1-\gamma c_\Pi}\right]\max\left\{\max_{0\leqslant i\leqslant n}\|y^{(i)}-z^{(i)}\|,\ \max_{-\tau\leqslant t\leqslant 0}\|\psi(t)-\chi(t)\|\right\}.
\end{aligned}
$$

情况 3 若

$$
\begin{aligned}
&\max\left\{\max_{0\leqslant i\leqslant n+1}\|\mathbb{Y}^{(i)}-\mathbb{Z}^{(i)}\|,\quad \max_{-\tau\leqslant t\leqslant 0}\|\psi'(t)-\chi'(t)\|\right\}\\
=&\max\left\{\max_{0\leqslant i\leqslant j-1}\|\mathbb{Y}^{(i)}-\mathbb{Z}^{(i)}\|,\ \max_{-\tau\leqslant t\leqslant 0}\|\psi'(t)-\chi'(t)\|\right\}.
\end{aligned}
$$

在这种情况下, 从 (8.3.29) 易得

$$
\begin{aligned}
\|y^{(n+1)}-z^{(n+1)}\|_G\leqslant&\ (1+c_1\alpha_+h)^{\frac{1}{2}}\|y^{(n)}-z^{(n)}\|_G+c_2c_\pi\beta h\|y^{(n+1)}-z^{(n+1)}\|\\
&+c_2c_\pi\beta h\max\left\{\max_{0\leqslant i\leqslant n}\|y^{(i)}-z^{(i)}\|,\ \max_{-\tau\leqslant t\leqslant 0}\|\psi(t)-\chi(t)\|\right\}
\end{aligned}
$$

$$
\begin{aligned}
&+ c_2 c_\Pi \gamma h \max\left\{\max_{0\leqslant i\leqslant j-1}\|\mathbb{Y}^{(i)}-\mathbb{Z}^{(i)}\|,\ \max_{-\tau\leqslant t\leqslant 0}\|\psi'(t)-\chi'(t)\|\right\}\\
\leqslant\ & (1+c_1\alpha_+h)^{\frac{1}{2}}\|y^{(n)}-z^{(n)}\|_G+\frac{c_6(r\beta+\gamma L)h}{1-\gamma c_\Pi}\|y^{(n+1)}-z^{(n+1)}\|_G\\
&+ c_6(r\beta+\gamma)h\max\left\{\max_{0\leqslant i\leqslant n}\|y^{(i)}-z^{(i)}\|_G, |||\psi-\chi|||_{[-\tau,0]},\right.\\
&\left.\max_{0\leqslant i\leqslant j-1}\|\mathbb{Y}^{(i)}-\mathbb{Z}^{(i)}\|\right\}.
\end{aligned}
$$

对上述任意一种情况, 任意取定 $c_0\in(0,1)$, 并令 $\bar{c}_4=c_4, \bar{c}_5=\min\left\{c_5, \dfrac{1-c_0}{c_2c_\Pi}\right\}$. 则当 $\alpha h\leqslant\bar{c}_4$ 且 $\dfrac{r\beta+\gamma L}{1-\gamma c_\Pi}h\leqslant\bar{c}_5$ 时, 由上式可以推出

$$
\begin{aligned}
\|y^{(n+1)}-z^{(n+1)}\|_G\leqslant (1+ch)\max&\left\{\max_{0\leqslant i\leqslant n}\|y^{(i)}-z^{(i)}\|, |||\psi(t)-\chi(t)|||_{[-\tau,0]},\right.\\
&\left.\max_{0\leqslant i\leqslant j-1}\|\mathbb{Y}^{(i)}-\mathbb{Z}^{(i)}\|\right\},
\end{aligned}
$$

这里 $c=\bar{c}_1\alpha_++\bar{c}_2\max\left\{r\beta+\gamma, \dfrac{r\beta+\gamma L}{1-\gamma c_\Pi}\right\}$, $\bar{c}_1=c_1/c_0$, $\bar{c}_2=2c_6/c_0$.

对于 $j=0$ 的情形, 只要注意情况 3, 此时

$$
\max\left\{\max_{0\leqslant i\leqslant n+1}\|\mathbb{Y}^{(i)}-\mathbb{Z}^{(i)}\|, \max_{-\tau\leqslant t\leqslant 0}\|\psi'(t)-\chi'(t)\|\right\}=\max_{-\tau\leqslant t\leqslant 0}\|\psi'(t)-\chi'(t)\|,
$$

于是同理易得 (8.3.28). 证毕.

定理 8.3.12 若方法 (8.3.2) 是 B-稳定的, 则用该方法分别从任给两组不同起始数据 $\{\psi(t), y^{(0)}, y^{(1)}, \cdots, y^{(k)}, \mathbb{Y}^{(0)}, \mathbb{Y}^{(1)}, \cdots, \mathbb{Y}^{(k)}\}$ 和 $\{\chi(t), z^{(0)}, z^{(1)}, \cdots, z^{(k)}, \mathbb{Z}^{(0)}, \mathbb{Z}^{(1)}, \cdots, \mathbb{Z}^{(k)}\}$ 出发求解满足条件 (8.1.2) 的同一初值问题 (8.1.1) 时, 所得到的两个逼近序列 $\{y^{(n)}\}$ 和 $\{z^{(n)}\}$ 满足

$$
\begin{aligned}
\|y^{(n)}-z^{(n)}\|_G\leqslant \exp(c(t_n-t_k))\max&\left\{\max_{0\leqslant i\leqslant k}\|y^{(i)}-z^{(i)}\|_G, |||\psi-\chi|||_{[-\tau,0]},\right.\\
&\left.\max_{0\leqslant i\leqslant k-1}\|\mathbb{Y}^{(i)}-\mathbb{Z}^{(i)}\|\right\},\quad \alpha h\leqslant\bar{c}_4,\quad \frac{r\beta+\gamma L}{1-\gamma c_\Pi}h\leqslant\bar{c}_5,
\end{aligned}
\tag{8.3.30}
$$

这里 $c=\bar{c}_1\alpha_++\bar{c}_2\max\left\{r\beta+\gamma, \dfrac{r\beta+\gamma L}{1-\gamma c_\Pi}\right\}$, 常数 $\bar{c}_1, \bar{c}_2, \bar{c}_4, \bar{c}_5>0$ 仅依赖于方法, $n=k+1, k+2, \cdots, N_T$. 若 $\mathbb{Y}^{(j)}$ 和 $\mathbb{Z}^{(j)}$, $0\leqslant j\leqslant k$, 是分别由式 (8.3.25) 及式

(8.3.26) 算出, 则进一步有

$$\|y^{(n)}-z^{(n)}\|_G \leqslant \exp(c(t_n-t_k))\max\left\{\max_{0\leqslant i\leqslant k}\|y^{(i)}-z^{(i)}\|_G, |||\psi-\chi|||_{[-\tau,0]}\right\},$$

$$\alpha h\leqslant \bar{c}_4,\quad \frac{r\beta+\gamma L}{1-\gamma c_\Pi}h\leqslant \bar{c}_5. \tag{8.3.31}$$

证明 令

$$X_n=\max\left\{\max_{1\leqslant i\leqslant n}\|y^{(i)}-z^{(i)}\|_G, |||\psi-\chi|||_{[-\tau,0]}, \max_{0\leqslant i\leqslant k-1}\|\mathbb{Y}^{(i)}-\mathbb{Z}^{(i)}\|\right\}.$$

从方法的 B-稳定性不等式 (8.3.27) 易推出

$$X_n\leqslant (1+ch)X_{n-1},\qquad \alpha h\leqslant \bar{c}_4,\quad \frac{r\beta+\gamma L}{1-\gamma c_\Pi}h\leqslant \bar{c}_5,$$

当 $\alpha h\leqslant \bar{c}_4$, $\dfrac{r\beta+\gamma L}{1-\gamma c_\Pi}h\leqslant \bar{c}_5$ 时, 由上式递归立得

$$\begin{aligned}\|y^{(n)}-z^{(n)}\|_G &\leqslant X_n\leqslant (1+ch)^{n-k}X_k\leqslant \exp(ch(n-k))X_k\\ &=\exp(c(t_n-t_k))\max\left\{\max_{1\leqslant i\leqslant k}\|y^{(i)}-z^{(i)}\|_G, |||\psi-\chi|||_{[-\tau,0]},\right.\\ &\qquad \left.\max_{0\leqslant i\leqslant k-1}\|\mathbb{Y}^{(i)}-\mathbb{Z}^{(i)}\|\right\},\quad \alpha h\leqslant \bar{c}_4,\quad \frac{r\beta+\gamma L}{1-\gamma c_\Pi}h\leqslant \bar{c}_5.\end{aligned}$$

而若 $\mathbb{Y}^{(j)}$ 和 $\mathbb{Z}^{(j)}$, $0\leqslant j\leqslant k$, 是分别由 (8.3.25) 式及 (8.3.26) 式算出, 则从 (8.3.28) 易推得 (8.3.31). 证毕.

注意对于在起步时不需要用到附加起始值的特殊情形, 亦即 $k=0$ 的情形, 不等式 (8.3.31) 可简化为

$$\|y^{(n)}-z^{(n)}\|\leqslant \exp(ct_n)\max\left\{\|y^{(0)}-z^{(0)}\|_G, |||\psi-\chi|||_{[-\tau,0]}\right\},$$

$$\alpha h\leqslant \bar{c}_4,\quad \frac{r\beta+\gamma L}{1-\gamma c_\Pi}h\leqslant \bar{c}_5,\quad n=1,2,\cdots,N_T. \tag{8.3.32}$$

(8.3.27) 式 (或 (8.3.28) 式) 和 (8.3.30) 式 (或 (8.3.31) 式, 或 (8.3.32) 式) 分别表征着方法 (8.3.2) 的逐步稳定性和关于初始数据的稳定性, 称它们为 B-稳定性不等式.

8.3.3　B-相容性和 B-收敛性

从本节开始, 如无特别说明, 则恒设问题 (8.1.1) 中的映射 f 及初始函数 ϕ 充分光滑, 并设真解 $y(t)$ 在区间 $[0,T]$ 上充分光滑, 且具有后面中需要用到的各阶连续导数, 满足

$$\left\|\frac{d^i y(t)}{dt^i}\right\| \leqslant M_i, \qquad 0 \leqslant t \leqslant T. \tag{8.3.33}$$

现在按照文献 [148,150,151,153,154] 的思想给出下列定义.

定义 8.3.13　称方法 (8.3.2) 的广义级阶为 p, 如果 p 是具有下面性质的最大非负整数: 对于任给的满足条件 (8.1.2) 和 (8.3.33) 及 $\gamma c_{\Pi} < 1$ 的初值问题 (8.1.1) 及任何步长 $h \in (0,h_0]$, 存在充分可微的映射 $\bar{Y}^h$ 及 $\bar{H}^h$(从 $[0,T]$ 的一些子区间分别映射到 $\mathbb{R}^{Ns}$ 及 $\mathbb{R}^{Nr}$) 使得

$$\begin{aligned} &\|\bar{H}^h(t) - H^h(t)\| \leqslant d_0 h^p, \quad \|R_0(t)\| \leqslant d_1 h^p, \quad \|R_1(t)\| \leqslant d_2 h^p, \\ &\qquad\qquad \|R_2\| \leqslant d_3 h^{p+1}, \qquad \|R_3\| \leqslant d_4 h^{p+1}, \end{aligned} \tag{8.3.34}$$

这里 $R_0(t)$, $R_1(t)$, R_2 及 R_3 由方程组

$$\begin{cases} y(t) = \pi^h(t;\phi,\bar{H}^h(t_0),\bar{H}^h(t_1),\cdots,\bar{H}^h(t_{n+1})) + R_0(t), & -\tau \leqslant t \leqslant t_n + \mu h, \\ y'(t) = \Pi^h(t;\phi',\bar{H}^{h\prime}(t_0),\bar{H}^{h\prime}(t_1),\cdots,\bar{H}^{h\prime}(t_{n+1})) + R_1(t), & -\tau \leqslant t \leqslant t_n + \mu h, \\ \bar{Y}^h(t_n) = hC_{11}F(\bar{Y}^h(t_n),y,y') + C_{12}\bar{H}^h(t_n) + R_2, \\ \bar{H}^h(t_{n+1}) = hC_{21}F(\bar{Y}^h(t_n),y,y') + C_{22}\bar{H}^h(t_n) + R_3, \\ \bar{H}^{h\prime}(t_{n+1}) = F(\bar{H}^h(t_{n+1}),y,y') \end{cases} \tag{8.3.35}$$

确定, 其中最大步长 h_0 仅要求如此小, 使得当 $h \in (0,h_0]$ 时, 所有涉及的时间节点都属于积分区间 $[0,T]$, 每个常数 $d_i(i=0,1,2,3,4)$ 仅依赖于方法和问题真解 $y(t)$ 的某些导数界 M_i(不依赖于 n 和 t).

此外, 如果还允许 d_3 和 d_4 依赖于映射 f 的某些导数界 κ_{ij}(但 κ_{01} 除外)

$$\left\|\frac{\partial^{i+j} f(t,u,\psi,\chi)}{\partial t^i \partial u^j}\right\| \leqslant \kappa_{ij}, \qquad t \in [0,T],\ u \in \mathbb{R}^N,\ \psi,\chi \in C_N[-\tau,T],$$

则称上述整数 p 为方法 (8.3.2) 的广义弱级阶.

对于 $\bar{H}^h(t) \equiv H^h(t)$ 的特殊情形, 广义级阶和广义弱级阶分别称为级阶和弱级阶.

定义 8.3.14 方法 (8.3.2) 中的插值算子 π^h 称为是 p 阶相容的, 如果对于任给的满足条件 (8.1.2) 及 (8.3.33) 的初值问题 (8.1.1) 及任何步长 $h \in (0, h_0]$, 有

$$\max_{-\tau \leqslant t \leqslant t_n+\mu h} \|y(t) - \pi^h(t; \phi, H^h(t_0), H^h(t_1), \cdots, H^h(t_{n+1}))\| \leqslant d_\pi h^p, \quad (8.3.36)$$

这里常数 d_π 仅依赖于方法及函数 $y(t)$ 的某些导数界 M_i(不依赖于 n 及 h), 对 h_0 的要求同定义 8.3.13.

定义 8.3.15 方法 (8.3.2) 中的插值算子 Π^h 称为是 p 阶相容的, 如果对于任给的满足条件 (8.1.2) 及 (8.3.33) 的初值问题 (8.1.1) 及任何步长 $h \in (0, h_0]$, 有

$$\max_{-\tau \leqslant t \leqslant t_n+\mu h} \|y'(t) - \Pi^h(t; \phi', H^{h\prime}(t_0), H^{h\prime}(t_1), \cdots, H^{h\prime}(t_{n+1}))\| \leqslant d_\Pi h^p, \quad (8.3.37)$$

这里常数 d_π 仅依赖于方法及函数 $y(t)$ 的某些导数界 M_i(不依赖于 n 及 h), 对 h_0 的要求同定义 8.3.13.

定义 8.3.16 方法 (8.3.2) 称为是 p 阶 B-相容的, 如果对于任何满足条件 (8.1.2) 和 (8.3.33) 及 $\gamma c_\Pi < 1$ 的初值问题 (8.1.1) 及任何虚拟积分步 $(\phi, H^h(t_0), H^h(t_1), \cdots, H^h(t_n), H^{h\prime}(t_0), H^{h\prime}(t_1), \cdots, H^{h\prime}(t_n)) \to (\phi, H^h(t_0), H^h(t_1), \cdots, H^h(t_n), y^{(n+1)}, H^{h\prime}(t_0), H^{h\prime}(t_1), \cdots, H^{h\prime}(t_n), \mathbb{Y}^{(n+1)})$:

$$\begin{cases} y^h(t) = \pi^h(t; \phi, H^h(t_0), H^h(t_1), \cdots, H^h(t_n), y^{(n+1)}), & -\tau \leqslant t \leqslant t_n + \mu h, \\ \mathbb{Y}^h(t) = \Pi^h(t; \phi', H^{h\prime}(t_0), H^{h\prime}(t_1), \cdots, H^{h\prime}(t_n), \mathbb{Y}^{(n+1)}), & -\tau \leqslant t \leqslant t_n + \mu h, \\ Y^{(n+1)} = hC_{11}F(Y^{(n+1)}, y^h, \mathbb{Y}^h) + C_{12}H^h(t_n), \\ y^{(n+1)} = hC_{21}F(Y^{(n+1)}, y^h, \mathbb{Y}^h) + C_{22}H^h(t_n), \\ \mathbb{Y}^{(n+1)} = F(y^{(n+1)}, y^h, \mathbb{Y}^h), \end{cases} \quad (8.3.38)$$

有

$$\|y^{(n+1)} - H^h(t_{n+1})\| \leqslant \tilde{d} h^{p+1}, \quad 0 < h \leqslant \tilde{h}, \quad (8.3.39)$$

这里常数 $\tilde{d}$ 仅依赖于方法、α、β、γ、γL 及问题真解 $y(t)$ 的某些导数界 M_i, 常数 $\tilde{h}$ 仅依赖于 α, β, γ, γL 和方法 (它们都不依赖于 n). 此外, 方法 (8.3.2) 称为是 p 阶 B^*-相容的, 如果还允许上述 $\tilde{d}$ 依赖于映射 f 的某些导数界 κ_{ij}(但 κ_{01} 除外).

定义 8.3.17 方法 (8.3.2) 称为是 p 阶 BH-相容的, 如果对于任何满足条件 (8.1.2) 和 (8.3.33) 及 $\gamma c_\Pi < 1$ 的初值问题 (8.1.1) 及任何步长 $h \in (0, \tilde{h}]$, 存在充分可微映射 $\bar{H}^h$(从 $[0, T]$ 的一些子区间映射到 $\mathbb{R}^{Nr}$) 使得

(1)

$$\|\bar{H}^h(t) - H^h(t)\| \leqslant \tilde{d}_0 h^p. \quad (8.3.40)$$

(2) 对任何由 (8.3.38) 式确定的虚拟积分步 $(\phi, \bar{H}^h(t_0), \bar{H}^h(t_1), \cdots, \bar{H}^h(t_n), \bar{H}^{h\prime}(t_0), \bar{H}^{h\prime}(t_1), \cdots, \bar{H}^{h\prime}(t_n)) \to (\phi, \bar{H}^h(t_0), \bar{H}^h(t_1), \cdots, \bar{H}^h(t_n), y^{(n+1)}, \bar{H}^{h\prime}(t_0), \bar{H}^{h\prime}(t_1), \cdots, \bar{H}^{h\prime}(t_n), \mathbb{Y}^{(n+1)})$, 其中 $H^h(t_0), H^h(t_1), \cdots, H^h(t_n), H^{h\prime}(t_0), H^{h\prime}(t_1), \cdots, H^{h\prime}(t_n)$ 分别由 $\bar{H}^h(t_0), \bar{H}^h(t_1), \cdots, \bar{H}^h(t_n), \bar{H}^{h\prime}(t_0), \bar{H}^{h\prime}(t_1), \cdots, \bar{H}^{h\prime}(t_n)$ 替代, 有

$$\|y^{(n+1)} - \bar{H}^h(t_{n+1})\| \leqslant \tilde{d}_1 h^{p+1}, \quad 0 < h \leqslant \tilde{h}, \tag{8.3.41}$$

这里常数 $\tilde{d}_i(i=0,1)$ 仅依赖于方法、α、β、γ、γL 及问题真解 $y(t)$ 的某些导数界 M_i, 常数 $\tilde{h}$ 仅依赖于 α, β, γ, γL 和方法 (它们都不依赖于 n). 此外, 方法 (8.3.2) 称为是 p 阶 BH*-相容的, 如果还允许上述诸 $\tilde{d}_i(i=0,1)$ 依赖于映射 f 的某些导数界 κ_{ij}(但 κ_{01} 除外).

注意 BH-和 BH*-相容性是比 B-和 B^*-相容性弱的概念. 事实上, 当 (8.3.39) 成立时, 只要取 $\bar{H}^h(t) = H^h(t)$, 便能使 (8.3.40) 和 (8.3.41) 成立, 故 p 阶 B-相容性 (或 B^*-相容性) 蕴涵 p 阶 BH-相容性 (或 BH*-相容性).

定义 8.3.18 方法 (8.3.2) 称为是 p 阶最佳 B-收敛的, 如果以该方法从任给起始 $\psi \in C_N^1[-\tau, 0]$, $y^{(0)}, y^{(1)}, \cdots, y^{(k)}, \mathbb{Y}^{(0)}, \mathbb{Y}^{(1)}, \cdots, \mathbb{Y}^{(k)} \in \mathbb{R}^N$ 出发, 以定步长 h 数值求解任给的满足条件 (8.1.2) 和 (8.3.33) 及 $\gamma c_{\Pi} < 1$ 的初值问题 (8.1.1) 时, 所得到的逼近序列 $\{y^{(n)}\}$ 满足

$$\begin{aligned} \|y^{(n)} - H^h(t_n)\| \leqslant C_0(t_n) \max\Big\{ & \max_{0\leqslant i\leqslant k} \|y^{(i)} - H^h(t_i)\|, \\ & |||\psi - \varphi|||_{[-\tau,0]}, \max_{0\leqslant i\leqslant k} \|\mathbb{Y}^{(i)} - H^{h\prime}(t_i)\| \Big\} + C(t_n) h^p, \\ & 0 < h \leqslant H_0, \quad n > k, \end{aligned} \tag{8.3.42}$$

这里 $y^{(0)}, y^{(1)}, \cdots, y^{(k)}, \mathbb{Y}^{(0)}, \mathbb{Y}^{(1)}, \cdots, \mathbb{Y}^{(k)} \in \mathbb{R}^N$ 是事先通过其他方法算出的或任意给定的附加起始值, 连续函数 $C_0(t)$ 及 $C(t)$ 仅依赖于方法、α、β、γ、γL 及问题真解 $y(t)$ 的某些导数界 M_i, 最大容许步长 H_0 仅依赖于 α、β、γ、γL 和方法 (它们都不依赖于 n). 方法 (8.3.2) 称为是 p 阶最佳弱 B-收敛的, 如果所得到的逼近序列 $\{y^{(n)}\}$ 满足

$$\begin{aligned} \|y^{(n)} - H^h(t_n)\| \leqslant C_0(t_n) \max\Big\{ & \max_{0\leqslant i\leqslant k} \|y^{(i)} - H^h(t_i)\|, |||\psi - \varphi|||_{[-\tau,0]} \Big\} \\ & + C(t_n) h^p, \quad 0 < h \leqslant H_0, \quad n > k, \end{aligned} \tag{8.3.43}$$

这里 $y^{(0)}, y^{(1)}, \cdots, y^{(k)} \in \mathbb{R}^N$ 是事先通过其他方法算出的或任意给定的附加起始值, 而 $\mathbb{Y}^{(0)}, \mathbb{Y}^{(1)}, \cdots, \mathbb{Y}^{(k)} \in \mathbb{R}^N$ 是通过 (8.3.25) 式得到的. 此外, 方法 (8.3.2) 称

为是 p 阶 (弱) B-收敛的, 如果还允许上述 $C_0(t)$ 及 $C(t)$ 依赖于映射 f 的某些导数界 κ_{ij}(但 κ_{01} 除外).

注意对于不需要附加起始值的特殊情形, 亦即 $k=0$ 的特殊情形, (8.3.42) 式和 (8.3.43) 式可简化为

$$\|y^{(n)}-H^h(t_n)\|\leqslant C_0(t_n)\max\left\{\|y^{(0)}-H^h(t_0)\|,|||\psi-\varphi|||_{[-\tau,0]}\right\}+C(t_n)h^p,$$
$$0<h\leqslant H_0,\quad n=1,2,\cdots,N_T. \tag{8.3.44}$$

从定义 8.3.13—定义 8.3.15 直接得到.

命题 8.3.19 方法 (8.3.2) 的广义级阶为 p (或级阶为 p、弱级阶为 p、广义弱级阶为 p) 的充分必要条件是插值算子 π^h 和 Π^h 都是 p 阶相容的, 且其母方法 (8.3.1) 的广义级阶为 p (或级阶为 p、弱级阶为 p、广义弱级阶为 p).

定理 8.3.20 若方法 (8.3.2) 是 BS-稳定的, 且其级阶为 p(或弱级阶为 p), 则该方法是 p 阶 B-相容 (或 p 阶 B^*-相容) 的.

证明 由级阶 (或弱级阶) 的定义可知, 对于任给的满足条件 (8.1.2) 及 (8.2.33) 的初值问题 (8.1.1) 及任何步长 $h\in(0,h_0]$, 不等式 (8.3.34) 成立, 且其中 $\bar{H}^h(t)=H^h(t)$, $R_0(t),R_1(t)$ 和 R_2 及 R_3 满足方程 (8.3.35). 由 BS-稳定性知存在仅依赖于方法的常数 $\hat{c}_1,\hat{c}_2,\hat{c}_3,\hat{c}_4,\hat{c}_5,\hat{c}_6>0$, 它们满足定义 8.3.2 的要求. 于是对于任何由 (8.3.38) 式确定的虚拟积分步, 当 $\alpha h\leqslant\hat{c}_5$ 且 $\dfrac{r\beta+\gamma L}{1-\gamma c_{\Pi}}h\leqslant\hat{c}_6$ 时, 或即当

$$0<h\leqslant\tilde{h}:=\begin{cases}\min\left\{\dfrac{\hat{c}_5}{\alpha},\dfrac{\hat{c}_6(1-\gamma c_{\Pi})}{r\beta+\gamma L},h_0\right\}, & \alpha>0,\\ \min\left\{\dfrac{\hat{c}_6(1-\gamma c_{\Pi})}{r\beta+\gamma L},h_0\right\}, & \alpha\leqslant 0\end{cases}$$

时, 由 BS-稳定性及 (8.3.34), (8.3.35) 和 (8.3.38) 式推出

$$\begin{aligned}\|y^{(n+1)}-H^h(t_{n+1})\|&\leqslant\hat{c}_1(\|R_2\|+\|R_3\|)+\hat{c}_2\beta h\max_{-\tau\leqslant t\leqslant t_n+\mu h}\|R_0(t)\|\\&\quad+\hat{c}_3\gamma h\max_{-\tau\leqslant t\leqslant t_n+\mu h}\|R_1(t)\|\\&\leqslant\hat{c}_1(d_2+d_3)h^{p+1}+\hat{c}_2\beta hd_0h^p+\hat{c}_3\gamma hd_1h^p\\&\leqslant\tilde{c}h^{p+1},\end{aligned}$$

这里

$$\tilde{c}=\hat{c}_1(d_2+d_3)+\hat{c}_2\beta d_0+\hat{c}_3\gamma d_1.$$

注意对于 $\beta=0$ 的特殊情形, 表达式 $\hat{c}_4/\beta$ 应当用任给的正的常数去代替. 由于常数 $\tilde{c}$ 和 $\tilde{h}$ 显然都满足定义 8.3.16 的要求, 定理得证.

同理可证:

定理 8.3.21 若方法 (8.3.2) 是 BS-稳定的, 且其广义级阶为 p (或广义弱级阶为 p), 则该方法是 p 阶 BH-相容 (或 p 阶 BH*-相容) 的.

定理 8.3.22 若方法 (8.3.2) 是 B-稳定的且 p 阶 BH-相容 (或 p 阶 BH*-相容) 的, 则该方法是 p 阶最佳弱 B-收敛 (或 p 阶弱 B-收敛) 的.

证明 以方法 (8.3.2) 按定步长 h 从任给起始数据 $\psi \in C_N^1[-\tau, 0]$, $y^{(0)}$, $y^{(1)}$, $\cdots, y^{(k)}, \mathbb{Y}^{(0)}, \mathbb{Y}^{(1)}, \cdots, \mathbb{Y}^{(k)} \in \mathbb{R}^N$, 其中 $\mathbb{Y}^{(0)}, \mathbb{Y}^{(1)}, \cdots, \mathbb{Y}^{(k)}$ 是由 (8.3.25) 式得到的, 出发数值求解任给的满足条件 (8.1.2) 和 (8.3.33) 的初值问题 (8.1.1), 所得的逼近序列记为 $\{y^{(n)}\}$. 由于方法是 p 阶 BH-相容 (或 p 阶 BH*-相容) 的, 存在充分可微的映射 $\bar{H}^h$, 使当 $0 < h \leqslant \tilde{h}$ 时, 有

$$\|\bar{H}^h(t) - H^h(t)\| \leqslant \tilde{d}_0 h^p, \tag{8.3.45}$$

且对于由 (8.3.38) 式确定的任何虚拟积分步 $(\phi, \bar{H}^h(t_0), \bar{H}^h(t_1), \cdots, \bar{H}^h(t_n), \bar{H}^{h\prime}(t_0), \bar{H}^{h\prime}(t_1), \cdots, \bar{H}^{h\prime}(t_n)) \to (\phi, \bar{H}^h(t_0), \bar{H}^h(t_1), \cdots, \bar{H}^h(t_n), \tilde{y}^{(n+1)}, \bar{H}^{h\prime}(t_0), \bar{H}^{h\prime}(t_1), \cdots, \bar{H}^{h\prime}(t_n), \tilde{\mathbb{Y}}^{(n+1)})$, 这里 (8.3.38) 式中 $H^h(t_0), H^h(t_1), \cdots, H^h(t_n), y^{(n+1)}, H^{h\prime}(t_0), H^{h\prime}(t_1), \cdots, H^{h\prime}(t_n), \mathbb{Y}^{(n+1)}$ 分别由 $\bar{H}^h(t_0), \bar{H}^h(t_1), \cdots, \bar{H}^h(t_n), \tilde{y}^{(n+1)}, \bar{H}^{h\prime}(t_0), \bar{H}^{h\prime}(t_1), \cdots, \bar{H}^{h\prime}(t_n), \tilde{\mathbb{Y}}^{(n+1)}$ 替代, 有

$$\|\tilde{y}^{(n+1)} - \bar{H}^h(t_{n+1})\| \leqslant \tilde{d}_1 h^{p+1}, \quad n \geqslant k, \tag{8.3.46}$$

且其中常数 $\tilde{h}$ 和 $\tilde{d}_i (i = 0, 1)$ 满足定义 8.3.16 的要求. 另一方面, 由于方法 B-稳定, 从定理 8.3.11, 知存在仅依赖于方法的常数 $\bar{c}_1, \bar{c}_2, \bar{c}_3, \bar{c}_4, \bar{c}_5 > 0$, 使得当 $\alpha h \leqslant \bar{c}_4$, $\dfrac{r\beta + \gamma L}{1 - \gamma c_{\Pi}} h \leqslant \bar{c}_5$ 时有

$$\|\tilde{y}^{(n+1)} - y^{(n+1)}\|_G \leqslant (1 + ch) \max \left\{ \max_{0 \leqslant i \leqslant n} \|\bar{H}^h(t_i) - y^{(i)}\|_G, |||\phi - \psi|||_{[-\tau, 0]} \right\}, \tag{8.3.47}$$

其中常数 $c = \bar{c}_1 \alpha_+ + \bar{c}_2 \max \left\{ r\beta + \gamma, \dfrac{r\beta + \gamma L}{1 - \gamma c_{\Pi}} \right\} \geqslant 0$. 当

$$0 < h \leqslant H_0 := \begin{cases} \min \left\{ \tilde{h}, \dfrac{\bar{c}_5(1 - \gamma c_{\Pi})}{r\beta + \gamma L}, \dfrac{\bar{c}_4}{\alpha} \right\}, & \alpha > 0, \\ \min \left\{ \tilde{h}, \dfrac{\bar{c}_5(1 - \gamma c_{\Pi})}{r\beta + \gamma L} \right\}, & \alpha \leqslant 0 \end{cases}$$

时, 从 (8.3.46) 式和 (8.3.47) 式可得

$$\|\bar{H}^h(t_{n+1}) - y^{(n+1)}\|_G \leqslant \left(\lambda_{\max}^G\right)^{\frac{1}{2}} \tilde{d}_1 h^{p+1}$$

$$+ (1+ch)\max\left\{\max_{0\leqslant i\leqslant n}\|\bar{H}^h(t_i)-y^{(i)}\|_G, |||\phi-\psi|||_{[-\tau,0]}\right\}$$

及

$$X_{n+1}\leqslant \tilde{d}_1\left(\lambda_{\max}^G\right)^{\frac{1}{2}}h^{p+1}+(1+ch)X_n,\quad 0<h\leqslant H_0, \tag{8.3.48}$$

这里

$$X_n=\max\left\{\max_{0\leqslant i\leqslant n}\|\bar{H}^h(t_i)-y^{(i)}\|_G, |||\phi-\psi|||_{[-\tau,0]}\right\}.$$

当 $0<h\leqslant H_0$ 时, 由 (8.3.48) 式递归立得

$$\begin{aligned}
\|\bar{H}^h(t_n)-y^{(n)}\| &\leqslant X_n\leqslant \tilde{d}_1\left(\lambda_{\max}^G\right)^{\frac{1}{2}}h^{p+1}\left[1+(1+ch)+\cdots+(1+ch)^{n-k-1}\right]\\
&\quad+(1+ch)^{n-k}X_k\\
&\leqslant (1+ch)^{n-k}\left[\tilde{d}_1\left(\lambda_{\max}^G\right)^{\frac{1}{2}}(n-k)h^{p+1}\right.\\
&\quad\left.+\max\left\{\max_{0\leqslant i\leqslant k}\|\bar{H}^h(t_i)-y^{(i)}\|_G, |||\phi-\psi|||_{[-\tau,0]}\right\}\right]\\
&\leqslant \exp(c(t_n-t_k))\left[\widetilde{d_1}\left(\lambda_{\max}^G\right)^{\frac{1}{2}}(t_n-t_k)h^p+\max\left\{\left(\lambda_{\max}^G\right)^{\frac{1}{2}},1\right\}\right.\\
&\quad\left.\times\max\left\{\max_{0\leqslant i\leqslant k}\|\bar{H}^h(t_i)-y^{(i)}\|, |||\phi-\psi|||_{[-\tau,0]}\right\}\right].
\end{aligned}$$

由此并利用 (8.3.45) 可得

$$\begin{aligned}
&\|H^h(t_n)-y^{(n)}\|\leqslant \|H^h(t_n)-\bar{H}^h(t_n)\|+\|\bar{H}^h(t_n)-y^{(n)}\|\\
&\leqslant \tilde{d}_0h^p+\left(\lambda_{\min}^G\right)^{-\frac{1}{2}}\exp(c(t_n-t_k))\left[\tilde{d}_1\left(\lambda_{\max}^G\right)^{\frac{1}{2}}(t_n-t_k)h^p+\max\left\{\left(\lambda_{\max}^G\right)^{\frac{1}{2}},1\right\}\right.\\
&\quad\left.\times\max\left\{\tilde{d}_0h^p+\max_{0\leqslant i\leqslant k}\|H^h(t_i)-y^{(i)}\|, |||\phi-\psi|||_{[-\tau,0]}\right\}\right]\\
&\leqslant C_0(t_n)\max\left\{\max_{0\leqslant i\leqslant k}\|H^h(t_i)-y^{(i)}\|, |||\phi-\psi|||_{[-\tau,0]}\right\}+C(t_n)h^p,\quad 0<h\leqslant H_0,
\end{aligned}$$

这里

$$C_0(t)=\left(\lambda_{\max}^G\right)^{-\frac{1}{2}}\max\left\{\left(\lambda_{\max}^G\right)^{\frac{1}{2}},1\right\}\exp(c(t-t_k)),$$

$$C(t)=\tilde{d}_0(1+C_0(t))+\left(\frac{\lambda_{\max}^G}{\lambda_{\min}^G}\right)^{\frac{1}{2}}\tilde{d}_1(t-t_k)\exp(c(t-t_k)).$$

以上误差函数 $C_0(t)$ 和 $C(t)$ 及最大容许步长 H_0 显然满足定义 8.3.18 的要求. 证毕.

因 p 阶 B-相容性 (或 B^*-相容性) 蕴涵 p 阶 BH-相容性 (或 BH*-相容性), 故有

定理 8.3.23 若方法 (8.3.2) 是 B-稳定的且 p 阶 B-相容 (或 p 阶 B^*-相容) 的, 则该方法是 p 阶最佳弱 B-收敛 (或 p 阶弱 B-收敛) 的.

定理 8.3.24 若方法 (8.3.2) 是 B-稳定的且 p 阶 B-相容 (或 p 阶 B^*-相容) 的, 则该方法是 p 阶最佳 B-收敛 (或 p 阶 B-收敛) 的.

证明 以方法 (8.3.2) 按定步长 h 从任给起始数据 $\psi \in C_N^1[-\tau,0]$, $y^{(0)}$, $y^{(1)}, \cdots, y^{(k)}, \mathbb{Y}^{(0)}, \mathbb{Y}^{(1)}, \cdots, \mathbb{Y}^{(k)} \in \mathbb{R}^N$ 出发数值求解任给的满足条件 (8.1.2) 和 (8.3.33) 的初值问题 (8.1.1), 所得的逼近序列记为 $\{y^{(n)}\}$. 由于方法是 p 阶 B-相容 (或 p 阶 B^*-相容) 的, 对于由 (8.3.38) 式确定的任何虚拟积分步 $(\phi, H^h(t_0), H^h(t_1), \cdots, H^h(t_n), H^{h\prime}(t_0), H^{h\prime}(t_1), \cdots, H^{h\prime}(t_n)) \to (\phi, H^h(t_0), H^h(t_1), \cdots, H^h(t_n), \tilde{y}^{(n+1)}, H^{h\prime}(t_0), H^{h\prime}(t_1), \cdots, H^{h\prime}(t_n), \tilde{\mathbb{Y}}^{(n+1)})$, 有

$$\|\tilde{y}^{(n+1)} - H^h(t_{n+1})\| \leqslant \tilde{d}h^{p+1}, \quad n \geqslant k, \quad 0 < h \leqslant \tilde{h}, \tag{8.3.49}$$

且其中常数 $\tilde{h}$ 和 $\tilde{d}$ 满足定义 8.3.16 的要求. 另一方面, 由于方法 B-稳定, 从定理 8.3.11, 知存在仅依赖于方法的常数 $\bar{c}_1, \bar{c}_2, \bar{c}_3, \bar{c}_4, \bar{c}_5 > 0$, 使得当 $\alpha h \leqslant \bar{c}_4$, $\dfrac{r\beta+\gamma L}{1-\gamma c_\Pi} h \leqslant \bar{c}_5$ 时有

$$\begin{aligned}\|\tilde{y}^{(n+1)} - y^{(n+1)}\|_G \leqslant (1+ch)\max\Bigg\{&\max_{0\leqslant i\leqslant n}\|H^h(t_i) - y^{(i)}\|_G, |||\phi-\psi|||_{[-\tau,0]},\\ &\max_{0\leqslant i\leqslant k}\|H^{h\prime}(t_i) - \mathbb{Y}^{(i)}\|\Bigg\},\end{aligned} \tag{8.3.50}$$

其中常数 $c = \bar{c}_1\alpha_+ + \bar{c}_2\max\left\{r\beta+\gamma, \dfrac{r\beta+\gamma L}{1-\gamma c_\Pi}\right\} \geqslant 0$. 当

$$0 < h \leqslant H_0 := \begin{cases} \min\left\{\tilde{h}, \dfrac{\bar{c}_5(1-\gamma c_\Pi)}{r\beta+\gamma L}, \dfrac{\bar{c}_4}{\alpha}\right\}, & \alpha > 0, \\ \min\left\{\tilde{h}, \dfrac{\bar{c}_5(1-\gamma c_\Pi)}{r\beta+\gamma L}\right\}, & \alpha \leqslant 0 \end{cases}$$

时, 从 (8.3.49) 和式 (8.3.50) 式可得

$$\|H^h(t_{n+1}) - y^{(n+1)}\|_G \leqslant \left(\lambda_{max}^G\right)^{\frac{1}{2}} \tilde{d}h^{p+1} + (1+ch)\max\left\{\max_{0\leqslant i\leqslant n}\|H^h(t_i) - y^{(i)}\|_G,\right.$$

$$|||\phi-\psi|||_{[-\tau,0]}, \max_{0\leqslant i\leqslant k}\|H^{h\prime}(t_i)-\mathbb{Y}^{(i)}\|\Big\}$$

及

$$X_{n+1}\leqslant \tilde{d}_1\left(\lambda_{\max}^G\right)^{\frac{1}{2}}h^{p+1}+(1+ch)X_n,\quad 0<h\leqslant H_0, \tag{8.3.51}$$

这里

$$X_n=\max\left\{\max_{0\leqslant i\leqslant n}\|H^h(t_i)-y^{(i)}\|_G, |||\phi-\psi|||_{[-\tau,0]}, \max_{0\leqslant i\leqslant k}\|H^{h\prime}(t_i)-\mathbb{Y}^{(i)}\|\right\}.$$

当 $0<h\leqslant H_0$ 时, 由 (8.3.51) 式递归立得

$$\begin{aligned}
&\|H^h(t_n)-y^{(n)}\|\leqslant X_n\\
\leqslant&\ \tilde{d}\left(\lambda_{\max}^G\right)^{\frac{1}{2}}h^{p+1}\left[1+(1+ch)+\cdots+(1+ch)^{n-k-1}\right]+(1+ch)^{n-k}X_k\\
\leqslant&\ (1+ch)^{n-k}\Bigg[\tilde{d}\left(\lambda_{\max}^G\right)^{\frac{1}{2}}(n-k)h^{p+1}+\max\Bigg\{\max_{0\leqslant i\leqslant k}\|H^h(t_i)-y^{(i)}\|_G,\\
&\ |||\phi-\psi|||_{[-\tau,0]}, \max_{0\leqslant i\leqslant k}\|H^{h\prime}(t_i)-\mathbb{Y}^{(i)}\|\Bigg\}\Bigg]\\
\leqslant&\ \exp(c(t_n-t_k))\left[\tilde{d}\left(\lambda_{\max}^G\right)^{\frac{1}{2}}(t_n-t_k)h^p+\max\left\{\left(\lambda_{\max}^G\right)^{\frac{1}{2}},1\right\}\right.\\
&\left.\times\max\left\{\max_{0\leqslant i\leqslant k}\|H^h(t_i)-y^{(i)}\|, |||\phi-\psi|||_{[-\tau,0]}, \max_{0\leqslant i\leqslant k}\|H^{h\prime}(t_i)-\mathbb{Y}^{(i)}\|\right\}\right]\\
=&\ C_0(t_n)\max\left\{\max_{1\leqslant i\leqslant k}\|H^h(t_i)-y^{(i)}\|, |||\phi-\psi|||_{[-\tau,0]}, \max_{0\leqslant i\leqslant k}\|H^{h\prime}(t_i)-\mathbb{Y}^{(i)}\|\right\}\\
&+C(t_n)h^p,
\end{aligned}$$

这里

$$C_0(t)=\max\left\{\left(\lambda_{\max}^G\right)^{\frac{1}{2}},1\right\}\exp(c(t-t_k)),$$

$$C(t)=\left(\lambda_{\max}^G\right)^{\frac{1}{2}}\tilde{d}(t-t_k)\exp(c(t-t_k)).$$

由此即得所要证之结果. 定理证毕.

从定理 8.3.6、定理 8.3.11、定理 8.3.12、定理 8.3.20、定理 8.3.24、命题 8.3.5、命题 8.3.10、命题 8.3.19 和定义 8.3.18 可直接得到下面更为实用的结果.

定理 8.3.25 设母方法 (8.3.1) 代数稳定、对角稳定, 且级阶为 p, 并设正规插值算子 π^h 和 Π^h 都是 p 阶相容的, 则用于求解问题 (8.1.1) 的方法 (8.3.2) 是 B-稳定的且 p 阶 B-相容的, 因而是 p 阶最佳 B-收敛的. 因而对于由方法 (8.3.2) 以

定步长 h 分别从任给两组不同起始数据 $\{\psi(t), y^{(0)}, y^{(1)}, \cdots, y^{(k)}, \mathbb{Y}^{(0)}, \mathbb{Y}^{(1)}, \cdots, \mathbb{Y}^{(k)}\}$ 和 $\{\chi(t), z^{(0)}, z^{(1)}, \cdots, z^{(k)}, \mathbb{Z}^{(0)}, \mathbb{Z}^{(1)}, \cdots, \mathbb{Z}^{(k)}\}$ (或者 $\psi(t)$ 和 $\chi(t)$) 出发求解满足条件 (8.1.2) 及 $\gamma c_{\Pi} < 1$ 的同一初值问题 (8.1.1) 所得到的两个逼近序列 $\{y^{(n)}\}$ 和 $\{z^{(n)}\}$, 稳定性不等式 (8.3.27) 和 (8.3.30) (或 (8.3.32)) 成立; 对于由方法 (8.3.2) 从任给起始数据 $\psi \in C_N^1[-\tau, 0]$ 和 $y^{(0)}, y^{(2)}, \cdots, y^{(k)} \in \mathbb{R}^N$(或者 $\psi \in C_N^1[-\tau, 0]$) 出发以定步长 h 求解满足条件 (8.1.2) 和 (8.3.33) 及 $\gamma c_{\Pi} < 1$ 的任给初值问题 (8.1.1) 所得到的逼近序列 $\{y^{(n)}\}$, 整体误差估计 (8.3.42) 式 (或 (8.3.44) 式) 成立.

参考文献

[1] Baker C T H, Ford N J. Stability properties of a scheme for the approximate solution of a delay integro-differential equation [J]. Appl. Numer. Math., 1992, 9: 357-370.

[2] Baker C T H, Tang A. Generalized Halanay inequalities for Volterra functional differential equations and discretized versions [C]//Corduneanu C, Sandberg I W. Volterra Equations and Applications (Arlington TX, 1996), Stability Control Theory Methods Appl., Vol. 10, Gordon and Breach, Amsterdam, 2000: 39-55.

[3] Baker C T H, Bocharov G A, Rihan F A. A report on the use of delay differential equations in numerical modelling in the biosciences[R]. MCCsM Technical Report Vol. 343, Manchester, 1999.

[4] Baker C T H. Retarded differential equations [J]. J. Comput. Appl. Math., 2000, 125: 309-335.

[5] Baker C T H, Paul C A H. Discontinuous solutions of neutral delay differential equations [J]. Appl. Numer. Math., 2006, 56: 284-304.

[6] Balanov A G, Janson N B, McClintock P V E, Tucker R W, Wang C H T. Bifurcation analysis of a neutral delay differential equation modelling the torsional motion of a driven drill-string [J]. Chaos Solitons and Fractals, 2003, 15: 381-394.

[7] Bartoszewski Z, Kwapisz M. On the convergence of waveform relaxation methods for differential-functional systems of equations [J]. J. Math. Anal. Appl., 1999, 235: 478-496.

[8] Bartoszewski Z, Kwapisz M. On error estimates for waveform relaxation methods for delay differential equations [J]. SIAM J. Numer. Anal., 2000, 38: 639-659.

[9] Bartoszewski Z, Kwapisz M. Delay dependent estimates for waveform relaxation methods for neutral differential-functional systems [J]. Comput. Math. Appl., 2004, 48: 1877-1892.

[10] Bauer A. Utilisation of chaotic signals for radar and sonar purpose [J]. NORSIG, 1996, 96: 33-36.

[11] Becker J. A second order backward difference method with variable steps for a parabolic problem[J]. BIT, 1998, 38: 644-662.

[12] Bellen A, Brunner H, Maset S, Torelli L. Superconvergence in collocation methods on quasi-graded meshes for functional differential equations with vanishing delays[J]. BIT, 2006, 46: 229-247.

[13] Bellen A, Jackiewicz Z, Zennaro M. Stability analysis of one-step methods for neutral delay-differential equations [J]. Numer. Math., 1988, 52: 605-619.

[14] Bellen A, Guglielmi N, Torelli L. Asymptotic stability properties of θ-methods for the pantograph equations [J]. Appl. Numer. Math., 1997, 24: 279-293.

[15] Bellen A, Guglielmi N, Ruehli A. Methods for linear systems of circuit delay differential equations of neutral type [J]. IEEE Trans. Circuits Syst. I, 1999, 46(1): 212-215.

[16] Bellen A, Guglielmi N, Zennaro M. On the contractivity and asymptotic stability of systems of delay differential equations of neutral type [J]. BIT, 1999, 39: 1-24.

[17] Bellen A, Maset S, Torelli L. Contractive initializing methods for the pantograph equations of neutral type [C]// Trigiante D. Recent Trends in Numerical Analysis. Advances in the Theory of Computational Mathematics, 2000, 3: 35-41.

[18] Bellen A, Guglielmi N, Zennaro M. Numerical stability of nonlinear delay differential equations of neutral type [J]. J. Comput. Appl. Math., 2000, 125: 251-263.

[19] Bellen A, Maset S, Torelli L. Contractive initializing methods for the pantograph equation of neutral type [J]. Recent Trends Numer. Analy., 2000, 3: 35-41.

[20] Bellen A. Preservation of superconvergence in the numerical integration of delay differential equations with proportional delays [J]. IMA J. Numer. Anal., 2002, 22: 529-536.

[21] Bellen A, Zennaro M. Numerical Methods for Delay Differential Equations [M]. Oxford: Oxford University Press, 2003.

[22] Bocharov G, Hadeler K P. Structured population models, conservation laws, and delay equations [J]. J. Diff. Eqs., 2000, 168: 212-237.

[23] Bocharov G, Rihan F A. Numerical modelling in biosciences using delay differential equations [J]. J. Comput. Appl. Math., 2000, 125: 183-199.

[24] Brayton R K, Willoughby R A. On the numerical integration of a symmetric system of difference-differential equations of neutral type [J]. J. Math. Anal. Appl., 1967, 18: 182-189.

[25] Brunner H, van der Houwen P J. The Numerical Solutio of Volterra Equations [M]. CWI Monographs, North-Holland: Amsterdam, 1986.

[26] Brunner H. The numerical solutions of neutral Volterra integro-differential equations with delay arguments [C]. Proceedings SCADE'93, Auckland, 1994.

[27] Brunner H, Hu Q Y, Lin Q. Geometric meshes in collocation methods for Volterra integral equations with proportional delays [J]. IMA J. Numer. Anal., 2001, 21: 783-798.

[28] Brunner H. Collocation Methods for Volterra Integral and Related Functional Differential Equations [M]. Cambridge: Cambridge University Press, 2004.

[29] Buhmann M D, Iserles A. Numerical analysis of functional equations with a variable delay [C]. Dept. of Applied Mathematics and Theoretical Physics, 1991: 17-33.

[30] Buhmann M D, Iserles A. On the dynamics of a discretized neutral equation[J]. IMA J. Numer. Anal., 1992, 12: 339-363.

[31] Buhmann M D, Iserles A. Stability of the discretized pantograph differential equation [J]. Math. Comp., 1993, 60: 575-589.

[32] Buhmann M D, Iserles A, Nørsett S P. Runge-Kutta methods for neutral differential equations [C]// Agarwal R P. Contribution in Numerical Mathematics. Singapore: World Scientific, 1993: 85-98.

[33] Burns J A, Cliff E M. Nonlinear neutral functional differential equations in product spaces [C]// Everitt W N, Sleeman B D. Ordinary and Partial Differential Equations. Dundee: Proceedings, 1982: 118-134.

[34] Burrage K, Butcher J C. Stability criteria for implicit Runge-Kutta methods [J]. SIAM J. Numer. Anal., 1979, 16: 46-57.

[35] Burrage K. Butcher J C. Non-linear stability of a general class of differential equation methods [J]. BIT, 1980, 20: 185-203.

[36] Butcher J C. The Numerical Analysis of Ordinary Differential Equations [M]. New York: John Wiley, 1987.

[37] Butcher J C. Numerical Methods for Ordinary Differential Equations [M]. Chichester: Wiley, 2008.

[38] Calvo M, Grande T, Grigorieff R D. On the zero stability of the variable order variabel stepsize BDF-formulas[J]. Numer. Math., 1990, 57: 39-50.

[39] Calvo M, Grigorieff R D. Time discretisation of parabolic problems with the variable 3-step BDF[J]. BIT, 2002, 42: 689-701.

[40] Cantero M J, Iserles A. From orthogonal polynomials on the unit circle to functional equations via generating functions[J]. Trans. Amer. Math. Soc., 2016, 368: 4027-4063.

[41] Cao D Q, He P. Sufficient conditions for stability of linear neutral systems with a single delay [J]. Appl. Math. Lett., 2004, 17: 139-144.

[42] 曹婉容, 赵景军. 多延迟中立型方程 Runge-Kutta 方法的 NGPG-稳定性 [J]. 系统仿真学报, 2007, 19: 2698-2705.

[43] 程云鹏. 矩阵论 [M]. 西安: 西北工业大学出版社, 2006.

[44] 程珍, 黄乘明. 非线性中立型延迟微分方程的散逸性 [J]. 系统仿真学报, 2007, 19: 3184-3187.

[45] Cong Y H, Yang B, Kuang J X. Asymptotic stability and numerical analysis for systems of generalized neutral delay differential equations [J]. Math. Numer. Sinica (in Chinese), 2001, 23(4): 457-468.

[46] Cong Y H. NGP$_G$-stability of linear multistep methods for systems of generalized neutral delay differential equations [J]. Appli. Math. Mech., 2001, 22: 827-835.

[47] Cong Y H, Xu L, Kuang J X. Numerical stability of linear multistep methods for neutral delay differential equations with multiple delays [J]. J. Shanghai Normal University (Nature Science), 2006, 35: 1-6.

[48] Cong Y H, Xu L, Kuang J X. Asymptotic stability of numerical methods for neutral delay differential equations with multiple delays [J]. J. Systems Simulation, 2006, 18: 3387-3389.

[49] Cooke K L, Wiener J A. Retarded differential equations with piecewise constant delays [J]. J. Math. Anal. Appl., 1984, 99: 265-297.

[50] Dahlquist G. Error Analysis for a Class of Methods for Nonlinear Initial Value Problems [M]. Lecture Notes in Mathematics. Berlin: Springer, 1976: 60-74.

[51] Dahlquist G. G-stability is equivalent to A-stability [J]. BIT, 1978, 18: 384-401.

[52] Dahlquist G. Some properties of linear multistep and one-leg methods for ordinary differential equations [R]. Mathematical Physics and Mathematic, 1979.

[53] Dahlquist G, Liniger W, Nevanlinna O. Stability of two-step methods for variable integration steps [J]. SIAM J Numer. Math., 1983, 20: 1071-1085.

[54] Driver R D. A Functional-Differential System of Neutral Type Arising in a Two-body Problem of Classical Electrodynamics [M]. New York: Acad. Press, 1963.

[55] Driver R D. Ordinary and Delay Differential Equations [M]. New York: Springer-Verlag, 1977.

[56] Enright W H, Hu M. Continuous Runge-Kutta methods for neutral Volterra integro-differential equations with delay [J]. Appl. Numer. Math., 1997, 24: 175-190.

[57] Enright W H, Hayashi H. Convergence analysis of the solution of retarded and neutral delay differential equations by continuous numerical methods [J]. SIAM J. Numer. Anal., 1998, 35: 572-585.

[58] Fan L Q, Zhang Y Y, Xiang J X, Tian H J. Numerical dissipativity of two-stage θ-method for delay differential equations [J]. J. System Simulation, 2005, 17: 599-600, 634.

[59] Feldstein M A, Grafton C K. Experimental mathematic: An application retarded ordinary differential equations with infinite lag to [C]. Proc. 1968 ACM National Conference, Brandon Systems Press, 1968.

[60] Frank R, Schneid J, Ueberhuber C W. Stability properties of implicit Runge-Kutta methods [J]. SIAM J. Numer. Anal., 1985, 22: 497-513.

[61] Frank R, Schneid J, Ueberhuber C W. Order results for implicit Runge-Kutta methods applied to stiff systems [J]. SIAM J. Numer. Anal., 1985, 22: 515-534.

[62] Gan S Q, Zheng W M. Stability of multistep Runge-Kutta methods for systems of functional-differential and functional equations [J]. Appl. Math. Lett., 2004, 17: 585-590.

[63] Gan S Q, Zheng W M. Stability of general linear methods for systems of functional-differential and functional equations [J]. J. Comput. Math., 2005, 23(1): 37-48.

[64] Gan S Q. Asymptotic stability of Rosenbrock methods for systems of functional-differential and functional equations [J]. Math. Comput. Modell., 2006, 44(1-2): 144-150.

[65] Gan S Q. Dissipativity of linear θ-methods for integro-differential equations [J]. Comput. Math. Appl., 2006, 52: 449-458.

[66] Gan S Q. Dissipativity of θ-methods for nonlinear Volterra delay-integro-differential equations [J]. J. Comput. Appl. Math., 2007, 206: 898-907.

[67] Gan S Q. Exact and discretized dissipativity of the pantograph equation [J]. J. Comput. Math., 2007, 25(1): 81-88.

[68] Gan S Q. Dissipativity of θ-methods for nonlinear delay differential equations of neutral type. Appl. Numer. Math., 2009, 59: 1354-1365.

[69] Gil′ M I. Stability of Finite and Infinite Dimensional Systems [M]. Boston: Kluwer Academic Publishers, 1998.

[70] Grigorieff R D. Stability of multistep-method on variable grids [J]. Numer. Math., 1983, 42: 359-377.

[71] Grigorieff R D, Paes-Leme P J. On the zero-stability of the 3-step BDF-formula on nonuniform grids [J]. BIT, 1984, 24: 85-91.

[72] Guglielmi N, Zennaro M. Stability of one-leg θ-methods for the variable coefficient pantograph equation on the quasi-geometric mesh [J]. IMA J. Numer. Anal., 2003, 23: 421-438.

[73] Guglielmi N. Short proofs and a counterexample for analytical and numerical stability of delay equations with infinite memory [J]. IMA J. Numer. Anal., 2006, 26: 60-77.

[74] Hairer E, Wanner G. Solving Ordinary Differential Equations II: Stiff and Differential Algebraic Problems [M]. Berlin: Springer-Verlag, 1991.

[75] Hairer E, Nϕrsett S P, Wanner G. Solving Ordinary Differential Equations I: Nonstiff Problems [M]. Berlin: Springer-Verlag, 1993.

[76] Halanay A. Differential Equations: Stability, Oscillatios, Time Lags [M]. New York: Academic Press, 1966.

[77] Hale J. Theory of Functional Differential Equations [M]. New York: Springer-Verlag, 1977.

[78] Hale J K, Verduyn-Lunel S M. Introduction to Functional Differential Equations [M]. Applied Mathematical Sciences, Vol. 99. New York: Springer-Verlag, 1993.

[79] Hayashi H. Numerical solution of retarded and neutral delay differential equations using continuous Runge-Kutta methods [D]. Canada: Department of Computer Science University of Toronto, 1996.

[80] Hill A T. Global dissipativity for A-stable methods [J]. SIAM J. Numer. Anal., 1997, 34: 119-142.

[81] Hill A T. Dissipativity of Runge-Kutta methods in Hilbert spaces [J]. BIT, 1997, 37: 37-42.

[82] in't Hout K J, Spijker M N. The θ-methods in the numerical solution of delay differential Equations[C]. Proceedings of the International Seminar NUMDIFF-5, Teubner Leipzig, 1989.

[83] in't Hout K J. On the convergence of waveform relaxation methods for stiff nonlinear ordinary differential equations [J]. Appl. Numer. Math., 1995, 18: 175-190.

[84] in't Hout K J. A note on unconditional maximum norm contractivity of diagonally split Runge-Kutta methods [J]. SIAM J. Numer. Anal., 1996, 33: 1125-1134.

[85] Hu G Da, Mitsui T. Stability analysis of numerical methods for systems of neutral delay-differential equations [J]. BIT, Numer. Math., 1995, 35: 504-515.

[86] Hu G Da, Cahlon B. Estimations on numerically stable step-size for neutral delay differential systems with multiple delays [J]. J. Comput. Appl. Math., 1999, 102: 221-234.

[87] Hu G Da, Cahlon B. Algebraic criteria for stability of linear neutral systems with a single delay [J]. J. Comput. Appl. Math., 2001, 135: 125-133.

[88] Hu G Di, Hu G Da. Some simple stability criteria of neutral delay- differential systems [J]. Appl. Math. Comput., 1996, 80: 257-271.

[89] Hu G Di, Hu G Da. Simple criteria for stability of neutral systems with multiple delays [J]. Int. J Sys. Sci., 1997, 28: 1325-1328.

[90] Hu G Di, Hu G Da, Liu M Z. Estimation of numerically stable step-size for neutral delay-differential equations via spectral radius [J]. J. Comput. Appl. Math., 1997, 78: 311-316.

[91] Hu Q. Geometric meshes and their application to Volterra integro-differential equations with singularities[J]. IMA J. Numer. Anal., 1998, 18: 151-164.

[92] Huang C M. A-stability is equivalent to B-convergence [J]. Chinese J. Eng. Math., 1995, 12: 119-122.

[93] Huang C M, Fu H Y, Li S F, Chen G N. Stability analysis of Runge-Kutta methods for non-linear delay differential equations [J]. BIT, 1999, 39: 270-280.

[94] Huang C M, Li S F, Fu H Y, Chen G N. Stability and error analysis of one-leg methods for nonlinear delay differential equations [J]. J. Comput. Appl. Math., 1999, 103: 263-279.

[95] Huang C M. Dissipativity of Runge-Kutta methods for dynamical systems with delays [J]. IMA J. Numer. Anal., 2000, 20: 153-166.

[96] Huang C M. Dissipativity of one-leg methods for dynamical systems with delays [J]. Appl. Numer. Math., 2000, 35: 11-22.

[97] 黄乘明, 陈光南. 延迟动力系统线性 θ-方法的散逸性 [J]. 计算数学, 2000, 22(4): 501-506.

[98] Huang C M, Li S F, Fu H Y, Chen G N. D-convergence of one-leg methods for stiff delay differential equations [J]. J. Comput. Math., 2001, 19: 601-606.

[99] Huang C M, Fu H Y, Li S F, Chen G N. D-convergence of Runge-Kutta methods for stiff delay differential equations [J]. J. Comput. Math., 2001, 19: 259-268.

[100] Huang C M, Chen G N, Li S F, Fu H Y. D-convergence of general linear methods for stiff delay differential equations [J]. Comput. Math. Appl., 2001, 41: 627-639.

[101] 黄乘明, 常谦顺. 泛函微分与泛函方程 Runge-Kutta 方法的稳定性分析 [J]. 自然科学进展, 2001, 11: 568-572.

[102] Huang C M, Chang Q. Linear stability of general linear methods for systems of neutral delay differential equations [J]. Appli. Math. Lett., 2001, 14: 1017-1021.

[103] Huang C M, Li S F, Fu H Y, Chen G N. Nonlinear stability of general linear methods for delay differential equations [J]. BIT, 2002, 42(2): 380-392.

[104] Huang C M, Chang Q S. Stability analysis of numerical methods for systems of functional-differential and functional equations [J]. Comput. Math. Appl., 2002, 44: 717-729.

[105] Huang C M, Gan S Q. Linear stability of numerical methods for systems of functional differential equations with a proportional delay[J]. Progr. Natur. Sci., 2003, 13: 329-333.

[106] Huang C M, Chang Q S. Dissipativity of multistep Runge-Kutta methods for dynamical systems with delays [J]. Math. Comp. Model., 2004, 40: 1285-1296.

[107] Huang C M, Vandewalle S. Discretized stability and error growth of the non-autonomous pantograph equation[J]. SIAM J. Numer. Anal., 2005, 42: 2020-2042.

[108] Huang C M. Stability analysis of general linear methods for the nonautonomous pantograph equation[J]. IMA J. Numer. Anal., 2009, 29: 444-465.

[109] 黄枝姣, 张诚坚. 数值求解 NDDEs 系统的单支方法的非线性稳定性 [J]. 数学物理学报, 2002, 22: 421-426.

[110] Humphries A R, Stuart A M. Runge-Kutta methods for dissipative and gradient dynamical systems [J]. SIAM J. Numer. Anal., 1994, 31: 1452-1485.

[111] Hundsdorfer W H, Steininger B I. Convergence of linear multistep and one-leg methods for stiff nonlinear initial value problems[J]. BIT, 1991, 31: 124-143.

[112] Huang Q M, Xu X X, Brunner H. Continuous Galerkin methods on quasi-geometric meshes for delay differential equations of pantograph type[J]. Discrete Contin. Dyn. Syst., 2016, 36: 5423-5443.

[113] Iserles A. On the generalized pantograph functional-differential equations [J]. European J. Appl. Math., 1993, 4: 1-38.

[114] Iserles A. Numerical analysis of delay differential equation with variable delays [J]. Ann. Numer. Math., 1994, 1: 133-152.

[115] Iserles A. Exact and discretized stability of the pantograph equation [J]. Appl. Numer. Math., 1997, 24: 295-308.

[116] Iserles A, Liu Y. On neutral functional-differential equations with proportional delays [J]. J. Math. Anal. Appl., 1997, 207: 73-95.

[117] Ishiwata E. On the attainable order of collocation methods for the neutral functional differential equations with proportional delays [J]. Computing, 2000, 64: 207-222.

[118] Jackiewicz Z. The numerical solution of Volterra functional differential equations of neutral type [J]. SIAM J. Numer. Anal., 1981, 18: 615-626.

[119] Jackiewicz Z. Adams methods for neutral functional differential equations [J]. Numer. Math., 1982, 39: 221-230.

[120] Jackiewicz Z. Asymptotic stability analysis of θ-methods for functional differential equations. Numer. Math., 1984, 43: 389-396.

[121] Jackiewicz Z. Quasilinear multistep methods and variable step predictor-corrector methods for neutral functional differential equations [J]. SIAM J. Numer. Anal., 1986, 23: 423-452.

[122] Jackiewicz Z. Variable-step variable-order algorithm for the numerical solution of neutral functional differential equations [J]. Appl. Numer. Math., 1987, 3: 317-329.

[123] Jackiewicz Z, Li E. The numerical solution of neutral functional differential equations by Adams predictor-corrector methods [J]. Appl. Numer. Math., 1991, 8: 477-491.

[124] Jackiewicz Z, Kwapisz M. Convergence of waveform relaxation methods for differential-algebraic systems [J]. SIAM J. Numer. Anal., 1996, 33: 2303-2317.

[125] Jackiewicz Z, Kwapisz M, Lo E. Waveform relaxation methods for functional differential systems of neutral type [J]. J. Math. Anal. Appl., 1997, 207: 255-285.

[126] Jackiewicz Z, Lo E. Numerical solution of neutral functional differential equations by Adams methods in divided difference form [J]. J. Comp. Appl. Math., 2006, 189: 592-605.

[127] Jamaleddine R, Vinet A. Role of gap junction resistance in rate-induced delay in conduction in a cable model of the atrioventricular node [J]. J. Biol. Sys., 1999, 7: 475-490.

[128] Pink J H. A new delay-dependent criterion for neutral systems with multiple delays [J]. J. Comput. Appl. Math., 2001, 136: 177-184.

[129] Kolmanovskii V B, Nosov V R. Stability of Functional Differential Equations [M]. London: Academic Press, 1986.

[130] Kolmanovskii V B, Myshkis A. Introduction to the Theory and Applications of Functional Differential Equations [M]. Dordrecht: Kluwer Academy, 1999.

[131] Konstantinov M M, Bainov D D. The existenc of the solutions of a systems of functional equations of superneutral type with retarded lag [J]. Diff. Urav., 1974, 10: 1988-1992, 2083.

[132] Koto T. A stability property of A-stable collocation based Runge-Kutta methods for neutral differential equations [J]. BIT, 1996, 36: 855-859.

[133] Koto T. NP-stability of Runge-Kutta methods based on classical quadrature [J]. BIT, 1997, 37: 870-884.

[134] Koto T. Stability of Runge-Kutta methods for the generalized pantograph equation [J]. Numer. Math., 1999, 84: 233-247.

[135] Koto T. Stability of Runge-Kutta methods for delay integro-differential equations [J]. J. Comput. Appl. Math., 2002, 145: 483-492.

[136] Kuang J X, Xiang J X, Tian H J. The asymptotic stability of one-parameter methods for neutral differential equations [J]. BIT, 1994, 34: 400-408.

[137] 匡蛟勋. 泛函微分方程数值处理 [M]. 北京: 科学出版社, 1999.

[138] Kuang J X, Cong Y H. Stability of Numerical Methods for Delay Differential Equations [M]. Beijing: Science Press, 2005.

[139] Kuang Y, Feldstein A. Boundedness of solutions of a nonlinear nonautonomous neutral delay equation [J] . J. Math. Anal. Appl., 1991, 156: 293-304.

[140] Lancaster P, Tismenetsky M. The Theory of Matrices [M]. Orlando: Academic Press, 1985.

[141] Lelarasmee E, Ruehli A E, Sangiovanni-Vincentelli A L. The waveform relaxation method for time-domain analysis of large scale integrated circuits [J]. IEEE Trans. CAD IC Syst., 1982, 1: 131-145.

[142] Lehninger H, Liu Y. The functional-differential equation $y'(t) = Ay(t) + By(\lambda t) + Cy'(qt) + f(t)$[J]. European J. Appl. Math., 1998, 9: 81-91.

[143] Li H, Zhong S M, Li H B. Some new simple stability criteria of linear neutral systems with a single delay [J]. J. Comput. Appl. Math., 2007, 200: 441-447.

[144] 李森林, 温立志. 泛函微分方程 [M]. 长沙: 湖南科学技术出版社, 1987.

[145] 李寿佛. 一类多步方法的非线性稳定性 [J]. 高等学校计算数学学报, 1987, 9(2): 110-118.

[146] Li S F. Nonlinear stability of explicit and diagonal implicit Runge-Kutta methods [J]. Math. Numer. Sinica, 1987, 9: 419-430.

[147] Li S F. Nonlinear stability of a class of multistep multiderivative methods [J]. Natural Science J. of Xiangtan Univ., 1987, 20: 1-8.

[148] Li S F. Stability and B-convergence of general linear methods [J]. J. Comput. Appl. Math., 1989, 28: 281-296.

[149] Li S F. B-convergence properties of multistep Runge-Kutta methods [J]. Math. Comput., 1994, 62: 565-575.

[150] 李寿佛. 刚性微分方程算法理论 [M]. 长沙: 湖南科学技术出版社, 1997.

[151] Li S F. Stability and B-convergence properties of multistep Runge-Kutta methods [J]. Math. Comput., 2000, 69(232): 1481-1505.

[152] Li S F. Efficient Parallel multivalue hybrid methods for stiff differential equations[J]. Science in China, 2002, 45: 1276-1290.

[153] Li S F. B-theory of Runge-Kutta methods for stiff Volterra functional differential equations [J]. Science in China (Series A), 2003, 46: 662-674.

[154] Li S F. B-theory of general linear methods for stiff Volterra functional differential equations [J]. Appl. Numer. Math., 2005, 53: 57-72.

[155] 李寿佛. Banach 空间中非线性刚性 Volterra 泛函微分方程稳定性分析 [J]. 中国科学 (A 辑), 2005, 35(3): 286-301.

[156] Li S F. Contractivity and asymptotic stability properties of Runge-Kutta methods for Volterra functional differential equations [C]. International Workshop on Numerical Analysis and Computational Methods for Functional Differential and Integral Equations, Hong Kong Baptist University, 2007.

[157] 李寿佛. 刚性常微分方程及刚性泛函微分方程数值分析 [M]. 湘潭: 湘潭大学出版社, 2010.

[158] Liu Y K. Positive periodic solutions of periodic neutral Lotka-Volterra system with state dependent delays [J]. J. Math. Anal. Appl., 2007, 330: 1347-1362.

[159] Liu Y K. Stability analysis of θ-methods for neutral functional-differential equations [J]. Numer. Math., 1995, 70: 473-485.

[160] Liu Y K. Stability analysis of θ-methods for neutral functional-differential equations [J]. Numer. Math., 1995, 70: 473-485.

[161] Liu Y K. On the θ-methods for delay differential equations with infinite lag[J]. J. Comput. Appl. Math., 1996, 71: 177-190.

[162] Liu Y K. Asymptotic behaivour of functional-differential equations with proportial time delays [J]. European J. Appl. Math. 1996, 7: 11-30.

[163] Liu Y K. Numerical solution of implicit neutral functional differential equations [J]. SIAM J. Numer. Anal., 1999, 36(2): 516-528.

[164] Liu Y K. Runge-Kutta-Collocation methods for systems of functional-differential and functional equations [J]. Adv. Comput. Math., 1999, 11: 315-329.

[165] Liu M Z, Song M H, Yang Z W. Stability of Runge-Kutta methods in the numerical solution of equation $u'(t) = au(t) + a_0u([t])$ [J]. J. Comp. Appl. Math., 2004, 166(2): 361-370.

[166] Liu M Z, Yang Z W, Xu Y. The stability of modified Runge-Kutta methods for the pantograph equation[J]. Math. Comput., 2006, 75: 1201-1215.

[167] Liu Z J, Chen L S. Periodic solution of neutral Lotka-Volterra system with periodic delays [J]. J. Math. Anal. Appl., 2006, 324: 435-451.

[168] Liz E, Trofimchuk S. Existence and stability of almost periodic solutions for quasi-linear delay systems and the Halanay inequality [J]. J. Math. Ana. Appl., 2000, 248: 625-644.

[169] Lu S P, Ge W G. Existence of positive periodic solutions for neutral population model with multiple delays [J]. Appl. Math. Comp., 2004, 153: 885-902.

[170] Ma S F, Yang Z W, Liu M Z. H_α-stability of modified Runge-Kutta methods for nonlinear neutral pantograph equations [J]. J. Math. Anal. Appl., 2007, 335: 1128-1142.

[171] Matache A, Schwab C, Wihler T P. Fast numerical solution of parabolic integro-differential equations with applications in finance[J]. SIAM Journal on Scientific Computiong, 2005, 27(2): 369-393.

[172] Nevanlinna O, Liniger W. Contractive methods for stiff differential equations, Part I [J]. BIT, 1978, 18: 457-474.

[173] Nevanlinna O, Liniger W. Contractive methods for stiff differential equations, Part II [J]. BIT, 1979, 19: 53-72.

[174] Ottesen J T. Modelling of the baroflex-feedback mechanism with time-delay [J]. J. Math. Biol., 1997, 36: 41-63.

[175] Paul C A H. Designing efficient software for solving delay differential equations [R]. J. Comput, Appl. Math., 2000, 125: 287-295.

[176] Qiu L, Yang B, Kuang J X. The NGP-stability of Runge-Kutta methods for systems of neutral delay differential equations [J]. Numer. Math., 1999, 81(3): 451-459.

[177] Qiu L, Mitsui T. Stability of the Radau IA and Lobatto IIIC methods for NDDE systems [J]. J. Comput. Appl. Math., 2001, 137: 279-190.

[178] 秦元勋, 刘永清, 王联, 郑祖庥. 带有时滞的动力系统的运动稳定性 [M]. 2 版. 北京: 科学出版社, 1989.

[179] Richard J P. Time-delay systems: An overview of some recent advances and open problems [J]. Automatica, 2003, 39: 1667-1694.

[180] Robinson J C. Infinite-Dimensional Dynamical Systems [M]. Cambridge: Cambridge University Press, 2001.

[181] Sand J, Skelboe S. Stability of backward Euler multirate methods and convergence of waveform relaxation [J]. BIT Numer. Math., 1992, 32: 350-366.

[182] Seidel H, Herzel H. Bifurcations in a nonlinear model of the baroreceptor-cardiac reflex [J]. Physica D Nonlinear Phenomena, 1998, 115: 145-160.

[183] Shen A L, Guo N, Xiang J X, Tian H J. Numerical dissipativity of two-stage Lobatto III-C method for linear delay differential equations with variable coefficients [J]. J. Shanghai Normal University, 2006, 35: 18-24.

[184] Smith D. Singular-Perturbation Theory: an Introduction with Applications [M]. Cambridge: Cambridge University Press, 1985.

[185] Söderlind G. On nonlinear difference and differential equations[J]. BIT, 1984, 24: 667-680.

[186] Söderlind G. Bounds on nonlinear operators in finite-dimensional Banach spaces[J]. Numer. Math., 1986, 50: 27-44.

[187] Söderlind G. The logarithmic norm. History and modern theory[J]. BIT, 2006, 46: 631-652.

[188] Song M H. The stability of Runge-Kutta methods for systems of neutral delay differential equations [J]. J. Natural Science of Heilongjiang University, 2003, 20: 10-14.

[189] Spijker M N. Contractivity in the numerical solution of initial value problems[J]. Numer. Math., 1983, 42: 271-290.

[190] Stuart A M, Humphries A R. Model problems in numerical stability theory for initial value problems [J]. SIAM Review, 1994, 36: 226-257.

[191] Temar R. Infinite-Dimensional Dynamical Systems in Mechanics and Physics [M]. Springer Applied Mathematical Sciences Series, Vol. 68. Berlin: Springer, 1988.

[192] Tian H J, Kuang J X, Qiu L. The stability of linear multistep methods for linear systems of neutral differential equation [J]. J. Comput. Math., 2001, 19: 125-130.

[193] Tian H J. Numerical and analytic dissipativity of the θ-method for delay differential equations with a bounded variable lag [J]. International J. Bifurcation and Chaos, 2004, 14: 1839-1845.

[194] Tian H J, Fan L Q, Xiang J X. Numerical dissipativity of multistep methods for delay differential equations [J]. Appl. Math. Comput., 2007, 188(1): 934-941.

[195] Torelli L. Stability of numerical methods for delay differential equations [J]. J. Comput. Appl. Math., 1989, 25: 15-26.

[196] Vanselow R. Nonlinear stability behaviour of linear multistep methods [J]. BIT, 1983, 23: 388-396.

[197] Vermiglio R. Natural continuous extensions of Runge-Kutta methods for Volterra integro-differential equations [J]. Numer. Math., 1988, 53: 439-458.

[198] Vermiglio R, Torelli L. A stable numerical approach for implicit non-linear neutral delay differential equations [J]. BIT, 2003, 43: 195-215.

[199] 王晚生. 非线性刚性中立型延迟微分方程连续 Runge-Kutta 法稳定性分析 [D]. 湘潭: 湘潭大学, 2004.

[200] 王晚生, 李寿佛. 非线性中立型延迟微分方程稳定性分析 [J]. 计算数学, 2004, 26(3): 303-314.

[201] Wang W S, Li S F, Su K. Nonlinear stability of a class of multistep methods for test problem in Banach spaces [J]. Math. Num. Sinica, 2006, 28: 201-210.

[202] Wang W S, Li S F. On the one-leg θ-methods for solving nonlinear neutral functional differential equations [J]. Appl. Math. Comput., 2007, 193: 285-301.

[203] Wang W S, Zhang Y, Li S F. Nonlinear stability of one-leg methods for delay differential equations of neutral type [J]. Appl. Numer. Math., 2008, 58: 122-130.

[204] Wang W S, Li S F, Su K. Nonlinear stability of Runge-Kutta methods for neutral delay differential equations. J. Comput. Appl. Math, 2008, 214: 175-185.

[205] Wang W S, Li S F. Stability analysis of θ-methods for nonlinear neutral functional differential equations[J]. SIAM J. Sci. Comput., 2008, 30: 2181-2205.

[206] 王晚生. 非线性中立型泛函微分方程数值分析 [D]. 湘潭: 湘潭大学, 2008.

[207] Wang W S, Wen L P, Li S F. Nonlinear stability of θ-methods for neutral differential equations in Banach space [J]. Appl. Math. Comput., 2008, 198: 742-753.

[208] Wang W S, Wen L P, Li S F. Nonlinear stability of explicit and diagonally implicit Runge-Kutta methods for neutral delay differential equations in Banach space[J]. Appl. Math. Comput., 2008, 199: 787-803.

[209] 王晚生, 李寿佛, 苏凯. 一类线性多步方法求解非线性中立型延迟微分方程的收敛性 [J]. 计算数学, 2008, 30(2): 157-166.

[210] Wang W S, Si L F. Convergence of waveform relaxation methods for neutral delay differential equations[J]. Math. Comput. Model., 2008, 48: 1875-1887.

[211] Wang W S, Li S F. Dissipativity of Runge-Kutta methods for neutral delay differential equations with piecewise constant delay[J]. Appl. Math. Lett., 2008, 21: 983-991.

[212] Wang W S, Li S F, Wang W Q. Contractivity properties of a class of linear multistep methods for nonlinear neutral delay differential equations[J]. Chaos, Solitons & Fractals, 2009, 40: 421-425.

[213] Wang W S, Zhang Y, Li S F. Stability of continuous Runge-Kutta-type methods for nonlinear neutral delay-differential equations [J]. Appl. Math. Model., 2009, 33: 3319-3329.

[214] Wang W S, Qin T T, Li S F. Stability of one-leg θ-methods for nonlinear neutral differential equations with proportional delay[J]. Appl. Math. Comput., 2009, 213: 177-183.

[215] Wang W S, Li S F. Convergence of one-leg methods for nonlinear neutral delay integro-differential equations[J]. Sci. China Series A: Math., 2009, 52(8): 1685-1698.

[216] Wang W S, Li S F, Su K. Nonlinear stability of general linear methods for neutral delay differential equations[J]. J. Comput. Appl. Math., 2009, 224(2): 592-601.

[217] Wang W S, Li S F. Convergence of Runge-Kutta methods for neutral Volterra delay-integro-differential equations[J]. Front. Math. China, 2009, 4(1): 195-216.

[218] Wang W S, Zhang C J. Preserving stability implicit Euler method for nonlinear Volterra and neutral functional differential equations in Banach space [J]. Numer. Math., 2010, 115: 451-474.

[219] Wang W S, Wen L P, Li S F. Stability of linear multistep methods for nonlinear neutral delay differential equations in Banach space[J]. J. Comput. Appl. Math., 2010, 233: 2423-2437.

[220] Wang W S, Li S F. Stability analysis of Runge-Kutta methods for nonlinear neutral Volterra delay-integro-differential equations[J]. Numer. Math. Theory Methods Appl., 2011, 4: 537-561.

[221] Wang W S, Li S F, Yang Y S. Contractivity and exponential stability of solutions to nonlinear neutral functional differential equations in Banach spaces[J]. Acta Math. Appl. Sinica, Eng. Ser., 2012, 28: 289-304.

[222] Wang W S, Li S F. On the one-leg methods for solving nonlinear neutral differential equations with variable delay[J]. J. Appl. Math., 2012, 2012: 1-27.

[223] Wang W S, Fan Q, Zhang Y, Li S F. Asymptotic stability of solution to nonlinear neutral and Volterra functional differential equations in Banach spaces [J]. Appl. Math. Comput., 2014, 237: 217-226.

[224] 王晚生, 孙瑞. 非线性中立型泛函微分方程 Runge-Kutta 法的稳定性和收敛性 [J]. 中国科学 (A 辑): 数学, 2013, 43: 709-726.

[225] Wang W S. Nonlinear stability of one-leg methods for neutral Volterra delay- integro-differential equations[J]. Math. Comput. Simul., 2014, 97 : 147-161.

[226] Wang W S. Stability of Runge-Kutta methods for the generalized pantograph equation on the full-geometric mesh[J]. Appl. Math. Model., 2015, 39: 270-283.

[227] Wang W S. Fully-geometric mesh one-leg methods for the generalized pantograph equation: Approximating Lyapunov functional and asymptotic contractivity[J]. Appl. Numer. Math., 2017, 117: 50-68.

[228] Wang W S. Uniform ultimate boundedness of numerical solutions to nonlinear neutral delay differential equations[J]. J. Comput. Appl. Math., 2017, 309: 132-144.

[229] 王晚生, 钟鹏, 赵新阳. 非线性中立型变延迟微分方程的长时间稳定性 [J]. 数学物理学报, 2018, 38A(1): 96-109.

[230] Wang W S. Optimal convergence orders of fully geometric mesh one-leg methods for neutral differential equations with vanishing variable delay[J]. Adv. Comput. Math., 2019, 45(3): 1631-1655.

[231] 文立平. 抽象空间中非线性 Volterra 泛函微分方程的数值稳定性分析 [D]. 湘潭: 湘潭大学, 2005.

[232] Wen L P, Li S F. Nonlinear stability of linear multistep methods for stiff delay differential equations in Banach spaces [J]. Appl. Math. Comput., 2005, 168: 1031-1044.

[233] Wen L P, Li S F. Stability of theoretical solution and numerical solution of nonlinear differential equations with piecewise delays [J]. J. Comp. Math., 2005, 23(4): 393-400.

[234] Wen L P, Li S F. Dissipativity of Volterra functional differential equations [J]. J. Math. Anal. Appl., 2006, 324: 696-706.

[235] Wen L P, Yu Y X, Li S F. Stability of explicit and diagonal implicit Runge-Kutta methods for nonlinear Volterra functional differential equations in Banach spaces [J]. Appl. Math. Comput., 2006, 183: 68-78.

[236] Wen L P, Yu Y X, Li S F. Dissipativity of Linear multistep methods for nonlinear differential equations with piecewise delays [J]. Math. Numer. Sinica, 2006, 28: 67-74.
[237] Wen L P, Yu Y X, Li S F. The test problem class of Volterra functional differential equations in Banach space [J]. Appl. Math. and Comput., 2006, 179(1): 30-38.
[238] Wen L P, Wang W S, Yu Y X, Li S F. Nonlinear stability and asymptotic stability of implicit Euler method for stiff Volterra functional differential equations in Banach spaces[J]. Appl. Math. Comput., 2008, 198: 582-591.
[239] Wen L P, Yu Y X, Li S F. Stability and asymptotic stability of θ-methods for nonlinear stiff Volterra functional differential equations in Banach spaces[J]. J. Comput. Appl. Math., 2009, 230: 351-359.
[240] Werder T, Gerdes K, Schötzau D, Schwab C. h_p-discontinuous Galerkin time stepping for parabolic problems [J]. Comput. Methods Appl. Mech. Engrg., 2001, 190: 6685-6708.
[241] Wiener J. Differential equations with piecewise constant delays [C]// Lakshmikantham V. Trends in Theory and Practice of Nonlinear differential equations. New York: Marcel Dekker, 1984: 547-552.
[242] Wu J H. Theory and Applications of Partial Functional Differential Equations [M]. New York: Springer-Verlag, 1996.
[243] 肖爱国. Hilbert 空间中散逸动力系统一般线性方法的散逸稳定性 [J]. 计算数学, 2000, 22(4): 429-436.
[244] 徐绪海, 朱方生. 刚性微分方程的数值方法 [M]. 武汉: 武汉大学出版社, 1997.
[245] 徐阳, 刘明珠, 赵景军. 中立型延迟微分方程组多步 Runge-Kutta 方法的 GP_d-稳定性 [J]. 哈尔滨工业大学学报, 2004, 36: 1372-1374.
[246] 徐远通. 泛函微分方程与测度微分方程 [M]. 广州: 中山大学出版社, 1988.
[247] 余越昕, 文立平, 李寿佛. 非线性中立型延迟微分方程 Runge-Kutta 方法的稳定性 [J]. 系统仿真学报, 2005, 17: 49-52.
[248] Yu Y X. Stability analysis of numerical methods for several classes of Volterra functional differential equations [D]. Xiangtan: Xiangtan University, 2006.
[249] 余越昕, 李寿佛. 非线性中立型延迟积分微分方程 Runge-Kutta 方法的稳定性 [J]. 中国科学 (A 辑), 2006, 36(12): 1343-1354.
[250] 余越昕, 文立平, 李寿佛. 非线性中立型延迟微分方程线性 θ-方法的渐近稳定性 [J]. 高等学校计算数学学报, 2006, 28: 103-110.
[251] 余越昕, 文立平, 李寿佛. 非线性中立型延迟微分方程单支方法的数值稳定性 [J]. 计算数学, 2006, 28: 357-364.
[252] Yu Y X, Wen L P, Li S F. Stability analysis of general linear methods for nonlinear neutral delay differential equations [J]. Appl. Math. Comput., 2007, 187(2): 1389-1398.
[253] Yu Y X, Wen L P, Li S F. Nonlinear stability of Runge-Kutta methods for neutral delay integro-differential equations [J]. Appl. Math. Comput., 2007, 191(2): 543-549.
[254] 袁兆鼎, 费景高, 刘德贵. 刚性常微分方程初值问题的数值解法 [M]. 北京: 科学出版社, 1987.

[255] Yue D, Han Q L. A delay-dependent stability criterion of neutral systems and its application to a partial element equivalent circuit model [J]. IEEE Trans. Circuits Syst. II: Express Briefs, 2004, 51(12): 685-689.

[256] Zhang C J, Zhou S Z. Nonlinear stability and D-convergence of Runge-Kutta methods for DDEs [J]. J. Comput. Appl. Math., 1997, 85: 225-237.

[257] Zhang C J, Zhou S Z. The asymptotic stability of theoretical and numerical solutions for systems of neutral taultidelay differential equations [J]. Science in China Scries A: Math., 1998, 41: 1151-1157.

[258] Zhang C J, Zhou S Z. Stability analysis of LMMs for systems of neutral multidelay-differential equations [J]. Computers Math. Appl., 1999, 38: 113-117.

[259] Zhang C J, Liao X X. D-convergence and stability of a class of linear multistep methods for nonlinear DDEs [J]. J. Comp. Math., 2000, 18: 199-206.

[260] 张诚坚, 高健. 中立型微分方程的数值渐近稳定性 [J]. 华中理工大学学报, 2000, 28: 107-109.

[261] Zhang C J, Li S F. Dissipativity and exponentially asymptotic stability of the solutions for nonlinear neutral functional-differential equations [J]. Appl. Math. Comput., 2001, 119: 109-115.

[262] Zhang C J. Nonlinear stability of natural Runge-Kutta methods for neutral delay differential equations [J]. J. Comput. Math., 2002, 20: 583-590.

[263] Zhang C J, Sun G. The discrete dynamics of nonlinear infinite-delay-differential equations [J]. Appl. Math. Lett., 2002, 15: 521-526.

[264] Zhang C J. Vandewalles. Stability analysis of Volterra delay-integro-differential equations and their backward differentiation time discretization [J]. J. Comput. Appl. Math., 2004, 164-165: 797-814.

[265] Zhang C J, Vandewalle S. Stability analysis of Runge-Kutta methods for nonlinear Volterra delay-integro-differential equations [J]. IMA J. Numer. Anal., 2004, 24: 193-214.

[266] Zhang C J, Sun G. Nonlinear stability of Runge-Kutta methods applied to infinite-delay-differential equations [J]. Math. Comput. Model., 2004, 39: 495-503.

[267] Zhang C J. NGP(α)-Stability of general linear methods for NDDEs [J]. Comp. Math. Appl., 2004, 47: 1105-1113.

[268] Zhang C J, Sun G. Boundedness and asymptotic stability of multistep methods for generalized pantograph equations [J]. J. Comput. Math., 2004, 22: 447-456.

[269] Zhang C J, Vandewalle S. General linear methods for Volterra integro-differential equations with memory [J]. SIAM J. Sci. Comput., 2006, 27: 2010-2031.

[270] Zhang C J, Vandewalle S. Stability criteria for exact and discrete solutions of neutral multidelay-integro-differential equations [J]. Adv. Comput. Math., 2007, 28 (4): 383-399.

[271] 张诚坚, 金杰. 刚性多滞量积分微分方程的 Runge-Kutta 方法 [J]. 计算数学, 2007, 29: 391-402.

[272] 张诚坚, 何耀耀. 刚性多滞量积分微分方程的 BDF 方法 [J]. 数值计算与计算机应用, 2007, 28: 124-132.

[273] Zhao J J, Cao W R, Liu M Z. Asymptotic stability of Runge-Kutta methods for the pantograph equations [J]. J. Comput. Math., 2004, 22(4): 523-534.

[274] Zhao J J, Xu Y, Liu M Z. Stability analysis of numerical methods for linear neutral Volterra delay-integro-differential system [J]. Appl. Math. Comput., 2005, 167: 1062-1079.

[275] Zhao J J, Xu Y, Wang H X, Liu M Z. Stability of a class of Runge-Kutta methods for a family of pantograph equations of neutral type [J]. Appl. Math. Comput., 2006, 181: 1170-1181.

[276] 赵景军, 徐阳. 中立型 Volterra 延迟积分微分方程块 θ-方法的稳定性 [J]. 系统仿真学报, 2007, 19: 3940-3942, 3977.

[277] 郑祖庥. 泛函微分方程理论 [M]. 合肥: 安徽教育出版社, 1994.

[278] Zennaro M. Natural continuous extensions of Runge-Kutta methods [J]. Math. Comp., 1986, 173: 119-133.

[279] Zubik-Kowal B, Vandewalle S. Waveform relaxation for functional-differential equations [J]. SIAM J. Sci. Comput., 1998, 21: 207-226.

[280] Zverkina T S. A modification of finite-difference methods for integrating ordinary differential equations with nonsmooth solutions [J]. Zh. Vychist. Mat. Fiz., 1964, 4: 149-160.